EDA 工程与应用丛书

Altium Designer 17 电路设计与仿真

第 2 版

左　昉　闫聪聪　等编著

机 械 工 业 出 版 社

本书以新版 Altium Designer 17 为平台，介绍了电路设计的方法和技巧，主要包括 Altium Designer 17 概述、原理图设计基础、原理图的绘制、原理图的后续处理、层次结构原理图的设计、原理图编辑中的高级操作、PCB 设计基础知识、PCB 的布局设计、PCB 的布线、PCB 的后期制作、创建元件库及元件封装、电路仿真系统、信号完整性分析、可编程逻辑器件设计、汉字显示屏电路设计实例、停电报警器电路设计实例和彩灯控制器电路设计实例。

本书的内容由浅入深，从易到难，各章节既相对独立又前后关联。在介绍的过程中，编者根据自己多年的经验及教学心得，及时给出总结和相关提示，以帮助读者快捷地掌握相关知识。全书内容讲解详实，图文并茂，思路清晰。随书赠送全书实例操作过程的视频讲解文件和实例源文件，读者可以通过光盘方便、直观地学习本书内容。

本书可以作为初学者的入门教材，也可以作为电路设计及相关行业工程技术人员及各院校相关专业师生的学习参考。

图书在版编目(CIP)数据

Altium Designer 17 电路设计与仿真 第 2 版 / 左昉等编著. —2 版. —北京：机械工业出版社，2018. 3
(EDA 工程与应用丛书)
ISBN 978-7-111-60031-2

Ⅰ. ①A… Ⅱ. ①左… Ⅲ. ①印刷电路 - 计算机辅助设计 - 应用软件
Ⅳ. ①TN410. 2

中国版本图书馆 CIP 数据核字(2018)第 107734 号

机械工业出版社(北京市百万庄大街 22 号 邮政编码 100037)
策划编辑：尚 晨　　责任编辑：尚 晨
责任校对：张艳霞　　责任印制：常天培
北京铭成印刷有限公司印刷
2018 年 6 月第 2 版 · 第 1 次印刷
184 mm × 260 mm · 26 印张 · 629 千字
0001-3000 册
标准书号：ISBN 978-7-111-60031-2
定价：79.80元

凡购本书，如有缺页、倒页、脱页，由本社发行部调换

电话服务
服务咨询热线：(010)88379833
读者购书热线：(010)88379649

网络服务
机 工 官 网：www. cmpbook. com
机 工 官 博：weibo. com/cmp1952
教育服务网：www. cmpedu. com
金 书 网：www. golden - book. com

前　言

自20世纪80年代中期以来，计算机应用已进入各个领域并发挥着越来越大的作用。在这种背景下，美国ACCEL公司推出了第一个应用于电子线路设计的软件包——TANGO，这个软件包开创了电子设计自动化（EDA）的先河。该软件包现在看来比较简陋，但在当时给电子线路设计带来了设计方法和方式的革命。人们开始用计算机来设计电子线路，直到今天在国内许多科研单位还在使用这个软件包。随着电子工业的飞速发展，TANGO日益显示出其不适应时代发展需要的弱点。为了适应科学技术的发展，Protel公司以其强大的研发能力推出了Protel For Dos，从此Protel这个名字在业内日益响亮。

Protel系列是进入到我国最早的电子设计自动化软件，一直以易学易用而深受广大电子设计者的喜爱。Altium Designer 17作为其新一代的板卡级设计软件，其独一无二的DXP技术集成平台为设计系统提供了所有工具和编辑器的兼容环境。

Altium Designer 17是一套完整的板卡级设计系统，真正实现了在单个应用程序中功能的集成。Altium Designer 17中PCB线路图设计系统完全利用了Windows平台的优势，具有更好的稳定性、增强的图形处理功能和合理的用户界面，设计者可以选择最适当的设计途径以最优化的方式工作。

全书以Altium Designer 17为平台，介绍了电路设计的方法和技巧。全书共16章，内容包括Altium Designer 17概述、原理图设计基础、原理图的绘制、原理图的后续处理、层次结构原理图的设计、原理图编辑中的高级操作、PCB设计基础知识、PCB的布局设计、PCB的布线、PCB的后期制作、创建元件库及元件封装、电路仿真系统、信号完整性分析、可编程逻辑器件设计、汉字显示屏电路设计实例、停电报警器电路设计实例和彩灯控制器电路设计实例。本书的内容由浅入深，从易到难，各章节既相对独立又前后关联。在介绍的过程中，编者根据自己多年的经验及教学心得，适当给出总结和相关提示，以帮助读者快捷地掌握所学知识。全书内容讲解详实，图文并茂，思路清晰。

本书由北京科技大学的左昉老师和闫聪聪老师主编，王敏、张辉、赵志超、徐声杰、朱玉莲、赵黎黎、李兵、李亚莉、甘勤涛、杨雪静、孟培、解江坤、李瑞、解璞等也为本书的出版提供了大量帮助，在此一并表示感谢。

由于时间仓促，加上编者水平有限，书中不足之处在所难免，望广大读者发送邮件到win760520@126.com批评指正，编者将不胜感激。

编　者

目　录

第1章 Altium Designer 17 概述

本章将从 Altium Designer 17 的功能特点讲起，介绍 Altium Designer 17 的界面环境及基本操作方式，使读者从总体上了解和熟悉软件的基本结构和操作流程。

知识点

- Altium Designer 17 概述
- Altium Designer 17 的设计与仿真
- Altium Designer 17 的界面环境
- Altium Designer 17 的文件管理

1.1 Altium Designer 17 的主要特点

Protel 系列软件是最早进入我国的电子设计自动化公司软件之一，因其易学易用而深受广大电子设计者的喜爱。从 Altium Designer 6.9 开始，Altium 就尝试将硬件、软件和可编程硬件的开发集成在一起，使设计人员可以在单一的系统中完成各种电子产品的设计和管理。这种设计理念在 Altium Designer 17 中已经趋向成熟，为快速设计电子产品并将其推向市场铺平了道路。

Altium 的解决方案使设计人员能够在单一的应用程序中完成从产品概念设计到产品制造的全过程。在其他的解决方案中，设计人员为了增加功能或构成完整的系统方案，必须购买和集成多种附加组件。Altium 可以避免这种情况，降低工程预算，这一点对于目前的商业环境来说具有一定的成本优势。从 Altium Designer 7.0 开始，软件的版本号不再采用以前的编号形式。Altium Designer 6.9 以后发布的两个正式版本分别为 Altium Designer Summer 08（7.0）和 Alitum Designer Winter 09（8.0）。软件本身兼容最新的 Windows 操作系统，与其他电子 CAD 软件有良好的接口，通过第三方软件可实现文件格式的转换。Altium Designer 17 提供了许多新特性和增强功能，可以帮助电子设计人员以流水线的方式创建新一代的电子产品。

Altium Designer 17 包含许多高效的新特性和增强功能，能够将整个设计过程统一起来，实现用户的电子产品创新理念，创造显著的经济效益。新系统增强了 PCB 布线功能特性，更新了备用元器件选择系统、可视化间距边界、元器件布局系统，这一系列改进都能提高用户的效率。Altium Designer 17 在以下方面进行了功能增强。

（1）运用 Altium Designer 17 中全新的 PCB 布线及增强技术

- 运用 ActiveRoute™：在短时间内进行高质量的 PCB 布线。
- 使用背钻孔：减少高速设计时对信号完整性的干扰。
- 通过动态铺铜：节省创建及编辑多边形铺铜的时间。

（2）PCB 布线功能增强

对 PCB 布线工作流程的精确控制及其卓越性能，可以应对不断增强的工程复杂性的挑战。

- ActiveRoute：通过高性能的指导布线技术，在短时间内进行高质量的 PCB 布线。
- 跟踪修线：运用布线路径自动对准功能，轻松优化 PCB 网络的长度和质量。
- 动态选择：运用全新的基于任意形状的选择工具，快速分组、编辑设计对象。

（3）设计效率增强

凭借高速设计、设计文档以及 PCB 布线的效率增强，提升工程体验。

- 动态铺铜：通过便捷的编辑模式及自定义边界，节约修改多边形铺铜的时间。
- 背钻孔：通过对钻孔的完全控制，减少高速设计时对信号完整性的干扰。
- 自动交叉搜索：通过在原理图及电路板间交叉引用，在设计工程的多个文件中快速导航。

1.2　Altium Designer 17 的主窗口

Altium Designer 17 启动后便可进入主窗口，如图 1-1 所示。用户可以在该窗口中进行工程文件的操作，如创建新工程、打开文件等。

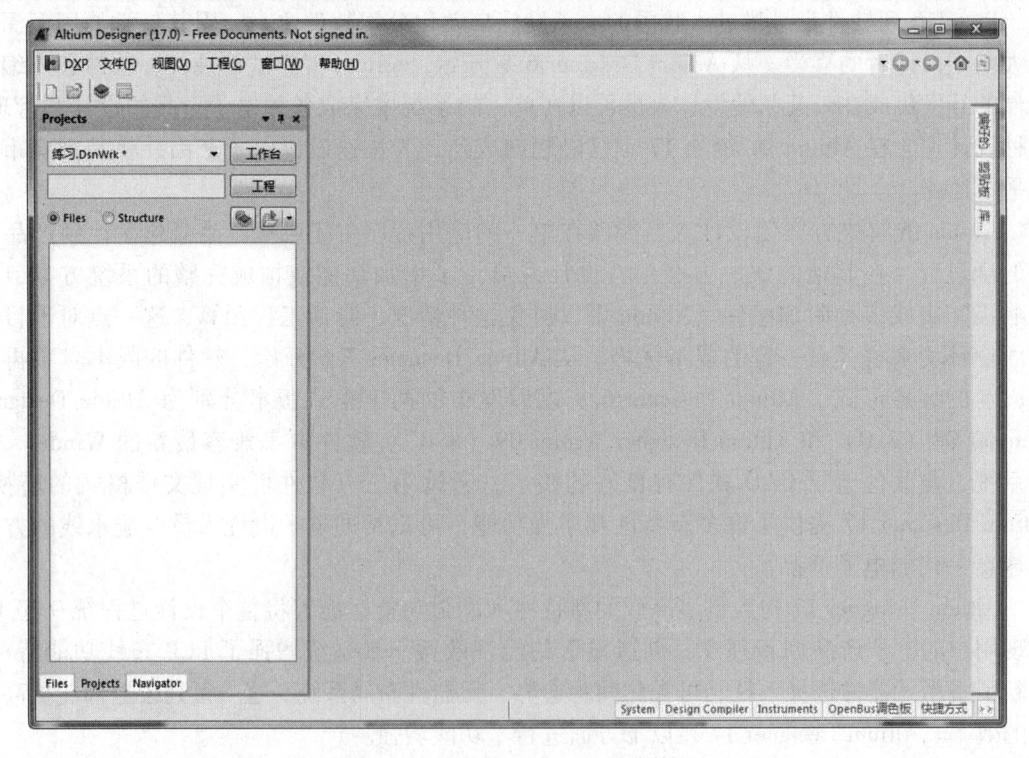

图 1-1　Altium Designer 17 的主窗口

主窗口类似于 Windows 窗口的界面风格，主要包括菜单栏、工具栏、工作窗口、工作面板、状态栏及导航栏六部分。

1.2.1 菜单栏

菜单栏包括一个用户配置按钮 DXP 和文件（F）、视图（V）、工程（C）、窗口（W）、帮助（H）五个菜单。

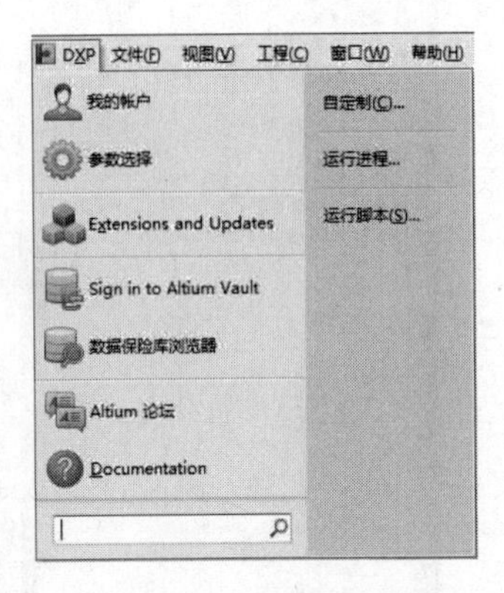

图 1-2 配置菜单

1. 用户配置按钮 DXP

单击该配置按钮会弹出如图 1-2 所示的配置菜单，该菜单包含一些用户配置命令。

（1）“我的账户”命令：用于管理用户授权协议，可设置授权许可的方式和数量。单击该命令弹出“Home”选项卡，如图 1-1 右侧区域所示。

（2）“参数选择”命令：用于设置 Altium Designer 的系统参数，包括资料备份和自动保存设置、字体设置、工程面板的显示、环境参数设置等。选择该命令将弹出如图 1-3 所示的“参数选择”对话框。

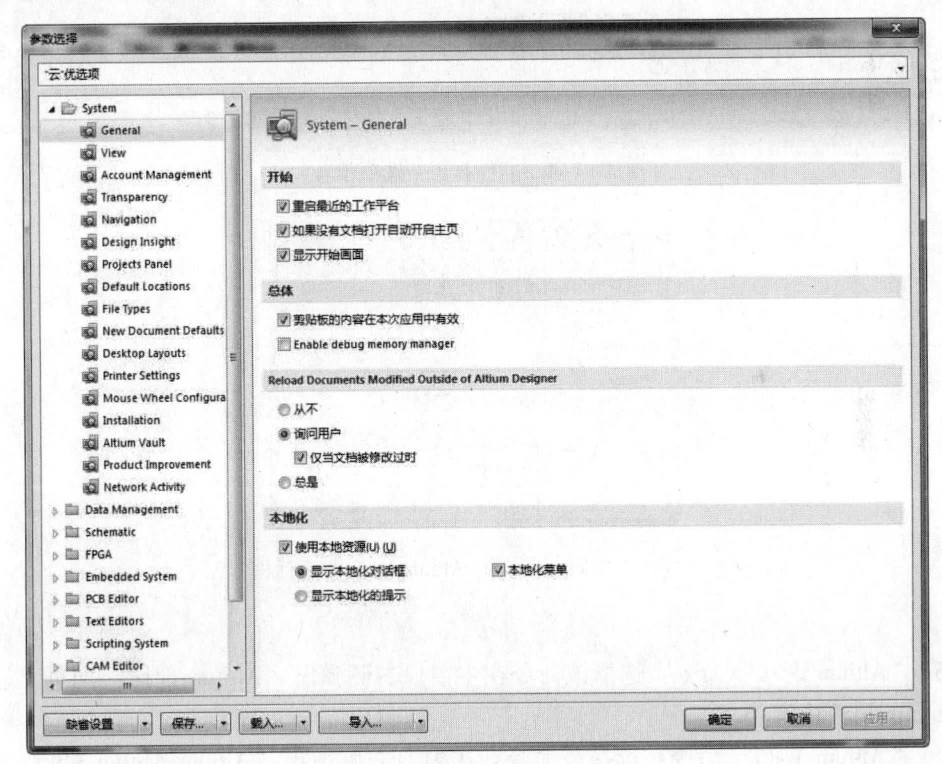

图 1-3 “参数选择”对话框

（3）“Extensions and Updates（插件与更新）”命令：用于检查软件更新，单击该命令在主窗口右侧弹出如图 1-4 所示的“Extensions and Updates（插件与更新）”选项卡。

（4）“Sign in to Altium Vault（登录到 Altium Vault）”命令：用于打开“Connecting to Altium Vault”对话框，如图 1-5 所示，用于设置服务器地址、Altium Vault 用户名与密码。

（5）“数据保险库浏览器”命令：用于打开“Vault”对话框连接浏览器，显示数据保

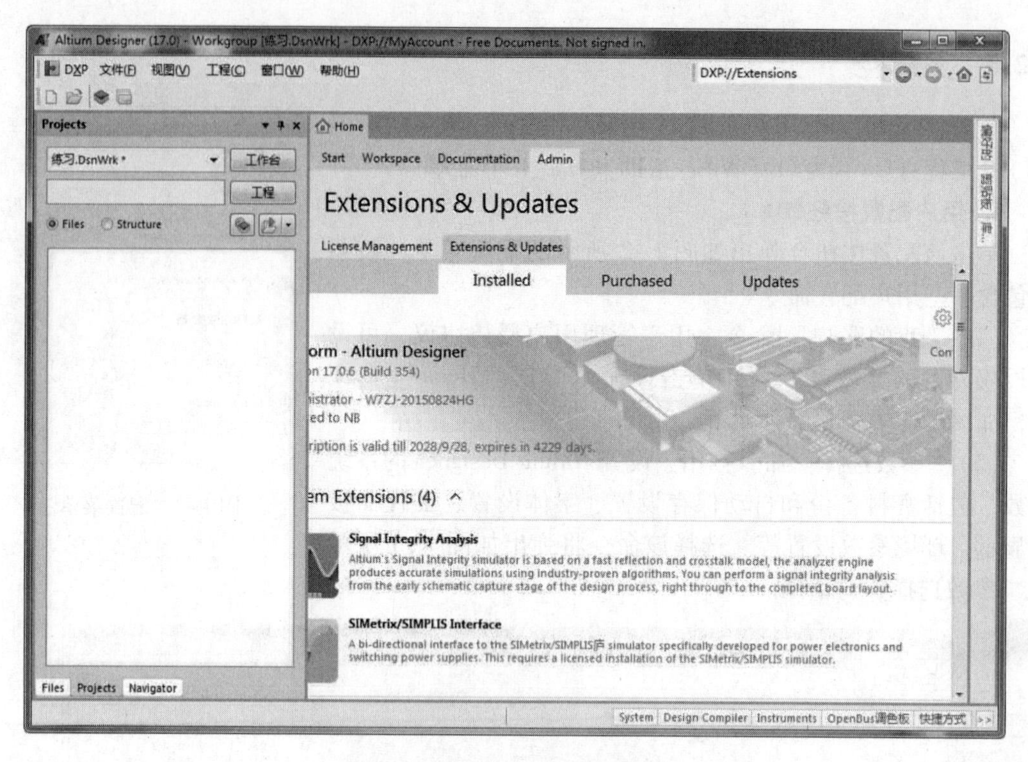

图 1-4 插件与更新选项卡

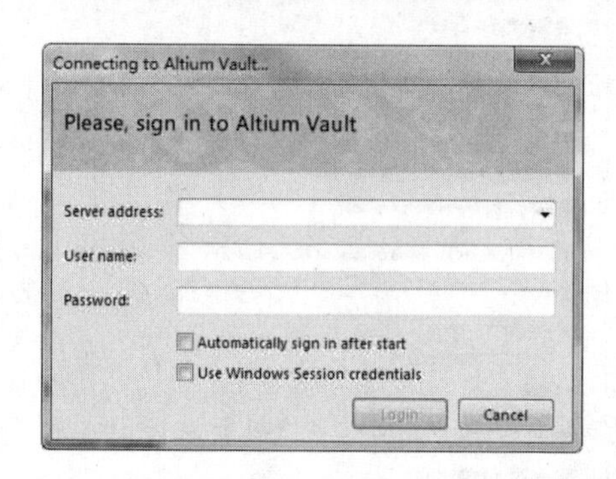

图 1-5 “Connecting to Altium Vault”对话框

险库。

（6）“Altium 论坛”命令：选择该命令在主窗口右侧弹出“Altium 论坛”网页，显示关于 Altium 的讨论内容。

（7）“Altium Wiki”命令：选择该命令在主窗口右侧弹出“Altium Altium Wiki”网页，显示关于 Altium 的内容。

（8）“自定制”命令：用于自定义用户界面，如移动、删除、修改菜单栏或菜单选项，创建或修改快捷键等。选择该命令弹出的“Customizing PickATask Editor（定制原理图编辑器）”对话框如图 1-6 所示。

（9）“运行进程”命令：提供了以命令行方式启动某个进程的功能，可以启动系统提供的任何进程。选择该命令弹出“运行过程”对话框，如图 1-7 所示，单击其中的“浏览”

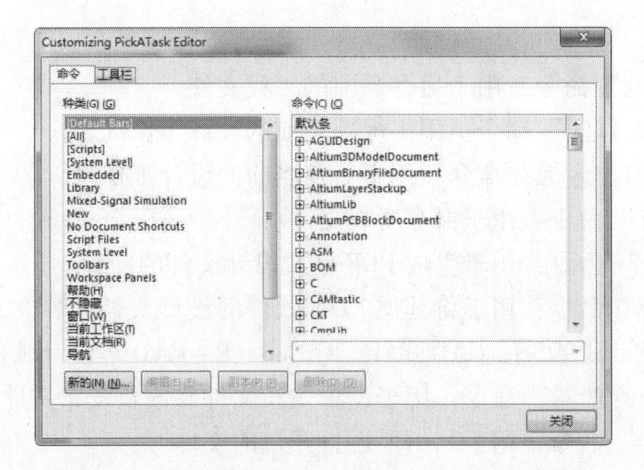

图 1-6 “Customizing PickATask Editor” 对话框

按钮弹出“处理浏览”对话框，如图 1-8 所示。

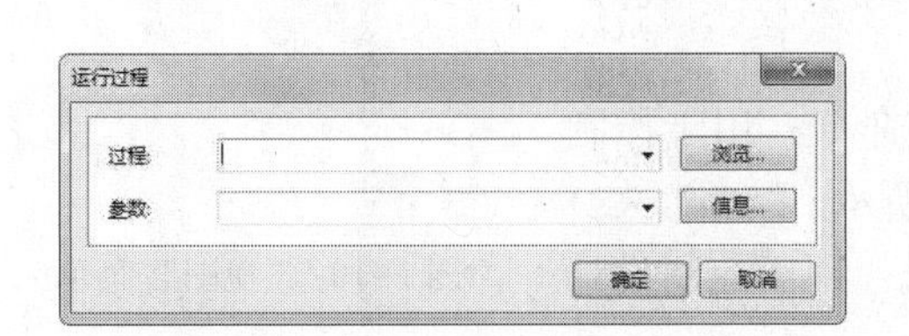

图 1-7 “运行过程”对话框

图 1-8 “处理浏览”对话框

（10）“运行脚本”命令：用于运行各种脚本文件，如用 Delphi、VB、Java 等语言编写的脚本文件。

2.“文件”菜单

“文件”菜单主要用于文件的新建、打开和保存等，如图 1-9 所示。下面详细介绍“文件”菜单中的命令及其功能。

（1）“New”命令：用于新建一个文件，其子菜单如图 1-9 所示。

（2）“打开”命令：用于打开已有的 Altium Designer 17 可以识别的各种文件。

（3）“打开工程”命令：用于打开各种工程文件。

（4）“打开设计工作区”命令：用于打开设计工作区。

（5）“检出”命令：用于从设计存储库中选择模板。

（6）“保存工程”命令：用于保存当前的工程

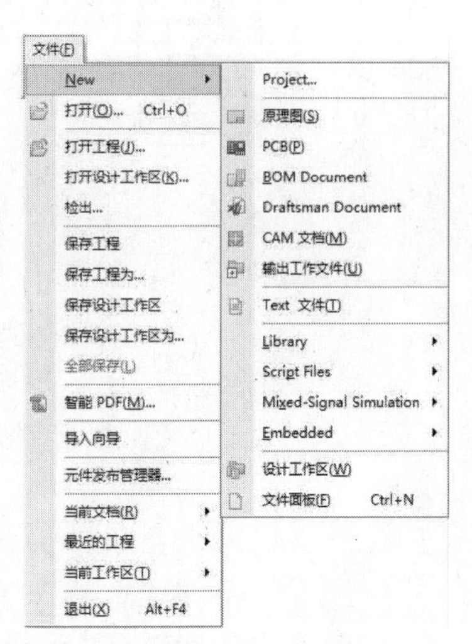

图 1-9 “文件”菜单

文件。

（7）“保存工程为”命令：用于另存当前的工程文件。

（8）“保存设计工作区”命令：用于保存当前的设计工作区。

（9）“保存设计工作区为”命令：用于另存当前的设计工作区。

（10）“全部保存”命令：用于保存所有文件。

（11）“智能 PDF”命令：用于生成 PDF 格式设计文件的向导。

（12）“导入向导”命令：用于将其他 EDA 软件的设计文档及库文件导入 Altium Designer 的导入向导，如 Protel 99SE、CADSTAR、OrCad、P－CAD 等设计软件生成的设计文件。

（13）“元件发布管理器”命令：用于设置发布文件参数及发布文件。

（14）“当前文档”命令：用于列出最近打开过的文件。

（15）“最近的工程”命令：用于列出最近打开过的工程文件。

（16）“当前工作区”命令：用于列出最近打开过的设计工作区。

（17）“退出”命令：用于退出 Altium Designer 17。

3. “视图”菜单

“视图”菜单主要用于工具栏、工作面板、命令行及状态栏的显示和隐藏，如图 1-10 所示。

图 1-10 “视图”菜单

（1）“Toolbar”（工具栏）命令：用于控制工具栏的显示和隐藏，其子菜单如图 1-11 所示。

（2）“Workspace Panels”（工作区面板）命令：用于控制工作面板的打开与关闭，其子菜单如图 1-11 所示。

①“Design Compiler”（设计编译器）命令：用于控制设计

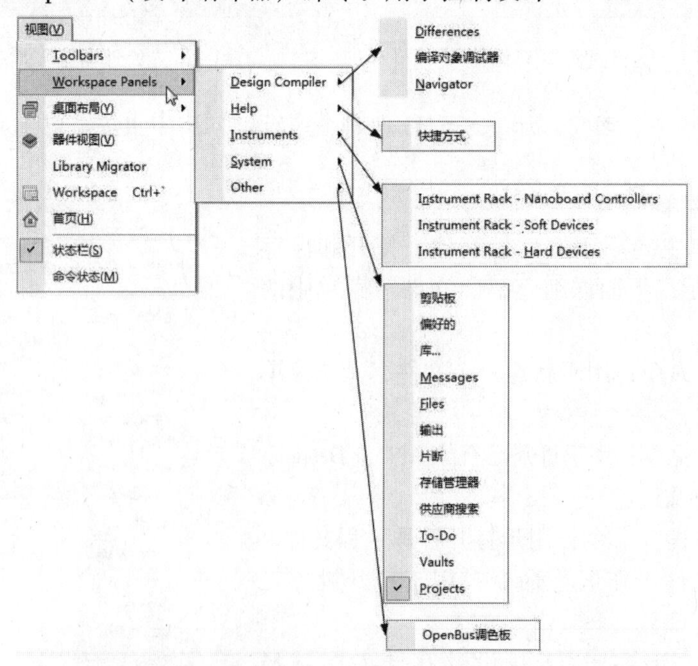

图 1-11 “Workspace Panels（工作区面板）”命令子菜单

编译器相关面板的打开与关闭，包括编译过程中的差异、编译错误信息、编译对象调试器及编译导航等面板。

②“Help”（帮助）命令：用于控制帮助面板的打开与关闭。

③“Instruments”（设备）命令：用于控制设备机架面板的打开与关闭，其中包括 Nanoboard Controllers（控制器）、Soft Devices（软件设备）和 Hard Devices（硬件设备）3 部分。

④“System”（系统）命令：用于控制系统工作面板的打开和隐藏。其中，“库”、“Messages”（信息）、“Files”（文件）和“Projects”（工程）工作面板比较常用，后面章节将详细介绍。

⑤“Other”（其他）命令：介绍其他命令，如“OpenBus 调色板”命令。

（3）“桌面布局”命令：用于控制桌面的显示布局，其子菜单如图 1-12 所示。

①“Default”（默认）命令：用于设置 Altium Designer 17 为默认桌面布局。

②“Startup”（启动）命令：用于当前保存的桌面布局。

③“Load layout”（载入布局）命令：用于从布局配置文件中打开一个 Altium Designer 17 已有的桌面布局。

④“Save layout”（保存布局）命令：用于保存当前的桌面布局。

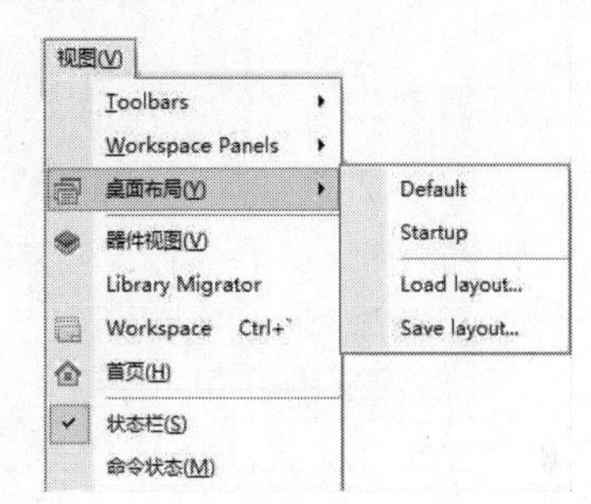

图 1-12 “桌面布局”命令子菜单

（4）“器件视图”命令：用于打开器件视图窗口，如图 1-13 所示。

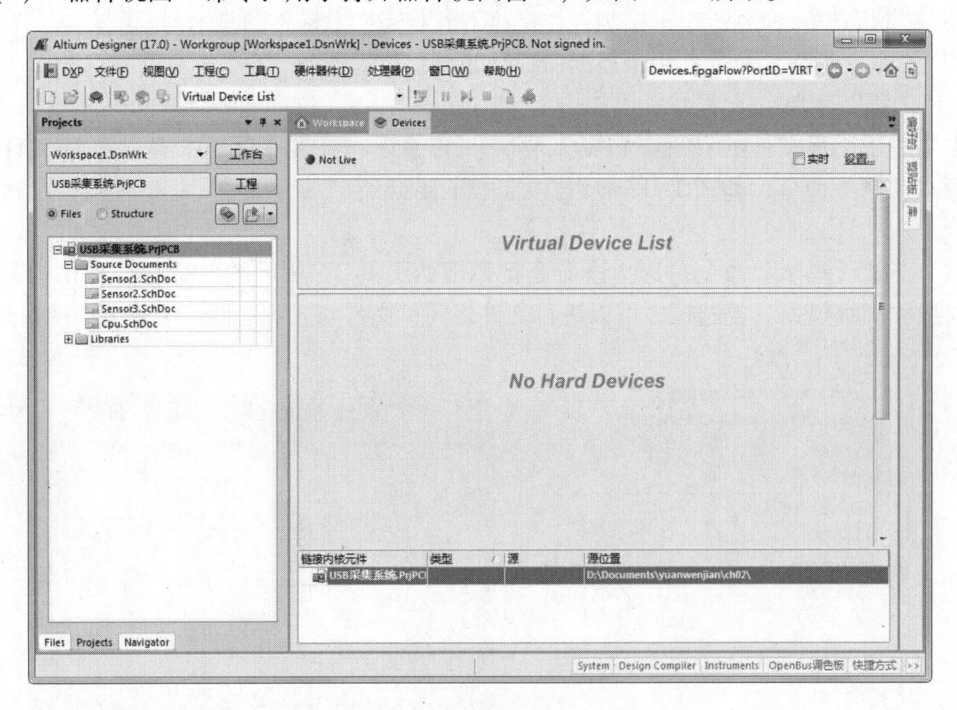

图 1-13 器件视图窗口

（5）“Library Migrator”（元件库管理）：用于打开 Altium Vault 管理窗口。

（6）“Workspace”（工作区）命令：显示文件的缩略图，如图 1-14 所示。

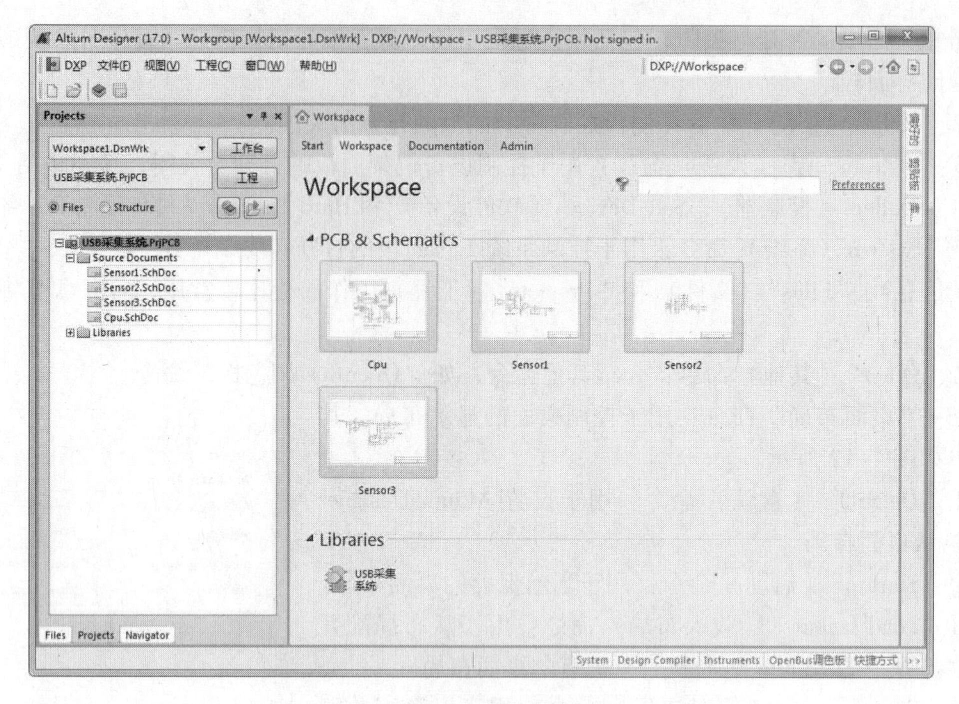

图 1-14　文件的缩略图

（7）“首页”命令：用于打开首页窗口，一般与默认的窗口布局相同。

（8）“状态栏”命令：用于控制工作窗口下方状态栏上标签的显示与隐藏。

（9）“命令状态”命令：用于控制命令行的显示与隐藏。

4. “工程”菜单

主要用于工程文件的管理，包括工程文件的编译、添加、删除、显示工程文件的差异和版本控制等命令，如图 1-15 所示。这里主要介绍“显示差异”和“版本控制”两个命令。

（1）“显示差异”命令：选择该命令将弹出如图 1-16 所示的“选择文档比较”对话框。勾选“高级模式”复选框，可以进行文件之间、文件与工程之间、工程之间的比较。

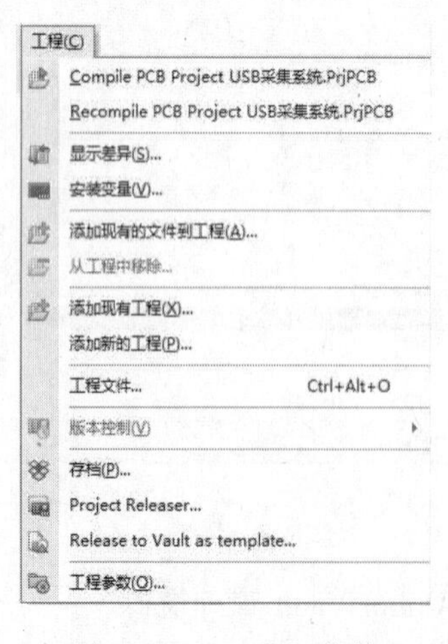

图 1-15　“工程”菜单

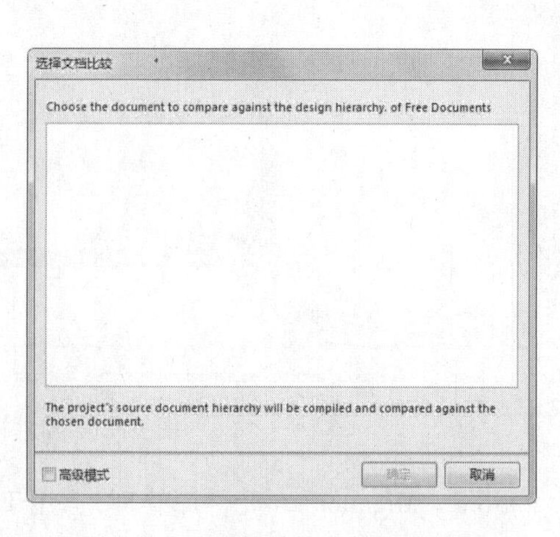

图 1-16　“选择文档比较”对话框

（2）“版本控制”命令：选择该命令可以查看版本信息，可以将文件添加到“版本控制”数据库中，并对数据库中的各种文件进行管理。

5.“窗口”菜单

“窗口”菜单用于对窗口进行纵向排列、横向排列、打开、隐藏及关闭等操作。

6.“帮助”菜单

“帮助”菜单用于打开各种帮助信息。

1.2.2 工具栏

工具栏中有 4 个按钮，分别用于新建文件、打开已存在的文件、打开器件视图页面和打开工作区文件缩略图。

1.2.3 工作窗口

打开 Altium Designer 17，工作窗口显示的是 Home（首页）页面，完全打开的首页页面如图 1-17 所示。

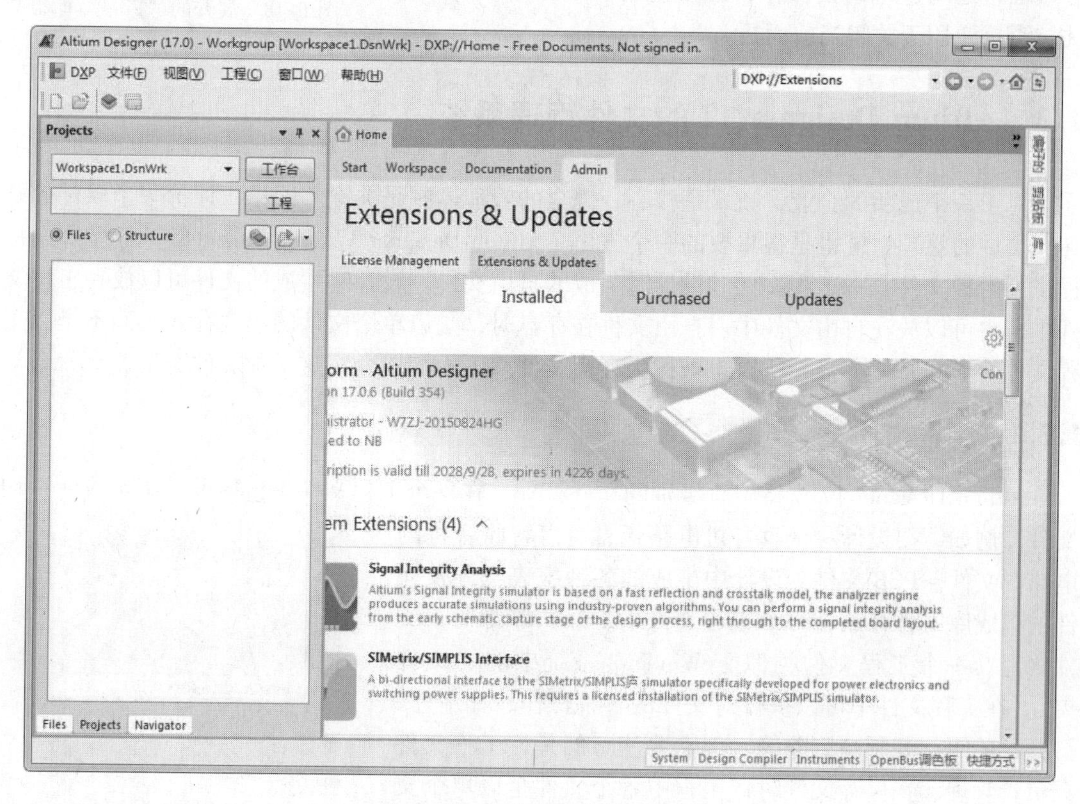

图 1-17　工作窗口的首页页面

1.2.4 工作面板

在 Altium Designer 17 中，可以使用系统型面板和编辑器面板两种类型的面板。系统型面板在任何时候都可以使用，而编辑器面板只有在相应的文件被打开时才可以使用。

使用工作面板是为了便于设计过程中的快捷操作。Altium Designer 17 被启动后，系统将自动激活“Files（文件）”面板、“Projects”（工程）面板和“Navigator（导航）”面板，可以单击面板底部的标签在不同的面板之间切换。下面简单介绍“Files”（文件）面板，其余的面板将在随后的原理图设计和 PCB 设计中详细讲解。展开的“Files”（文件）面板如图 1-18 所示。

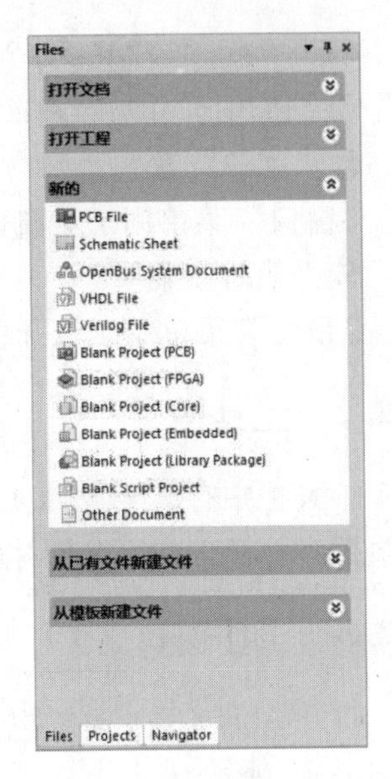

图 1-18　展开的“Files”面板

“Files”（文件）面板主要用于打开、新建各种文件和工程，分为“打开文档”、“打开工程”、“新的”、“从已有文件新建文件”和“从模板新建文件”5 个选项栏。单击每一部分右上角的双箭头按钮即可打开或隐藏里面的各项命令。

工作面板有自动隐藏显示、浮动显示和锁定显示 3 种显示方式。在每个面板的右上角都有 3 个按钮，▼按钮用于在各种面板之间进行切换操作，按钮用于改变面板的显示方式，☒按钮用于关闭当前面板。

1.3　Altium Designer 17 的文件管理系统

对于一个成功的企业，技术是核心，健全的管理体制是关键。同样，评价一个软件的好坏，文件的管理系统也是很重要的一个方面。Altium Designer 17 的“Projects”（工程）面板提供了两种文件——工程文件和设计时生成的自由文件。设计时生成的文件可以放在工程文件中，也可以放在自由文件中。自由文件在存盘时，是以单个文件的形式存入，而不是以工程文件的形式整体存盘，所以也被称为存盘文件。下面简单介绍这 3 种文件类型。

1.3.1　工程文件

Altium Designer 17 支持工程级别的文件管理，在一个工程文件里包括设计中生成的一切文件。例如，要设计一个收音机电路板，可以将收音机的电路图文件、PCB 文件、设计中生成的各种报表文件及元件的集成库文件存放在一个工程文件中，这样非常便于文件管理。一个工程文件类似于 Windows 系统中的“文件夹”，在工程文件中可以执行对文件的各种操作，如新建、打开、关闭、复制与删除等。但需要注意的是，工程文件只负责管理，在保存文件时，工程中各个文件是以单个文件的形式保存的。

图 1-19　“.PrjPCB”工程文件

图 1-19 所示为任意打开的一个“.PrjPCB”工程文件。从该图可以看出，该工程文件包含了与整个设计相关的所有文件。

1.3.2　自由文件

自由文件是指独立于工程文件之外的文件，Altium Designer 17 通常将这些文件存放在唯一的“Free Document”（空白文件）文件夹中。自由文件有以下两个来源。

（1）当将某文件从工程文件夹中删除时，该文件并没有从“Project”（工程）面板中消失，而是出现在“Free Document”（空白文件）中，成为自由文件。

（2）打开 Altium Designer 17 的存盘文件（非工程文件）时，该文件将出现在“Free Document”（空白文件）中而成为自由文件。

自由文件的存在方便了设计的进行，将文件从自由文档文件夹中删除时，文件将会彻底被删除。

1.3.3　存盘文件

存盘文件是在工程文件存盘时生成的文件。Altium Designer 17 保存文件时并不是将整个工程文件保存，而是单个保存，工程文件只起到管理的作用。这样的保存方法有利于实施大规模电路的设计方案。

第 2 章　原理图设计基础

在整个电子电路设计过程中，电路原理图的设计是最重要的基础性工作。同样，在 Altium Designer 17 中，只有先设计出符合需求和规则的电路原理图，然后才能顺利地对其进行仿真分析，最终变为可以用于生产的 PCB（印制电路板）设计文件。

本章将详细介绍原理图设计的一些基础知识，具体包括原理图的组成、原理图编辑器的界面、新建与保存原理图文件、原理图环境设置等。

知识点

- 原理图编辑器窗口
- 放置元件

2.1　原理图的组成

原理图，即电路板工作原理的逻辑表示，它主要由一系列具有电气特性的符号构成。图 2-1所示是一张用 Altium Designer 17 绘制的原理图，在原理图上用符号表示了 PCB 的所有组成部分。PCB 各个组成部分与原理图上电气符号的对应关系如下。

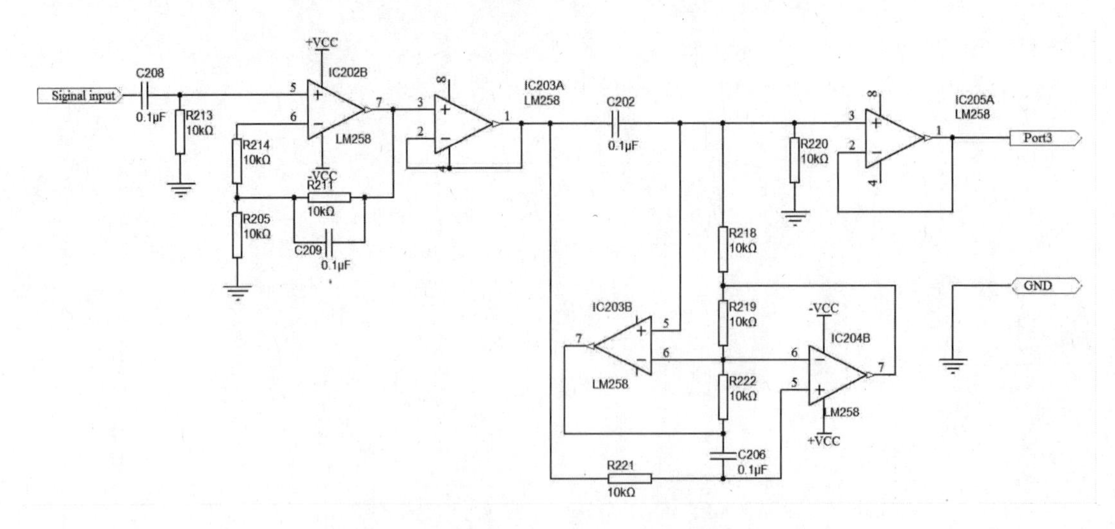

图 2-1　用 Altium Designer 17 绘制的原理图

1. 元件

在原理图设计中，元件是以元件符号的形式出现。元件符号主要由元件引脚和边框组成，其中元件引脚需要和实际元件一一对应。

图 2-2 所示为图 2-1 采用的一个元件符号，该符号在 PCB 上对应的是一个运算放大器。

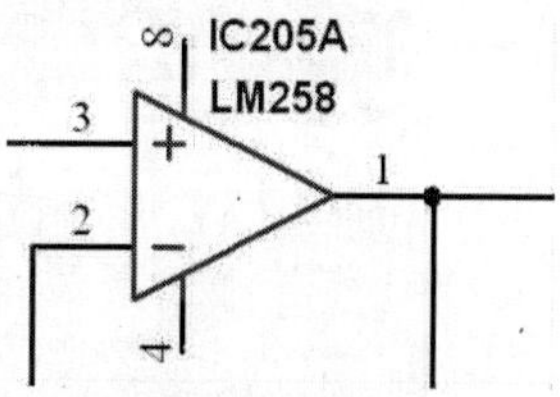

图 2-2　元件符号

2. 铜箔

在原理图设计中，铜箔有以下几种表示。

（1）导线：原理图设计中的导线有自己的符号，它以线段的形式出现。在 Altium Designer 17 中还提供了总线，用于表示一组信号，它在 PCB 上对应的是一组由铜箔组成的有时序关系的导线。

（2）焊盘：元件的引脚对应 PCB 上的焊盘。

（3）过孔：由于原理图上不涉及 PCB 的布线，因此没有过孔。

（4）覆铜：由于原理图上不涉及 PCB 的覆铜，因此没有覆铜的对应符号。

3. 丝印层

丝印层是 PCB 上元件的说明文字，对应于原理图上元件的说明文字。

4. 端口

在原理图编辑器中引入的端口不是指硬件端口，而是为了建立跨原理图电气连接而引入的具有电气特性的符号。当原理图中采用了一个端口，该端口就可以和其他原理图中同名的端口建立一个跨原理图的电气连接。

5. 网络标号

网络标号和端口类似，通过网络标号也可以建立电气连接。原理图中网络标号必须附加在导线、总线或元件引脚上。

6. 电源符号

这里的电源符号只是用于标注原理图上的电源网络，并非实际的供电元件。

总之，绘制的原理图由各种元件组成，它们通过导线建立电气连接。在原理图上除了元件之外，还有一系列其他辅助组成部分用于建立正确的电气连接，使整个原理图能够和实际的 PCB 对应起来。

2.2 原理图编辑器窗口简介

在打开一个原理图设计文件或创建一个新原理图文件时，Altium Designer 17 的原理图编辑器将被启动，即打开了原理图的编辑环境，如图 2-3 所示。

下面简单介绍该编辑环境的主要组成部分。

2.2.1 菜单栏

在 Altium Designer 17 设计系统中对不同类型的文件进行操作时，菜单栏的内容会发生相应的改变。在原理图的编辑环境中，菜单栏如图 2-4 所示。在设计过程中，对原理图的各种编辑操作都可以通过菜单栏中的相应命令来完成。

- “文件”菜单：用于执行文件的新建、打开、关闭、保存和打印等操作。
- “编辑”菜单：用于执行对象的选取、复制、粘贴、删除和查找等操作。
- “察看”菜单：用于执行视图的管理操作，如工作窗口的放大与缩小，各种工具、面

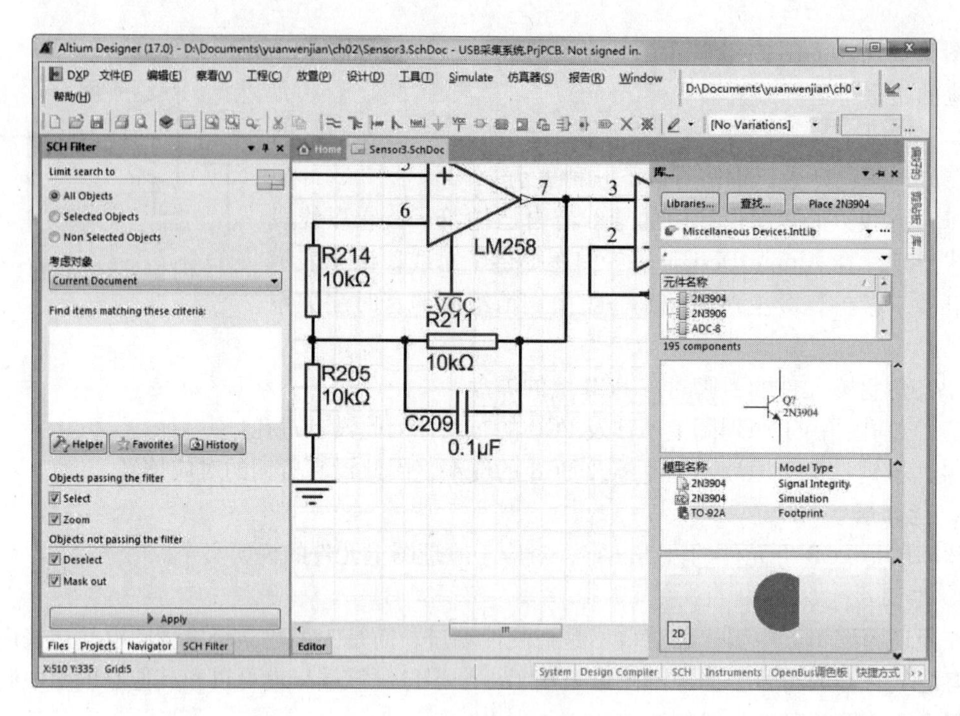

图 2-3　原理图的编辑环境

DXP　文件(F)　编辑(E)　察看(V)　工程(C)　放置(P)　设计(D)　工具(T)　Simulate　仿真器(S)　报告(R)　Window　帮助(H)

图 2-4　原理图编辑环境中的菜单栏

板、状态栏及节点的显示与隐藏等。

- “工程”菜单：用于执行与项目有关的各种操作，如项目文件的建立、打开、保存与关闭，工程项目的编译及比较等。
- “放置”菜单：用于放置原理图的各种组成部分。
- “设计”菜单：用于对元件库进行操作、生成网络报表等操作。
- “工具”菜单：用于为原理图设计提供各种操作工具，如元件快速定位等操作。
- “Simulate”菜单：用于为原理图进行混合仿真设置，如添加、激活探针等命令。
- “仿真器”菜单：用于创建各种测试平台。
- “报告”菜单：用于执行生成原理图各种报表的操作。
- “Windows”菜单：用于对窗口进行各种操作。
- “帮助”菜单：用于打开帮助菜单。

2.2.2　工具栏

选择菜单栏中的“察看”→“Toolbars”（工具栏）→“自定制”命令，系统将弹出如图 2-5 所示的“Customizing Sch Editor”（定制原理图编辑器）对话框。在该对话框中可以对工具栏中的功能按钮进行设置，以便用户创建自己的个性工具栏。

在原理图的设计窗口中，Altium Designer 17 提供了丰富的工具栏，其中绘制原理图常用的工具栏介绍如下。

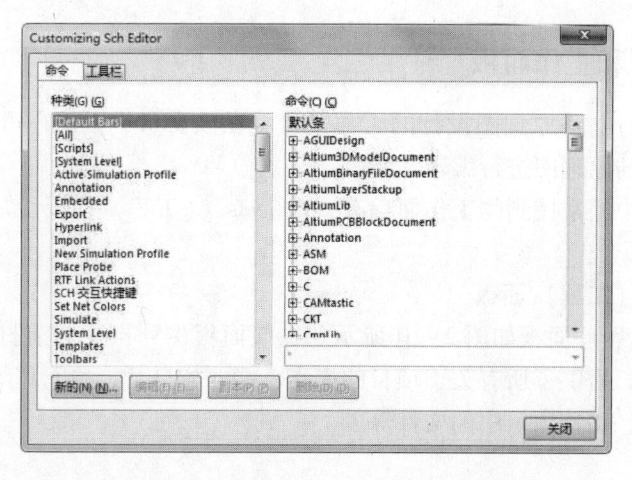

图 2-5 “Customizing Sch Editor”对话框

1. 标准工具栏

标准工具栏中为用户提供了一些常用的文件操作快捷方式，如打印、缩放、复制、粘贴等，它以按钮图标的形式表示出来，如图 2-6 所示。如果将光标悬停在某个按钮图标上，则该图标按钮所要完成的功能就会在图标下方显示出来，便于用户操作。

2. 布线工具栏

布线工具栏主要用于放置原理图中的元件、电源、接地、端口、图纸符号及未用引脚标志等，同时完成连线操作，如图 2-7 所示。

图 2-6 原理图编辑环境中的标准工具栏

图 2-7 原理图编辑环境中的布线工具栏

3. 绘图工具栏

绘图工具栏用于在原理图中绘制所需要的标注信息，不代表电气连接，如图 2-8 所示。

此外，用户可以尝试操作其他的工具栏。在“察看”菜单下“工具栏”命令的子菜单中列出了所有原理图设计中的工具栏，在工具栏名称左侧有“√”标记则表示该工具栏已经被打开了，否则该工具栏是被关闭的，如图 2-9 所示。

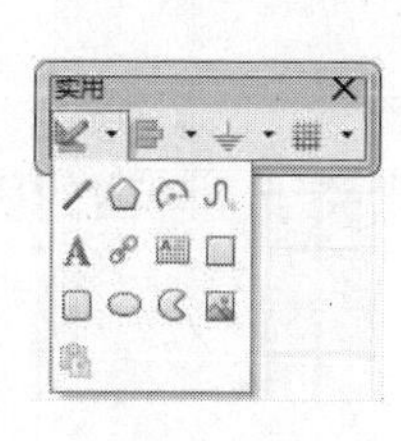

图 2-8 原理图编辑环境中的绘图工具栏

图 2-9 “Toolbars”（工具栏）命令子菜单

2.2.3　工作窗口和工作面板

工作窗口是进行电路原理图设计的工作平台。在该窗口中，用户可以新绘制一个原理图，也可以对现有的原理图进行编辑和修改。

在原理图设计中经常用到的工作面板有“Projects”（工程）面板、“库”面板及“Navigator”（导航）面板。

1.“Projects”（工程）面板

“Projects”（工程）面板如图 2-10 所示。在该面板中列出了当前打开项目的文件列表及所有的临时文件，提供了所有关于项目的操作功能，如打开、关闭和新建各种文件，以及在项目中导入文件、比较项目中的文件等。

2.“库”面板

“库”面板如图 2-11 所示。这是一个浮动面板，当光标移动到其标签上时，就会显示该面板，也可以通过单击标签在几个浮动面板间进行切换。在该面板中可以浏览当前加载的所有元件库，可以在原理图上放置元件，还可以对元件的封装、3D 模型、SPICE 模型和 SI 模型进行预览，同时还能够查看元件供应商、单价、生产厂商等信息。

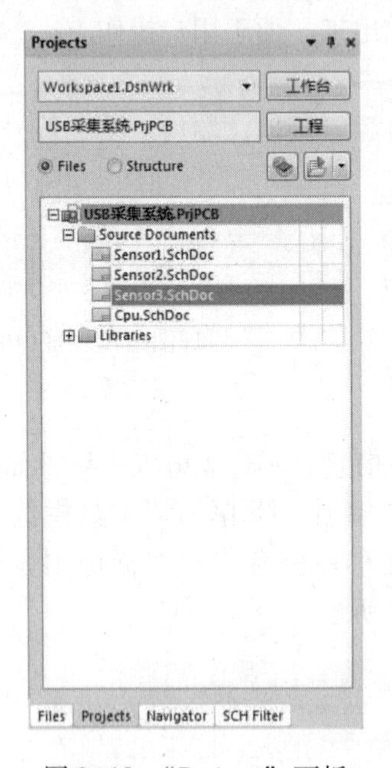

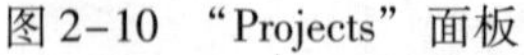
图 2-10　“Projects”面板

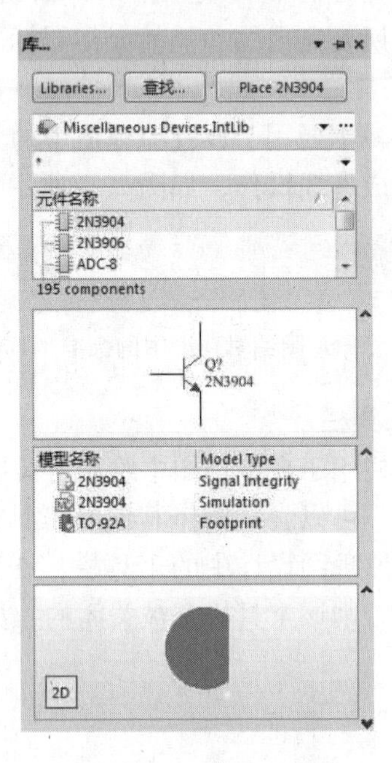

图 2-11　“库”面板

3.“Navigator”（导航）面板

“Navigator”（导航）面板能够在分析和编译原理图后提供关于原理图的所有信息，通常用于检查原理图。

2.3　原理图工作环境设置

在电路原理图的绘制过程中，其效率和正确性往往与原理图工作环境的设置有着十分密切的联系。这一节中，将详细介绍一下原理图工作环境的设置，以使读者能熟悉这些设置，为后面的原理图的绘制打下一个良好的基础。

选择菜单栏中的“工具”→“设置原理图参数”命令，或在SCH原理图图纸上右键单击鼠标，在弹出的快捷菜单中选择“选项”→“设置原理图参数”命令，打开“参数选择”对话框，如图2-12所示。

在该对话框的“Schematic”（原理图）选项下有9个页面：“General”（常规设置）、“Graphical Editing”（几何编辑）、“Compiler”（编译）、“AutoFocus”（自动聚焦）、“Library AutoZoom”（库自动调节）、“Grids”（网格）、“Break Wire”（断线）、“Default Units”（默认单位）和“Default Primitives”（初始默认）。下面对这些页面进行具体的介绍。

2.3.1 General页面的设置

在“参数选择”对话框中，单击“General”（常规设置）标签，在对话框的右侧会显示出“General”（常规设置）页面，如图2-12所示。“General”（常规设置）页面主要用来设置电路原理图的常规环境参数。

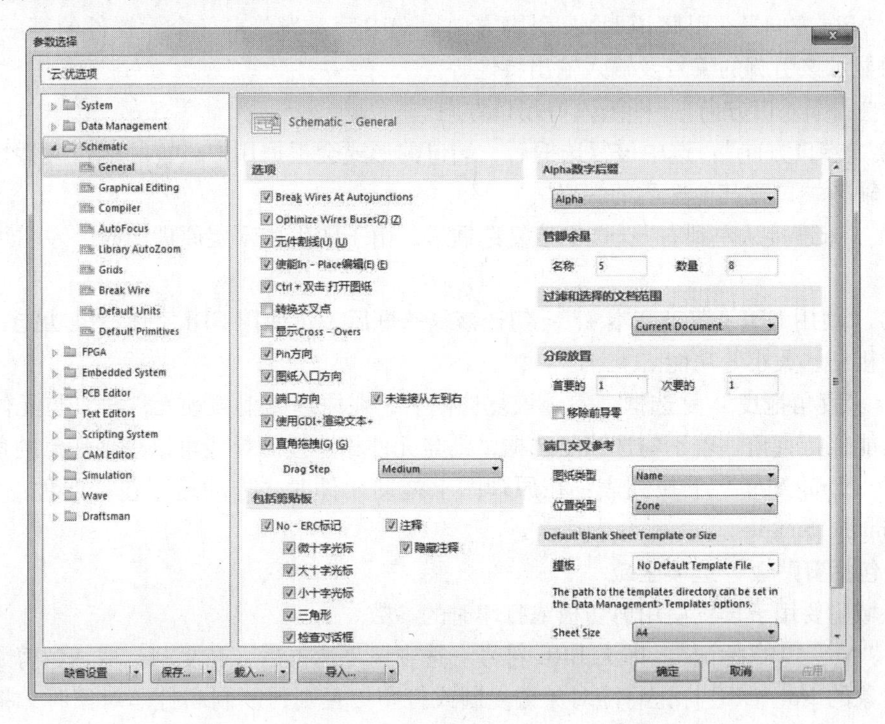

图2-12 “General”页面

1.“选项”选项区域

（1）“Break Wires At Autojunctions”（自动添加结点）：勾选该复选框后，在两条交叉线处自动添加节点后，节点两侧的导线将被分割成两段。

（2）“Optimize Wires Buses”（优化导线和总线）：若选中该复选框，在进行导线和总线的连接时，系统将会自动地选择最优路径，并且能避免各种电气连线和非电气连线的相互重叠；若不选该复选框，用户可以根据自己的设计选择连线路径。

（3）“元件割线”：即元件切割导线。此复选框只有在选中 Optimize Wires Buses 复选框时，才能进行选择。选中后，会启动元器件切割导线的功能，即在放置元器件时，若元器件的两个管脚同时落在一根导线上，则元器件将会把导线切割成两段，两个端点分别与元器件的两个管脚相连。

（4）“使能 In - Place 编辑”（启用即时编辑功能）：即允许放置后编辑。若选中该复选框，则在选中原理图中的文本对象时，如元器件的序号、标注等，单击鼠标可以直接在原理图上修改文本内容。若未选中该选项，则必须在参数设置对话框中修改文本内容。

（5）“Ctrl + 双击打开图纸”：选中该复选框后，按下 CTRL 键，同时双击原理图文档图标就可以打开此原理图。

（6）“转换交叉点”：若选中该复选框，在绘制导线时，在重复的导线出处会自动连接并生成一个节点，同时终止本次画线操作。若不选择该复选框，画线时可以随意覆盖已经存在的连线，并可以继续进行画线操作。

（7）“显示 Cross - Overs”（显示交叉点）：即显示横跨。选中该复选框后，非电气连线的交叉处会以半圆弧的形式显示出横跨状态。

（8）“Pin 方向”（引脚说明）：引脚方向。选中后，当单击一个元器件的某一引脚时，将会自动显示该引脚的编号及输入输出特性等。

（9）“图纸入口方向”：图纸入口端口方向。

（10）“端口方向”：选中该复选框后，端口的形式会根据用户设置的端口属性显示是输出端口、输入端口或其他性质的端口。

（11）“未连接从左到右”：选中该复选框后，由子图生成顶层原理图时，左右可以不用进行连接。

（12）“使用 GDI + 渲染文本 +”：勾选该复选框后，可使用 GDI 字体渲染功能，可精细到字体的粗细、大小等功能。

（13）“直角拖曳”复选框：勾选该复选框后，在原理图上拖动元件时，与元件相连接的导线只能保持直角。若不勾选该复选框，则与元件相连接的导线可以呈现任意的角度。

（14）“Drag Step”下拉列表：在原理图上拖动元件时，拖动速度包括四种：Medium、Large、Small、Smallest。

2. “包括剪贴板”选项区域

该区域主要用于设置使用剪切板或打印时的参数。

（1）“No - ERC 标记”：即无 ERC 符号。选中该复选框后，在复制、剪切到剪贴板或打印时，对象的 No - ERC 标记将随对象被复制或打印。否则，复制和打印对象时，将不包括 No - ERC 标记。

（2）“参数集”：即参数集合。选中该复选框后，在使用剪贴板进行复制或打印时，对象的参数设置将随对象被复制或打印。否则，复制和打印对象时，将不包括对象参数。

3. “Alpha 数字后缀”（字母和数字后缀）选项区域

该区域用于为多组件的元器件标设后缀的类型。有些元器件内部是由多组元器件组成的，例如 74 系列元器件，SN7404N 就是由 6 个非门组成的，可以通过“Alpha 数字后缀（字母和数字后缀）”区域设置元器件的后缀。若选择“字母”单选项，则后缀以字母表示，如 A、B 等。若选择“数字”单选项，则后缀以数字表示，如 1、2 等。

下面以元器件 SN7404N 为例，在原理图中放置 SN7404N 时，会出现一个非门，如图 2-13 所示，而不是实际所见的双列直插器件。

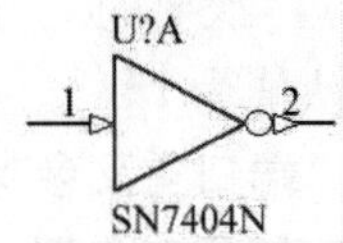

图 2-13　Sn7404 原理图

● 在放置元器件 SN7404N 时设置元器件属性对话框，假定设置元器件标识为 U?，由于 SN7404N 是 6 路非门，在原理图上可以连续放置 6 路非门，如图 2-14 所示。此时可以看到元器件的后缀依次为 U?A、U?B 等，按字母顺序递增。

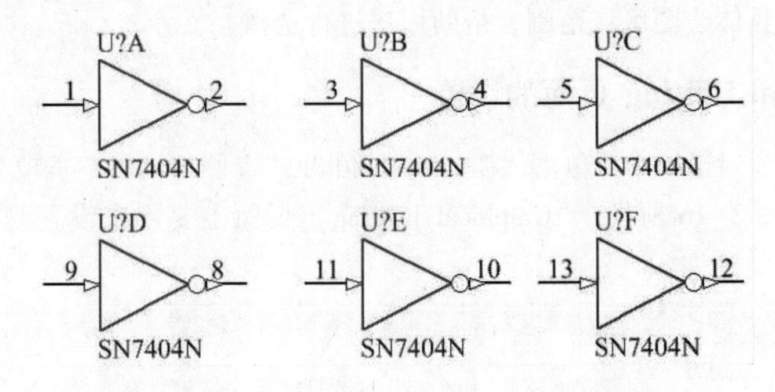

图 2-14　选择 Alpha 后的 SN7404N 原理图

● 在选择“数字”情况下，放置 SN7404N 的 6 路非门后的原理图如图 2-15 所示，可以看到元器件后缀的区别。

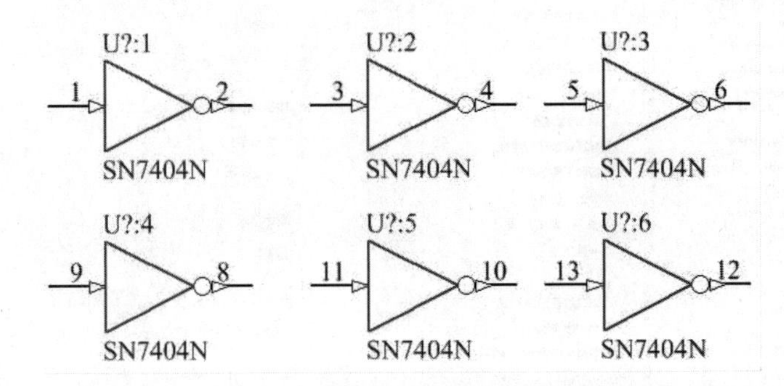

图 2-15　选择“数字”后的 SN7404N 原理图

4.“管脚余量”设置区域

该区域的功能是设置元器件上的引脚名称、引脚编号和元器件符号边缘间的间距。

●“名称”：用来设置元器件引脚名称与元器件符号边缘间的间距，系统默认值为 5。

●“数量”：用来设置元器件引脚编号与元器件符号边缘间的间距，系统默认值为 8。

5.“过滤和选择的文档范围”选项区域

用于设置过滤器和执行选择功能时默认的文件范围。可以只应用于“Current Document”（当前文档），也可以用于所有“Open Document”（打开文档）。

6.“分段放置”设置区域

该区域用于设置元件标识序号及引脚号的自动增量数。

（1）“首要的”：即主增量。用来设置在原理图上连续放置某一种元器件时，元器件序号的自动增量数。系统默认值为 1。

（2）“次要的”：即次增量。用来设置绘制原理图元器件符号时，引脚数的自动增量数。系统默认值为1。

7. “端口交叉参考”选项区域

该区域用于设置“图纸类型”与“位置类型”两个选项。

8. “Default Blank Sheet Template or Size”（默认空图表尺寸）选项区域

该区域用来设置默认的空白原理图图纸的尺寸大小，即在新建一个原理图文件时，系统默认的图纸大小。可以单击“Sheet Size”（图纸大小）下三角按钮进行选择设置，并会在旁边给出相应尺寸的具体绘图区域范围，帮助用户进行选择。

2.3.2 Graphical Editing 页面的设置

在“参数选择”对话框中，单击“Graphical Editing”（图形编辑）选项，弹出“Graphical Editing”页面，如图2-16所示。“Graphical Editing”页面主要用来设置与绘图有关的一些参数。

图2-16 “Graphical Editing”页面

1. “选项”选项区域

“选项”选项区域主要包括如下设置：

- “剪贴板参数”：用于设置将选取的元器件复制或剪切到剪切板时，是否要指定参考点。如果选定此复选项，进行复制或剪切操作时，系统会要求指定参考点，对于复制一个将要粘贴回原来位置的原理图部分非常重要，该参考点是粘贴时被保留部分的点，建议选定此项。
- “添加模板到剪切板”：若选定该复选项，当执行复制或剪切操作时，系统会把模板文件添加到剪切板上。若不选定该复选项，可以直接将原理图复制到Word文档中。

建议用户取消选定该复选项。

- “转化特殊字符”：用于设置将特殊字符串转换成相应的内容。若选定此复选项，则当在电路原理图中使用特殊字符串时，显示时会转换成实际字符。否则将保持原样。
- “对象的中心”：该复选项的功能是用来设置当移动元器件时，光标捕捉的是元器件的参考点还是元器件的中心。要想实现该选项的功能，必须取消“对象电气热点”选项的选定。
- “对象电气热点”：选定该复选项后，将可以通过距离对象最近的电气点移动或拖动对象。建议用户选定该复选项。
- “自动缩放”：用于设置插入组件时，原理图是否可以自动调整视图显示比例，以适合显示该组件。建议用户选定该复选项。
- “否定信号‘\’”：选定该复选项后，只要在网络标签名称的第一个字符前加一个‘\’，就可以将该网络标签名称全部加上横线。
- “双击运行检查”：双击运行检查器。若选定该复选项，则当在原理图上双击一个对象时，弹出的不是“Properties for Schematic Component in Sheet”（原理图元件属性）对话框，而是如图 2-17 所示的“SCH Inspector”对话框。建议用户不选该复选项。

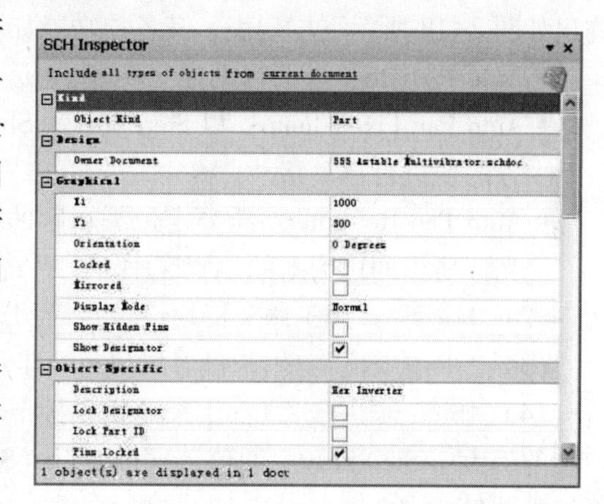

图 2-17 “SCH Inspector”对话框

- “确定被选存储清除”：确定选择存储器清除，若选中该复选框，在清除选择存储器时，系统将会出现一个确认对话框；否则，确认对话框不会出现。通过这项功能可以防止由于疏忽而清除选择存储器，建议用户选定此复选项。
- “掩膜手册参数”：标记手动参数，用来设置是否显示参数自动定位被取消的标记点。
- “单击清除选择”：即用于单击原理图编辑窗口内的任意位置来取消对象的选取状态。不选定此项时，取消元器件被选中状态需要选择菜单栏中的“编辑”→“取消选中”→“所有打开的当前文件”或单击工具栏中的图标按钮来取消元器件的选中状态。当选定该复选项后取消元器件的选取状态可以有两种方法：其一，直接在原理图编辑窗口的任意位置单击鼠标左键，即可取消元器件的选取状态。其二，选择菜单栏中的“编辑”→“取消选中”→“所有打开的当前文件”或单击工具栏图标按钮来取消元器件的选定状态。
- “Shift + 单击选择”：按下〈Shift〉键单击进行选择，选中该复选框后，只有在按下〈Shift〉键时，单击鼠标才能选中元器件。使用此功能会使原理图编辑很不方便，建议用户不要选择。
- “一直拖拉”：选中该复选框后，当移动某一元器件时，与其相连的导线也会被随之拖动，保持连接关系；否则，移动元器件时，与其相连的导线不会被拖动。
- “自动放置图纸入口”复选框：勾选该复选框后，系统会自动放置图纸入口。

- “保护锁定的对象”复选框：勾选该复选框后，系统会对锁定的图元进行保护；取消勾选该复选框，则锁定对象不会被保护。
- “图纸入口和端口使用 Harness 颜色”复选框：勾选该复选框后，设置图纸入口和端口颜色。
- “重置粘贴的元件标号”复选框：勾选该复选框后，粘贴后的元件标号进行重置。
- “Net Color Override”（覆盖网络颜色）复选框：勾选该复选框后，原理图中的网络显示对应的颜色。

2. “自动扫描选项”选项区域

主要用于设置系统的自动摇景功能。自动摇景是指当鼠标处于放置图纸元件的状态时，如果将光标移动到编辑区边界上，图纸边界自动向窗口中心移动。

选项区域主要包括如下设置：

（1）“类型”下拉菜单：单击该选项右边的下拉按钮，弹出如图 2-18 所示下拉列表，其各项功能如下：

图 2-18　“类型”下拉菜单

- Auto Pan Off：取消自动摇景功能。
- Auto Pan Fixed Jump：以 Step Size 和 Shift Step Size 所设置的值进行自动移动。
- Auto Pan ReCenter：重新定位编辑区的中心位置，即以光标所指的边为新的编辑区中心。系统默认为 Auto Pan Fixed Jump。

（2）“速度”：用于调节滑块设定自动移动速度。滑块越向右，移动速度越快。

（3）“步进步长”：用于设置滑块每一步移动的距离值。系统默认值为 30。

（4）“Shift 步进步长”：用来设置在按下〈Shift〉键时，原理图自动移动的步长。一般该栏的值大于 Step Size 中的值，这样按下〈Shift〉键后，可以加速原理图图纸的移动速度。系统默认值为 100。

3. “撤销/取消撤销”选项区域

“堆栈尺寸”：用于设置的堆栈次数。

4. “颜色选项”选项区域

该区域用来设置所选对象的颜色：单击后面的颜色选择栏，即可自行设置。

5. “光标”选项区域

该选项组主要用于设置光标的类型：在“指针类型”下拉列表框中，包含“Large Cursor 90”（长十字形光标）“Small Cursor 90”（短十字形光标）“Small Cursor 45”（短 45°交叉光标）“Tiny Cursor 45”（小 45°交叉光标）4 种光标类型。系统默认为“Small Cursor 90”（短十字形光标）类型。

2.3.3　Complier 页面的设置

在“参数选择”对话框中，单击“Complier”（编译）标签，弹出“Complier”（编译）页面，如图 2-19 所示。该页面主要用于在对电路原理图进行电气检查时，对检查出的错误生成各种报表和统计信息。

1. “错误和警告”选项区域

该区域用来设置是否显示编译过程中出现的错误，并可以选择颜色加以标记。系统错误

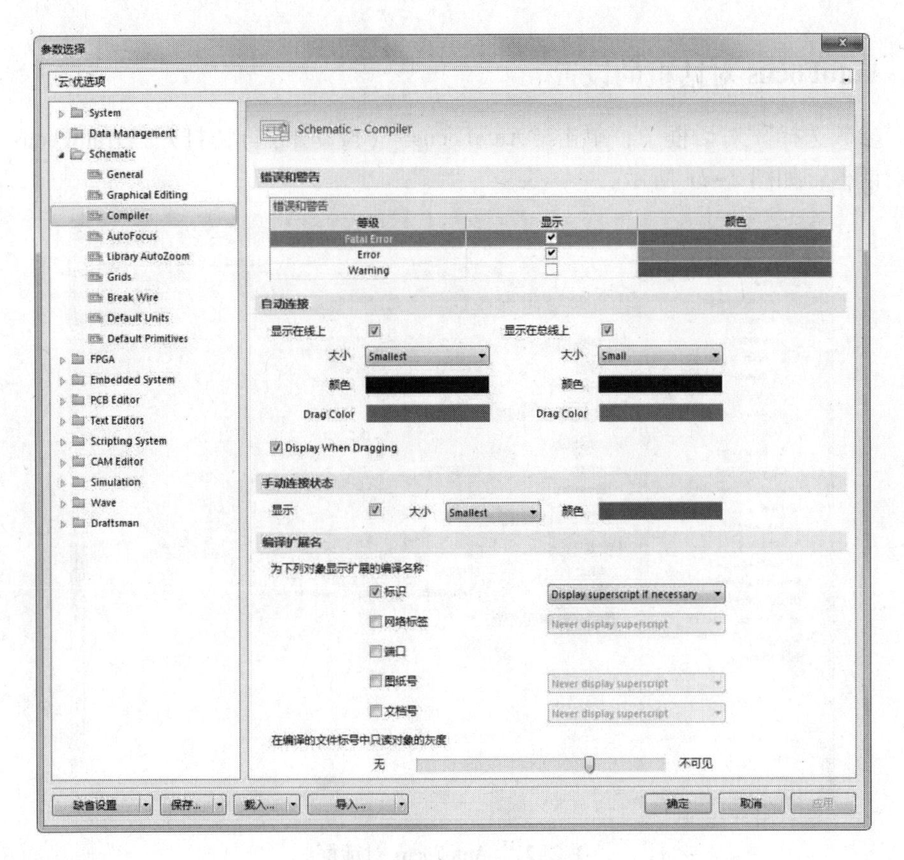

图 2-19　Complier 页面

有 3 种，分别是 Fatal Error（致命错误）、Error（错误）和 Warning（警告）。此选项区域采用系统默认设置即可。

2.“自动连接”选项区域

该区域主要用来设置在电路原理图连线时，在导线的“T”形连接处，系统自动添加电气节点的显示方式。有以下两个复选框供选择。

- “显示在线上”：即若选中此复选框，导线上的“T”形连接处会显示电气节点。电气节点的大小用“大小”设置，有四种选择，如图 2-20 所示。在“颜色”中可以设置电气节点的颜色。在“Drag Color”（拖动颜色）中可以设置电气节点拖动过程中显示的颜色。

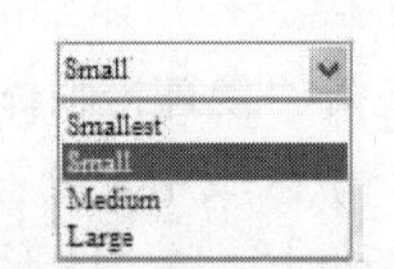

图 2-20　电气节点大小设置

- “显示在总线上”：若选中此复选框，总线上的“T”形连接处会显示电气节点。电气节点的大小和颜色设置操作与前面的相同。

3.“手动连接状态”选项区域

该区域只要用来设置在原理图中进行连线时，手动添加电气节点的显示方式。包括显示的大小与颜色。

4.“编译扩展名”选项区域

该区域主要用来设置要显示对象的扩展名。若选中“标识”复选框后，在电路原理图上会显示标志的扩展名。其他对象的设置操作同上。

2.3.4 AutoFocus 对话框的设置

在“参数选择”对话框中，单击“AutoFocus”（自动聚焦），打开“AutoFocus”（自动聚焦）对话框，如图 2-21 所示。

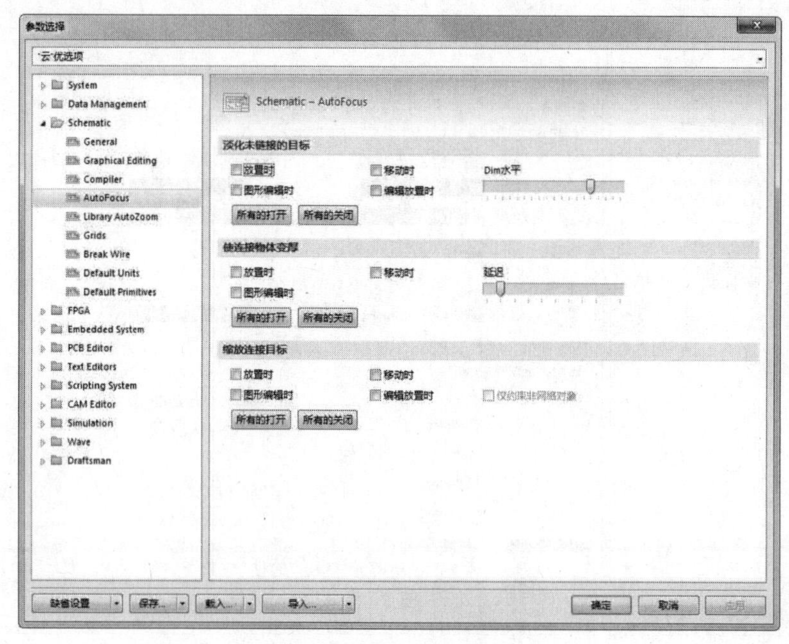

图 2-21 AutoFocus 对话框

“AutoFocus”（自动聚焦）对话框主要用来设置系统的自动聚焦功能，此功能能根据电路原理图中的元件或对象所处的状态进行显示。

1. “淡化未链接的目标” 选项区域

该区域用来设置对未链接的对象的淡化显示。有 4 个复选框可供选择，分别是“放置时”、“移动时”、“图形编辑时” 和 “编辑放置时”。单击 所有的打开 按钮可以全部选中，单击 所有的关闭 按钮可以全部取消选择。淡化显示的程度可以由右侧的滑块来进行调节。

2. “使连接物体变厚” 选项区域

该区域用来设置对连接对象的加强显示。有 3 个复选框供选择，分别是“放置时”、“移动时” 和 “图形编辑时”。其他的设置同上。

3. “缩放连接目标” 选项区域

该区域用来设置对连接对象的缩放。有 5 个复选框供选择，分别是“放置时”、“移动时”、“图形编辑时”、“编辑放置时” 和 “仅约束非网络对象”。当第 5 个复选框在选择了“编辑放置时” 复选框后，才能进行选择。其他设置同上。

2.3.5 Library AutoZoom 对话框的设置

在“参数选择”对话框中，单击“Library AutoZoom”（元件库自动缩放设定），打开“Library AutoZoom”（元件库自动缩放设定）对话框，如图 2-22 所示。

“Library AutoZoom”（元件库自动缩放设定）对话框主要用来设置元件库元件的大小。

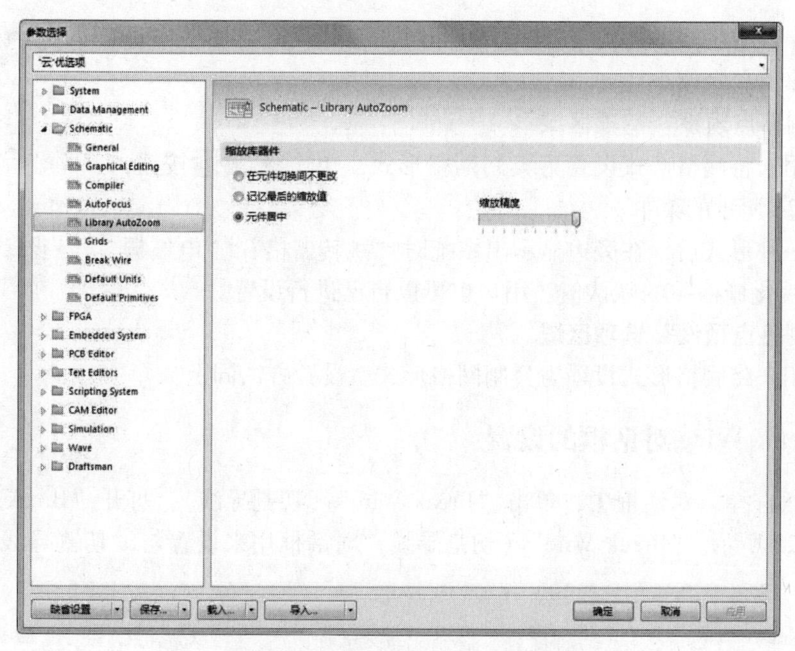

图 2-22　Library AutoZoom 对话框

在“缩放库器件”选项组下设置元件的缩放，包括三个选项：“在元件切换间不更改”、“在记忆最后的缩放值”、“元件居中”。

2.3.6　Grids 对话框的设置

在“参数选择”对话框中，单击“Grids（栅格）”，打开“Grids”对话框，如图 2-23 所示。“Grids”（栅格）对话框用来设置电路原理图图纸上的网格。

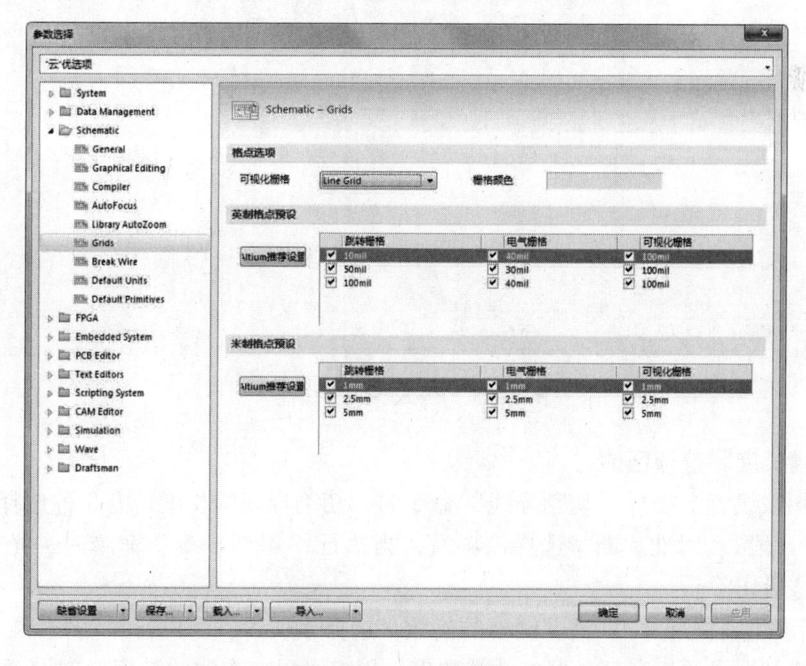

图 2-23　Grids 对话框

在2.3.5节中对网格的设置已经作过介绍，在此只将对话框中没讲过的部分作简单介绍。

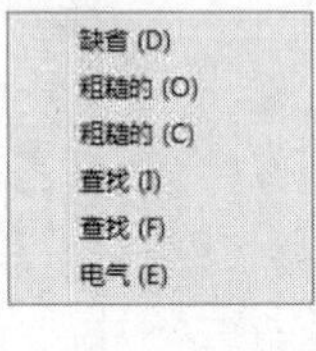

图2-24 “推荐设置”菜单

1. “英制移点预设”选项区域

该区域用来将网格形式设置为英制网格形式。单击Altium推荐设置按钮，弹出如图2-24所示的菜单。

选择某一种形式后，在旁边显示出系统对“跳转栅格”、“电气栅格”和“可视化栅格”的默认值。用户也可以自己进行设置。

2. “米制移点预设”选项区域

该区域用来将网格形式设置为公制网格形式。设置方法同上。

2.3.7 Break Wire 对话框的设置

在“参数选择”对话框中，单击“Break Wire”（切割导线），打开“Break Wire”对话框，如图2-25所示。“Break Wire”（切割导线）对话框用来设置与“切割导线”命令有关的一些参数。

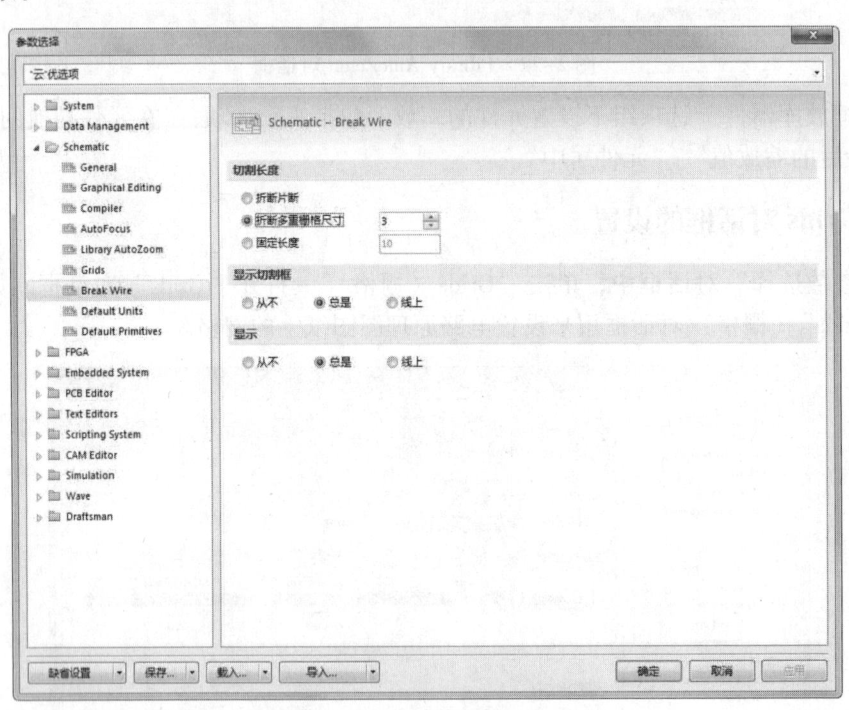

图2-25 Break Wire 对话框

1. “切割长度”选项区域

该区域用来设置当执行“切割导线”命令时，切割导线的长度。有3种选择方式。

- “折断片段”：对准片断，选择该项后，当执行“切割导线”命令时，光标所在的导线被整段切除。
- “折断多重栅格尺寸”：捕获网格的倍数，选择该项后，当执行“切割导线”命令时，每次切割导线的长度都是网格的整数倍。用户可以在右边的数字栏中设置倍数，倍数的大小在 2～10 之间。

- “固定长度”：选择该项后，当执行“切割导线”命令时，每次切割导线的长度是固定的。用户可以在右侧的数字栏中设置每次切割导线的固定长度值。

2. “显示切割框”选项区域

该区域用来设置当执行“切割导线”命令时，是否显示切割框。有 3 个选项供选择，分别是“从不”、“总是”、“线上”。

3. “显示”选项区域

该区域用来设置当执行“Break Wire”（切割导线）命令时，是否显示导线的末端标记。有 3 个选项供选择，分别是“从不”、“总是”、“线上”。

2.3.8 Default Units 对话框的设置

在“参数选择”对话框中，单击“Default Units”（默认单位），打开 Default Units 对话框，如图 2-26 所示。该对话框用来设置在电路原理图绘制中，选择英制单位系统还是公制单位系统。

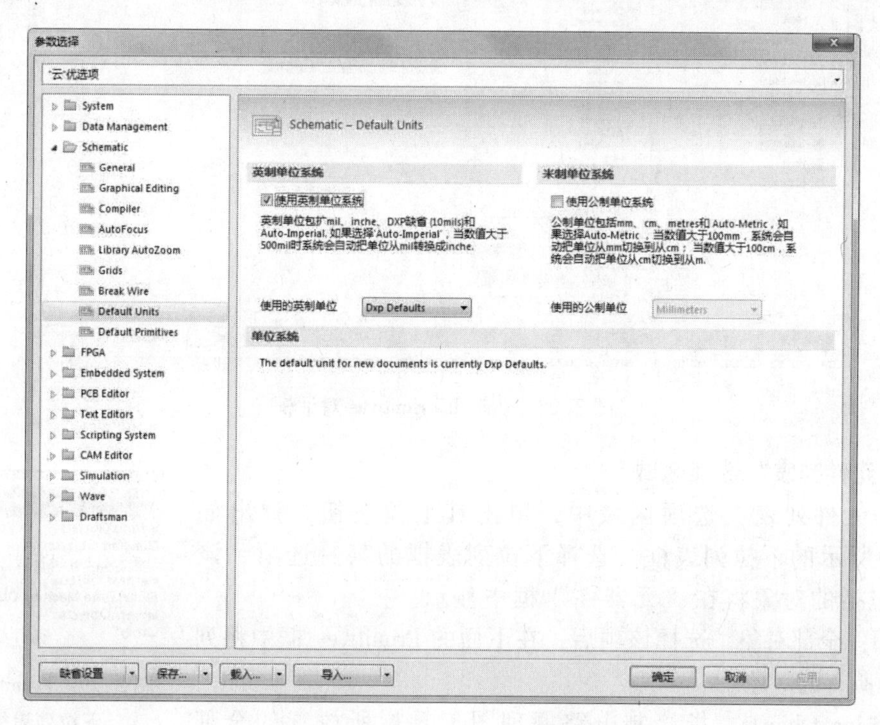

图 2-26　Default Units 对话框

1. “英制单位系统”选项区域

当选中“使用英制单位系统”复选框后，下面的“使用的英制单位”下拉列表框被激活，在下拉列表框中有 4 种选择，如图 2-27 所示。对于每一种选择，在下面“单位系统”都有相应的说明。

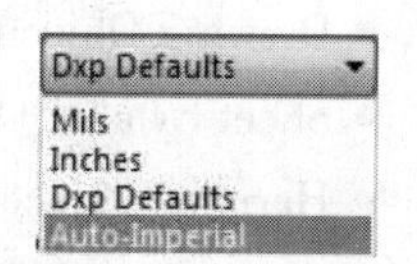

图 2-27　“使用的英制单位”下拉菜单

2. “米制单位系统”选项区域

当选中“使用公制单位系统”复选框后，下面的“使用的公制单位”下拉列表框被激活，其设置同英制单位系统。

2.3.9 Default Primitives 对话框的设置

在“参数选择”对话框中，单击“Default Primitives”（原始默认值），打开“Default Primitives”（原始默认值）对话框，如图 2-28 所示。该对话框主要用来设置原理图编辑时，常用元器件的原始默认值。

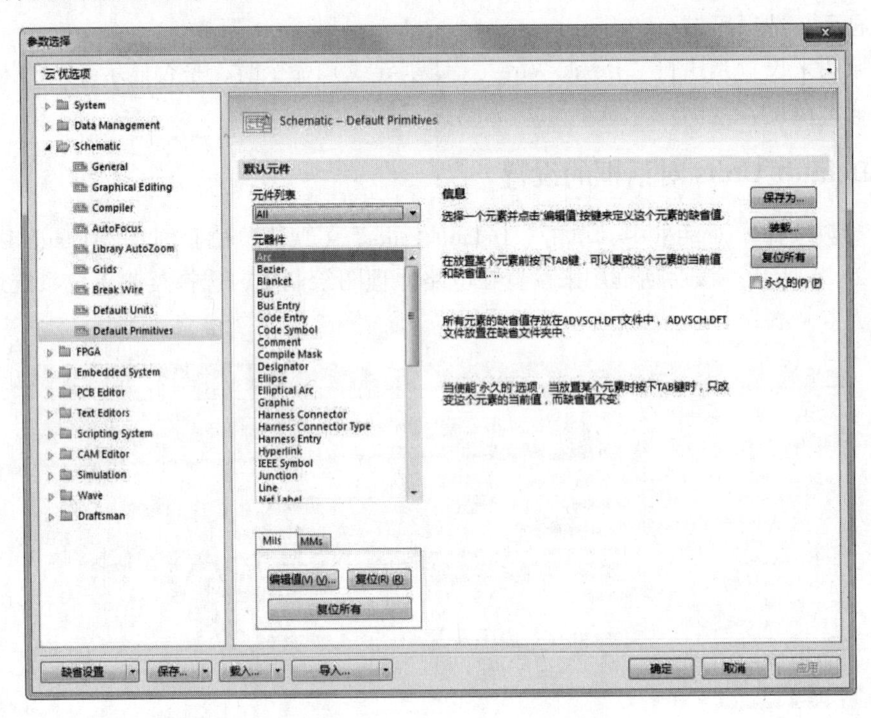

图 2-28　Default Primitives 对话框

1. “元件列表”选项区域

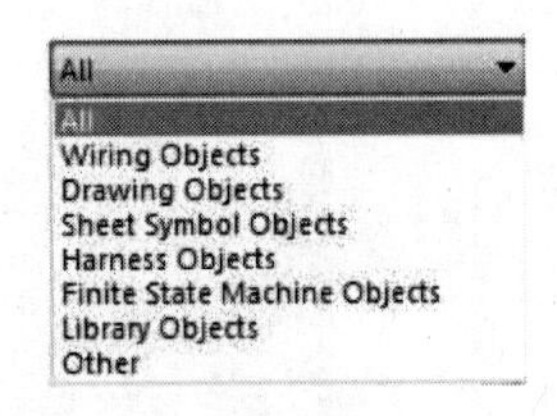

图 2-29　Primitive list 下拉列表框

在“元件列表”选项区域中，单击其下拉按钮，弹出如图 2-29 所示的下拉列表框。选择下拉列表框的某一选项，该类型所包括的对象将在“元器件”框中显示。

- All：全部对象，选择该项后，在下面的 Primitives 框中将列出所有的对象。
- Wiring Objects：指绘制电路原理图工具栏所放置的全部对象。
- Drawing Objects：指绘制非电气原理图工具栏所放置的全部对象。
- Sheet Symbol Objects：指绘制层次图时与子图有关的对象。
- Harness Objects：指导线、总线等线对象。
- Finite State Machine Objects：有限状态机对象。
- Library Objects：指与元件库有关的对象。
- Other：指上述类别所没有包括的对象。

2. “元器件”选项区域

该区域可以选择“元器件”列表框中显示的对象，并对所选的对象进行属性设置或复位到初始状态。在“元器件”列表框中选定某个对象，例如选中“Pin”（引脚），单击编辑值(V)...按钮或双击对象，弹出“管脚属性”设置对话框，如图 2-30 所示。修改相应的参数设置，单击确定按钮即可返回。

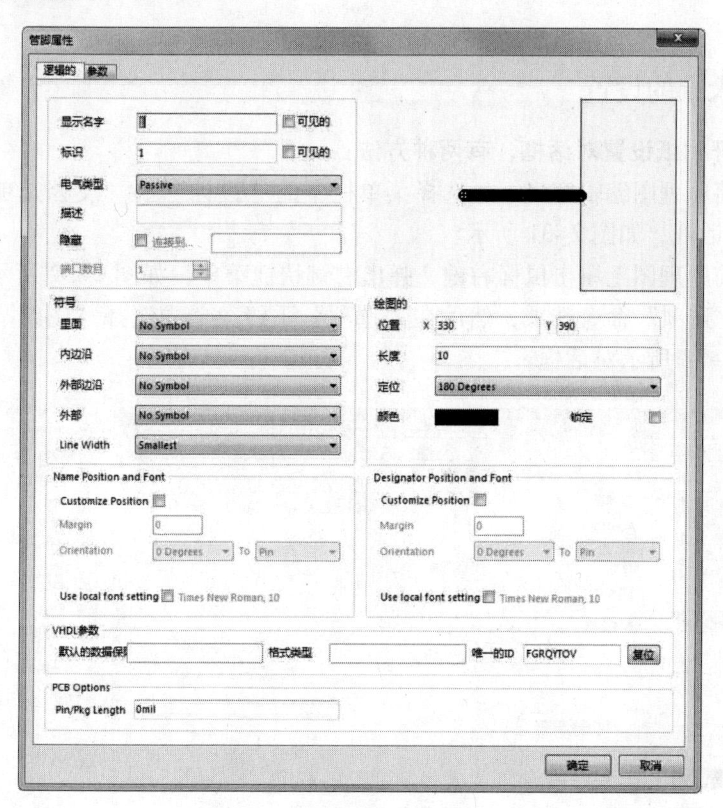

图 2-30 “管脚属性”设置对话框

如果在此处修改相关的参数，那么在原理图上绘制引脚时默认的引脚属性就是修改过的引脚属性设置。

在原始值列表框选中某一对象，单击复位按钮，则该对象的属性复位到初始状态。

3. 功能按钮

- 保存为：保存默认的原始设置，当所有需要设置的对象全部设置完毕，单击保存为...按钮，弹出“文件保存”对话框，保存默认的原始设置。默认的文件扩展名为 *. dft，以后可以重新进行加载。
- 装载：加载默认的原始设置，要使用以前曾经保存过的原始设置时，单击装载...按钮，弹出“打开文件”对话框，选择一个默认的原始设置档就可以加载默认的原始设置。
- 复位所有：恢复默认的原始设置。单击复位所有按钮，所有对象的属性都回到初始状态。

2.4 图纸的设置

在绘制原理图之前，首先要对图纸的相关参数进行设置。主要包括图纸大小的设置、图纸字体的设置，图纸方向、标题栏和颜色的设置以及网格和光标设置等，以确定图纸的有关参数。

2.4.1 图纸大小的设置

1. 首先打开图纸设置对话框，有两种方法：

（1）在电路原理图编辑窗口下，选择菜单栏中的“设计”→“文档选项”命令，弹出“文档选项”对话框，如图 2-31 所示。

（2）在当前原理图上单击鼠标右键，弹出右键快捷菜单，如图 2-32 所示，从弹出的右键菜单中选择“选项”命令选项，然后在“选项”下级菜单中选择“图纸”命令项，同样可以弹出如图 2-33 所示对话框。

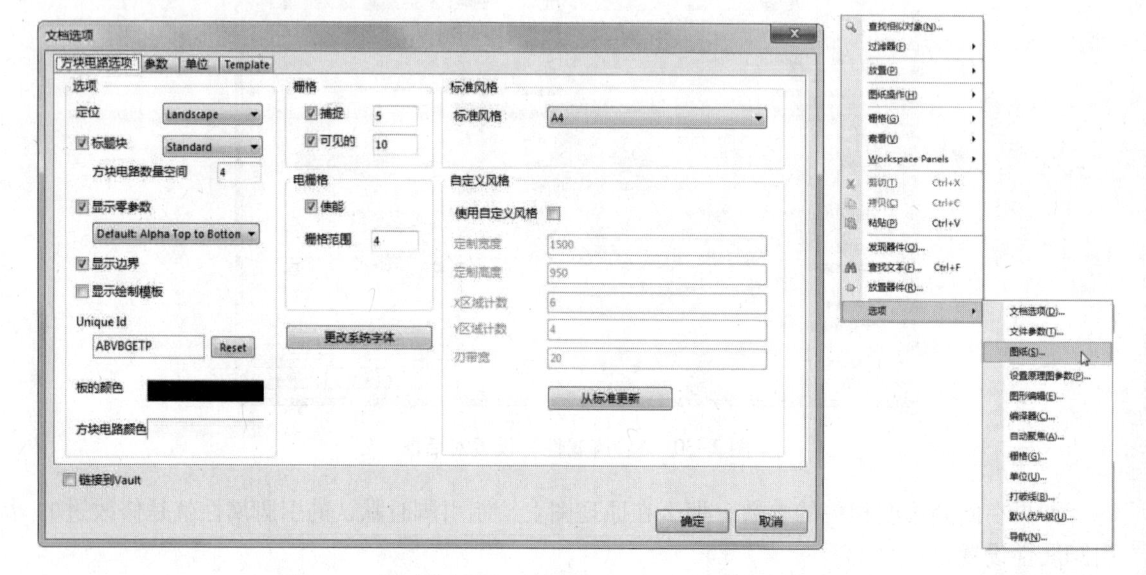

图 2-31 “文档选项”对话框　　　　图 2-32 右键快捷菜单

2. 图纸大小的设置

在图 2-33 所示的图纸属性设置对话框中，单击“标准风格”后面的下拉按钮，即可选择需要的图纸类型。例如，用户要将图纸大小设置成为标准 A4 图纸，把鼠标移动到图纸属性设置对话框中的“标准风格”，左键单击下拉按钮启动该项，再用光标选中 A4 选项，单击“确定”按钮确认即可，如图 2-33 所示。

Altium Designer 17 所提供的图纸样式有以下几种：

- 公制：A0、A1、A2、A3、A4，其中 A4 尺寸最小。
- 英制：A、B、C、D、E，其中 A 型尺寸最小。
- Orcad 图纸：Orcad A、Orcad B、Orcad C、Orcad D、Orcad E。
- 其他类型：Altium Designer 17 还支持其他类型的图纸，如 Letter、Legal、Tabloid 等。

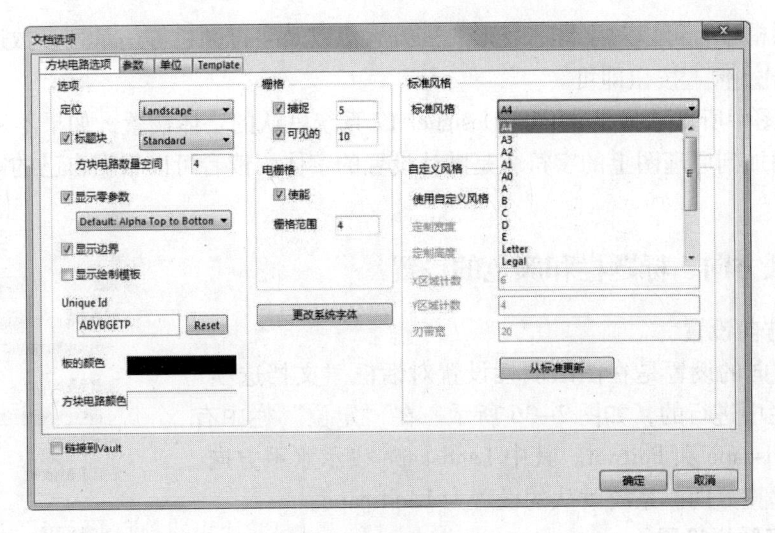

图 2-33　选择图纸类型

3. 自定义图纸设置

如果图 2-33 中的图纸设置不能满足用户要求，我们可以自定义图纸大小。自定义图纸大小可以在“自定义风格”选项区域中设置。在“文档选项”对话框的“自定义风格”选项区域选中“使用自定义风格”复选框后，即可以在下面各栏中设置图纸大小，如图 2-34 所示。如果没有选中“使用自定义风格”项，则相应的“定制宽度”等设置选项显示灰色，不能进行设置。

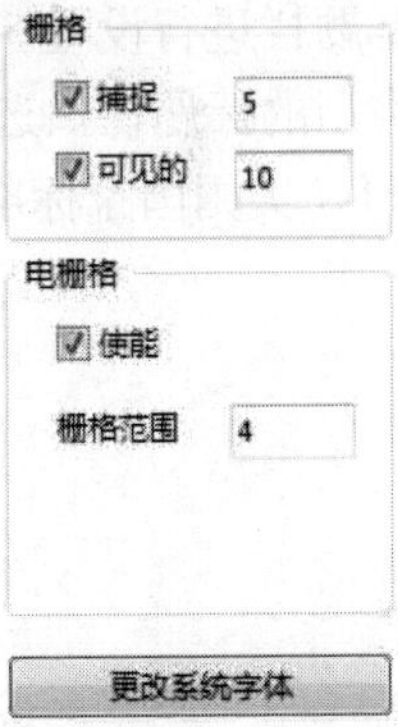

栅格
捕捉 5
可见的 10
电栅格
使能
栅格范围 4
更改系统字体

图 2-34　自定义图纸大小

2.4.2　图纸字体的设置

在设计电路原理图文件时，常常需要插入一些字符，Altium Designer 17 可以为这些插入的字符设置字体。

在 2.4.1 节中的图 2-31 所示的“文档选项”对话框中，单击 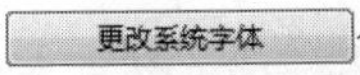 更改系统字体 命令按钮，即可以打开“字体”对话框，如图 2-35 所示。

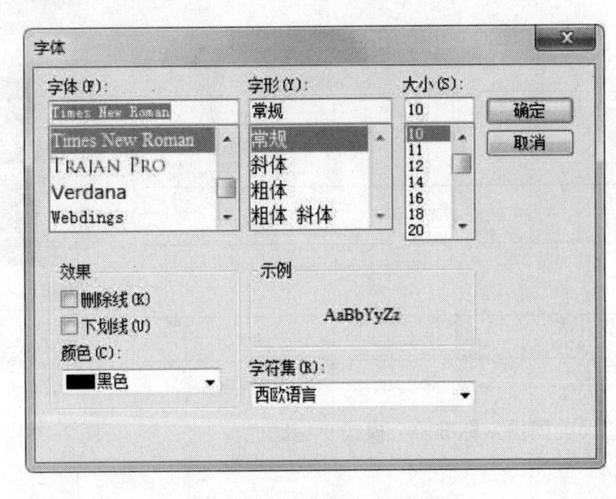

图 2-35　“字体”对话框

在该对话框中，可以对字体、字形、字符大小以及字符颜色等一系列参数进行设置，设置完成后单击确定按钮即可。

在 2-35 图中所显示的是 Altium Designer 17 系统默认的字体设置，如果不对字体属性进行设置，则添加到原理图上的字符就是默认设置的字体。读者可以根据自己的需要对字体进行设置。

2.4.3 图纸方向、标题栏和颜色的设置

1. 图纸方向设置

对图纸方向的设置是在图纸属性设置对话框“文档选项”的“选项”栏中进行的，如图 2-36 所示。在“定位”栏中有两个选项 Landscape 和 Portrait。其中 Landscape 表示水平方向，Portrait 表示垂直方向。系统默认的设置为 Landscape。

2. 图纸标题栏设置

在图 2-36 中，单击选中“标题块”复选框，可以对图纸的标题栏进行设置。单击下拉列表框右侧的下拉按钮，出现两种类型的标题栏供选择，Standard（标准型）如图 2-37 所示和 ANSI（美国国家标准协会模式）如图 2-38 所示。

图 2-36 图纸方向设置栏

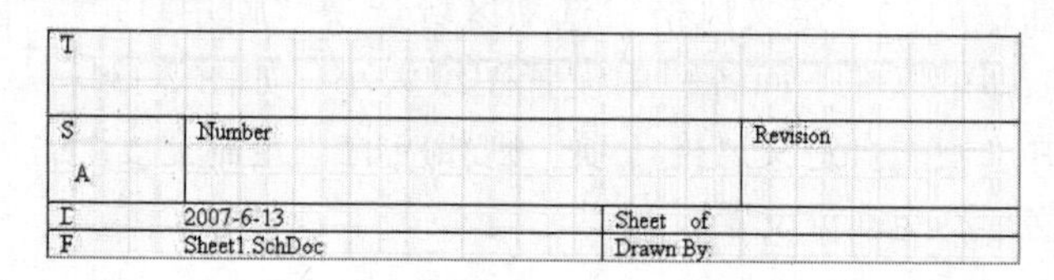

图 2-37 Standard（标准型）标题栏

3. 图纸颜色设置

选择“文档选项”对话框中的“板的颜色”选项，打开“选择颜色”对话框，如图 2-39所示，即可以对图纸边框颜色进行设置。

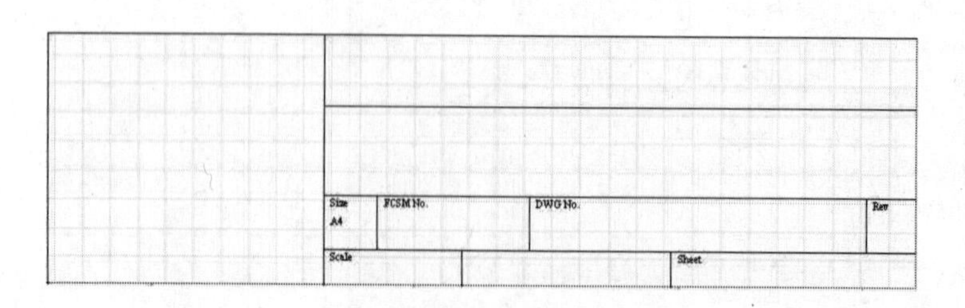

图 2-38 ANSI（美国国家标准协会模式）标题栏

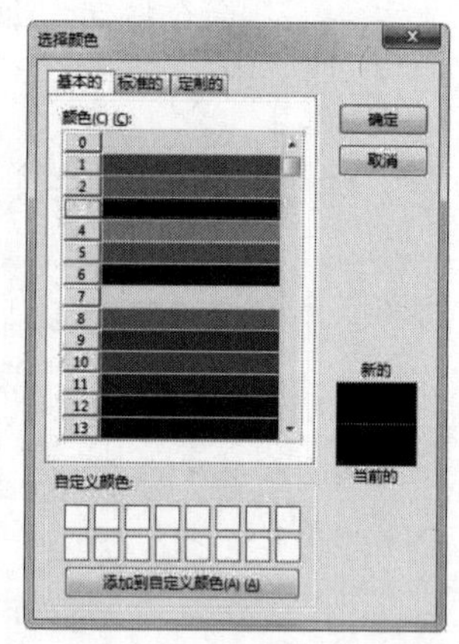

图 2-39 “选择颜色”对话框

在该对话框中有“基本的”、“标准的”和“定制的”三个页面可供选择，在任意一个对话框中选取想要的颜色后，单击确定按钮即可。

单击“文档选项”对话框中的“方块电路颜色”选项，用同样的方法可以对图纸的工作区颜色进行设置。

下面介绍一下“选项”栏中其他几个复选框的含义：

- 显示零参数：用来设置是否显示参考图纸边框。
- 显示边界：用来设置是否显示图纸边框。
- 显示绘制模板：用来设置是否显示图纸模板图形。

一般情况下，采用系统默认设置的方向、标题栏和颜色即可满足设计要求。当然用户也可以根据自己的喜好和实际情况进行适合自己的设置。

2.4.4 网格和光标设置

1. 网格设置

进入原理图的编辑环境后，会看编辑窗口的背景是网格形的。图纸上的网格为元器件的放置以及线路的连接带来了极大的方便。由于这些网格是可以改变的，所以用户可以根据自己的需求对网格的类型和显示方式等进行设置。

在“文档选项”对话框的“栅格”栏中，可以对图纸网格进行设置。如图 2-40 所示。

- “捕捉”复选框：用来启用图纸上捕获网格。若选中此复选框，则光标将以设置的值为单位移动，系统默认值为 10 个像素点。若不选此复选框，光标将以 1 个像素点为单位移动。
- “可见的”复选框：用来启用可视网格，即在图纸上可以看到网格。若选中此复选框，图纸上的网格是可见的。若不选此复选框，图纸的网格将被隐藏。

如果同时选中这两个复选框，且其后的设置值也相同的话，那么光标每次移动的距离将是 1 个网格。

在“文档选项”对话框的“电栅格”栏中，可以对图纸的电气网格进行设置，如图 2-41 所示。

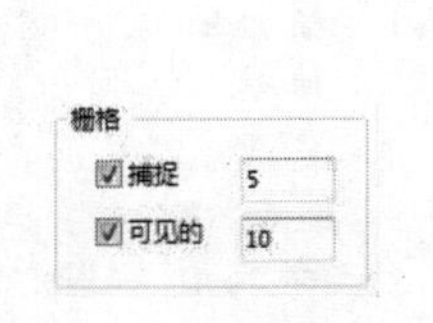

图 2-40　图纸网格设置

图 2-41　电气网格设置

若选中“使能”复选框，则在绘制导线时，系统将以光标所在的位置为中心，以“栅格范围”中设置的值为半径，自动向四周搜索电气节点。如果在此半径范围内有电气节点，光标将自动移动到该节点上，并在该节点上显示一个圆点。

Altium Designer 17 提供了两种网格形状，即 Lines Grid（线状网格）和 Dots Grid（点状网格），如图 2-42 所示。

设置线状网格和点状网格的具体步骤如下：

(1) 选择菜单栏中的“工具”→“设置原理图参数”命令，或在 SCH 原理图图纸上右

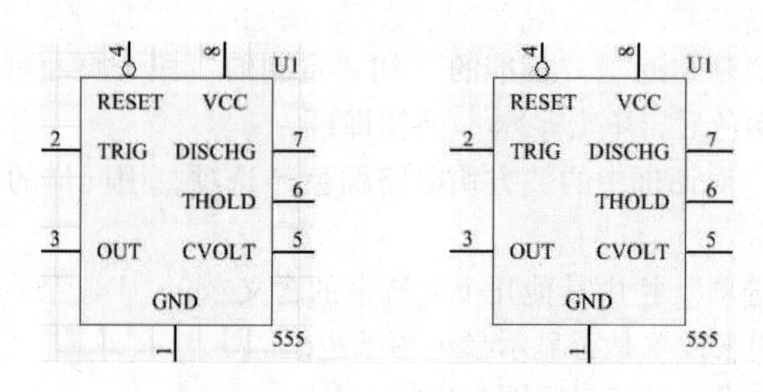

图 2-42　线状网格和点状网格

键单击鼠标，在弹出的快捷菜单中选择“选项”→“设置原理图参数”选项，打开“参数选择”对话框。在该对话框中选择“Grids（栅格）”对话框，或直接选择“选项”→“栅格”快捷命令。

（2）在“可视化栅格”选项的下拉列表中有两个选项，分别为 Line Grid 和 Dot Grid。若选择 Line Grid 选项，则在原理图图纸上显示线状网格；若选择 Dot Grid 选项，则在原理图图纸上显示点状网格。

（3）在“栅格颜色”选项中，单击右侧颜色条可以对网格颜色进行设置。

2. 光标设置

选择菜单栏中的“工具”→“设置原理图参数”命令，或在 SCH 原理图图纸上右键单击鼠标，在弹出的快捷菜单中选择“选项”→“设置原理图参数”选项，打开“参数选择”对话框。在该对话框中选择“Graphical Editing（图形编辑）”对话框，如图 2-43 所示。

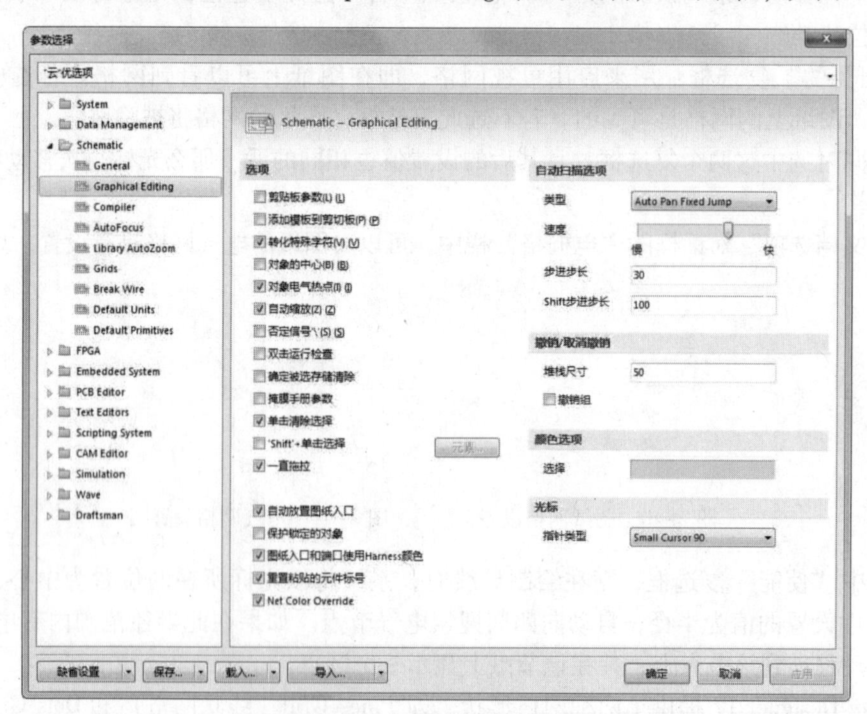

图 2-43　“参数选择”对话框

在“Graphical Editing”（图形编辑）对话框的“光标”栏中，可以对光标进行设置，包括光标在绘图时、放置元器件时、放置导线时的形状，如图 2-44 所示。

“指针类型”是指光标的类型，单击下拉列表框右侧的下拉按钮，会出现 4 种光标类型可供选择：Large Cursor 90、Small Cursor 90、Small Cursor 45、Tiny Cursor 45，如图 2-44 所示。放置元器件时 4 种光标的形状如图 2-45 所示。

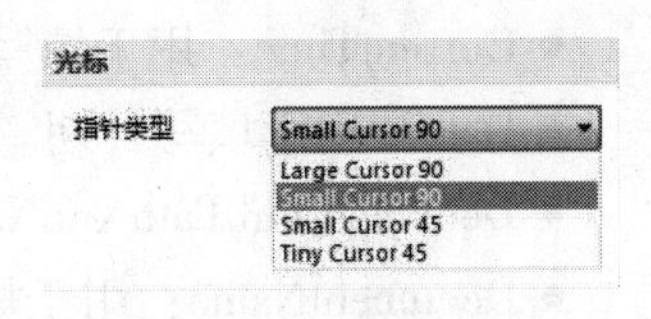

图 2-44　光标设置

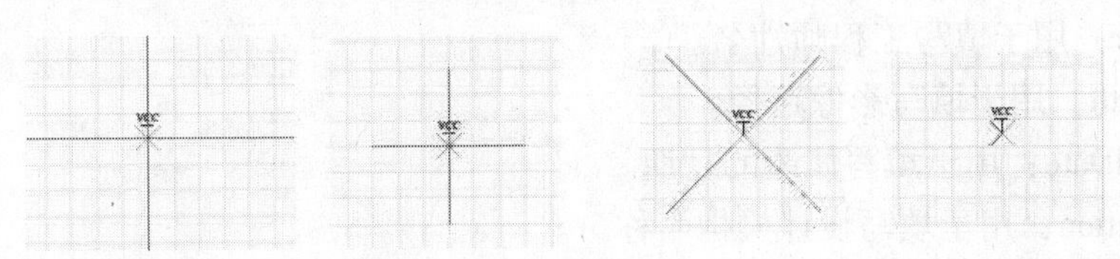

图 2-45　放置元器件时的 Large Cursor 90、Small Cursor 90、Small Cursor 45、Tiny Cursor 45 四种光标形状

2.4.5　填写图纸设计信息

图纸设计信息记录了电路原理图的设计信息和更新信息，这些信息可以使用户更系统更有效地对自己的设计的电路图进行管理。所以在设计电路原理图时，要填写图纸设计信息。

在“文档选项”对话框中选择“参数”标签，即可进入图纸设计信息填写对话框，如图 2-46 所示。

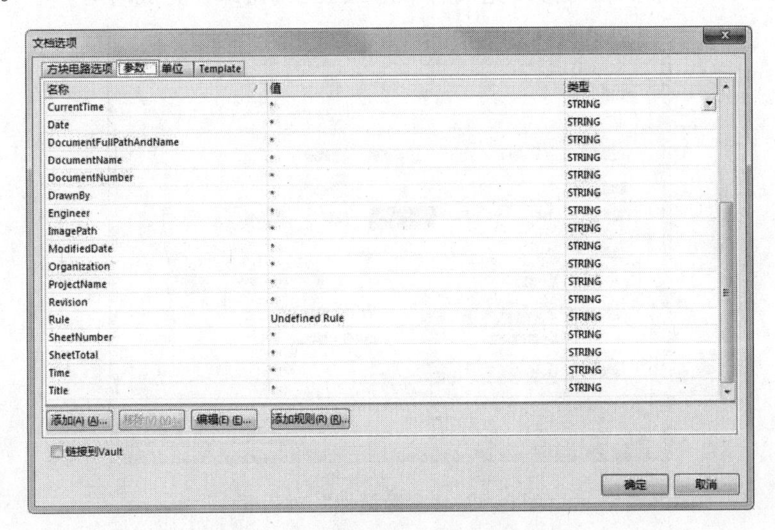

图 2-46　图纸设计信息填写对话框

在该对话框中可以填写的原理图信息很多，简单介绍如下：

- Address1、Address2、Address3、Address4：用于填写设计公司或单位的地址。
- ApprovedBy：用于填写项目设计负责人姓名。
- Author：用于填写设计者姓名。
- CheckedBy：用于填写审核者姓名。
- CompanyName：用于填写设计公司或单位的名字。
- CurrentDate；用于填写当前日期。

- CurrentTime：用于填写当前时间。
- Date：用于填写日期。
- DocumentFullPathAndName：用于填写设计文件名和完整的保存路径。
- DocumentName：用于填写文件名。
- DocumentNumber：用于填写文件数量。
- DrawnBy：用于填写图纸绘制者姓名。
- Engineer：用于填写工程师姓名。
- ImagePath：用于填写影像路径。
- ModifiedDate：用于填写修改的日期。
- Organization：用于填写设计机构名称。
- Revision：用于填写图纸版本号。
- Rule：用于填写设计规则信息。
- SheetNumber：用于填写本原理图的编号。
- SheetTotal：用于填写电路原理图的总数。
- Time：用于填写时间。
- Title：用于填写电路原理图标题。

双击要填写的信息项或选中此填写项后，单击 编辑(E) (E)... 按钮，弹出相应的“参数属性”对话框，如图 2-47 所示。填写修改完成后单击 确定 按钮即可完成填写。

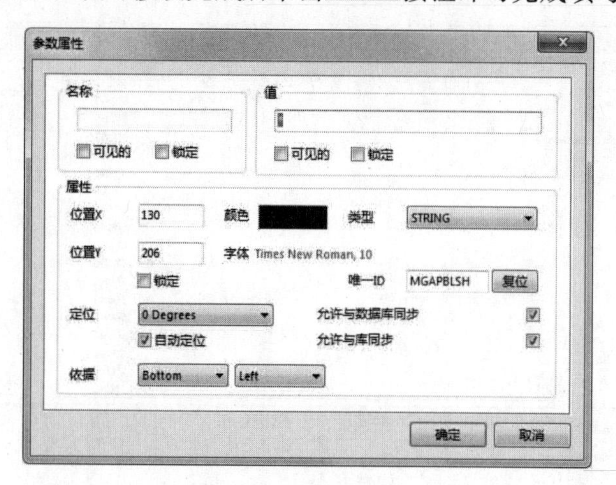

图 2-47 “参数属性”对话框

2.5 加载元件库

在绘制电路原理图的过程中，首先要在图纸上放置需要的元件符号。Altium Designer 17 作为一个专业的电子电路计算机辅助设计软件，一般常用的电子元件符号都可以在它的元件库中找到，用户只需在 Altium Designer 17 元件库中查找所需的元件符号，并将其放置在图纸适当的位置即可。

2.5.1 元件库的分类

Altium Designer 17 元件库中的元件数量庞大，但分类明确。Altium Designer 17 元件库采用两级分类方法。

（1）一级分类：以元件制造厂家的名称分类。

（2）二级分类：在厂家分类下面又以元件的种类（如模拟电路、逻辑电路、微控制器、A-D 转换芯片等）进行分类。

对于特定的设计项目，用户可以只调用几个元件厂商中的二级分类库，这样可以减轻系统运行的负担，提高运行效率。用户若要在 Altium Designer 17 的元件库中调用一个所需要的元件，首先应该知道该元件的制造厂家和该元件的分类，以便在调用该元件之前把包含该元件的元件库载入系统。

2.5.2 打开“库”面板

打开“库”面板的方法如下：

（1）将光标箭头放置在工作窗口右侧的“库”标签上，此时会自动弹出“库”面板，如图 2-48 所示。

（2）如果在工作窗口右侧没有“库”标签，只要单击底部面板控制栏中的“System/Libraries”（系统/元件库），在工作窗口右侧就会出现“库”标签，并自动弹出“库”面板。可以看到，在“库”面板中，Altium Designer 17 系统已经加载了两个默认的元件库，即通用元件库（Miscellaneous Devices. IntLib）和通用接插件库（Miscellaneous Connectors. IntLib）。

2.5.3 加载和卸载元件库

装入所需元件库的操作步骤如下。

（1）选择菜单栏中的“设计”→“添加/移除库”命令，或者在如图 2-48 所示的“库”面板左上角中单击“库”按钮，系统将弹出如图 2-49 所示的“可用库”对话框。

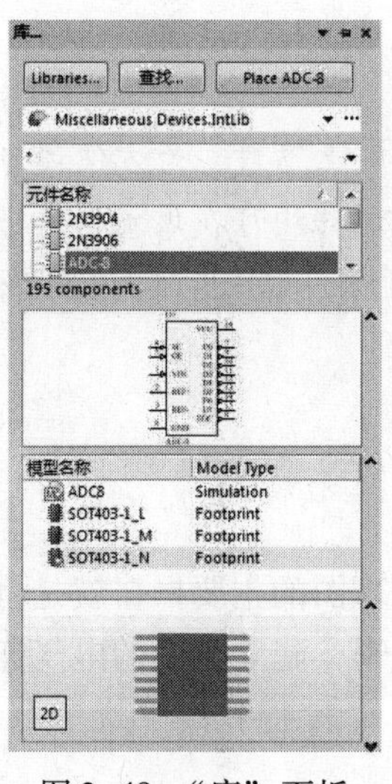

图 2-48 “库”面板

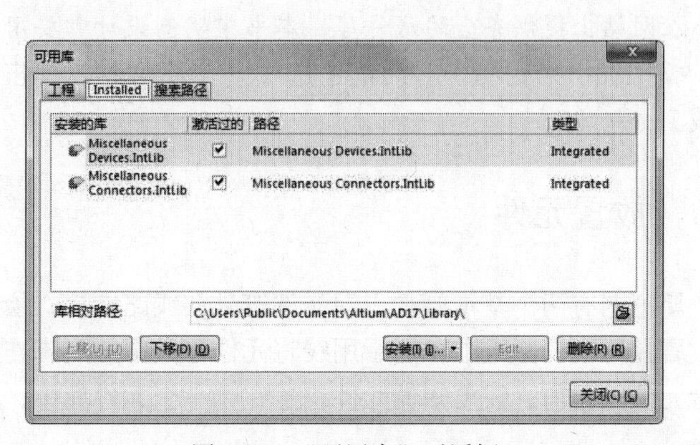

图 2-49 “可用库”对话框

从图 2-49 中可以看到此时系统已经装入的元件库，包括通用元件库（Miscellaneous Devices. IntLib）和通用接插件库（Miscellaneous Connectors. IntLib）等。

此外，在“可用库”对话框中，“上移”和“下移”按钮是用来改变元件库排列顺序的。

（2）加载绘图所需的元件库。在“可用库”对话框中有 3 个标签。“工程”标签列出的是用户为当前项目自行创建的库文件，“已安装”标签列出的是系统中可用的库文件。

在“Installed（安装）”标签中，单击右下角“安装”按钮下的“Install from file”，系统将弹出如图 2-50 所示的“打开”对话框。在该对话框中选择特定的库文件夹，然后选择相应的库文件，单击“打开”按钮，所选中的库文件就会出现在“可用库”对话框中。

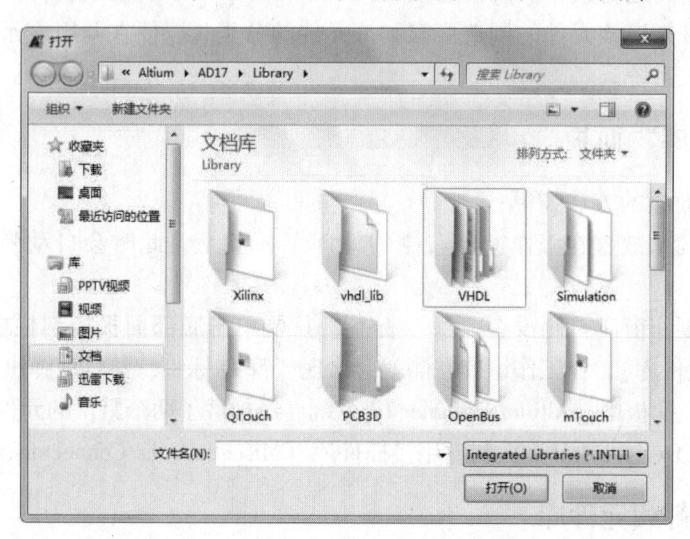

图 2-50 “打开”对话框

重复上述操作就可以把所需要的各种库文件添加到系统中，作为当前可用的库文件。加载完毕后，单击“关闭”按钮，即可关闭“可用库”对话框。这时所有加载的元件库都显示在“库”面板中，用户可以选择使用。

提示：

由于 Altium Designer 安装后，自带元件库过少，需要从官网上下载，为方便读者使用方法，在网站上提供齐全的元件库，本书中实例设计需要用到的元件均可在该元件库中找到。

（3）在“可用库”对话框中选中一个库文件，单击“删除”按钮，即可将该元件库卸载。

2.6 放置元件

原理图有两个基本要素，即元件符号和线路连接。绘制原理图的主要操作就是将元件符号放置在原理图图纸上，然后用线将元件符号中的引脚连接起来，建立正确的电气连接。在放置元件符号前，需要知道元件符号在哪一个元件库中，并载入该元件库。

2.6.1 搜索元件

操作以上叙述的加载元件库有一个前提，就是用户已经知道了需要的元件符号在哪个元件库中，而实际情况可能并非如此。此外，当用户面对的是一个庞大的元件库时，逐个寻找列表中的所有元件，直到找到自己想要的元件为止，会是一件非常麻烦的事情，而且工作效率会很低。Altium Designer 17 提供了强大的元件搜索能力，帮助用户轻松地在元件库中定位元件。

1. 查找元件

选择菜单栏中的“工具”→“发现器件”命令，或在“库”面板中单击“查找”按钮，或按快捷键〈T+O〉，系统将弹出如图2-51所示的“搜索库”对话框。在该对话框中用户可以搜索需要的元件。搜索元件需要设置的参数如下：

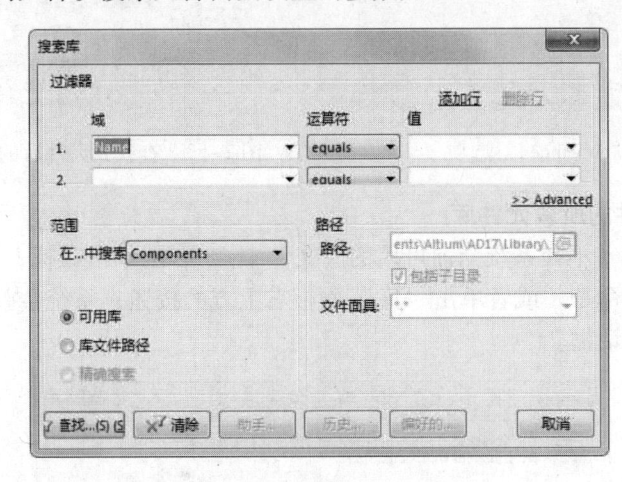

图2-51 “搜索库”对话框

(1)“范围”下拉列表框：用于选择查找类型。有Components（元件）、Protel Footprints（PCB封装）、3D Models（3D模型）和Database Components（数据库元件）4种查找类型。

(2) 若单击“可用库”单选钮，系统会在已经加载的元件库中查找；若单击“库文件路径”按钮，系统会按照设置的路径进行查找；若单击“精确搜索”按钮，系统会在上次查询结果中进行查找。

(3)“路径”选项组：用于设置查找元件的路径。只有在单击“库文件路径”按钮时才有效。单击“路径”文本框右侧的按钮，系统将弹出“浏览文件夹”对话框，供用户设置搜索路径。若勾选“包含子目录”复选框，则包含在指定目录中的子目录也会被搜索到。“文件面具”文本框用于设定查找元件的文件匹配符，“*”表示匹配任意字符串。

(4)“Advanced”（高级）选项：用于进行高级查询，如图2-52所示。在该选项的文本框中，可以输入一些与查询内容有关的过滤语句表达式，有助于使系统进行更快捷、更准确的查找。在文本框中输入“(Name Like 2N3904 *)”，单击“查找”按钮后，系统开始搜索。

2. 显示找到的元件及其所属元件库

查找到“2N3904”后的“库”面板如图2-53所示。可以看到，符合搜索条件的元件名、描述、所属库文件及封装形式在该面板上被一一列出，供用户浏览参考。

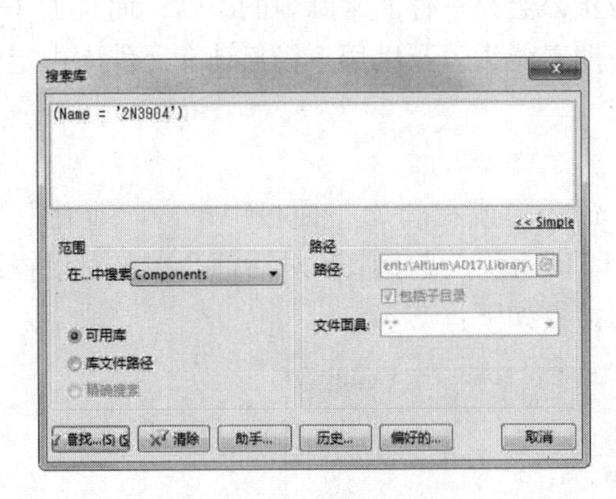

图 2-52 “Advanced”选项

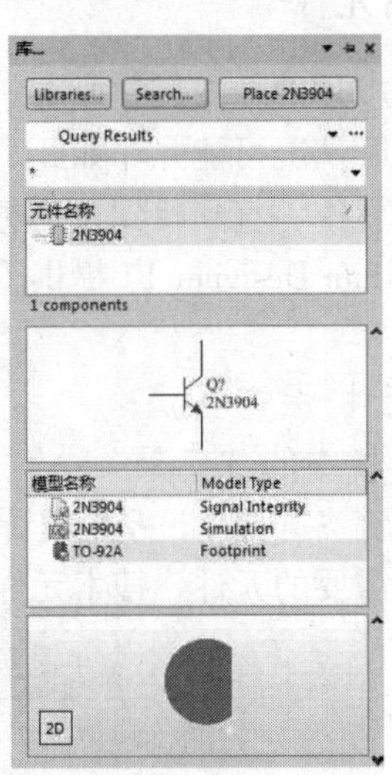

图 2-53 查找到元件后的“库”面板

3. 加载找到元件的所属元件库

选中需要的元件（不在系统当前可用的库文件中），右键单击鼠标，在弹出的右键快捷菜单中单击放置元件命令，或者单击“库”面板右上方的按钮，系统会弹出如图 2-54 所示的是否加载库文件对话框。

图 2-54 是否加载库文件确认框

单击“是”按钮，则元件所在的库文件被加载。单击“否”按钮，则只使用该元件而不加载其元件库。

2.6.2 放置元件

在元件库中找到元件后，加载该元件库，就可以在原理图上放置该元件了。在这里，原理图中共需要放置四个电阻、两个电容、两个晶体管和一个连接器。其中，电阻、电容和晶体管用于产生多谐振荡，在元件库“Miscellaneous Devices. IntLib”中可以找到。连接器则用于给整个电路供电，在元件库“Miscellaneous Connectors. IntLib”中可以找到。

在 Altium Designer 17 中有两种元件放置方法，分别是通过“库”面板放置和菜单放置。下面以放置元件“2N3904”为例，对这两种放置过程进行详细说明。

在放置元件之前，应该首先选择所需元件，并且确认所需元件所在的库文件已经被装载。若没有装载库文件，请先按照前面介绍的方法进行装载，否则系统会提示所需要的元件不存在。

1. 通过“库”面板放置元件

通过“库”面板放置元件的操作步骤如下：

（1）打开“库”面板，载入所要放置元件所属的库文件。在这里，需要的元件全部在元件库“Miscellaneous Devices. IntLib”和“Miscellaneous Connectors. IntLib”中，加载这两个元件库。

（2）选择想要放置元件所在的元件库。其实，所要放置的元件晶体管2N3904在元件库“Miscellaneous Devices. IntLib”中。在下拉列表框中选择该文件，使该元件库出现在文本框中，这时可以放置其中含有的元件。在后面的浏览器中将显示库中所有的元件。

（3）在浏览器中选中所要放置的元件，该元件将以高亮显示，此时可以放置该元件的符号。“Miscellaneous Devices. IntLib”元件库中的元件很多，为了快速定位元件，可以在上面的文本框中输入所要放置元件的名称或元件名称的一部分，包含输入内容的元件会以列表的形式出现在浏览器中。这里所要放置的元件为2N3904，因此需输入“ * 3904 * ”字样。在元件库“Miscellaneous Devices. IntLib”中只有元件2N3904包含输入字样，它将出现在浏览器中，单击选中该元件。

（4）选中元件后，在“库”面板中将显示元件符号和元件模型的预览。确定该元件是所要放置的元件后，单击该面板上方的按钮，光标将变成十字形状并附带着元件2N3904的符号出现在工作窗口中，如图2-55所示。

（5）移动光标到合适的位置，单击鼠标，元件将被放置在光标停留的位置。此时系统仍处于放置元件的状态，可以继续放置该元件。在完成选中元件的放置后，右键单击鼠标或者按〈Esc〉键退出元件放置的状态，结束元件的放置。

（6）完成多个元件的放置后，可以对元件的位置进行调整，设置这些元件的属性。然后重复刚才的步骤，放置其他元件。

2. 通过菜单命令放置元件

选择菜单栏中的“放置”→“器件”命令，系统将弹出如图2-56所示的“放置端口”对话框。在该对话框中，可以设置放置元件的有关属性。通过菜单命令放置元件的操作步骤如下：

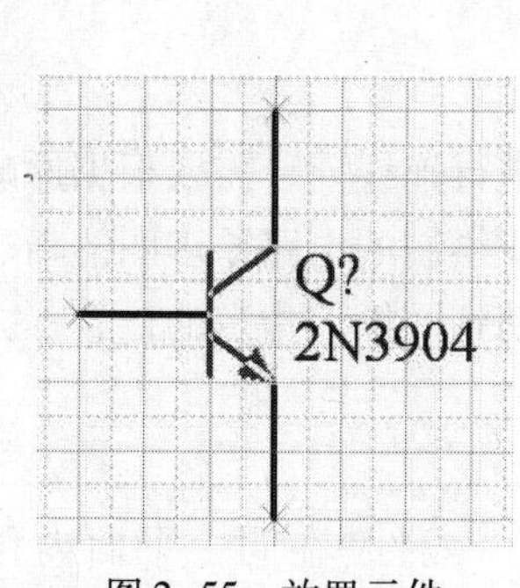

图2-55　放置元件

图2-56　“放置端口”对话框

（1）在“放置端口”对话框中，单击“物理元件”下拉列表框右侧的“选择”按钮，系统将弹出如图2-57所示的“浏览库”对话框。在元件库“Miscellaneous Devices. IntLib”中选择元件2N3904。

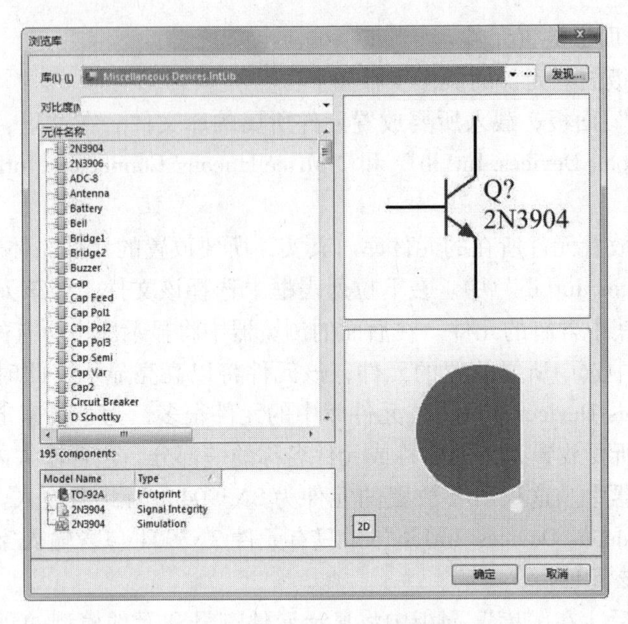

图 2-57 “浏览库”对话框

（2）单击“确定”按钮，在“放置端口”对话框中将显示选中的内容，如图 2-57 所示。此时，该对话框中还显示了被放置元件的部分属性，具体如下：

- “逻辑符号”文本框：用于设置该元件在库中的名称。
- “标识”文本框：用于设置被放置元件在原理图中的标号。这里放置的元件为晶体管，因此采用“Q”作为元件标号。
- “注释”文本框：用于设置被放置元件的说明。
- “封装”下拉列表框：用于选择被放置元件的封装。如果元件所在的元件库为集成元件库，则显示集成元件库中该元件对应的封装，否则用户还需要另外给该元件设置封装信息。当前被放置元件不需设置封装。

（3）完成设置后，单击“确定”按钮，后面的步骤和通过“库”面板放置元件的步骤完全相同，这里不再赘述。

2.6.3 调整元件位置

每个元件被放置时，其初始位置并不是很准确。在进行连线前，需要根据原理图的整体布局对元件的位置进行调整。这样不仅便于布线，也使所绘制的电路原理图清晰、美观。

元件位置的调整实际上就是利用各种命令将元件移动到图纸上指定的位置，并将元件旋转为指定的方向。

1. 元件的移动

在 Altium Designer 17 中，元件的移动有两种情况，一种是在同一平面内移动，称为“平移”；另一种是，当一个元件把另一个元件遮住时，需要移动位置来调整它们之间的上下关系，这种元件间的上下移动称为“层移”。

对于元件的移动，系统提供了相应的菜单命令。选择菜单栏中的“编辑”→“移动”命令，其子菜单如图 2-58 所示。

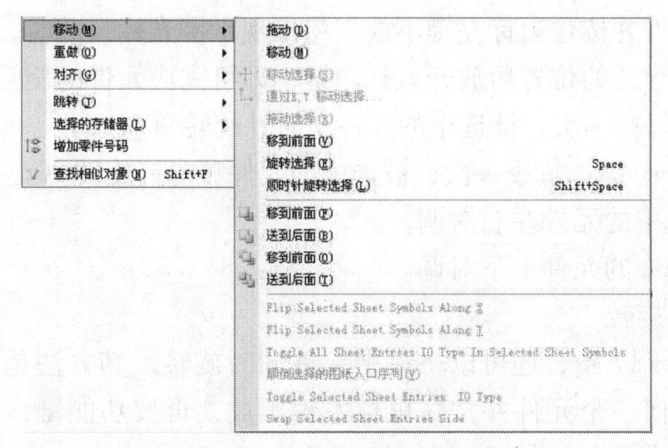

图 2-58 “移动”命令子菜单

除了使用菜单命令移动元件外，在实际原理图的绘制过程中，最常用的方法是直接使用鼠标和键盘来实现元件的移动。

（1）使用鼠标移动未选中的单个元件

将光标指向需要移动的元件（不需要选中），按住鼠标左键不放，此时光标会自动滑到元件的电气节点上。拖动鼠标，元件会随之一起移动。到达合适的位置后，释放鼠标左键，元件即被移动到当前光标的位置。

（2）使用鼠标移动已选中的单个元件

如果需要移动的元件已经处于选中状态，则将光标指向该元件，同时按住鼠标左键不放，拖动元件到指定位置后，释放鼠标左键，元件即被移动到当前光标的位置。

（3）使用鼠标移动多个元件

需要同时移动多个元件时，首先应将要移动的元件全部选中，然后在其中任意一个元件上按住鼠标左键并拖动，到达合适的位置后，释放鼠标左键，则所有选中的元件都移动到了当前光标所在的位置。

（4）使用（移动选择对象）按钮移动元件

对于单个或多个已经选中的元件，单击“原理图标准”工具栏中的（移动选择对象）按钮后，光标变成十字形，移动光标到已经选中的元件附近，单击鼠标，所有已经选中的元件将随光标一起移动，到达合适的位置后，再次单击鼠标，完成移动。

（5）使用键盘移动元件

- 元件在被选中的状态下，可以使用键盘来移动元件。
- 〈Ctrl〉+〈Left〉键：每按一次，元件左移 1 个网格单元。
- 〈Ctrl〉+〈Right〉键：每按一次，元件右移 1 个网格单元。
- 〈Ctrl〉+〈Up〉键：每按一次，元件上移 1 个网格单元。
- 〈Ctrl〉+〈Down〉键：每按一次，元件下移 1 个网格单元。
- 〈Shift〉+〈Ctrl〉+〈Left〉键：每按一次，元件左移 10 个网格单元。
- 〈Shift〉+〈Ctrl〉+〈Right〉键：每按一次，元件右移 10 个网格单元。
- 〈Shift〉+〈Ctrl〉+〈Up〉键：每按一次，元件上移 10 个网格单元。
- 〈Shift〉+〈Ctrl〉+〈Down〉键：每按一次，元件下移 10 个网格单元。

2. 元件的旋转

（1）单个元件的旋转

单击要旋转的元件并按住鼠标左键不放，将出现十字光标，此时，按下面的功能键，即可实现旋转。旋转至合适的位置后放开鼠标左键，即可完成元件的旋转。

- 〈Space〉键：每按一次，被选中的元件逆时针旋转 90°。
- 〈Shift〉+〈Space〉键：每按一次，被选中的元件顺时针旋转 90°。
- 〈X〉键：被选中的元件左右对调。
- 〈Y〉键：被选中的元件上下对调。

（2）多个元件的旋转

在 Altium Designer 17 中，还可以将多个元件同时旋转。其方法是：先选定要旋转的元件，然后单击其中任何一个元件并按住鼠标左键不放，再按功能键，即可将选定的元件旋转，放开鼠标左键完成操作。

2.6.4 元件的排列与对齐

在布置元件时，为使电路图美观以及连线方便，应将元件摆放整齐、清晰，这就需要使用 Altium Designer 17 中的排列与对齐功能。

1. 元件的排列

选择菜单栏中的“编辑”→“对齐”命令，其子菜单如图 2-59 所示。其中各命令说明如下。

- “左对齐”命令：将选定的元件向左边的元件对齐。
- “右对齐”命令：将选定的元件向右边的元件对齐。
- “水平中心对齐”命令：将选定的元件向最左边元件和最右边元件的中间位置对齐。
- “水平分布”命令：将选定的元件向最左边元件和最右边元件之间等间距对齐。
- “顶对齐”命令：将选定的元件向最上面的元件对齐。
- “底对齐”命令：将选定的元件向最下面的元件对齐。
- “垂直居中对齐”命令：将选定的元件向最上面元件和最下面元件的中间位置对齐。
- “垂直分布”命令：将选定的元件在最上面元件和最下面元件之间等间距对齐。
- “对齐到栅格上”命令：将选中的元件对齐在网格点上，便于电路连接。

2. 元件的对齐

选择如图 2-59 所示子菜单中的“对齐”命令，系统将弹出如图 2-60 所示的“排列对象”对话框。

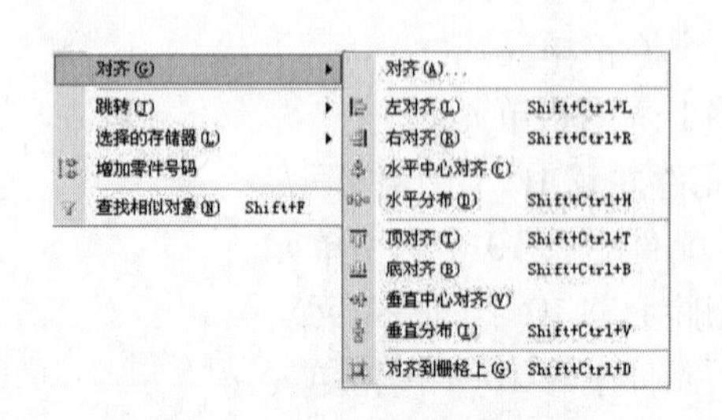

图 2-59 “对齐”命令子菜单

图 2-60 “排列对象”对话框

“排列对象”对话框中的各选项说明如下。

(1)“水平排列”选项组

- “不改变”单选钮：单击该单选钮，则元件保持不变。
- “左边”单选钮：作用同“左对齐”命令。
- “居中”单选钮：作用同“水平居中”命令。
- “右边”单选钮：作用同“右对齐”命令。
- “平均分布”单选钮：作用同“水平中心分布”命令。

(2)“垂直排列”选项组

- “不改变”单选钮：点选该单选钮，则元件保持不变。
- “置顶”单选钮：作用同“顶对齐”命令。
- “居中”单选钮：作用同“垂直中心对齐”命令。
- “置底”单选钮：作用同“底对齐”命令。
- “平均分布”单选钮：作用同“垂直分布”命令。

(3)“按栅格移动”复选框：勾选该复选框，对齐后，元件将被放到网格点上。

2.6.5 元件的属性设置

在原理图上放置的所有元件都具有自身的特定属性，在放置好每一个元件后，应该对其属性进行正确的编辑和设置，以免使后面的网络表生成及 PCB 的制作过程中产生错误。

通过对元件的属性进行设置，一方面可以确定后面生成的网络报表的部分内容，另一方面也可以设置元件在图纸上的摆放效果。此外，在 Altium Designer 17 中还可以设置部分布线规则，编辑元件的所有引脚。元件属性设置具体包含元件的基本属性设置、元件的外观属性设置、元件的扩展属性设置、元件的模型设置、元件引脚的编辑 5 个方面的内容。

1. 手动设置

双击原理图中的元件，或者选择菜单栏中的“编辑”→“改变”命令，在原理图的编辑窗口中，光标变成十字形，将光标移到需要设置属性的元件上单击，系统会弹出相应的属性设置对话框。如图 2-61 所示是晶体管 2N3904 的属性设置对话框。

用户可以根据自己的实际情况进行设置，完成后，单击“OK”(确定)按钮。

2. 自动设置

在电路原理图比较复杂，存在很多元件的情况下，如果以手动方式逐个设置元件的标识，不仅效率低，而且容易出现标识遗漏、跳号等现象。此时，可以使用 Altium Designer 17 系统所提供的自动标识功能可以轻松地完成对元件的设置。

(1) 设置元件自动标号的方式

选择菜单栏中的“工具”→“Annotation”→“注解”命令，系统将弹出如图 2-62 所示的“注释”对话框。

“注释”对话框中各选项的含义如下。

1)“处理顺序”下拉列表框：用于设置元件标号的处理顺序。

- Up Then Across (先向上后左右)：按照元件在原理图上的排列位置，先按自下而上，再按自左到右的顺序自动进行标号。
- Down Then Across (先向下后左右)：按照元件在原理图上的排列位置，先按自上而

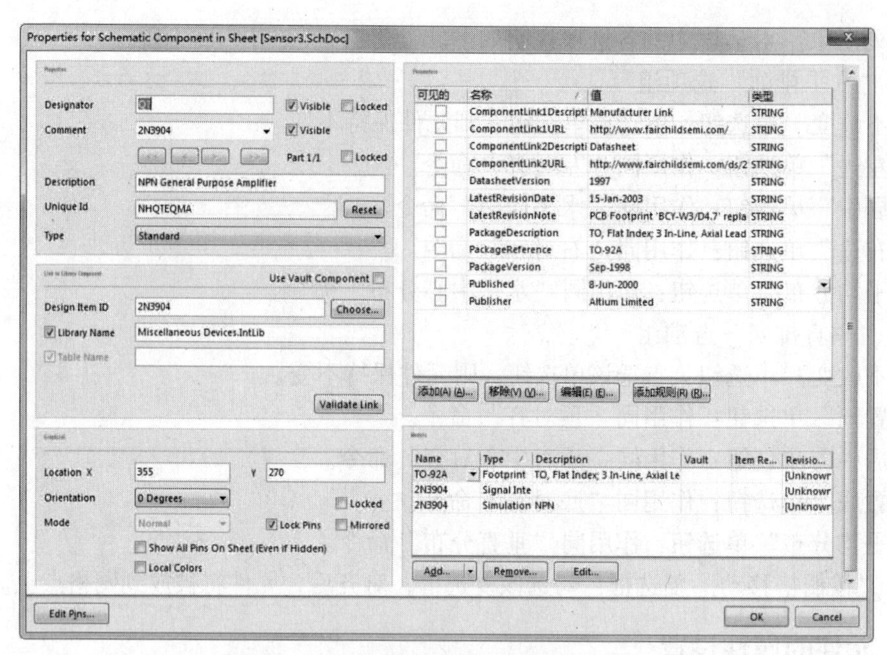

图 2-61　晶体管 2N3904 属性设置对话框

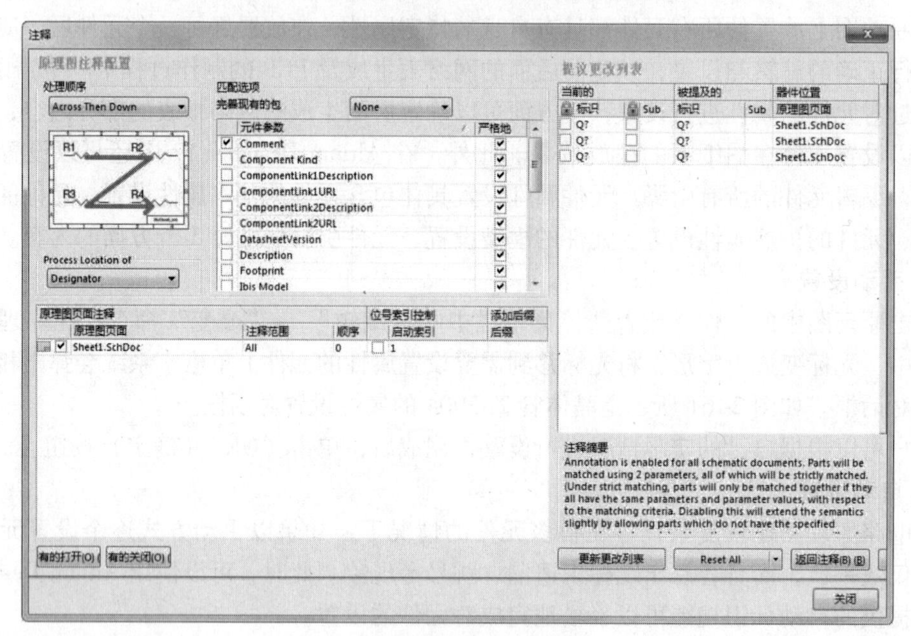

图 2-62　“注释”对话框

下，再按自左到右的顺序自动进行标号。

- Across Then Up（先左右后向上）：按照元件在原理图上的排列位置，先按自左到右，再按自下而上的顺序自动进行标号。
- Across Then Down（先左右后向下）：按照元件在原理图上的排列位置，先按自左到右，再按自上而下的顺序自动进行标号。

2）“匹配选项”选项组：从下拉列表框中选择元件的匹配参数，在对话框的右下方可以查看该项的概要解释。

3）“原理图页面注释”区域：该区域用于选择要标识的原理图，并确定注释范围、起始索引值及后缀字符等。

- “原理图页面”：用于选择要标识的原理图文件。可以直接单击“所有的打开”按钮选中所有文件，也可以单击“所有的关闭”按钮取消选择所有文件，然后勾选所需文件前面的复选框。
- “注释范围”：用于设置选中的原理图要标注的元件范围。有 All（全部元件）、Ignore Selected Parts（不标注选中的元件）、Only Selected Parts（只标注选中的元件）3 种选择。
- “顺序”：用于设置同类型元件标识序号的增量数。
- “启动索引”：用于设置起始索引值。
- “后缀”：用于设置标识的后缀。

4）“提议更改列表”列表框：用于显示元件的标号在改变前后的情况，并指明元件所在的原理图文件。

（2）执行元件自动标号操作

1）单击“注释”对话框中的“Reset All”（复位所有）按钮，然后在弹出的对话框中单击“确定”按钮确定复位，系统会使元件的标号复位，即变成标识符加问号的形式。

2）单击“更新更改列表”按钮，系统会根据配置的注释方式更新标号，并显示在“提议更改列表”列表框中。

3）单击“接受更改（创建 ECO）”按钮，系统将弹出“工程更改顺序”对话框，显示出标号的变化情况，如图 2-63 所示。在该对话框中，可以使标号的变化生效。

4）在“工程更改顺序”对话框中，单击“生效更改”按钮，可以验证标号变化的有效性，但此时原理图中的元件标号并没有显示出变化。单击“执行更改”按钮，原理图中元件标号会显示出变化。

5）单击“报告更改”按钮，以预览表方式报告变化，如图 2-64 所示。

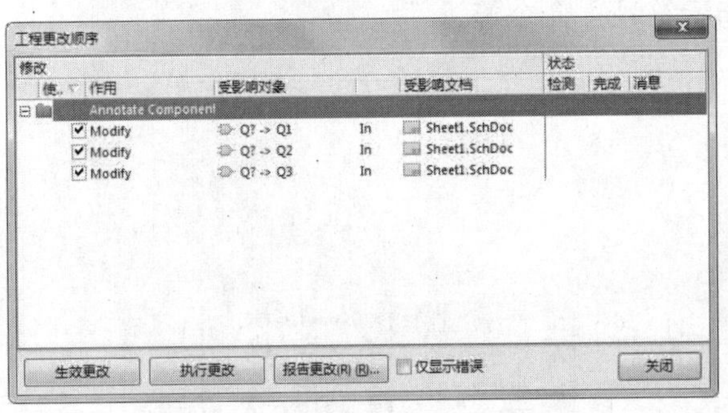

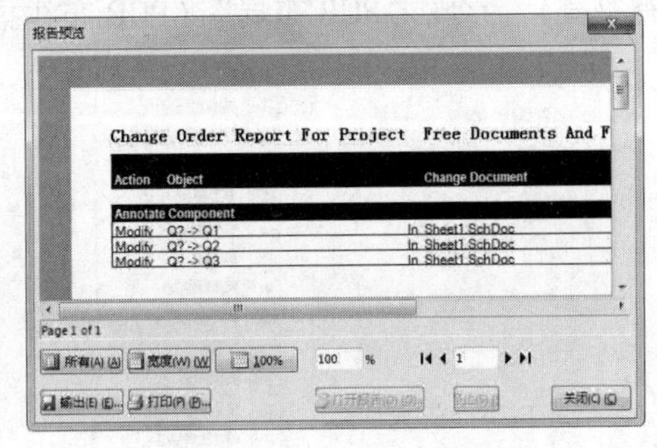

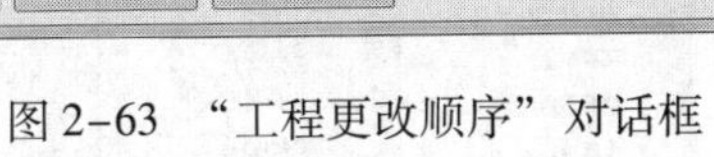
图 2-63 “工程更改顺序”对话框

图 2-64 更新报告预览表

删除多余的元件有以下两种方法：

- 选中元件，按〈Delete〉键即可删除该元件。
- 选择菜单栏中的“编辑”→“删除”命令，或者按〈E〉+〈D〉键进入删除操作状态，光标箭头上会悬浮一个“十字叉”图标，将光标箭头移至要删除元件的中心，单击即可删除该元件。

第 3 章 原理图的绘制

在图纸上放置好电路设计所需要的各种元件并对它们的属性进行相应的设置之后，根据电路设计的具体要求，我们就可以着手将各个元件连接起来，以建立并实现电路的实际连通。这里所说的连接，指的是具有电气意义的连接，即电气连接。

电气连接有两种实现方式，一种是“物理连接”，即直接使用导线将各个元件连接起来；另一种是“逻辑连接”，即不需要实际的连线操作，而是通过设置网络标号使元件之间具有电气连接关系。

知识点

- 原理图的绘制
- 绘制图形工具

3.1 原理图连接工具

Altium Designer 17 提供了 3 种对原理图进行连接的操作方法。下面简单介绍这 3 种方法。

1. 使用菜单命令

菜单栏中的“放置”菜单就是原理图连接工具菜单，如图 3-1 所示。在该菜单中，提供了放置各种元件的命令，也包括对总线、总线通口、线、网络标号等连接工具的放置命令。其中，“指示”子菜单如图 3-2 所示，经常使用的有“Generic No ERC”（忽略 ERC 检查符号）命令、“PCB 布局”（PCB 布线指示符号）命令等。

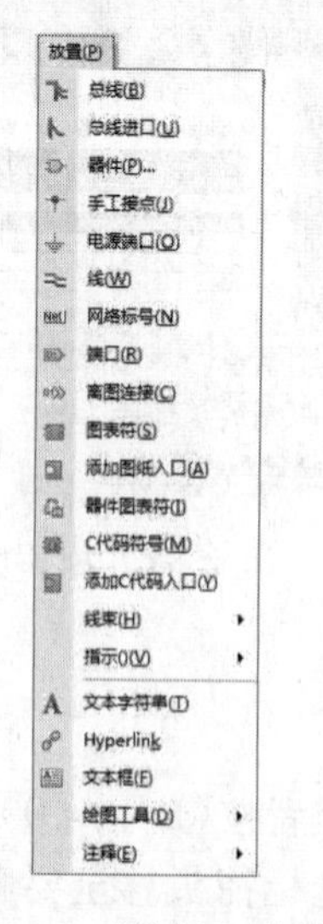

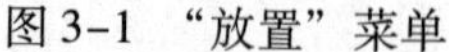

图 3-1 “放置”菜单

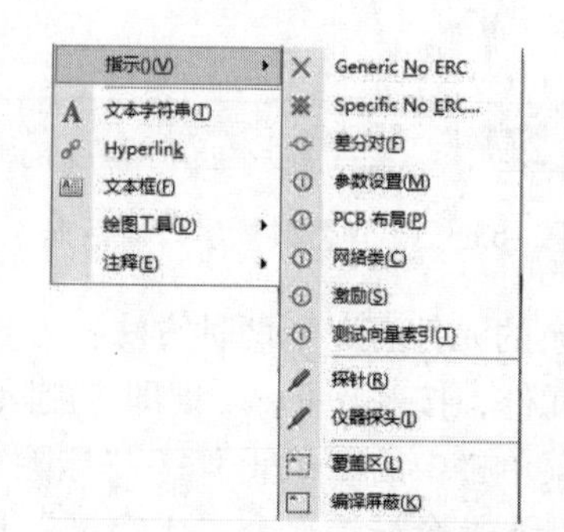

图 3-2 “指示”子菜单

2. 使用连线工具栏

在“放置”菜单中，各项命令分别与“布线”工具栏中的按钮一一对应，直接单击该工具栏中的相应按钮，即可完成相同的功能操作。

3. 使用快捷键

上述各项命令都有相应的快捷键。例如，设置网络标号的快捷键是〈P〉+〈N〉，绘制总线入口的快捷键是〈P〉+〈U〉等。使用快捷键可以大大提高操作速度。

3.2 元件的电气连接

元件之间电气连接的主要方式是通过导线来连接。导线是电路原理图中最重要也是用得最多的图元，它具有电气连接的意义，不同于一般的绘图工具。绘图工具没有电气连接的意义。

3.2.1 放置导线

导线是电气连接中最基本的组成单位，放置导线的操作步骤如下：

（1）选择菜单栏中的“放置”→“线”命令，或单击“布线”工具栏中的“放置线”按钮，或按快捷键〈P〉+〈W〉，此时光标变成十字形状并附加一个交叉符号。

（2）将光标移动到想要完成电气连接的元件的引脚上，单击放置导线的起点。由于启用了自动捕捉电气节点（electrical snap）的功能，因此，电气连接很容易完成。出现红色的符号表示电气连接成功。移动光标，多次单击可以确定多个固定点，最后放置导线的终点，完成两个元件之间的电气连接。此时光标仍处于放置导线的状态，重复上述操作可以继续放置其他的导线。

（3）导线的拐弯模式。如果要连接的两个引脚不在同一水平线或同一垂直线上，则在放置导线的过程中需要单击确定导线的拐弯位置，并且可以通过按〈Shift〉+〈Space〉键来切换导线的拐弯模式。拐弯模式有直角、45°角和任意角度三种，如图 3-3 所示。导线放置完毕，右键单击鼠标或按〈Esc〉键即可退出该操作。

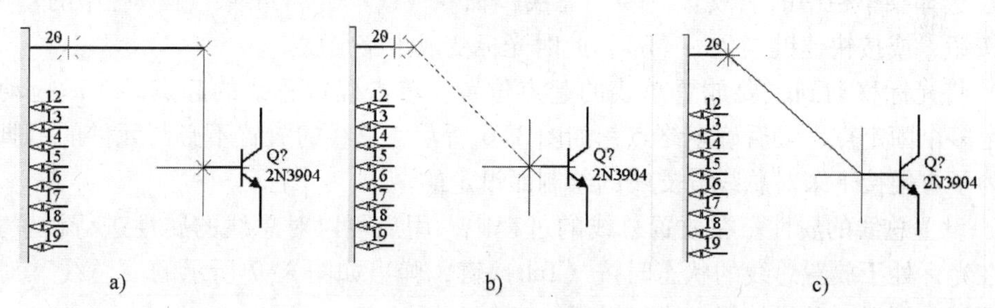

图 3-3 导线的拐弯模式
a）直角拐弯 b）45°拐弯 c）任意角度拐弯

（4）设置导线的属性。任何一个建立起来的电气连接都被称为一个网络，每个网络都有自己唯一的名称。系统为每一个网络设置默认的名称，用户也可以自行设置。原理图完成并编译结束后，在导航栏中即可看到各种网络的名称。在放置导线的过程中，用户可以对导线的属性进行设置。双击导线或在光标处于放置导线的状态时按〈Tab〉键，弹出如图 3-4 所示的“线”对话框，在该对话框中可以对导线的颜色、线宽参数进行设置。

1）颜色：单击该颜色显示框，系统将弹出如图 3-5 所示的“选择颜色”对话框。在该对话框中可以选择并设置需要的导线颜色。系统默认为深蓝色。

2）“线宽”：在该下拉列表框中有 Smallest（最小）、Small（小）、Medium（中等）和 Large（大）4 个选项可供用户选择。系统默认为 Small（小）。在实际中应该参照与其相连的元件引脚线的宽度进行选择。

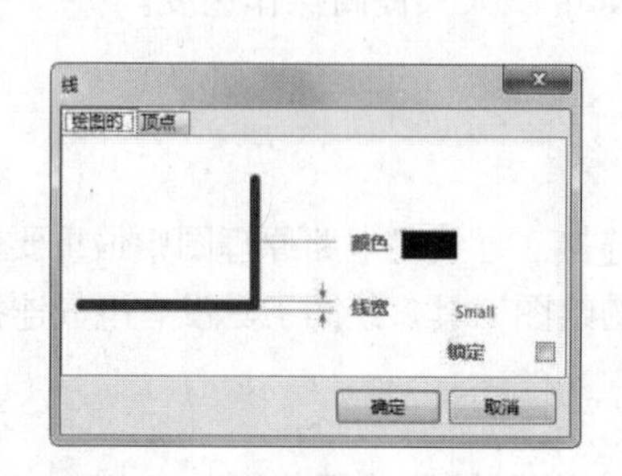

图 3-4 “线”对话框

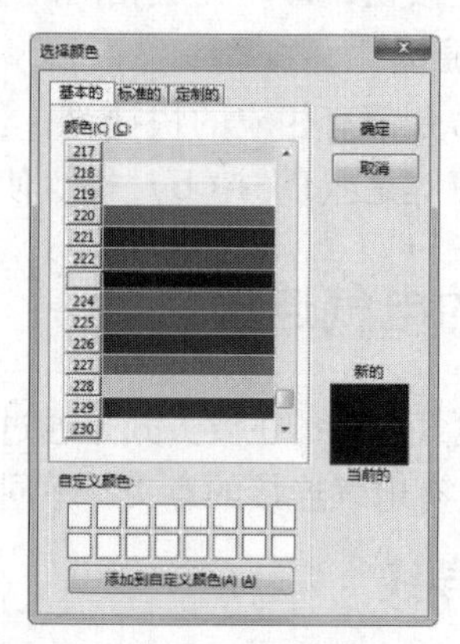

图 3-5 “选择颜色”对话框

3.2.2 放置总线

总线是一组具有相同性质的并行信号线的组合，如数据总线、地址总线、控制总线等组合。在大规模的原理图设计，尤其是数字电路的设计中，如果只用导线来完成各元件之间的电气连接，那么整个原理图的连线就会显得杂乱而烦琐。而总线的运用可以大大简化原理图的连线操作，使原理图更加整洁、美观。

原理图编辑环境下的总线没有任何实质的电气连接意义，仅仅是为了绘图和读图方便而采取的一种简化连线的表现形式。

总线的放置与导线的放置基本相同，其操作步骤如下：

（1）选择菜单栏中的“放置”→“总线”命令，或单击“布线”工具栏中的 （放置总线）按钮，或按快捷键〈P〉+〈B〉，此时光标变成十字形状。

（2）将光标移动到想要放置总线的起点位置，单击确定总线的起点。然后拖动光标，单击确定多个固定点，最后确定终点，如图 3-6 所示。总线的放置不必与元件的引脚相连，它只是为了方便接下来对总线分支线的绘制而设定的。

（3）设置总线的属性。在放置总线的过程中，用户可以对总线的属性进行设置。双击总线或在光标处于放置总线的状态时按〈Tab〉键，弹出如图 3-7 所示的“总线”对话框，在该对话框中可以对总线的属性进行设置。

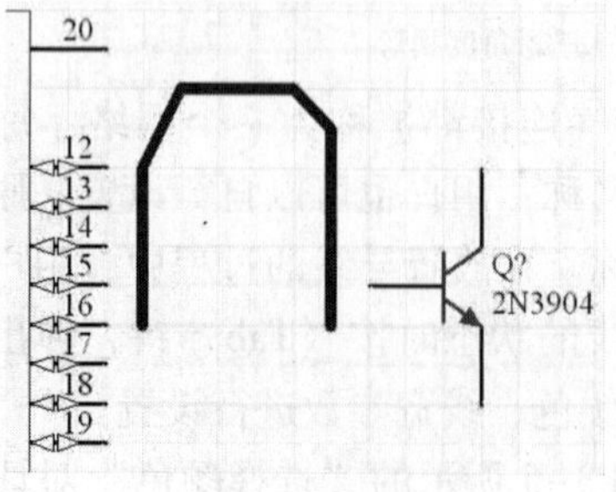

图 3-6 放置总线

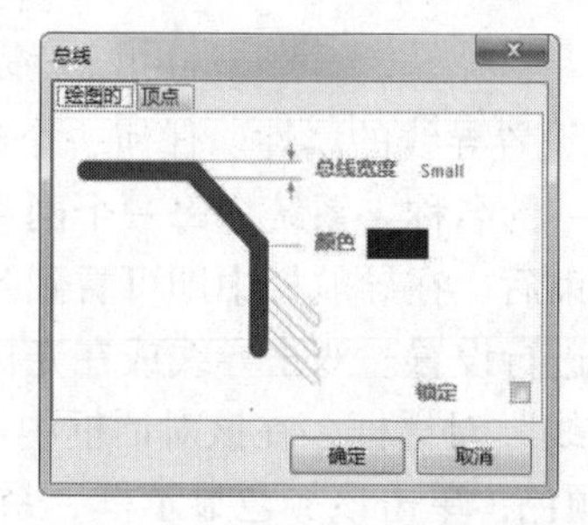

图 3-7 “总线”对话框

3.2.3 放置总线入口

总线入口是单一导线与总线的连接线。使用总线入口把总线和具有电气特性的导线连接起来，可以使电路原理图更为美观、清晰，且具有专业水准。与总线一样，总线入口也不具有任何电气连接的意义，而且它的存在也不是必须的。即使不通过总线入口，直接把导线与总线连接也是正确的。

放置总线入口的操作步骤如下：

（1）选择菜单栏中的“放置”→“总线进口”命令，或单击“布线”工具栏中的 （放置总线进口）按钮，或按快捷键〈P〉+〈U〉，此时光标变成十字形状。

（2）在导线与总线之间单击，即可放置一段总线入口分支线。同时在该命令状态下，按〈Space〉键可以调整总线入口分支线的方向，如图 3-8 所示。

（3）设置总线入口的属性。在放置总线入口分支线的过程中，用户可以对总线入口分支线的属性进行设置。双击总线入口或在光标处于放置总线入口的状态时按〈Tab〉键，弹出如图 3-9 所示的“总线入口”对话框，在该对话框中可以对总线分支线的属性进行设置。

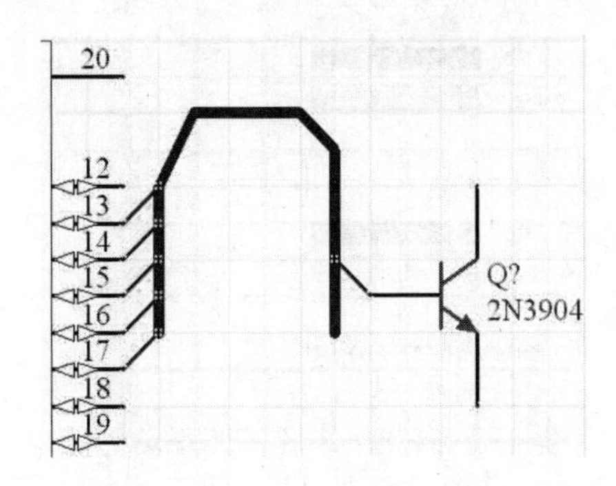

图 3-8 调整总线入口分支线的方向

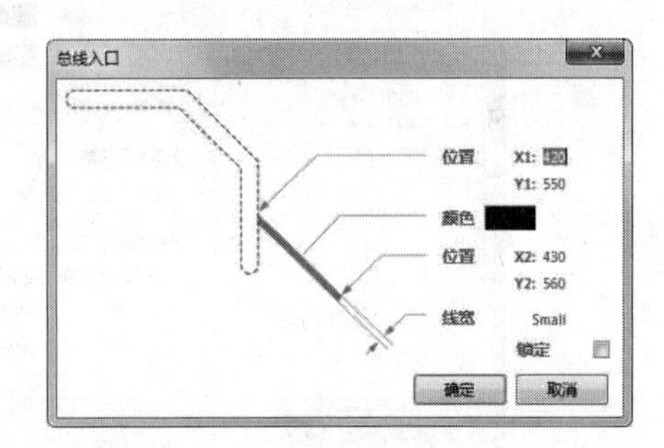

图 3-9 “总线入口”对话框

3.2.4 手动连接

在 Altium Designer 17 中，默认情况下，系统会在导线的 T 形交叉点处自动放置电气节点，表示所画线路在电气意义上是连接的。但在其他情况下，如十字交叉点处，由于系统无法判断导线是否连接，因此不会自动放置电气节点。如果导线确实是相互连接的，就需要用户自己手动放置电气节点。

手动放置电气节点的操作步骤如下：

（1）选择菜单栏中的“放置”→“手动连接”命令，或用快捷键〈P〉+〈J〉，此时光标变成十字形状，并带有一个电气节点符号。

（2）移动光标到需要放置电气节点的地方，单击鼠标即可完成放置，如图 3-10 所示。此时光标仍处于放置电气节点的状态，重复操作即可放置其他节点。

（3）设置电气节点的属性。在放置电气节点的过程中，用户可以对电气节点的属性进行设置。双击电气节点或者在

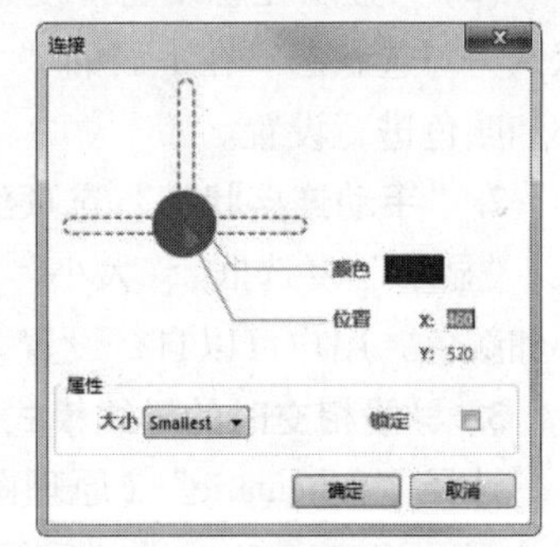

图 3-10 “连接”对话框

光标处于放置电气节点的状态时按〈Tab〉键，弹出如图 3-10 所示的“连接”对话框，在该对话框中可以对电气节点的属性进行设置。

系统存在着一个默认的自动放置节点的属性，用户也可以按照自己的习惯进行改变。选择菜单栏中的“工具”→“设置原理图参数”命令，弹出“参数选择”对话框，选择“Schematic”（原理图）→“Compiler”（编译器），在“Compiler”对话框中即可对各类节点进行设置，如图 3-11 所示。

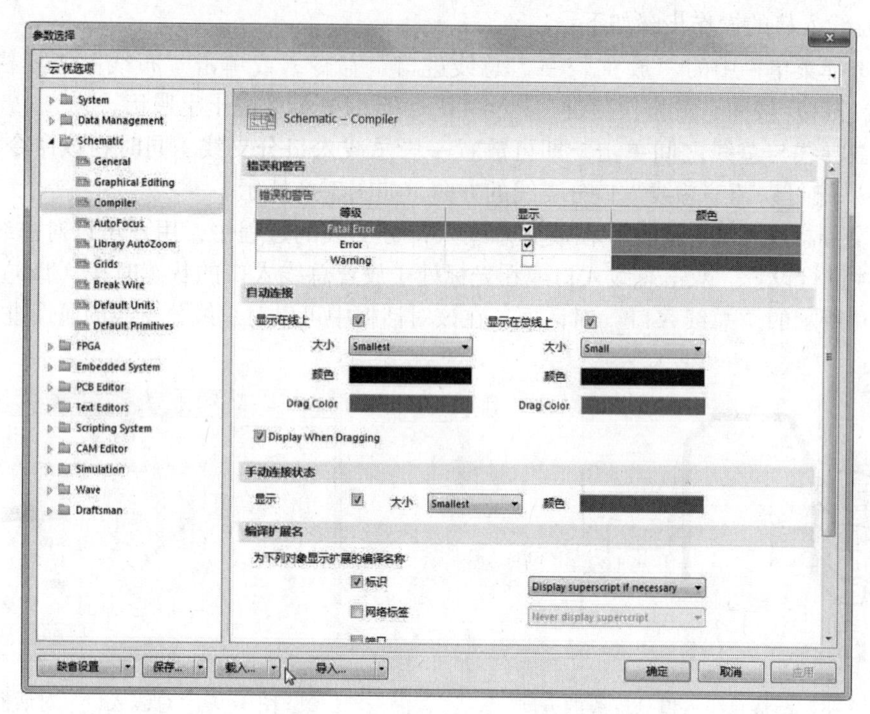

图 3-11 “Compiler”对话框

1. “自动连接”选项组

（1）“显示在线上”复选框：勾选该复选框，则显示在导线上自动设置的节点，系统默认为勾选状态。在下面的“大小”下拉列表框和“颜色”颜色显示框中可以对节点的大小和颜色进行设置。

（2）“显示在总线上”复选框：勾选该复选框，则显示在总线上自动设置的节点，系统默认为勾选状态。在下面的“大小”下拉列表框和“颜色”颜色显示框中可以对节点的大小和颜色进行设置。

2. “手动连接状态”选项组

“显示”复选框、“大小”下拉列表框和“颜色”颜色显示框分别控制节点的显示、大小和颜色，用户可以自行设置。

3. 导线相交时的导线模式

选择“Schematic”（原理图）→“General”（常规设置）对话框，如图 3-12 所示。勾选“显示 Cross - Overs”（显示交叉点）复选框，可以改变原理图中的交叉导线显示。系统的默认设置为勾选该复选框。

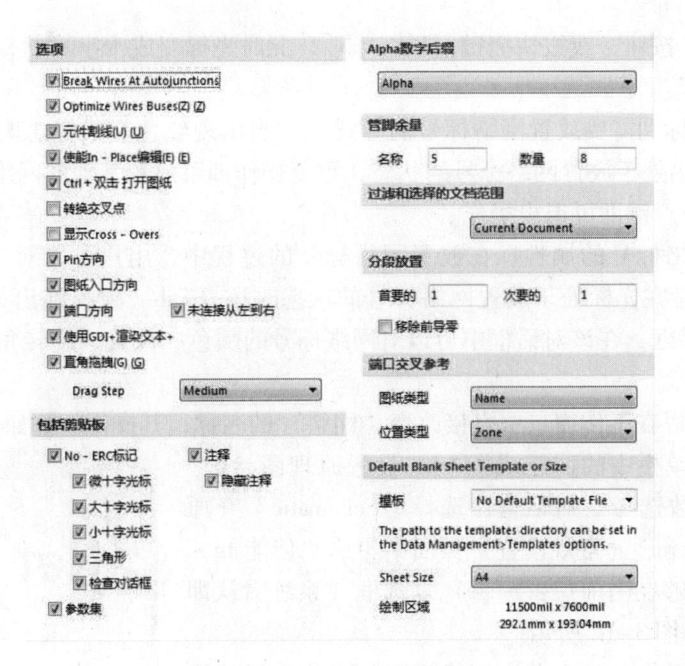

图 3-12 “General”对话框

3.2.5 放置电源和地符号

电源和接地符号是电路原理图中必不可少的组成部分。放置电源和接地符号的操作步骤如下：

（1）选择菜单栏中的“放置”→“电源符号”命令，或单击“布线”工具栏中的（GND 端口）或（VCC 电源端口）按钮，或按快捷键〈P〉+〈O〉，此时光标变成十字形状，并带有一个电源或接地符号。

（2）移动光标到需要放置电源或接地符号的地方，单击鼠标即可完成放置。此时光标仍处于放置电源或接地的状态，重复操作即可放置其他的电源或接地符号。

（3）设置电源和接地符号的属性。在放置电源和接地符号的过程中，用户可以对电源和接地符号的属性进行设置。双击电源和接地符号或在光标处于放置电源和接地符号的状态时按〈Tab〉键，弹出如图 3-13 所示的“电源端口”对话框，在该对话框中可以对电源或接地符号的颜色、类型、位置、旋转角度及所在网络等属性进行设置。

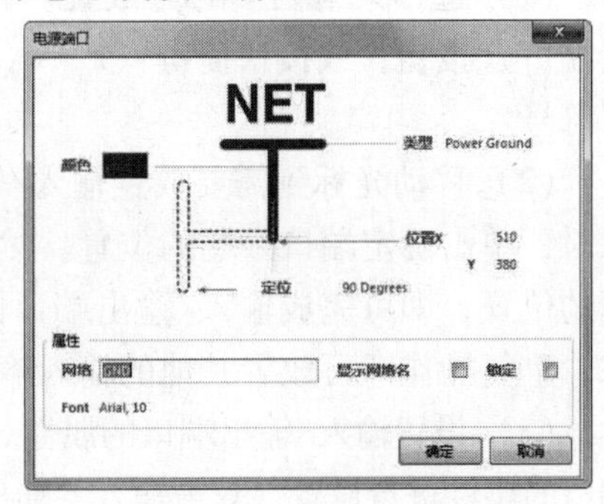

图 3-13 “电源端口”对话框

3.2.6 放置网络标号

在原理图的绘制过程中，元件之间的电气连接除了使用导线外，还可以通过设置网络标号的方法来实现。

1. 下面以放置电源网络标号为例介绍网络标号放置的操作步骤：

（1）选择菜单栏中的“放置”→“网络标号”命令，或单击“布线”工具栏中的

（放置网络标号）按钮，或按快捷键〈P〉+〈N〉，此时光标变成十字形状，并带有一个初始标号“NetLabel1”。

（2）移动光标到需要放置网络标号的导线上，当出现红色交叉标志时，单击即可完成放置。此时光标仍处于放置网络标号的状态，重复操作即可放置其他的网络标号。右键单击鼠标或者按〈Esc〉键即可退出操作。

（3）设置网络标号的属性。在放置网络标号的过程中，用户可以对其属性进行设置。双击网络标号或者在光标处于放置网络标号的状态时按〈Tab〉键，弹出如图3-14所示的“网络标签”对话框，在该对话框中可以对网络标号的颜色、位置、旋转角度、名称及字体等属性进行设置。

2. 用户也可以在工作窗口中直接改变“网络”的名称，其操作步骤如下。

（1）选择菜单栏中的“工具”→“设置原理图参数”命令，弹出“参数选择”对话框，选择“Schematic”（原理图），在“General”（常规设置）页面中勾选“使能In-Place编辑”（能够在当前位置编辑）复选框（系统默认即为勾选状态），如图3-12所示。

（2）此时在工作窗口中单击网络标签的名称，过一段时间后再次单击网络标签的名称即可对该网络标号的名称进行编辑。

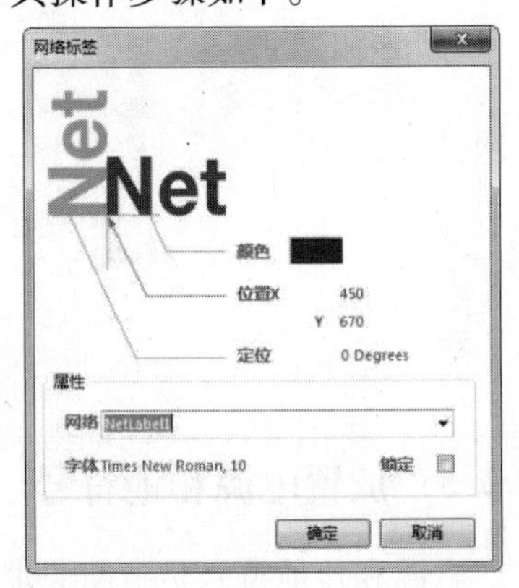

图3-14 “网络标签”对话框

3.2.7 放置输入/输出端口

通过前面的学习我们知道，在设计原理图时，两点之间的电气连接，可以直接使用导线连接，也可以通过设置相同的网络标号来完成。还有一种方法，就是使用电路的输入/输出端口。相同名称的输入/输出端口在电气关系上是连接在一起的。一般情况下，在一张图纸中是不使用端口连接的，但在层次电路原理图的绘制过程中经常用到这种电气连接方式。放置输入/输出端口的操作步骤如下。

（1）选择菜单栏中的“放置”→“端口”命令，或单击“布线”工具栏中的 D1 （放置端口）按钮，或按快捷键〈P〉+〈R〉，此时光标变成十字形状，并带有一个输入/输出端口符号。

（2）移动光标到需要放置输入/输出端口的元件引脚末端或导线上，当出现红色交叉标志时，单击确定端口一端的位置。然后拖动光标使端口的大小合适，再次单击确定端口另一端的位置，即可完成输入/输出端口的一次放置。此时光标仍处于放置输入/输出端口的状态，重复操作即可放置其他的输入输出端口。

（3）设置输入/输出端口的属性。在放置输入/输出端口的过程中，用户可以对输入/输出端口的属性进行设置。双击输入、输出端口或者在光标处于放置状态时按〈Tab〉键，弹出如图3-15所示的“端口属性”对话框，在该对话框中可以对输入/输出端口的属性进行设置。

其中主要选项的说明如下。

- “队列”：用于设置端口名称的位置，有Center（居中）、Left（靠左）和Right（靠右）3种选择。
- “文本颜色”：用于设置文本颜色。

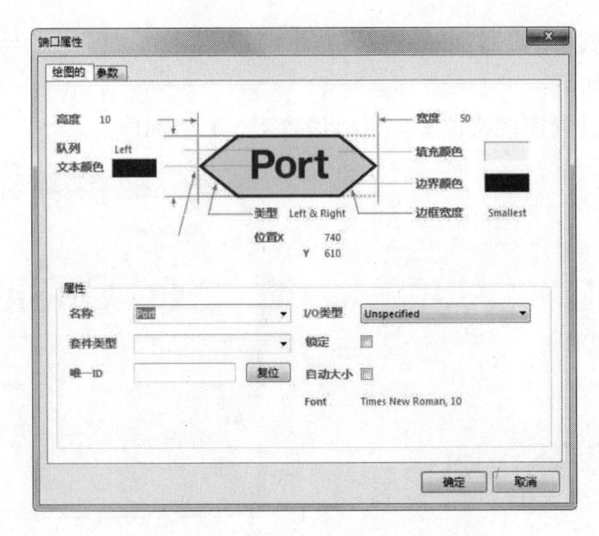

图 3-15 “端口属性”对话框

- “宽度”：用于设置端口宽度。
- “填充颜色”：用于设置端口内填充颜色。
- “边界颜色”：用于设置边框颜色。
- “边框宽度”：用于设置边框宽度。
- “类型”：用于设置端口外观风格，包括 None（Horizontal）（水平）、Left（左）、Right（右）、Left & Right（左和右）、None（Vertical）（垂直）、Top（顶）、Bottom（底）和 Top & Bottom（顶和底）8 种选择。
- “位置”：用于设置端口位置。可以设置 X、Y 坐标值。
- “名称”：用于设置端口名称。这是端口最重要的属性之一，具有相同名称的端口在电气上是连通的。
- “唯一 ID”：惟一的识别符。用户一般不需要改动此项，保留默认设置。
- “I/O 类型”：用于设置端口的电气特性，对后面的电气规则检查提供一定的依据。有 Unspecified（未指明或不确定）、Output（输出）、Input（输入）和 Bidirectional（双向型）4 种类型。

3.2.8 放置离图连接

在原理图编辑环境下，离图连接的作用其实跟网络标签是一样的，不同的是，网络标签用在了同一张原理图中，而离图连接用在同一工程文件下，不同的原理图中。放置离图连接的操作步骤如下。

（1）选择菜单栏中的“放置”→“离图连接”命令，弹出的连接符，此时光标变成十字形状，并带有一个离页连接符符号，如图 3-16 所示。

（2）移动光标到需要放置离页连接符的元件引脚末端或导线上，当出现红色交叉标志时，单击确定离页连接符的位置，即可完成离页连接符的一次放置。此时光标仍处于放置离页连接符的状态，重复操作即可放置其他的离页连接符。

（3）设置离页连接符属性。在放置输入/输出端口的过程中，用户可以对输入/输出端口的属性进行设置。双击输入、输出端口或者在光标处于放置状态时按〈Tab〉键，弹出如

图 3-17 所示“关闭方块连接器”对话框。

其中各选项意义如下：

- “位置”：用于设置连接符位置。可以设置 X、Y 坐标值。

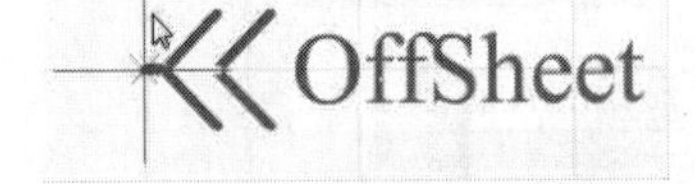

图 3-16　离页连接符符号

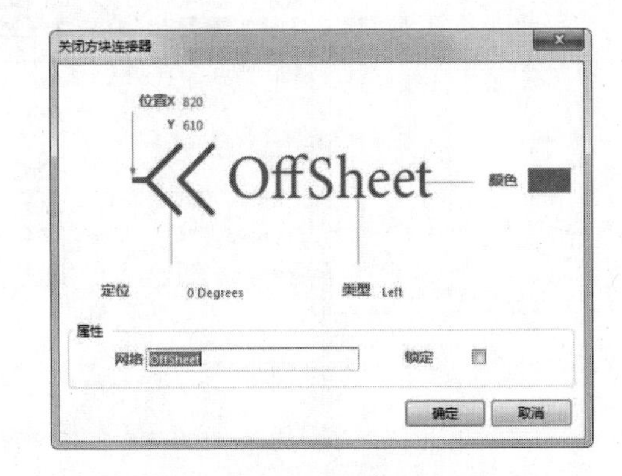

图 3-17　“关闭方块连接器”对话框

- “颜色”：用于设置文本颜色。
- “定位”文本框：用于设定 PCB 布线指示符号在原理图上的放置方向。有“0 Degrees”（0°）、“90 Degrees”（90°）、“180 Degrees”（180°）和“270 Degrees”（270°）4 个选项。
- “类型”：用于设置外观风格，包括 Left（左）、Right（右）这两种选择。
- “网络”：用于设置连接符名称。这是离页连接符最重要的属性之一，具有相同名称的网络在电气上是连通的。

3.2.9　放置忽略 ERC 测试点

在电路设计过程中，系统进行电气规则检查（ERC）时，有时会产生一些不希望产生的错误报告。例如，由于电路设计的需要，一些元件的个别输入引脚有可能被悬空，但在系统默认情况下，所有的输入引脚都必须进行连接，这样在 ERC 检查时，系统会认为悬空的输入引脚使用错误，并在引脚处放置一个错误标记。

为了避免用户为检查这种“错误”而浪费时间，可以使用忽略 ERC 测试符号，让系统忽略对此处的 ERC 测试，不再产生错误报告。放置忽略 ERC 测试点的操作步骤如下。

（1）选择菜单栏中的“放置”→“指示”→“Generic No ERC”（忽略 ERC 测试点）命令，或单击“布线”工具栏中的“Place None - Specific No Erc”×（放置忽略 ERC 测试点）按钮，或按快捷键〈P〉+〈V〉+〈N〉，此时光标变成十字形状，并带有一个红色的交叉符号。

（2）移动光标到需要放置忽略 ERC 测试点的位置处，单击鼠标即可完成放置。此时光标仍处于放置忽略 ERC 测试点的状态，重复操作即可放置其他的忽略 ERC 测试点。右键单击鼠标或按〈Esc〉键即可退出操作。

（3）设置忽略 ERC 测试点的属性。在放置忽略 ERC 测试点的过程中，用户可以对忽略 ERC 测试点的属性进行设置。双击忽略 ERC 测试点或在光标处于放置忽略 ERC 测试点的状态时按〈Tab〉键，弹出如图 3-18 所示的“不 ERC 检查”（忽略 ERC 测试点）对话框。在该对话框中可以对忽略 ERC 测试点的颜色及位置属性进行设置。

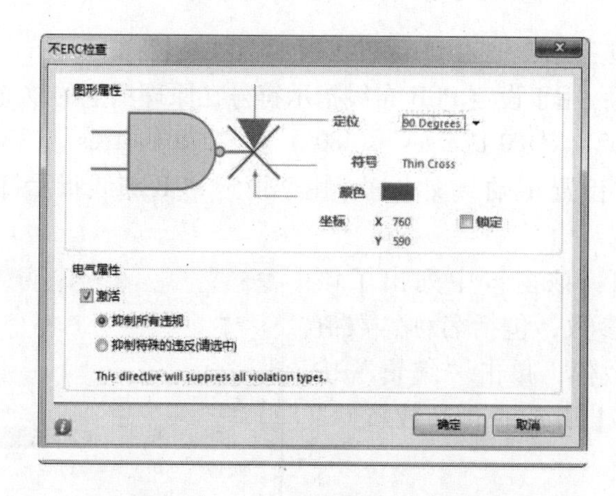

图 3-18 “不 ERC 检查”对话框

3.2.10 放置 PCB 布线指示

用户绘制原理图的时候，可以在电路的某些位置放置 PCB 布线指示，以便预先规划和指定该处的 PCB 布线规则，包括铜箔的宽度、布线的策略、布线优先级及布线板层等。这样，在由原理图创建 PCB 印制板的过程中，系统就会自动引入这些特殊的设计规则。放置 PCB 布线指示的步骤如下。

（1）选择菜单栏中的“放置”→“指示”→“PCB 布局”命令，或按快捷键〈P〉+〈V〉+〈P〉，此时光标变成十字形状，并带有一个 PCB 布线指示符号。

（2）移动光标到需要放置 PCB 布线指示的位置处，单击即可完成放置，如图 3-19 所示。此时光标仍处于放置 PCB 布线指示的状态，重复操作即可放置其他的 PCB 布线指示符号。右键单击鼠标或者按〈Esc〉键即可退出操作。

（3）设置 PCB 布线指示的属性。在放置 PCB 布线指示符号的过程中，用户可以对 PCB 布线指示符号的属性进行设置。双击 PCB 布线指示符号或在光标处于放置 PCB 布线指示符号的状态时按〈Tab〉键，弹出如图 3-20 所示的“参数”对话框。在该对话框中可以对 PCB 布线指示符号的名称、位置、旋转角度及布线规则等属性进行设置。

图 3-19 放置 PCB 布线指示

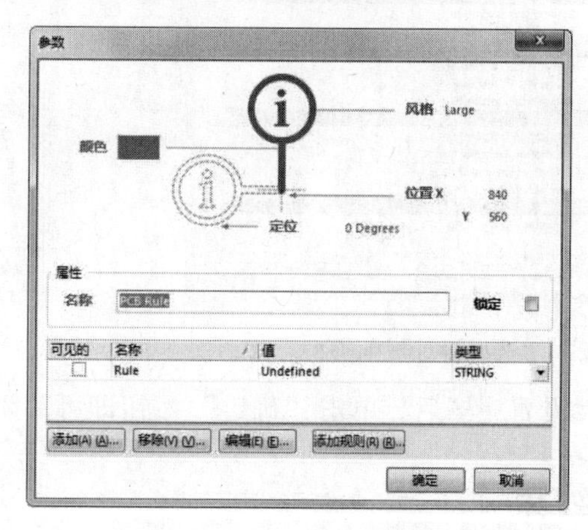

图 3-20 “参数”对话框

1）“名称”文本框：用于输入 PCB 布线指示符号的名称。

2）“定位”文本框：用于设定 PCB 布线指示符号在原理图上的放置方向。有“0 Degrees”（0°）、“90 Degrees”（90°）、“180 Degrees”（180°）和“270 Degrees”（270°）4 个选项。

3）“位置 X 轴”“位置 Y 轴”文本框：用于设定 PCB 布线指示符号在原理图上的 X 轴和 Y 轴坐标。

4）参数坐标窗口：该窗口中列出了该 PCB 布线指示的相关参数，包括名称、数值及类型。选中任一参数值，单击“编辑”按钮，系统弹出如图 3-21 所示的“参数属性”对话框。

图 3-21 “参数属性”对话框

在该对话框中单击“编辑规则值”按钮，系统将弹出如图 3-22 所示的“选择设计规则类型”对话框，在该对话框中列出了 PCB 布线时用到的所有类型的规则供用户选择。

例如，在这里我们选中了“Width Constraint”（导线宽度约束规则）选项，单击“确定”按钮后，则弹出相应的导线宽度设置对话框，如图 3-23 所示。该对话框分为两部分，上面是图形显示部分，下面是列表显示部分，均可用于设置导线的宽度。

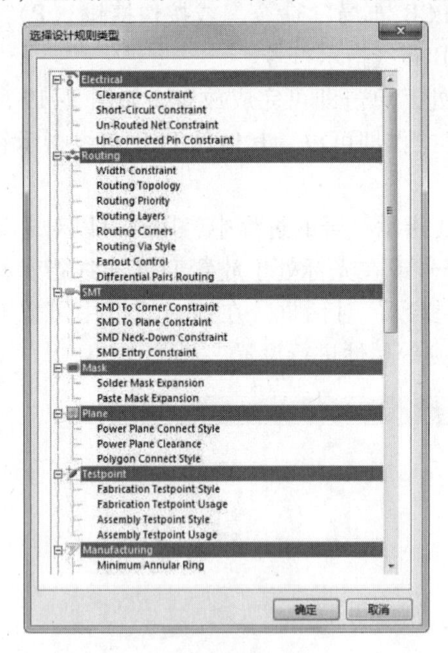

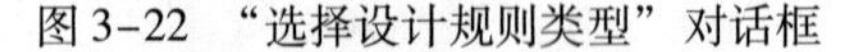

图 3-22 “选择设计规则类型”对话框

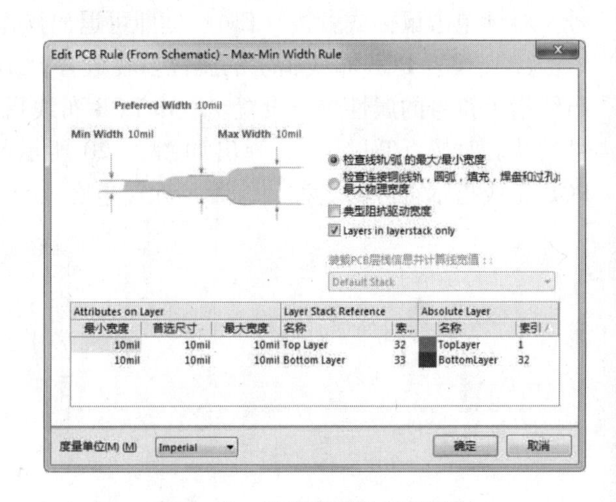

图 3-23 导线宽度设置对话框

属性设置完毕后，单击“确定”按钮即可关闭该对话框。

3.3 线束

线束载有多个信号，并可含有总线和电线。这些线束经过分组，统称为单一实体。这种多信号连接即称为 Signal Harnesses。

自从 Altium Designer 6.8 就引进一种叫做 Signal Harnesses 的新方法来建立元件之间的连接和降低电路图的复杂性。该方法通过汇集所有信号的逻辑组对电线和总线连接性进行了扩展，大大简化了电气配线路径和电路图设计的构架，并提高了可读性。

通过 Signal Harnesses，也就是线束连接器，创建和操作子电路之间更高抽象级别，用更简单的图展现更复杂的设计。

线束连接器产品广泛应用于汽车、家电、仪器仪表、办公设备、商用机器、电子部件、电子控制板等领域。

3.3.1 线束连接器

线束连接器是端子的一种，连接器又称插接器，由插头和插座组成。连接器是汽车电路中线束的中继站。线束与线束、线束与电器部件之间的连接一般采用连接器，汽车线束连接器是连接汽车各个电器与电子设备的重要部件，为了防止连接器在汽车行驶中脱开，所有的连接器均采用了闭锁装置。其操作步骤如下：

（1）单击菜单栏中的“放置”→“线束”→“线束连接器”命令，或单击“布线”工具栏中的 （放置线束连接器）按钮，或按快捷键〈P〉+〈H〉+〈C〉，此时光标变成十字形状，并带有一个线束连接器符号。

（2）将光标移动到想要放置线束连接器的起点位置，单击确定线束连接器的起点。然后拖动光标，单击确定终点，如图 3-34 所示。此时系统仍处于绘制方块电路状态，用同样的方法绘制另一个方块电路。绘制完成后，单击鼠标右键退出绘制状态。

（3）设置线束连接器的属性。双击总线或在光标处于放置总线的状态时按〈Tab〉键，弹出如图 3-35 所示的“套件连接器”对话框，在该对话框中可以对线束连接器的属性进行设置。

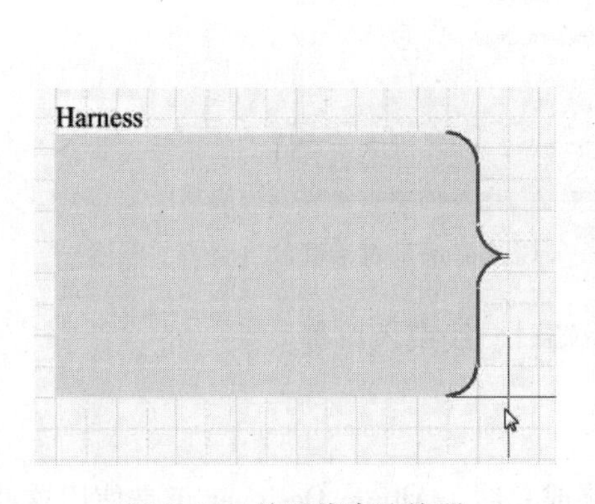

图 3-34　放置线束连接器

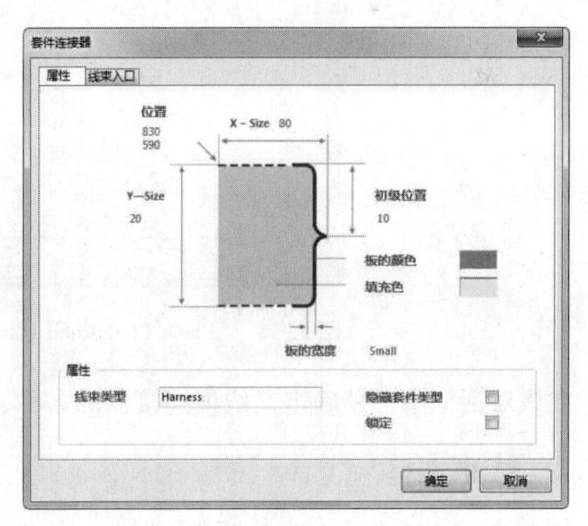

图 3-35　“套件连接器”对话框

该对话框包括两个选项卡：

1.“属性”选项卡：

● 位置：用于表示方块电路左上角顶点的位置坐标，用户可以输入设置。

- X - Size、Y - Size：用于设置方块电路的长度和宽度。
- 板的颜色：用于设置方块电路边框的颜色。单击后面的颜色块，可以在弹出的对话框中设置颜色。
- 填充色：用于设置方块电路内部的填充颜色。
- 初级位置：用于设置线束连接器的宽度。
- 线束类型：用于设置该连接器所代表的文件名。

2.“线束入口”选项卡：

单击图3-35中的“线束入口”标签，弹出“线束入口”选项卡，如图3-36所示。在该选项卡中可以为连接器添加、删除和编辑与其余元件连接的入口。

单击“添加”按钮，在该对话框中自动添加线束入口，如图3-37所示。

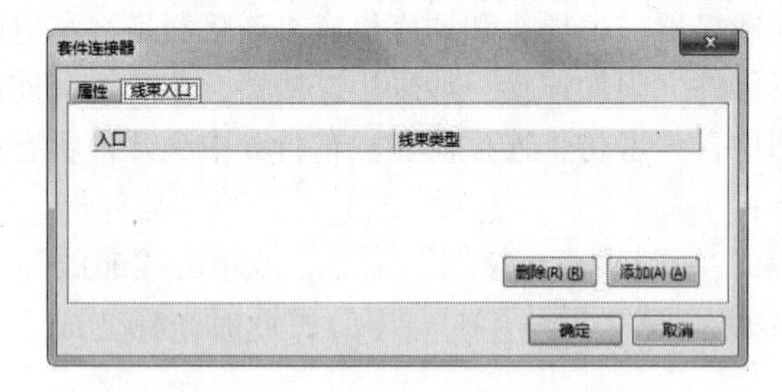

图3-36 “线束入口”选项卡

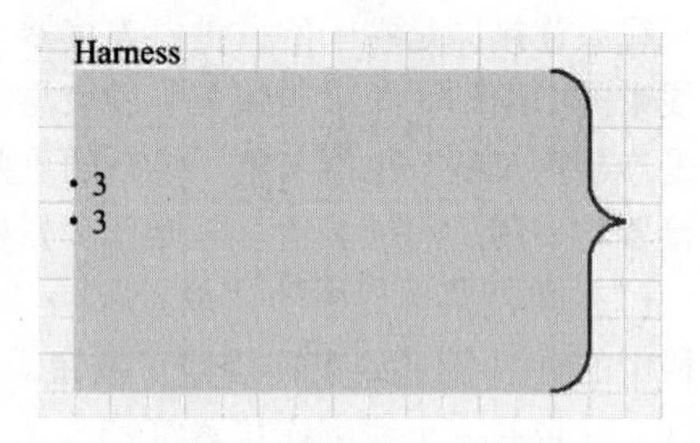

图3-37 添加入口

3. 单击菜单栏中的“放置”→“线束”→“预定义的线束连接器”命令，弹出如图3-38所示的信号连接器属性设置对话框。

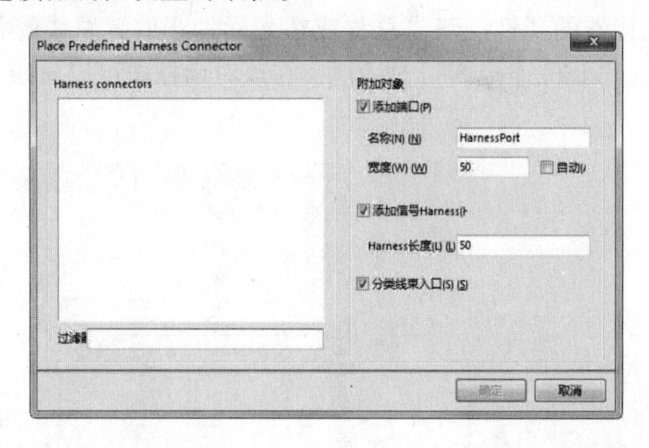

图3-38 “Place Predefined Harness Connector”对话框

在该对话框中可精确定义线束连接器的名称、端口、线束入口等。

3.3.2 线束入口

线束通过“线束入口”的名称来识别每个网路或总线。Altium Designer 正是使用这些名称而非线束入口顺序来建立整个设计中的连接。除非命名的是线束连接器，网路命名一般不使用线束入口的名称。

放置线束入口的操作步骤如下：

（1）单击菜单栏中的“放置”→“线束”→“线束入口”命令，或单击“布线”工具

栏中的 （放置线束入口）按钮，或按快捷键〈P〉+〈H〉+〈E〉，此时光标变成十字形状，出现一个线束入口随鼠标移动而移动。

（2）移动鼠标到线束连接器内部，单击鼠标左键选择要放置的位置，只能在线束连接器左侧的边框上移动，如图3-39所示。

（3）设置线束入口的属性。在放置线束入口的过程中，用户可以对线束入口的属性进行设置。双击线束入口或在光标处于放置线束入口的状态时按〈Tab〉键，弹出如图3-40所示的“套件入口”对话框，在该对话框中可以对线束入口的属性进行设置。

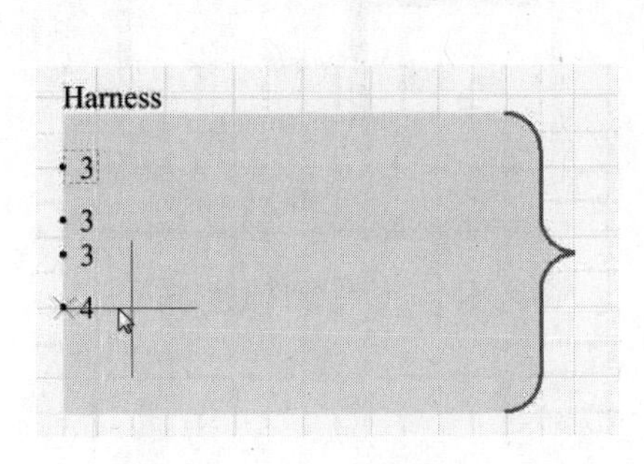

图3-39　调整总线入口分支线的方向

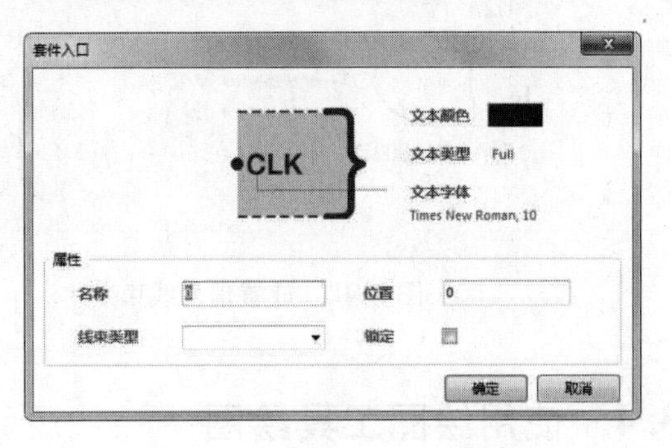

图3-40　“套件入口”对话框

● 文本颜色：用于设置图纸入口名称文字的颜色，同样，单击后面的颜色块，可以在弹出的对话框中设置颜色。

● 文本类型：用于设置线束入口中文本显示类型。单击后面的下三角按钮，有2个选项供选择：Full（全程）、Prefix（前缀）。

● 文本字体：用于设置线束入口的文本字体。单击下面的按钮，弹出如图3-41所示的“字体”对话框。

● 名称：用于设置线束入口的名称。

● 位置：用于设置线束入口距离线束连接器边框的距离。

图3-41　“字体”对话框

● 线束类型：用于设线束入口的输入输出类型。

● 锁定：选中该复选框后线束入口不可以移动和编辑。

3.3.3　信号线束

信号线束是一组具有相同性质的并行信号线的组合，通过信号线束线路连接到同一电路图上另一个线束接头，或连接到电路图入口或端口，以使信号连接到另一个原理图。

其操作步骤如下：

（1）单击菜单栏中的“放置”→“线束”命令，或单击“布线”工具栏中的 （放置总线）按钮，或按快捷键〈P〉+〈B〉，此时光标变成十字形状。

（2）将光标移动到想要完成电气连接的元件的引脚上，单击放置信号线束的起点。出现红色的符号表示电气连接成功，如图3-42所示。移动光标，多次单击可以确定多个固定点，最后放置信号线束的终点。此时光标仍处于放置信号线束的状态，重复上述操作可以继续放置其他的信号线束。

（3）设置信号线束的属性。在放置信号线束的过程中，用户可以对信号线束的属性进行设置。双击信号线束或在光标处于放置信号线束的状态时按〈Tab〉键，弹出如图 3-43 所示的“信号套件”对话框，在该对话框中可以对信号线束的属性进行设置。

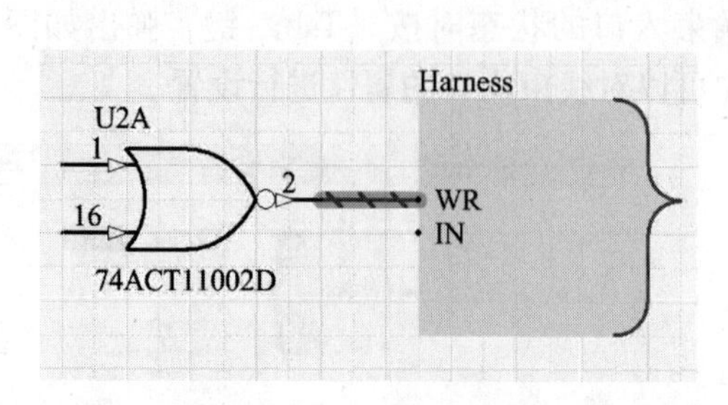

图 3-42　放置信号线束

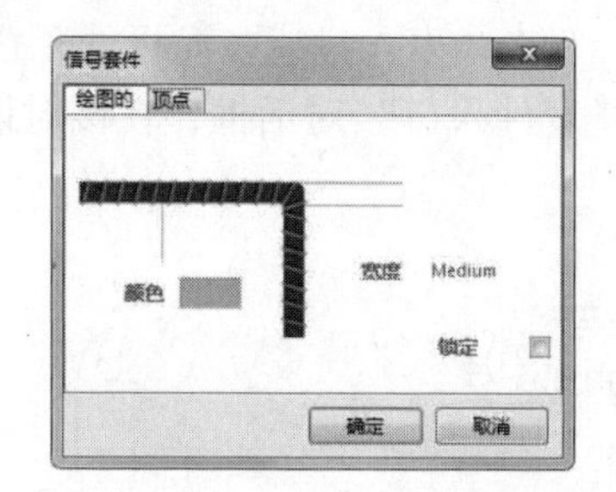

图 3-43　“信号套件”对话框

3.4　使用绘图工具绘图

在原理图编辑环境中，与“布线”工具栏相对应的，还有一个“实用”工具栏，用于在原理图中绘制各种标注信息，使电路原理图更清晰，数据更完整，可读性更强。由于该“实用”工具栏中的各种图元均不具有电气连接特性，所以系统在进行 ERC 检查及转换成网络表时，它们不会产生任何影响，也不会被添加到网络表数据中。

3.4.1　绘图工具

单击“实用”工具栏中的（原理图绘图工具）按钮，各种绘图工具如图 3-44所示，与“放置”菜单下“绘图工具”命令子菜单中的各项命令具有对应关系。其中各按钮的功能如下。

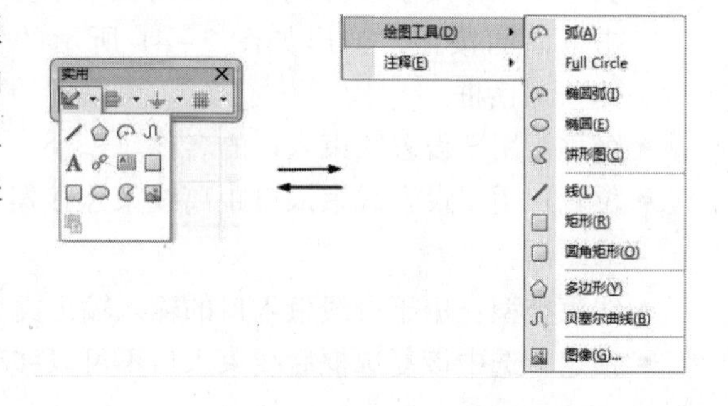

图 3-44　绘图工具

- ：绘制直线。
- ：绘制多边形。
- ：绘制椭圆弧线。
- ：绘制贝塞尔曲线。
- ：添加说明文字。
- ：放置超链接。
- ：放置文本框。
- ：绘制矩形。
- ：绘制圆角矩形。
- ：绘制椭圆。
- ：放置饼形图。

- ：在原理图上粘贴图片。

：灵巧粘贴。

3.4.2 绘制直线

在原理图中，可以用直线来绘制一些注释性的图形，如表格、箭头、虚线等，或者在编辑元件时绘制元件的外形。直线在功能上完全不同于前面介绍的导线，它不具有电气连接特性，不会影响到电路的电气连接结构。

绘制直线的操作步骤如下：

(1) 选择菜单栏中的“放置”→“绘图工具”→“直线”命令，或单击“实用”工具栏中的（放置线）按钮，或按快捷键〈P〉+〈D〉+〈L〉，此时光标变成十字形状。

(2) 移动光标到需要放置直线的位置处，单击鼠标确定直线的起点，多次单击确定多个固定点。当一条直线绘制完毕后，右键单击鼠标即可退出该操作。

(3) 此时光标仍处于绘制直线的状态，重复步骤(2)的操作即可绘制其他的直线。

在直线绘制过程中，需要拐弯时，可以单击确定拐弯的位置，同时通过按〈Shift〉+〈Space〉键来切换拐弯的模式。在T形交叉点处，系统不会自动添加节点。右键单击鼠标或按〈Esc〉键即可退出操作。

(4) 设置直线属性。双击需要设置属性的直线或在绘制状态时按下〈Tab〉键，系统将弹出相应的直线属性设置对话框，如图3-45所示。

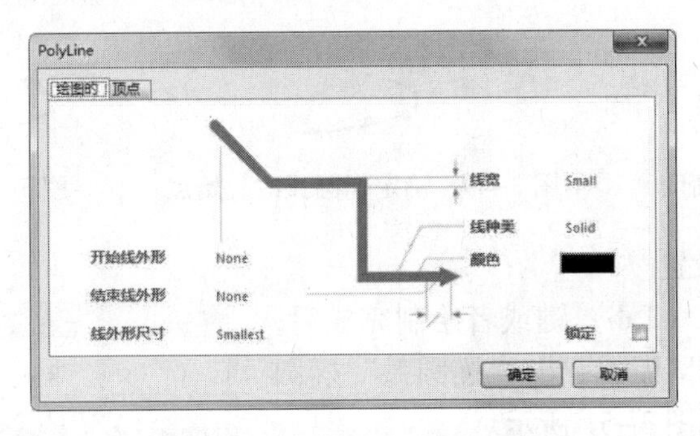

图3-45 直线属性设置对话框

在该对话框中可以对直线的属性进行设置，其中各属性说明如下：

- “线宽”：用于设置直线的线宽。有Smallest（最小）、Small（小）、Medium（中等）和Large（大）4种线宽供用户选择。
- “线种类”：用于设置直线的线型。有Solid（实线）、Dashed（虚线）和Dotted（点画线）3种线型可供选择。
- “颜色”：用于设置直线的颜色。

3.4.3 绘制椭圆弧和圆弧

除了绘制直线以外，用户还可以用绘图工具绘制曲线，比如绘制椭圆弧和圆弧。

1. 绘制椭圆弧

绘制椭圆弧的步骤如下：

（1）选择菜单栏中的“放置”→“绘图工具”→“椭圆弧”命令或单击“实用”工具中的“放置椭圆弧”按钮，此时光标变成十字形。

（2）移动光标到指定位置，单击鼠标左键确定椭圆弧的圆心，如图 3-46 所示。

（3）沿水平方向移动鼠标，可以改变椭圆弧的宽度，当宽度合适后单击鼠标左键确定椭圆弧的宽度，如图 3-47 所示。

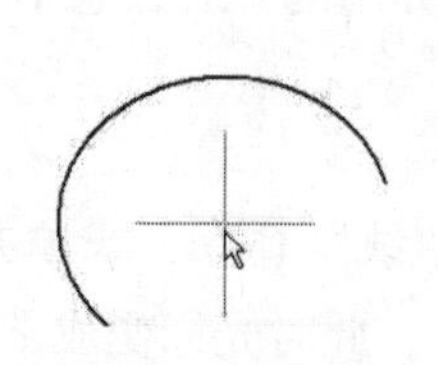

图 3-46 确定椭圆弧圆心

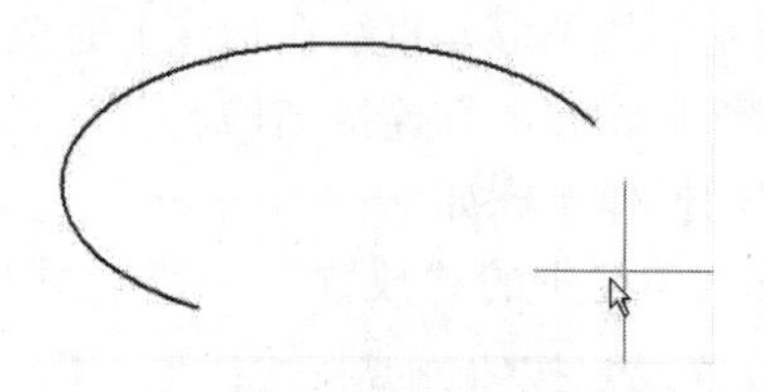

图 3-47 确定椭圆弧宽度

（4）沿垂直方向移动鼠标，可以改变椭圆弧的高度，当高度合适后单击鼠标左键确定椭圆弧的高度，如图 3-48 所示。光标会自动移到椭圆弧的起始角处，移动光标可以改变椭圆弧的起始角。单击鼠标左键确定椭圆弧的起始点，如图 3-49 所示。

（5）光标自动移动到椭圆弧的终点处，单击鼠标确定椭圆弧的终点，如图 3-50 所示。完成绘制椭圆弧。此时，仍处于绘制椭圆弧状态，若需要继续绘制，则按上面的步骤绘制，若要退出绘制，则单击鼠标右键或按〈Esc〉键。

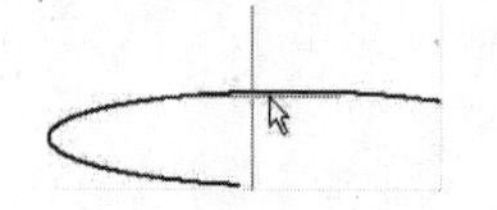

图 3-48 确定椭圆弧高度

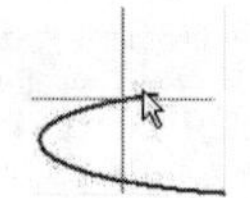

图 3-49 确定椭圆弧的起始点

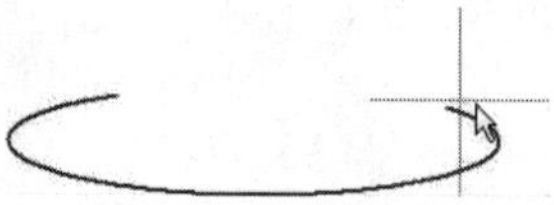

图 3-50 确定椭圆弧的终点

（6）椭圆弧属性设置

在绘制状态下，按〈Tab〉键或者绘制完成后，双击需要设置属性的椭圆弧，弹出“椭圆弧”椭圆弧属性设置对话框，如图 3-51 所示。

在该对话框中主要用来设置椭圆弧的圆心坐标（Location）、椭圆弧的宽度（X - Radius）和高度（Y - Radius）、椭圆弧的起始角度（Start Angle）和终止角度（End Angle）以及椭圆弧的颜色等。

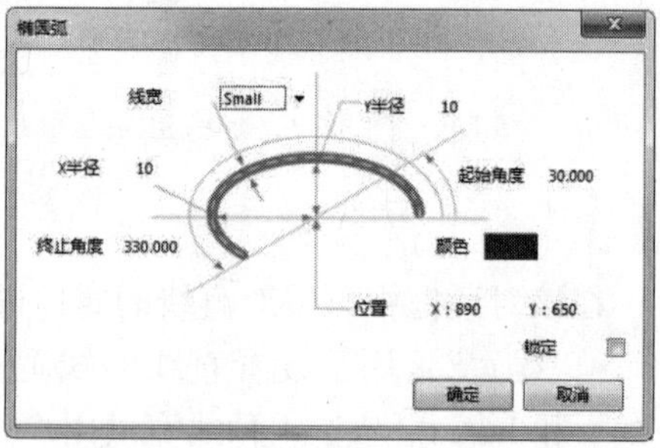

图 3-51 椭圆弧属性设置对话框

2. 绘制圆弧

绘制圆弧的方法与绘制椭圆弧的方法基本相同。绘制圆弧时，不需要确定宽度和高度，只需确定圆弧的圆心、半径以及起始点和终止角即可。

绘制圆弧的步骤如下：

（1）选择菜单栏中的“放置”→“绘图工具”→“弧”命令或在原理图的空白区域右键单击鼠标，在弹出的菜单中选择“放置”→“绘图工具”→“弧”命令，此时光标变成十字形。

（2）将光标移到指定位置，单击鼠标左键确定圆弧的圆心，如图 3–52 所示。此时，光标自动移到圆弧的圆周上，移动鼠标可以改变圆弧的半径。单击鼠标左键确定圆弧的半径，如图 3–53 所示。

（3）光标自动移动到圆弧的起始角处，移动鼠标可以改变圆弧的起始点。单击鼠标左键确定圆弧的起始点。如图 3–54 所示。

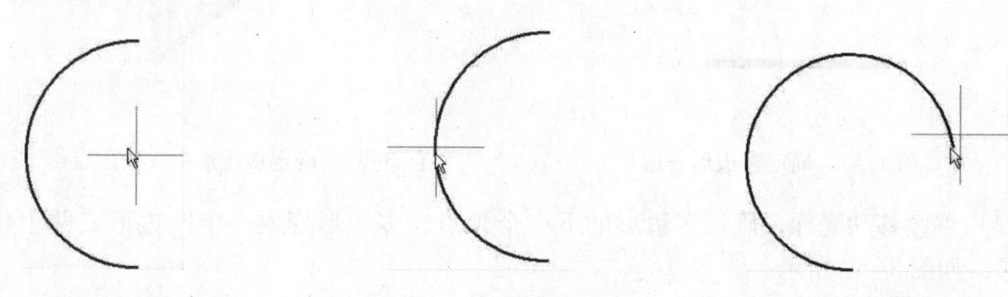

图 3–52　确定圆弧圆心　　图 3–53　确定圆弧半径　　图 3–54　确定圆弧起始点

（4）此时，光标移到圆弧的另一端，单击鼠标左键确定圆弧的终止点。如图 3–55 所示。一条圆弧绘制完成，系统仍处于绘制圆弧状态，若需要继续绘制，则按上面的步骤绘制，若要退出绘制，则单击鼠标右键或按〈Esc〉键。

3. 圆弧属性设置

在绘制状态下，按〈Tab〉键或者绘制完成后，双击需要设置属性的圆弧，弹出圆弧属性设置对话框，如图 3–56 所示。

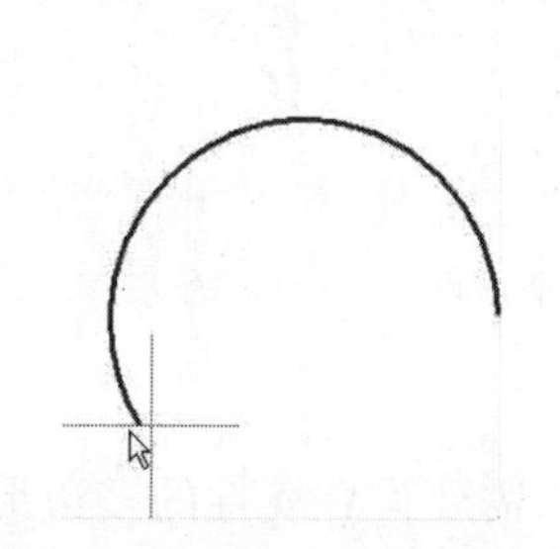

图 3–55　确定圆弧终止点

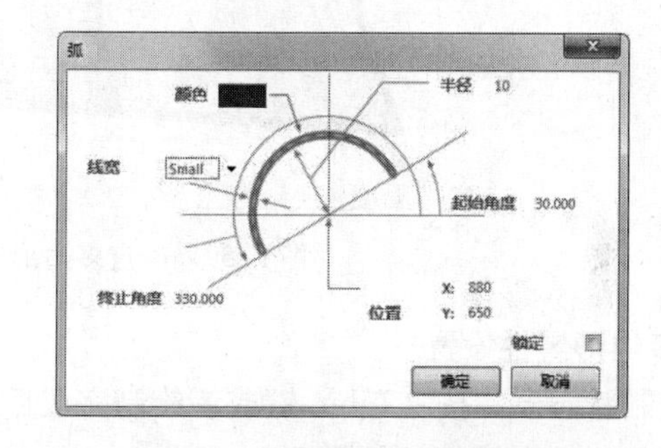

图 3–56　圆弧属性设置对话框

圆弧的属性设置与椭圆弧的属性设置基本相同。区别在于圆弧设置的是其半径的大小，而椭圆弧设置的是其宽度（X）和高度（Y）。

3.4.4　绘制多边形

1. 绘制多边形的步骤如下：

选择菜单栏中的“放置”→“绘图工具”→“多边形”命令或在原理图的空白区域单击鼠标右键，在弹出的菜单中选择“放置”→“绘图工具”→“多边形”命令或单击“实用”工具中的“放置多边形”按钮，此时光标变成十字形。

单击鼠标左键确定多边形的起点，移动鼠标至多边形的第二个顶点，单击鼠标确定第二个顶点，绘制出一条直线，如图 3–57 所示。

（1）移动光标至多边形的第三个顶点，单击鼠标确定第三个顶点。此时，出现一个三角形，如图 3-58 所示。

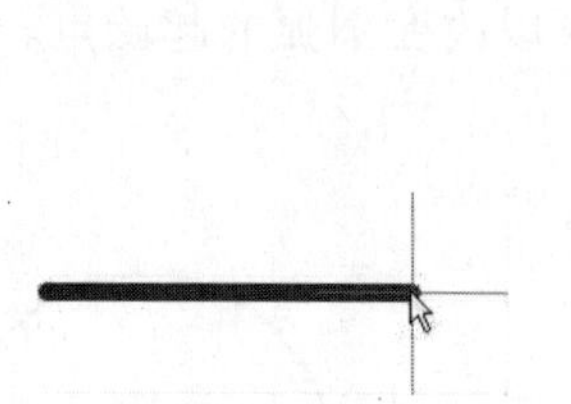
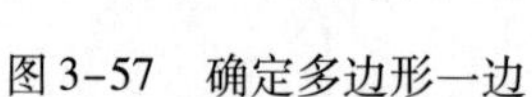

图 3-57　确定多边形一边

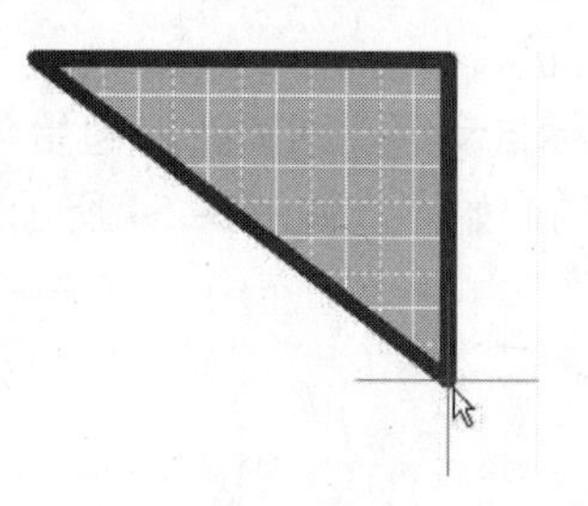

图 3-58　确定多边形第三个顶点

（2）继续移动光标，确定多边形的下一个顶点，多边形变成一个四边形或两个相连的三角形，如图 3-59 所示。

（3）继续移动光标，可以确定多边形的第五、第六个顶点，绘制出各种形状的多边形，单击鼠标右键，完成此多边形的绘制。

（4）此时系统仍处于绘制多边形状态，若需要继续绘制，则按上面的步骤绘制，否则单击鼠标右键或按〈Esc〉键，退出绘制命令。

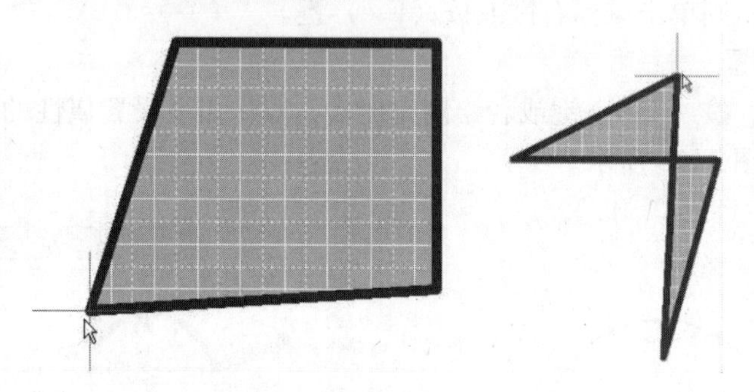

图 3-59　确定多边形的第四个顶点

2. 多边形属性设置

在绘制状态下，按〈Tab〉键或者绘制完成后，双击需要设置属性的多边形，弹出“多边形”属性设置对话框，如图 3-60 所示。

3.“绘图的”选项卡设置：

- 填充颜色：用来设置多边形内部填充颜色。单击后面的色块，可以进行设置。
- 边界颜色：用来设置多边形边界线的颜色。同样单击后面的色块，可以进行设置。
- 边框宽度：用来设置边界线的宽度。有 4 个选项：Smallest、Small、Medium 和 Large。系统默认是 Large。
- 拖拽实体：该复选框用来设置多边形内部是否加入填充。
- 透明的：用来设置内部的填充是否透明。选中，则填充透明。

4.“顶点”选项卡设置

单击“顶点”选项卡，弹出如图 3-61 所示的对话框。

“顶点”选项卡主要用来设置多边形各个顶点的位置坐标。

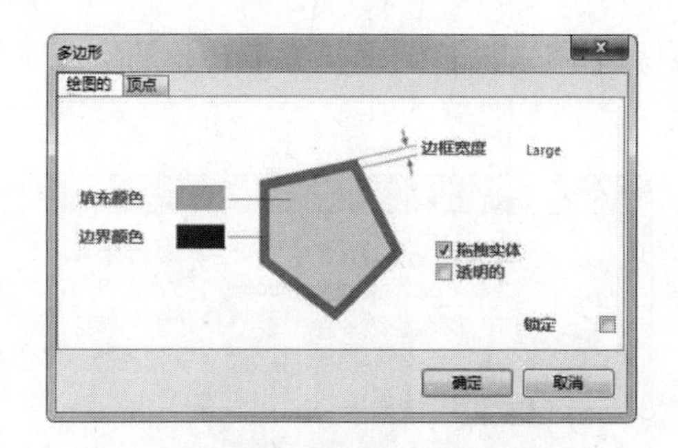

图 3-60 “多边形”属性设置对话框

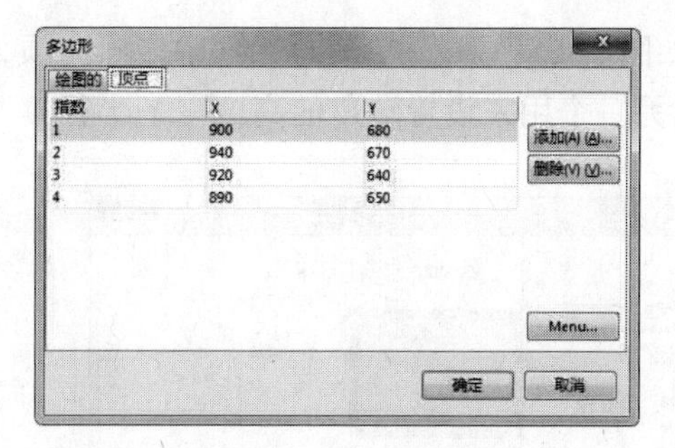

图 3-61 “顶点”选项卡

3.4.5 绘制矩形

Altium Designer 17 中绘制的矩形分为直角矩形和圆角矩形两种。它们的绘制方法基本相同。

1. 绘制直角矩形的步骤如下：

选择菜单栏中的“放置”→“绘图工具”→“矩形”命令，或在原理图的空白区域单击鼠标右键，在弹出的菜单中选择“放置”→“绘图工具”→“矩形”命令，也可以单击“实用”工具栏中的“放置矩形”按钮□，此时光标变成十字形。

将十字光标移到指定位置，单击鼠标左键，确定矩形左上角位置，如图 3-62 所示。此时，光标自动跳到矩形的右上角，拖动鼠标，调整矩形至合适大小，再次单击鼠标左键，确定右下角位置，如图 3-63 所示。矩形绘制完成。此时系统仍处于绘制矩形状态，若需要继续绘制，则按上面的方法绘制，否则单击鼠标右键或按〈Esc〉键，退出绘制命令。

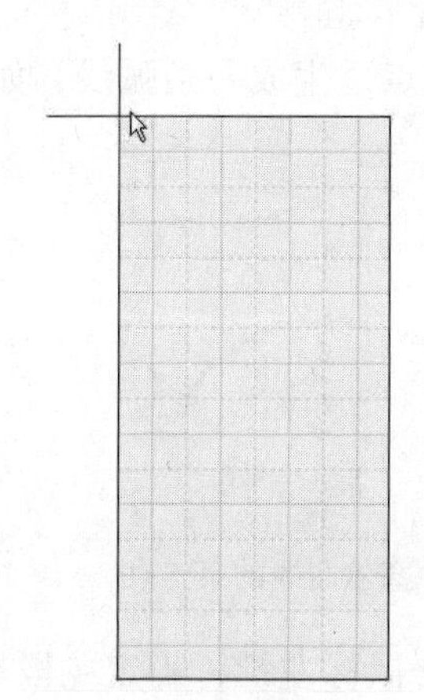

图 3-62 确定矩形左上角

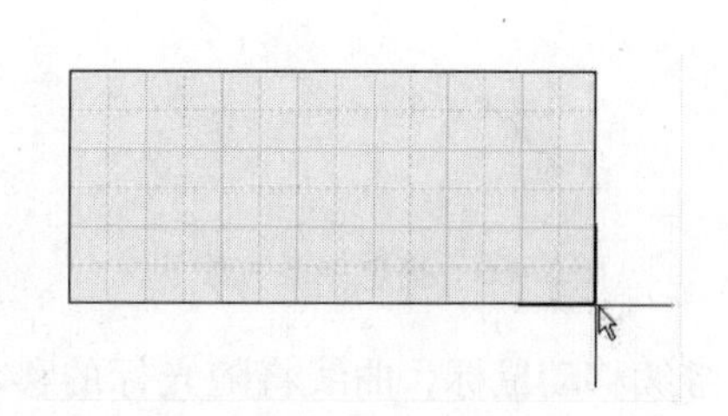

图 3-63 确定矩形右下角

2. 直角矩形属性设置

在绘制状态下，按〈Tab〉键或者绘制完成后，双击需要设置属性的矩形，弹出“长方形”对话框，如图 3-64 所示。

此对话框可用来设置长方形的左下角坐标（位置 X1、Y1）、右上角坐标（位置 X2、Y2）、“线的宽度”“板的颜色”“填充颜色”等。

圆形矩形的绘制方法与长方形的绘制方法基本相同，不再重复讲述。圆形长方形的属性设置如图 3-65 所示。在该对话框中多出两项，一个用来设置圆形长方形转角的宽度（X 半径），另一个用来设置转角的高度（Y 半径）。

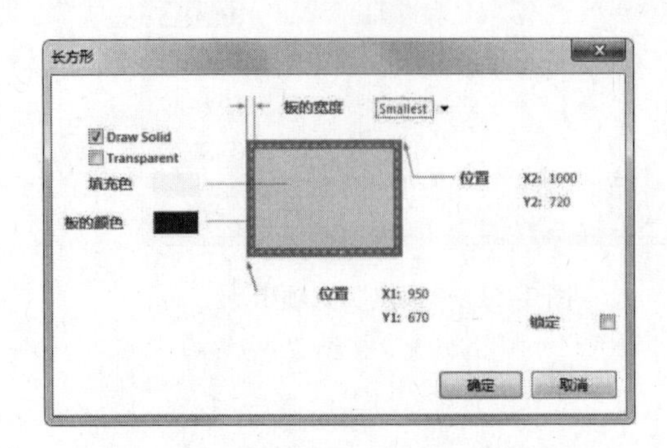

图 3-64 “长方形”属性设置对话框

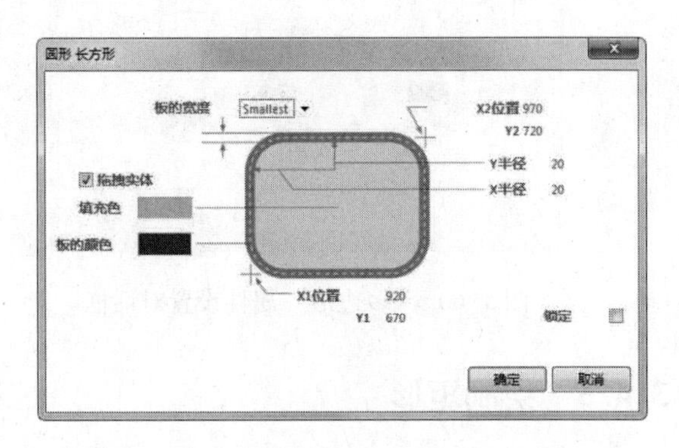

图 3-65 “圆形长方形”属性设置对话框

3.4.6 绘制贝塞尔曲线

贝塞尔曲线在电路原理图中的应用比较多，可以用于绘制正弦波、抛物线等。

1. 绘制贝塞尔曲线的步骤如下：

选择菜单栏中的“放置”→“绘图工具”→“贝塞尔曲线”命令，或在原理图的空白区域单击鼠标右键，在弹出的菜单中选择“放置”→“绘图工具”→“贝塞尔曲线”命令，也可以单击“实用”工具中的“放置贝塞尔曲线”按钮⎍，此时，光标变成十字形。

将十字光标移到指定位置，单击鼠标左键，确定贝塞尔曲线的起点。然后移动光标，再次单击鼠标左键确定第二点，绘制出一条直线，如图 3-66 所示。

（1）继续移动鼠标，在合适位置单击鼠标左键确定第三点，生成一条弧线，如图 3-67 所示。

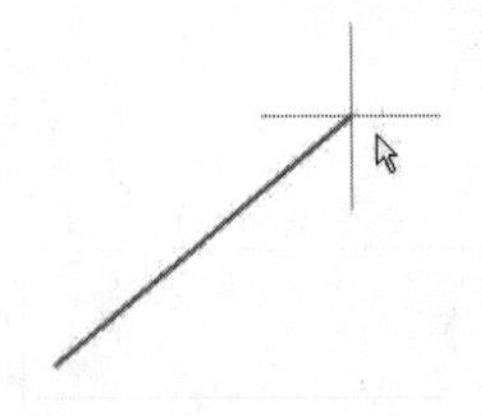

图 3-66 确定一条直线

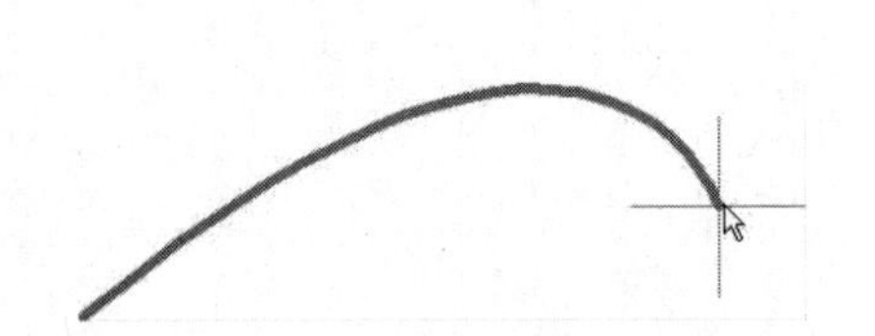

图 3-67 确定贝塞尔曲线的第三点

（2）继续移动鼠标，曲线将随光标的移动而变化，单击鼠标左键，确定此段贝塞尔曲线，如图 3-68 所示。

（3）继续移动鼠标，重复操作，绘制出一条完整的贝塞尔曲线，如图 3-69 所示。

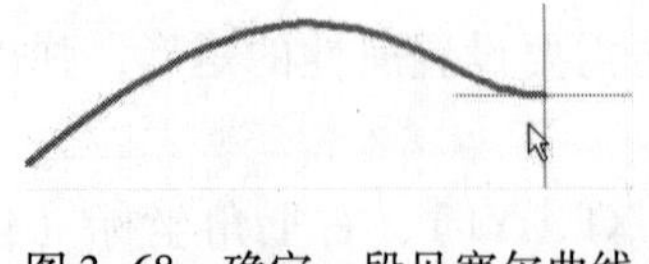

图 3-68 确定一段贝塞尔曲线

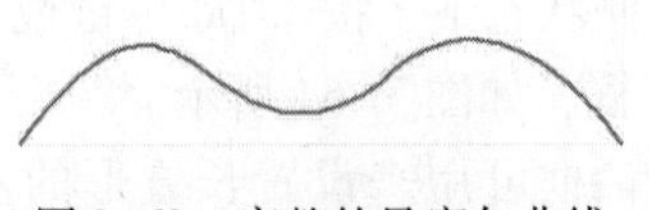

图 3-69 完整的贝塞尔曲线

（4）此时系统仍处于绘制贝塞尔曲线状态，若需要继续绘制，则按上面的步骤绘制，否则单击鼠标右键或按〈Esc〉键。

2. 贝塞尔曲线属性设置

双击绘制完成的贝塞尔曲线，弹出“贝塞尔曲线”对话框，如图3-70所示。此对话框只用来设置贝塞尔曲线的“曲线宽度”和“颜色”。

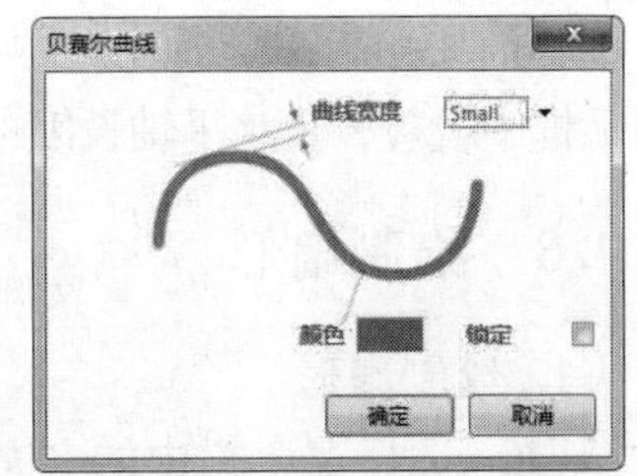

图3-70 “贝塞尔曲线”曲线

3.4.7 绘制椭圆或圆

Altium Designer 17中绘制椭圆和圆的工具是一样的。当椭圆的长轴和短轴的长度相等时，椭圆就会变成圆。因此，绘制椭圆与绘制圆本质上是一样的。

1. 绘制椭圆或圆

（1）选择菜单栏中的“放置”→“绘图工具”→“椭圆”命令，或在原理图的空白区域单击鼠标右键，在弹出的菜单中选择“放置”→“绘图工具”→“椭圆”命令，或单击“实用”工具中的“放置椭圆”按钮，光标变成十字形。

（2）将光标移到指定位置，单击鼠标左键，确定椭圆的圆心位置，如图3-71所示。光标自动移到椭圆的右顶点，水平移动光标改变椭圆水平轴的长短，在合适的位置单击鼠标左键确定水平轴的长度，如图3-72所示。

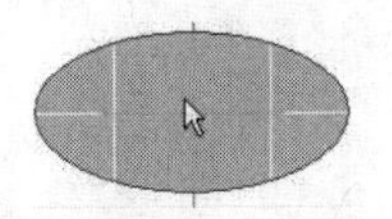

图3-71 确定椭圆圆心

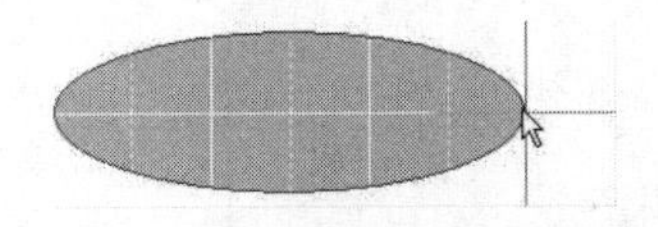

图3-72 确定椭圆水平轴长度

（3）此时光标移到椭圆的上顶点处，垂直拖动鼠标改变椭圆垂直轴的长短，在合适的位置单击鼠标，完成一个椭圆的绘制，如图3-73所示。

（4）此时系统仍处于绘制椭圆状态，可以继续绘制椭圆。若要退出，单击鼠标右键或按〈Esc〉键。

2. 椭圆属性设置

在绘制状态下，按〈Tab〉键或者绘制完成后，双击需要设置属性的椭圆，弹出“椭圆形”对话框，如图3-74所示。

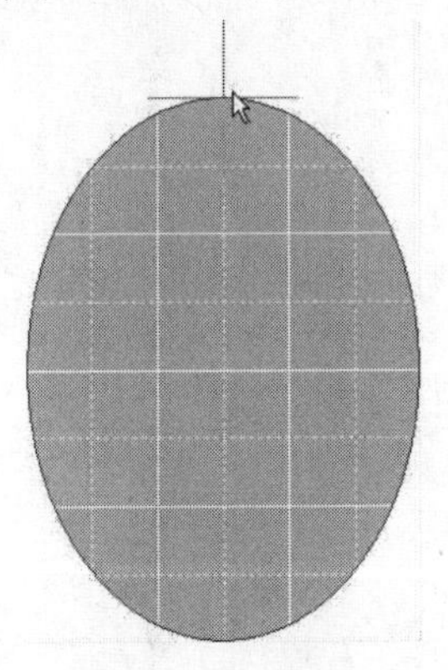

图3-73 绘制椭圆

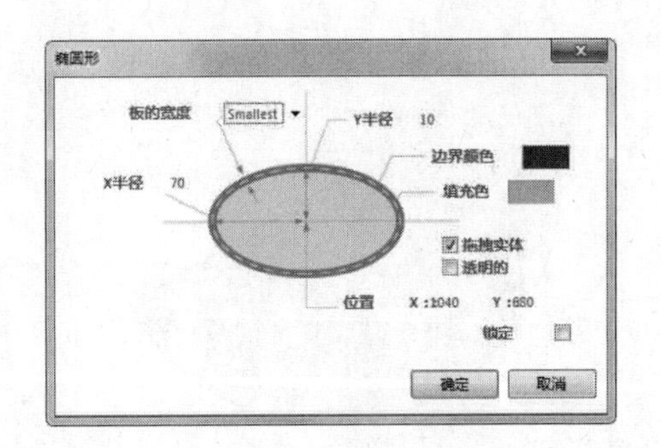

图3-74 “椭圆形”对话框

此对话框用来设置椭圆的圆心坐标（位置 X 、Y）、水平轴长度（X 半径）、垂直轴长度（Y 半径）、“边界宽度”“边界颜色”以及“填充颜色”等。

当需要绘制一个圆时，直接绘制存在一定的难度，用户可以先绘制一个椭圆，然后在其属性对话框中设置，让水平轴长度（X 半径）等于垂直轴长度（Y 半径），即可以得到一个圆。

3.4.8 绘制扇形

1. 绘制扇形

（1）选择菜单栏中的“放置”→“绘图工具”→“饼形图”命令，或在原理图的空白区域单击鼠标右键，在弹出的菜单中选择“放置”→“绘图工具”→“饼形图”命令，也可以单击“实用”工具中的“放置饼形图”按钮，光标变成十字形，并附有一个扇形。

（2）将光标移到指定位置，单击鼠标左键确定圆心位置，如图 3-75 所示。圆心确定后，光标自动跳到扇形的圆周上，移动光标调整半径大小，单击鼠标左键确定扇形的半径，如图 3-76 所示。

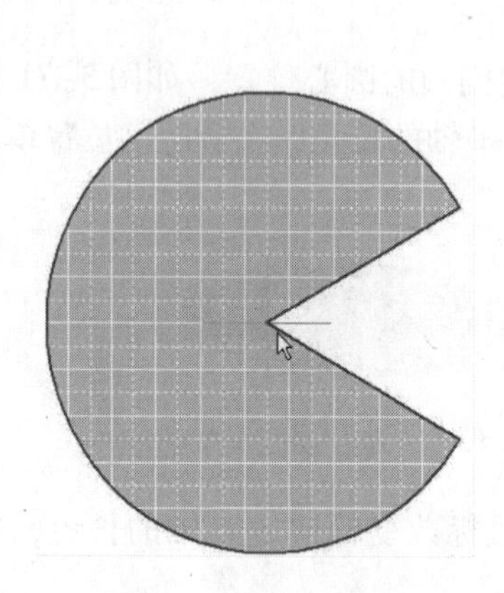

图 3-75 确定扇形圆心

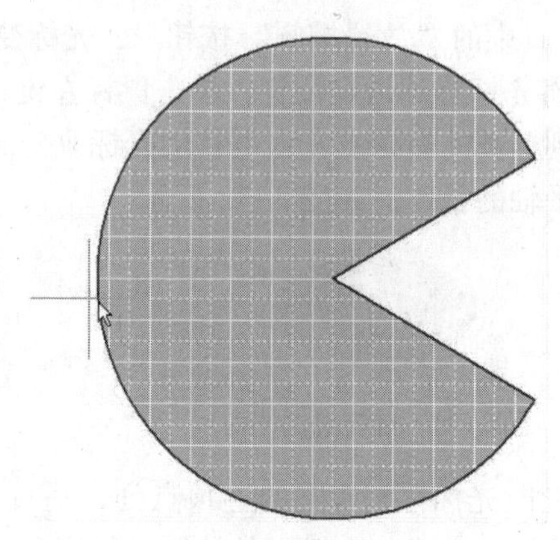

图 3-76 确定扇形半径

（3）此时，光标跳到扇形的开口起点处，移动光标选择合适的开口位置，单击鼠标左键确定开口起点位置，如图 3-77 所示。

（4）开口起点确定后，光标跳到扇形的开口终点处，移动光标选择合适的终点位置，单击鼠标左键确定终点位置，如图 3-78 所示。

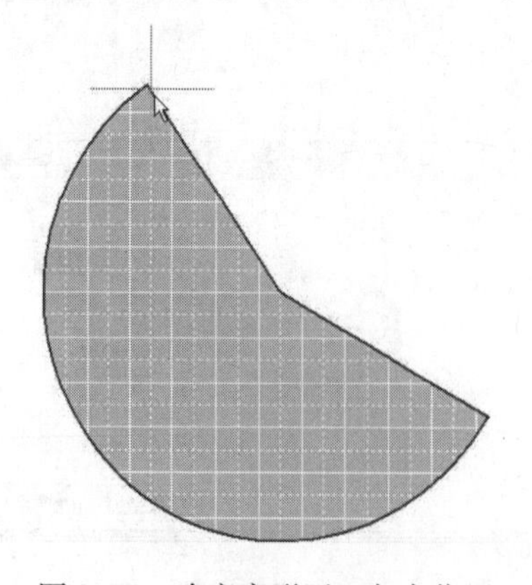

图 3-77 确定扇形开口起点位置

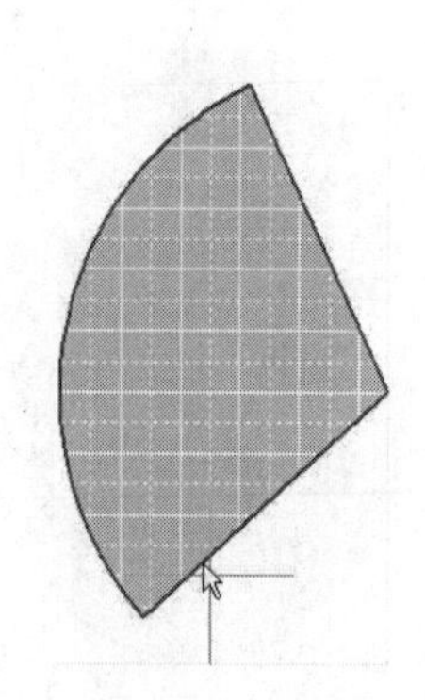

图 3-78 确定扇形开口终点位置

（5）此时系统仍处于绘制扇形状态，可以继续绘制饼形图。若要退出，单击鼠标右键或按〈Esc〉键。

2. 饼形图属性设置

在绘制状态下，按〈Tab〉键或者绘制完成后，双击需要设置属性的扇形，弹出“Pie图表”对话框，如图 3-79 所示。

此对话框可以设置扇形的圆心坐标（位置X、Y）、“半径”“边框宽度”“起始角度”“终止角度”以及“边界颜色”等。

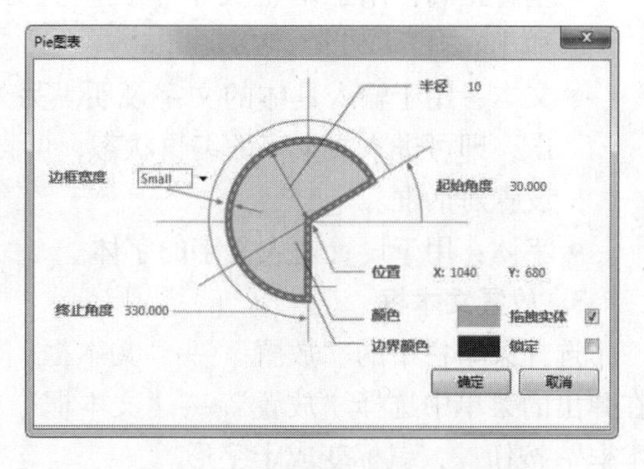

图 3-79　饼形图属性设置对话框

3.4.9　放置文本字和文本框

在绘制电路原理图的时，为了增加原理图的可读性，设计者会在原理图的关键位置添加文字说明，即添加文本字和文本框。当需要添加少量的文字时，可以直接放置文本字，而对于需要大段文字说明时，就需要用文本框。

1. 放置文本字

选择菜单栏中的“放置”→“文本字符串”命令，或在原理图的空白区域单击鼠标右键，在弹出的菜单中选择“放置”→“文本字符串”命令，也可以单击“实用”工具栏中的“放置文本字”按钮 A。光标变成十字形，并带有一个文本字“Text”。

移动光标至需要添加文字说明处，单击鼠标左键即可放置文本字，如图 3-80 所示。

2. 文本字属性设置

在放置状态下，按〈Tab〉键或者放置完成后，双击需要设置属性的文本字，弹出 Annotation 文本框属性设置对话框，如图 3-81 所示。

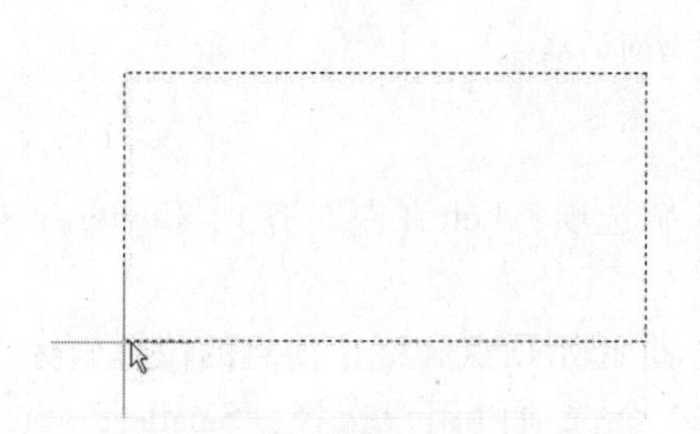

图 3-80　文本框的放置

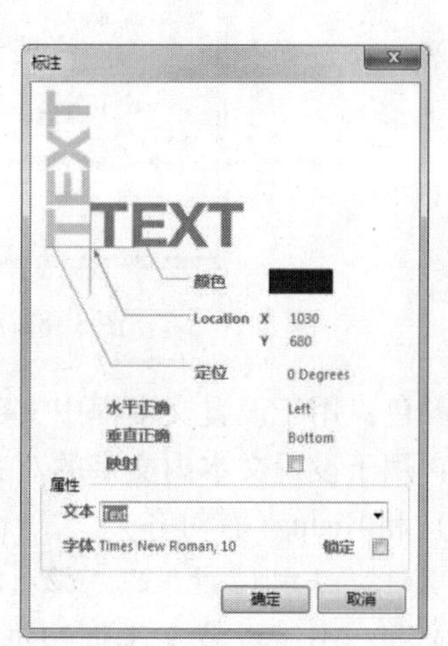

图 3-81　文本框属性设置对话框

- 颜色：用于设置文本字的颜色。
- Location X　Y（位置）：用于设置文本字的坐标位置。
- 定位：用于设置文本字的放置方向。有 4 个选项：0 Degrees、90 Degrees、180 Degrees

和 270 Degrees。

- 水平正确：用于调整文本字在水平方向上的位置。有 3 个选项：Left、Center 和 Right。
- 垂直正确：用于调整文本字在垂直方向上的位置。也有 3 个选项：Bottom、Center 和 Top。
- 文本：用于输入具体的文字说明。另外用鼠标左键单击放置的文本字，稍等再次单击，即可进入文本字的编辑状态，可直接输入文字说明。此法不需要打开文本字属性设置对话框。
- 字体：用于设置输入文字的字体。

3. 放置文本框

选择菜单栏中的“放置”→“文本框”命令，或在原理图的空白区域单击鼠标右键，在弹出的菜单中选择“放置”→“文本框”命令，也可以单击“实用”工具中的“放置文本框”按钮，鼠标变成十字形。

移动光标到指定位置，单击鼠标左键确定文本框的一个顶点，然后移动鼠标到合适位置，再次单击左键确定文本框对角线上的另一个顶点，完成文本框的放置，如图 3-81 所示。

4. 文本框属性设置

在放置状态下，按〈Tab〉键或者放置完成后，双击需要设置属性的文本框，弹出“文本结构”对话框，如图 3-82 所示。

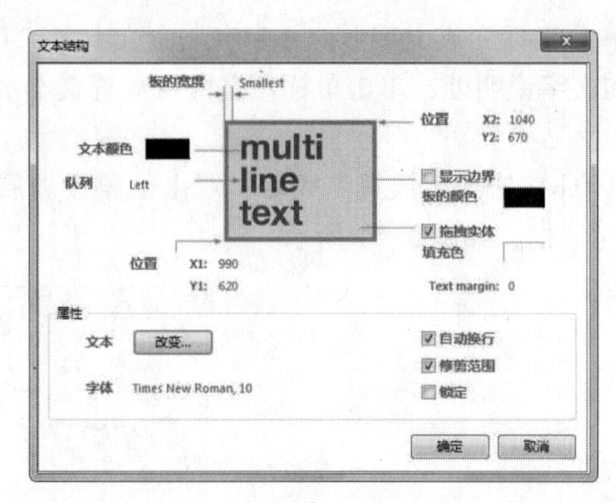

图 3-82　文本框属性设置对话框

- 文本颜色：用于设置文本框中文字的颜色。
- 队列：用于设置文本内文字的对齐方式。有 3 个选项：Left（左对齐）、Center（中心对齐）和 Right（右对齐）。
- 位置 X1 、Y1 和位置 X2 、Y2：用于设置文本框起始顶点和终止顶点的位置坐标。
- 板的宽度：用于设置文本框边框的宽度。有 4 个选项供用户选择：Smallest、Small、Medium 和 Large。系统默认是 Smallest。
- 显示边界：该复选框用于设置是否显示文本框的边框。选中，则显示边框。
- 框的颜色：用于设置文本框边框的颜色。
- 拖拽实体：该复选框用于设置是否填充文本框。选中，则文本框被填充。

- 填充色：用于设置文本框填充的颜色。
- 文本：用于输入文本内容。单击下方的 改变... 按钮，系统将弹出一个文本内容编辑对话框，用户可以在里面输入文字，如图 3-83 所示。

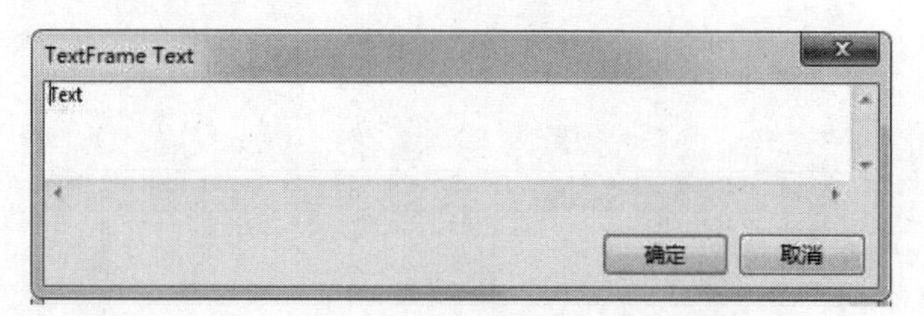

图 3-83　文本内容编辑对话框

- 自动换行：该复选框可以设置文字的自动换行。选中，则当文本框中的文字长度超过文本框的宽度时，会自动换行。
- 字体：用于设置文本框中文字的字体。
- 修剪范围：若选中该复选框，则当文本框中的文字超出文本框区域时，系统自动截去超出的部分。若不选，则当出现这种情况时，将在文本框的外部显示超出的部分。

3.4.10　放置图片

在电路原理图的设计过程中，有时需要添加一些图片文件，例如，元器件的外观、厂家标志等。

1. 放置图片的步骤如下：

选择菜单栏中的“放置”→“绘图工具”→“图像”命令或在原理图的空白区域单击鼠标右键，在弹出的菜单中选择“放置”“绘图工具”→“图像”命令，也可以单击“实用”工具栏中的“放置图片”按钮。光标变成十字形，并附有一个矩形框。

移动光标到指定位置，单击鼠标左键，确定矩形框的一个顶点，如图 3-84 所示。此时光标自动跳到矩形框的另一顶点，移动鼠标可改变矩形框的大小，在合适位置再次单击鼠标左键确定另一顶点，如图 3-85 所示，同时弹出选择图片对话框，如图 3-86 所示。选择好以后，单击 打开(O) 按钮即可将图片添加到原理图中。

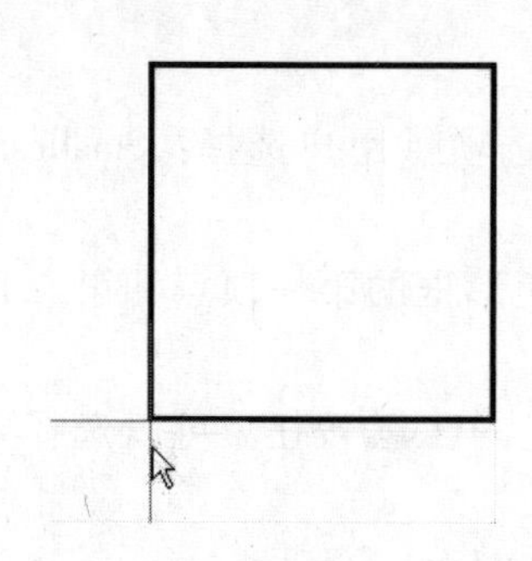

图 3-84　确定矩形框起点位置

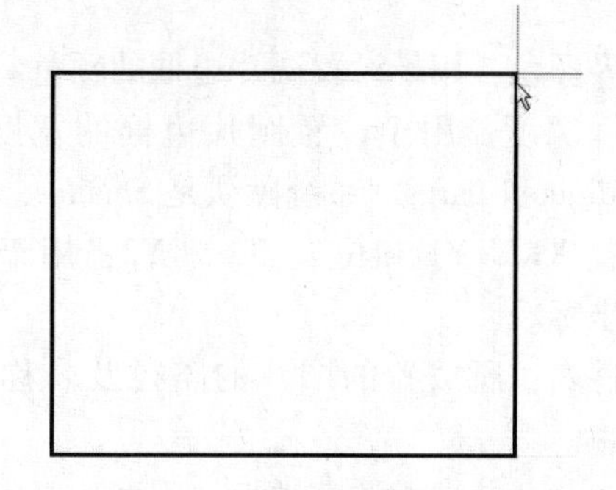

图 3-85　确定矩形框终点位置

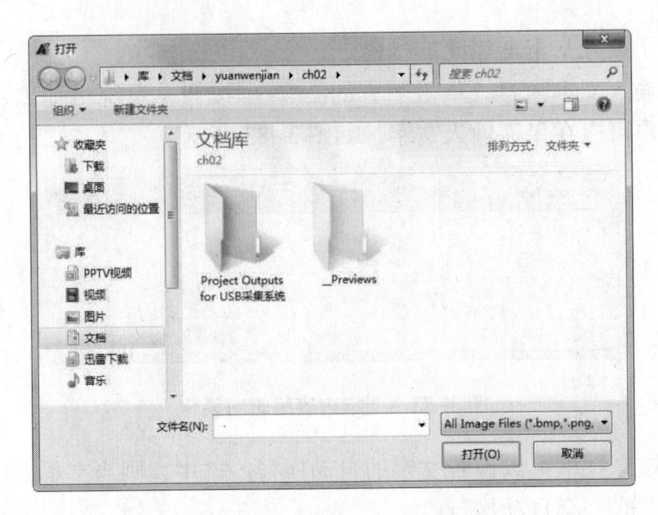

图 3-86　选择图片对话框

2. 放置图片属性设置

在放置状态下，按〈Tab〉键或者放置完成后，双击需要设置属性的图片，弹出“绘图”对话框，如图 3-87 所示。

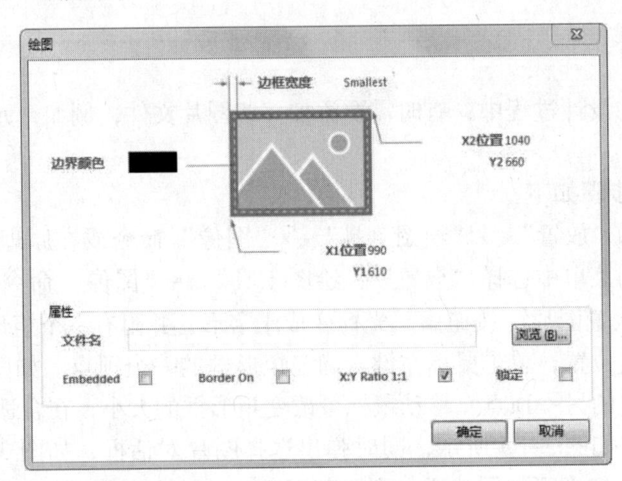

图 3-87　“绘图”对话框

- 边界颜色：用于设置图片边框的颜色。
- 边框宽度：用于设置图片边框的宽度。有 4 个选项供用户选择：Smallest、Small、Medium和 Large。系统默认是 Smallest。
- 位置 X1 、Y1 和位置 X2 、Y2：用于设置图片矩形框的第一顶点和第二顶点的位置坐标。
- 文件名：所放置的图片的路径及名称。单击右边的浏览(B)按钮。可以选择要放置的图片。
- 嵌入式：若选中该复选框，则图片嵌入到电路原理图中。
- 边界上：若选中该复选框，则放置的图片会添加边框。
- X:Y 比例 1:1：若选中该复选框，则图片的宽高比为 1:1。

3.5 操作实例——无线电监控器电路

本例要设计的是无线电监控器电路，此电路将音频信号放大在用振荡器发射出去。其优点是没有加密，只需用调频收音机就能接收；缺点是不宜长时间监控，易被发现，保密性不好。

1. 建立工作环境

（1）在 Windows XP 操作系统下，启动 Altium Designer 17。

（2）选择菜单栏中的“文件”→“New”（新建）→“Project”（工程）命令，弹出“New Project”（新建工程）对话框，在该对话框中显示工程文件类型，如图 3-88 所示。默认选择“PCB Project”选项及“Default”（默认）选项，在“Name”（名称）文本框中输入文件名称，在“Location”（路径）文本框中选择文件路径。完成设置后，单击 OK 按钮，关闭该对话框，打开“Project”（工程）面板。在面板中出现了新建的工程类型，系统提供的默认名为 PCB_Project. PrjPcb，如图 3-89 所示。

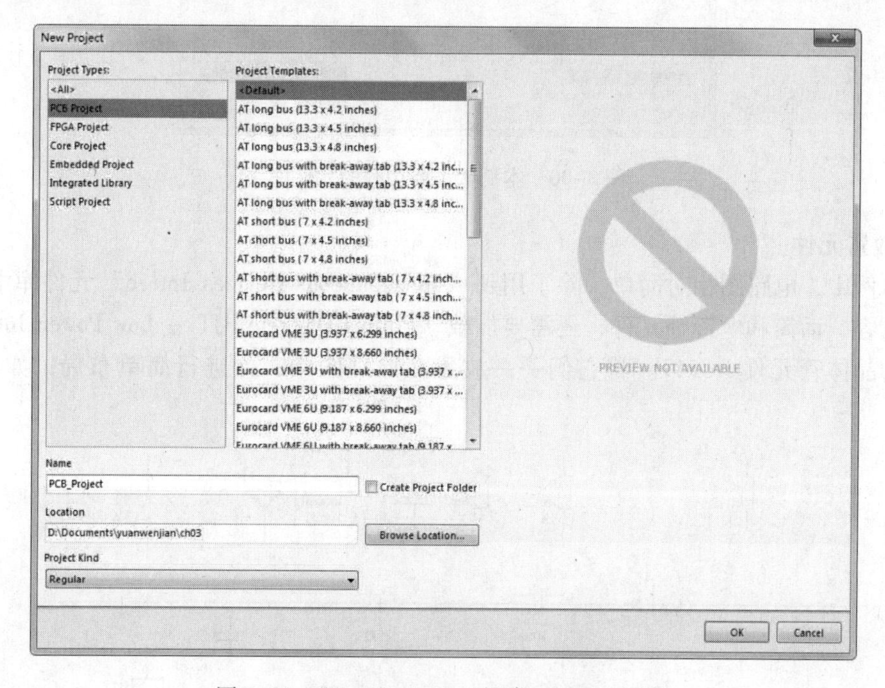

图 3-88 “New Project”（新建工程）对话框

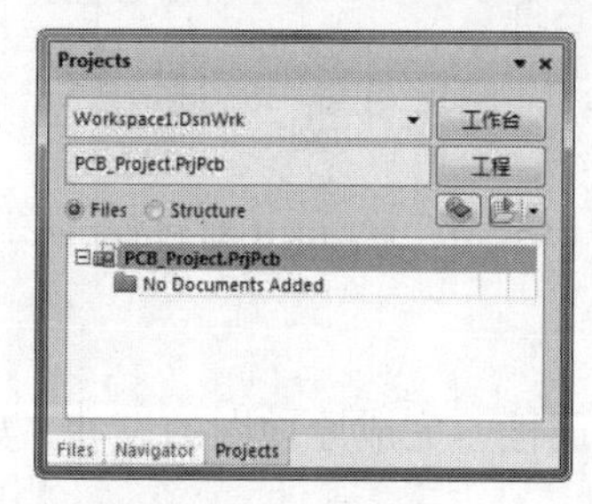

图 3-89 新建工程文件

（3）选择菜单栏中的“文件”→“新建”→“原理图”命令，在项目文件中新建一个默认名为“Sheet1. SchDoc”的电路原理图文件。

（4）选择菜单栏中的“文件”→“全部保存”命令，两次在弹出的保存文件对话框中输入“无线电监控器电路”文件名，保存工程文件与原理图文件，并保存在指定位置。此时，“Projects”（工程）面板中的项目名字变为“无线电监控器电路 . PrjPCB”，原理图为“无线电监控器电路 . SchDoc”文件名，并保存在指定位置。

2. 加载元件库

选择菜单栏的“设计”→“添加/移除库”，打开“可用库”对话框，然后在其中加载需要的元件库。本例中需要加载的元件库如图 3-90 所示。

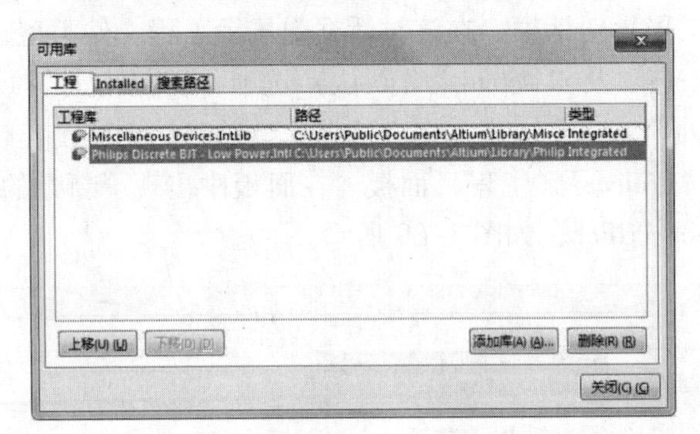

图 3-90　本例中需要加载的元件库

3. 放置元件

在本例中，电路图相对简单，除了用到“Miscellaneous Devices. IntLib”元件库中常用的电阻、电容、话筒和电铃等元件，还需要加载“Philips Discrete BJT － Low Power. IntLib”元件库中的晶体管元件 BC547。将它们一一放置在原理图中，并进行简单布局，如图 3-91 所示。

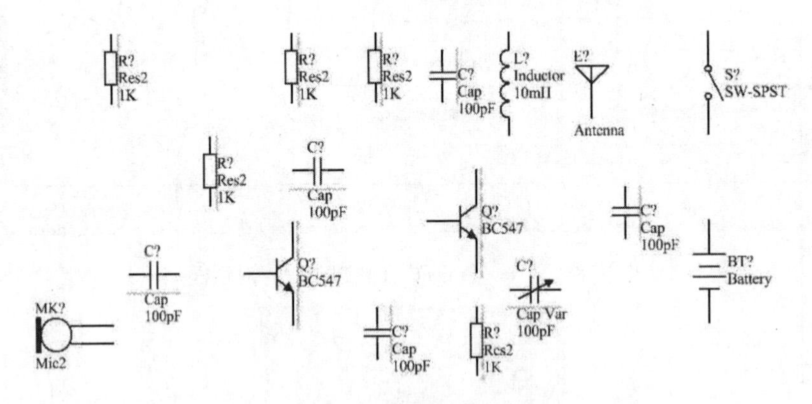

图 3-91　原理图中所需的元件

4. 元件布线

在原理图上布线，编辑元件属性，完成原理图的设计，如图 3-92 所示。

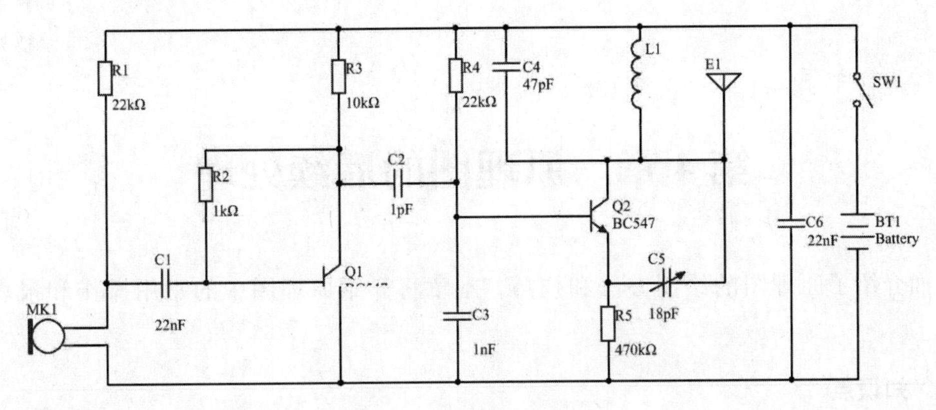

图 3-92　完成原理图布线

5. 放置文字说明

选择菜单栏中的“放置”→“文本字符串命令”，或者单击“实用”绘图工具栏中的A（放置文本字符串）按钮，光标变成十字形，并有一个“Text”文本跟随光标，这时按〈Tab〉键打开“标注”对话框如图 3-93 所示。在其中的文本框中输入文本的内容，然后设置文本的字体和颜色，最后单击 确定 按钮退出对话框，这时有一个红色的标注文本跟随光标，移动光标到目标位置单击鼠标左键即可将文本放置在原理图上。

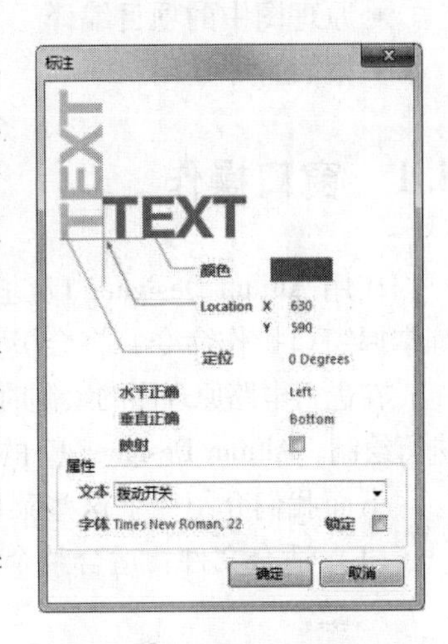

图 3-93 “标注”对话框

完成放置后，鼠标上继续显示浮动的红褐色标注文本，继续利用〈Tab〉键修改标注内容，放置修改结果，放置结果如图 3-94 所示。

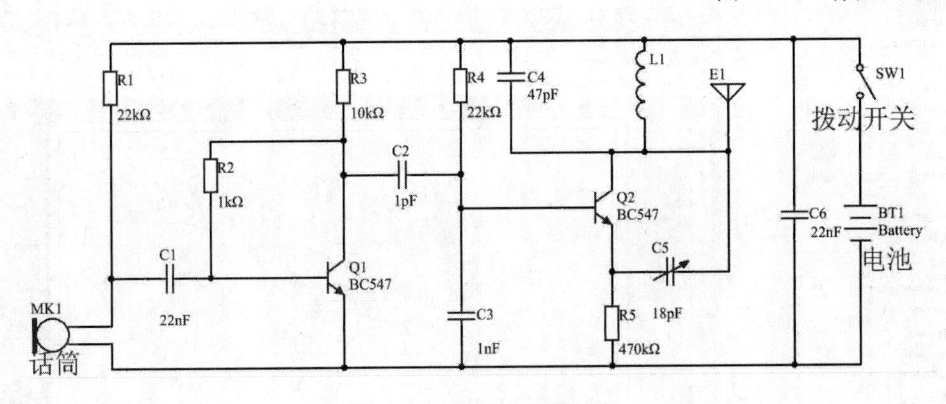

图 3-94　完成原理图设计

提示：

除了放置文本之外，利用原理图编辑器所带的绘图工具，还可以在原理图上创建并放置各种各样的图形、图片。

本例中主要介绍了文本标注的插入，在电路图的设计中，必备的文本标注，对读懂电路图有很大帮助。

第 4 章　原理图的后续处理

前面介绍了原理图的绘制方法和技巧，本章将介绍原理图中的常用操作和报表打印输出。

知识点

- 原理图中的窗口操作
- 原理图中的项目编译
- 报表打印输出

4.1　窗口操作

在用 Altium Designer 17 进行电路原理图的设计和绘图时，经常要对窗口进行操作，熟练掌握窗口操作命令，将会极大地方便实际工作的需求。

在进行电路原理图的绘制时，可以使用多种窗口缩放命令将绘图环境缩放到适合的大小，再进行绘制。Altium Designer 17 的所有窗口缩放命令都在“察看”下拉菜单中，如图 4-1 所示。

下面我们介绍一下这些菜单命令，并举例演示这些窗口缩放命令。

（1）适合文件：适合整个电路图。该命令把整张电路图缩放在窗口中，如图 4-2 所示。

图 4-1　“察看”菜单

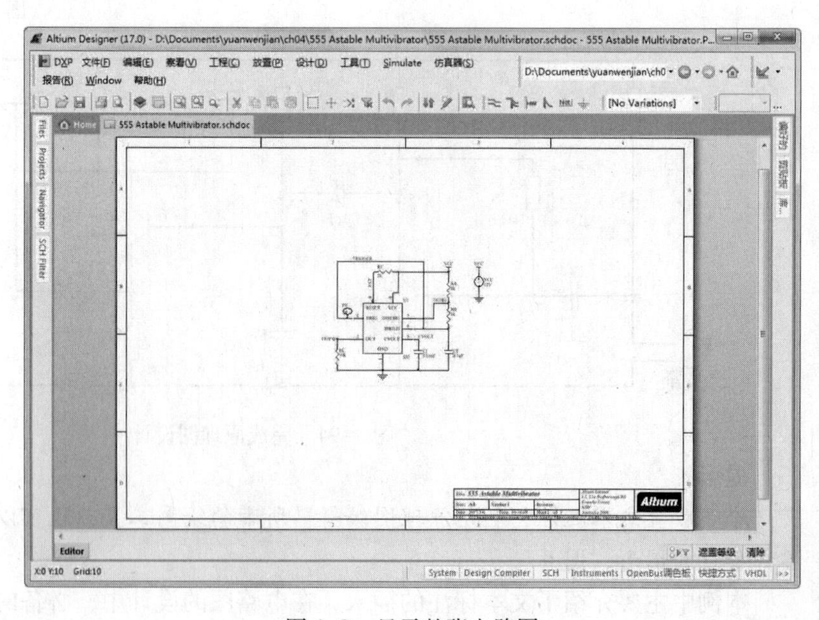

图 4-2　显示整张电路图

（2）适合所有对象：适合全部元器件。该命令将整个电路图缩放显示在窗口中，但是不包含图纸边框及原理图的空白部分，如图 4-3 所示。

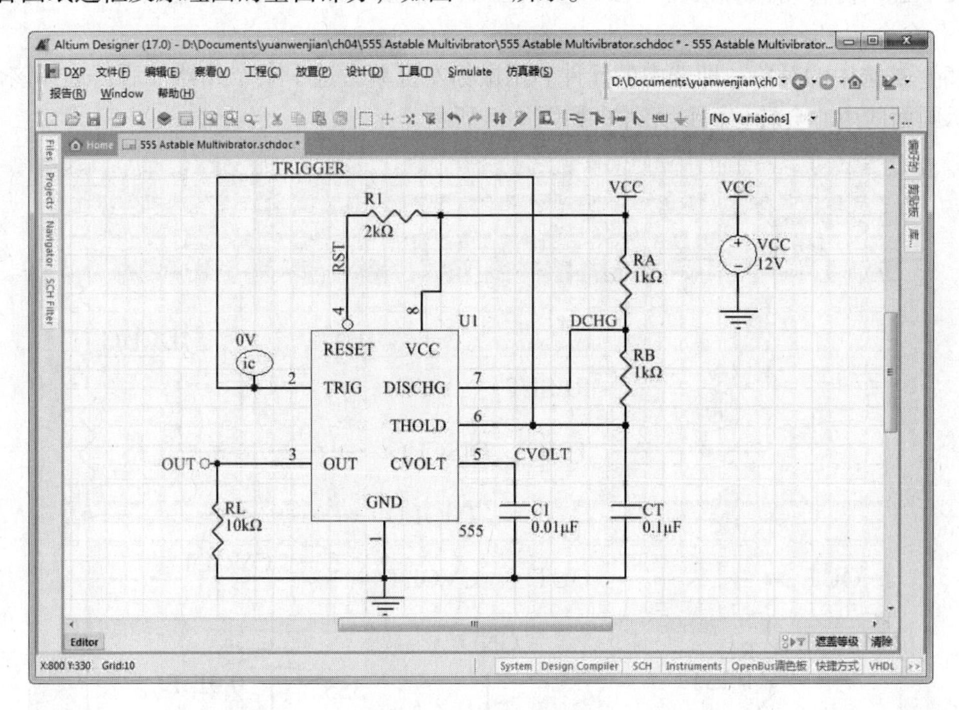

图 4-3　显示全部元器件

（3）区域：该命令是把指定的区域放大到整个窗口中。在启动该命令后，要用鼠标拖出一个区域，这个区域就是指定要放大的区域，如图 4-4 所示。

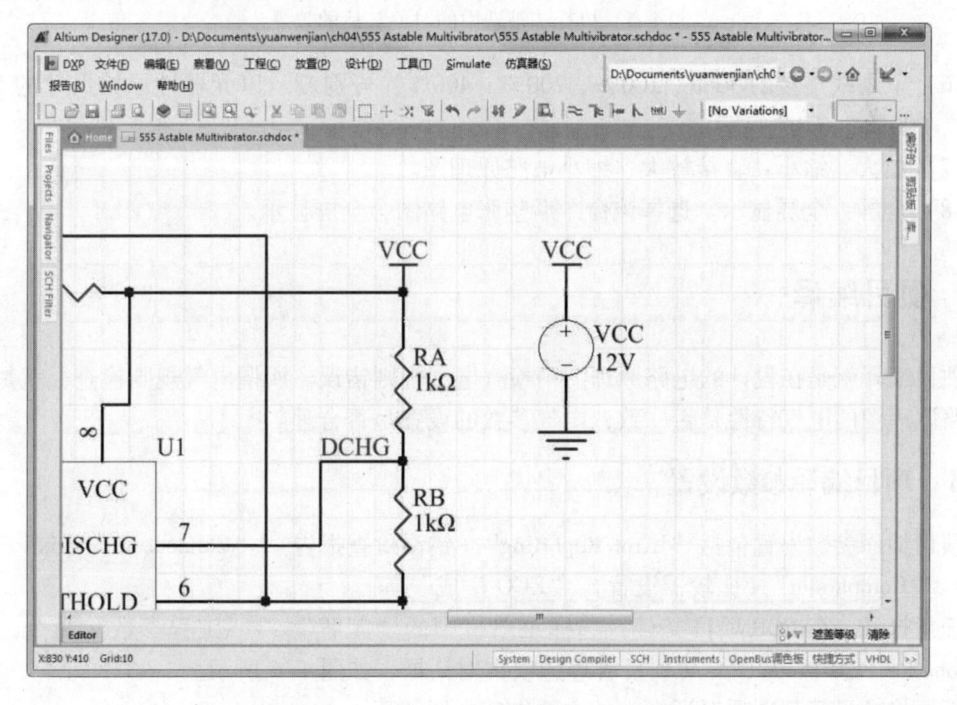

图 4-4　区域放大

（4）点周围：以光标为中心。使用该命令时，要先用鼠标选择一个区域。单击鼠标左键定义中心，再移动鼠标展开将要放大的区域，然后再单击鼠标左键即可完成放大。同“区域”命令相似。

（5）被选中的对象：即选中的元件。用鼠标左键单击选中某个元器件后，选择该命令，则显示画面的中心会转移到该元件，如图 4-5 所示。

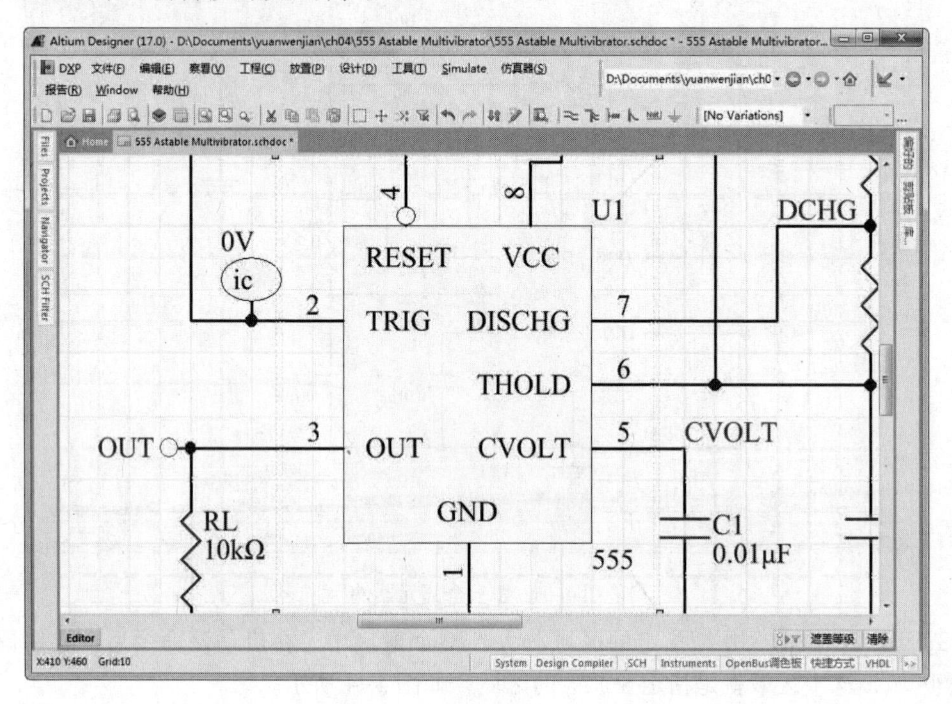

图 4-5　执行“被选中的对象”后的效果

（6）下划线连接的 50%、100%、200%、400%：分别表示以元器件原始尺寸的 50%、100%、200%、400% 显示。

（7）放大、缩小：直接放大、缩小电路原理图。

（8）全屏：全屏显示。选择该命令后整张电路图会全屏显示。

4.2　项目编译

项目编译就是在设计的电路原理图中检查电气规则错误。所谓电气规则检查，就是要查看电路原理图的电气特性是否一致，电气参数的设置是否合理。

4.2.1　项目编译参数设置

项目编译参数设置包括“Error Reporting”（错误检查报告）、“Connection Matrix”（连接矩阵）、“Comparator”（比较器设置）、“ECO 生成”等。

任意打开一个 PCB 项目文件，选择菜单栏中的“工程”→“工程参数”命令，打开“Options for PCB Project…”（项目管理选项）对话框，如图 4-6 所示。

下面将项目管理选项对话框中的主要内容介绍如下：

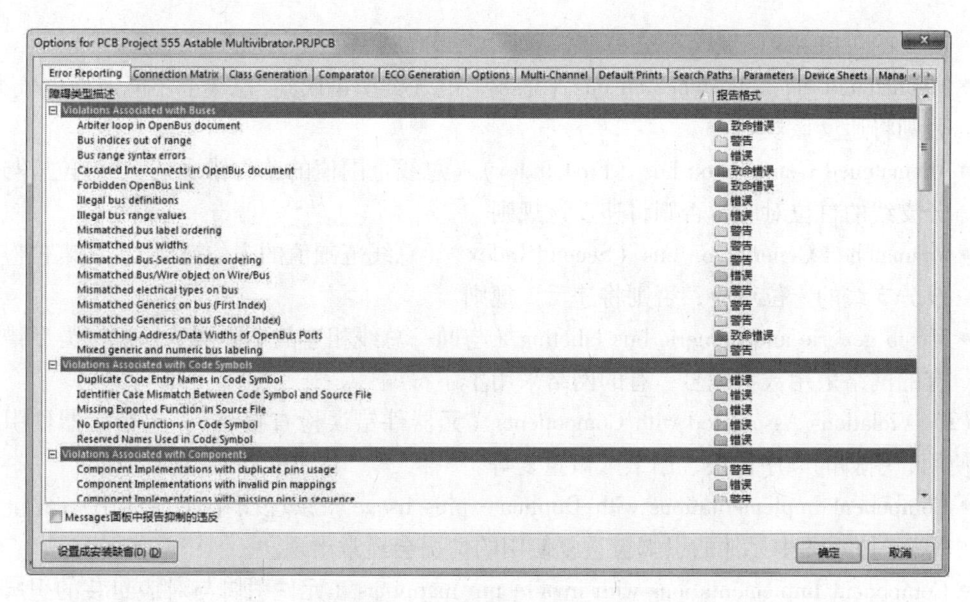

图 4-6　项目管理选项对话框

1. "Error Reporting"（错误报告）选项卡

"Error Reporting"（错误报告）用于设置原理图设计的错误，报告类型有错误、警告、致命错误以及不报告四种，主要涉及下面几个方面：

（1）Violations Associated with Buses（总线错误检查报告）：包括总线标号超出范围，总线排列的语法错误、不合法的总线、总线宽度不匹配等。

- Arbiter loop in OpenBus document（开放总线系统文件中的仲裁文件）：在包含基于开放总线系统的原理图文档中通过仲裁元件形成 I/O 端口或 MEM 端口回路错误。
- Bus indices out of range（超出定义范围的总线编号索引）：总线和总线分支线共同完成电气连接，如果定义总线的网络标号为 D[0…7]，则当存在 D8 及 D8 以上的总线分支线时将违反该规则。
- Bus range syntax errors（总线命名的语法错误）：用户可以通过放置网络标号的方式对总线进行命名。当总线命名存在语法错误时将违反该规则。例如，定义总线的网络标号为 D[0…]时将违反该规则。
- Cascaded Interconnects in OpenBus document（开放总线文件互联元件错误）：在包含基于开放总线系统的原理图文件中互联元件之间的端口级联错误。
- Forbidden OpenBus Link（禁止总线连接）：在使用总线时，直接与导线连接导致的错误。
- Illegal bus definition（总线定义违规）：连接到总线的元件类型不正确。
- Illegal bus range values（总线范围值违规）：与总线相关的网络标号索引出现负值。
- Mismatched bus label ordering（总线网络标号不匹配）：同一总线的分支线属于不同网络时，这些网络对总线分支线的编号顺序不正确，即没有按同一方向递增或递减。
- Mismatched bus widths（总线编号范围不匹配）：总线编号范围超出界定。
- Mismatched Bus - Section index ordering（总线分组索引的排序方式错误）：没有按同一方向递增或递减。
- Mismatched Bus/Wire object in Wire/Bus（总线种类不匹配）：总线上放置了与总线不

匹配的对象。

- Mismatched electrical types on bus（总线上电气类型错误）：总线上不能定义电气类型，否则将违反该规则。
- Mismatched Generics on bus（First Index）（总线范围值的首位错误）：线首位应与总线分支线的首位对应，否则将违反该规则。
- Mismatched Generics on bus（Second Index）（总线范围值的末位错误）：线末位应与总线分支线的末位对应，否则将违反该规则。
- Mixed generic and numeric bus labeling（与同一总线相连的不同网络标识符类型错误）：有的网络采用数字编号，有的网络采用了字符编号。

（2）Violations Associated with Components（元器件错误检查报告）：包括元器件引脚的重复使用、引脚的顺序错误、图纸入口重复等。

- Component Implementations with Duplicate pins usage（原理图中元件的引脚被重复使用）：原理图中元件的引脚被重复使用的情况会经常出现。
- Component Implementations with invalid pin mappings（元件引脚与对应封装的引脚标识符不一致）：元件引脚应与引脚的封装一一对应，不匹配时将违反该规则。
- Component Implementations with missing pins in sequence（元件丢失引脚）：按序列放置的多个元件引脚中丢失了某些引脚。
- Components containing duplicate sub - parts（嵌套元件）：元件中包含了重复的子元件。
- Components withduplicate implementations（重复元件）：重复实现同一个元件。
- Components withduplicate pins（重复引脚）：元件中出现了重复引脚。
- Duplicate Component Models（重复元件模型）：重复定义元件模型。
- Duplicate Part Designators（重复组件标识符）：元件中存在重复的组件标号。
- Errors in Component Model Parameters（元件模型参数错误）：在元件属性中设置。
- Extrapin found in component display mode（元件显示模型多余引脚）：元件显示模式中出现多余的引脚。
- Mismatched hidden pin connections（隐藏的引脚不匹配）：隐藏引脚的电气连接存在错误。
- Mismatched pin visibility（引脚可视性不匹配）：引脚的可视性与用户的设置不匹配。
- Missing Component Model Parameters（元件模型参数丢失）：取消元件模型参数的显示。
- Missing Component Models（元件模型丢失）：无法显示元件模型。
- Missing Component Models in Model Files（模型文件丢失元件模型）：元件模型在所属库文件中找不到。
- Missingpin found in component display mode（元件显示模型丢失引脚）：元件的显示模式中缺少某一引脚。
- Models Found in Different Model Locations（模型对应不同路径）：元件模型在另一路径（非指定路径）中找到。
- Sheet Symbol with duplicate entries（原理图符号中出现了重复的端口）：为避免违反该规则，建议用户在进行层次原理图的设计时，在单张原理图上采用网络标号的形式建立电气连接，而在不同的原理图间采用端口建立电气连接。
- Un - Designated parts requiring annotation（为指定的部件需要标注）：未被标号的元件

需要分开标号。

- Unusedsub - part in component（集成元件的某一部分在原理图中未被使用）：通常对未被使用的部分采用引脚为空的方法，即不进行任何的电气连接。

（3）Violations Associated with Documents（文件错误检查报告）：主要是与层次原理图有关的错误，包括重复的图纸编号、重复的图纸符号名称、无目标配置等。

- Conflicting Constraints（规则冲突）：文档创建过程与设定的规则相冲突。
- Duplicate sheet numbers（复制原理图编号）：电路原理图编号重复。
- Duplicate Sheet Symbol Names（复制原理图符号名称）：原理图符号命名重复。
- Missing child sheet for sheet symbol（子原理图丢失原理图符号）：工程中缺少与原理图符号相对应的子原理图文件。
- Missing Configuration Target（配置目标丢失）：在配置参数文件中设置。
- Missing sub - ProjectSheet for component（元件的子工程原理图丢失）：有些元件可以定义子工程，当定义的子工程在固定的路径中找不到时将违反该规则。
- Multiple Configuration Targets（多重配置目标）：文档配置多元化。
- Multiple Top - Level Documents（顶层文件多样化）：定义了多个顶层文档。
- Port notlinked to parent sheet symbol（原始原理图符号不与部件连接）：子原理图电路与主原理图电路中端口之间的电气连接错误。
- Sheet Entry notlinked to child sheet（子原理图不与原理图端口连接）：电路端口与子原理图间存在电气连接错误。

（4）Violations Associated with Nets（网络错误检查报告）：包括为图纸添加隐藏网络、无名网络参数、无用网络参数等。

- Adding hidden net to sheet（添加隐藏网络）：原理图中出现隐藏的网络。
- Adding Items from hidden net to net（隐藏网路添加子项）：从隐藏网络添加子项到已有网络中。
- Auto - Assigned Ports To Device Pins（器件引脚自动端口）：自动分配端口到器件引脚。
- Duplicate Nets（复制网络）：原理图中出现了重复的网络。
- Floatingnet Labels（浮动网络标签）：原理图中出现了不固定的网络标号。
- Floatingpower objects（浮动电源符号）：原理图中出现了不固定的电源符号。
- Global Power - Objectscope changes（更改全局电源对象）：与端口元件相连的全局电源对象已不能连接到全局电源网络，只能更改为局部电源网络。
- Net Parameters withno Name（无名网络参数）：存在未命名的网络参数。
- Net Parameters withno Value（无值网络参数）：网络参数没有赋值。
- Nets containing floating input pins（浮动输入网络引脚）：网络中包含悬空的输入引脚。
- Nets containing multiple similar objects（多样相似网络对象）：网络中包含多个相似对象。
- Nets withmultiple name（命名多样化网络）：网络中存在多重命名。
- Nets with No driving source（缺少驱动源的网络）：网络中没有驱动源。
- Nets with only one pin（单个引脚网络）：存在只包含单个引脚的网络。
- Nets with possible connection problems（网络中可能存在连接问题）：文档中常见的网络问题。

- Sheets containing duplicate ports（多重原理图端口）：原理图中包含重复端口。
- Signals with multiple drivers（多驱动源信号）：信号存在多个驱动源。
- Signals with no driver（无驱动信号）：原理图中信号没有驱动。
- Signals with no load（无负载信号）：原理图中存在无负载的信号。
- Unconnected objects in net（网络断开对象）：原理图中网络中存在未连接的对象。
- Unconnected wires（断开线）：原理图中存在未连接的导线。

（5）Violations Associated with Others（其他错误检查报告）：包括无错误、原理图中的对象超出了图纸范围、对象偏离网格等。

- Object not completely within sheet boundaries（对象超出了原理图的边界）：可以通过改变图纸尺寸来解决。
- Off - grid object（对象偏离格点位置将违反该规则）：使元件处在格点位置有利于元件电气连接特性的完成。

（6）Violations Associated With Parameters（参数错误检查报告）。

- Same parameter containing different types（参数相同而类型不同）：原理图中元件参数设置常见问题。
- Same parameter containing different values（参数相同而值不同）：原理图中元件参数设置常见问题。

对于每一种错误都可以设置相应的报告类型．并采用不同的颜色。单击其后的按钮，弹出错误报告类型的下拉列表。一般采用默认设置，即不需要对错误报告类型进行修改。

单击 设置成安装缺省(D) (D) 按钮，可以恢复到系统默认设置。

2.“Connection Matrix”（电路连接检测矩阵）选项卡

在项目管理选项对话框中，单击“Connection Matrix”（电路连接检测矩阵），打开“Connection Matrix”（电路连接检测矩阵）选项卡，如图 4-7 所示。

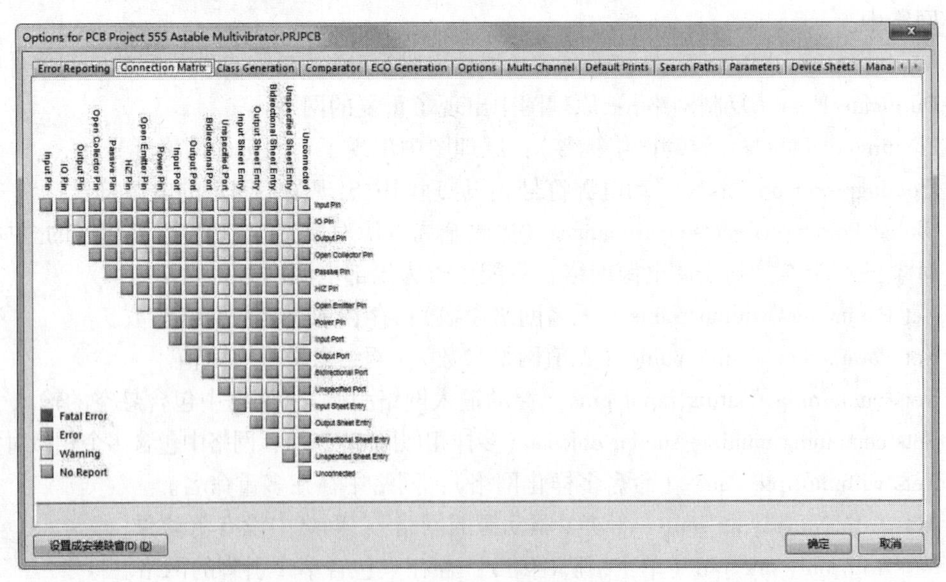

图 4-7 “Connection Matrix”（电路连接检测矩阵）选项卡

连接矩阵选项卡显示的是各种引脚、端口、图纸入口之间的连接状态，以及错误类型的等级。这将在设计中运行电气规则检查电气连接，如引脚间的连接、元件和图纸的输入。连接矩阵给出了原理图中不同类型的连接点以及是否被允许的图表描述。例如：

（1）如果横坐标和纵坐标交叉点为红色，则当横坐标代表的引脚和纵坐标代表的引脚相连接时，将出现 Fatal Error 信息。

（2）如果横坐标和纵坐标交叉点为橙色，则当横坐标代表的引脚和纵坐标代表的引脚相连接时，将出现 Error 信息。

（3）如果横坐标和纵坐标交叉点为黄色，则当横坐标代表的引脚和纵坐标代表的引脚相连接时，将出现 Warning 信息。

（4）如果横坐标和纵坐标交叉点为绿色，则当横坐标代表的引脚和纵坐标代表的引脚相连接时，将不出现错误或警告信息。

对于各种连接的错误等级，用户可以自己进行设置，单击相应连接交叉点处的颜色方块，通过颜色方块的设置即可设置错误等级。一般采用默认设置，即不需要对错误等级进行设置。

单击 设置成安装缺省(D) (D) 按钮，可以恢复到系统默认设置。

3. “Comparator”（比较器）选项卡

在项目管理选项对话框中，单击“Comparator”（比较器），打开“Comparator（比较器）”选项卡，如图 4-8 所示。

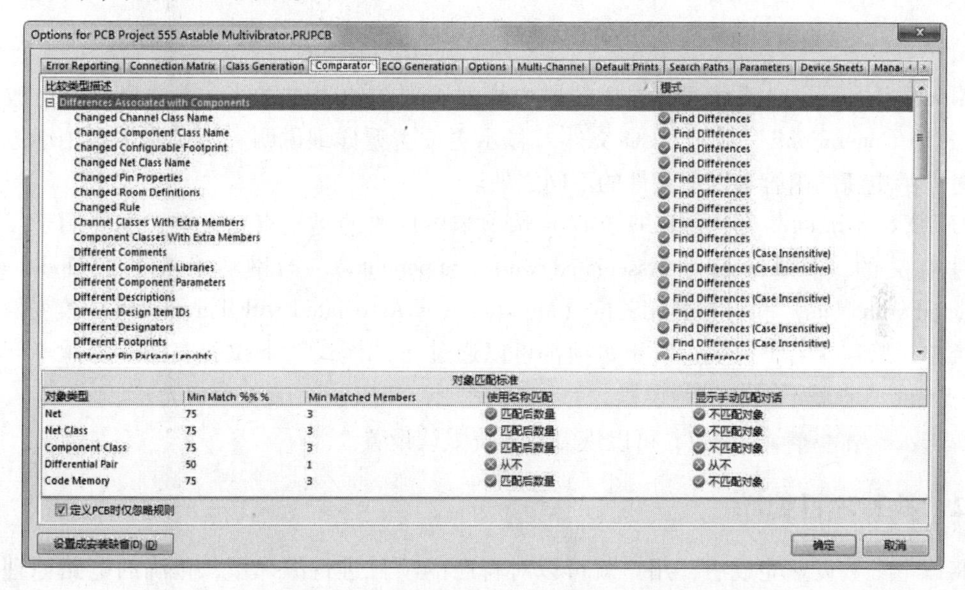

图 4-8 “Comparator”（比较器）选项卡

“Comparator”（比较器）选项卡用于设置当一个项目被编译时给出文件之间的不同和忽略彼此的不同。比较器的对照类型描述中有 4 大类，包括与元器件有关的差别（Differences Associated with Components）、与网络有关的差别（Differences Associated with Nets）、与参数有关的差别（Differences Associated with Parameters）以及与对象有关的差别（Differences Associated with Parameters）。在每一大类中又分为若具体的选项，对不同的项目可能设置会有所不同，但是一般采用默认设置。

单击 设置成安装缺省(D) (D) 按钮，可以恢复到系统默认设置。

4. “ECO Generation”（生成 ECO 文件）选项卡

在项目管理选项对话框中，单击“ECO Generation”（生成 ECO 文件）标签，打开“ECO Generation”（生成 ECO 文件）选项卡，如图 4-9 所示。

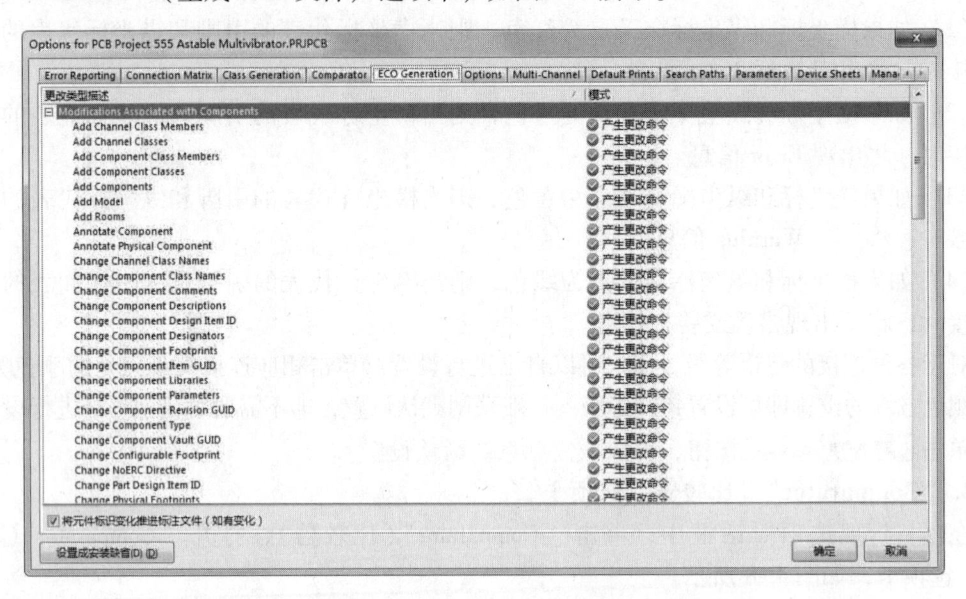

图 4-9　“ECO Generation”（生成 ECO 文件）选项卡

Altium Designer 17 系统通过在比较器中找到原理图的不同之处，当选择电气更改命令后，“ECO Generation”（生成 ECO 文件）显示更改类型详细说明。该说明主要用于原理图更新时显示更新的内容与以前文件的不同之处。

“ECO Generation”（生成 ECO 文件）选项卡中修改的类型有三大类，主要用于设置与元器件有关的（Modifications Associated with Components）、与网络有关的（Modifications Associated with Nets）和与参数相关的（Modifications Associated with Parameters）改变。在每一大类中，又包含若干选项，对于每项都可以通过在“模式”下拉列表框中选择“产生更改命令”或“忽略不同”进行设置。

单击 设置成安装缺省(D) (D) 按钮，可以恢复到系统默认设置。

4.2.2 执行项目编译

将以上参数设置完成后，用户就可以对自己的项目进行编译了，正确的电路原理图如图 4-10所示。

如果在设计电路原理图时，Q1 与 C1、R1 没有连接，如图 4-11 所示。我们就可以通过项目编译来找出这个错误。

下面我们介绍执行项目编译的步骤：

(1) 选择菜单栏中的“工程”→“Compile PCB Project 555 Astable Multivibrator.PRJPCB”（编译项目文件）命令，系统开始对项目进行编译。

(2) 编译完成后，系统弹出“Messages”（信息）面板，如图 4-12 所示。如果原理图绘制正确，将不弹出“Messages”（信息）面板窗口。

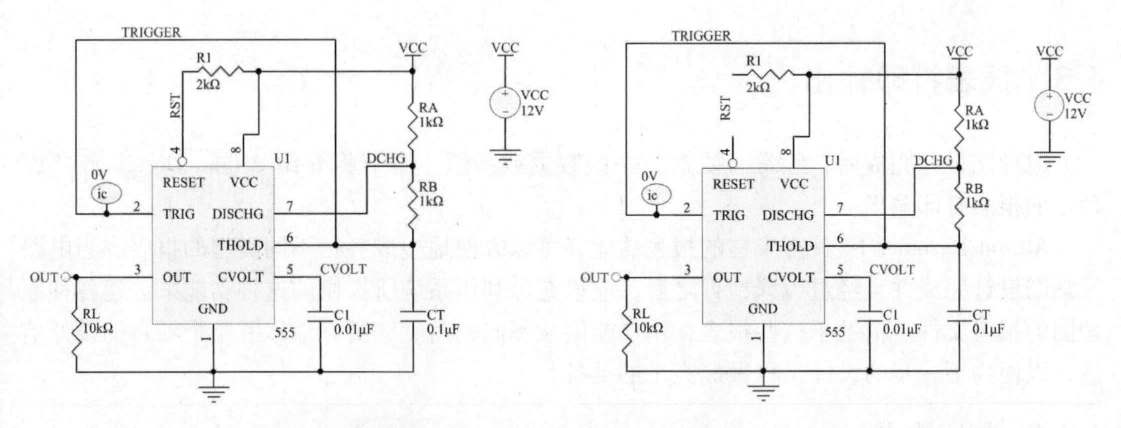

图 4-10　正确的电路原理图　　　　图 4-11　错误的电路原理图

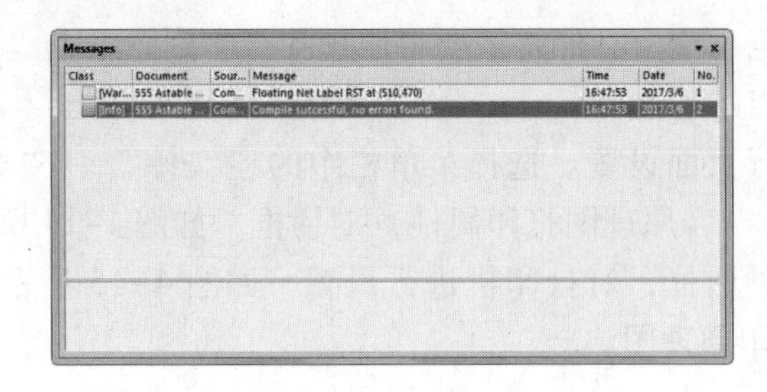

图 4-12　“Messages”面板

(3) 双击出错的信息，在下面的“Detail”（细节）选项组下显示了与错误有关的原理图信息。同时在原理图出错位置出现高亮显示状态，电路图上的其他元器件和导线则处于模糊状态，如图 4-13 所示。

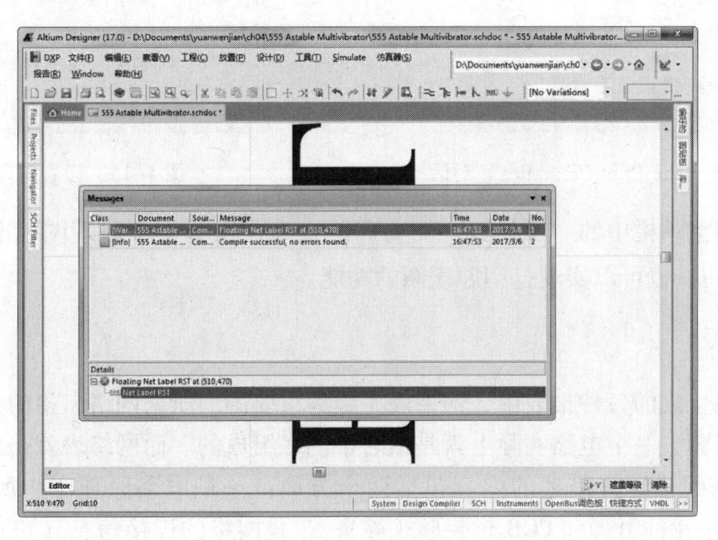

图 4-13　显示编译错误

(4) 根据出错信息提示，对电路原理图进行修改，修改后再次编译，直到没有错误信息出现为止，即编译时不弹出“Messages”（信息）面板。对于有些电路原理图中一些不需要进行检查的节点，可以放置一个忽略 ERC 检查测试点。

4.3 报表打印输出

原理图设计完成后，经常需要输出一些数据或图纸。本节将介绍 Altium Designer 17 原理图的报表打印输出。

Altium Designer 17 具有丰富的报表功能，可以方便地生成各种不同类型的报表。当电路原理图设计完成并且经过编译检查之后，应该充分利用系统所提供的这种功能来创建各种原理图的报表文件。借助于这些报表，用户能够从不同的角度，更好地掌握整个项目的设计信息，以便为下一步的设计工作做好充足的准备。

4.3.1 打印输出

为方便原理图的浏览和交流，经常需要将原理图打印到图纸上。Altium Designer 17 提供了直接将原理图打印输出的功能。

在打印之前首先进行页面设置。选择菜单栏中的“文件”→“页面设置”命令，弹出“Schematic Print Properties”（原理图打印属性）对话框，如图4-14 所示。单击“打印设置”按钮，弹出打印机设置对话框，对打印机进行设置，如图 4-15 所示。设置、预览完成后，单击“打印”按钮，打印原理图。

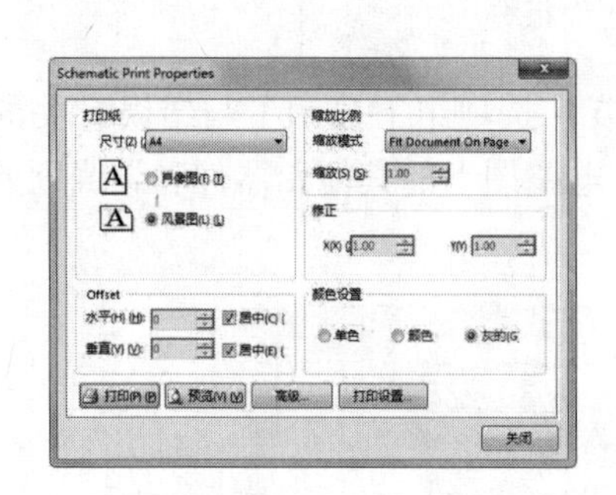

图 4-14 “Schematic Print Properties” 对话框

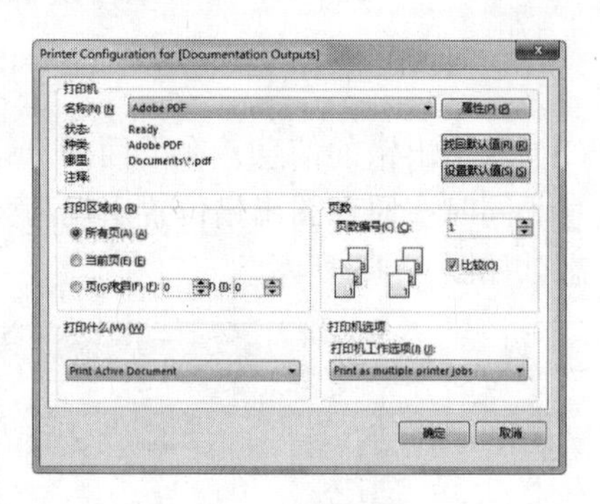

图 4-15 设置打印机

此外，选择菜单栏中的“文件”→“打印”命令，或单击“原理图标准”工具栏中的 （打印）按钮，也可以实现打印原理图的功能。

4.3.2 网络表

在由原理图生成的各种报表中，网络表是最为重要的。所谓网络，指的是彼此连接在一起的一组元件引脚，一个电路实际上就是由若干网络组成的。而网络表就是对电路或者电路原理图的一个完整描述，描述的内容包括两个方面：一是电路原理图中所有元件的信息（包括元件标识、元件引脚和 PCB 封装形式等）；二是网络的连接信息（包括网络名称、网络节点等），这些都是进行 PCB 布线、设计 PCB 印制电路板不可缺少的依据。

具体来说，网络表包括两种，一种是基于单个原理图文件的网络表，另一种是基于整个项目的网络表。

4.3.3 基于整个项目的网络表

下面介绍项目网络表的创建过程及功能特点。在创建网络表之前，应先进行简单的选项设置。

1. 网络表选项设置

打开项目文件其中的任一电路原理图文件。选择菜单栏中的“工程”→“工程参数”命令，弹出项目管理选项对话框。单击“Options”（选项）选项卡，如图 4-16 所示。其中各选项的功能如下：

（1）“输出路径”文本框：用于设置各种报表（包括网络表）的输出路径，系统会根据当前项目所在的文件夹自动创建默认路径。例如，在图 4-16 中，系统创建的默认路径为“:\yuanwenjian\ch04\555 Astable Multivibrator\Out”。单击右侧的 (打开）图标，可以对默认路径进行更改。

（2）“ECO 日志路径”文本框：用于设置 ECO Log 文件的输出路径，系统会根据当前项目所在的文件夹自动创建默认路径。单击右侧的 (打开）图标，可以对默认路径进行更改。

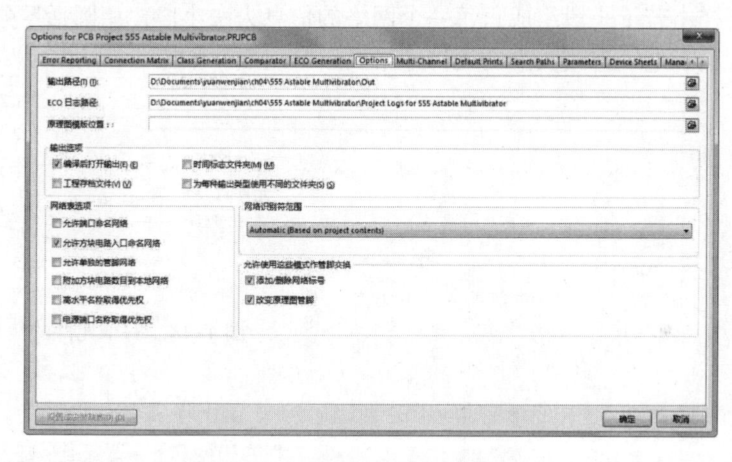

图 4-16 “Options” 选项卡

（3）“输出选项”选项组：用于设置网络表的输出选项，一般保持默认设置即可。

（4）“网络表选项”选项组：用于设置创建网络表的条件。

- “允许端口命名网络”复选框：用于设置是否允许用系统产生的网络名代替与电路输入/输出端口相关联的网络名。如果所设计的项目只是普通的原理图文件，不包含层次关系，可勾选该复选框。
- “允许方块电路入口命名网络”复选框：用于设置是否允许用系统生成的网络名代替与图纸入口相关联的网络名，系统默认勾选。
- “允许单独的管脚网络”复选框：用于设置生成网络表时，是否允许系统自动将引脚号添加到各个网络名称中。
- “附加方块电路数目到本地网络”复选框：用于设置生成网络表时，是否允许系统自动将图纸号添加到各个网络名称中。当一个项目中包含多个原理图文档时，勾选该复选框，以便于查找错误。

- “高水平名称取得优先权”复选框：用于设置生成网络表时的排序优先权。勾选该复选框，系统将以名称对应结构层次的高低决定优先权。
- “电源端口名称取得优先权”复选框：用于设置生成网络表时的排序优先权。勾选该复选框，系统将对电源端口的命名给予更高的优先权。

在本例中，使用系统默认的设置即可。

2. 创建项目网络表

选择菜单栏中的“设计”→“工程的网络表”→“Protel”（生成项目网络表）命令。系统自动生成了当前项目的网络表文件“555 Astable Multivibrator. NET”，并存放在当前项目下的“Generated\Netlist Files”文件夹中。双击打开该项目网络表文件“555 Astable Multivibrator. NET”，结果如图 4-17 所示。

该网络表是一个简单的 ASCII 码文本文件，由多行文本组成。内容分成了两大部分，一部分是元件的信息，另一部分是网络信息。

元件信息由若干小段组成，每一个元件的信息为一小段，用方括号分隔，由元件标识、元件封装形式、元件型号、数值等组成，如图 4-18 所示。空行则是由系统自动生成的。

网络信息同样由若干小段组成，每一个网络的信息为一小段，用圆括号分隔，由网络名称和网络中所有具有电气连接关系的元件序号及引脚组成，如图 4-19 所示。

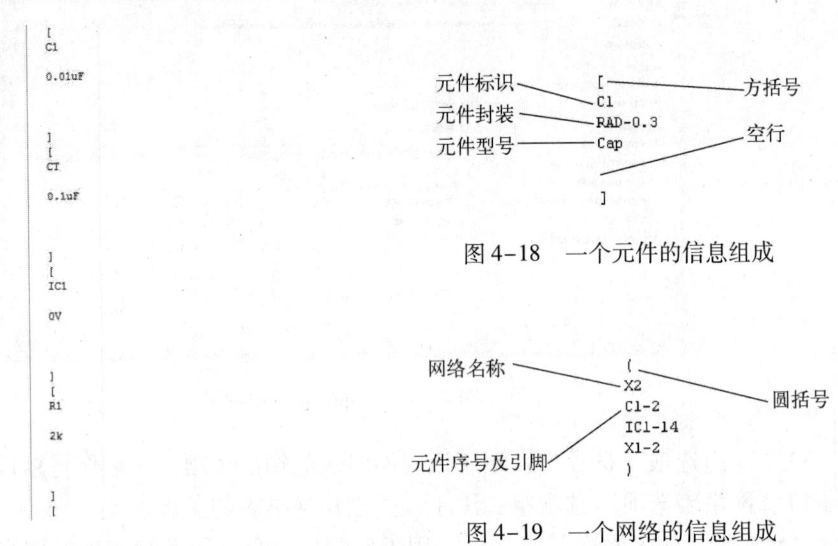

图 4-18　一个元件的信息组成

图 4-19　一个网络的信息组成

图 4-17　打开项目网络表文件

4.3.4　基于单个原理图文件的网络表

下面以实例项目“555 Astable Multivibrator. PrjPCB”中的一个原理图文件“555 Astable Multivibrator. SchDoc”为例，介绍基于单个原理图文件网络表的创建过程。

打开项目“MCU. PrjPCB”中的原理图文件“MCU Circuit. SchDoc”。选择菜单栏中的“设计”→“文件的网络表”→“Protel”（生成原理图网络表）命令，系统自动生成了当前原理图的网络表文件“555 Astable Multivibrator. NET”，并存放在当前项目下的“Generated\Netlist

Files”文件夹中。双击打开该原理图的网络表文件“555 Astable Multivibrator. NET”，结果如图4-20所示。

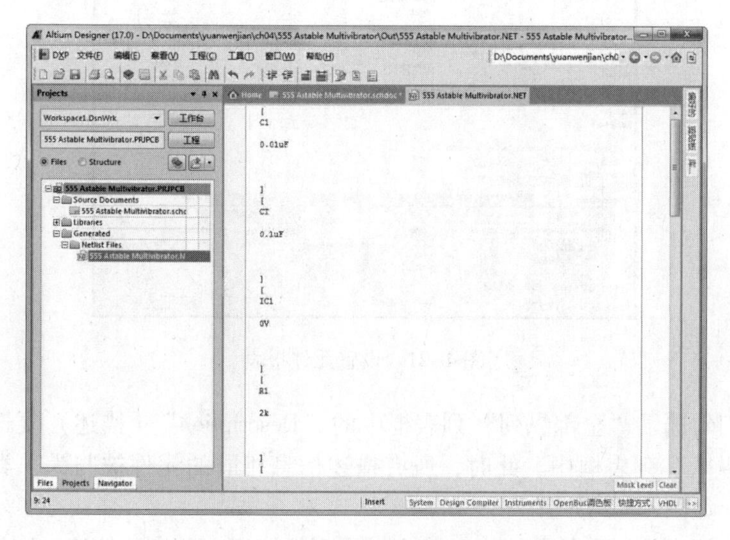

图4-20 打开原理图的网络表文件

该网络表的组成形式与上述基于整个项目的网络表是一样的，在此不再重复介绍。

由于该项目只有一个原理图文件，因此基于原理图文件的网络表“MCU Circuit. NET”与基于整个项目的网络表“MCU. NET”虽然名称不同，但所包含的内容却是完全相同的。

4.3.5 生成元件报表

元件报表主要用来列出当前项目中用到的所有元件标识、封装形式、元件库中的名称等，相当于一份元件清单。依据这份报表，用户可以详细查看项目中元件的各类信息，同时在制作印制电路板时，也可以作为元件采购的参考。

下面我们仍以项目“555 Astable Multivibrator. PrjPCB”为例，介绍元件报表的创建过程及功能特点。

1. 元件报表的选项设置

打开项目“555 Astable Multivibrator. PrjPCB”中的原理图文件“555 Astable Multivibrator. SchDoc”，选择菜单栏中的“报告”→“Bill of Materials”（元件清单）命令，系统弹出相应的元件报表对话框，如图4-21所示。在该对话框中，可以对要创建的元件报表的选项进行设置。左侧有两个列表框，它们的功能如下。

- “聚合的纵队”列表框：用于设置元件的归类标准。如果将“全部纵队”列表框中的某一属性信息拖到该列表框中，则系统将以该属性信息为标准，对元件进行归类，显示在元件报表中。
- “全部纵列”列表框：用于列出系统提供的所有元件属性信息，如Description（元件描述信息）、Component Kind（元件种类）等。对于需要查看的有用信息，勾选右侧与之对应的复选框，即可在元件报表中显示出来。在图4-22中，使用了系统的默认设置，即只勾选了“Comment”（注释）、“Description”（描述）、“Designator”（指示符）、“Footprint”（封装）、“LibRef”（库编号）和“Quantity”（数量）6个复选框。

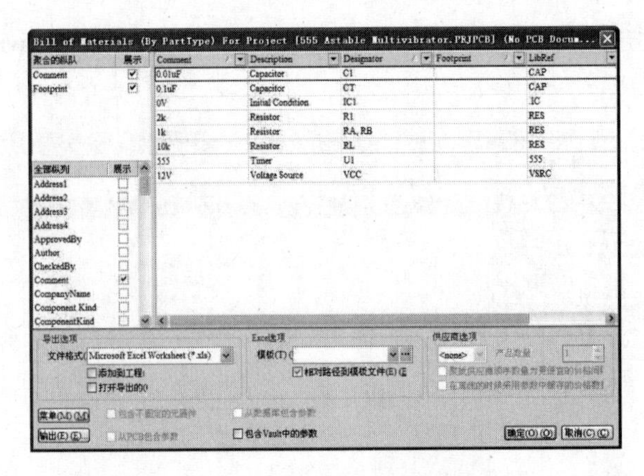

图 4-21　设置元件报表

例如，我们勾选了“全部纵列”列表框中的“Description”（描述）复选框，将该选项拖到“聚合的纵队”列表框中。此时，所有描述信息相同的元件被归为一类，显示在右侧的元件列表中，如图 4-22 所示。

另外，在右侧元件列表的各栏中，都有一个下拉按钮，单击该按钮，同样可以设置元件列表的显示内容。

例如，单击元件列表中“Description”（描述）栏的下拉按钮▼，会弹出如图 4-23 所示的下拉列表框。

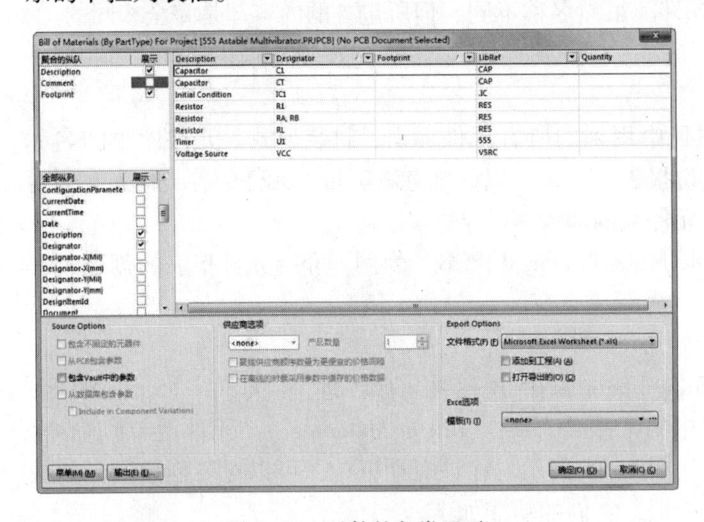

图 4-22　元件的归类显示

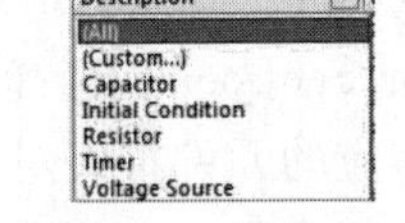

图 4-23　“Description”下拉列表框

在该下拉列表框中，可以选择“All”(显示全部元件）选项，也可以选择“Custom”（定制方式显示）选项，还可以只显示具有某一具体描述信息的元件。例如，我们选择了“Capacitor”（电容）选项，则相应的元件列表如图 4-24 所示。

在列表框的下方，还有若干选项和按钮，其功能如下：

- “文件格式”下拉列表框：用于为元件报表设置文件输出格式。单击右侧的下拉按钮▼，可以选择不同的文件输出格式，如 CVS 格式、Excel 格式、PDF 格式、html 格式、文本格式、XML 格式等。

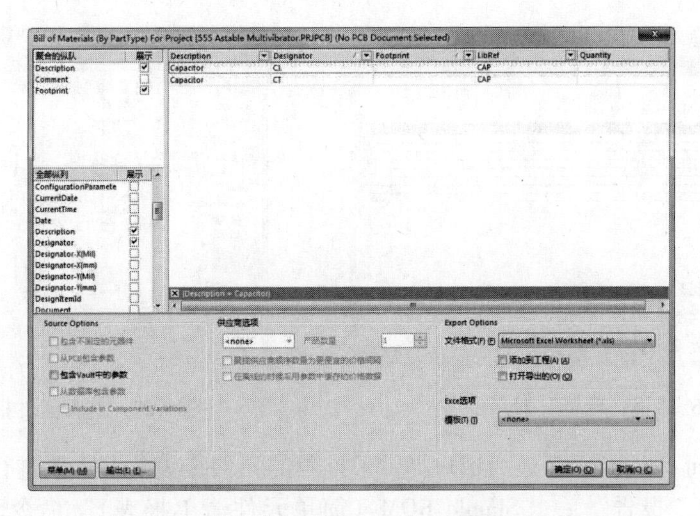

图 4-24 Capacitor 元件列表对话框

- “添加到工程”复选框：若勾选该复选框，则系统在创建了元件报表之后会将报表直接添加到项目里面。
- “打开导出的报表”复选框：若勾选该复选框，则系统在创建了元件报表以后，会自动以相应的格式打开。
- “模板”下拉列表框：用于为元件报表设置显示模板。单击右侧的下拉按钮▼，可以使用曾经用过的模板文件，也可以单击…按钮重新选择。选择时，如果模板文件与元件报表在同一目录下，则可以勾选下面的“相对路径到模板文件”复选框，使用相对路径搜索，否则应该使用绝对路径搜索。
- “菜单”按钮：单击该按钮，弹出如图 4-25 所示的“菜单”菜单。由于该菜单中的各项命令比较简单，在此不逐一介绍，用户可以自己练习操作。

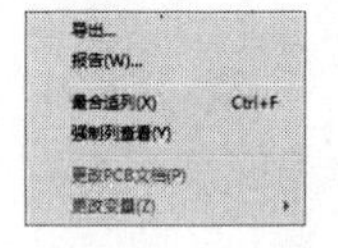

图 4-25 “菜单”菜单

- “输出”按钮：单击该按钮，可以将元件报表保存到指定的文件夹中。

设置好元件报表的相应选项后，就可以进行元件报表的创建、显示及输出了。元件报表可以以多种格式输出，但一般选择 Excel 格式。

2. 元件报表的创建

（1）选择“菜单”按钮，在“菜单”菜单中选择“报告”命令，系统将弹出“报告预览”对话框，如图 4-26 所示。

（2）单击“输出”按钮，可以将该报表进行保存，默认文件名为“555 Astable Multivibrator. xls”，是一个 Excel 文件；单击“打开报告”按钮，可以将该报表打开；单击“打印”按钮，可以将该报表打印输出。

（3）在元件报表对话框中，单击…按钮，在“X：…\AD 17\Template”目录下，选择系统自带的元件报表模板文件“BOM Default Template. XLT”，如图 4-27 所示。

（4）单击“打开”按钮后，返回报表预览对话框。单击“确定”按钮，退出该对话框。

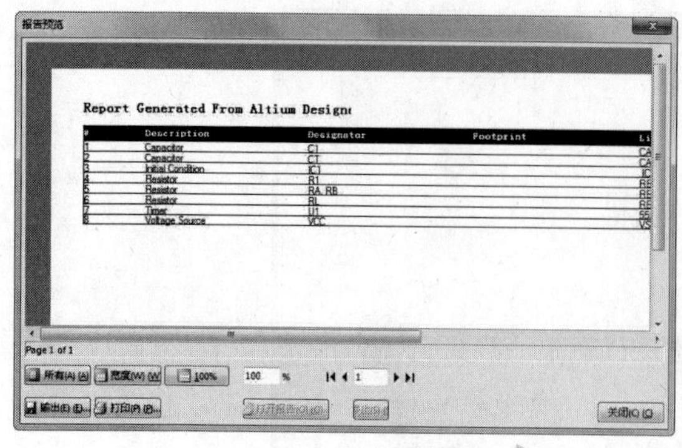

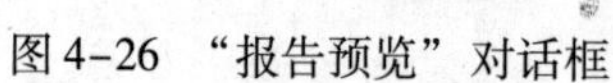
图 4-26 “报告预览”对话框

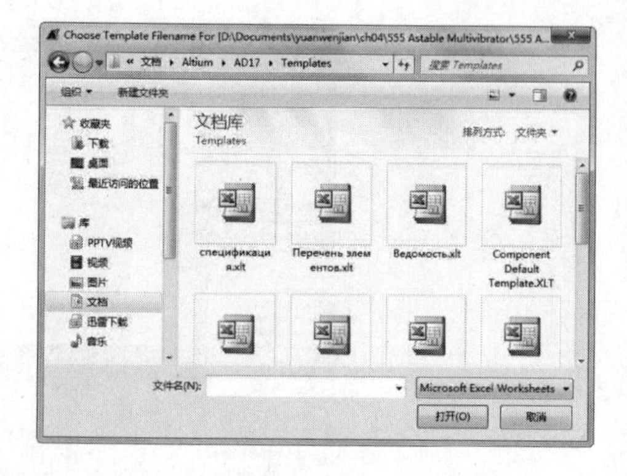

图 4-27 选择元件报表模板文件

此外，Altium Designer 17 还为用户提供了推荐的元件报表，不需要进行设置即可产生。选择菜单栏中的“报告”→“Simple BOM（简单元件清单报表）”命令，系统同时产生“555 Astable Multivibrator. BOM”和“555 Astable Multivibrator. CSV”两个文件，并加入到项目中，如图 4-28 所示。

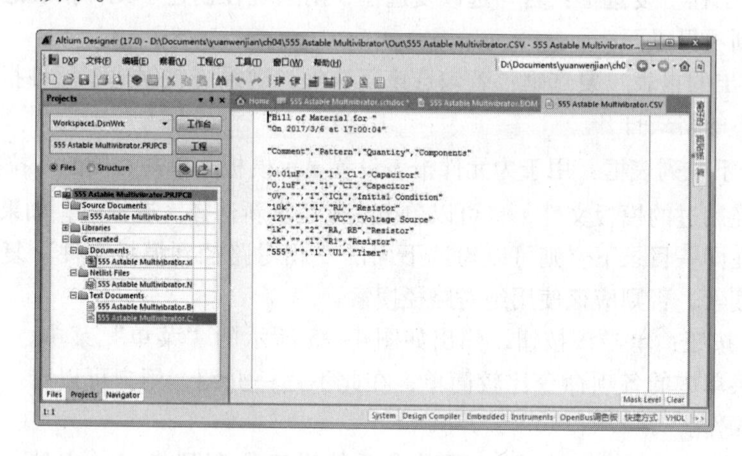

图 4-28 推荐元件报表

4.4 操作实例——电饭煲饭熟报知器电路

电饭煲饭熟报知器电路是电饭煲工作所需的主要电路。经降压式电源、延时电路、音乐集成芯片 CIC2815AE 工作，输出音频信号，发出声响。原理相对简单，本例不仅要求设计一个如图 4-29 所示的电饭煲饭熟报知器电路，还需要对其进行报表输出操作。

1. 新建项目

（1）启动 Altium Designer 17，选择菜单栏中的“文件”→“New”（新建）→“Project”（工程）命令，如图 4-30 所示。

（2）选择命令后，弹出“New Project”（新建工程）对话框，在该对话框中显示工程文件类型，创建一个 PCB 项目文件“电饭煲饭熟报知器电路”，如图 4-31 所示。

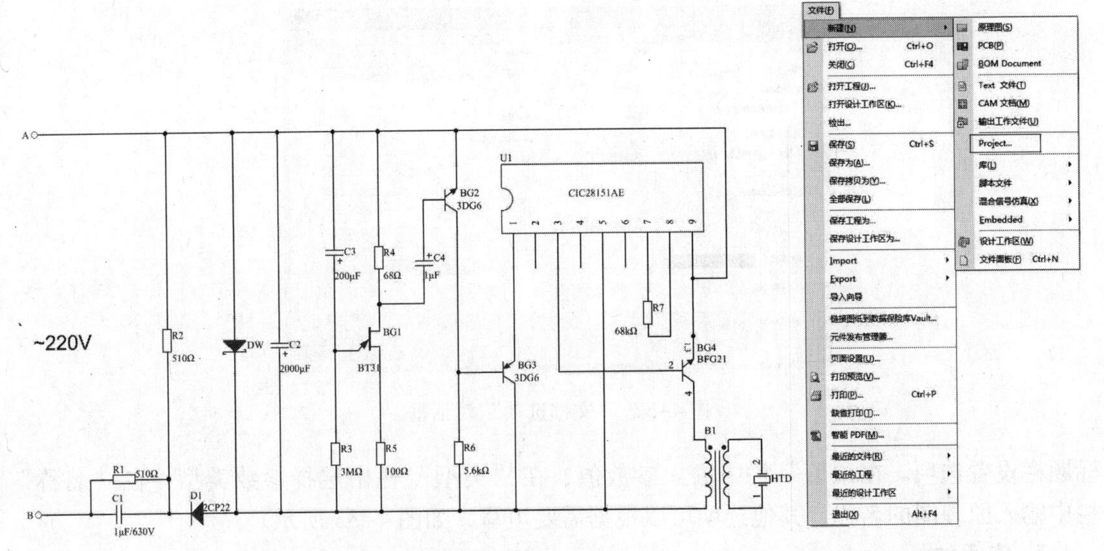

图 4-29　电饭煲饭熟报知器电路　　　　图 4-30　新建 PCB 项目文件

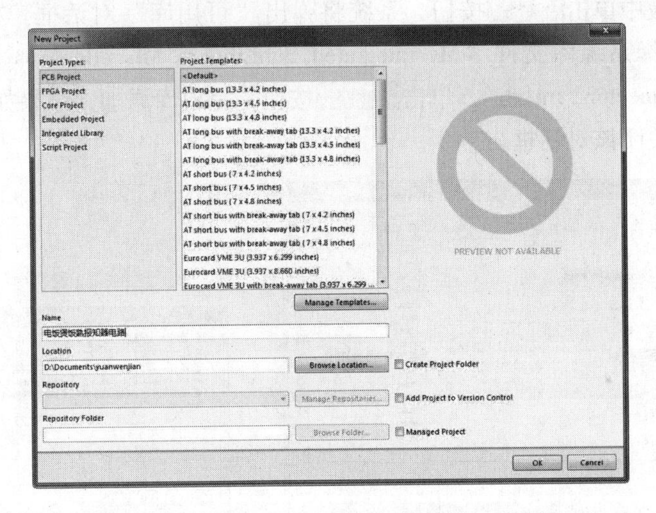

图 4-31　“New Project”（新建工程）对话框

（3）选择菜单栏中的“文件”→“保存工程为”命令，将项目另存为“电饭煲饭熟报知器电路 . PrjPcb”。

2. 创建和设置原理图图纸

（1）在“Projects”（工程）面板的“电饭煲饭熟报知器电路 . PrjPcb”项目文件上右键单击鼠标，在弹出的右键快捷菜单中选择“给工程添加新的”→“Schematic”（原理图）命令，新建一个原理图文件，并自动切换到原理图编辑环境。

（2）用与保存项目文件相同的方法，将原理图文件另存为“电饭煲饭熟报知器电路 . SchDoc”，在“Projects”（工程）面板中将显示出用户设置的名称。

（3）设置电路原理图图纸的属性。选择菜单栏中的“设计”→“文档选项”命令，系统弹出“文档选项”对话框，如图 4-32 所示。

（4）设置图纸的标题栏。在弹出的“文档选项”对话框中单击“参数”选项卡，显示

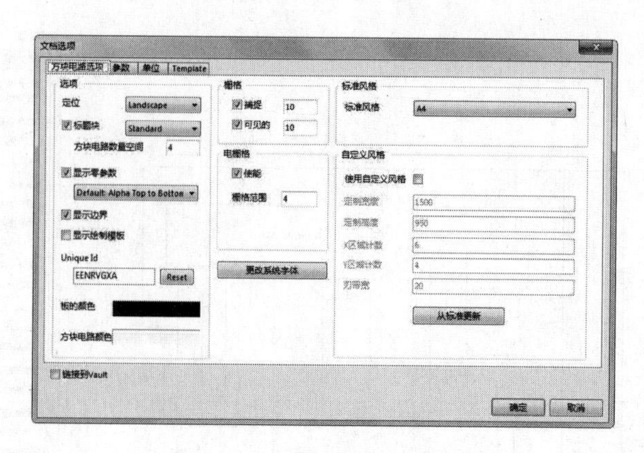

图 4-32 “文档选项”对话框

标题栏设置选项。在“值”栏中输入参数值，在“类型”栏中选择参数类型，在“名称”栏中输入原理图的名称，其他选项可以根据需要填写，如图 4-33 所示。

3. 库添加

在“库”面板中单击 Libraries... 按钮，系统将弹出“可用库”对话框。在该对话框中单击 添加库(A) (A)... 按钮，选择系统库文件“My integrated. SchLib”“Miscellaneous Devices. IntLib”和“Miscellaneous Connectors. IntLib”，单击 打开(O) 按钮，完成库添加，结果如图 4-34 所示，单击 关闭(C) (C) 按钮，关闭该对话框。

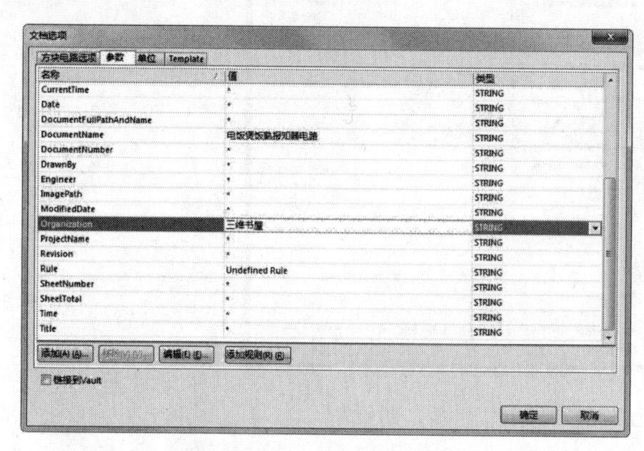

图 4-33 “参数”选项卡

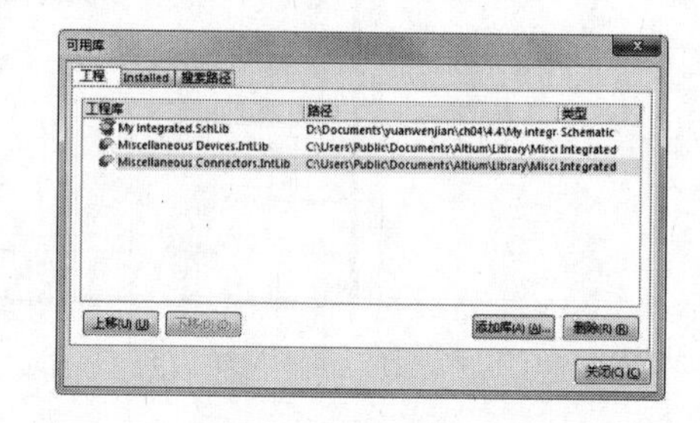

图 4-34 “可用库”对话框

4. 放置元件并设置属性

（1）查找元件。这里使用的晶体管由于元件不知道所在元件库名称、所在的库文件位置，因此在整个元件路中进行搜索。在打开“库”面板中单击 查找... 按钮，弹出“搜索库”对话框，在“过滤框”中输入“g21”，如图 4-35 所示。

（2）单击 查找...(S) (S) 按钮，在“库”面板中显示显示搜索结果，如图 4-36 所示。

（3）单击 Place BFG21W 按钮，弹出“Confirm”（确认）对话框，选择是否加载元件所在元件库，如图 4-37 所示，单击 是(Y) (Y) 按钮，加载元件库，同时在原理图空白处放置晶体管符号。

5. 放置元件并设置属性

（1）打开“库”面板，在库文件列表中选择名为“My integrated. SchLib”的库文件，选择名为“CIC28151AE”的音乐集成芯片，如图 4-38 所示。

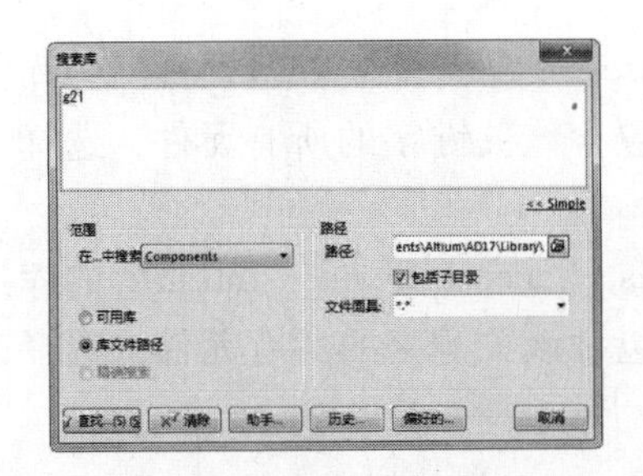

图 4-35 “搜索库”对话框

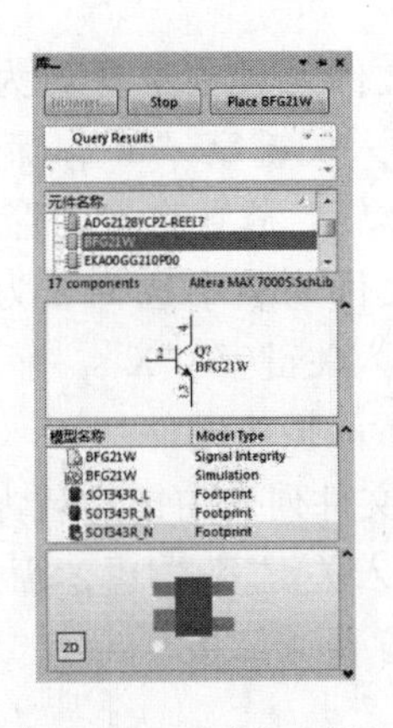

图 4-36 “库”面板

图 4-37 确认对话框

（2）在“库”面板中单击 Place CIC28151AE 按钮，放置音乐集成芯片，如图 4-39 所示。

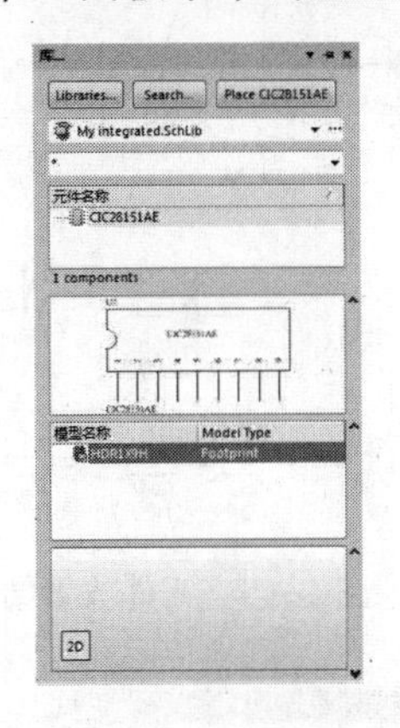

图 4-38 选择元件

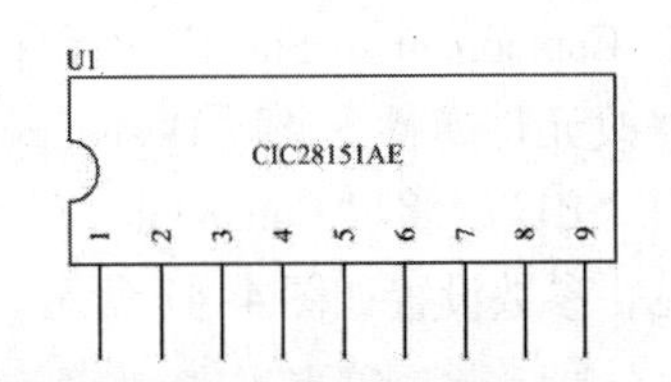

图 4-39 放置音乐集成芯片

（3）打开“库”面板，在库文件列表中选择名为“Miscellaneous Devices. IntLib”的库文件，然后在过滤条件文本框中输入关键字“2N”，筛选出包含该关键字的所有元件，选择其中名为“2N3904”“2N3906”的晶体管元件，然后将元件放置到原理图中。

（4）打开“库”面板，在库文件列表中选择名为“Miscellaneous Devices. IntLib”的库文件，然后在过滤 条件文本框中输入关键字“C”，筛选出包含该关键字的所有 元件，选择其中名为“Cap Pol2”的电解电容，单击“Place CapPol2”（放置 CapPol2）按钮，然后将光标移动到工作窗口，放置 3 个电解电容。

（5）打开“库”面板，在库文件列表中选择名为“Miscellaneous Devices. IntLib”的库文件，然后在过滤条件文本框中输入关键字“C”，筛选出包含该关键字的所有元件，选择其中名为“Cap”的普通电容，放置电容元件。

（6）打开“库”面板，在库文件列表中选择名为“Miscellaneous Devices. IntLib”的库文件，然后在过滤条件文本框中输入关键字“D”，筛选出包含该关键字的所有元件，选择其中名为“D Schottky”的肖特基二极管，放置肖特基二极管元件。

（7）打开“库”面板，在库文件列表中选择名为“Miscellaneous Devices. IntLib”的库文件，然后在过滤条件文本框中输入关键字“Res”，筛选出包含该关键字的所有元件，选择其中名为“Res2”的电阻元件，放置 7 个电阻元件。

（8）打开“库”面板，在库文件列表中选择名为“Miscellaneous Devices. IntLib”的库文件，然后在过滤条件文本框中输入关键字“u”，筛选出包含该关键字的所有元件，选择其中名为“UJT－N”的半导体晶体管，放置半导体管元件。

（9）打开“库”面板，在库文件列表中选择名为“Miscellaneous Devices. IntLib”的库文件，然后在过滤条件文本框中输入关键字“X”，筛选出包含该关键字的所有元件，选择其中名为“XTAL”的晶振体，放置晶振体元件。

（10）打开“库”面板，在库文件列表中选择名为“Miscellaneous Devices. IntLib”的库文件，然后在过滤条件文本框中输入关键字“D”，筛选出包含该关键字的所有元件，选择其中名为“Diode”的二极管，放置普通二极管元件。

（11）打开“库”面板，在库文件列表中选择名为“Miscellaneous Devices. IntLib”的库文件，然后在过滤条件文本框中输入关键字“Tr”，筛选出包含该关键字的所有元件，选择其中名为“Trans Cupl”的变压器，放置变压器元件，结果如图4-40所示。

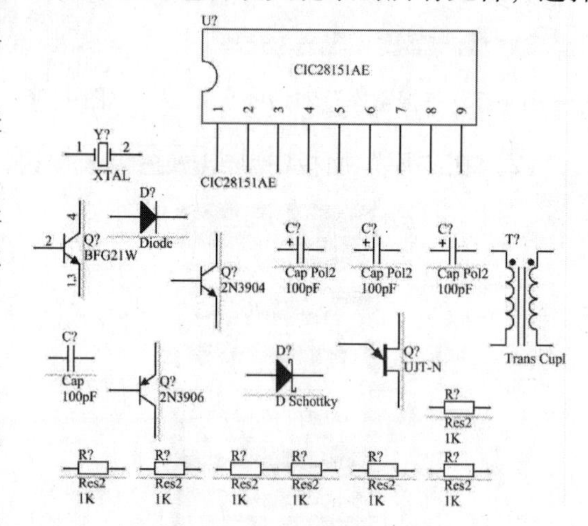

图4-40　元件放置结果

（12）双击音乐芯片元件，弹出“Properties for Schematic Component in Sheet”（元件属性）对话框，修改元件属性。将“Designator”（指示符）设为“U1”，将“Comment”（注释）设为不可见，参数设置如图4-41所示。

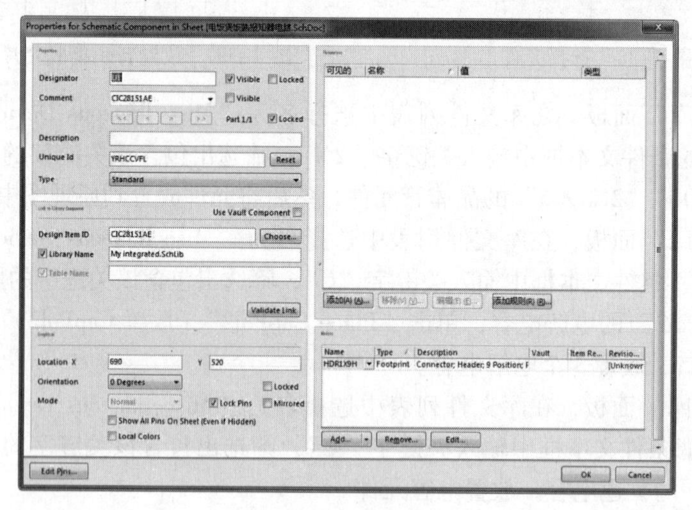

图4-41　设置U1属性

（13）双击晶体管元件，弹出“Properties for Schematic Component in Sheet”（元件属性）对话框，修改元件属性。将“Designator”（指示符）设为“BG2”，将“Comment”（注释）设为不可见，如图4-42所示。

（14）在右侧“Paramenters”（参数）选项栏中单击“添加”按钮，弹出“参数属性”对话框，在“值”文本框中输入“3DG6”，同时勾选下方“可见的”复选框，如图 4-43 所示。

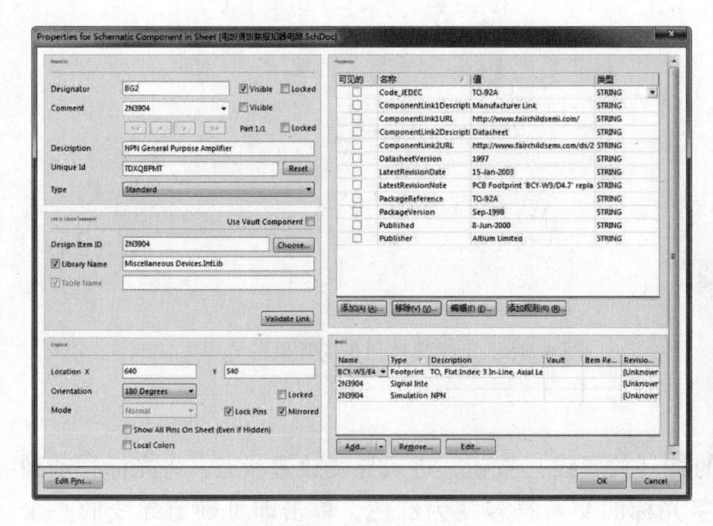

图 4-42　设置元件属性　　　　　　图 4-43　“参数属性”对话框

（15）单击“确定”按钮，完成添加，返回参数属性设置对话框，如图 4-44 所示。

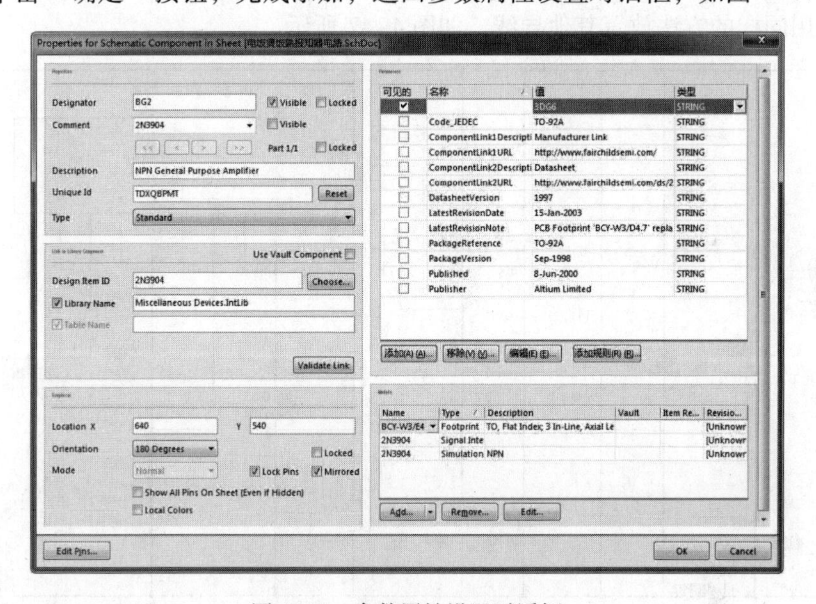

图 4-44　参数属性设置对话框

（16）单击“OK”按钮，完成设置，结果如图 4-45 所示。

（17）同样的方法设置其余参数，同时进行布局，结果如图 4-46 所示。

注意

单击选中元件，按住鼠标左键进行拖动，将元件移至合适的位置后释放鼠标左键，即可对其完成移动操作。在移动对象时，可以通过按〈Page Up〉或〈Page Down〉键来缩放视图，以便观察细节。

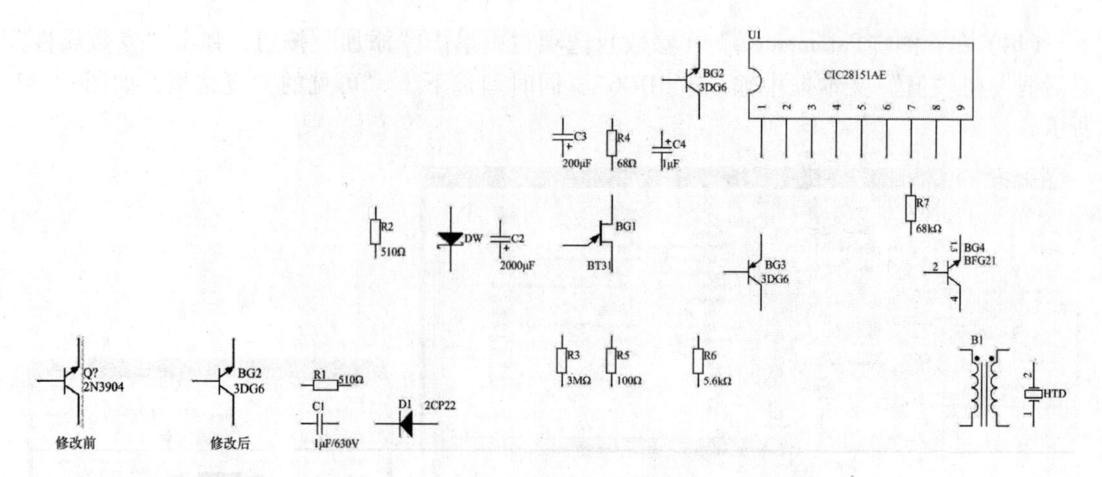

图 4-45　元件修改　　　　图 4-46　元件调整和布局效果

6. 原理图连线

（1）单击“布线”工具栏中的（放置线）按钮，进入导线放置状态，将光标移动到某个元件的引脚上（如 R1），十字光标的交叉符号变为红色，单击即可确定导线的一个端点。

（2）将光标移动到 R2 处，再次出现红色交叉符号后单击，即可放置一段导线。

（3）采用同样的方法放置其他导线，如图 4-47 所示。

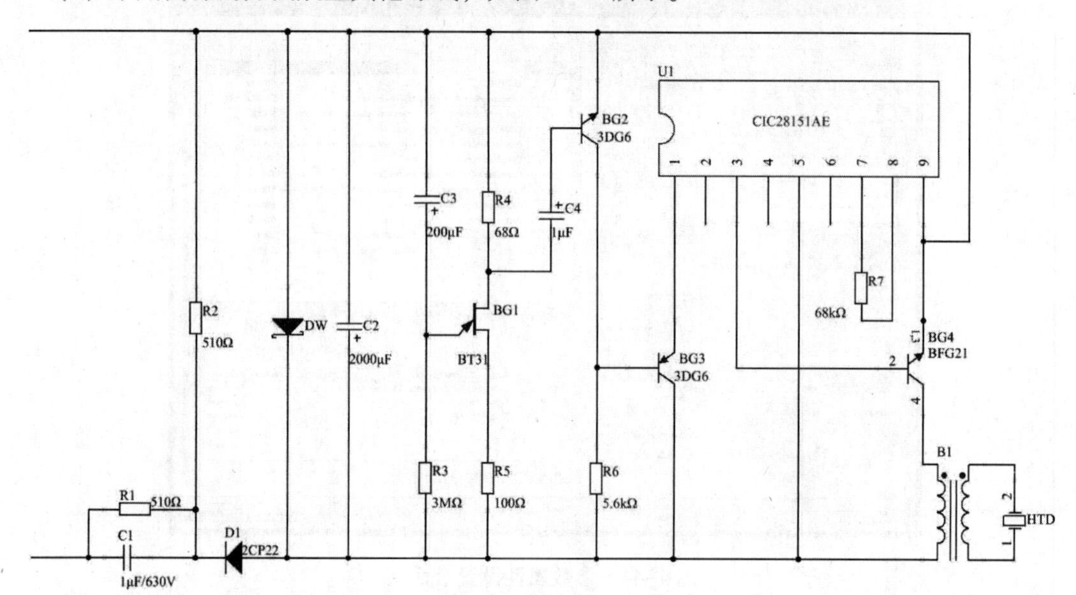

图 4-47　放置导线

7. 放置文本标注

（1）选择菜单栏中的“放置”→“文本字符串”命令，或者单击“实用”工具栏的**A**（文本字符串）按钮，按住〈Tab〉键，弹出“标注”对话框，在“文本”文本框中输入“220 V”，如图 4-48 所示。

（2）单击“字体”按钮，弹出“字体”对话框，设置字体为“Arial”，大小为 20，如图 4-49 所示。标注原理图结果如图 4-50 所示。

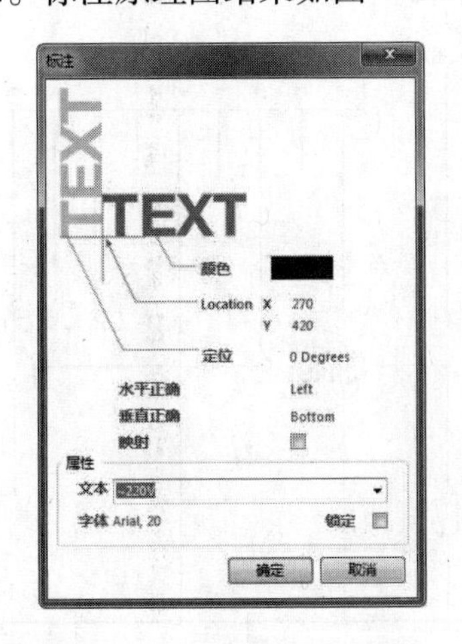

图 4-48 “标注”对话框

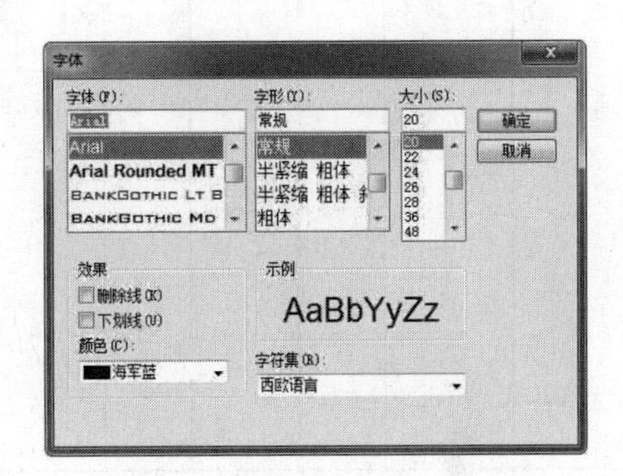

图 4-49 “字体”对话框

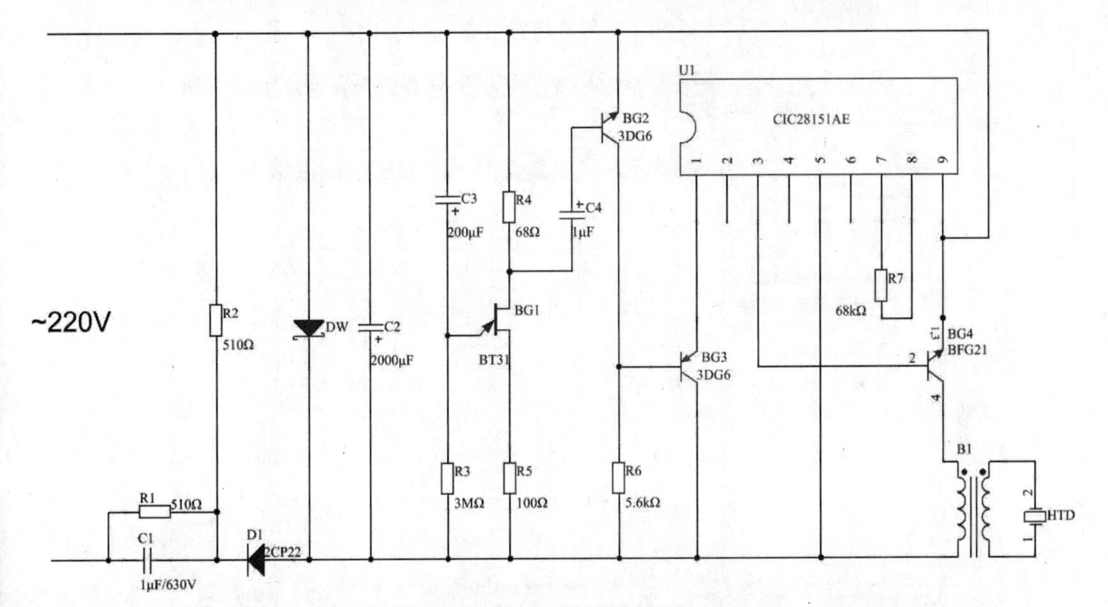

图 4-50 标注原理图

8. 放置电源和接地符号

（1）单击“布线”工具栏中的 Vcc（VCC 电源符号）按钮，弹出“电源端口”符号，在“类型”列表框中选择“Circle”，在“网络”文本框中输入“A”，如图 4-51 所示。

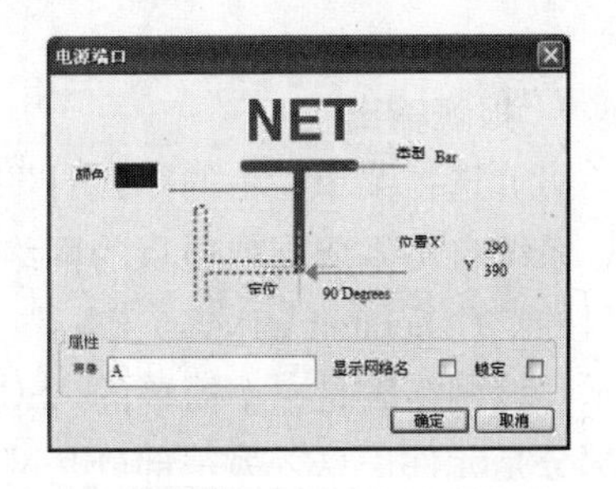

图 4-51 设置电源端口属性

（2）将电源端口放置在左侧导线端，同样的方法放置电源端口“B”，结果如图 4-52 所示。

（3）在原理图中放置电源后检查并整理连接导线，整理后的原理图如图 4-53 所示。

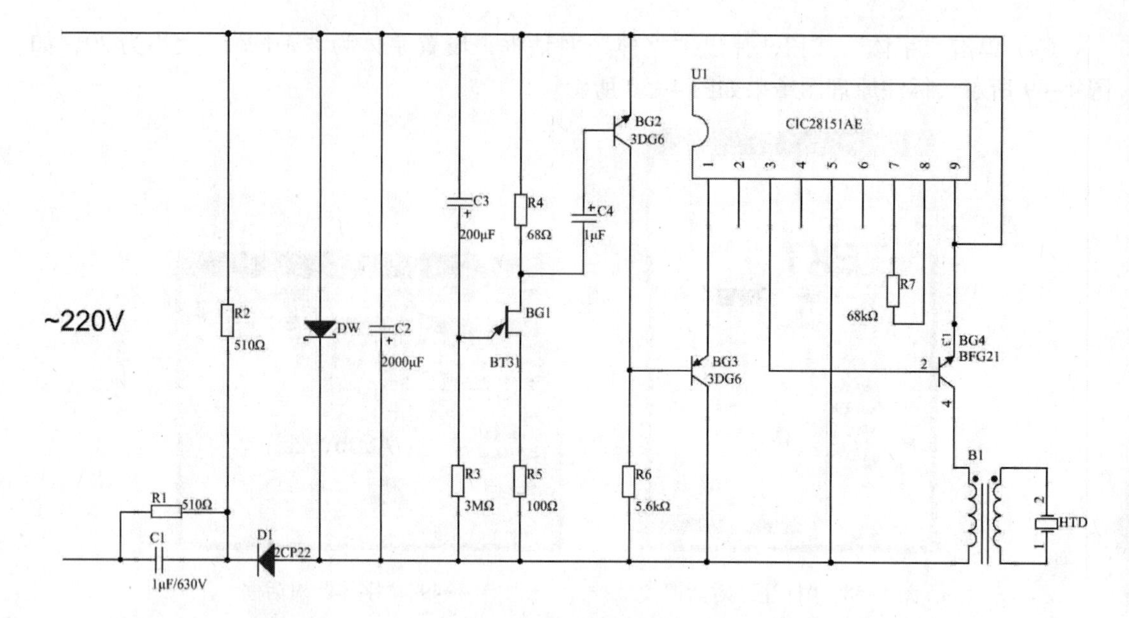

图 4-52　放置电源

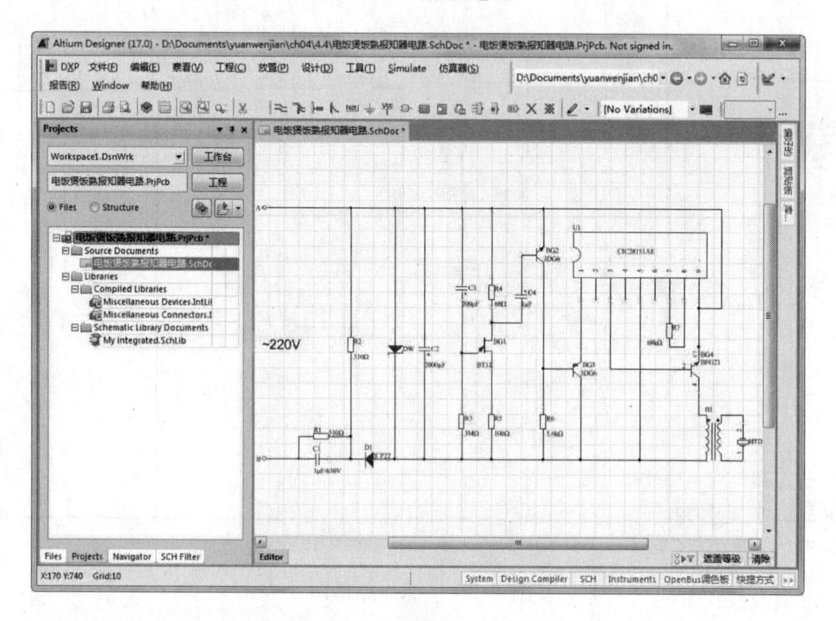

图 4-53　原理图绘制结果

9. 报表输出

（1）选择菜单栏中的“设计”→“工程的网络表”→“Protel（生成项目网络表）”命令，系统自动生成当前项目的网络表文件“电饭煲饭熟报知器电路 . NET”，并存放在当前项目的“Generated \ Netlist Files”文件夹中。双击打开该项目网络表文件，结果如图 4-54 所示。该网络表是一个简单的 ASCII 码文本文件，由多行文本组成，内容分成了两大部分，一部分是元件信息，另一部分是网络信息。

（2）选择菜单栏中的“设计”→“文件的网络表”→“Protel”（生成原理图网络表）命令，系统会自动生成当前原理图同名的网络表文件，并存放在当前项目下的“Generated

\ Netlist Files”文件夹中，由于该项目只有一个原理图文件，该网络表无论组成形式还是内容与上述基于整个项目的网络表是一样的，在此不再重复介绍。

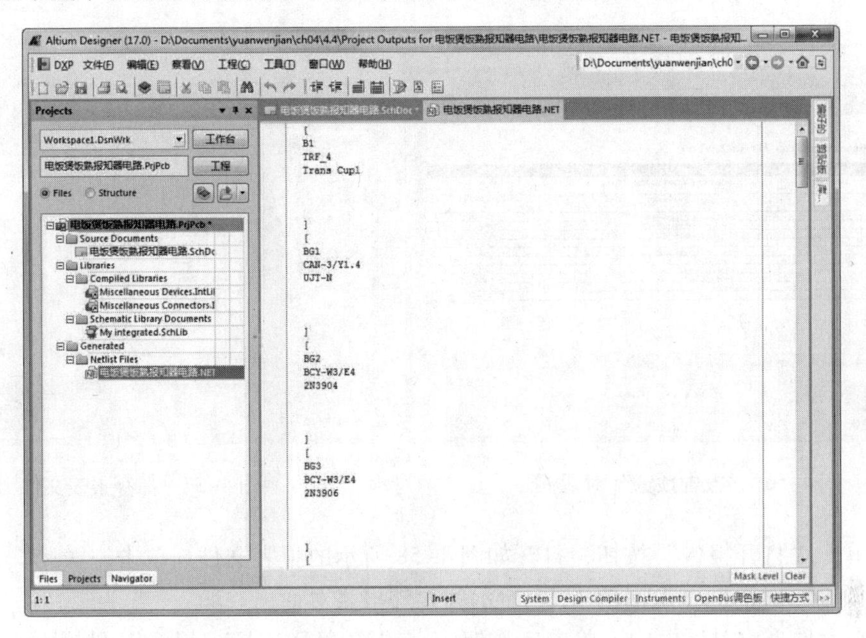

图 4-54　打开项目的网络表文件

(3) 打开原理图文件，选择菜单栏中的“报告”→“Bill of Materials（元件清单）”命令，系统将弹出相应的元件报表对话框，如图 4-55 所示。

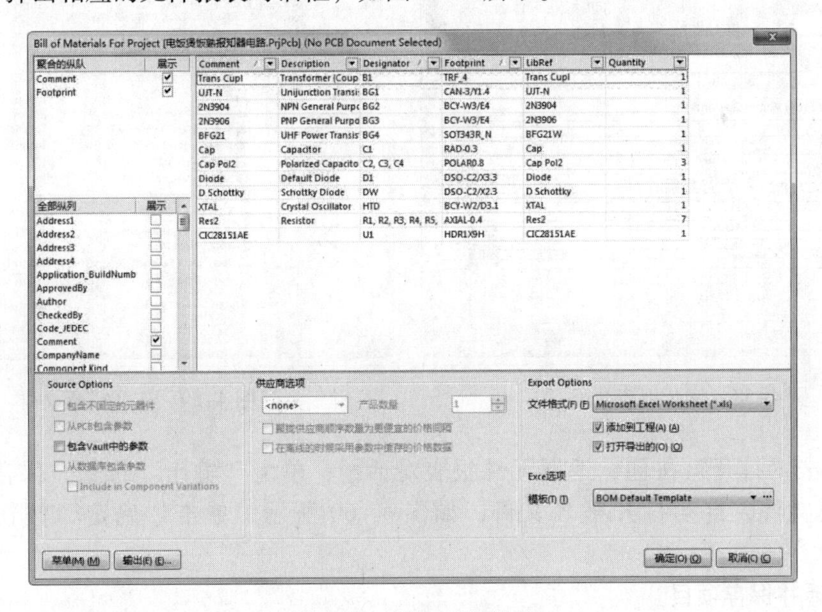

Comment	Description	Designator	Footprint	LibRef	Quantity
Trans Cupl	Transformer (Coup	B1	TRF_4	Trans Cupl	1
UJT-N	Unijunction Transi	BG1	CAN-3/Y1.4	UJT-N	1
2N3904	NPN General Purpc	BG2	BCY-W3/E4	2N3904	1
2N3906	PNP General Purpo	BG3	BCY-W3/E4	2N3906	1
BFG21	UHF Power Transis	BG4	SOT343R_N	BFG21W	1
Cap	Capacitor	C1	RAD-0.3	Cap	1
Cap Pol2	Polarized Capacito	C2, C3, C4	POLAR0.8	Cap Pol2	3
Diode	Default Diode	D1	DSO-C2/X3.3	Diode	1
D Schottky	Schottky Diode	DW	DSO-C2/X2.3	D Schottky	1
XTAL	Crystal Oscillator	HTD	BCY-W2/D3.1	XTAL	1
Res2	Resistor	R1, R2, R3, R4, R5,	AXIAL-0.4	Res2	7
CIC28151AE		U1	HDR1X9H	CIC28151AE	1

图 4-55　设置元件报表

(4) 勾选“Export Options（导出选项）”下的“添加到工程”、“打开导出的”复选框，单击“菜单”按钮，在“菜单”菜单中选择“报告”命令，系统弹出“报告预览”对话框，如图 4-56 所示。

（5）单击“输出”按钮，可以将该报表进行保存，默认文件名为“电饭煲饭熟报知器电路.xls”，是一个 Excel 文件，如图 4-57 所示。单击“打印”按钮，可以将该报表进行打印输出。

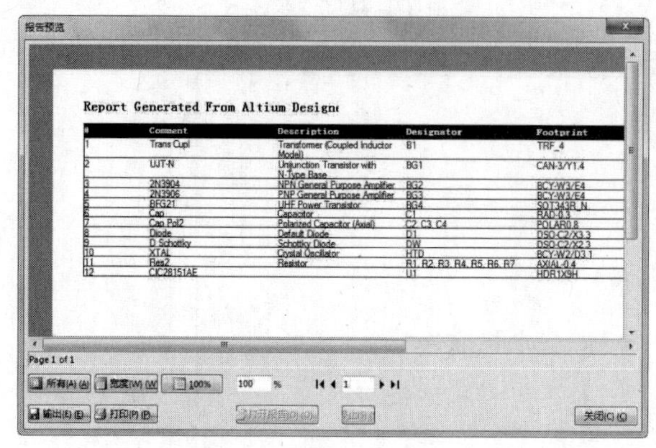

图 4-56 “报告预览”对话框

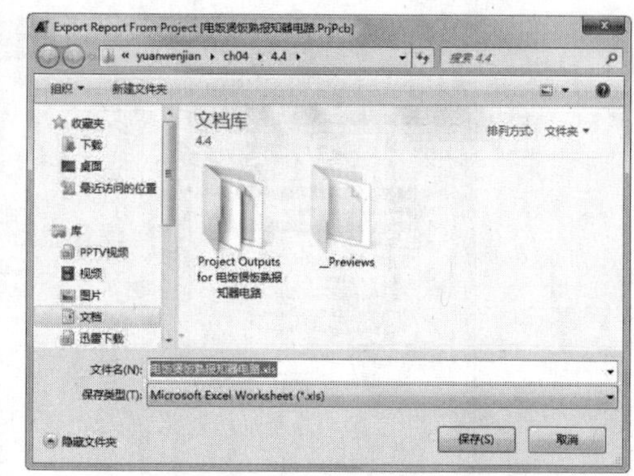

图 4-57 保存报表文件

（6）单击“打开报告”按钮，打开如图 4-58 所示的报表文件。单击“关闭”按钮，关闭“报告预览”对话框，返回图 4-55 所示的元件报表对话框。

（7）在元件报表对话框中，单击…按钮，在“X：\AD 17\Template”目录下，选择系统自带的元件报表模板文件“BOM Default Template. XLT”，如图 4-59 所示。

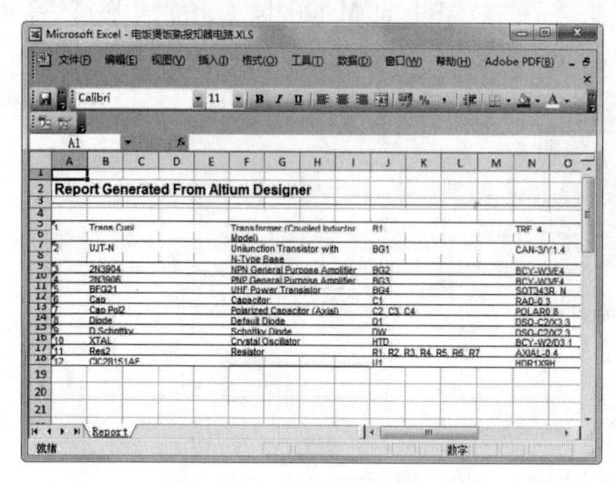

图 4-58 打开报表文件

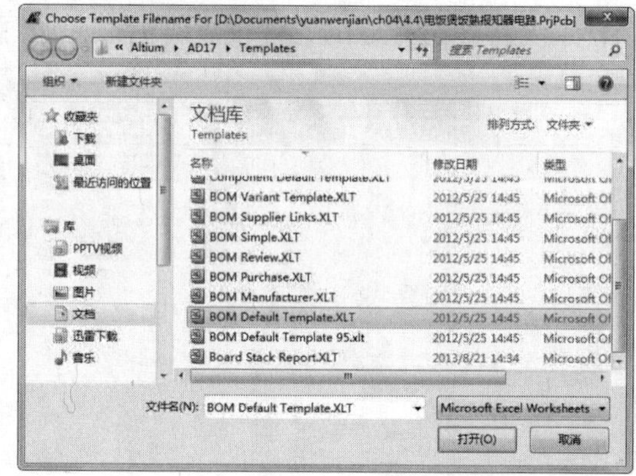

图 4-59 选择模板文件

（8）单击“打开”按钮，返回元件报表对话框；单击“输出”按钮，保存输出的带模板的报表文件，自动打开报表文件，如图 4-60 所示，单击“确定”按钮，退出对话框。

10. 编译并保存项目

（1）选择菜单栏中的“工程”→“Compile PCB Projects”（编译 PCB 项目）命令，系统将自动生成信息报告，并在“Messages”（信息）面板中显示出来，如图 4-61 所示。项目完成结果如图 4-62 所示。本例没有出现任何错误信息，表明电气检查通过。

（2）保存项目，完成电饭煲饭熟报知器电路原理图的设计。

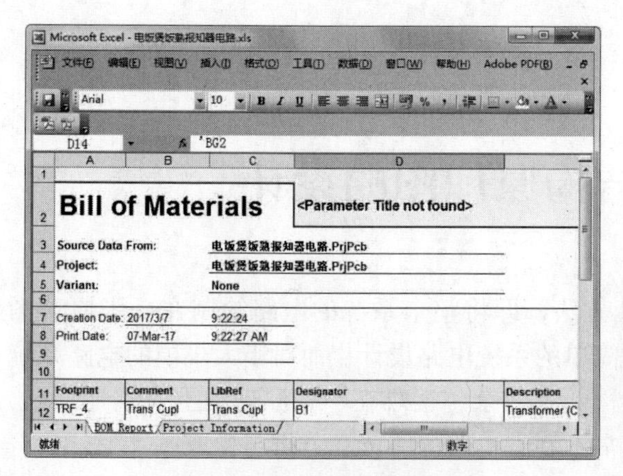

图 4-60　带模板报表文件

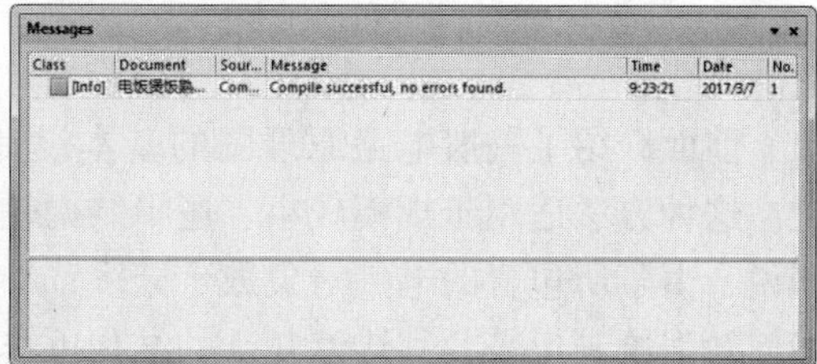

图 4-61　信息显示

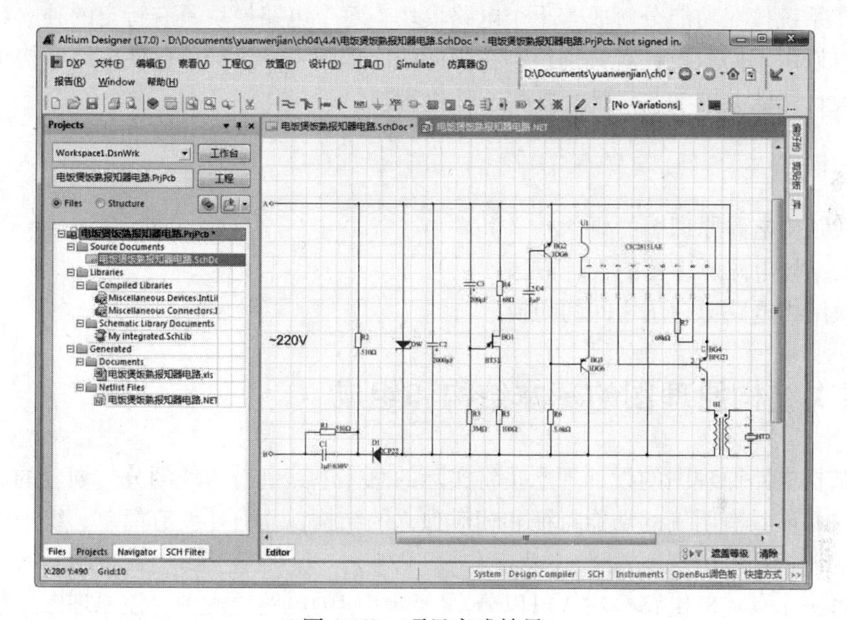

图 4-62　项目完成结果

第 5 章　层次结构原理图的设计

前面介绍了一般电路原理图的基本设计方法，即将整个系统的电路绘制在一张原理图上。这种方法适用于规模较小、逻辑结构较简单的系统电路设计。而对于大规模的电路系统来说，由于所包含的电气对象数量繁多，结构关系复杂，很难在一张原理图上完整地绘出，即使勉强绘制出来，其错综复杂的结构也非常不利于电路的阅读、分析与检查。

因此，对于大规模的复杂系统，应该采用另外一种设计方法，即电路的模块化设计方法。将整体系统按照功能分解成若干个电路模块，每个电路模块具有特定的独立功能及相对独立性，可以由不同的设计者分别绘制在不同的原理图上。这样可以使电路结构更清晰，同时也便于设计团队共同参与设计，加快工作进程。

知识点

- 层次结构电路原理图的概念
- 层次结构电路原理图的设计方法
- 层次结构电路原理图之间的切换

5.1　层次结构原理图的基本结构和组成

层次结构电路原理图的设计理念是将实际的总体电路进行模块划分，划分的原则是每一个电路模块都应具有明确的功能特征和相对独立的结构，而且还要有简单、统一的接口，便于模块间的连接。

针对每一个具体的电路模块，可以分别绘制相应的电路原理图，该原理图一般称之为子原理图，而各个电路模块之间的连接关系则采用一个顶层原理图来表示。顶层原理图主要由若干个原理图符号即图纸符号组成，用来表示各个电路模块之间的系统连接关系，描述了整体电路的功能结构。这样，把整个系统电路分解成顶层原理图和若干个子原理图以分别进行设计。

Altium Designer 17 系统提供的层次原理图设计功能非常强大，能够实现多层的层次化设计功能。用户可以将整个电路系统划分为若干个子系统，每一个子系统又可以划分为若干个功能模块，而每一个功能模块还可以再细分为若干个基本的小模块，这样依次细分下去，就把整个系统划分为多个层次，电路设计化繁为简。

一个两层结构原理图的基本结构如图 5-1 所示，由顶层原理图和子原理图共同组成，这就是所谓的层次化结构。

其中，子原理图用来描述某一电路模块具体功能的普通电路原理图，只不过增加了一些输入输出端口，作为与上层原理图进行电气连接的接口。普通电路原理图的绘制方法在前面已经学习过，主要由各种具体的元件、导线等构成。

顶层电路图即母图的主要构成元素不再是具体的元件，而是代表子原理图的图纸符号，如图 5-2 所示是一个采用层次结构设计的顶层原理图。

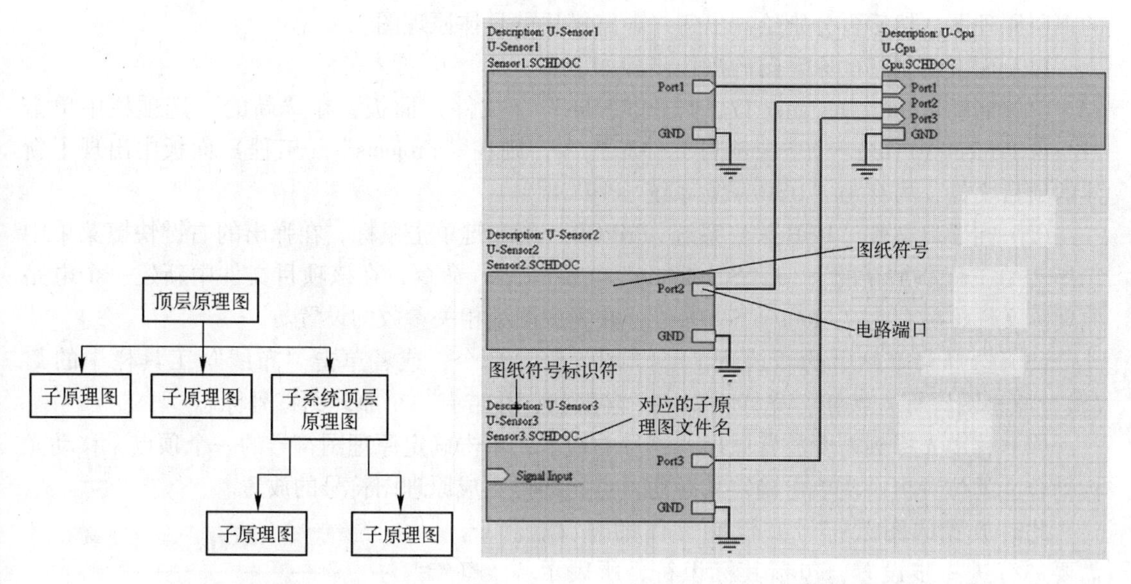

图 5-1　两层结构原理图的基本结构

图 5-2　顶层原理图的基本组成

该顶层原理图主要由 4 个图纸符号组成，每一个图纸符号都代表一个相应的子原理图文件。在图纸符号的内部给出了一个或多个表示连接关系的电路端口，对于这些端口，在子原理图中都有相同名称的输入、输出端口与之相对应，以便建立起不同层次间的信号通道。

图纸符号之间也是借助于电路端口进行连接的，也可以使用导线或总线完成连接。此外，同一个项目的所有电路原理图（包括顶层原理图和子原理图）中，相同名称的输入、输出端口和电路端口之间，在电气意义上都是相互连通的。

5.2　层次结构原理图的设计方法

基于上述设计理念，层次电路原理图设计的具体实现方法有两种，一种是自上而下的设计方式，另一种是自下而上的设计方式。

自上而下的设计方法是在绘制电路原理图之前，要求设计者对这个设计有一个整体的把握。把整个电路设计分成多个模块，确定每个模块的设计内容，然后对每一模块进行详细的设计。在 C 语言中，这种设计方法被称为自顶向下，逐步细化。该设计方法要求设计者在绘制原理图之前就对系统有比较深入的了解，对电路的模块划分比较清楚。

自下而上的设计方法是设计者先绘制子原理图，根据子原理图生成原理图符号，进而生成上层原理图，最后完成整个设计。这种方法比较适用于对整个设计不是非常熟悉的用户，这也是一种适合初学者选择的设计方法。

5.2.1　自上而下的层次原理图设计

本节以“基于通用串行数据总线 USB 的数据采集系统”的电路设计为例，详细介绍自上而下层次电路的具体设计过程。

采用层次电路的设计方法，将实际的总体电路按照电路模块的划分原则划分为4个电路模块，即CPU模块和三路传感器模块Sensor1、Sensor2、Sensor3。首先绘制出层次原理图中的顶层原理图，然后再分别绘制出每一电路模块的具体原理图。

自上而下绘制层次原理图的操作步骤如下。

(1) 启动Altium Designer 17，打开“Files”（文件）面板，在“新的”选项栏中单击“Blank Project (PCB)”（空白项目文件）选项，则在“Projects”（工程）面板中出现了新建的项目文件，另存为“USB采集系统.PrjPCB”。

(2) 在项目文件“USB采集系统.PrjPCB”上右键单击鼠标，在弹出的右键快捷菜单中选择“给工程添加新的”→“Schematic”（原理图）命令，在该项目文件中新建一个电路原理图文件，另存为“Mother.SchDoc”，并完成图纸相关参数的设置。

(3) 选择菜单栏中的“放置”→“图表符”命令，或者单击“布线”工具栏中的 (放置原理图符号) 按钮，光标将变为十字形状，并带有一个原理图符号标志。

(4) 移动光标到需要放置原理图符号的地方，单击确定原理图符号的一个顶点，移动光标到合适的位置再一次单击确定其对角顶点，即可完成原理图符号的放置。

此时放置的图纸符号并没有具体的意义，需要进行进一步设置，包括其标识符、所表示的子原理图文件及一些相关的参数等。

(5) 此时，光标仍处于放置原理图符号的状态，重复上一步操作即可放置其他原理图符号。右键单击鼠标或者按〈Esc〉键即可退出操作。

(6) 设置原理图符号的属性。双击需要设置属性的原理图符号或在绘制状态时按〈Tab〉键，系统将弹出相应的“方块符号”对话框，如图5-3所示。原理图符号属性的主要参数含义如下。

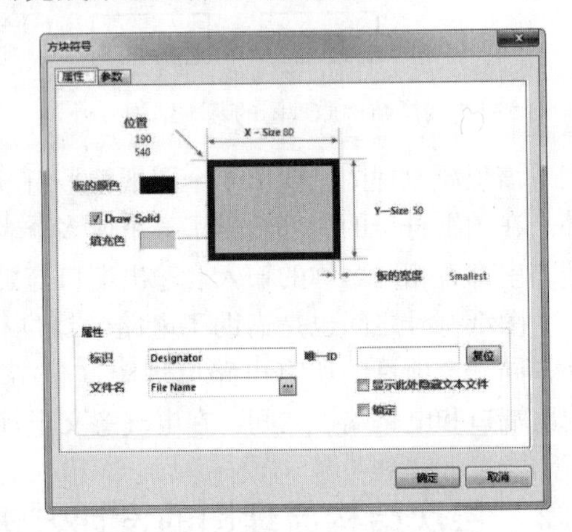

图5-3 “方块符号”对话框

- “位置”：表示原理图符号在原理图上的X轴和Y轴坐标，可以输入数值。
- “X - Size”（宽度），“Y - Size”（高度）：表示原理图符号的宽度和高度，可以输入数值。
- “板的颜色”：用于设置原理图符号边框的颜色。
- “填充色”：用于设置原理图符号的填充颜色。
- “Draw Solid”（是否填充）复选框：勾选该复选框，则原理图符号将以“填充色”中的颜色填充多边形。
- “板的宽度”：用于设置原理图符号的边框粗细，包括Smallest（最小）、Small（小）、Medium（中等）和Large（大）4种线宽。
- “标识”文本框：用于输入相应原理图符号的名称。所起作用与普通电路原理图中的元件标识符相似，是层次电路图中用来表示原理图符号的唯一标志，不同的原理图符号应该有不同的标识符。在这里，输入“U - Sensor1”。
- “文件名”文本框：用于输入该原理图符号所代表的下层子原理图的文件名。在这里，输入“Sensor1. SchDoc”。

- “显示此处隐藏文本文件”复选框：用于确定是显示还是隐藏原理图符号的文本域。
- 锁定：选中该复选框后线束入口不可移动和编辑。

（7）在“方块符号”对话框中，单击“参数”选项卡，如图 5-4 所示，用户可以在“参数”选项卡中执行添加、删除和编辑原理图符号等其他有关参数的操作。单击“添加”按钮，系统将弹出如图 5-5 所示的“参数属性”对话框。在该对话框中，可以设置追加的参数名称、数值等属性。

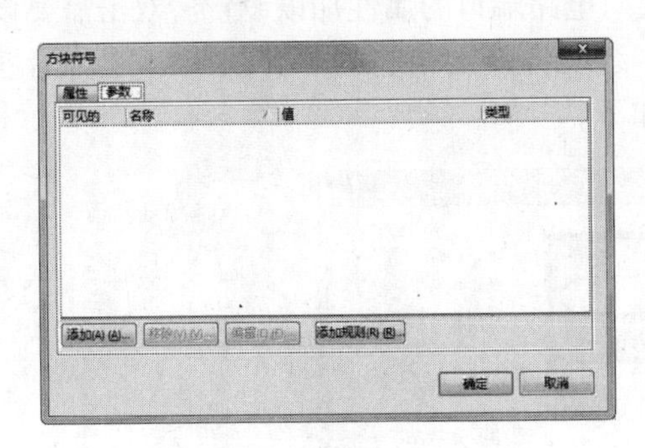

图 5-4 “参数”选项卡

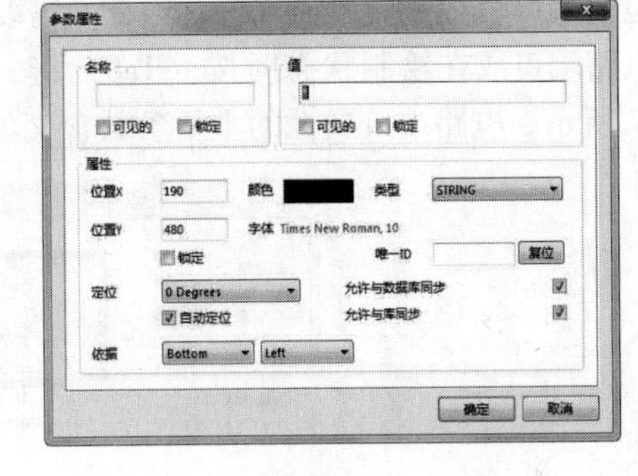

图 5-5 “参数属性”对话框

（8）在“名称”文本框中输入“Description”，在“值”文本框中输入“U - Sensor1”，勾选下面的“可见的”复选框。单击“确定”按钮，关闭该对话框。单击“方块符号”对话框中的“确定”按钮，关闭该对话框。按照上述方法放置另外 3 个原理图符号“U - Sensor2”“U - Sensor3”和“U - Cpu”，并设置好相应的属性，如图 5-6 所示。

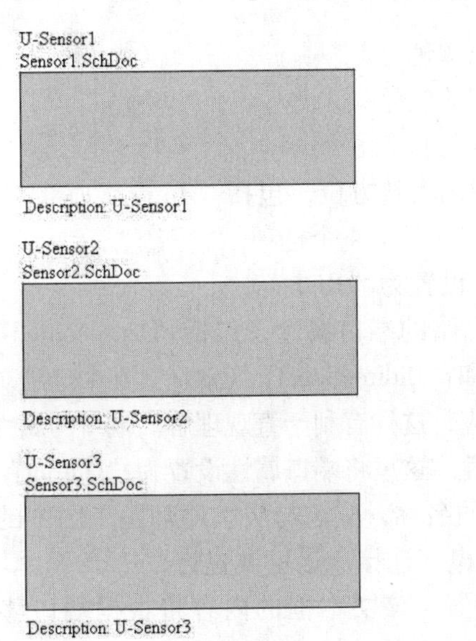

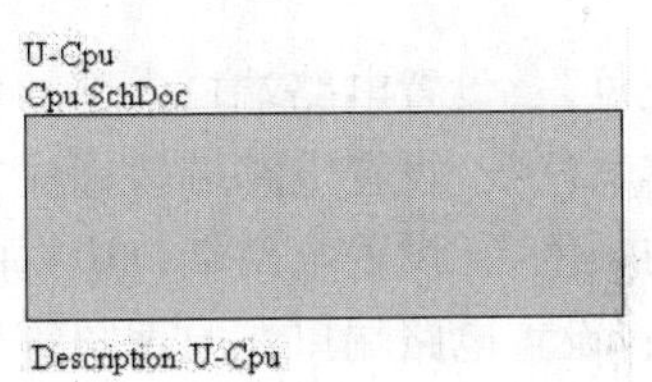

图 5-6 设置好的 4 个原理图符号

放置好原理图符号以后，下一步就需要在上面放置电路端口了。电路端口是原理图符号代表的子原理图之间所传输的信号在电气上的连接通道，应放置在原理图符号边缘的内侧。

（9）选择菜单栏中的“放置”→“添加图纸入口”命令，或者单击“布线”工具栏中的（放置图纸入口）按钮，光标将变为十字形状。

（10）移动光标到原理图符号内部，选择放置电路端口的位置，单击鼠标，会出现一个随光标移动的电路端口，但只其能在原理图符号内部的边框上移动，在适当的位置再次单击即可完成电路端口的放置。此时，光标仍处于放置电路端口的状态，继续放置其他的电路端口。右键单击鼠标或者按〈Esc〉键即可退出操作。

（11）设置电路端口的属性。根据层次电路图的设计要求，在顶层原理图中，每一个原理图符号上的所有电路端口都应该与其所代表的子原理图上的一个电路输入、输出端口相对应，包括端口名称及接口形式等。因此，需要对电路端口的属性加以设置。双击需要设置属性的电路端口或在绘制状态时按〈Tab〉键，系统将弹出相应的“方块入口”对话框，如图 5-7 所示。电路端口属性的主要参数含义如下。

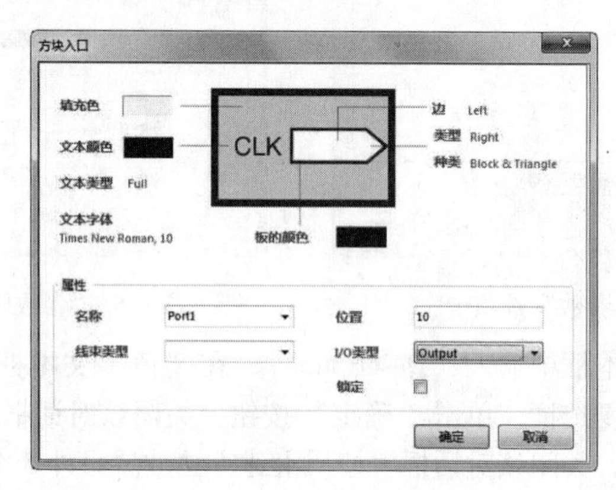

图 5-7 “方块入口”对话框

- “填充色”：设置电路端口内部的填充颜色。
- “文本颜色”：设置电路端口标注文本的颜色。
- “板的颜色”：设置电路端口边框的颜色。
- “边”：设置电路端口在原理图符号中的大致方位，包括“Top”（顶部）、“Left”（左侧）、“Bottom”（底部）和“Right”（右侧）4 个选项。
- “类型”：设置电路端口的形状。这里设置为“Right”。
- “I/O 类型”下拉列表框：用于设置电路的端口属性，包括“Unspecified”（未指明）“Output”（输出）“Input”（输入）和“Bidirectional”（双向）4 个选项。该下拉列表框通常与电路端口外形的设置一一对应，这样有利于直观理解。端口的属性是由 I/O 类型决定的，这是电路端口最重要的属性。这里将端口属性设置为“Output”（输出）。
- “名称”下拉列表框：设置电路端口的名称，应该与层次原理图子图中的端口名称对应，只有这样才能完成层次原理图的电气连接。这里设置为“Port1”。
- “位置”文本框：设置电路端口的位置。该文本框的内容将根据端口移动而自动设置，用户不需要进行更改。

属性设置完毕后单击“确定”按钮关闭该对话框。

（12）按照同样的方法，把所有的电路端口放在合适的位置，并逐一完成属性设置。

（13）使用导线或总线把每一个原理图符号上的相应电路端口连接起来，并放置好接地符号，完成顶层原理图的绘制，如图 5-8 所示。

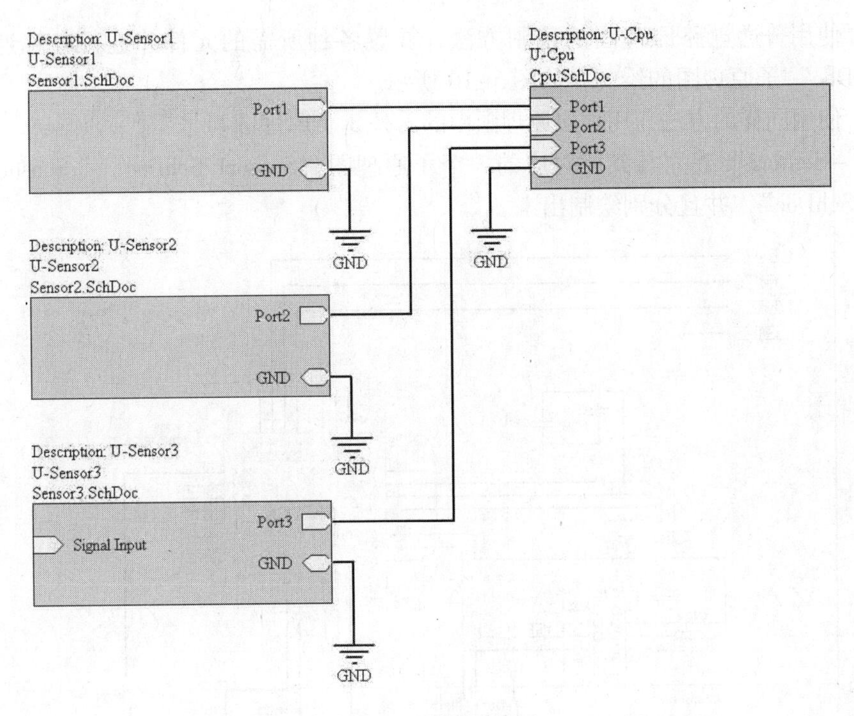

图 5-8　顶层原理图

根据顶层原理图中的原理图符号，把与之相对应的子原理图分别绘制出来，这一过程就是使用原理图符号来建立子原理图的过程。

（14）选择菜单栏中的“设计”→“产生图纸”命令，此时光标将变为十字形状。移动光标到原理图符号“U－Cpu”内部，单击鼠标，系统自动生成一个新的原理图文件，名称为“Cpu. SchDoc”，与相应的原理图符号所代表的子原理图文件名一致，如图 5-9 所示。此时可以看到，在该原理图中已经自动放置好了与 4 个电路端口方向一致的输入、输出端口。

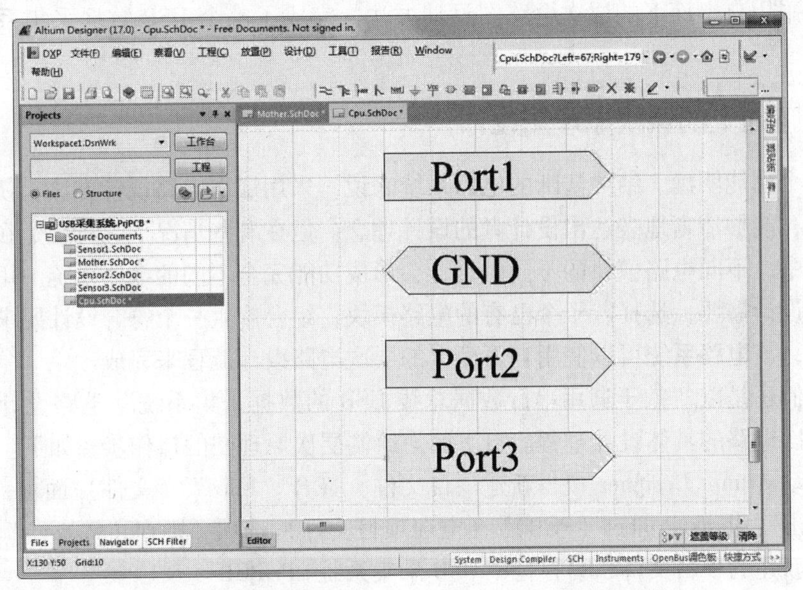

图 5-9　由原理图符号“U－Cpu”建立的子原理图

（15）使用普通电路原理图的绘制方法，放置各种所需的元件并进行电气连接，完成“Cpu. SchDoc”子原理图的绘制，如图 5-10 所示。

（16）使用同样的方法，用顶层原理图中的另外 3 个原理图符号“U－Sensor1”“U－Sensor2”“U－Sensor3”建立与其相对应的 3 个子原理图“Sensor1. SchDoc”“Sensor2. SchDoc”“Sensor3. SchDoc”，并且分别绘制出来。

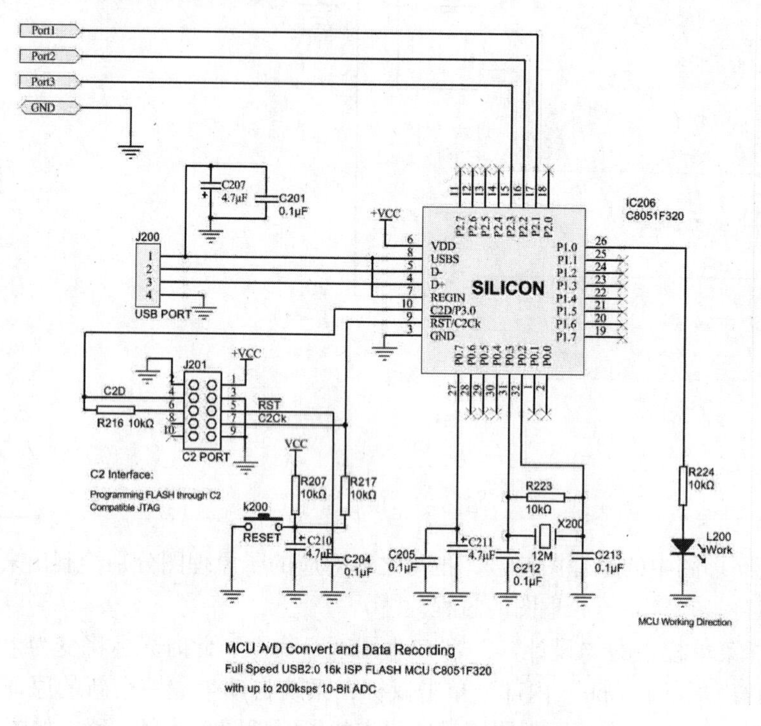

图 5-10　子原理图“Cpu. SchDoc”

至此，采用自上而下的层次电路图设计方法，完成了整个 USB 数据采集系统的电路原理图绘制。

5.2.2　自下而上的层次原理图设计

对于一个功能明确、结构清晰的电路系统来说，采用层次电路设计方法，使用自上而下的设计流程，能够清晰地表达出设计者的设计理念。但在有些情况下，特别是在电路的模块化设计过程中，不同电路模块的不同组合，会形成功能完全不同的电路系统。用户可以根据自己的具体设计需要，选择若干个已有的电路模块，组合产生一个符合设计要求的完整电路系统。此时，该电路系统可以使用自下而上的层次电路设计流程来完成。

下面我们还是以“基于通用串行数据总线 USB 的数据采集系统”电路设计为例，介绍自下而上层次电路的具体设计过程。自下而上绘制层次原理图的操作步骤如下。

（1）启动 Altium Designer 17，新建项目文件。打开“Files”（文件）面板，在“新的”选项栏中单击“Blank Project（PCB）”（空白项目文件）选项，则在“Projects”（工程）面板中出现了新建的项目文件，另存为“USB 采集系统 . PrjPCB”。

（2）新建原理图文件作为子原理图。在项目文件“USB 采集系统 . PrjPCB”上右键单击鼠标，在弹出的右键快捷菜单中选择“给工程添加新的”→“Schematic”（原理图）命令，在该项目文件中新建原理图文件，另存为“Cpu. SchDoc”，并完成图纸相关参数的设置。采用同样的方法建立原理图文件“Sensor1. SchDoc”“Sensor2. SchDoc”和“Sensor3. SchDoc”。

(3) 绘制各个子原理图。即根据每一模块的具体功能要求，绘制电路原理图。例如，CPU 模块主要完成主机与采集到的传感器信号之间的 USB 接口通信，这里使用带有 USB 接口的单片机“C8051F320”来完成。而三路传感器模块 Sensor1、Sensor2、Sensor3 则主要完成对三路传感器信号的放大和调制工作，具体绘制过程不再赘述。

(4) 放置各子原理图中的输入、输出端口。子原理图中的输入、输出端口是子原理图与顶层原理图之间进行电气连接的重要通道，应该根据具体设计要求进行放置。

例如，在原理图“Cpu. SchDoc”中，三路传感器信号分别通过单片机 P2 口的 3 个引脚 P2. 1、P2. 2、P2. 3 输入到单片机中，是原理图“Cpu. SchDoc”与其他 3 个原理图之间的信号传递通道，所以在这 3 个引脚处放置了 3 个输入端口，名称分别为“Port1”“Port2”“Port3”。除此之外，还放置了一个共同的接地端口“GND”。放置的输入、输出电路端口电路原理图“Cpu. SchDoc”与图 5-10 完全相同。

同样，在子原理图“Sensor1. SchDoc”的信号输出端放置一个输出端口“Port1”，在子原理图“Sensor2. SchDoc”的信号输出放置一个输出端口“Port2”，在子原理图“Sensor3. SchDoc”的信号输出端放置一个输出端口“Port3”，分别与子原理图“Cpu. SchDoc”中的 3 个输入端口相对应，并且都放置了共同的接地端口。移动光标到需要放置原理图符号的地方，单击确定原理图符号的一个顶点，移动光标到合适的位置再一次单击鼠标确定其对角顶点，即可完成原理图符号的放置。

放置了输入、输出电路端口的 3 个子原理图“Sensor1. SchDoc”“Sensor2. SchDoc”和“Sensor3. SchDoc”分别如图 5-11、图 5-12 和图 5-13 所示。

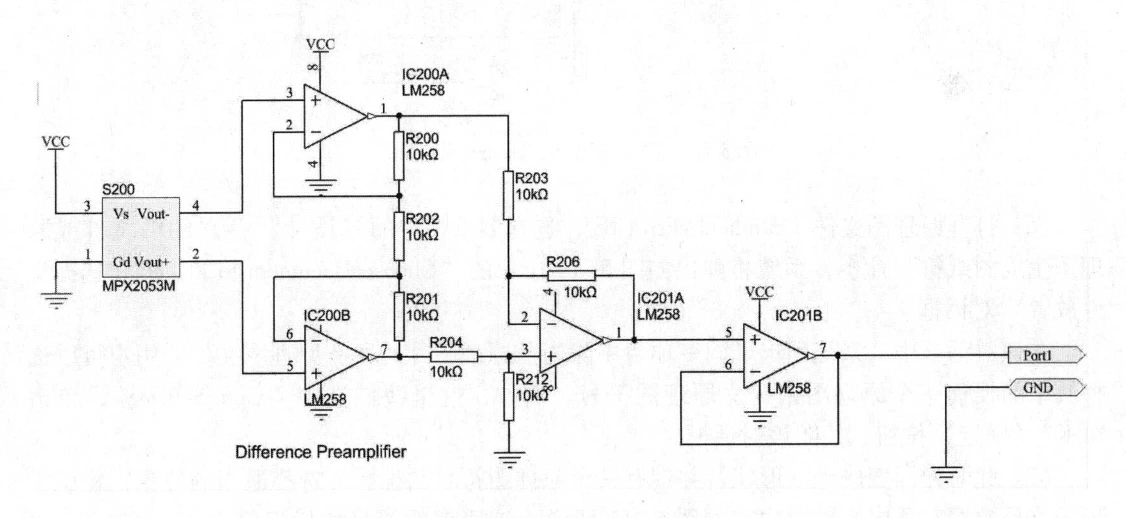

图 5-11　子原理图“Sensor1. SchDoc”

(5) 在项目“USB 采集系统 . PrjPCB”中新建一个原理图文件“Mother1. PrjPCB”，以便进行顶层原理图的绘制。

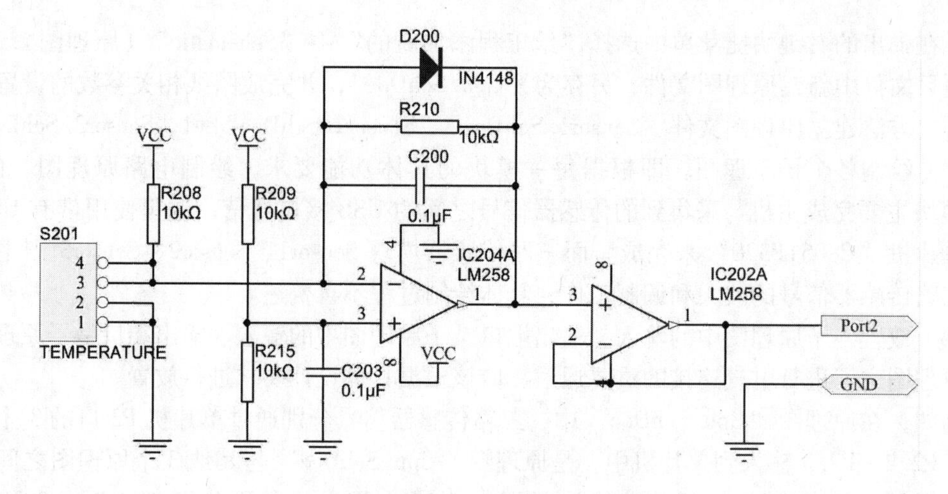

图 5-12　子原理图“Sensor2. SchDoc”

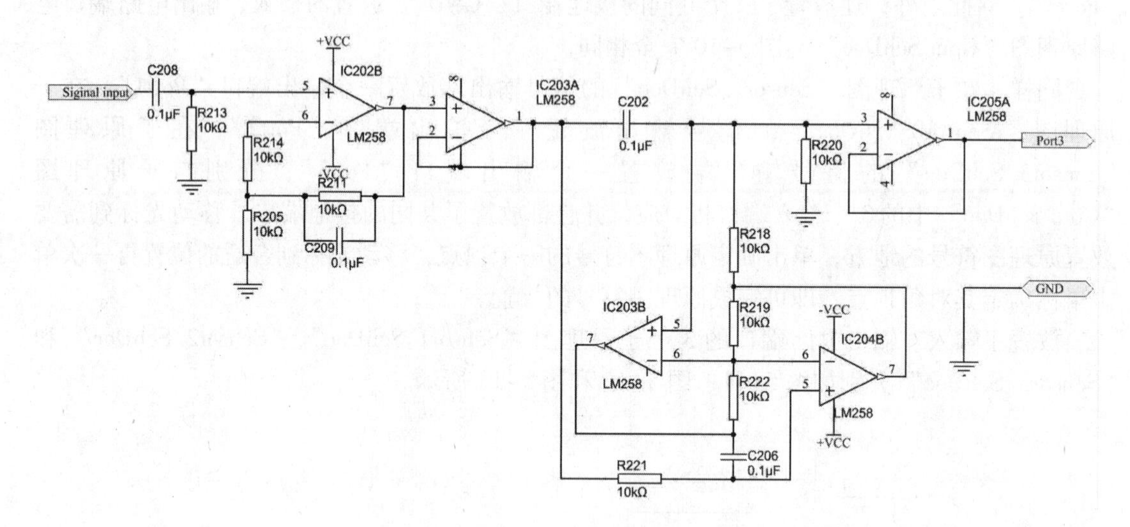

图 5-13　子原理图“Sensor3. SchDoc”

（6）打开原理图文件“Mother1. PrjPCB”，选择菜单栏中的“设计”→“HDL 文件或原理图生成图纸符”命令，系统将弹出如图 5-14 所示的“Choose Document to Place”（选择文件放置）对话框。

在该对话框中，系统列出了同一项目中除当前原理图外的所有原理图文件，用户可以选择其中的任何一个原理图来建立原理图符号。例如，这里我们选中“Cpu. SchDoc”，单击“OK”（确定）按钮，关闭该对话框。

（7）此时光标变成十字形状，并带有一个原理图符号的虚影。选择适当的位置，将该原理图符号放置在顶层原理图中，如图 5-15 所示。该原理图符号的标识符为“U_Cpu”，边缘已经放置了 4 个电路端口，方向与相应的子原理图中输入、输出端口一致。

（8）按照同样的操作方法，由 3 个子原理图“Sensor1. SchDoc”“Sensor2. SchDoc”和“Sensor3. SchDoc”可以在顶层原理图中分别建立 3 个原理图符号“U_Sensor1”“U_Sensor2”和“U_Sensor3”，如图 5-16 所示。

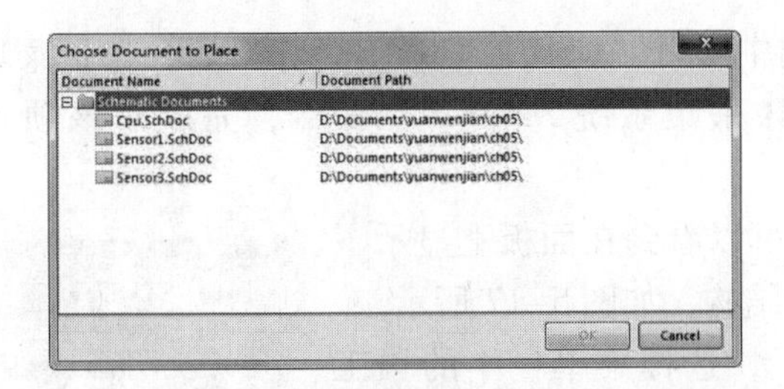

图 5-14 “Choose Document to Place” 对话框

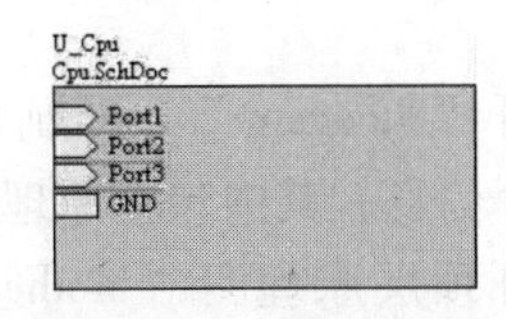

图 5-15 放置 U_Cpu 原理图符号

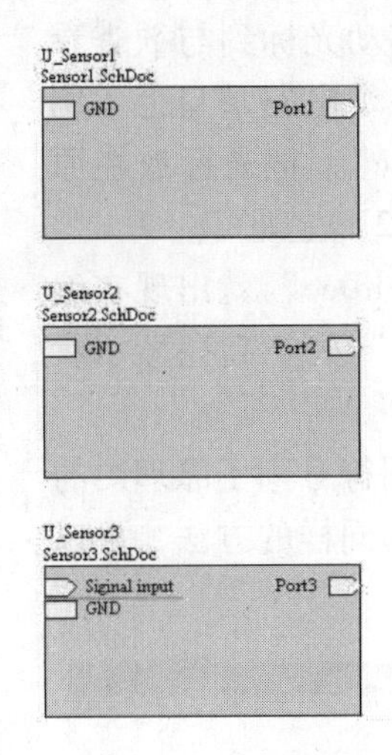

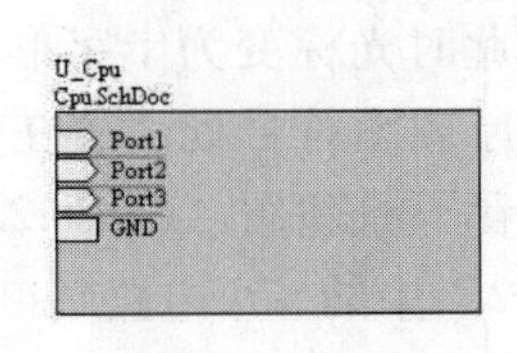

图 5-16 建立顶层原理图符号

(9) 设置原理图符号和电路端口的属性。由系统自动生成的原理图符号不一定完全符合我们的设计要求，很多时候还需要进行编辑，如原理图符号的形状、大小、电路端口的位置要有利于布线连接，电路端口的属性需要重新设置等。

(10) 用导线或总线将原理图符号通过电路端口连接起来，并放置接地符号，完成顶层原理图的绘制，结果和图 5-8 完全一致。

5.3 层次结构原理图之间的切换

在绘制完成的层次电路原理图中，一般都包含顶层原理图和多张子原理图。用户在编辑时，常常需要在这些图中来回切换查看，以便了解完整的电路结构。对于层次较少的层次原理图，由于结构简单，直接在“Projects”（工程）面板中单击相应原理图文件的图标即可进行切换查看。但是对于包含较多层次的原理图，结构十分复杂，单纯通过“Projects”（工程）面板来切换就很容易出错。在 Altium Designer 17 系统中，提供了层次原理图切换的专用命令，以帮助用户在复杂的层次原理图之间方便地进行切换，实现多张原理图的同步查看和编辑。

5.3.1 由顶层原理图中的原理图符号切换到相应的子原理图

由顶层原理图中的原理图符号切换到相应的子原理图的操作步骤如下。

（1）打开“Projects”（工程）面板，选中项目“USB 采集系统 . PrjPCB”，选择菜单栏中的“工程”→“Compile PCB Project USB 采集系统 . PrjPCB”命令，完成对该项目的编译。

（2）打开“Navigator”（导航）面板，可以看到在面板上显示了该项目的编译信息，其中包括原理图的层次结构，如图 5-17 所示。

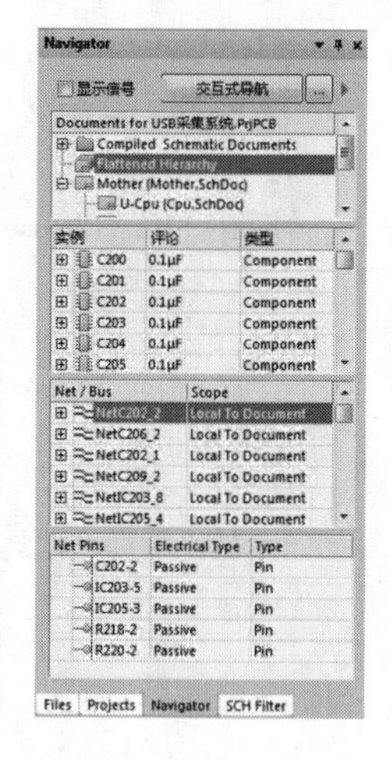

图 5-17 “Navigator”面板

（3）打开顶层原理图“Mother. SchDoc”，选择菜单栏中的“工具”→“上/下层次”命令，或者单击“原理图标准”工具栏中的 （上/下层次）按钮，此时光标变为十字形状。移动光标到与欲查看的子原理图相对应的原理图符号处，放在任何一个电路端口上。例如，在这里我们要查看子原理图“Sensor2. SchDoc”，把光标放在原理图符号“U - Sensor2”中的一个电路端口“Port2”上即可。

（4）单击该电路端口，子原理图“Sensor2. SchDoc”就出现在编辑窗口中，并且具有相同名称的输出端口“Port2”处于高亮显示状态，如图 5-18 所示。

右键单击鼠标退出切换状态，完成了由原理图符号到子原理图的切换，用户可以对该子原理图进行查看或编辑。用同样的方法，可以完成其他几个子原理图的切换。

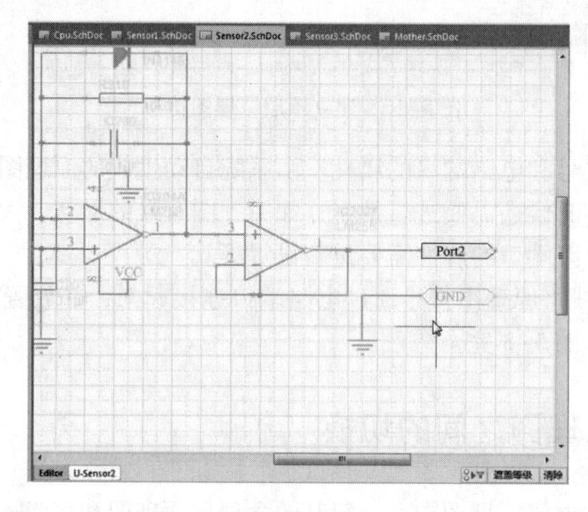

图 5-18 切换到相应子原理图

5.3.2 由子原理图切换到顶层原理图

由子原理图切换到顶层原理图的操作步骤如下。

（1）打开任意一个子原理图，选择菜单栏中的“工具”→“上/下层次”命令，或者单击“原理图标准”工具栏中的 （上/下层次）按钮，此时光标变为十字形，移动光标到任意一个输入/输出端口处，如图 5-19 所示。在这里，我们打开子原理图“Sensor3. SchDoc”，把光标置于接地端口“GND”处。

（2）在光标放置处单击，顶层原理图“Mother. SchDoc”就出现在编辑窗口中。并且，在代表子原理图“Sensor3. SchDoc”的原理图符号中，具有相同名称的接地端口“GND”处于高亮显示状态。右键单击鼠标退出切换状态，完成了由子原理图到顶层原理图的切换。此时，用户可以对顶层原理图进行查看或编辑。

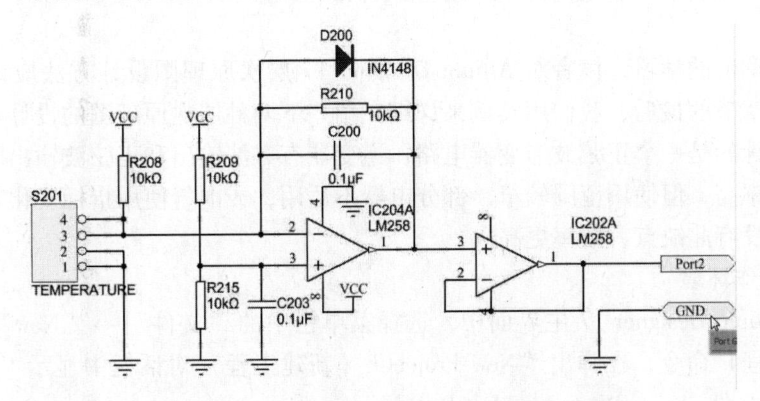

图 5-19　选择子原理图中的任一输入输出端口

5.4　层次设计表

通常设计的层次原理图层次较少，结构也比较简单。但是对于多层次的层次电路原理图，其结构关系却是相当复杂的，用户不容易看懂。因此，系统提供了一种层次设计表作为用户查看复杂层次原理图的辅助工具。借助层次设计表，用户可以清晰地了解层次原理图的层次结构关系，进一步明确层次电路图的设计内容。生成层次设计表的主要操作步骤如下。

（1）编译整个项目。前面已经对项目“USB 采集系统 . PrjPCB”进行了编译。

（2）选择菜单栏中的“报告”→“Report Project Hierarchy”（项目层次报告）命令，生成有关该项目的层次设计表。

（3）打开“Projects”（工程）面板，可以看到，该层次设计表被添加在该项目下的“Generated\Text Documents\”文件夹中，是一个与项目文件同名，后缀为“. REP”的文本文件。

（4）双击该层次设计表文件，则系统转换到文本编辑器界面，可以查看该层次设计表。生成的层次设计表如图 5-20 所示。

```
------------------------------------------------------------
Design Hierarchy Report for USB采集系统.PrjPCB
-- 2017/3/7
-- 10:49:06
------------------------------------------------------------

Mother                     SCH        (Mother.SchDoc)
    U-Cpu                  SCH        (Cpu.SchDoc)
    U-Sensor1              SCH        (Sensor1.SchDoc)
    U-Sensor2              SCH        (Sensor2.SchDoc)
    U-Sensor3              SCH        (Sensor3.SchDoc)
```

图 5-20　生成的层次设计表

从图 5-20 中可以看出，在生成的设计表中，使用缩进格式明确地列出了本项目中的各个原理图之间的层次关系。原理图文件名越靠左，说明该文件在层次电路图中的层次越高。

5.5 操作实例——正弦波逆变器电路

通过前面章节的学习，读者对 Altium Designer 17 层次原理图设计方法应该有一个整体的认识。在本章节的最后，我们用实例来详细介绍一下两种层次原理图的设计步骤。

本例要设计的是一个正弦波逆变器电路，逆变器有方波输出和正弦波输出两种，方波输出的逆变器效率高，但使用范围较窄，部分电器不适用，或电气使用指标变化超出范围。正弦波逆变器则没有此缺点，效率更高。

1. 建立工作环境

（1）在 Altium Designer 17 主界面中，选择菜单栏中的“文件”→“New”（新建）→“Project”（工程）命令，在弹出“New Project”（新建工程）对话框中显示工程文件类型，创建 PCB 项目文件“Sine Wave Inverter. PrjPCB”。

（2）选择菜单栏中的“文件”→“New（新建）”→“原理图”命令，然后单击右键选择“保存为”命令将新建的原理图文件另存为“Sine Wave Oscillation. SchDoc”。

2. 加载元件库

选择菜单栏中的“设计”→“添加/移除库”命令，打开“可用库”对话框，然后在其中加载需要的元件库“Motorola Amplifier Audio Amplifier. IntLib”“Miscellaneous Devices. IntLib”及“Miscellaneous Connectors. IntLib”，如图 5-21 所示。

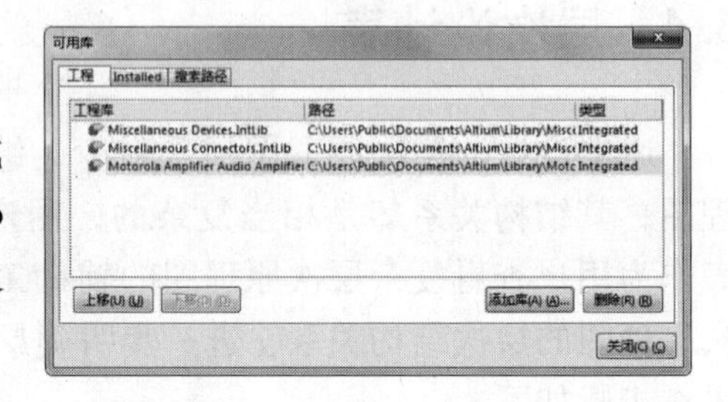

图 5-21　加载需要的元件库

3. 放置元件

选择“库”面板，在刚加载的元件库“Motorola Amplifier Audio Amplifier. IntLib”，找到所需的运算放大器 TL074ACD，然后将其放置在图纸上。在“Miscellaneous Devices. IntLib”元件库中找出需要的另外一些元件，然后将它们都放置到原理图中并编辑元件属性，再对这些元件进行布局，布局的结果如图 5-22 所示。

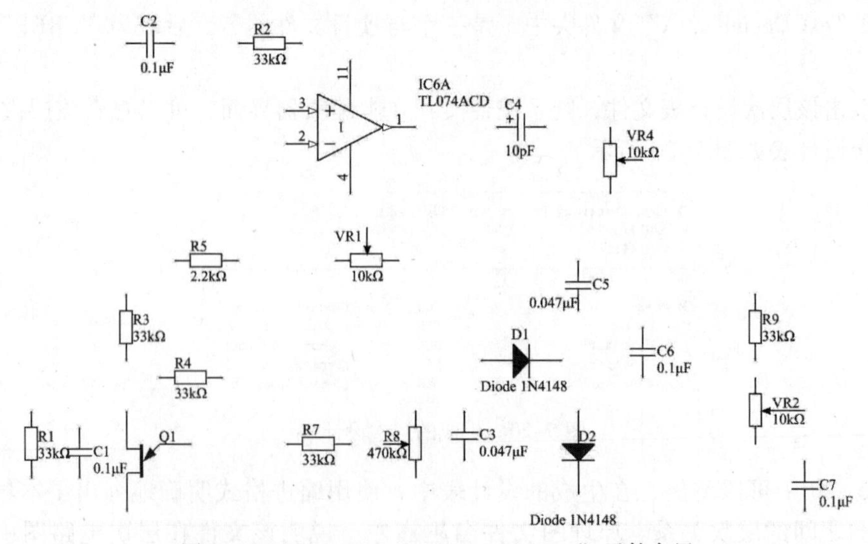

图 5-22　“Sine Wave Oscillation. SchDoc”元件布局

4. 元件布线

元件之间连线、放置接地符号，完成后的原理图如图 5-23 所示。

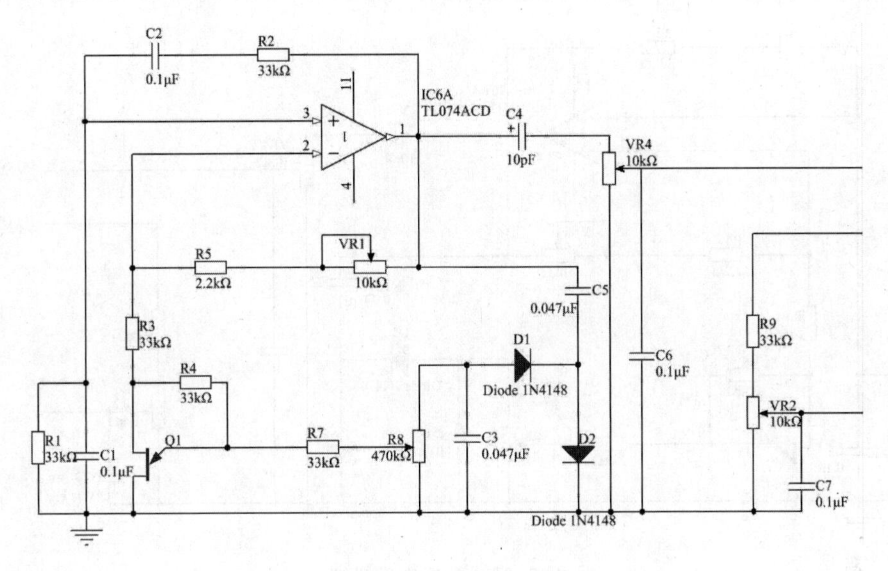

图 5-23　元件布线

5. 放置电路端口

(1) 选择菜单栏中的“放置”→“端口”命令，或者单击“布线”工具栏中的按钮(放置端口)，鼠标将变为十字形状，在适当的位置再一次单击鼠标即可完成电路端口的放置。双击一个放置好的电路端口，打开“端口属性”对话框，在该对话框中对电路端口属性进行设置，如图 5-24 所示。

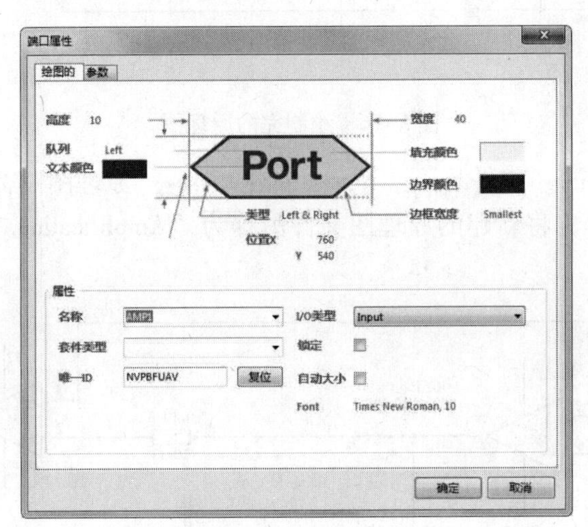

图 5-24　设置电路端口属性

(2) 用同样的方法在原理图中放置其余电路端口，结果如图 5-25 所示。

6. 绘制子原理图

(1) 选择菜单栏中的“文件”→“New (新建)”→“原理图”命令，然后单击右键选择“保存为”菜单命令，将新建的原理图文件另存为“Square Wave Oscillation. SchDoc”。完成后的原理图如图 5-26 所示。

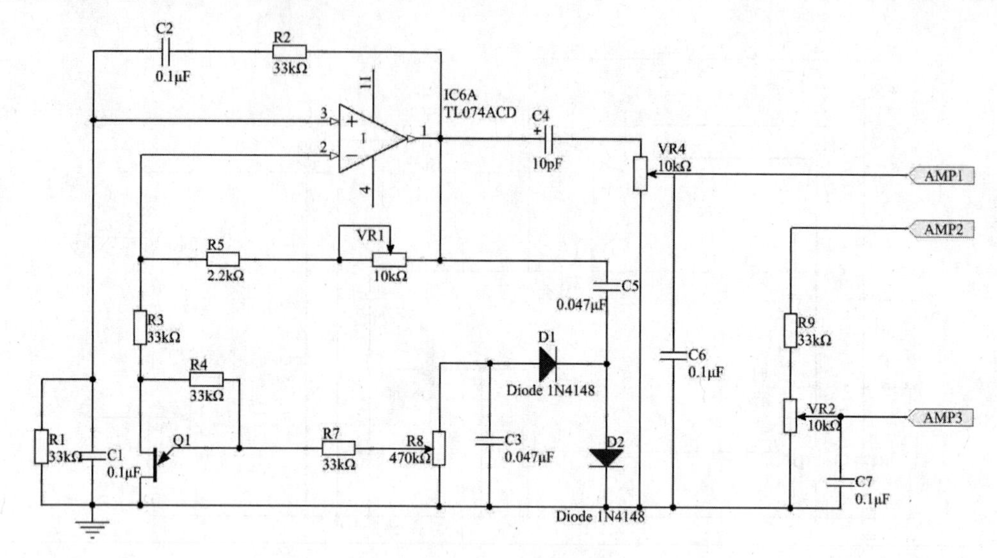

图 5-25　放置电路端口

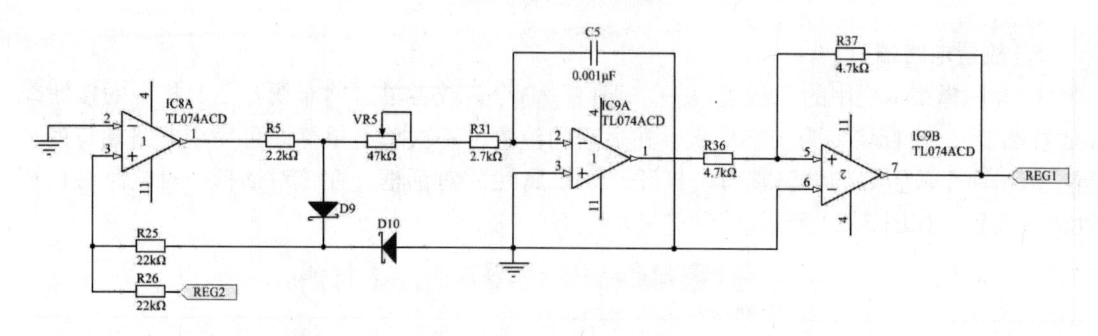

图 5-26　绘制完的原理图

（2）选择菜单栏中的“文件”→“New（新建）”→“原理图”命令，然后单击右键选择“保存为”菜单命令，将新建的原理图文件另存为“Amplification. SchDoc”。完成后的原理图如图 5-27 所示。

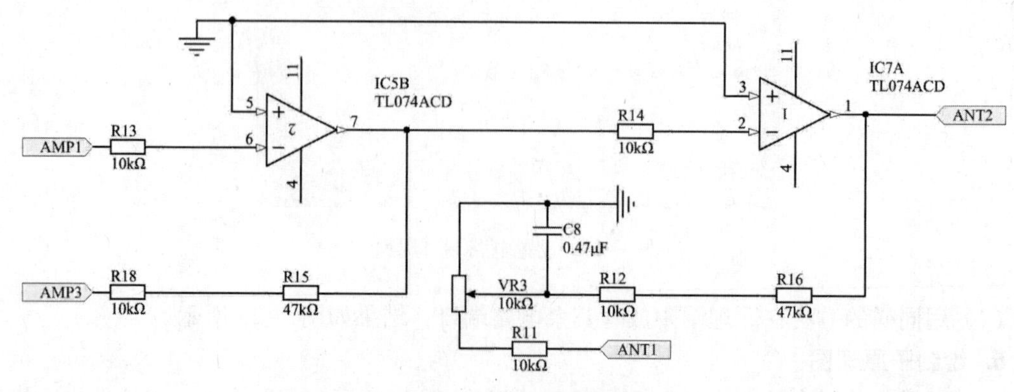

图 5-27　绘制完的原理图 2

（3）选择菜单栏中的“文件”→“New”（新建）→“原理图”命令，然后右键单击鼠标选择“保存为”菜单命令，将新建的原理图文件另存为“Sample. SchDoc”。完成后的原理图如图 5-28 所示。

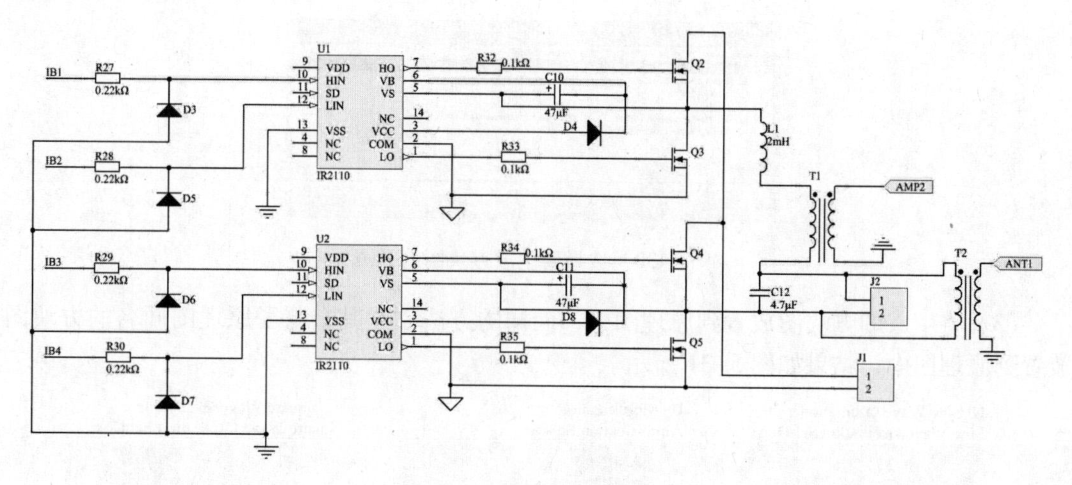

图 5-28　绘制完的原理图 3

（4）选择菜单栏中的“文件”→“New”（新建）→“原理图”命令，然后单击右键选择“保存为”菜单命令，将新建的原理图文件另存为“Compare. SchDoc”。完成后的原理图如图 5-29 所示。

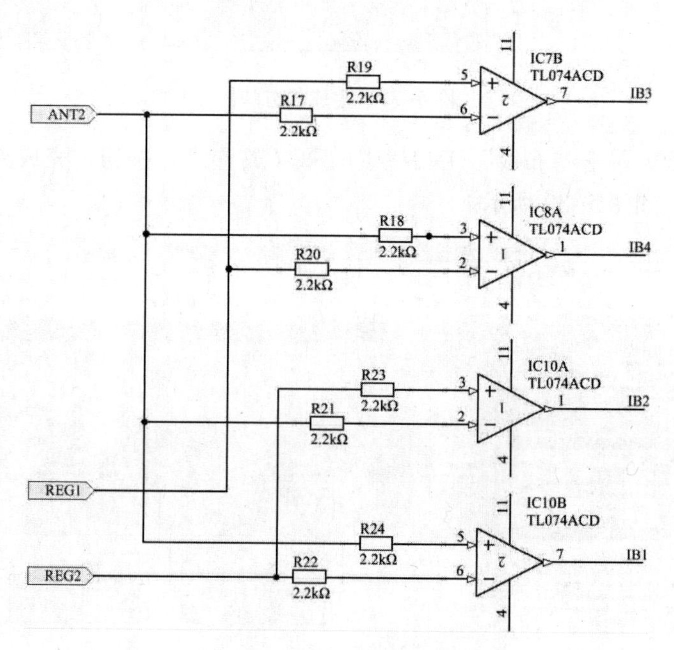

图 5-29　绘制完的原理图 4

7. 设计顶层电路

（1）选择菜单栏中的“文件”→“New”（新建）→“原理图”命令，然后单击右键选择“保存为”菜单命令，将新建的原理图文件另存为“Inverter. SchDoc”。

(2) 选择菜单栏中的“设计”→“HDL文件或图纸生成图表符”命令，打开“Choose Document to Place”（选择文件位置）对话框，如图5-30所示，在该对话框中选择“Amplification. SchDoc”，然后单击OK按钮，生成浮动的方块图。

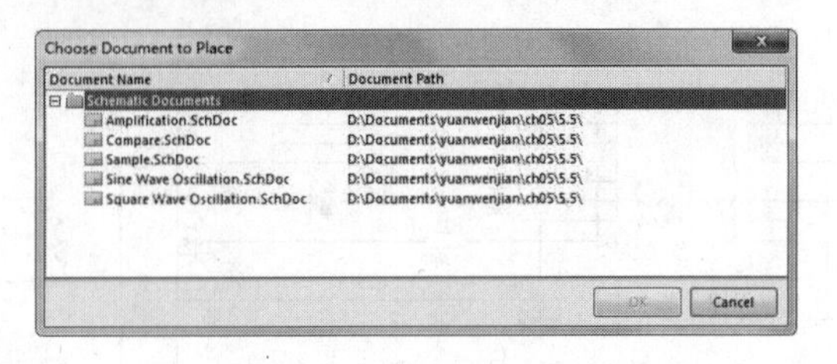

图5-30　选择要生成方块图的子图

(3) 将生成的方块图放置到原理图中，同样的方法创建其余与子原理图同名的方块图，放置到原理图中，结果如图5-31所示。

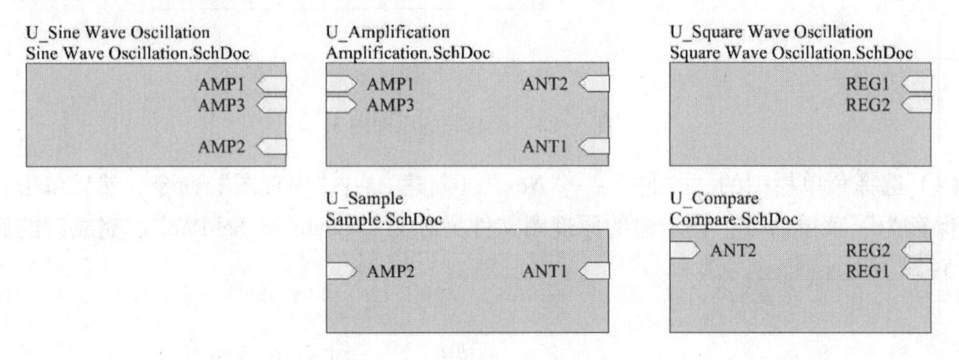

图5-31　生成的方块图

(4) 连接导线。单击“布线”工具栏中的（放置线）按钮，完成方块图中电路端口之间的电气连接，如图5-32所示。

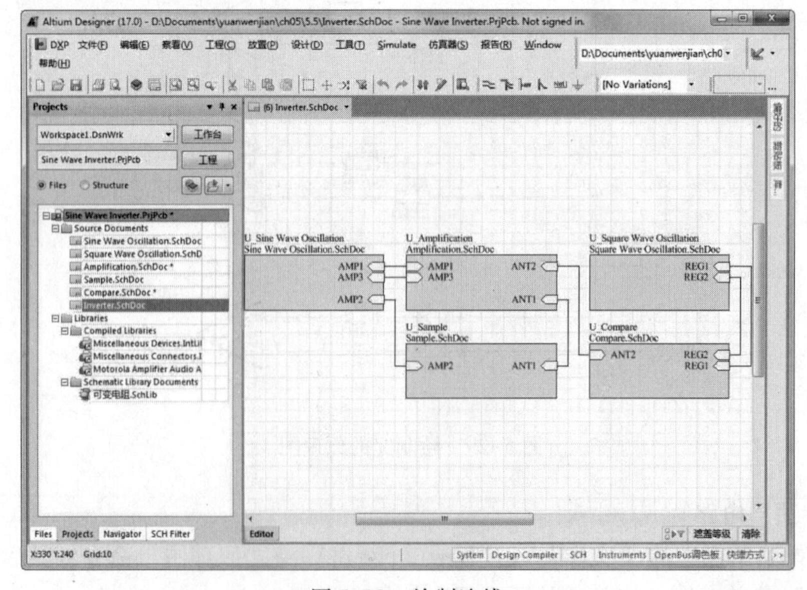

图5-32　绘制连线

8. 电路编译

（1）选择菜单栏中的“工程”→“Compile PCB 工程”（编译电路板工程）命令，编译本设计工程，编译结果如图 5-33 所示。

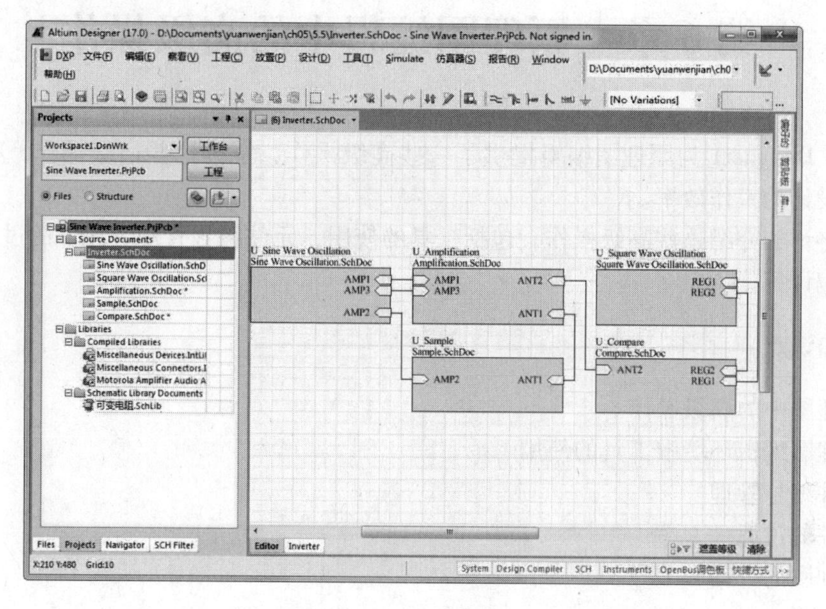

图 5-33　编译结果

（2）选择菜单栏中的“报告”→“Report Project Hierarchy”（工程层次报告）命令，系统将生成层次设计报表，如图 5-34 所示。

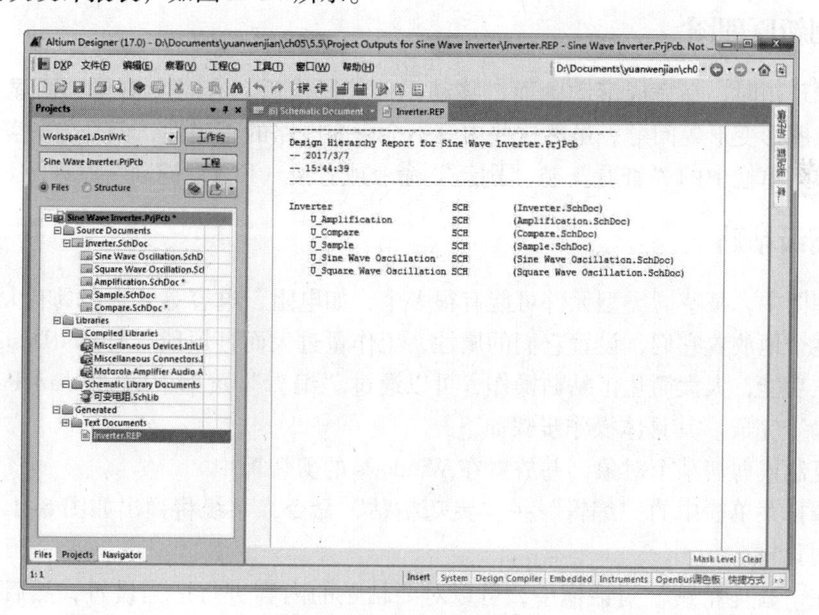

图 5-34　层次设计报表

第6章 原理图编辑中的高级操作

Altium Designer1 为原理图编辑提供了一些高级操作，掌握这些高级操作，将大大提高读者电路设计的工作效率。

本章将详细介绍这些高级操作，包括工具的使用、元件编号管理、元件的过滤和原理图的查错与编译等。

知识点

- 原理图中的高级操作
- 原理图编辑环境中工具的使用
- 元件编号管理
- 元件的过滤
- 原理图的查错和编译

6.1 原理图中的高级操作

6.1.1 刷新原理图

绘制原理图时，在完成滚动画面、移动元件等操作后，有时会出现画面显示残留的斑点、线段或图形变形等问题。虽然这些内容不会影响电路的正确性，但是为了美观起见，建议用户选择菜单栏中的“查看”→“刷新”命令或者按〈End〉键刷新原理图。

6.1.2 高级粘贴

在原理图中，某些同类型元件可能有很多个，如电阻、电容等，它们具有大致相同的属性。如果逐个地放置它们，设置它们的属性，工作量过大而且烦琐。Altium Designer 17 提供了高级粘贴功能，大大简化了粘贴操作，可以通过“编辑”菜单中的“Smart Paste…”（智能粘贴）命令完成。其具体操作步骤如下：

（1）复制或剪切某个对象，并放置在 Windows 的剪切板中。

（2）选择菜单栏中的“编辑”→“灵巧粘贴”命令，系统将弹出如图 6-1 所示的“智能粘贴”对话框。

（3）在“智能粘贴”对话框中，可以对要粘贴的内容进行适当设置，然后再执行粘贴操作。其中各选项组的功能如下：

- “选择粘贴对象”选项组：用于选择要粘贴的对象。
- “选择粘贴动作”选项组：用于设置要粘贴对象的属性。
- “粘贴阵列”选项组：用于设置阵列粘贴。下面的“使能粘贴阵列”复选框用于控制阵列粘贴的功能。阵列粘贴是一种特殊的粘贴方式，能够一次性地按照指定间距将同一个元件或元件组重复地粘贴到原理图图纸上。当原理图中需要放置多个相同对象时，该操作会很有用。

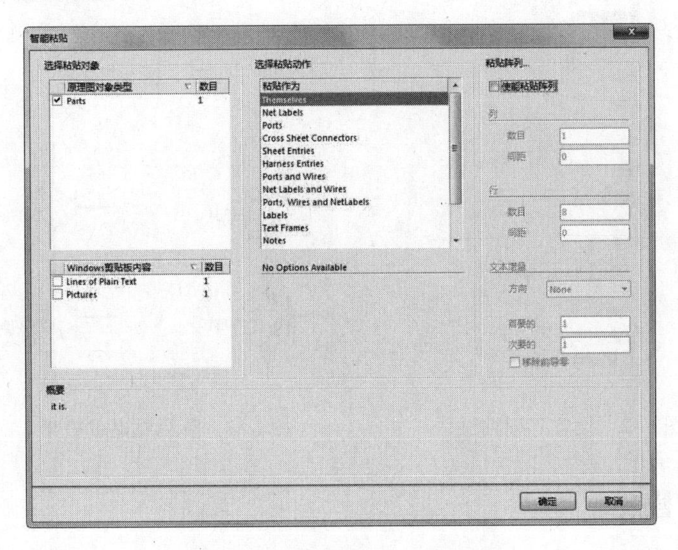

图 6-1 “智能粘贴”对话框

(4) 勾选“使能粘贴陈列”复选框，阵列粘贴的设置如图 6-2 所示。其中需要设置的粘贴阵列参数如下：

1)“列”选项组：用于设置水平方向阵列粘贴的数量和间距。

- “数目”文本框：用于设置水平方向阵列粘贴的列数。
- “间距”文本框：用于设置水平方向阵列粘贴的间距。若设置为正数，则元件由左向右排列；若设置为负数，则元件由右向左排列。

2)“行”选项组：用于设置竖直方向阵列粘贴的数量和间距。

- “数目”文本框：用于设置竖直方向阵列粘贴的行数。
- “间距”文本框：用于设置竖直方向阵列粘贴的间距。若设置为正数，则元件由下到上排列；若设置为负数，则元件由上到下排列。

3)“文本增量”选项组：用于设置阵列粘贴中元件标号的增量。

“方向”下拉列表框：用于确定元件编号递增的方向。有“None”（无）、“Horizontal First”（先水平）和“Vertical First”（先竖直）3 种选择，具体内容如下：

- “None”（无）：表示不改变元件编号。
- “Horizontal First”（先水平）：表示元件编号递增的方向是先按水平方向从左向右递增，再按竖直方向由下往上递增。
- “Vertical First”（先竖直）：表示先竖直方向由下往上递增，再水平方向从左向右递增。

- “首要的”文本框：用于指定相邻两次粘贴之间元件标识的编号增量，系统的默认设置为 1。
- “次要的”文本框：用于指定相邻两次粘贴之间元件引脚编号的数字增量，系统的默认设置为 1。

设置完毕后，单击“确定”按钮，移动光标到合适位置单击即可。阵列粘贴的效果如图 6–3 所示。

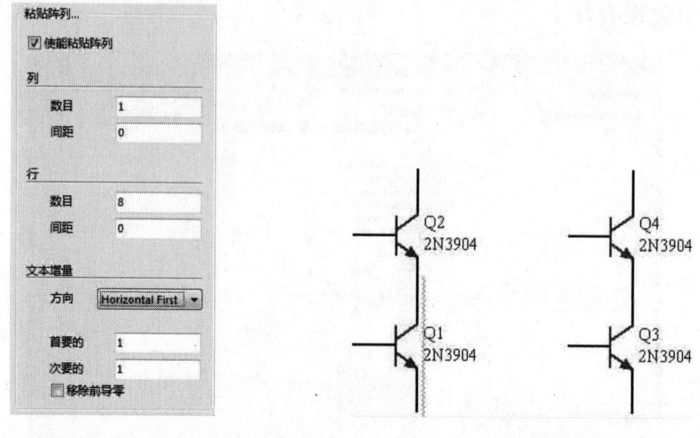

图 6–2　设置阵列粘贴　　　　图 6–3　阵列粘贴的效果

6.1.3　查找与替换

1. 查找与替换文本

（1）“文本查找”：该命令用于在电路图中查找指定的文本，通过此命令可以迅速找到包含某一文字标识的图元。下面介绍该命令的使用方法。

选择菜单栏中的“编辑”→“查找文本”命令，或者用快捷键〈Ctrl〉+〈F〉，系统将弹出如图 6–4 所示的“发现原文”对话框。

“发现原文”对话框中个选项的功能如下：

- “文本被发现”文本框：用于输入需要查找的文本。
- “范围”选项组：包含“Sheet 范围”（原理图文档范围）、“选择”和“标识符”3 个下拉列表框。“Sheet 范围”下拉列表框用于设置所要查找的电路图范围，包含 Current Document（当前文档）、Project Document（项目文档）、Open Document（已打开的文档）和 Document On Path（选定路径中的文档）4 个选项。“选择”下拉列表框用于设置需要查找的文本对象的范围，包含 All Objects（所有对象）、Selected Objects（选择的对象）和 Deselected Objects（未选择的对象）3 个选项。All Objects（所以对象）表示对所有的文本对象进行查找，Selected Objects（选择的对象）表示对选中的文本对象进行查找，Deselected Objects（未选择的对象）表示对没有选中的文本对象进行查找。“标识符”下拉列表框用于设置查找的电路图标识符范围，包含 All Identifiers（所有 ID）、Net Identifiers Only（仅网络 ID）和 Designators Only（仅标号）3 个选项。
- “选项”选项组：用于匹配查找对象所具有的特殊属性，包含“敏感案例”“仅完全字”和“跳至结果”3 个复选框。勾选“敏感案例”复选框表示查找时要注意大小写的区别；勾选“仅完全字”复选框表示只查找具有整个单词匹配的文本，要查找的网络标识包含的内容有网络标号、电源端口、I/O 端口、方块电路 I/O 口；勾选“跳至结果”复选框表示查找后跳到结果处。

用户按照自己的实际情况设置完对话框的内容后，单击“确定”按钮开始查找。

（2）“文本替换”：该命令用于将电路图中指定文本用新的文本替换掉，该操作在需要将多处相同文本修改成另一文本时非常有用。

选择菜单栏中的“编辑”→“替换文本”命令，或按用快捷键〈Ctrl〉+〈H〉，系统将弹出如图 6-5 所示的“发现并替代原文”对话框。

图 6-4 “发现原文”对话框

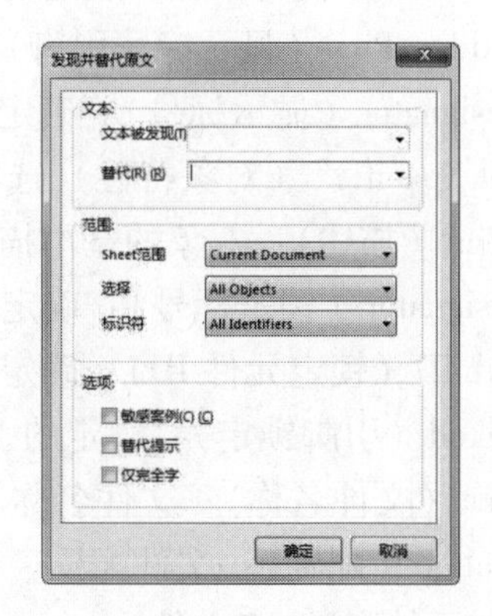

图 6-5 “发现并替代原文”对话框

可以看出如图 6-4 和图 6-5 所示的两个对话框非常相似，对于相同的部分，这里不再赘述，读者可以参看“查找文本”命令，下面只对上面未提到的一些选项进行解释。

- “替代”文本框：用于输入替换原文本的新文本。
- “替代提示”复选框：用于设置是否显示确认替换提示对话框。如果勾选该复选框，表示在进行替换之前，显示确认替换提示对话框，反之不显示。

（3）“发现下一处”：该命令用于查找“发现下一个”对话框中指定的文本，也可以用快捷键 F3 来执行该命令。

2. 查找相似对象

在原理图编辑器中提供了查找相似对象的功能。具体的操作步骤如下：

（1）选择菜单栏中的“编辑”→“查找相似对象”命令，光标将变成十字形状出现在工作窗口中。

（2）移动光标到某个对象上，单击鼠标，系统将弹出如图 6-6 所示的“发现相似目标”对话框，在该对话框中列出了该对象的一系列属性。通过对各项属性进行匹配程度的设置，可决定搜索的结果。这里以搜索和晶体管类似的元件为例，此时该对话框给出了如下的对象属性：

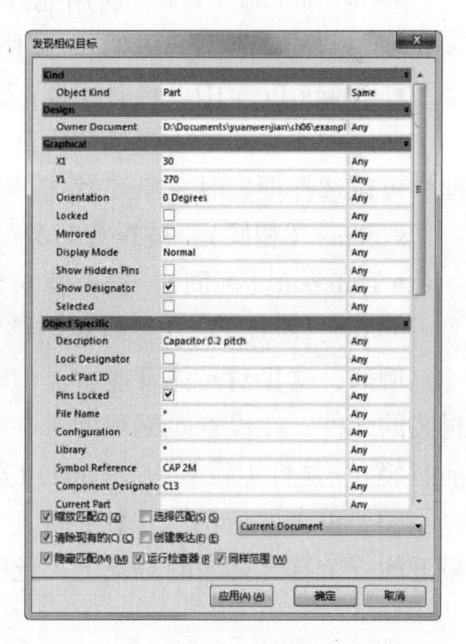

图 6-6 “发现相似目标”对话框

1）“Kind”（种类）选项组：显示对象类型。

2）“Design”选项组：显示对象所在的文档。

3）“Graphical”（图形）选项组：显示对象图形属性。

- X1：X1 坐标值。

- Y1：Y1 坐标值。
- Orientation（方向）：放置方向。
- Locked（锁定）：确定是否锁定。
- Mirrored（镜像）：确定是否镜像显示。
- Display Mode（显示模式）：确定显示的模式。
- Show Hidden Pins（显示隐藏引脚）：确定是否显示隐藏引脚。
- Show Designator（显示标号）：确定是否显示标号。

4）"Object Specific"（对象特性）选项组：显示对象特性。

- Description（描述）：对象的基本描述。
- Lock Designator（锁定标号）：确定是否锁定标号。
- Lock Part ID（锁定元件 ID）：确定是否锁定元件 ID。
- Pins Locked（引脚锁定）：锁定的引脚。
- File Name（文件名称）：文件名称。
- Configuration（配置）：文件配置。
- Library（元件库）：库文件。
- Symbol Reference（符号参考）：符号参考说明。
- Component Designator（组成标号）：对象所在的元件标号。
- Current Part（当前元件）：对象当前包含的元件。
- Part Comment（元件注释）：关于元件的说明。
- Current Footprint（当前封装）：当前元件封装。
- Current Type（当前类型）：当前元件类型。
- Database Table Name（数据库表的名称）：数据库中表的名称。
- Use Library Name（所用元件库的名称）：所用元件库名称。
- Use Database Table Name（所用数据库表的名称）：当前对象所用的数据库表的名称。
- Design Item ID（设计 ID）：元件设计 ID。

在选中元件的每一栏属性后都另有一栏，在该栏上单击将弹出下拉列表框，在下拉列表框中可以选择搜索时对象和被选择的对象在该项属性上的匹配程度，包含以下 3 个选项。

- Same（相同）：被查找对象的该项属性必须与当前对象相同。
- Different（不同）：被查找对象的该项属性必须与当前对象不同。
- Any（忽略）：查找时忽略该项属性。

例如，这里对晶体管搜索类似对象，搜索的目的是找到所有和三极管有相同取值和相同封装的元件，在设置匹配程度时在"Part Comment（元件注释）"和"Current Footprint（当前封装）"属性上设置为"Same（相同）"，其余保持默认设置即可。

（3）单击"应用"按钮，在工作窗口中将屏蔽所有不符合搜索条件的对象，并跳转到最近的一个符合要求的对象上。此时可以逐个查看这些相似的对象。

6.2 工具的使用

在原理图编辑器中，选择菜单栏中的"工具"命令，打开的"工具"菜单如图 6-7 所示。下面详细介绍其中几个命令的含义和用法。

本节以 Altium Designer 17 自带的项目文件为例来说明“工具”菜单的使用。

图 6-7 “工具”菜单

6.2.1 自动分配元件标号

“注解”命令用于自动分配元件标号。使用它不但可以减少手动分配元件标号的工作量，而且可以避免因手动分配而产生的错误。选择菜单栏中的“工具”→“Annonation”→“注解”命令，弹出如图 6-8 所示的“注释”对话框。在该对话框中，可以设置原理图编号的一些参数和样式，使得在原理图自动命名时符合用户的要求。该对话框在前面和后面章节中均有介绍，这里不再赘述。

6.2.2 回溯更新原理图元件标号

“反向标注”命令用于从印制电路回溯更新原理图元件标号。在设计印制电路时，有时可能需要对元件重新编号，为了保持原理图和 PCB 图之间的一致性，可以使用该命令基于 PCB 图来更新原理图中的元件标号。

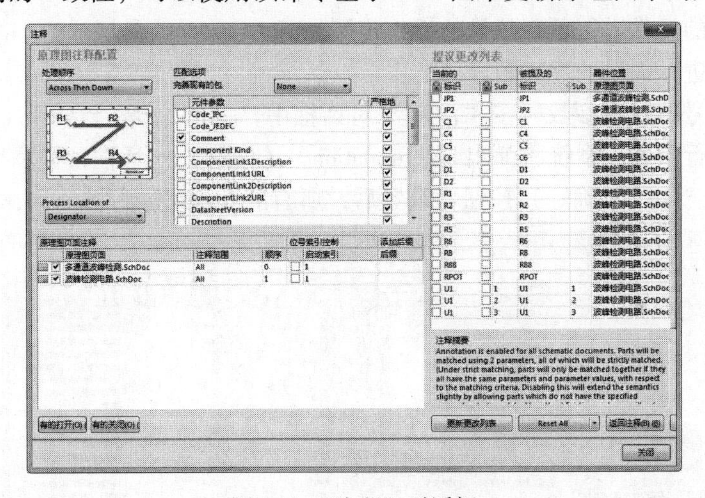

图 6-8 “注释”对话框

选择菜单栏中的“工具”→“Annonation”→“反向标注”命令，系统将弹出一个对话框，要求选择 WAS - IS 文件，用于从 PCB 文件更新原理图文件的元件标号。WAS - IS 文件是在 PCB 文档中执行“反向标注”命令后生成的文件。当选择 WAS - IS 文件后，系统将弹出一个消息框，报告所有将被重新命名的元件。当然，这时原理图中的元件名称并没有真正被更新。单击“确定”按钮，弹出“注释”对话框，在该对话框中可以预览系统推荐的重命名，然后再决定是否执行更新命令，创建新的 ECO 文件。

6.3 元件编号管理

对于元件较多的原理图，当设计完成后，往往会发现元件的编号变得很混乱或者有些元件还没有编号。用户可以手动逐个地更改这些编号，但是这样比较烦琐，而且容易出现错误。Altium Designer 17 提供了元件编号管理的功能。

1. “注释”对话框

选择菜单栏中的“工具”→“注解”命令，系统将弹出如图 6-8 所示“注释”对话框。在该对话框中，可以对元件进行重新编号。

“注释”对话框分为两部分：左侧是“原理图注释配置”，右侧是“提议更改列表”。

（1）在左侧的“原理图页面注释”栏中列出了当前工程中的所有原理图文件。通过文件名前面的复选框，可以选择对哪些原理图进行重新编号。

在对话框左上角的“处理顺序”下拉列表框中列出了 4 种编号顺序，即 Up Then Across（先向上后左右）、Down Then Across（先向下后左右）、Across Then Up（先左右后向上）和 Across Then Down（先左右后向下）。

在“匹配选项”选项组中列出了元件的参数名称。通过勾选参数名前面的复选框，用户可以选择是否根据这些参数进行编号。

（2）在右侧的“当前的”栏中列出了当前的元件编号，在“被提及的”栏中列出了新的编号。

2. 重新编号的方法

对原理图中的元件进行重新编号的操作步骤如下。

（1）选择要进行编号的原理图。

（2）选择编号的顺序参数，在“注释”对话框中，单击“Reset All”（全部重新编号）按钮，对编号进行重置。系统将弹出“Information”（信息）对话框，提示用户编号发生了哪些变化。单击“OK”（确定）按钮，重置后，所有的元件编号将被消除，如图 6-9 所示。

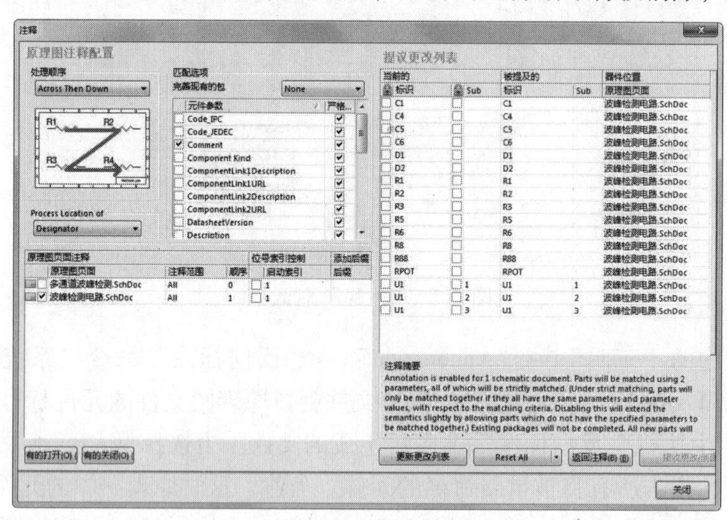

图 6-9 重置后的元件编号

（3）单击“更新改变列表”按钮，重新编号，系统将弹出如图 6-10 所示的“Information”（信息）对话框，提示用户相对前一次状态和相对初始状态发生的改变。

（4）在“提议更改列表”中可以查看重新编号后的变化。如果对这种编号满意，则单击“接受更改”按钮，在弹出的“工程更改顺序”对话框中更新修改，如图 6-11 所示。

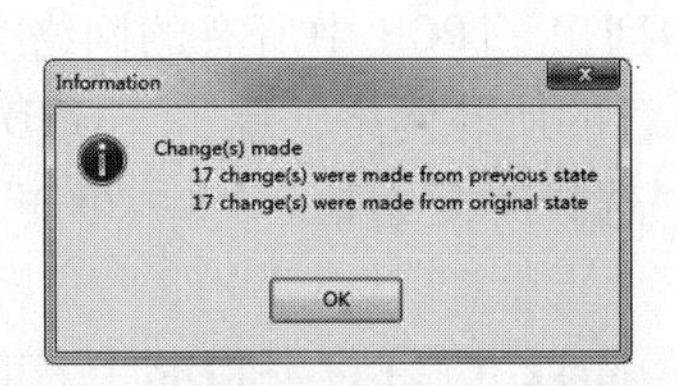

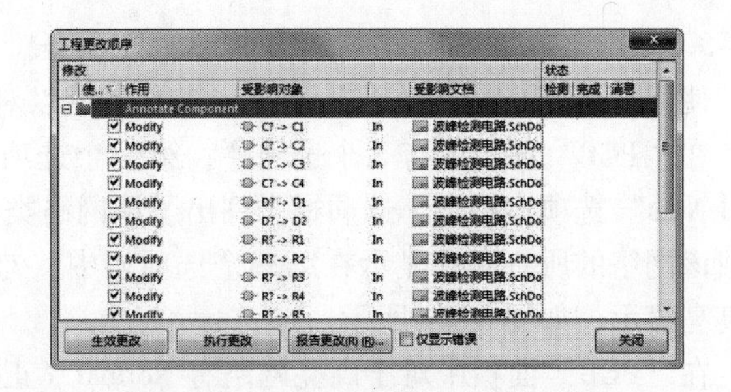

图 6-10 “Information”对话框　　　　图 6-11 “工程更改顺序”对话框

(5) 在“工程更改顺序”对话框中，单击“生效更改”按钮，可以验证修改的可行性，如图 6-12 所示。

(6) 单击“报告更改”按钮，系统将弹出如图 6-13 所示的“报告预览”对话框，在其中可以将修改后的报表输出。

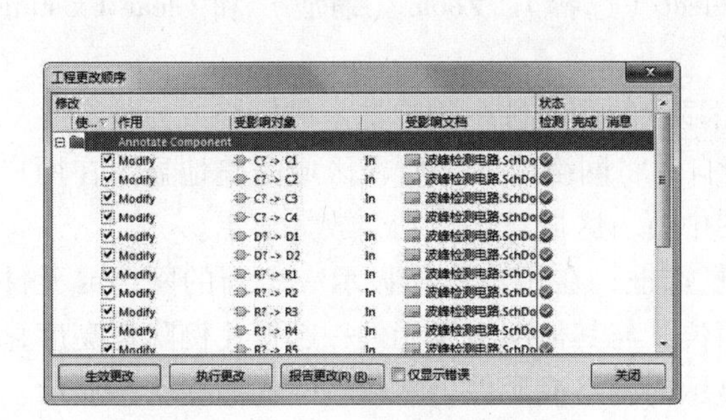

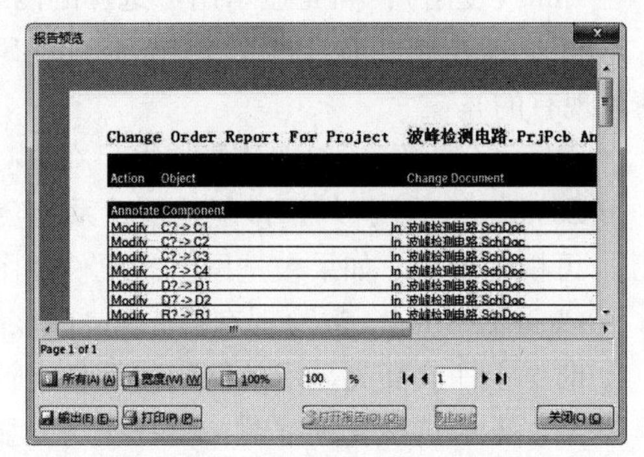

图 6-12 验证修改的可行性　　　　图 6-13 “报告预览”对话框

(7) 单击“工程更改顺序”对话框中的“执行更改”按钮，即可执行修改，对元件的重新编号便完成了。

6.4 元件的过滤

在进行原理图或 PCB 设计时，用户经常希望能够查看并且编辑某些对象，但是在复杂的电路中，尤其是在进行 PCB 设计时，要将某个对象从中区分出来是十分困难的。

因此，Altium Designer 17 提供了一个十分人性化的过滤功能。经过过滤后，被选定的对象将清晰地显示在工作窗口中，而其他未被选定的对象则呈现为半透明状。同时，未被选定的对象也将变成为不可操作状态，用户只能对选定的对象进行操作。

1. 使用“Navigator”(导航) 面板

在原理图编辑器或 PCB 编辑器的“Navigator”(导航) 面板中，单击一个项目，即可在工作窗口中启用过滤功能，后面将进行详细的介绍。

2. 使用“List”(列表) 面板

在原理图编辑器或 PCB 编辑器的“List (列表)”面板中使用查询功能时，查询结果将在工作窗口中启用过滤功能，后面将进行详细的介绍。

3. 使用“PCB Filter”（PCB 过滤）工具条

使用“PCB Filter”（PCB 过滤）工具条可以对 PCB 工作窗口的过滤功能进行管理。例如，在“PCB”面板中有 3 个选项栏，第一个选项栏中列出了 PCB 中所有的网络类，单击“All Nets”选项；第二个选项栏中列出了该网络类中包含的所有网络，单击“GND”网络；构成该网络的所有元件显示在第三个选项栏中，勾选“选择”复选框，则“GND”网络将以高亮显示，如图 6-14 所示。

在“PCB”面板中对于高亮网络有 Normal（正常）、Mask（遮挡）和 Dim（变暗）3 种显示方式，用户可通过面板中的下拉列表框进行选择。

- Normal（正常）：直接高亮显示用户选择的网络或元件，其他网络及元件的显示方式不变。
- Mask（遮挡）：高亮显示用户选择的网络或元件，其他元件和网络以遮挡方式显示（灰色），这种显示方式更为直观。
- Dim（变暗）：高亮显示用户选择的网络或元件，其他元件或网络按色阶变暗显示。

对于显示控制，有 3 个控制选项，即 Select（选择）、Zoom（缩放）和 Clear Existing（清除现有的）。

- Select（选择）：勾选该复选框，在高亮显示的同时选中用户选定的网络或元件。
- Zoom（缩放）：勾选该复选框，系统会自动将网络或元件所在区域完整地显示在用户可视区域内。如果被选网络或元件在图中所占区域较小，则会放大显示。
- Clear Existing（清除现有的）：勾选该复选框，在用户选择显示一个新的网络或元件时，上一次高亮显示的网络或元件会消失，与其他网络或元件一起按比例降低亮度显示。不勾选该复选框时，上一次高亮显示的网络或元件仍然以较暗的高亮状态显示。

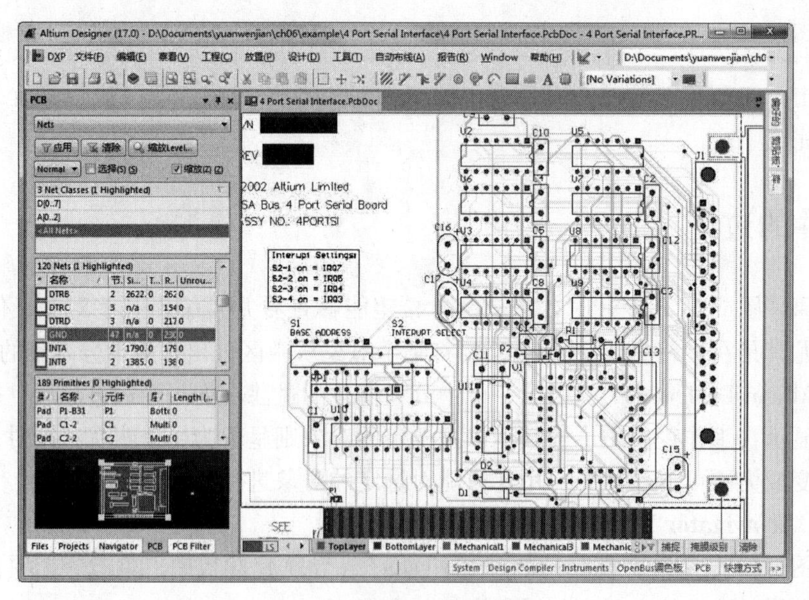

图 6-14　选择“GND”网络

4. 使用“过滤”菜单

在编辑器中按〈Y〉键，即可弹出“过滤”菜单，如图 6-15 所示。

“过滤”菜单中列出了10种常用的查询关键字，另外也可以选择其他的过滤操作元件，并加上适当的参数，如“InNet（GND）”。

5. 过滤的调节和清除

单击PCB工作窗口右下角的“掩模等级”标签，即可对过滤的透明度进行调节，如图6-16所示。

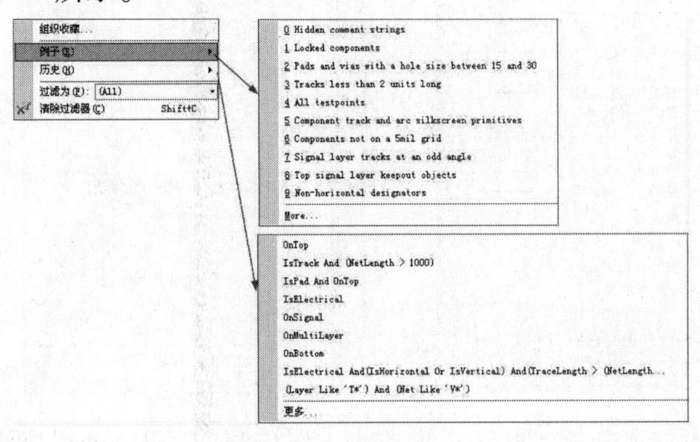

图6-15 “过滤”菜单

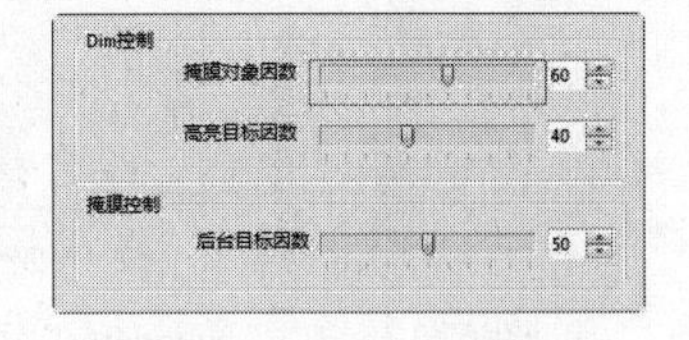

图6-16 调节过滤的透明度

单击PCB工作窗口右下角的“清除”标签，或用快捷键〈Shift〉+〈C〉，或者单击“PCB标准”工具栏中的（清除）按钮，即可清除过滤显示。

6.5 使用Navigator（导航）面板进行快速浏览

1. “Navigator”（导航）面板

“Navigator”（导航）面板的作用是快速浏览原理图中的元件、网络及违反设计规则的内容等。“Navigator”（导航）面板是Altium Designer 17强大集成功能的体现之一。

在对原理图文档编译以后，单击“Navigator”（导航）面板中的“交互式导航”按钮，就会在下面的“网络/总线”列表框中显示出原理图中的所有网络。单击其中的一个网络，立即在下面的列表框中显示出与该网络相连的所有节点，同时工作窗口的图纸将该网络的所有元件高亮显示出来，并置于选中状态，如图6-17所示。

2. “SCH Filter”（SCH过滤）面板

“SCH Filter”（SCH过滤）面板的作用是根据所设置的过滤器，快速浏览原理图中的元件、网络及违反设计规则的内容等，如图6-18所示。

下面简要介绍“SCH Filter”（SCH过滤）面板。

- “考虑对象”（对象查找范围）下拉列表框：用于设置查找范围，包括Current Document（当前文档）、Open Document（打开文档）和Open Document of the Same Project（在同一个项目中打来文档）3个选项。
- “Find items matching these criteria”（设置过滤器过滤条件）文本框：用于设置过滤器，即输入查找条件。
- “Helper”（帮助）按钮：如果用户不熟悉输入语法，可以单击下面的“Helper”（帮助）按钮，在弹出的“Query Helper”（查询帮助）对话框中输入过滤器查询条件语句，如图6-19所示。

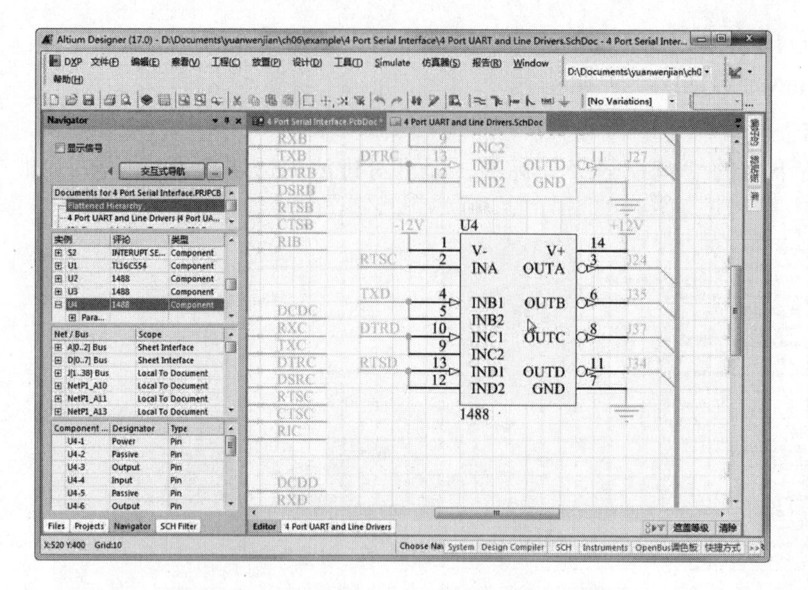

图 6-17 在“Navigator”面板中选中一个网络

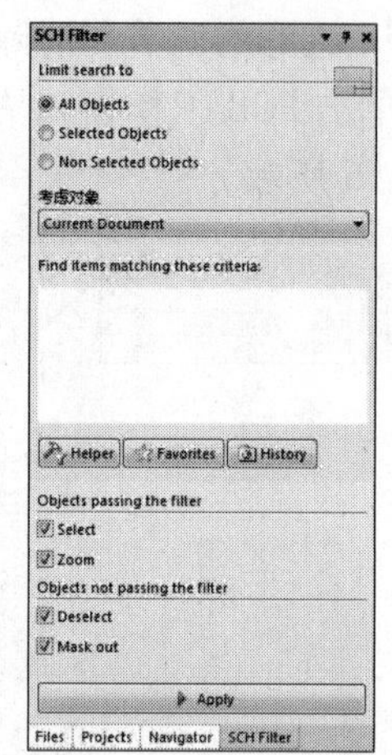

图 6-18 “SCH Filter”面板

- “Favorites”（收藏）按钮：用于显示并载入收藏的过滤器。单击该按钮，系统将弹出收藏过滤器记录窗口。
- “History”（历史）按钮：用于显示并载入曾经设置过的过滤器，可以大大提高搜索效率。单击该按钮，系统将弹出如图 6-20 所示的过滤器历史记录对话框，选中其中一个记录后，单击即可实现过滤器的加载。单击“Add To Favorites”（添加到收藏）按钮可以将历史记录过滤器添加到收藏夹。
- “Select”（选择）复选框：用于设置是否将符合匹配条件的元件置于选中状态。
- “Zoom”（缩放）复选框：用于设置是否将符合匹配条件的元件进行放大显示。
- “Deselect”（取消选定）复选框：用于设置是否将不符合匹配条件的元件置于取消选中状态。
- “Mask out”（屏蔽）复选框：用于设置是否将不符合匹配条件的元件屏蔽。
- “Apply”（应用）按钮：用于启动过滤查找功能。

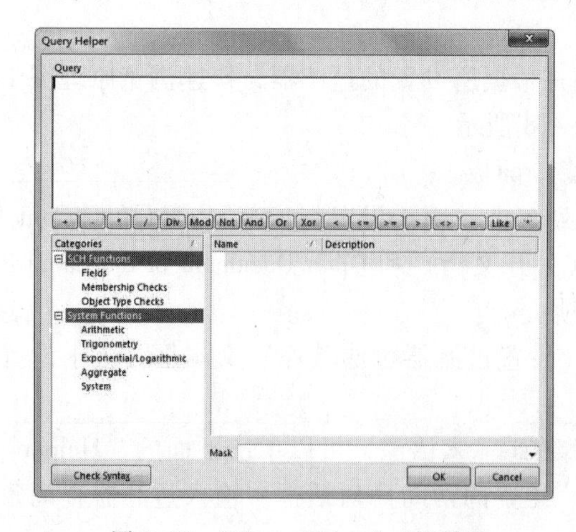

图 6-19 “Query Helper”对话框

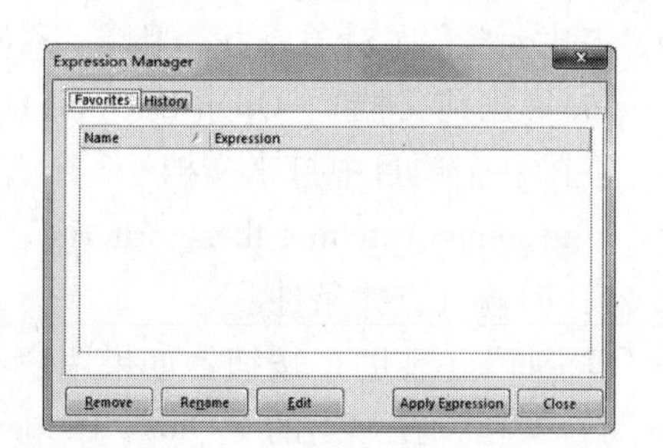

图 6-20 过滤器历史记录对话框

6.6 操作实例——汽车多功能报警器电路

本例要设计的是汽车多功能报警器电路（如图 6-21 所示），即当系统检测到汽车出现各种故障时进行语音提示报警。其中，前轮视频信号需要进行数字处理，在每个语音组合中加入 200 ms 的静音。过程如下：左前轮→右前轮→左后轮→右后轮→胎压过低→胎压过高→请换电池→“叮咚”报警。该设计采用并口模式控制电路。

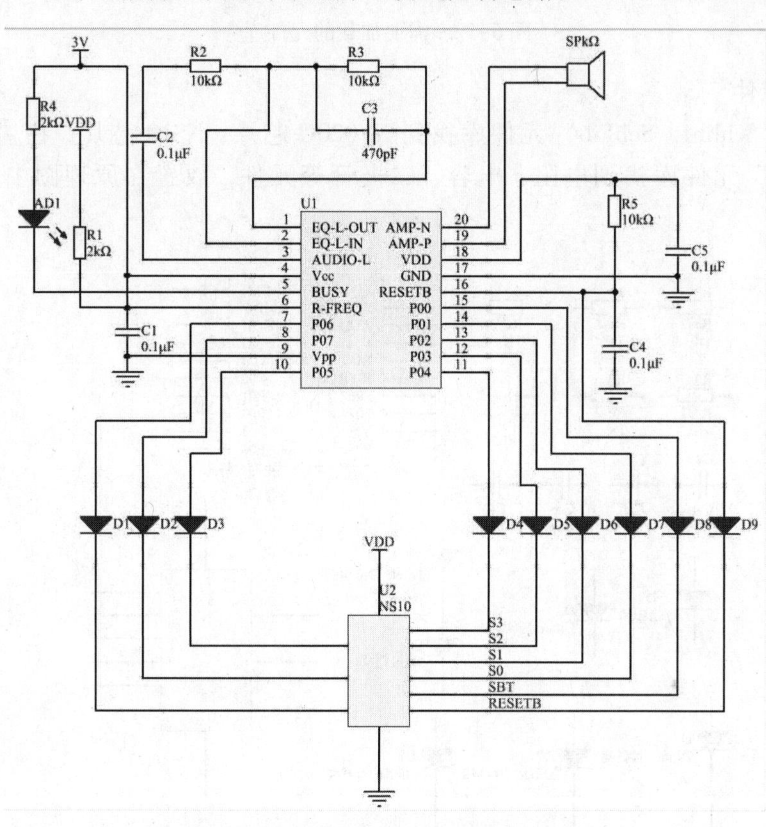

图 6-21　汽车多功能报警器电路

在本例中，主要学习原理图绘制完成后的原理图编译和打印输出。

1. 建立工作环境

（1）在 Altium Designer 17 主界面中，选择菜单栏中的“文件”→“New”（新建）→“Project”（工程）命令，在弹出的对话框中创建“汽车多功能报警器电路.PrjPCB”工程文件。

（2）选择菜单栏中的“文件”→“New（新建）”→“原理图”命令，然后右键单击鼠标选择“保存为”菜单命令将新建的原理图文件保存为“汽车多功能报警器电路.SchDoc”。

2. 加载元件库

选择菜单栏中的“设计”→“添加/移除库”命令，打开“可用库”对话框，然后在其中加载需要的元件库。本例中需要加载的元件库如图 6-22 所示。

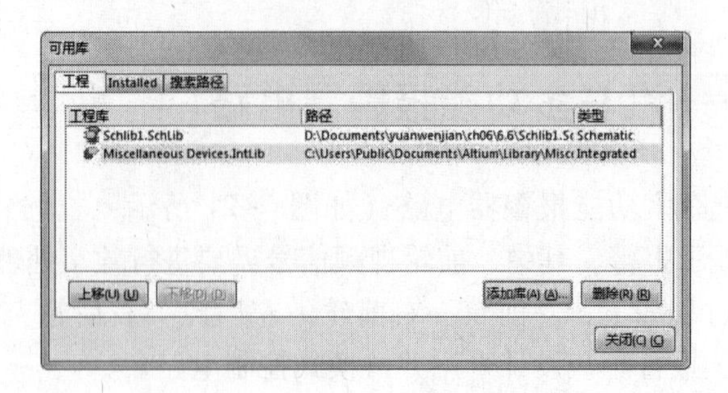

图 6-22　需要加载的元件库

3. 放置元件

（1）在“Schlib1. SchLib”元件库找到 NV020C 芯片、NS10 芯片，在“Miscellaneous Devices. IntLib”元件库找到电阻、电容、二极管等元件，放置在原理图中，如图 6-23 所示。

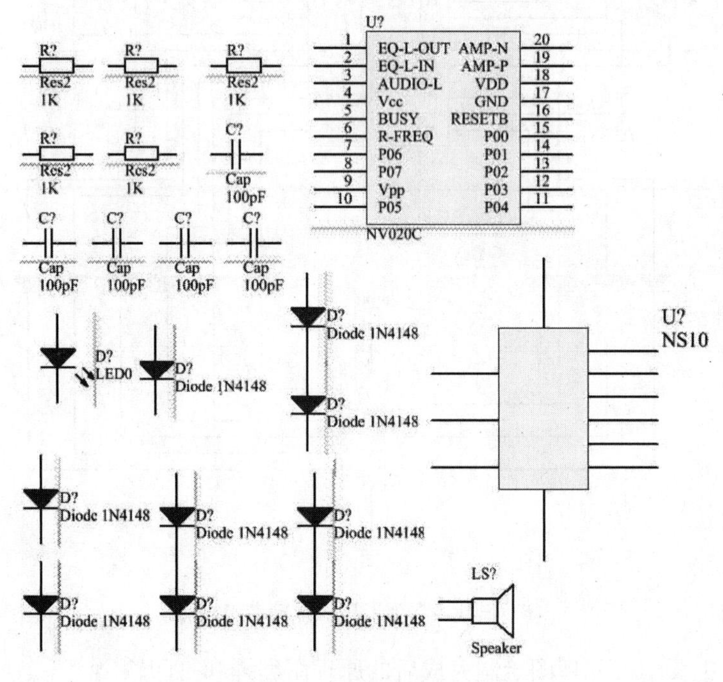

图 6-23　放置元件

4. 元件属性清单

元件属性清单包括元件的编号、注释和封装形式等，本例电路图的元件属性清单见表 6-1。

表 6-1　元件属性清单

编　　号	注释/参数值	封 装 形 式
U1	NV020C	DIP20
U2	NS10	HDR1X11
C1	0. 1μF	RAD - 0. 3
C2	0. 1μF	RAD - 0. 3

（续）

编　号	注释/参数值	封装形式
C3	470pF	RAD-0.3
C4	0.1μF	RAD-0.3
C5	0.1μF	RAD-0.3
D1	Diode 1N4148	D0-35
D2	Diode 1N4148	D0-35
D3	Diode 1N4148	D0-35
D4	Diode 1N4148	D0-35
D5	Diode 1N4148	D0-35
D6	Diode 1N4148	D0-35
D7	Diode 1N4148	D0-35
D8	Diode 1N4148	D0-35
D9	Diode 1N4148	D0-35
AD1	LED0	LED-0
R1	2kΩ	AXIAL-0.4
R2	10kΩ	AXIAL-0.4
R3	10kΩ	AXIAL-0.4
R4	2kΩ	AXIAL-0.4
R5	10kΩ	AXIAL-0.4
SPK	Speaker	PIN2

5. 元件布局和布线

（1）完成元件属性设置后对元件进行布局，将全部元器件合理地布置到原理图上。

（2）按照设计要求连接电路原理图中的元件，最后得到完成的电路原理图文件如图6-21所示。

6. 编译参数设置

（1）选择菜单栏中的“工程”→“工程参数”命令，弹出工程属性对话框，如图6-24所示。在“Error Reporting”（错误报告）选项卡的Violation Type Description列表中罗列了网络构成、原理图层次、设计错误类型等报告信息。

（2）单击Connection Matrix选项，显示“Connection Matrix”（连接检测）选项卡。矩阵的上部和右边所对应的元件引脚或端口等交叉点为元素，单击颜色元素，可以设置错误报告类型。

（3）单击Comparator选项，显示“Comparator”（比较）选项卡。在“Comparison Type Description”（比较类型描述）列表中设置元件连接、网络连接和参数连接的差别比较类型，本例选用默认参数。

7. 编译工程

（1）选择菜单栏中的“工程”→“Compile PCB Project 汽车多功能报警电路.PrjPCB”（编译的PCB工程汽车多功能报警电路.PrjCB）菜单命令，对工程进行编译，弹出如图6-25所示的工程编译信息提示框。

（2）检查无误。如有错误，查看错误报告，根据错误报告信息进行原理图的修改，然后重新编译，知道正确位置，最终得到图6-25的结果。

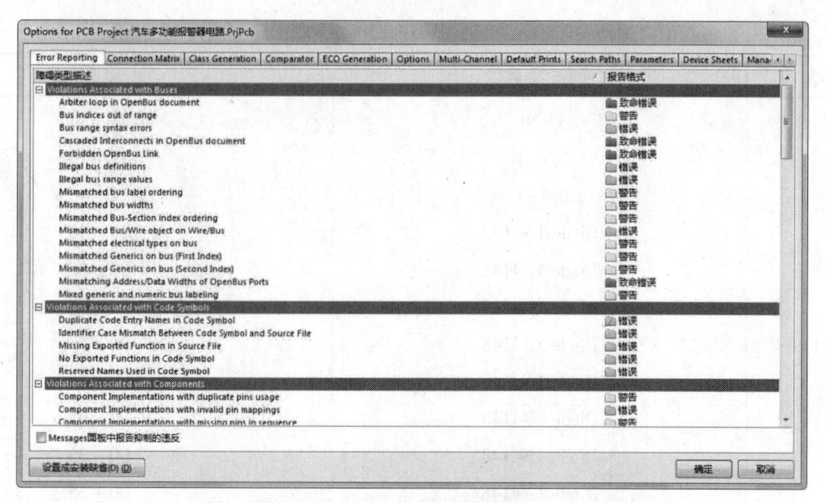

图 6-24　工程属性对话框

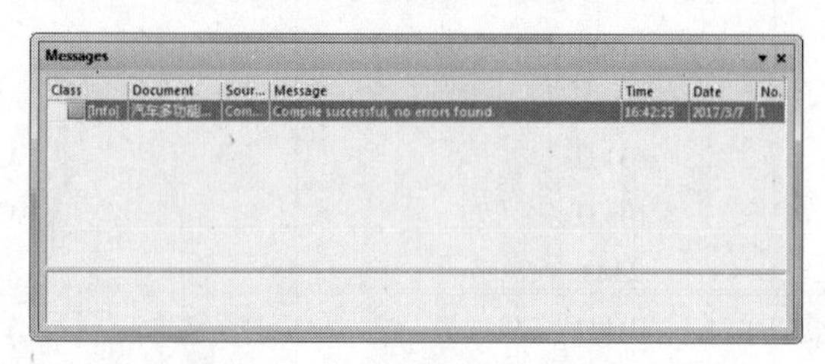

图 6-25　工程编译信息提示框

8. 创建网络表

选择菜单栏中的“设计”→“文件的网络表”→“Protel”（生成原理图网络表）命令，系统自动生成了当前原理图的网络表文件“汽车多功能报警电路.NET”，并存放在当前工程下的“Generated\Netlist Files”文件夹中。双击打开该原理图的网络表文件“汽车多功能报警电路.NET”，如图 6-26 所示。

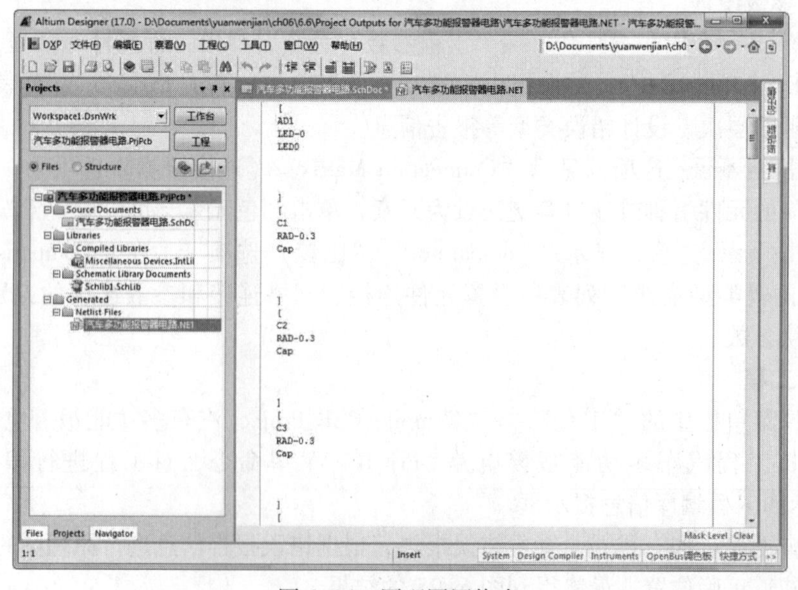

图 6-26　原理图网络表

该网络表的组成形式与上述基于整个工程的网络表是一样的，在此不再重复介绍。

9. 元器件报表的创建

（1）关闭网络表文件，返回原理图窗口。选择菜单栏中得“报告”→“Bill of Materials”（材料清单）命令，系统弹出相应的元件报表对话框，如图 6-27 所示。

（2）在元件报表对话框中，单击“模板”后面的 ⋯ 按钮，在“X：\AD17\Template”目录下，选择系统自带的元件报表模板文件“BOM Default Template. XLT”，如图 6-28 所示。

（3）单击 打开(O) 按钮后，返回元件报表对话框，完成模板添加。单击 确定(O) (O) 按钮，退出对话框。

（4）选择 菜单(M) (M) 菜单下的“报告”菜单命令，则弹出元件报表预览对话框，如图 6-29 所示。

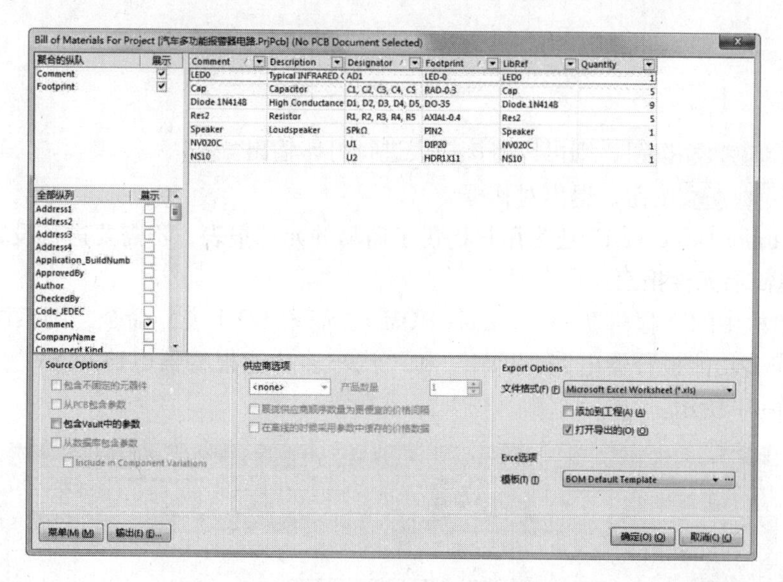

图 6-27　元件报表对话框

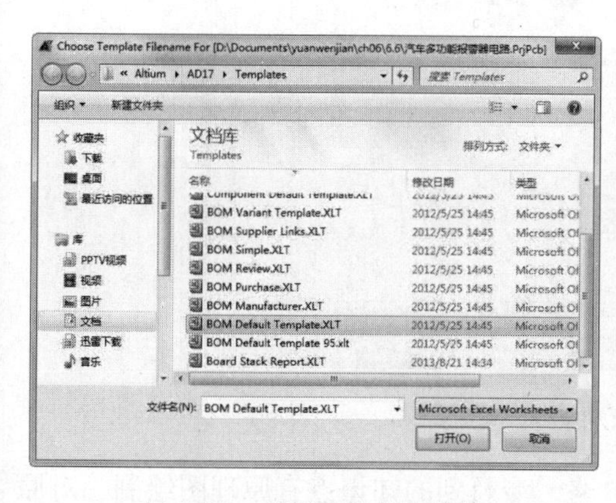

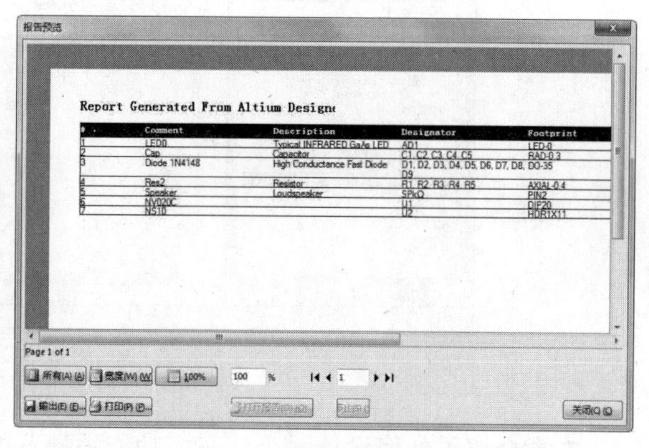

图 6-28　选择元件报表模板

图 6-29　元件报表预览对话框

（5）单击 输出(E) (E)... 按钮，可以将该报表进行保存，默认文件名为“汽车多功能报警器电路 . xls”，是一个 Excel 文件。

（6）单击[打开报告(O)]按钮，打开报表文件，如图 6-30 所示。

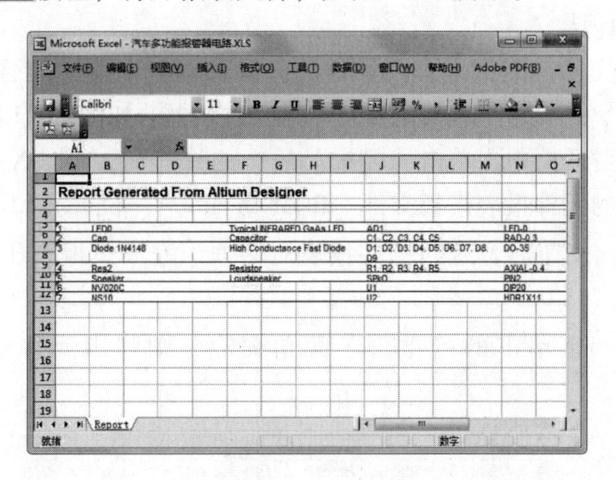

图 6-30　报表文件

（7）单击[打印(P)]按钮，则可以将该报表进行打印输出。

（8）单击[关闭(C)]按钮，退出对话框。

此外，Altium Designer 17 还为用户提供了简易的元件报表，不需要进行设置即可产生。

10. 创建简易元件报表

选择菜单栏中的“报告”→“Simple BOM”（简单 BOM 表）命令，则系统同时产生两个文件“汽车多功能报警器电路 . BOM”和“汽车多功能报警器电路 . CSV”，并加入到工程中，如图 6-31 所示。

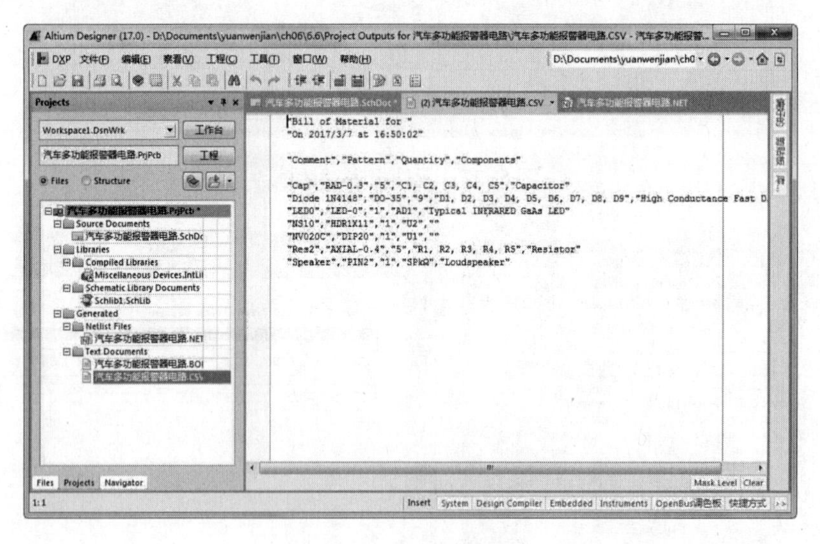

图 6-31　简易元件报表

本章介绍了如何设计一个汽车多功能报警器电路，涉及到的知识点有原理图绘制、对原理图编译、原理图进行查错、修改以及各种报表文件的生成。

第 7 章　PCB 设计基础知识

设计印制电路板是整个工程设计的最终目的。原理图设计得再完美，如果电路板设计得不合理，性能将大打折扣，严重时甚至不能正常工作。制板商要参照用户所设计的 PCB 图来进行电路板的生产。由于要满足功能上的需要，电路板设计往往有很多的规则要求，如要考虑到实际工作中的散热和抗干扰等问题。

本章主要介绍印制电路板的结构、PCB 编辑器的特点、PCB 设计窗口及 PCB 设计流程等知识，使读者对电路板的设计有一个全面的了解。

知识点

- 印制电路板的结构
- PCB 设计窗口
- PCB 编辑器特点
- PCB 设计流程

7.1　PCB 编辑器窗口简介

PCB 编辑器窗口主要包括菜单栏、工具栏和工作面板 3 个部分，如图 7-1 所示。

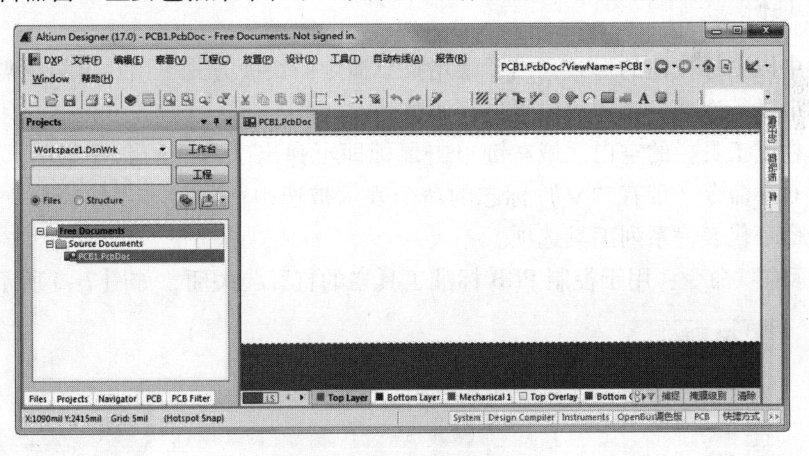

图 7-1　PCB 编辑器窗口

与原理图编辑器的窗口一样，PCB 编辑器窗口也是在软件主窗口的基础上添加了一系列菜单栏和工具栏，这些菜单栏及工具栏主要用于 PCB 设计中的电路板设置、布局、布线及工程操作等。菜单栏与工具栏基本上是对应的，大部分菜单命令都能通过工具栏中的相应按钮来完成。右键单击鼠标工作窗口将弹出一个右键快捷菜单，其中包括一些 PCB 设计中常用的命令。

7.1.1 菜单栏

在 PCB 设计过程中，各项操作都可以使用菜单栏中相应的命令来完成，菜单栏中的各菜单命令功能简要介绍如下：

- “文件”菜单：用于文件的新建、打开、关闭、保存与打印等操作。
- “编辑”菜单：用于对象的复制、粘贴、选取、删除、导线切割、移动、对齐等编辑操作。
- “察看”菜单：用于实现对视图的各种管理，如工作窗口的放大与缩小，各种工具、面板、状态栏及节点的显示与隐藏等，以及 3D 模型、公英制单位转换等。
- “工程”菜单：用于实现与项目有关的各种操作，如项目文件的新建、打开、保存与关闭，工程项目的编译及比较等。
- “放置”菜单：包含了在 PCB 中放置导线、字符、焊盘、过孔等各种对象，以及放置坐标、标注等命令。
- “设计”菜单：用于添加或删除元件库、导入网络表、原理图与 PCB 间的同步更新及印刷电路板的定义，以及电路板形状的设置、移动等操作。
- “工具”菜单：用于为 PCB 设计提供各种工具，如 DRC 检查、元件的手动与自动布局、PCB 图的密度分析及信号完整性分析等操作。
- “自动布线”菜单：用于执行与 PCB 自动布线相关的各种操作。
- “报告”菜单：用于执行生成 PCB 设计报表及 PCB 尺寸测量等操作。
- “Windows”（窗口）菜单：用于对窗口进行各种操作。
- “帮助”菜单：用于打开帮助菜单。

7.1.2 工具栏

工具栏中以图标按钮的形式列出了常用菜单命令的快捷方式，用户可根据需要对工具栏中包含的命令进行选择，对摆放位置进行调整。

在菜单栏或工具栏的空白区域右键单击鼠标即可弹出工具栏的命令菜单，如图 7-2 所示。它包含 6 个命令，带有“√”标志的命令表示被选中而出现在工作窗口上方的工具栏中。每一个命令代表一系列工具选项。

“PCB 标准”命令：用于控制 PCB 标准工具栏的打开与关闭，如图 7-3 所示。

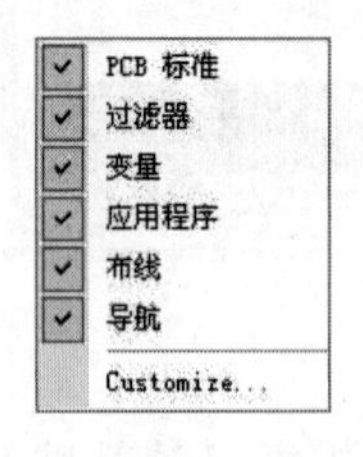

图 7-2　工具栏的命令菜单

图 7-3　PCB 标准工具栏

- “过滤器”命令：用于控制过滤工具栏 (All) 的打开与关闭，可以快速定位各种对象。
- “变量”命令：用于控制变量工具栏的打开与关闭。

- “应用程序” 命令：用于控制实用工具栏的打开与关闭。
- “布线” 命令：用于控制连线工具栏的打开与关闭。
- “导航” 命令：用于控制导航工具栏的打开与关闭。通过这些按钮，可以实现在不同窗口之间的快速跳转。
- “Customize”（用户定义）命令：用于用户自定义设置。

7.2 新建 PCB 文件

新建 PCB 文件有 3 种方法，下面分别进行介绍。

7.2.1 利用 PCB 设计向导创建 PCB 文件

Altium Designer 17 提供了 PCB 设计向导，以帮助用户在向导的指引下建立 PCB 文件，这样可以大大减少用户的工作量。尤其是在设计一些通用的标准接口板时，通过 PCB 设计向导，可以完成外形、板层、接口等各项基本设置，十分便利。操作步骤如下：

（1）打开 “File”（文件）面板，单击 “从模板新建文件” 选项栏中的 “PCB Board Wizard”（PCB 板向导）选项，即可打开 “PCB 板向导” 对话框，如图 7-4 所示。

（2）单击 “下一步” 按钮，弹出如图 7-5 所示的 PCB 单位设置对话框。通常采用英制单位，因为大多数元件封装的引脚都采用英制，这样的设置有利于元件的放置、引脚的测量等操作，后面的设定将都以此单位为依据。

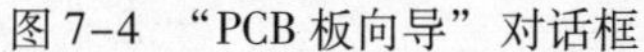
图 7-4 “PCB 板向导” 对话框

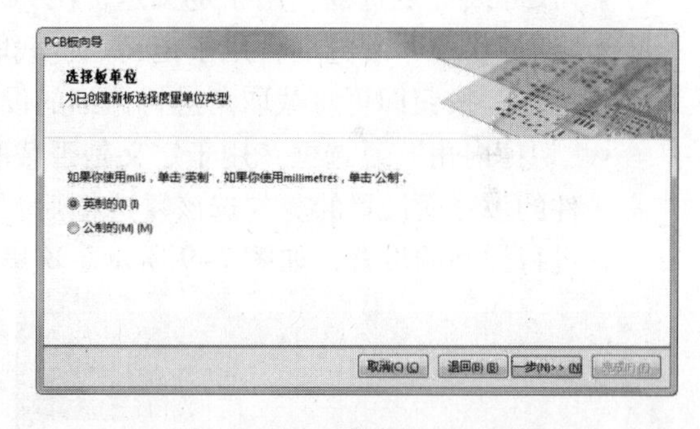

图 7-5 PCB 单位设置对话框

（3）单击 “下一步” 按钮，弹出如图 7-6 所示的电路板配置文件对话框。系统提供了一些标准电路板配置文件，以方便用户选用。在这里我们自行定义 PCB 规格，故选择 “Custom”（自定义）选项。

（4）单击 “下一步” 按钮，弹出如图 7-7 所示的电路板详情对话框。在该对话框中，可以设置电路板的轮廓形状、电路板尺寸、尺寸标注放置的层面、边界导线宽度、尺寸线宽度、禁止布线区与电路板边沿之间的距离等，各选项的功能如下：

- “外形形状” 选项栏：用于定义板的外形。有 “矩形”、“圆形” 和 “定制的” 3 个单选钮。
- “板尺寸” 选项栏：用于定义 PCB 的尺寸，不同的外形选择对应不同的设置。矩形

PCB 可以进行“宽度”和“高度”的设置；圆形 PCB 则可进行“半径”的设置；用户自定义的 PCB 可以进行“宽度”和“高度”的设置。

- “尺寸层”下拉列表框：一般保持默认的“Mechanical Layer 1”（机械层）设置。

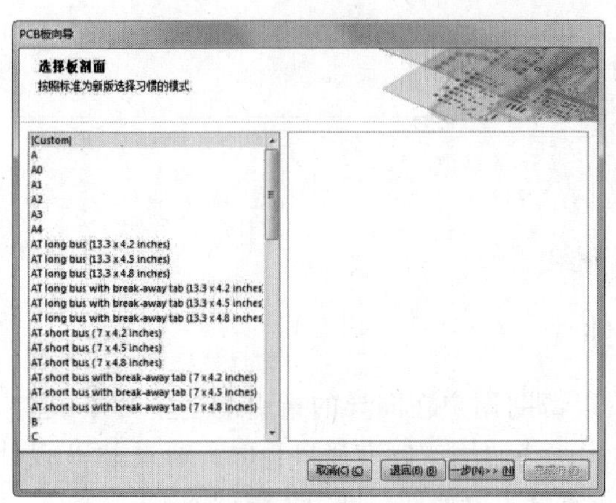

图 7-6　电路板配置文件对话框

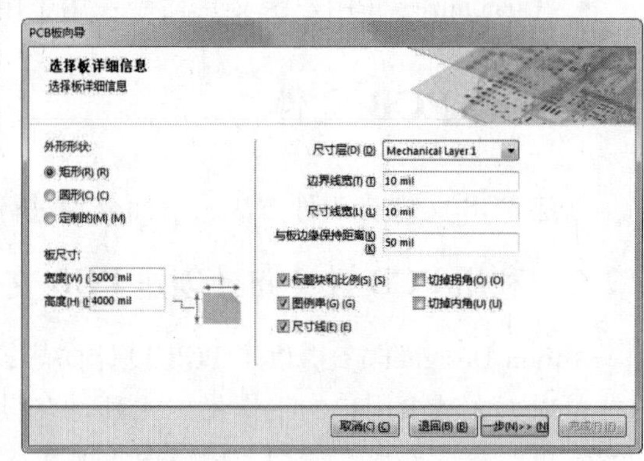

图 7-7　电路板详情对话框

- “边界线宽”文本框：通常情况下保持默认的“10 mil”设置。
- “尺寸线宽”文本框：用于设置尺寸线的宽度，通常情况下保持默认的“10 mil”设置。
- “与板边缘保持距离”文本框：保持默认设置“50 mil”不变。
- “标题块和比例”复选框：用于定义是否在 PCB 上设置标题栏。
- “图例串”复选框：用于定义是否在 PCB 上添加图例字符串。
- “尺寸线”复选框：用于定义是否在 PCB 上设置尺寸线。
- “切掉拐角”复选框：用于定义是否截取 PCB 的一个角。勾选该复选框后，单击“下一步”按钮即可对截取角进行详细的设置，如图 7-8 所示。
- “切掉内角”复选框：用于定义是否截取电路板的中心部位，该复选框通常是为了元件的散热而设置的。勾选该复选框后，单击“下一步”按钮即可对截取的中心部位进行详细的设置，如图 7-9 所示。这里使用默认的参数设置。

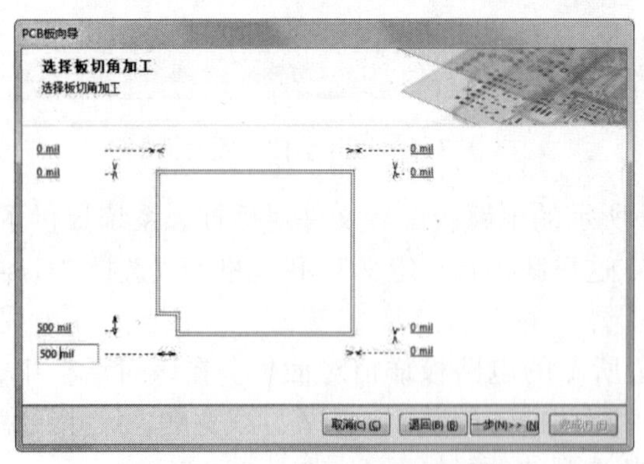

图 7-8　设置截取角

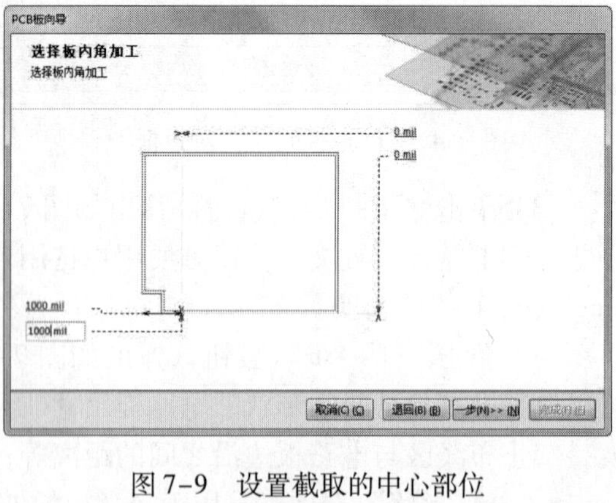

图 7-9　设置截取的中心部位

（5）用户自定义类型设置完毕后，单击“下一步”按钮，弹出如图 7-10 所示的电路板层数设置对话框，此处设置两个信号层和两个内部电源层。双面板的两个信号层通常为

“信号层”和“电源平面”。

（6）单击“下一步”按钮，弹出如图 7-11 所示的过孔类型设置对话框，包含“仅通孔的过孔”和“仅盲孔和埋孔”两个单选钮。

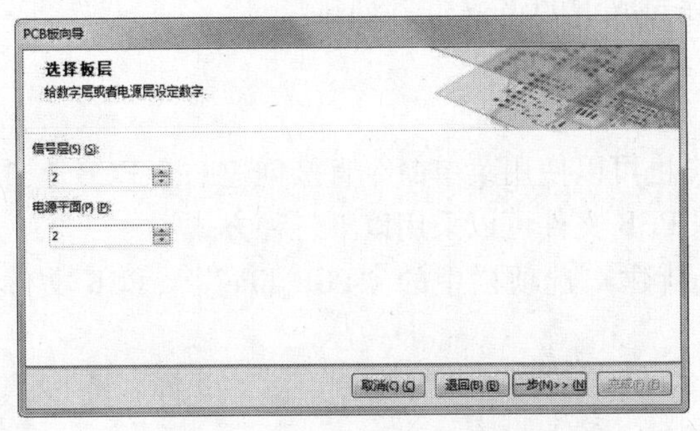

图 7-10　电路板层数设置对话框

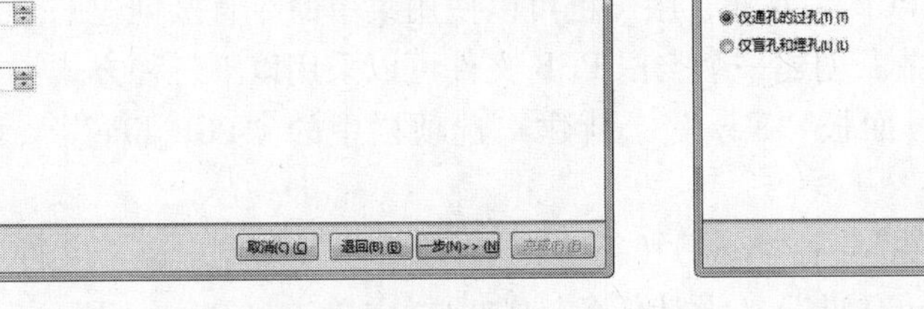

图 7-11　过孔类型设置对话框

（7）单击“下一步”按钮，弹出如图 7-12 所示的选择元件和布线方法对话框。这里选择表面装配元件，不将元件放在板两侧。

（8）单击“下一步”按钮，弹出如图 7-13 所示的选择默认导线和过孔尺寸对话框，可以对 PCB 走线最小轨迹尺寸、最小过孔宽度、最小过孔孔径大小和最小间隔参数进行设置。

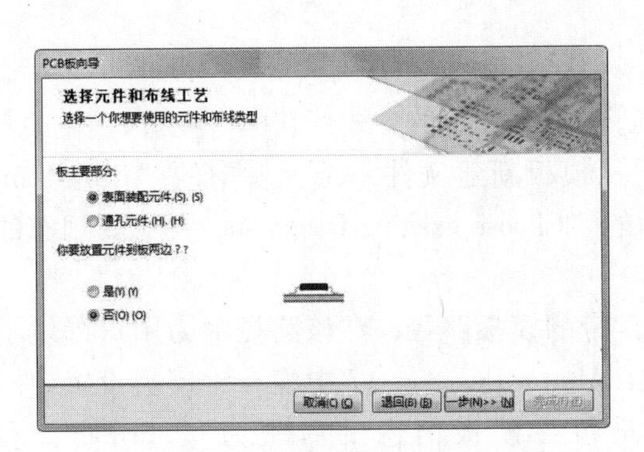

图 7-12　选择元件和布线方法对话框

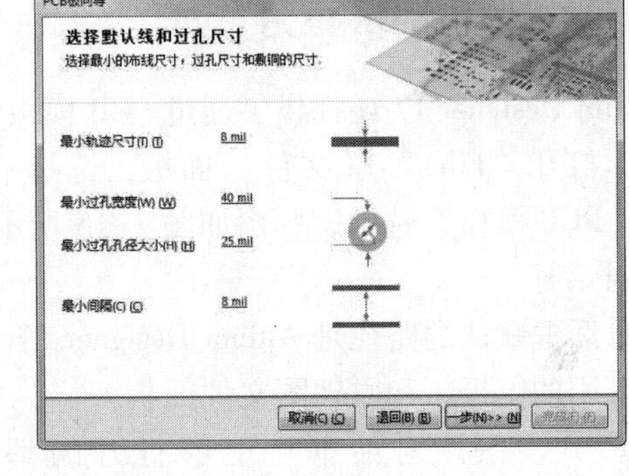

图 7-13　选择默认导线和过孔尺寸对话框

（9）单击“下一步”按钮，弹出如图 7-14 所示的电路板设计向导完成对话框。

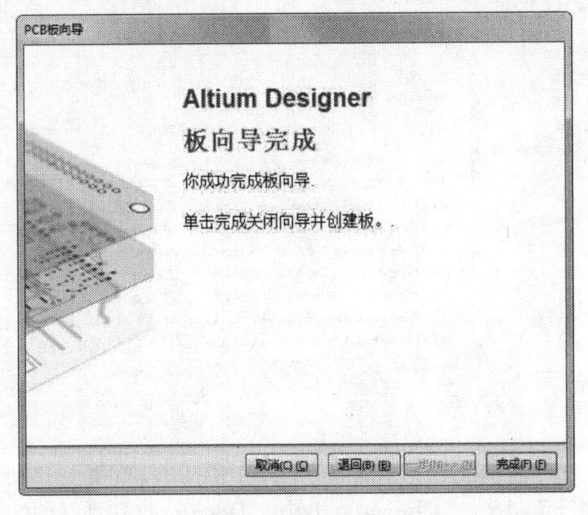

图 7-14　电路板设计向导完成对话框

单击“完成”按钮，系统根据前面的设置已经创建了一个默认名为“PCB1. PcbDoc”的文件，同时进入 PCB 编辑环境中，在工作窗口中显示了 PCB1 板形轮廓。

该设置过程中所定义的各种规则适用于整个电路板，用户也可以在接下来的设计中对不满意之处进行修改。至此，利用 PCB 设计向导完成了 PCB 文件的创建。

7.2.2 利用菜单命令创建 PCB 文件

除了采用设计向导生成 PCB 文件外，用户也可以使用菜单命令直接创建一个 PCB 文件，之后再为该文件设置各种参数。创建一个空白 PCB 文件可以采用以下三种方式：

- 选择“File”（文件）面板“New”（新建）选项栏中的“PCB File”（PCB 文件）选项。
- 选择菜单栏中的“文件”→“New”（新建）→“PCB”（印制电路板文件）命令。
- 在工作窗口的“Design Tasks”（设计任务）选项栏中单击“Printed Circuit Board Design”（印制电路板设计）选项，弹出“Printed Circuit Board Design”（印制电路板设计）页面后，在“PCB Document”（PCB 文档）选项栏中选择“New Blank PCB Document”（新建空 PCB 文档）选项。

新创建的 PCB 文件的各项参数均采用系统默认值。在进行具体设计时，我们还需要对该文件的各项参数进行设置，这些将在本章后面的内容中进行介绍。

7.2.3 利用模板创建 PCB 文件

Altium Designer 17 还提供了通过 PCB 模板创建 PCB 文件的方式，其操作步骤如下：

（1）打开“Files”（文件）面板，选择“从模板新建文件”选项栏中的“PCB Templates”（PCB 模板）选项，弹出如图 7-15 所示的“Choose existing Document”（选择现有的文件）对话框。

该对话框默认的路径是 Altium Designer 17 自带的模板路径，在该路径中为用户提供了很多个可用的模板。和原理图文件面板一样，在 Altium Designer 17 中没有为模板设置专门的文件形式，在该对话框中能够打开的都是包含模板信息的后缀为“. PrjPcb”和“. PcbDoc”的文件。

图 7-15 “Choose existing Document”对话框

（2）从对话框中选择所需的模板文件，然后单击“打开”按钮即可生成一个 PCB 文件，生成的文件将显示在工作窗口中。

由于通过模板生成 PCB 文件的方式操作起来非常简单，因此，建议用户在从事电子设计时将自己常用的 PCB 保存为模板文件，以便于以后的工作。

7.3　PCB 面板的应用

PCB 编辑器中包含多个工作面板，如“Files”（文件）面板、“Projects”（工程）面板、“PCB”面板等。本节主要介绍“PCB”面板的应用。

在 PCB 设计中，最重要的一个面板就是“PCB”面板，如图 7-16 所示。该面板的功能与原理图编辑中的“Navigator”（导航）面板相似，可用于对电路板上的各种对象进行精确定位，并以特定的效果显示出来。在该面板中还可以对各种对象（如网络、规则及元件封装等）的属性进行设置。总体来说，通过该面板可以对整个电路板进行全局的观察及修改，其功能非常强大。

1. 定位对象的设置

单击“PCB”面板最上部的下拉列表按钮，可在该下拉列表框中选择想要查看的对象，如图 7-17 所示。

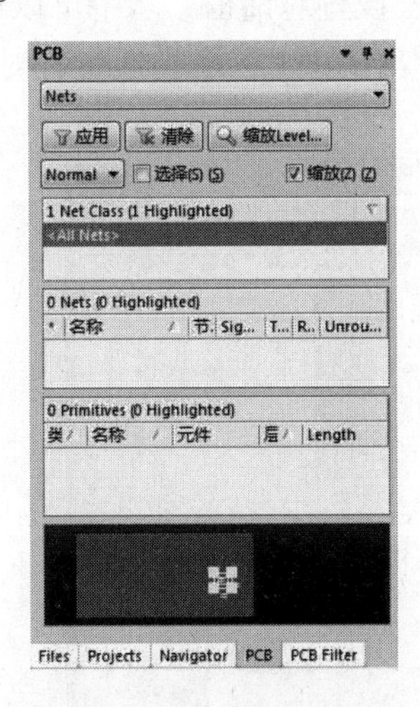

图 7-16　“PCB”面板

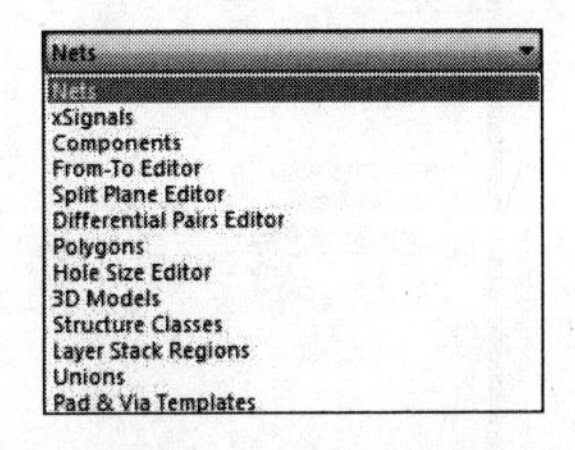

图 7-17　下拉列表框

选择其中的一项（这里以选择“Nets”选项为例），此时将在面板下面的各列表框中列出该电路板中与“Nets”相关的所有信息。

- “Net Class”（网络类）列表框：网络类，如导线类、总线类等。
- “Nets”（网络）列表框：每一个网络类包含的所有网络列表。在“Net Class”（网络类）列表框中单击某一个网络类，即可在此列表框中显示该网络类包含的所有网络信息。
- “Primitives”（图元）列表框：每一个网络中的对象，如焊盘、导线或者过孔等。单击“Nets”（网络）列表框中的某一网络，即可在此列表框中显示该网络中包含的对象信息。如图 7-18 所示为 D0 网络对象的定位显示。

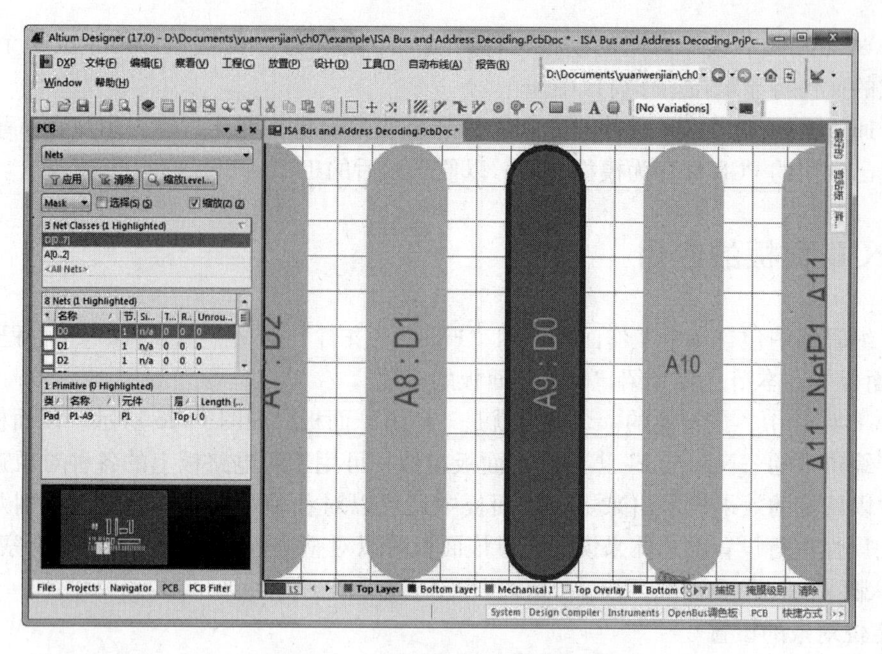

图 7-18　D0 网络对象的定位显示

双击列表框中任意选项即可打开该项内容的属性设置对话框，从中可以对电路板中对象的任何信息进行修改。例如，双击网络对象 D0，弹出的 D0 网络属性设置对话框如图 7-19 所示。

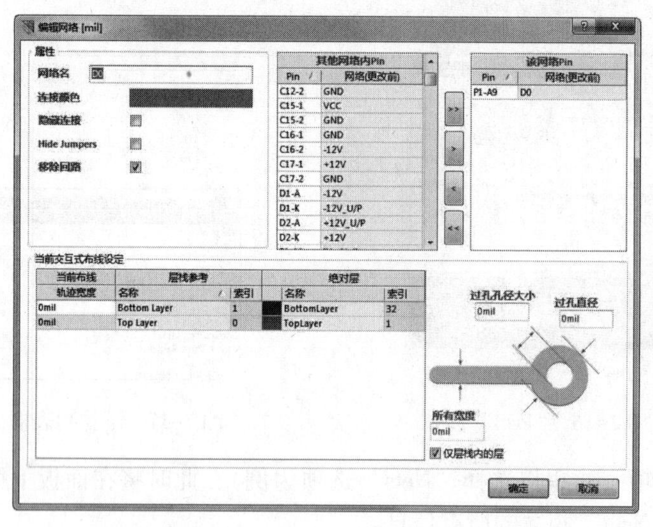

图 7-19　设置 D0 网络属性

在图 7-17 所示下拉列表中选择其他选项时，其“PCB”面板自顶向下各列表框中显示的对象分别介绍如下。

- 如果选择“Components”（元件）选项，则自顶向下各列表框中显示的对象分别为元件分类、选中分类中的所有元件及选中元件的相关信息。
- 如果选择“Rules and Violations”（规则和违例）选项，则自顶向下各列表框中显示的对象分别为规则分类、选中分类中的所有规则及违例的信息。

- 如果选择“From - To Editor”（连接指示线编辑器）选项，则自顶向下各列表框中显示的对象分别为起点网络和终点网络及各连接指示线的起始点焊盘。
- 如果选择“Split Plane Editor”（分割中间层编辑器）选项，则自顶向下各列表框中显示的对象是“Split Plane”（分割层）的网络信息。需要注意的是，只有当电路板的“Layer Stack Manager”（层管理）中设置了“Internal Plane”（内平面）时，选择该选项时才会有内容。
- 如果选择“Hole Size Editor”（钻孔尺寸编辑器）选项，则自顶向下各列表框中分别为不同类型的选择条件以及焊盘（钻孔）尺寸、数量、所属层等相关信息。
- 如果选择“3D Models”（3D 模型）选项，则自顶向下各列表框中显示的对象分别为元件分类、选中分类中的所有元件及选中元件的 3D 模型信息。

2. 定位对象效果显示的设置

定位对象时，电路板上的相应显示效果可以通过以下两个复选框进行设置。

- “选择”复选框：用于定义在定位对象时是否将该对象置于选中状态（在对象周围出现虚线框时即表示处于选中状态）。
- “缩放”复选框：用于定义在定位对象时是否同时放大显示该对象。

3. PCB 缩略图显示窗口

在“PCB”面板的最下面是 PCB 的缩略图显示窗口，如图 7-20 所示。中间的绿色框为电路板，最小的空心边框为此时显示在工作窗口的区域。在该窗口中可以通过鼠标操作，对工作窗口中的 PCB 图进行快速移动及视图的放大、缩小等操作。

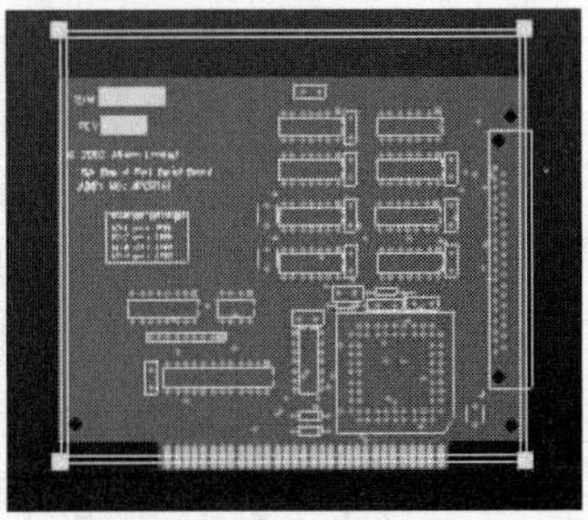

图 7-20 PCB 缩略图显示窗口

4. “PCB”面板的按钮

“PCB”面板中有 3 个按钮，主要用于视图显示的操作，功能分别如下：

- “应用”按钮：单击该按钮，可恢复前一步工作窗口中的显示效果，类似于“撤销”操作。
- “清除”按钮：单击该按钮，可恢复印刷电路板的最初显示效果，即完全显示 PCB 中的所有对象。
- “缩放 Level”按钮：单击该按钮，可精确设置显示对象的放大程度。

5. “PCB”下拉列表框

“PCB”下拉列表框中有 3 个选项，功能分别如下：

- “Normal”（正常）选项：表示在显示对象时正常显示其他未选中的对象。
- “Mask”（遮挡）选项：表示在显示对象时遮挡其他未选中的对象。遮挡程度可在工作窗口右下角的“Mask level”（透明度）标签中进行设置。
- “Dim”（变暗）选项：表示在显示对象时按比例降低亮度，显示其他未选中的对象。

7.4 电路板物理结构及编辑环境参数设置

对于手动生成的 PCB，在进行 PCB 设计前，必须对电路板的各种属性进行详细的设置，主要包括板形的设置、PCB 图纸的设置、电路板层的设置、层的显示设置、颜色的设置、布线框的设置、PCB 系统参数的设置及 PCB 设计工具栏的设置等。

7.4.1 电路板物理边框的设置

1. 边框线的设置

电路板的物理边界即为 PCB 的实际大小和形状，板形的设置是在“Mechanical 1”（机械层）上进行的。根据所设计的 PCB 在产品中的安装位置、所占空间的大小、形状及与其他部件的配合来确定 PCB 的外形与尺寸。具体的操作步骤如下：

（1）新建一个 PCB 文件，使之处于当前的工作窗口中，如图 7-1 所示。

默认的 PCB 图为带有栅格的黑色区域，包括以下 13 个工作层。

- 两个信号层“Top Layer”（顶层）和“Bottom Layer”（底层）：用于建立电气连接的铜箔层。
- “Mechanical 1”（机械层）：用于设置 PCB 与机械加工相关的参数，以及用于 PCB 3D 模型放置与显示。
- “Top Overlay”（顶层丝印层）和“Bottom Overlay”（底层丝印层）：用于添加电路板的说明文字。
- “Top Paste”（顶层锡膏防护层）、“Bottom Paste”（底层锡膏防护层）、“Top Solder”（顶层阻焊层）和“Bottom Solder”（底层阻焊层）：用于保护铜线，也可以防止焊接错误。系统允许 PCB 设计包含这 4 个阻焊层。
- “Keep - Out Layer”（禁止布线层）：用于设立布线范围，支持系统的自动布局和自动布线功能。
- “Drill Guide”（钻孔层）和“Drill Drawing”（钻孔图层）：用于描述钻孔图和钻孔位置。
- “Multi - Layer”（多层同时显示）：可实现多层叠加显示，用于显示与多个电路板层相关的 PCB 细节。

（2）单击工作窗口下方“Mechanical 1”（机械层）标签，使该层面处于当前工作窗口中。

（3）选择菜单栏中的“放置”→“走线”命令，此时光标变成十字形状。然后将光标移到工作窗口的合适位置，单击即可进行线的放置操作，每单击一次就确定一个固定点。通常将板的形状定义为矩形，但在特殊的情况下，为了满足电路的某种特殊要求，也可以将板形定义为圆形、椭圆形或者不规则的多边形。这些都可以通过“放置”菜单来完成。

（4）当放置的线组成了一个封闭的边框时，就可结束边框的绘制。右键单击鼠标或者按〈Esc〉键退出该操作，绘制好的 PCB 边框如图 7-21 所示。

（5）设置边框线属性。双击任一边框线即可弹出该边框线的设置对话框，如图 7-22 所示。为了确保 PCB 图中边框线为封闭状态，可以在该对话框中对线的起始和结束点进行设置，使一段边框线的终点为下一段边框线的起点。其主要选项的含义如下：

- “层”下拉列表框：用于设置该线所在的电路板层。用户在开始画线时可以不选择“Mechanical 1”层，在此处进行工作层的修改也可以实现上述操作所达到的效果，只是这样需要对所有边框线段进行设置，操作起来比较麻烦。
- “网络”下拉列表框：用于设置边框线所在的网络。通常边框线不属于任何网络，即不存在任何电气特性。

●“锁定”复选框：勾选该复选框时，边框线将被锁定，无法对该线进行移动等操作。
●“使在外”复选框：用于定义该边框线属性是否为“使在外”。具有该属性的对象被定义为板外对象，将不出现在系统生成的“Gerber”文件中。

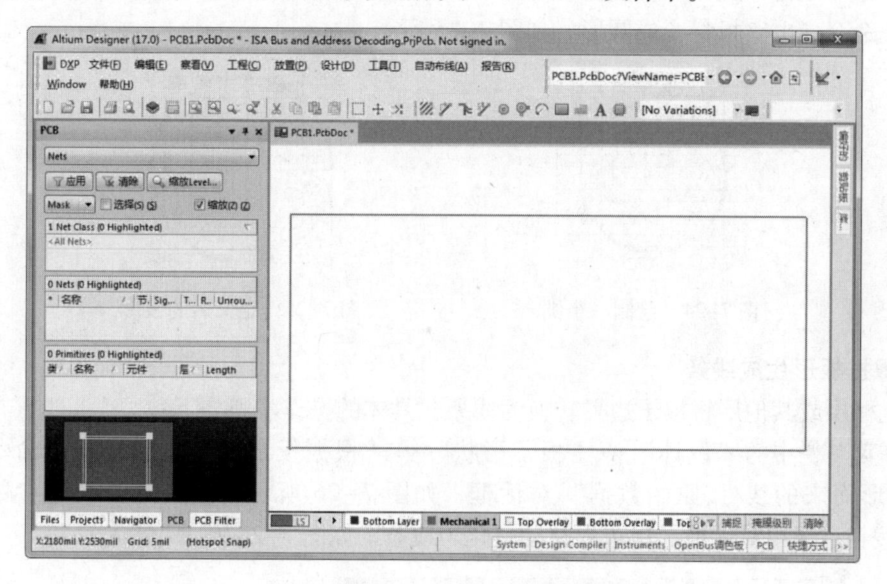

图 7-21　绘制好的 PCB 边框

完成以上选项的设置后，单击“确定”按钮，则可完成边框线的属性设置。

2. 板形的修改

对边框线进行设置的主要目的是给制板商提供加工电路板形状的依据。用户也可以在设计时直接修改板形，即在工作窗口中可直接看到自己所设计的电路板的外观形状，然后对板形进行修改。板形的设置与修改主要通过“设计”菜单中的“板子形状”子菜单来完成，如图 7-23 所示。

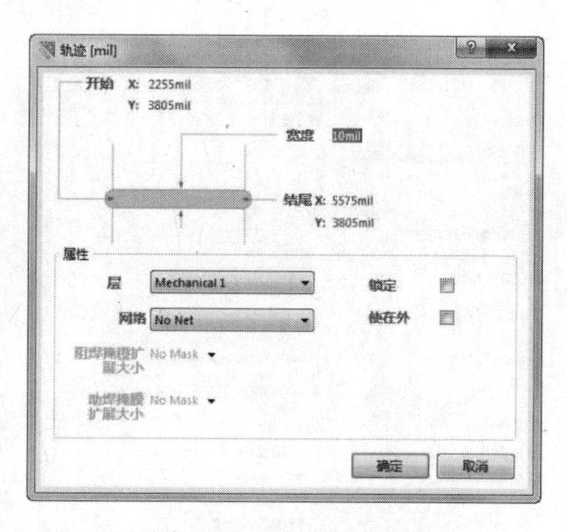

图 7-22　设置边框线

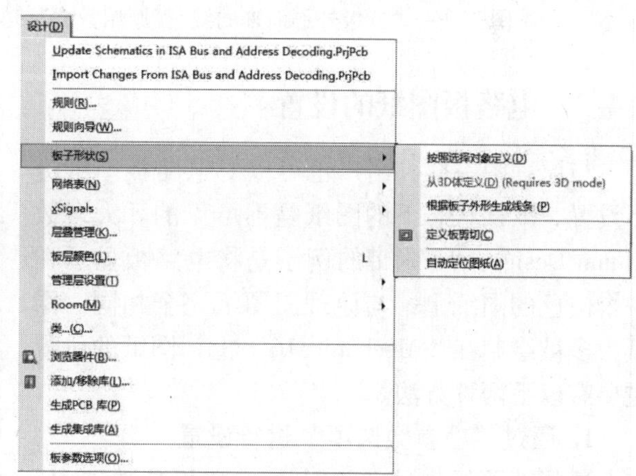

图 7-23　“板子形状”子菜单

3. 按照选定对象定义

在机械层或其他层可以利用线条或圆弧定义一个内嵌的边界，以新建对象为参考重新定义板形。具体的操作步骤如下。

（1）选择菜单栏中的“放置”→“圆弧”命令，在电路板上绘制一个圆，如图7-24所示。

（2）选中已绘制的圆，然后选择菜单栏中的“设计”→“板子形状”→“按照选定对象定义”命令，电路板将变成圆形，如图7-25所示。

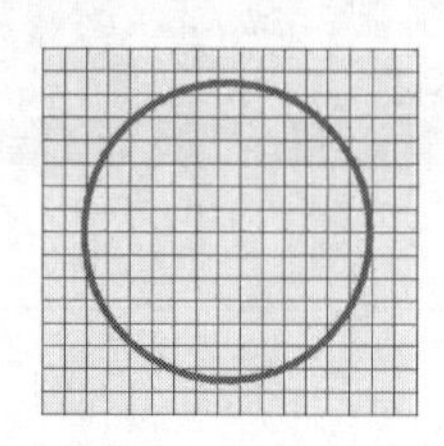

图7-24　绘制一个圆

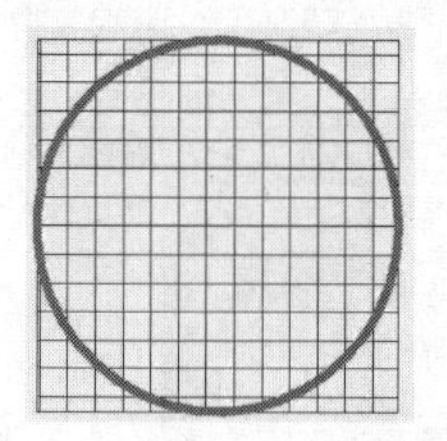

图7-25　定义后的板形

4. 根据板形生成线条

在机械层或其他层将板子边界转换为线条。具体的操作步骤如下：

选择菜单栏中的“设计”→“板子形状”→“根据板子外形生成线条”命令，弹出“从板外形而来的线/弧原始数据”对话框，如图7-26所示。按照需要设置参数，单击 确定 按钮，退出对话框，板边界自动转化为线条，如图7-27所示。

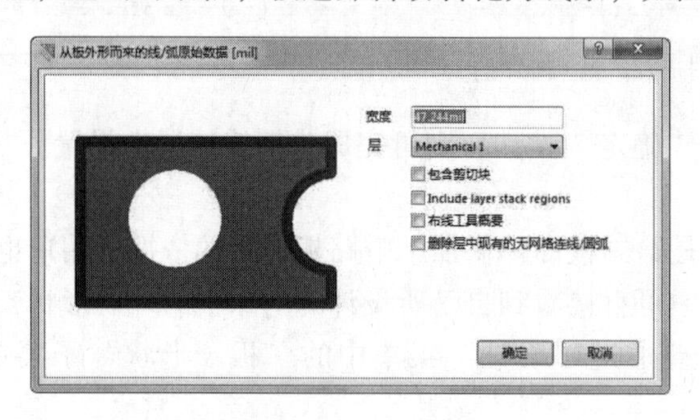

图7-26　“从板外形而来的线/弧原始数据”对话框

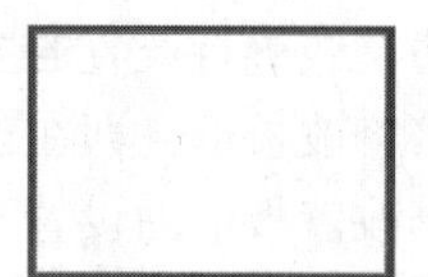

图7-27　转化边界

7.4.2　电路板图纸的设置

与原理图一样，用户也可以对电路板图纸进行设置，默认状态下的图纸是不可见的。大多数Altium Designer 17附带的例子是将电路板显示在一个白色的图纸上，与原理图图纸完全相同。图纸大多被绘制在“Mechanica16”上，图纸的设置主要有以下两种方法。

1. 通过“板参数选项”进行设置

选择菜单栏中的“设计”→“板参数选项”命令，或用快捷键〈D〉+〈O〉，弹出“板选项”对话框，如图7-28所示。

图7-28　“板选项”对话框

其中各选项组的功能如下：

- “度量单位”选项组：用于设置PCB中的

度量单位。考虑到目前的电子元件封装尺寸以英制单位为主，以公制单位描述封装信息的元件很少，因此建议选择英制单位“Imperial”（英制）。

- “图纸位置”选项组：用于设置 PCB 图纸。从上到下依次可对图纸在 X 轴的位置、Y 轴的位置、图纸的宽度、图纸的高度、图纸的显示状态及图纸的锁定状态等属性进行设置，参照原理图图纸的光标定位方法对图纸的大小进行合适的设置。对图纸进行设置后，勾选“显示页面”复选框即可在工作窗口中显示图纸。
- 图纸信息设置完成后单击“确定”按钮，即可完成设置。

PCB 文件中的格点设置比原理图文件中的格点设置选项要多，因为 PCB 文件中格点的放置要求更精确。在 PCB 文件中，格点的 X 值与 Y 值可以不同。在 PCB 编辑器中，图纸格点和元件格点可以设置成不同的值，这样比较有利于 PCB 中元件的放置操作。通常将 PCB 格点设置成元件封装的引脚长度或引脚长度的一半。例如，在放置一个引脚长度为 100 mil 的元件时，可以将元件格点设置为 50 mil 或 100 mil，在该元件引脚间布线时可以将“Snap Grids”（捕获栅格）设置为 25 mil。合适地设置格点不仅可以精确地放置元件，还可以提高布通率。

2. 从一个 PCB 模板中添加一个新的图纸

Altium Designer 17 拥有一系列预定义的 PCB 模板，主要存放在安装目录“Altium Designer 17\Templates”下。从 PCB 模板中添加新图纸的操作步骤如下。

（1）单击需要进行图纸操作的 PCB 文件，使之处于当前工作窗口中。

（2）选择菜单栏中的“文件”→“打开”命令，弹出如图 7-29 所示的“Choose Document to Open”（选择打开文件）对话框，选中打开路径下的一个模板文件。

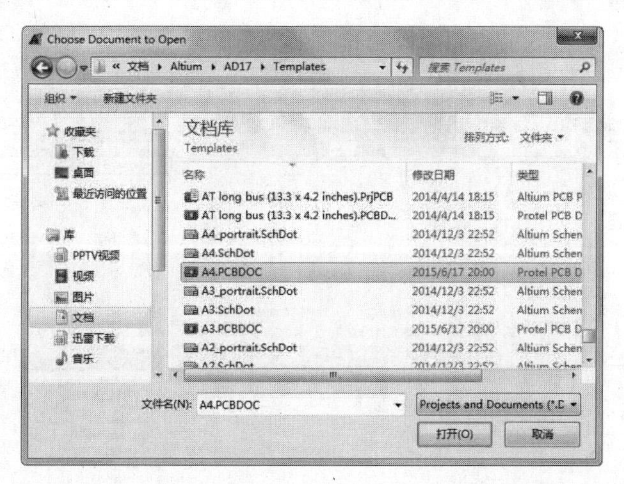

图 7-29 “Choose Document to Open”对话框

（3）单击“打开”按钮，即可将模板文件导入到工作窗口中，如图 7-30 所示。

（4）用光标拉出一个矩形框，选中该模板文件，选择菜单栏中的“编辑”→“复制”命令，进行复制操作。然后切换到要添加图纸的 PCB 文件，选择菜单栏中的“编辑”→“贴粘”命令，进行粘贴操作，此时光标变成十字形状，同时图纸边框悬浮在光标上。

（5）选择合适的位置，然后单击即可放置该模板文件。新页面的内容将被放置到“Mechanical 16”层，但此时并不可见。

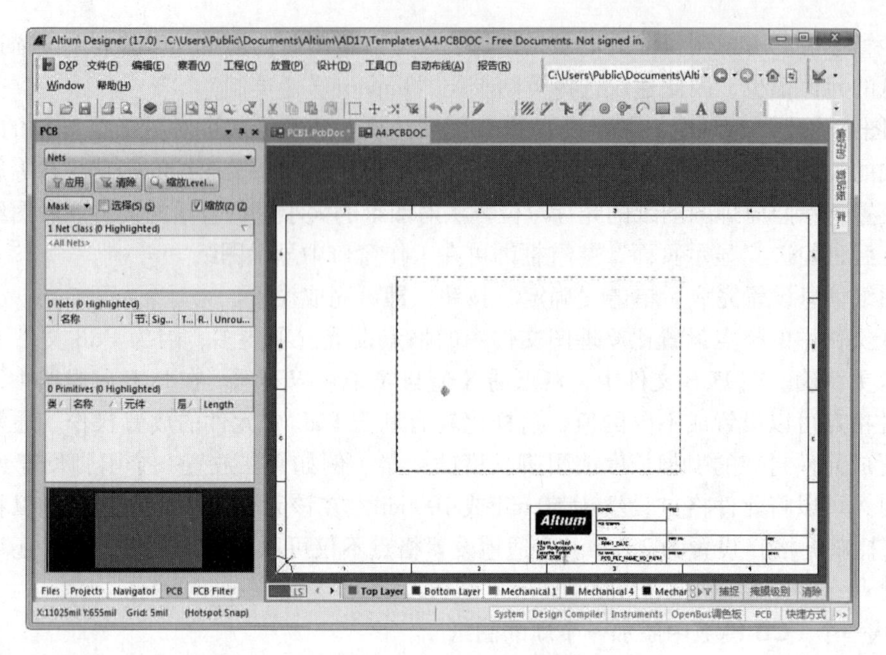

图 7-30　导入 PCB 模板文件

（6）选择菜单栏中的“设计”→“板层颜色”命令，系统将弹出如图 7-31 所示的“视图配置”对话框。在该对话框的右上角“Mechanical 16”层中勾选“展示”“使能”和“连接到方块电路”复选框，然后单击“确定”按钮，完成“Mechanical 16”层与图纸的连接。

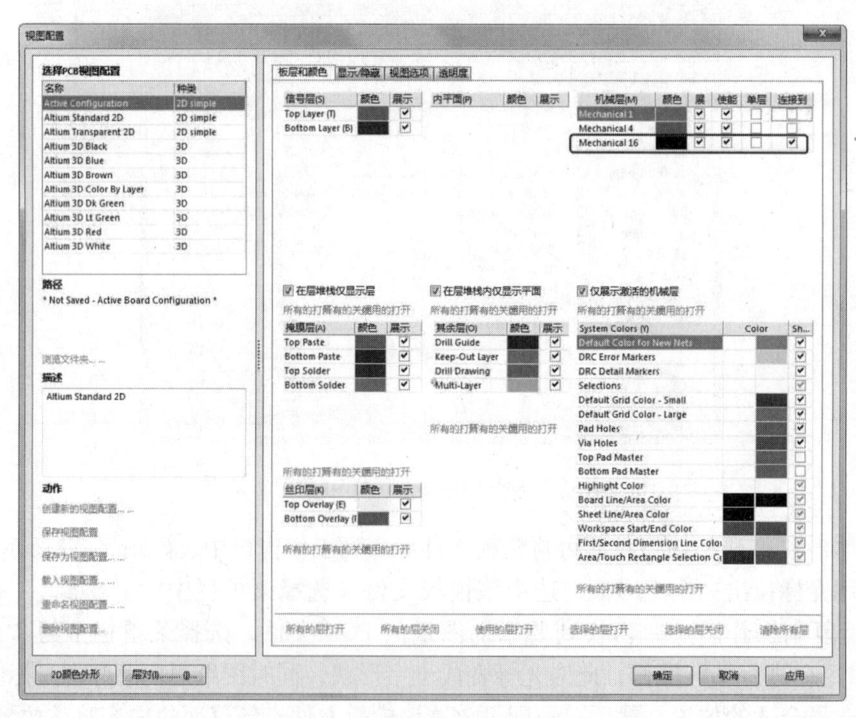

图 7-31　“视图配置”对话框

（7）选择菜单栏中的“察看”→“合适图纸”命令，此时图纸被重新定义了尺寸，与导入的PCB图纸边界范围正好相匹配。如果使用〈V〉+〈S〉或〈Z〉+〈S〉键重新观察图纸，就可以看见新的页面格式已经启用了。

7.4.3 电路板层的设置

1. 电路板的分层

PCB一般包括很多层，不同的层包含不同的设计信息。制板商通常会将各层分开制作，然后经过压制、处理，最后生成各种功能的电路板。

Altium Designer 17提供了以下6种类型的工作层。

（1）“Signal Layers”（信号层）：即铜箔层，用于完成电气连接。Altium Designer 17允许电路板设计32个信号层，分别为Top Layer、Mid Layer 1、Mid Layer 2…Mid Layer 30和Bottom Layer，各层以不同的颜色显示。

（2）“Internal Planes”（中间层，也称内部电源与地线层）：也属于铜箔层，用于建立电源和地线网络。系统允许电路板设计16个中间层，分别为Internal Layer 1、Internal Layer 2…Internal Layer 16，各层以不同的颜色显示。

（3）“Mechanical Layers”（机械层）：用于描述电路板机械结构、标注及加工等生产和组装信息所使用的层面，不能完成电气连接特性，但其名称可以由用户自定义。系统允许PCB设计包含16个机械层，分别为Mechanical Layer 1、Mechanical Layer 2…Mechanical Layer 16，各层以不同的颜色显示。

（4）“Mask Layers”（阻焊层）：用于保护铜线，也可以防止焊接错误。系统允许PCB设计包含4个阻焊层，即Top Paste（顶层锡膏防护层）、Bottom Paste（底层锡膏防护层）、Top Solder（顶层阻焊层）和Bottom Solder（底层阻焊层），分别以不同的颜色显示。

（5）“Silkscreen Layers”（丝印层）：也称图例（legend），通常该层用于放置元件标号、文字与符号，以标示出各零件在电路板上的位置。系统提供有两层丝印层，即Top Overlay（顶层丝印层）和Bottom Overlay（底层丝印层）。

（6）“Other Layers”（其他层）。

- Drill Guides（钻孔）和Drill Drawing（钻孔图）：用于描述钻孔图和钻孔位置。
- Keep－Out Layer（禁止布线层）：用于定义布线区域，基本规则是元件不能放置于该层上或进行布线。只有在这里设置了闭合的布线范围，才能启动元件自动布局和自动布线功能。
- Multi－Layer（多层）：该层用于放置穿越多层的PCB元件，也用于显示穿越多层的机械加工指示信息。

选择菜单栏中的“设计”→“板层颜色”命令，在弹出的“视图配置”对话框中取消对中间3个复选框的勾选即可看到系统提供的所有层，如图7-32所示。

2. 常见层数不同的电路板

（1）Single－Sided Boards（单面板）

PCB上元件集中在其中的一面，导线集中在另一面。因为导线只出现在其中的一面，所以就称这种PCB为单面板（Single－Sided Boards）。在单面板上通常只有底面也就是Bottom Layer（底层）覆盖铜箔，元件的引脚焊在这一面上，通过铜箔导线完成电气特性的连

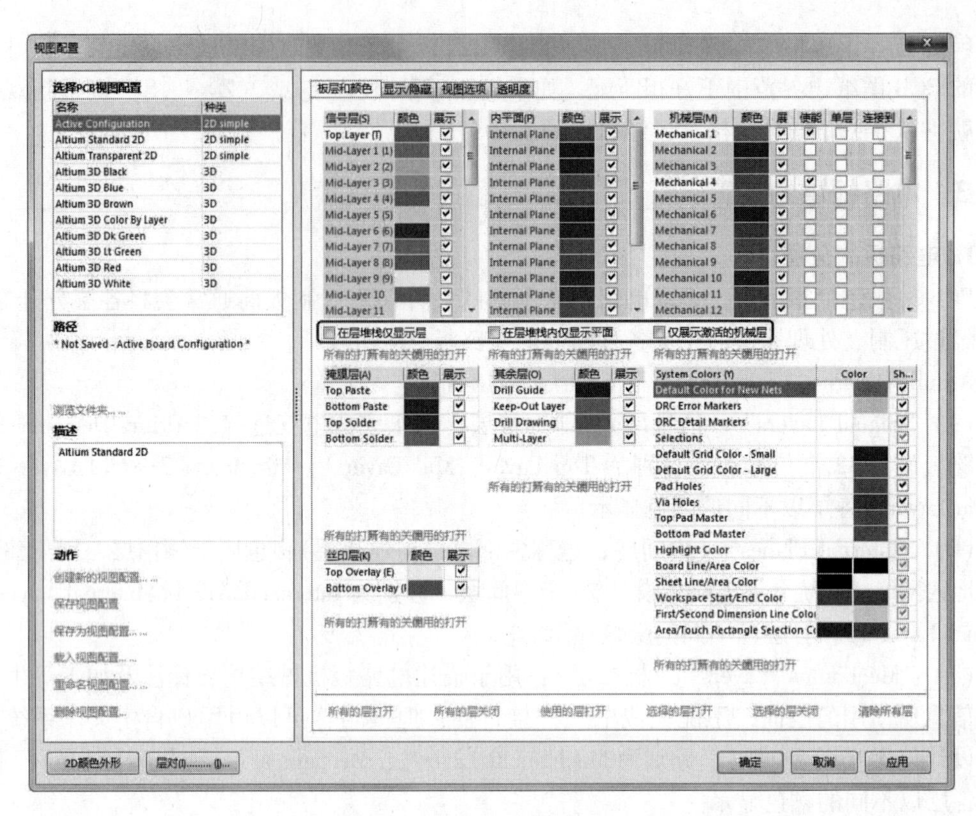

图 7-32　系统所有层的显示

接。顶层也就是 Top Layer 是空的，安装元件的一面，称为“元件面”。因为单面板在设计线路上有许多严格的限制（因为只有一面可以布线，所以布线间不能交叉而必须以各自的路径绕行），布通率往往很低，所以只有早期的电路及一些比较简单的电路才使用这类的电路板。

（2）Double－Sided Boards（双面板）

这种电路板的两面都可以布线，不过要同时使用两面的布线就必须在两面之间有适当的电路连接才行，这种电路间的“桥梁”称作过孔（via）。过孔是在 PCB 上充满或涂上金属的小洞，它可以与两面的导线相连接。在双层板中通常不区分元件面和焊接面，因为两个面都可以焊接或安装元件，但习惯上称 Bottom Layer（底层）为焊接面，Top Layer（顶层）为元件面。因为双面板的面积比单面板大一倍，而且布线可以互相交错（可以绕到另一面），因此它可以应用于比单面板复杂的电路上。相对于多层板而言，双面板的制作成本不高，而且在给定一定面积的时候通常都能 100% 布通，因此一般的印制板都采用双面板。

（3）Multi－Layer Boards（多层板）

常用的多层板有 4 层板、6 层板、8 层板和 10 层板等。简单的 4 层板是在 Top Layer（顶层）和 Bottom Layer（底层）的基础上增加了电源层和地线层，这样一方面极大程度地解决了电磁干扰问题，提高了系统的可靠性，另一方面可以提高导线的布通率，缩小 PCB 的面积。6 层板通常是在 4 层板的基础上增加了 Mid－Layer 1 和 Mid－Layer 2 两个信号层。8 层板通常包括 1 个电源层、两个地线层、5 个信号层（Top Layer、Bottom Layer、Mid－Layer 1、Mid－Layer 2 和 Mid－Layer 3）。

多层板层数的设置是很灵活的，设计者可以根据实际情况进行合理的设置。各种层的设置应尽量满足以下要求：

- 元件层的下面为地线层，它提供器件屏蔽层及为顶层布线提供参考层。
- 所有的信号层应尽可能地与地线层相邻。
- 尽量避免两信号层直接相邻。
- 主电源应尽可能地与其对应地相邻。
- 兼顾层结构对称。

3. 电路板层数设置

在对电路板进行设计前可以对电路板的层数及属性进行详细的设置。这里所说的层主要是指 Signal Layers（信号层）、Internal Plane Layers（电源层和地线层）和 Insulation（Substrate）Layers（绝缘层）。

电路板层数设置的具体操作步骤如下。

选择菜单栏中的“设计”→“层叠管理”命令，系统将弹出如图 7-33 所示的层堆栈管理对话框。在该对话框中可以增加层、删除层、移动层所处的位置及对各层的属性进行设置。

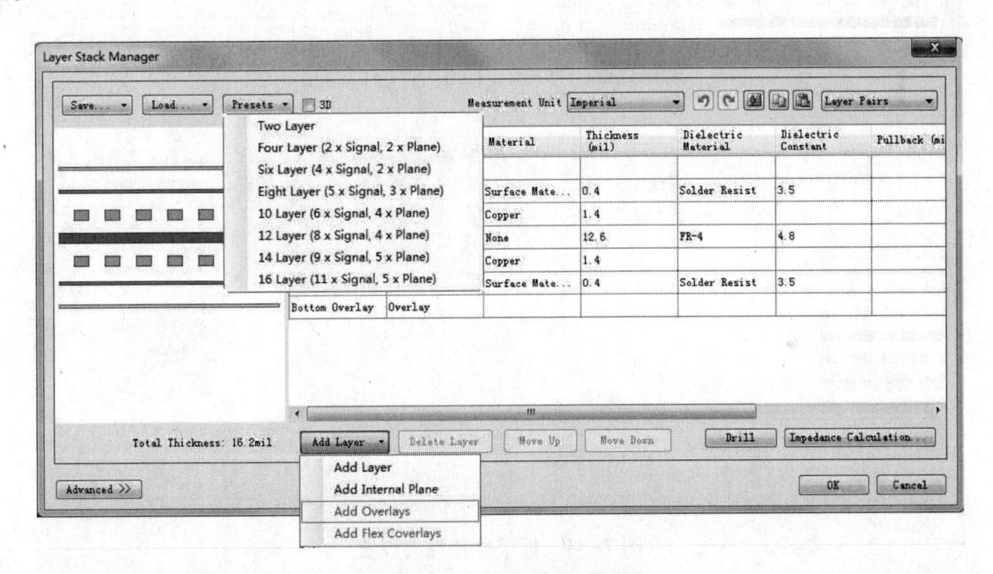

图 7-33　层堆栈管理对话框

（1）对话框的中心显示了当前 PCB 图的层结构。默认设置为双层板，即只包括 Top Layer（顶层）和 Bottom Layer（底层）两层。用户可以单击“Add Layer”（添加层）按钮添加信号层、电源层和地层，单击“Add Internal Plane”（添加平面）按钮添加中间层。选定某一层为参考层，执行添加新层的操作时，新添加的层将出现在参考层的下面。

（2）双击某一层的名称或选中该层，单击“属性”按钮就可以打开该层的属性设置对话框，然后可对该层的名称及铜箔厚度进行设置。

（3）添加新层后，单击“Move Up”（上移）按钮或“Move Down”（下移）按钮，可以改变该层在所有层中的位置。在设计过程的任何时间都可进行添加层的操作。

（4）选中某一层后单击“Delete Layer”（删除层）按钮即可删除该层。

PCB 设计中最多可添加 32 个信号层、16 个电源层和地线层。各层的显示与否可在“视图配置”对话框中进行设置，勾选各层中的“显示”复选框即可。

设置层的堆叠类型。电路板的层叠结构中不仅包括拥有电气特性的信号层，还包括无电气特性的绝缘层。两种典型绝缘层主要是指 Core（填充层）和 Prepreg（塑料层）。

层的堆叠类型主要是指绝缘层在电路板中的排列顺序，默认的 3 种堆叠类型包括 Layer Pairs（Core 层和 Prepreg 层自上而下间隔排列）、Internal Layer Pairs（Prepreg 层和 Core 层自上而下间隔排列）和 Build - up（顶层和底层为 Core 层，中间全部为 Prepreg 层）。改变层的堆叠类型将会改变 Core 层和 Prepreg 层在层栈中的分布，只有在信号完整性分析时需要用到盲孔或深埋过孔的时候才需要进行层的堆叠类型的设置。

- 单击 Advanced >> 按钮，对话框中增加了电路板堆叠特性的设置，如图 7-34 所示。

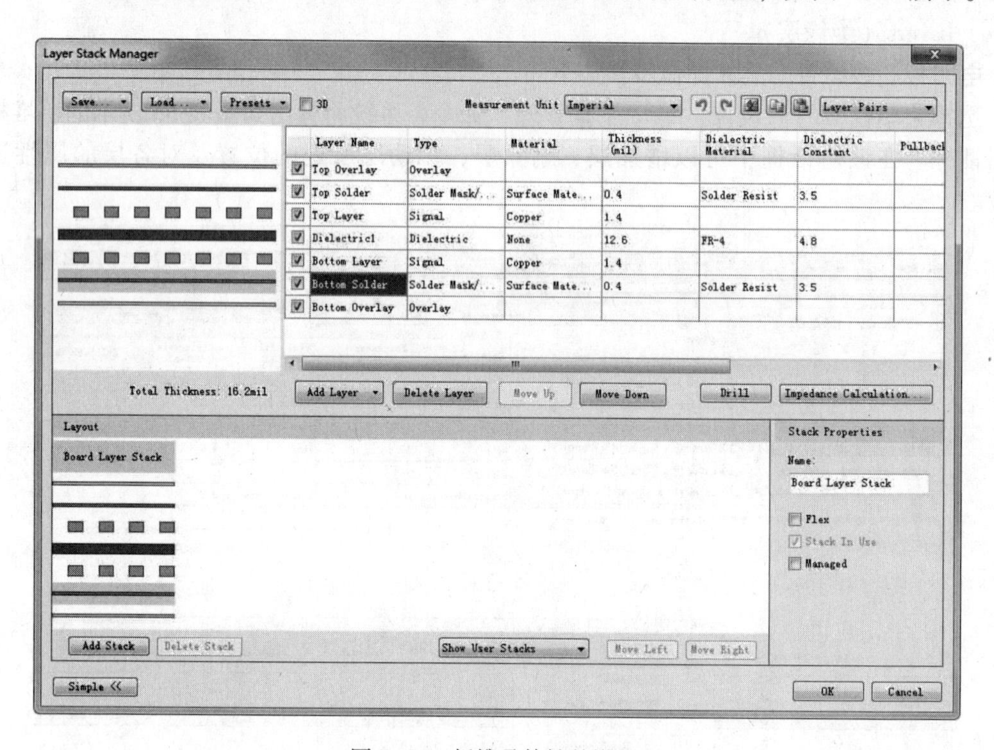

图 7-34　板堆叠特性的设置

- Drill 按钮用于钻孔设置。
- Impedance Calculation... 按钮用于阻抗计算。

7.4.4　电路板层显示与颜色设置

PCB 编辑器采用不同的颜色显示各个电路板层，以便于区分。用户可以根据个人习惯进行设置，并且可以决定是否在编辑器内显示该层。下面通过实际操作介绍 PCB 层颜色的设置，首先打开“视图配置”对话框，有以下 3 种方法：

（1）选择菜单栏中的“设计”→“板层颜色”命令。

（2）在工作窗口右键单击鼠标，在弹出的快捷菜单中选择“选项”→“板层颜色”命令，如图 7-35 所示。

（3）按快捷键〈L〉。

系统弹出“视图配置”对话框，如图 7-36 所示。该对话框包括电路板层颜色设置和显示系统默认设置颜色的显示两部分。

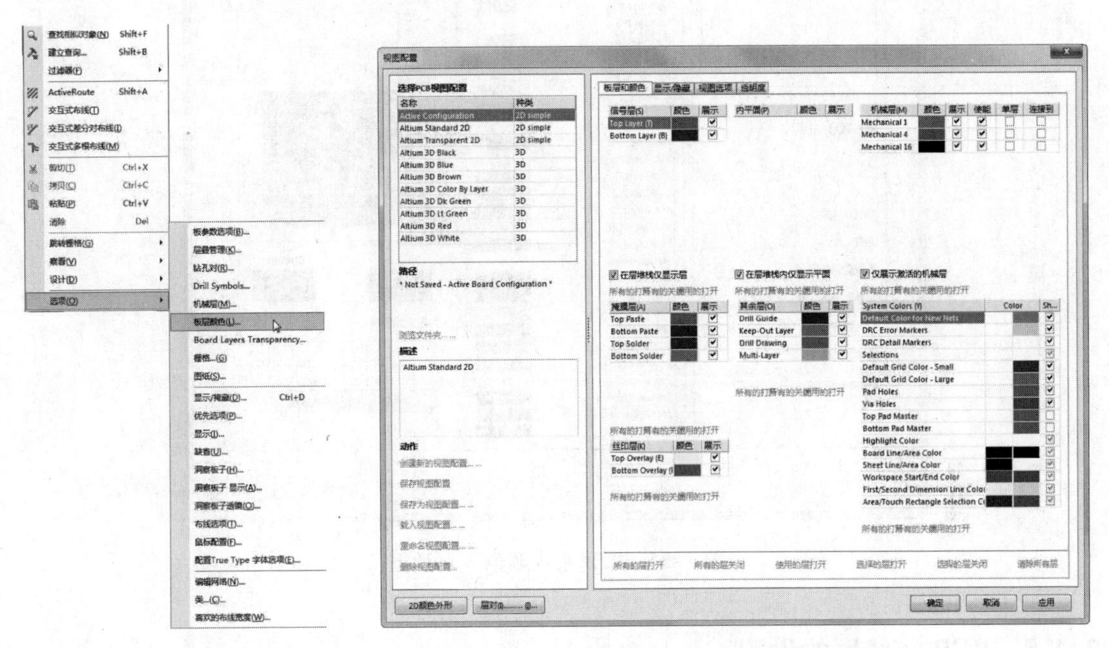

图 7-35　右键快捷菜单　　　　　　　　　　图 7-36　“视图配置”对话框

在“板层和颜色”选项卡中，包括“在层堆栈仅显示层”、“在层堆栈内仅显示平面”和“仅展示激活的机械层”3 个复选框，它们分别对应其上方的信号层、电源层和地线层、机械层。这 3 个复选框决定了在“视图配置”对话框中是显示全部的层面，还是只显示图层堆栈管理器中设置的有效层面。一般为使对话框简洁明了，勾选这 3 个复选框只显示有效层面，对未用层面可以忽略其颜色设置。

在各个设置区域中，“颜色”设置栏用于设置对应电路板层的显示颜色。“显示”复选框用于决定此层是否在 PCB 编辑器内显示。如果要修改某层的颜色，单击其对应的“颜色”设置栏中的颜色显示框，即可在弹出的“2D 系统颜色”对话框中进行修改。如图 7-37 所示是修改“Keep - Out Layer”（层外）颜色的“2D 系统颜色”对话框。

在图 7-36 中，单击“所有的层打开”按钮，则所有层的“显示”复选框都处于勾选状态。相反，如果单击“所有的层关闭”按钮，则所有层的“显示”复选框都处于未勾选的状态。单击“使用的层打开”按钮，则当前工作窗口中所有使用层的“显示”复选框处于勾选状态。在该对话框中选择某一层，然后单击“选择的层打开”按钮，即可勾选该层的“显示”复选框；如果单击“选择的层关闭”按钮，即可取消对该层“显示”复选框的勾选；如果单击“清除所有层”按钮，即可清除对话框中层的勾选状态。

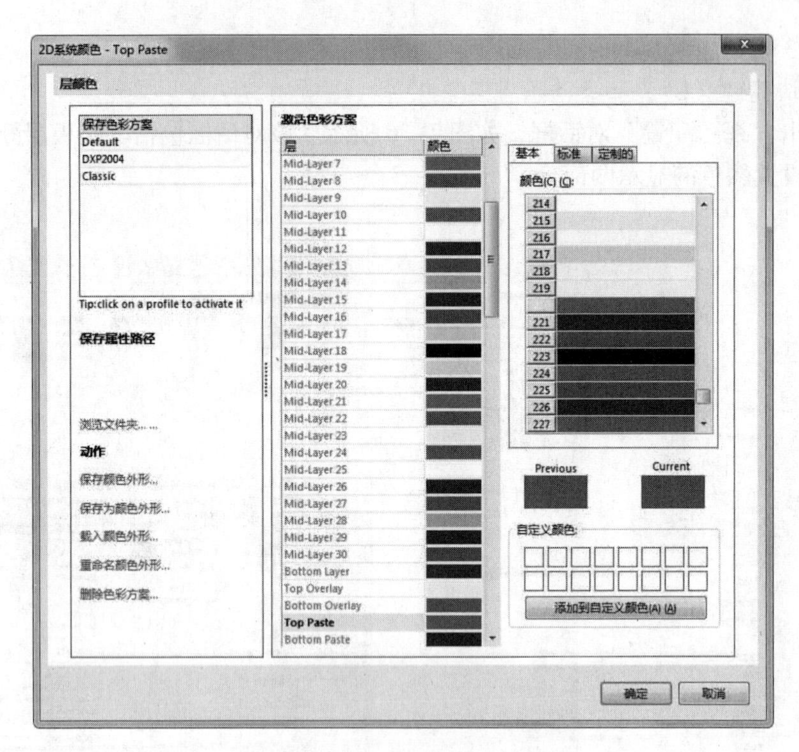

图 7-37 “2D 系统颜色”对话框

7.4.5 PCB 布线区的设置

对布线区进行设置的主要目的是为自动布局和自动布线做准备。通过菜单栏中的“文件”→“新建”→“PCB”（印制电路板文件）命令或通过模板创建的 PCB 文件只有一个默认的板形，并无布线区，因此用户如果要使用 Altium Designer 17 系统提供的自动布局和自动布线功能，就需要自己创建一个布线区。

创建布线区的操作步骤如下。

（1）单击工作窗口下方的“Keep - out Layer”（禁止布线层）标签，使该层处于当前的工作窗口中。

（2）选择菜单栏中的“放置”→“禁止布线”→“线径”命令，此时光标变成十字形状。移动光标到工作窗口，在禁止布线层上创建一个封闭的多边形。

这里使用的“禁止布线”命令与对象属性设置对话框中“使在外”复选框的作用是相同的，即表示不属于板内的对象。

（3）完成布线区的设置后，右键单击鼠标或者按〈Esc〉键即可退出该操作。

布线区设置完毕后，进行自动布局操作时可将元件自动导入到该布线区中。自动布局的操作将在后面的章节中详细介绍。

7.4.6 参数设置

在“参数选择”对话框中可以对一些与 PCB 编辑窗口相关的系统参数进行设置。设置后的系统参数将用于当前工程的设计环境，并且不会随 PCB 文件的改变而改变。

选择菜单栏中的“工具”→“优先选项”命令，系统将弹出如图 7-38 所示的“参数选择”对话框。

图 7-38 “参数选择”对话框

在该对话框中需要设置的有“General”（常规）、“Display”（显示）、“Layer Colors”（层颜色）、“Defaults”（默认）和“PCB Legacy 3D”（PCB Legacy 版 3D 图）5 个标签页。

7.5 在 PCB 编辑器中导入网络报表

在前面几节中，我们主要学习了 PCB 设计过程中用到的一些基础知识。从本节开始，我们将介绍如何设计一块完整的 PCB。

7.5.1 准备工作

1. 准备电路原理图和网络报表

网络报表是电路原理图的精髓，是原理图和 PCB 连接的桥梁，没有网络报表，就没有电路板的自动布线。对于如何生成网络报表，可参考第 4 章内容。

2. 新建一个 PCB 文件

在电路原理图所在的项目中，新建一个 PCB 文件。进入 PCB 编辑环境后，设置 PCB 设计环境，包括设置网格大小和类型、光标类型、板层参数、布线参数等。大多数参数都可以用系统默认值，而且这些参数经过设置之后，符合用户个人的习惯，以后无需再去修改。

3. 规划电路板

规划电路板主要是确定电路板的边界，包括电路板的物理边界和电气边界。在需要放置固定孔的地方放上适当大小的焊盘。

4. 装载元器件库

在导入网络报表之前，要把电路原理图中所有元器件所在的库添加到当前库中，保证原理图中指定的元器件封装形式能够在当前库中找到。

7.5.2 导入网络报表

完成了前面的工作后，即可将网络报表里的信息导入PCB，为电路板的元器件布局和布线做准备。将网络报表导入的具体步骤如下：

1. 在SCH原理图编辑环境下，选择菜单栏中的“设计”→“Update ISA Bus and Address Decoding. PcbDoc”（更新PCB文件）命令，或者在PCB编辑环境下，选择菜单栏中的“设计”→“Import Changes From ISA Bus and Address Decoding. PRJPCB（从项目文件更新）”命令。

2. 选择以上命令后，系统弹出“工程更改顺序”对话框，如图7-39所示。

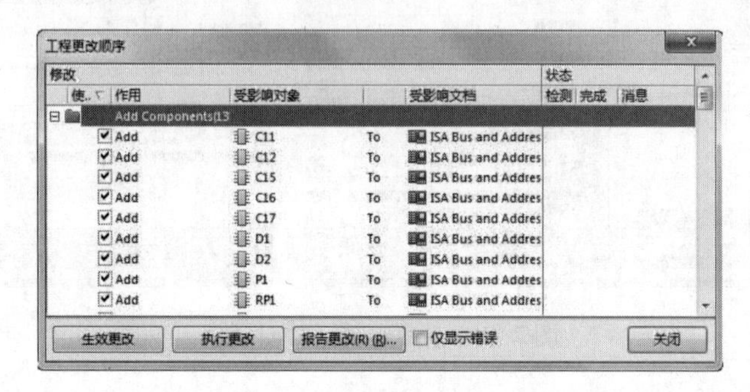

图7-39 “工程更改顺序”对话框

该对话框中显示出当前对电路进行的修改内容，左边为“修改”列表，右边是对应修改的“状态”。主要的修改有Add Components、Add Nets、Add Components Classes和Add Rooms几类。

3. 单击“工程更改顺序”对话框中的生效更改按钮，系统将检查所有的更改是否都有效，如果有效，将在右边的“检测”栏对应位置打勾；若有错误，“检测”栏中将显示红色错误标识。一般的错误都是因为元器件封装定义不正确，系统找不到给定的封装，或者设计PCB时没有添加对应的集成库。此时需要返回到电路原理图编辑环境中，对有错误的元器件进行修改，直到修改完所有的错误，即“检查”栏中全为正确内容为止。

4. 若用户需要输出变化报告，可以单击对话框中的报告更改(R) (R)...按钮，系统弹出“报告预览”对话框，如图7-40所示。在该对话框中可以打印输出该报告。

5. 单击“工程更改顺序”对话框中执行更改按钮，系统执行所有的更改操作，如果执行成功，“状态”下的“完成”列表栏将被勾选，执行结果如图7-41所示。此时，系统将封装好的元件等装载到PCB文件中，如图7-42所示。

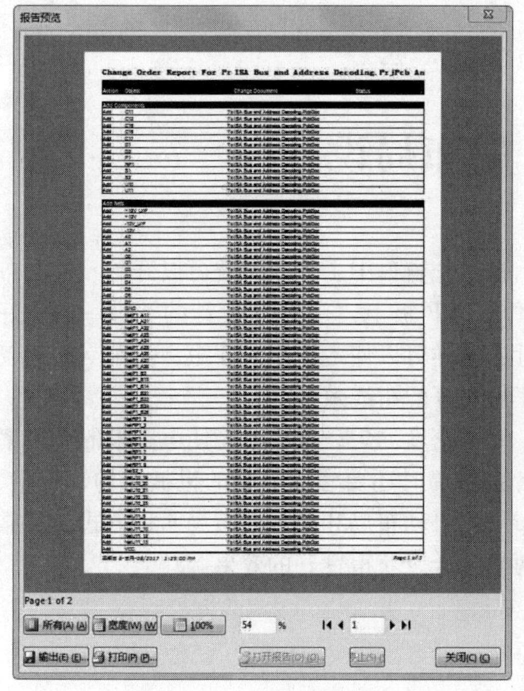

图 7-40　报告预览对话框

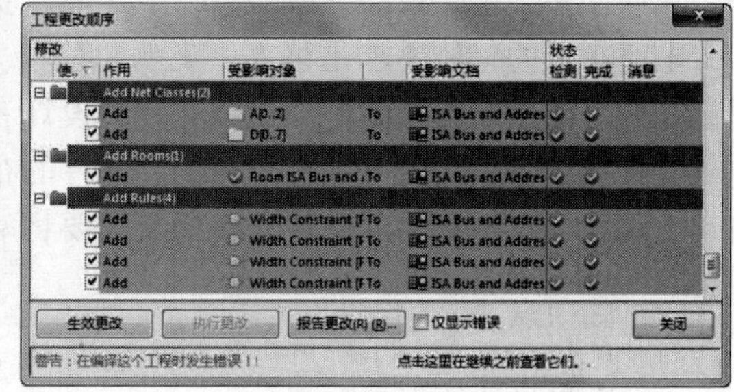

图 7-41　执行更改

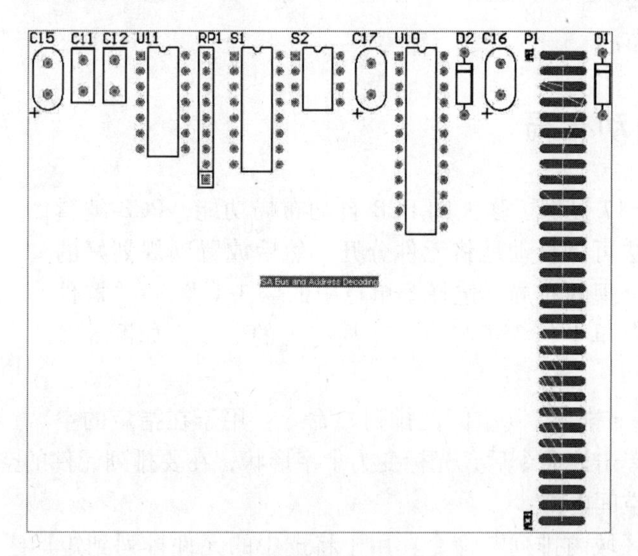

图 7-42　元件封装的 PCB 图

第8章　PCB的布局设计

在完成网络表的导入操作后，元件已经显示在工作窗口中了，此时就可以开始元件的布局。元件的布局是指将网络表中的所有元件放置在PCB板上，是PCB设计的关键一步。好的布局通常使具有电气连接的元件引脚比较靠近，这样可以使走线距离变短，占用空间比较小，从而使整个电路板的导线能够易于连通，获得更好的布线效果。

电路布局的整体要求是整齐、美观、对称、元件密度均匀，这样才能使电路板的利用率最高，并且降低电路板的制作成本；同时设计者在布局时还要考虑电路的机械结构、散热、电磁干扰及将来布线的方便性等问题。元件的布局有自动布局和交互式布局两种方式，只靠自动布局往往达不到实际的要求，通常需要将两者结合以获得良好的效果。

知识点

- 自动布局的约束参数
- PCB的自动布局
- PCB的手动布局

8.1　元件的自动布局

Altium Designer 17提供了强大的PCB自动布局功能，PCB编辑器根据一套智能算法可以自动地将元件分开，然后放置到规划好的布局区域内并进行合理的布局。选择菜单栏中的“工具”→“器件布局”命令，其子菜单中包含了与自动布局有关的命令，如图8-1所示。

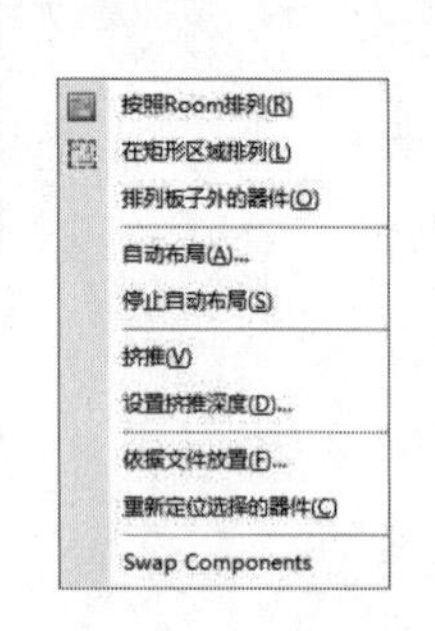

图8-1　“器件布局”命令的子菜单

(1)“按照Room排列”（空间内排列）命令：用于在指定的空间内部排列元件。单击该命令后，光标变为十字形状，在要排列元件的空间区域内单击，元件即自动排列到该空间内部。

(2)“在矩形区域内排列”命令：用于将选中的元件排列到矩形区域内。使用该命令前，需要先将要排列的元件选中。此时光标变为十字形状，在要放置元件的区域内单击，确定矩形区域的一角，拖动光标，至矩形区域的另一角后再次单击。确定该矩形区域后，系统会自动将已选择的元件排列到矩形区域中来。

(3)“排列板子外的器件”命令：用于将选中的元件排列在PCB的外部。使用该命令前，需要先将要排列的元件选中，系统自动将选择的元件排列到PCB范围以外的右下角区域内。

(4)“自动布局”命令：用于执行自动布局操作。

(5)“停止自动布局”命令：用于停止自动布局操作。

（6）“挤推”命令：用于挤推布局。挤推布局的作用是将重叠在一起的元件推开。即选择一个基准元件，当周围元件与基准元件存在重叠的情况时，则以基准元件为中心向四周推挤其他的元件；如果不存在重叠则不会执行挤推命令。

（7）“设置挤推深度”命令：用于设置挤推命令的深度，可以为 1 ~ 1000 之间的任意一个数字。

（8）“依据文件放置”命令：用于导入自动布局文件进行布局。

（9）“重新的定位选择的器件”命令：按照器件布局实际对电路板要求重新对电路板进行规划。

（10）“Swap Components”（交换元件）命令，用于交换选中的元件位置。

8.1.1 自动布局约束参数

在自动布局前，首先要设置自动布局的约束参数。合理地设置自动布局参数，可以使自动布局的结果更加完善，也就相对地减少了手动布局的工作量，节省了设计时间。

自动布局的参数在“PCB 规则及约束编辑器”对话框中进行设置。选择菜单栏中的“设计”→“规则”命令，系统将弹出“PCB 规则及约束编辑器”对话框。单击该对话框中的“Placement”（设置）标签，逐项对其中的选项进行参数设置：

（1）“Room Definition”（空间定义规则）选项：用于在 PCB 上定义元件布局区域，图 8-2 所示为该选项的设置对话框。在 PCB 上定义的布局区域有两种，一种是区域中不允许出现元件，一种则是某些元件一定要在指定区域内。在该对话框中可以定义该区域的范围（包括坐标范围与工作层范围）和种类。该规则主要用在线 DRC、批处理 DRC 和 Cluster Placer（分组布局）自动布局的过程中。

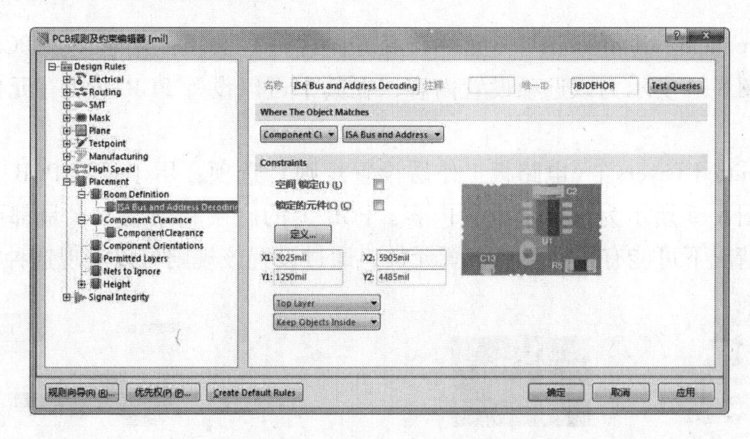

图 8-2 “Room Definition”选项设置

其中各选项的功能如下。

- “空间锁定”复选框：勾选该复选框时，将锁定 Room 类型的区域，以防止在进行自动布局或手动布局时移动该区域。
- “锁定的元件”复选框：勾选该复选框时，将锁定区域中的元件，以防止在进行自动布局或手动布局时移动该元件。
- “定义”按钮：单击该按钮，光标将变成十字形状，移动光标到工作窗口中，单击可以定义 Room 的范围和位置。

- “X1”“Y1” 文本框：显示 Room 最左下角的坐标。
- “X2”“Y2” 文本框：显示 Room 最右上角的坐标。

最后两个下拉列表框中列出了该 Room 所在的工作层及对象与此 Room 的关系。

(2) “Component Clearance（元件间距限制规则）” 选项：用于设置元件间距，图 8-3 所示为该选项的设置对话框。PCB 可以定义元件的间距，该间距会影响到元件的布局。

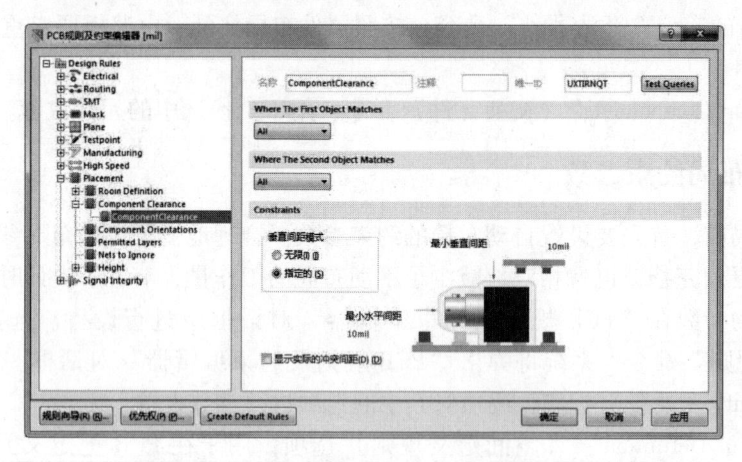

图 8-3 “Component Clearance” 选项设置对话框

- “无限” 单选钮：用于设定最小水平间距，当元件间距小于该数值时将视为违例。
- “指定的” 单选钮：用于设定最小水平和垂直间距，当元件间距小于这个数值时将视为违例。

(3) “Component Orientations”（元件布局方向规则）选项：用于设置 PCB 上元件允许旋转的角度，图 8-4 所示为该选项设置内容，在其中可以设置 PCB 上所有元件允许使用的旋转角度。

(4) “Permitted Layers”（电路板工作层设置规则）选项：用于设置 PCB 上允许放置元件的工作层，图 8-5 所示为该选项设置内容。PCB 上的底层和顶层本来是都可以放置元件的，但在特殊情况下可能有一面不能放置元件，通过设置该规则可以实现这种需求。

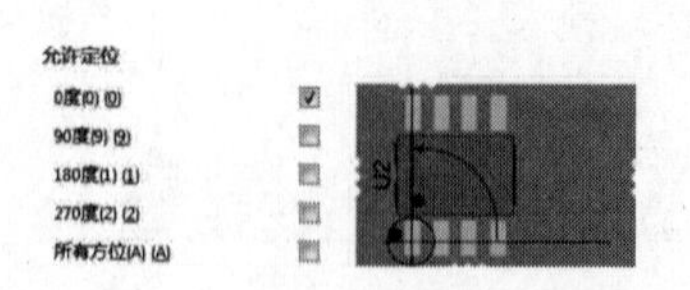

图 8-4 “Component Orientations” 选项设置

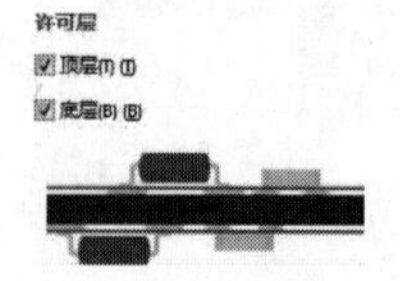

图 8-5 “Permitted Layers” 选项设置

(5) “Nets To Ignore”（网络忽略规则）选项：用于设置在采用 Cluster Placer（分组布局）方式执行元件自动布局时需要忽略布局的网络。忽略电源网络将加快自动布局的速度，提高自动布局的质量。如果设计中有大量连接到电源网络的双引脚元件，设置该规则可以忽略电源网络的布局并将与电源相连的各个元件归类到其他网络中进行布局。

(6) “Height”（高度规则）选项：用于定义元件的高度。在一些特殊的电路板上进行布局操作时，电路板的某一区域可能对元件的高度要求很严格，此时就需要设置该规则。

图 8-6 所示为该选项的设置对话框，主要有“最小的”“首选的”和“最大的”3 个可选择的设置选项。

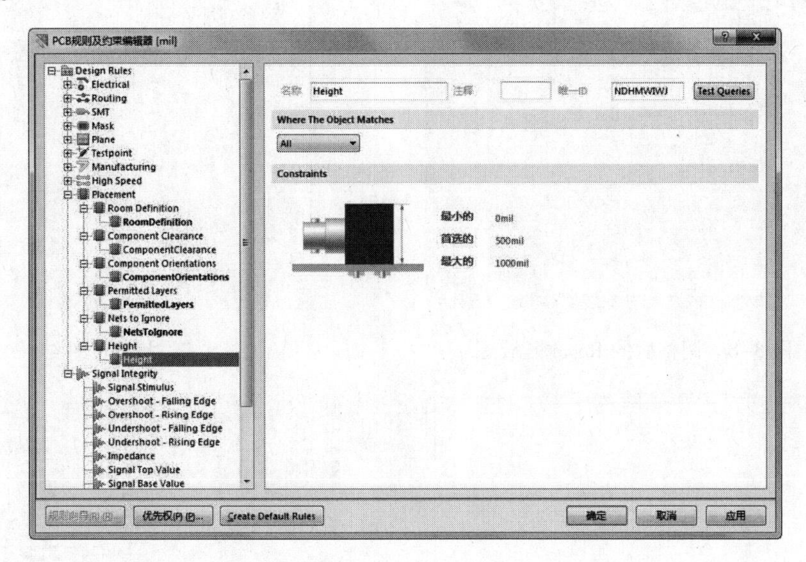

图 8-6 “Height”选项设置对话框

元件布局的参数设置完毕后，单击“确定”按钮，保存规则设置，返回 PCB 编辑环境。接着就可以采用系统提供的自动布局功能进行 PCB 元件的自动布局了。

8.1.2 排列 Room 内的元件

在 PCB 中，导入原理图封装信息，每一个原理图对应一个同名的自定义创建的 Room 区域，将该原理图中的封装元件放置在该区域中。

在对封装元件进行布局过程中，可自定义打乱所有的 Room 属性进行布局，也可按照每一个 Room 区域字形进行布局。

将板子外的 Room 区域内的封装拖动到电路板内，如图 8-7 所示，发现大小不合适，需要进行调整，操作步骤如下：

(1) 选中 Room 区域，向外拖动鼠标，调整 Room 区域大小，来匹配电路板边界，结果如图 8-8 所示。

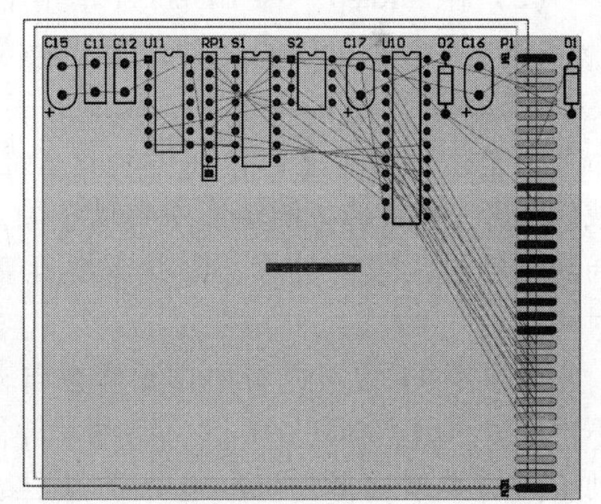

图 8-7 调整前的 Room 区域

(2) 选择菜单栏中的“工具”→“器件布局”→“按照 Room 排列”命令，在工作区选中调整好大小的 Room 区域，系统将自动将选中元件在该 Room 中排列，如图 8-9 所示。

8.1.3 元件在矩形区域内的自动布局

(1) 在已经导入了上述电路原理图的网络表和所使用的元件封装的 PCB 文件 PCB1. PcbDoc 编辑器内，设定自动布局参数。自动布局前的 PCB 图如图 8-10 所示。

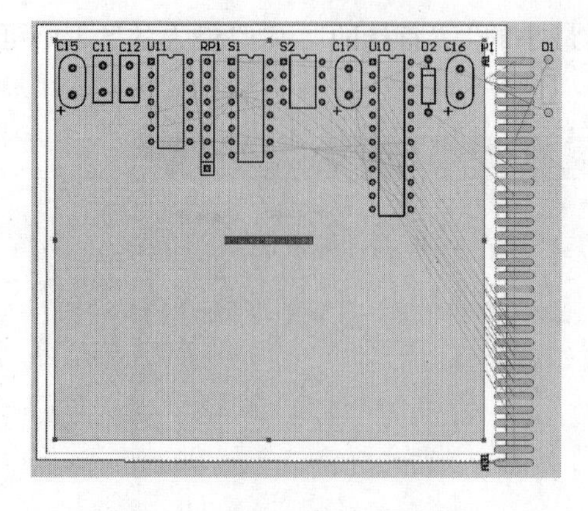

图 8-8　调整后的 Room 区域

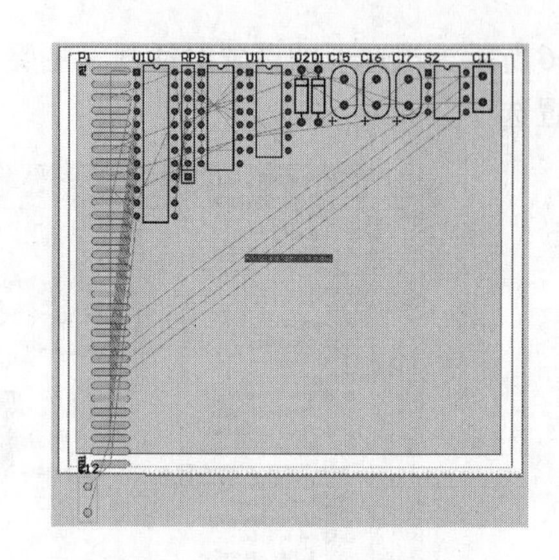

图 8-9　排列元件结果

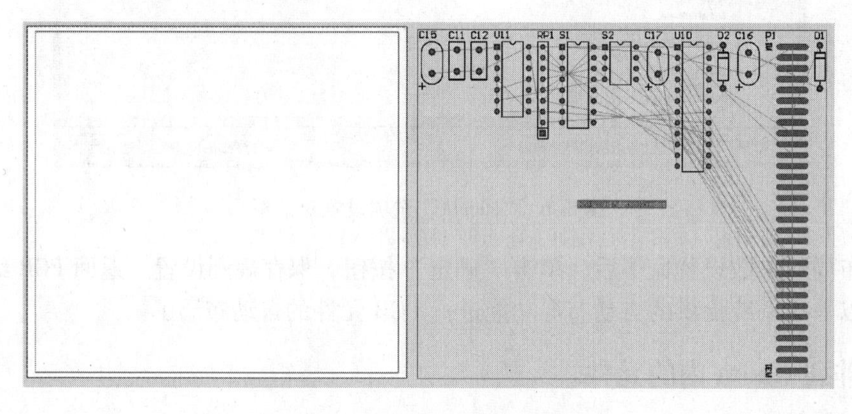

图 8-10　自动布局前的 PCB 图

（2）在“Keep - out Layer”（禁止布线层）设置布线区。

（3）选中要布局的元件，选择菜单栏中的“工具”→“器件布局”→“在矩形区域排列”命令，光标变为十字形，在编辑区绘制矩形区域，即可开始在选择的矩形中自动布局。自动布局需要经过大量的计算，因此需要耗费一定的时间。

从图 8-11 中可以看出，元件在自动布局后不再是按照种类排列在一起。各种元件将按照自动布局的类型选择，初步地分成若干组分布在 PCB 中，同一组的元件之间用导线建立连接将更加容易。

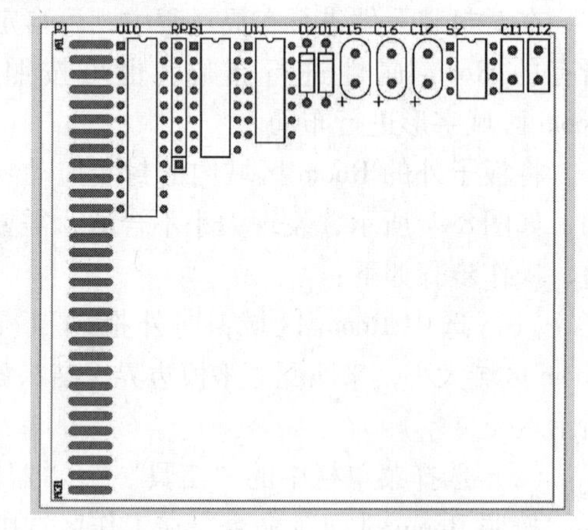

图 8-11　放置元件的位置

自动布局结果并不是完美的，还存在很多不合理的地方，因此还需要对自动布局进行调整。

8.1.4　排列板子外的元件

在大规模的电路设计中，自动布局涉及到大量计算，执行起来往往要花费很长的时间，用户可以进行分组布局，为防止元件过多影响排列，可将局部元件排列到板子外，先排列板子内的元件，最后排列板子外的元件。

选中需要排列到外部的元器件，选择菜单栏中的“工具”→“器件布局”→“排列板子外的器件”命令，系统将自动将选中元件放置到板子边框外侧，如图 8-12 所示。

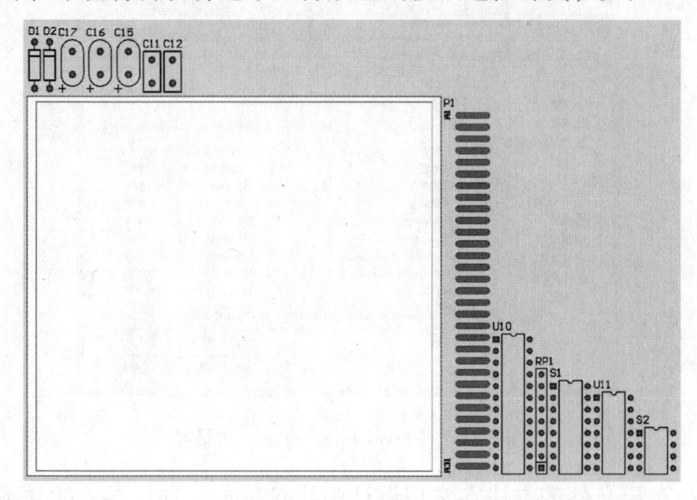

图 8-12　排列元件

8.1.5　推挤式自动布局

推挤式自动布局不是全局式的元件自动布局，它的概念和推挤式自动布线类似。在某些设计中定义了元件间距规则，即元件之间有最小间距限制。在对某个元件执行了移动操作后，可能违反了先前定义的元件间距规则。执行推挤式的自动布局后，系统将根据设置的元件间距规则，自动地平行移动违反了间距规则的元件及其连线等对象，增加元件间距到符合元件间距规则为止。

推挤式自动布局的操作步骤如下。

（1）在进行推挤式布局前，应先设定推挤式布局的深度参数。选择菜单栏中的“工具”→“器件布局”→“设置推挤深度”命令，系统将弹出如图 8-13 所示的“Shove Depth (推挤深度)”对话框。设置完成后单击“确定按钮，关闭该对话框。

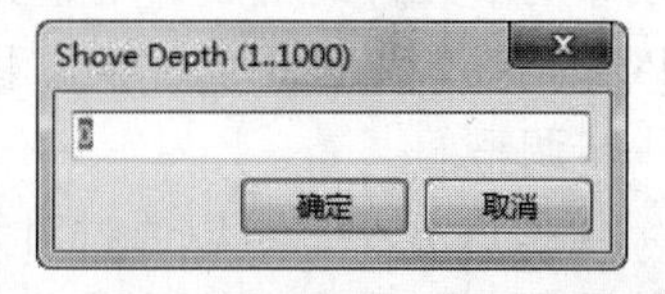

图 8-13　“Shove Depth”对话框

（2）选择菜单栏中的“工具”→“器件布局”→“推挤”命令，即可开始推挤式布局操作。此时光标变成十字形状，选择基准元件，移动光标到所选元件上，单击鼠标，系统将以用户设置的“推挤深度”推挤基准元件周围的元件，使之处于安全间距之外。

（3）此时光标仍处于激活状态，单击其他元件可继续进行推挤式布局操作。

（4）右键单击鼠标或者按〈Esc〉键退出该操作。

对于元件数目比较小的 PCB，一般不需要对元件进行推挤式自动布局操作。

8.1.6　导入自动布局文件进行布局

对元件进行布局时还可以采用导入自动布局文件来完成，其实质是导入自动布局策略。

选择菜单栏中的“工具”→“器件布局”→“依据文件放置”命令，系统将弹出如图 8-14 所示的“Load File Name”(导入文件名称）对话框。从中选择自动布局文件（后缀为“.PIk”)，然后单击“打开”按钮即可导入此文件进行自动布局。

图 8-14 “Load File Name”对话框

通过导入自动布局文件的方法在常规设计中比较少见，这里导入的并不是每一个元件自动布局的位置，而是一种自动布局的策略。

8.2 元件的手动布局

元件的手动布局是指手动确定元件的位置。在前面介绍的元件自动布局的结果中，虽然设置了自动布局的参数，但是自动布局只是对元件进行了初步的放置，自动布局中元件的摆放并不整齐，走线的长度也不是最短，PCB 布线效果也不够完美，因此需要对元件的布局做进一步调整。

在 PCB 中，可以通过对元件的移动来完成手动布局的操作，但是单纯的手动移动不够精细，不能非常整齐地摆放好元件。为此 PCB 编辑器提供了专门的手动布局操作，可以通过“编辑”菜单下“对齐”命令的子菜单来完成，如图 8-15 所示。

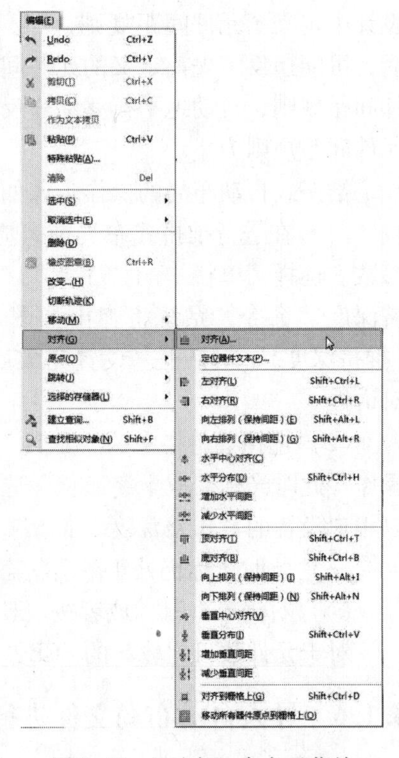

图 8-15 “对齐”命令子菜单

8.2.1 元件的对齐操作

元件的对齐操作可以使 PCB 布局更好地满足“整齐、对称”的要求。这样不仅使 PCB 看起来美观，而且也有利于进行布线操作。对元件未对齐的 PCB 进行布线时会有很多转折，走线的长度较长，占用的空间也较大，这样会降低布通率，同时也会使 PCB 信号的完整性变差。可以利用“对齐”子菜单中的有关命令来实现，其中常用对齐命令的功能简要介绍如下。

- “对齐”命令：用于使所选元件同时进行水平和垂直方向上的对齐排列。具体的操作步骤如下，其他命令同理。选中要进行对齐操作的多个对象，选择菜单栏中的“编辑”→“对齐”→“对齐”命令，系统将弹出如图 8-16 所示的“排列对象”对话框。其中“等间距”单选钮用于在水平或垂直方向上平均分布各元件。如果所选择的元件出现重叠的现象，对象将被移开当前的格点直到不重叠为止。水平和垂直两个方向设置完毕后，单击“确定”按钮，即可完成对所选元件的对齐排列。

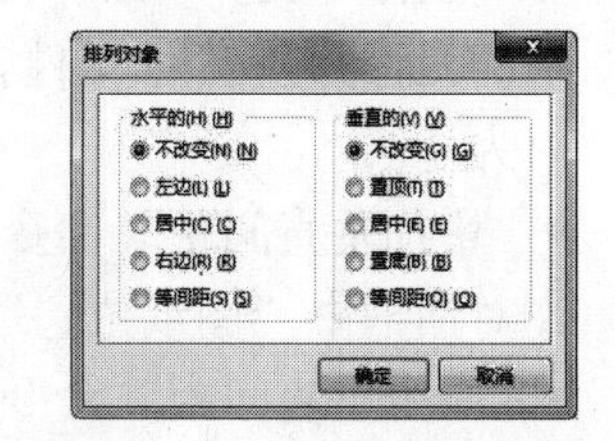

图 8-16 “排列对象”对话框

- “左对齐”命令：用于使所选的元件按左对齐方式排列。
- “右对齐”命令：用于使所选元件按右对齐方式排列。
- “水平居中对齐”命令：用于使所选元件按水平居中方式排列。
- “顶对齐”命令：用于使所选元件按顶部对齐方式排列。
- “置底”命令：用于使所选元件按底部对齐方式排列。
- “垂直分布”命令：用于使所选元件按垂直居中方式排列。
- “对齐到栅格上”命令：用于使所选元件以格点为基准进行排列。

8.2.2 元件说明文字的调整

对元件说明文字进行调整，除了可以手动拖动外，还可以通过菜单命令实现。选择菜单栏中的“编辑”→“对齐”→“定位器件文本”命令，系统将弹出如图 8-17 所示的“器件文本位置”对话框。在该对话框中，用户可以对元件说明文字（标号和说明内容）的位置进行设置。该命令是对所有元件说明文字的全局编辑，每一项都有 9 种不同的摆放位置。选择合适的摆放位置后，单击“确定”按钮，即可完成元件说明文字的调整。

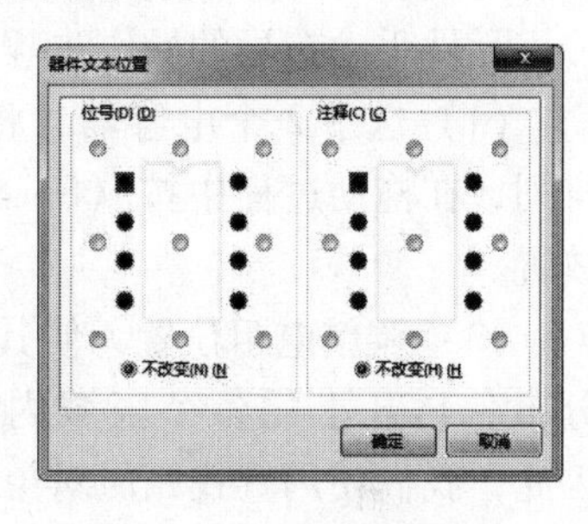

图 8-17 “器件文本位置”对话框

8.2.3 元件间距的调整

元件间距的调整主要包括水平和垂直两个方向上间距的调整，具体调整命令简要介绍如下：

- “水平分布”命令：单击该命令，系统将以最左侧和最右侧的元件为基准，元件的 Y 坐标不变，X 坐标上的间距相等。当元件的间距小于安全间距时，系统将以最左侧的元件为基准对元件进行调整，直到各个元件间的距离满足最小安全间距的要求为止。
- “增加水平间距”命令：用于增大选中元件水平方向上的间距。增大量为“板选项”对话框中“图纸位置”的 X 参数。
- “减少水平间距”命令：用于减小选中元件水平方向上的间距，减小量为“板选项”对话框中“图纸位置”的 X 参数。
- “垂直分布”命令：单击该命令，系统将以最顶端和最底端的元件为基准，使元件的

X 坐标不变，Y 坐标上的间距相等。当元件的间距小于安全间距时，系统将以最底端的元件为基准对元件进行调整，直到各个元件间的距离满足最小安全间距的要求为止。

- “增加垂直间距”命令：用于增大选中元件垂直方向上的间距，增大量为“板选项”对话框中“图纸位置”的 Y 参数。
- “减少垂直间距”命令：用于减小选中元件垂直方向上的间距，减小量为“板选项”对话框中“图纸位置”的 Y 参数。

8.2.4　移动元件到格点处

格点的存在能使各种对象的摆放更加方便，更容易满足对 PCB 布局的“整齐、对称”的要求。手动布局过程中移动的元件往往并不是正好处在格点处，这时就需要使用“移动所有器件原点到栅格上”命令。选择该命令时，元件的原点将被移到与其最靠近的格点处。

在执行手动布局的过程中，如果所选中的对象被锁定，那么系统将弹出一个对话框询问是否继续。如果用户选择继续的话，则可以同时移动被锁定的对象。

8.2.5　元件手动布局的具体步骤

下面就利用元件自动布局的结果，继续进行手动布局调整。

元件手动布局的操作步骤如下：

（1）选中 2 个电容器，将其拖动到 PCB 的左部重新排列，在拖动过程中按〈Space〉键，使其以合适的方向放置。

（2）调整电阻位置，使其按标号并行排列。由于电阻分布在 PCB 上的各个区域内，想要一次调整会很费劲，因此，我们使用查找相似对象命令。

（3）选择菜单栏中的“编辑”→“查找相似对象”命令，此时光标变成十字形状，在 PCB 区域内单击选取一个电阻，弹出“发现相似目标”对话框，如图 8-18 所示。在“Objects Specitic”选项组的“Footprint”（轨迹）下拉列表中选择“Same”（相同）选项，单击“应用”按钮，再单击“确定”按钮，退出该对话框。此时所有电容均处于选中状态。

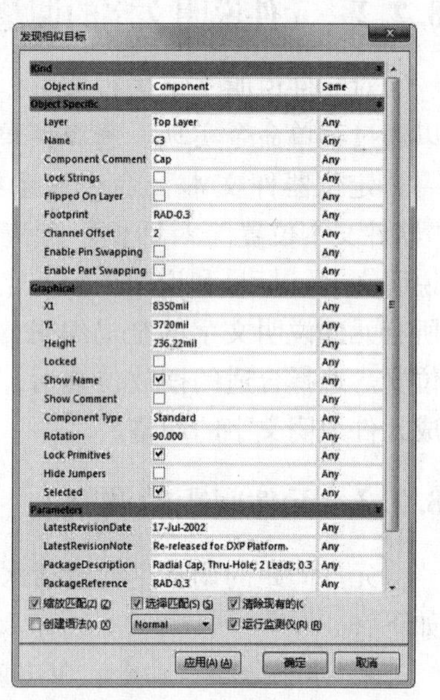

图 8-18　“发现相似目标”对话框

（4）选择菜单栏中的“工具”→“器件布局”→“排列板子外的器件”命令，则所有电阻元件自动排列到 PCB 外部。

（5）选择菜单栏中的“工具”→“器件布局”→“在矩形区域排列”命令，用十字光标在 PCB 外部画出一个合适的矩形，此时所有电容自动排列到该矩形区域内，如图 8-19 所示。

（6）由于标号重叠，为了清晰美观，单击“水平分布”和“增加水平间距”命令，调整电容元件之间的间距，结果如图 8-20 所示。

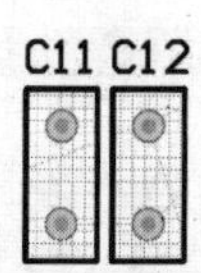

图 8-19　在矩形区内排列电容

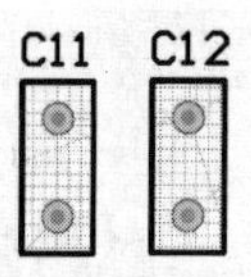

图 8-20　调整电阻元件间距

（7）将排列好的电阻元件拖动到电路板中合适的位置。按照同样的方法，对其他元件进行排列。

（8）选择菜单栏中的“编辑”→“对齐”→“水平分布”命令，将各组器件排列整齐。

手动调整后的 PCB 布局如图 8-21 所示。布局完毕会发现，我们原来定义的 PCB 形状偏大，需要重新定义 PCB 形状。这些内容前面已有介绍，这里不再赘述。

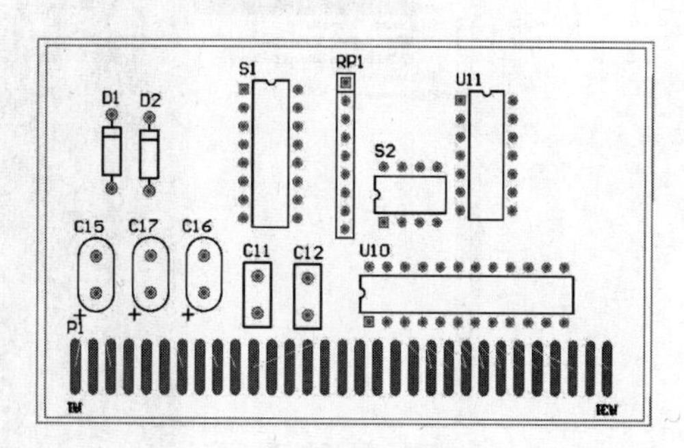

图 8-21　手动调整后的 PCB 布局

8.3　3D 效果图

手工布局完成以后，用户可以查看 3D 效果图，以检查布局是否合理。

选择菜单栏中的“察看”→“切换到 3 维显示”命令，系统自动切换到 3D 显示图，如图 8-22 所示。

在 PCB 编辑器内，选择菜单栏中的“工具”→“遗留工具”→“3D 显示”命令，系统生成该 PCB 的 3D 效果图，加入到该项目生成的“PCB 3D Views”文件夹中并自动打开“PCB1. PcbDoc”。PCB 生成的 3D 效果图如图 8-23 所示。

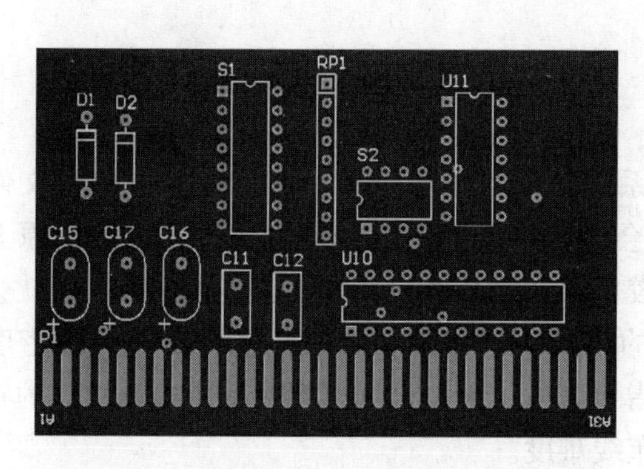

图 8-22　3D 显示图

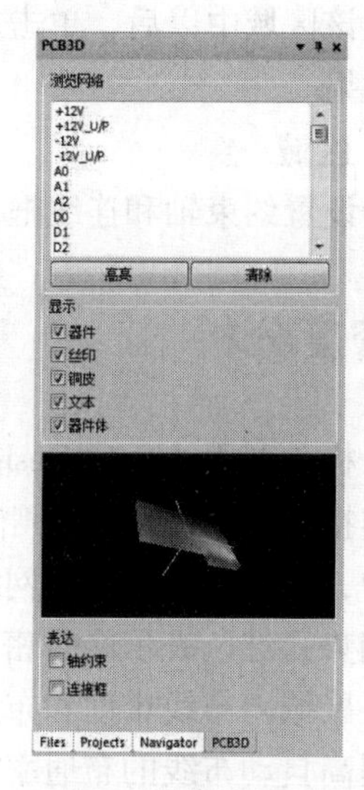

图 8-23　PCB 3D 面板

在 PCB 3D 编辑器内，单击右下角的 PCB 3D 面板按钮，打开 PCB 3D 面板，如图 8-24 所示。

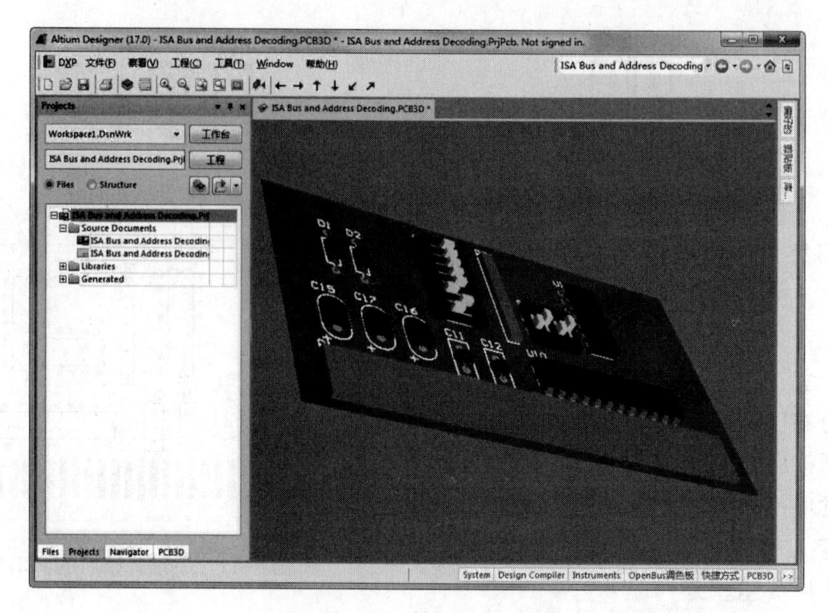

图 8-24　PCB 3D 面板

1. “浏览区域” 区域

该区域列出了单前 PCB 文件内的所有网络。选择其中一个网络以后，单击高亮按钮，则此网络呈高亮状态；单击清除按钮，可以取消高亮状态。

2. “显示” 区域

该区域用于控制 3D 效果图中的显示方式，分别可以对元器件、丝印层、铜、文本以及电路板进行控制。

3. 预览框区域

将光标移到该区域中以后，单击左键并按住不放，拖动光标，3D 图将跟着旋转，展示不同方向上的效果。

4. “表达” 区域

该区域用于设置约束轴和连线框。

8.4　网络密度分析

网络密度分析是利用 Altium Designer 17 系统提供的密度分析工具，对当前 PCB 文件的元件放置及其连接情况进行分析。密度分析会生成一个临时的密度指示图，覆盖在原 PCB 图上面。在图中，绿色的部分表示网络密度较低，元件越密集、连线越多的区域颜色就会呈现一定的变化趋势，红色表示网络密度较高的区域。密度指示图显示了 PCB 布局的密度特征，可以作为各区域内布线难度和布通率的指示信息。用户根据密度指示图进行相应的布局调整，有利于提高自动布线的布通率，降低布线难度。

下面以布局好的电脑麦克风电路原理图的 PCB 文件为例，进行网络密度分析。

（1）在 PCB 编辑器中，选择菜单栏中的“工具”→“密度图”命令，系统自动执行对当前 PCB 文件的密度分析，如图 8-25 所示。

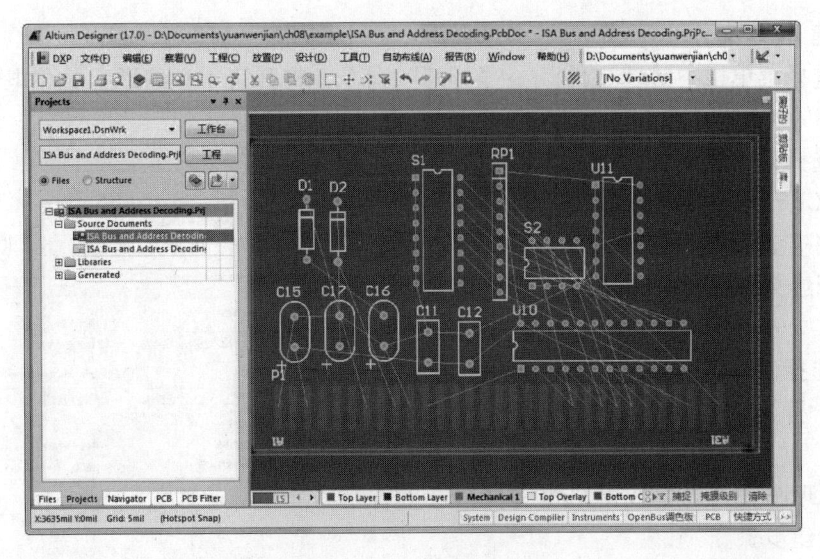

图 8-25　显示密度图

（2）按〈End〉键刷新视图，或者通过单击文件标签切换到其他编辑器视图中，即可恢复到普通 PCB 文件视图中。

从密度分析生成的密度指示图可以看出，该 PCB 布局密度较低。

通过 3D 视图和网络密度分析，我们可以进一步对 PCB 元件布局进行调整。完成上述工作后，就可以进行布线操作了。

8.5　操作实例

本节将通过两个简单的实例来介绍 PCB 布局设计。原理图保存在电子素材文件夹“yuanwenjian\ch08\example”中，用户可以直接使用，也可以自行创建。

8.5.1　电饭煲饭熟报知器电路 PCB 设计

完成如图 8-26 所示电饭煲饭熟报知器电路的电路板外形尺寸手动绘制，实现元件的布局和布线，还将学习 PCB 文件报表创建。

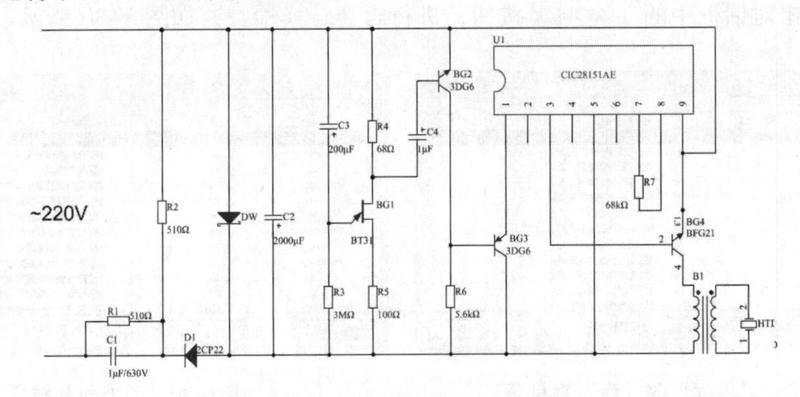

图 8-26　电饭煲饭熟报知器电路

1. 创建 PCB 文件

（1）选择菜单栏中的“文件”→“打开”命令，打开第 4 章编译后的“电饭煲饭熟报知器电路 . PrjPCB”文件。

（2）选择菜单栏中的“文件”→“New”（新建）→“PCB”（印制电路板文件）命令，创建一个 PCB 文件，选择菜单栏中的“文件”→“保存”命令，将新建文件保存为“电饭煲饭熟报知器电路 . PcbDoc”。

（3）选择菜单栏中的“设计”→“板参数选项”命令，打开“板选项”对话框，如图 8-27 所示。

图 8-27 “板选项”对话框

由于原理图文件已生成网络表文件，这里省略报表文件创建步骤。

2. 绘制 PCB 的物理边界和电气边界

（1）单击编辑区左下方的板层标签的“Mechanical1”（机械层 1）标签，将其设置为当前层。然后，选择菜单栏中的“放置”→“走线”命令，光标变成十字形，沿 PCB 边绘制一个矩形闭合区域，即可设定 PCB 的物理边界。

（2）单击打开窗口下方“Keep - out Layer”（禁止布线层），选择菜单栏中的“放置”→“禁止布线”→“线径”命令，光标变成十字形，在 PCB 图上物理边界内部绘制出一个封闭的矩形，设定电气边界。设置完成的 PCB 图如图 8-28 所示。

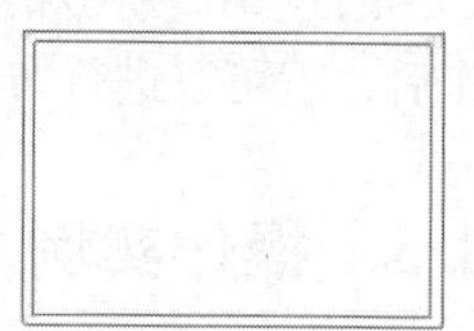

图 8-28 完成边界设置的 PCB 图

（3）选择菜单栏中的“设计”→“板子形状”→“按照选定对象定义”命令，光标变成十字形，选中外侧的物理边界，重新定义电路板边界。

（4）打开原理图文件，选择菜单栏中的“设计”→“Update PCB Document 电饭煲饭熟报知器电路 . PcbDoc”（更新电饭煲饭熟报知器电路）命令，系统弹出“工程更改顺序”对话框，如图 8-29 所示。

（5）单击对话框中的 生效更改 按钮，进行封装转换检查，如图 8-30 所示。

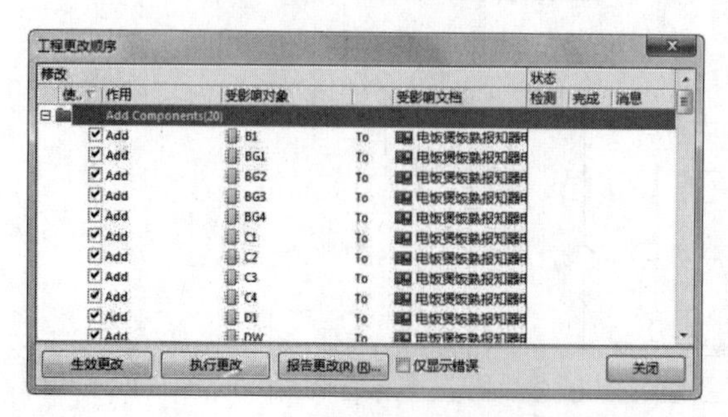

图 8-29 “工程更改顺序”对话框

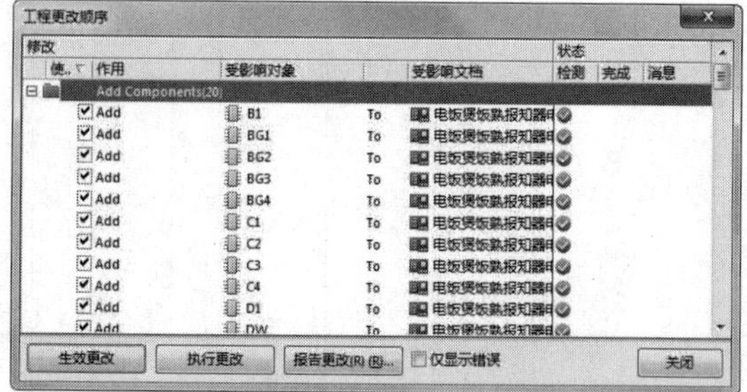

图 8-30 检查封装转换

（6）单击[执行更改]按钮，检查所有改变是否正确，若所有的项目后面都出现两个✓标志，则项目转换成功，将元器件封装添加到 PCB 文件中，如图 8-31 所示。

（7）完成添加后，单击[报告更改(R)(R)...]按钮，弹出“报告预览”对话框，显示添加的封装，如图 8-32 所示。

图 8-31　添加元器件封装

报告预览

Change Order Report For Project 电饭煲饭熟报知器电路.P

Action	Object	Change Document
Add Components		
Add	B1	To电饭煲饭熟报知器电路.PcbDoc
Add	BG1	To电饭煲饭熟报知器电路.PcbDoc
Add	BG2	To电饭煲饭熟报知器电路.PcbDoc
Add	BG3	To电饭煲饭熟报知器电路.PcbDoc
Add	BG4	To电饭煲饭熟报知器电路.PcbDoc
Add	C1	To电饭煲饭熟报知器电路.PcbDoc
Add	C2	To电饭煲饭熟报知器电路.PcbDoc
Add	C3	To电饭煲饭熟报知器电路.PcbDoc
Add	C4	To电饭煲饭熟报知器电路.PcbDoc
Add	D1	To电饭煲饭熟报知器电路.PcbDoc
Add	DW	To电饭煲饭熟报知器电路.PcbDoc
Add	HTD	To电饭煲饭熟报知器电路.PcbDoc
Add	R1	To电饭煲饭熟报知器电路.PcbDoc
Add	R2	To电饭煲饭熟报知器电路.PcbDoc
Add	R3	To电饭煲饭熟报知器电路.PcbDoc
Add	R4	To电饭煲饭熟报知器电路.PcbDoc
Add	R5	To电饭煲饭熟报知器电路.PcbDoc

Page 1 of 3

所有(A) (A)　宽度(W) (W)　100%　100 %　输出(E) (E)...　打印(P) (P)...　打开报告(O) (O)...　停止(S)　关闭(C) (C)

图 8-32　“报告预览”对话框

（8）单击[关闭(C) (C)]按钮，关闭对话框。此时，在 PCB 图纸上已经有了元器件的封装，如图 8-33 所示。

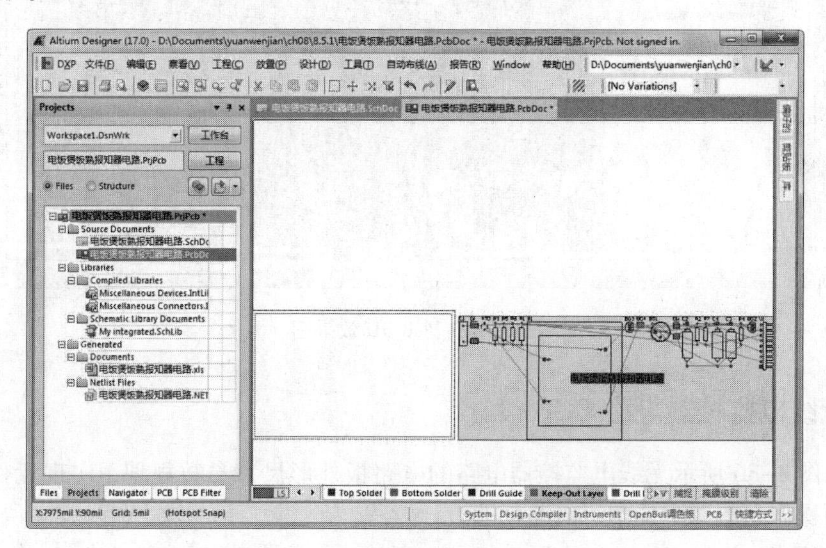

图 8-33　添加元器件封装的 PCB 图

3. 元器件布局

（1）将边界外部封装模型拖动到电气边界内部，并对其进行布局操作，进行手工调整。调整后的 PCB 图如图 8-34 所示。

（2）选择菜单栏中的“工具”→“遗留工具”→“3D 显示”命令，系统生成该 PCB 的 3D 效果图，加入到该项目生成的“PCB 3D Views”文件夹中，如图 8-35 所示。

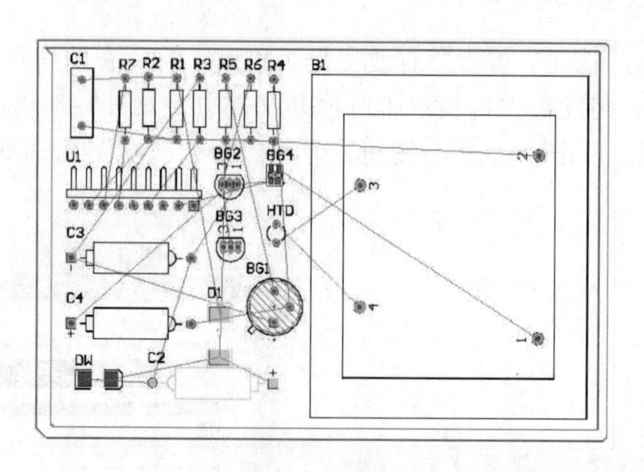

图 8-34　手工调整后的 PCB 图

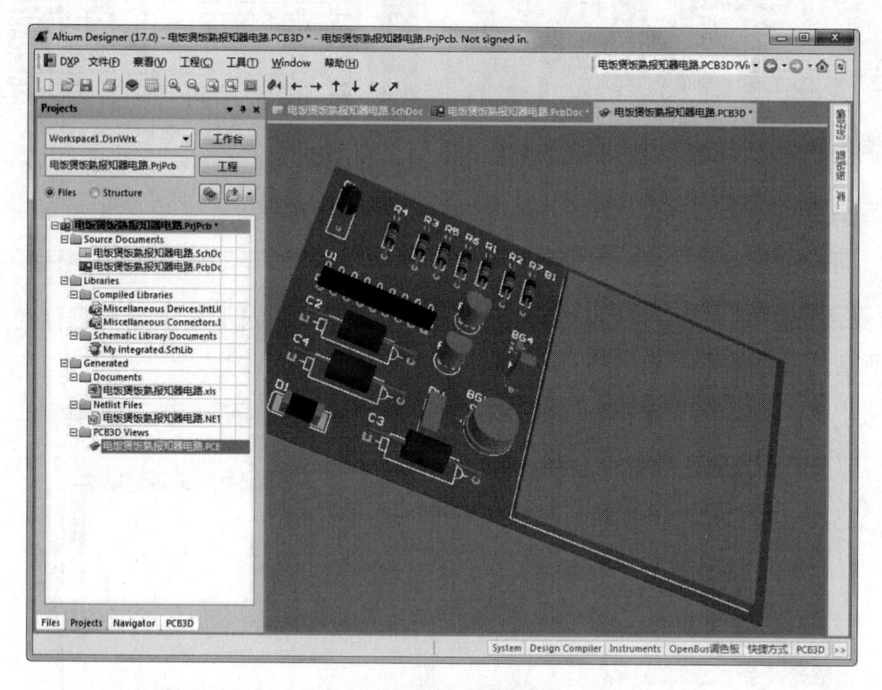

图 8-35　PCB 3D 效果图

8.5.2　无线电监控器电路 PCB 设计

完成如图 8-36 所示无线电监控器电路的电路板外形尺寸参数规划，实现元件的布局和布线及后期操作。本例主要学习电路板的设计过程。

1. 创建 PCB 文件

（1）选择菜单栏中的“文件”→“打开”，打开第 3 章绘制的“无线电监控器电路.PrjPCB”文件。

（2）在“Files”（文件）工作面板中的“从模板新建文件”栏中，单击“PCB Board Wizard”（PCB 向导）对话框，如图 8-37 所示，再在其中单击 一步(N)>> 按钮进入到单位选取步骤，选择英制单位模式，如图 8-38 所示。

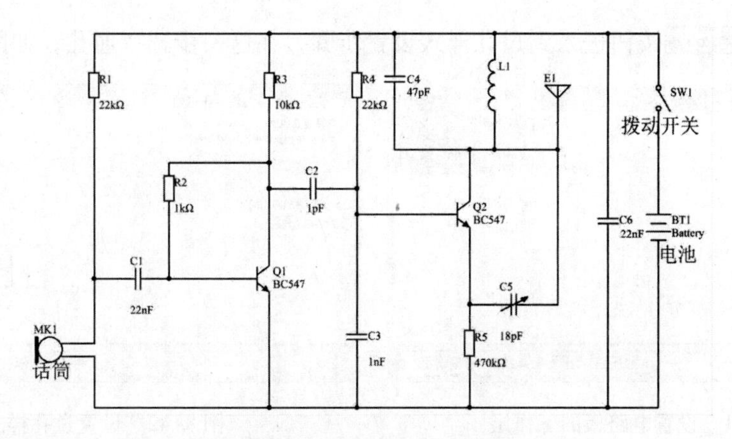

图 8-36　无线电监控器电路

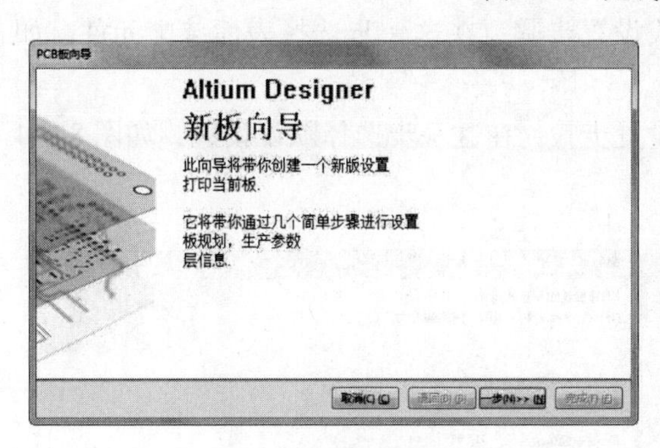

图 8-37　“PCB 板向导”

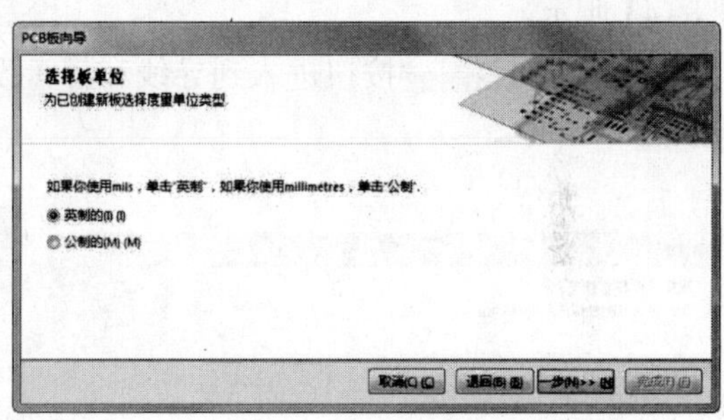

图 8-38　选择单位

然后单击一步(N)>>按钮进入到电路板类型选择步骤，在这一步选择自定义电路板，即 Custom 类型，如图 8-39 所示。

（3）单击一步(N)>>按钮进入到下一步骤，对电路板的尺寸一些详细参数作设定，如图 8-40 所示。

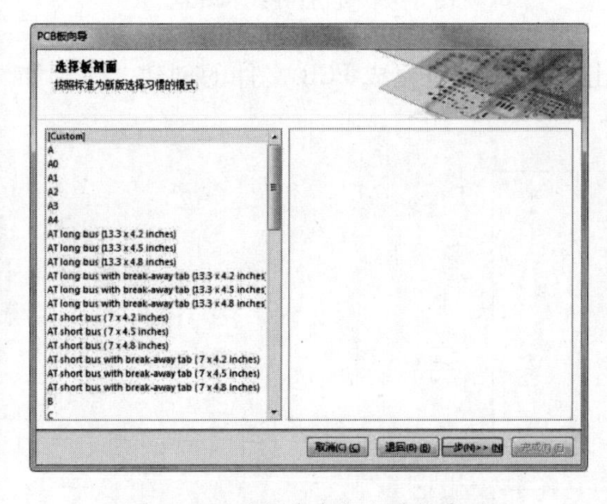

图 8-39　选择自定义电路板类型

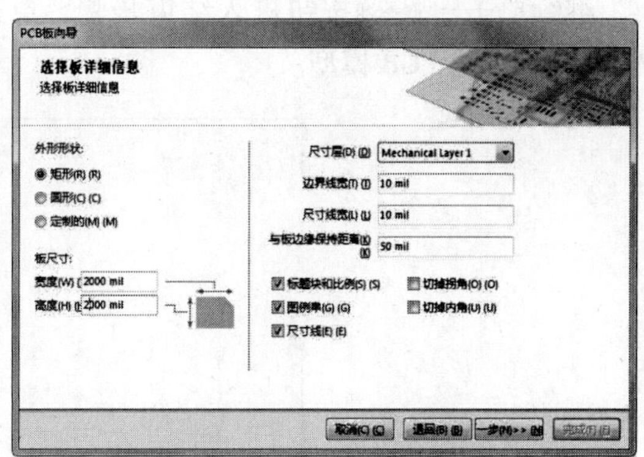

图 8-40　设置电路板参数

再次单击一步(N)>>按钮进入到电路板层选择步骤，在这一步中，将信号层和内电层的数目都设置为 2，如图 8-41 所示。

（4）单击一步(N)>>按钮进入到过孔样式设置步骤，在这一步选择通孔，如图 8-42 所示。

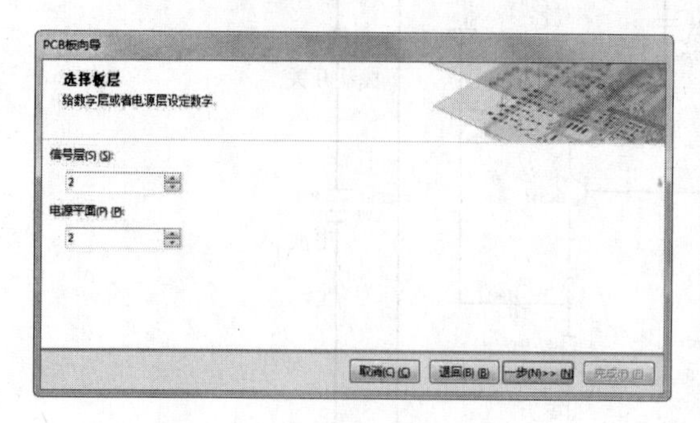

图 8-41　设置电路板的工作层

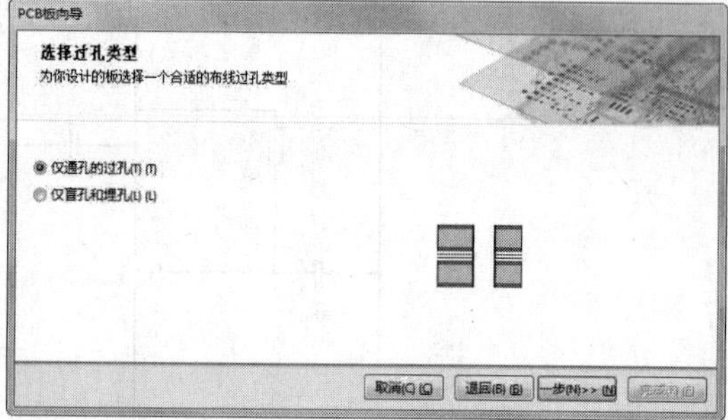

图 8-42　设置过孔样式

继续单击一步(N)>>按钮进入到元件安装样式设置步骤，在这一步选择表面装配元件，如图 8-43 所示。

（5）单击一步(N)>>按钮进入到导线和焊盘设置步骤，在这一步选择默认设置，如图 8-44 所示。

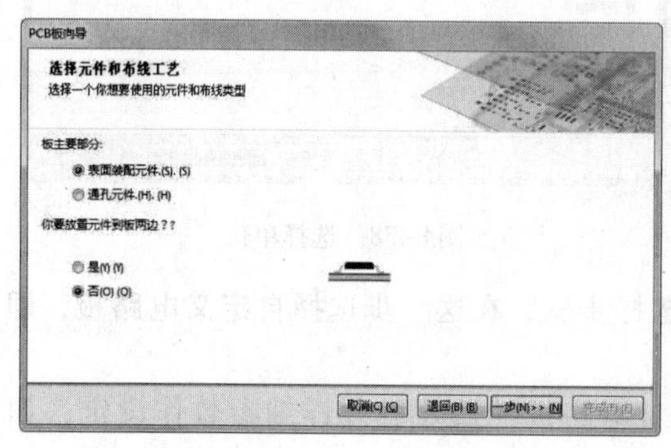

图 8-43　设置元件安装样式

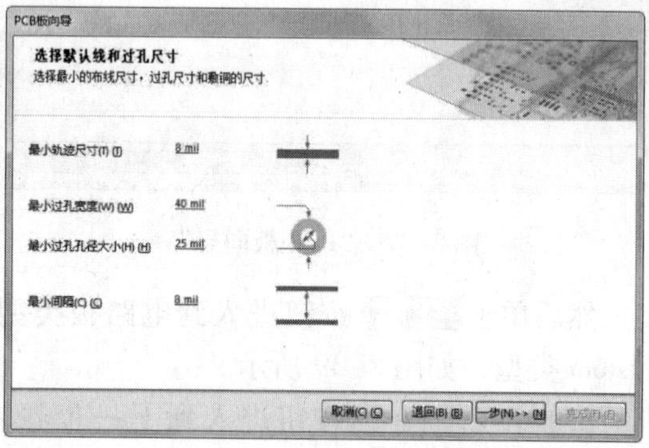

图 8-44　设置导线和焊盘

继续单击一步(N)>>按钮进入结束步骤，单击完成(F)按钮完成 PCB 文件的创建，得到如图 8-45 所示的 PCB 模型。

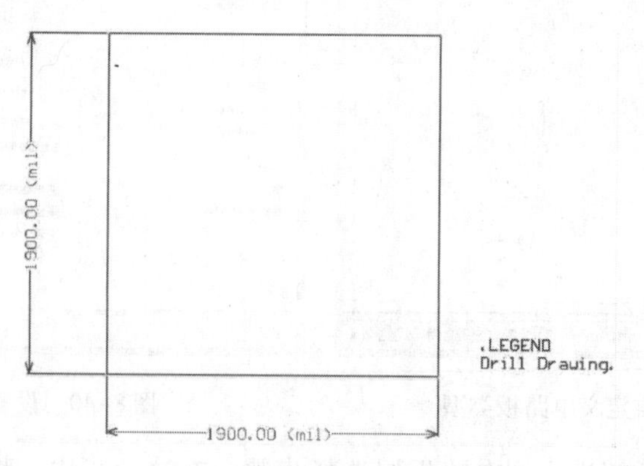

图 8-45　得到的 PCB 模型

（6）选择菜单栏中的“文件”→“保存”命令，将新建文件保存为“无线电监控器电路.PcbDoc”。

（7）单击打开窗口下方“Keep-out Layer”（禁止布线层）按钮，设置编辑环境。

2. 生成网络报表并导入PCB中

（1）打开电路原理图文件，选择菜单栏中的“工程”→“Compile PCB Project 窃听器电路.PrjPCB”（编译项目文件），系统编译设计项目。编译结束后，打开“Message”（信息）面板，如图8-46所示。查看有无错误信息，若有，则修改电路原路图。

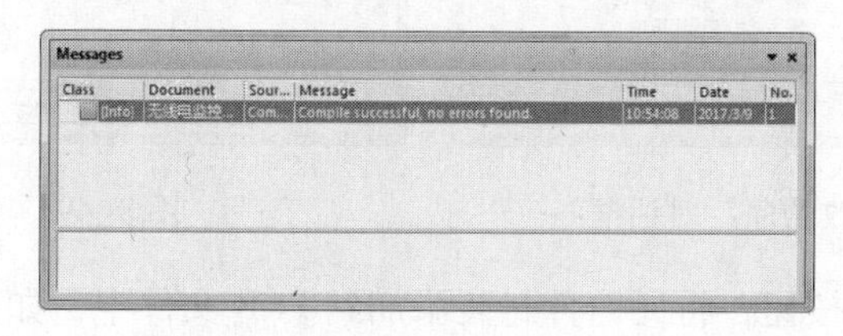

图8-46 “Message”（信息）面板

（2）完成编译后，检查是否将电路原理图中用到的所有元器件所在的库添加到当前库中。

（3）在原理图编辑环境中，选择菜单栏中的“设计”→“工程的网络表”→“Protel”（生成原理图网络表）命令，生成网络报表，如图8-47所示。

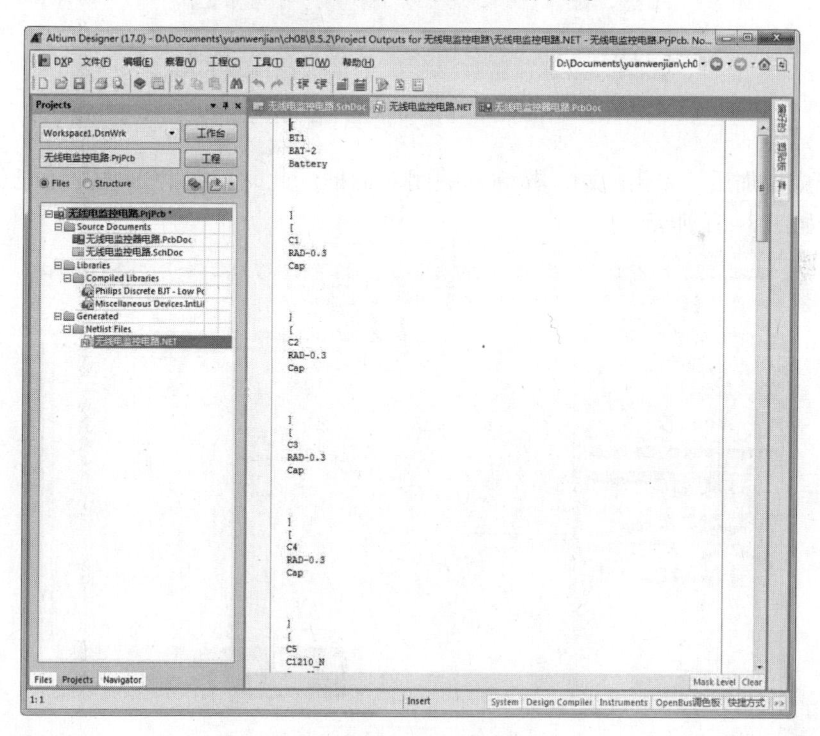

图8-47 生成网络报表

（4）选择菜单栏中的“设计”→“Update PCB Document 无线电监控器电路.Pcb Doc”命令，系统弹出“工程更改顺序”对话框，如图8-48所示。

（5）单击对话框中的生效更改按钮，检查所有改变是否正确，若所有的项目后面都出现✔标志，则项目转换成功，如图 8-49 所示。

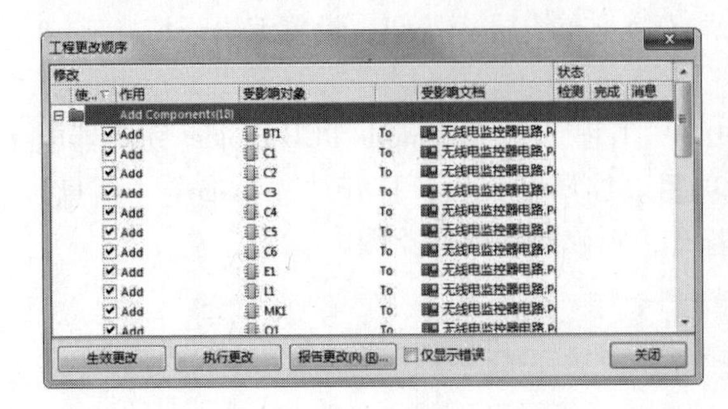

图 8-48 “工程更改顺序”对话框

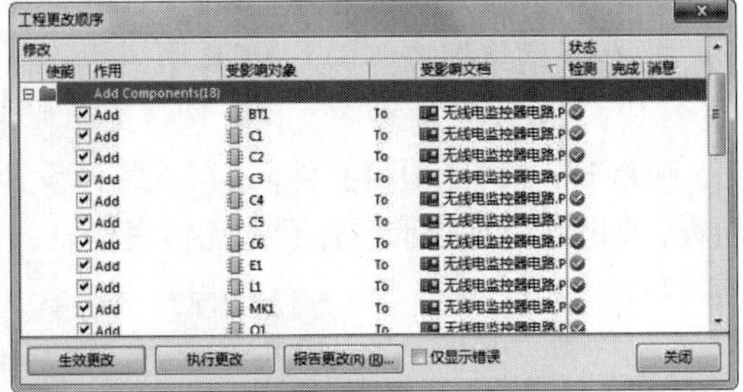

图 8-49 项目转换成功

（6）单击执行更改按钮，将元器件封装添加到 PCB 文件中，如图 8-50 所示。

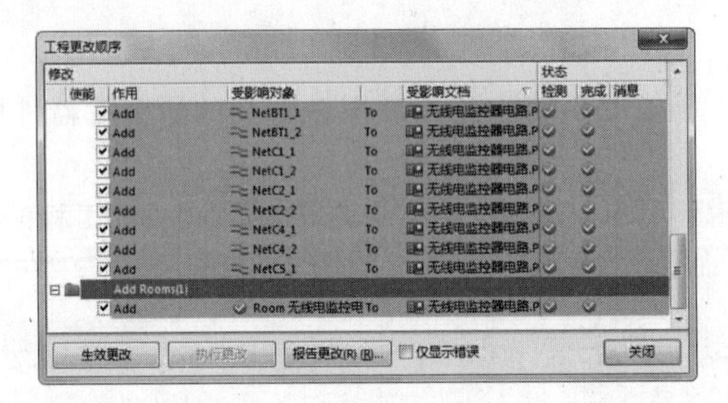

图 8-50 添加元器件封装

（7）完成添加后，单击关闭按钮，关闭对话框。此时，在 PCB 图纸上已经有了元器件的封装，如图 8-51 所示。

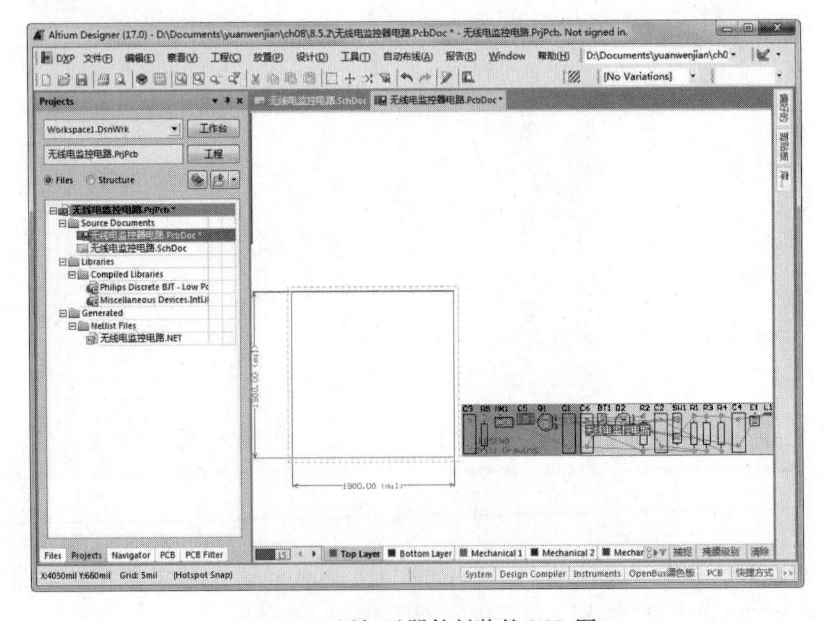

图 8-51 添加元器件封装的 PCB 图

3. 元器件布局

（1）由于本例中元件较少，因此直接进行手工布局，调整后的 PCB 图如图 8-52 所示。

（2）选择菜单栏中的“察看”→“切换到三维显示”命令，系统自动切换到三维显示图，如图 8-53 所示。

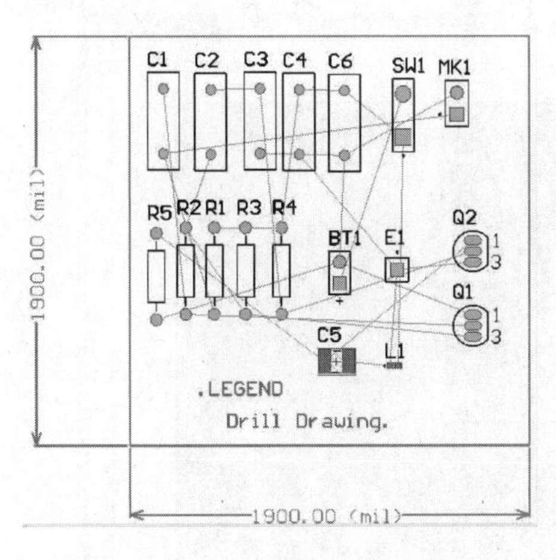

图 8-52　手工调整后的 PCB 图

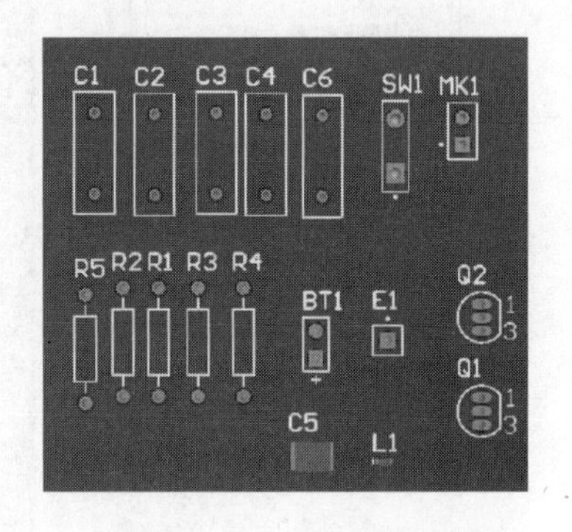

图 8-53　三维显示图

（3）选择菜单栏中的“察看”→“切换到 2 维显示”命令，系统自动返回二维显示图，如图 8-52 所示。

（4）选择菜单栏中的“工具”→“遗留工具”→“3D 显示”命令，系统生成该 PCB 的 3D 效果图，加入到该项目生成的“PCB 3D Views”文件夹中，如图 8-54 所示。

图 8-54　PCB 3D 效果图

（5）选择菜单栏中的“工具”→“密度图”命令，系统自动执行对当前 PCB 文件的密度分析，如图 8-55 所示。

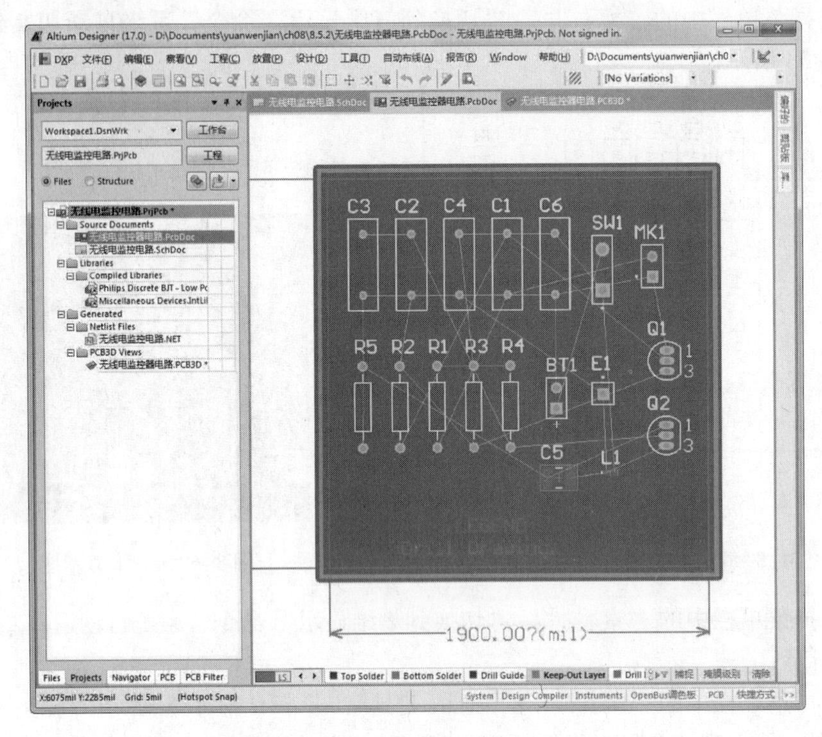

图 8-55　生成密度图

（6）选择菜单栏中的“工具”→“Clear 密度图”命令，系统取消对当前 PCB 文件的密度分析，返回布局状态。

第9章　PCB的布线

在完成电路板的布局工作以后，就可以开始布线操作了。在PCB的设计中，布线是完成产品设计的重要步骤，其要求最高、技术最细、工作量最大。PCB布线可分为单面布线、双面布线和多层布线。布线的方式有自动布线和手动布线两种。通常自动布线是无法达到电路的实际要求的，因此，在自动布线前，可以用手动布线方式预先对要求比较严格的部分进行布线。

在PCB上布线的首要任务就是在PCB板上布通所有的导线，建立起电路所需的所有电气连接，这在高密度的PCB设计中很具有挑战性。在能够完成所有布线的前提下，还有如下要求：

- 走线长度尽量短而直，以保证电气信号的完整性。
- 走线中尽量少使用过孔。
- 走线的宽度要尽量宽。
- 输入、输出端的边线应避免相邻平行，以免产生反射干扰，必要时应该加地线隔离。
- 相邻电路板工作层之间的布线要互相垂直，平行则容易产生耦合。

知识点

- PCB的自动布线
- PCB的手动布线
- PCB的覆铜、补泪滴

9.1　电路板的自动布线

自动布线是一个优秀的电路设计辅助软件所必须具备的功能之一。对于散热、电磁干扰及高频特性等要求较低的大型电路设计，采用自动布线操作可以大大降低布线的工作量，同时还能减少布线时所产生的遗漏。如果自动布线不能够满足实际工程设计的要求，可以通过手动布线进行调整。

9.1.1　设置PCB自动布线的规则

Altium Designer 17在PCB电路板编辑器中为用户提供了10大类49种设计规则，覆盖了元件的电气特性、走线宽度、走线拓扑结构、表面安装焊盘、阻焊层、电源层、测试点、电路板制作、元件布局、信号完整性等设计过程中的方方面面。在进行自动布线之前，用户首先应对自动布线规则进行详细的设置。选择菜单栏中的“设计”→“规则”命令，系统将弹出如图9-1所示的“PCB规则及约束编辑器”对话框。

1. “Electrical”（电气规则）类设置

该类规则主要针对具有电气特性的对象，用于系统的DRC（电气规则检查）功能。当

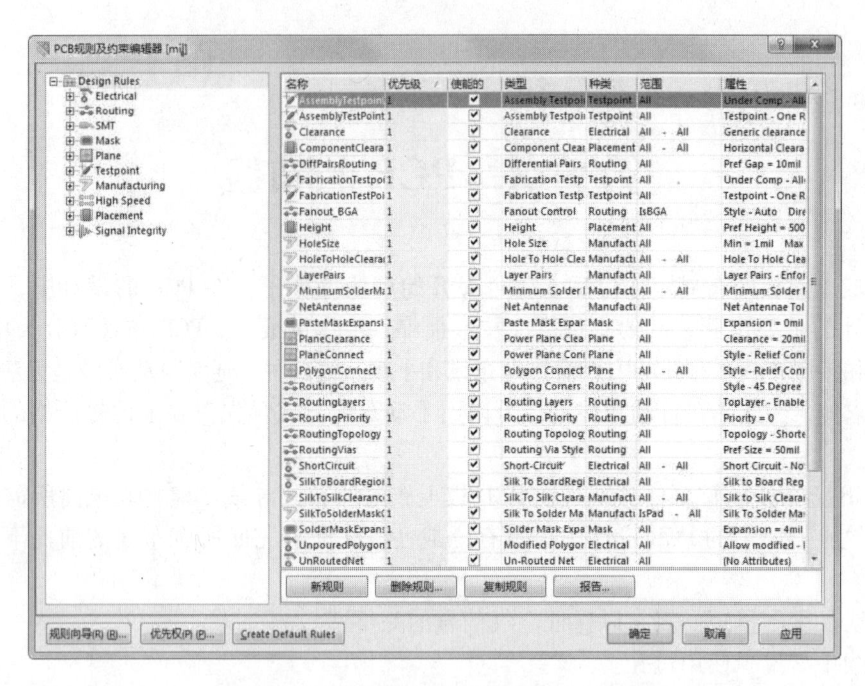

图 9-1 “PCB 规则及约束编辑器”对话框

布线过程中违反电气特性规则（共有 4 种设计规则）时，DRC 检查器将自动报警提示用户。单击“Electrical”（电气规则）选项，对话框右侧将只显示该类的设计规则，如图 9-2 所示。

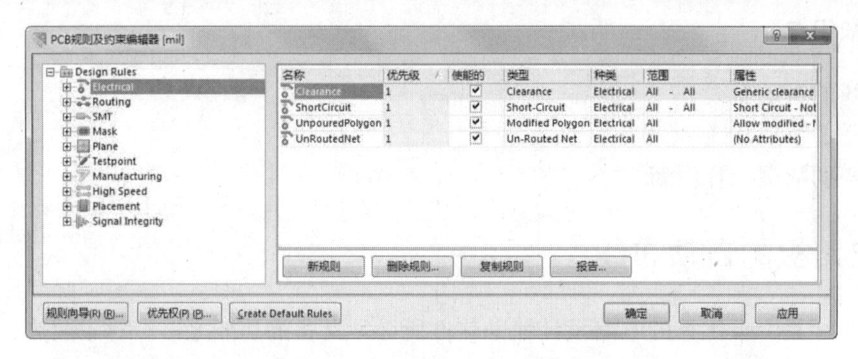

图 9-2 “Electrical”选项对话框

（1）“Clearance”（安全间距规则）：单击该选项，对话框右侧将列出该规则的详细信息，如图 9-3 所示。

该规则用于设置具有电气特性的对象之间的间距。在 PCB 上具有电气特性的对象包括导线、焊盘、过孔和铜箔填充区等，在间距设置中可以设置导线与导线之间、导线与焊盘之间、焊盘与焊盘之间的间距规则，在设置规则时可以选择适用该规则的对象和具体的间距值。

通常情况下安全间距越大越好，但是太大的安全间距会造成电路不够紧凑，同时也将造成制板成本的提高。因此安全间距通常设置在 10 ~ 20 mil，根据不同的电路结构可以设置不同的安全间距。用户可以对整个 PCB 的所有网络设置相同的布线安全间距，也可以对某一个或多个网络进行单独的布线安全间距设置。其中各选项组的功能如下：

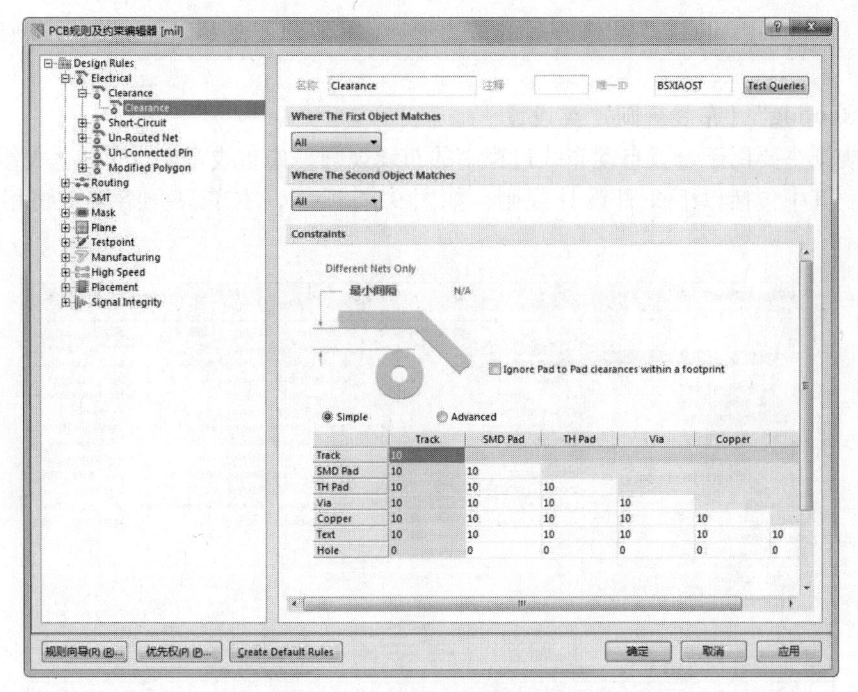

图 9-3　安全间距规则对话框

1）“Where The First Objects Matches”（优先匹配对象所处的位置）选项组：用于设置该规则优先应用的对象所处的位置。应用的对象范围为“所有”“网络”“网络类”“层”“网络和层”和“高级的（查询）”。选中某一范围后，可以在该选项后的下拉列表框中选择相应的对象，也可以在右侧的“全部询问语句”列表框中填写相应的对象。通常采用系统的默认设置，即单击“所有”单选钮。

2）“Where The Second Objects Matches”（次优先匹配的对象所处位置）选项组：用于设置该规则次优先级应用的对象所处的位置。通常采用系统的默认设置，即单击“所有”单选钮。

3）“Constraints（约束）”选项组：用于设置进行布线的最小间距。这里采用系统的默认设置。

（2）“Short - Circuit”（短路规则）：用于设置在 PCB 上是否可以出现短路，如图 9-4 所示为该项设置示意图，通常情况下是不允许的。设置该规则后，拥有不同网络标号的对象相交时如果违反该规则，系统将报警并拒绝执行该布线操作。

（3）“UnRouted Net”（取消布线网络规则）：用于设置在 PCB 上是否可以出现未连接的网络，如图 9-5 所示为该项设置示意图。

图 9-4　设置短路　　　　图 9-5　设置未连接网络

（4）“Unconnected Pin”（未连接引脚规则）：电路板中存在未布线的引脚时将违反该规则。系统在默认状态下无此规则。

（5）“Modified Polygon”（修改后的多边形）：用于设置在 PCB 上是否可以修改多边形区域。

2. “Routing”（布线规则）类设置

该类规则主要用于设置自动布线过程中的布线规则，如布线宽度、布线优先级、布线拓扑结构等。其中包括以下 8 种设计规则，如图 9-6 所示，本节只介绍与布线相关的 8 种规则。

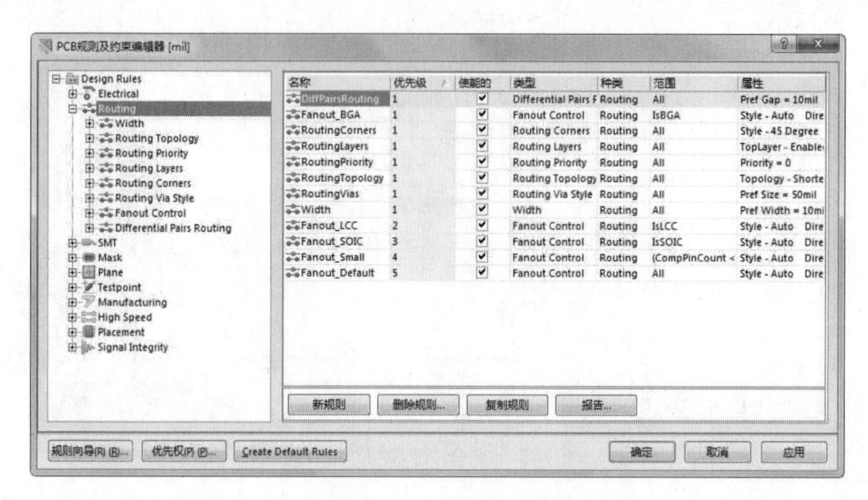

图 9-6 “Routing”（布线规则）选项对话框

（1）“Width”（走线宽度规则）：用于设置走线宽度，如图 9-7 所示为该规则的对话框。走线宽度是指 PCB 铜膜走线（即俗称的导线）的实际宽度值，包括最大允许值、最小允许值和首选值 3 个选项。与安全间距一样，走线宽度过大也会造成电路不够紧凑，将造成制板成本的提高。因此，走线宽度通常设置在 10～20 mil，应该根据不同的电路结构设置不同的走线宽度。用户可以对整个 PCB 的所有走线设置相同的走线宽度，也可以对某一个或多个网络单独进行走线宽度的设置。

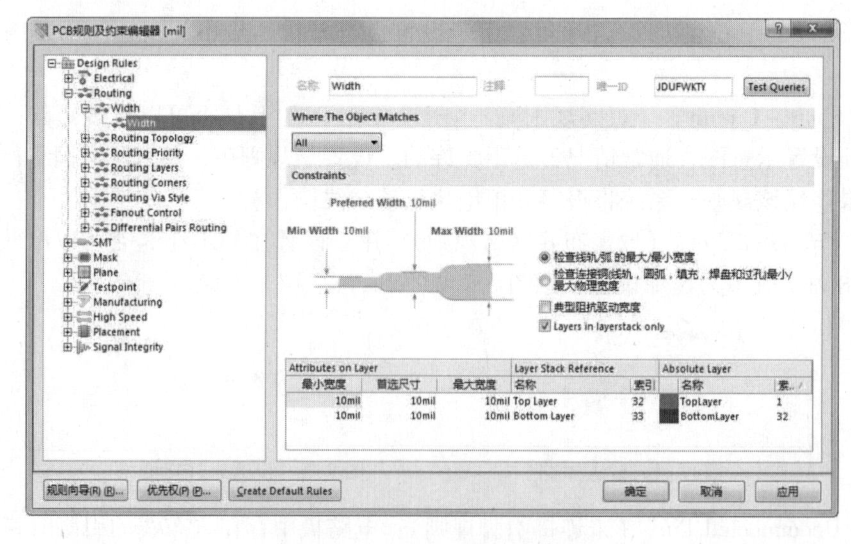

图 9-7 “Width”规则对话框

- "Where The First Objects Matches"（优先匹配的对象所处位置）选项组：用于设置布线宽度优先应用对象所处的位置，包括"所有""网络""网络类""层""网络和层"和"高级的（查询）"6个单选钮。单击某一单选钮后，可以在该选项后的下拉列表框中选择相应的对象，也可以在右侧的"全部查询语句"列表框中填写相应的对象。通常采用系统的默认设置，即单击"所有"单选钮。
- "Constraints（约束）"选项组：用于限制走线宽度。勾选"Layers in layerstack only"（层栈中的层）复选框，将列出当前层栈中各工作层的布线宽度规则设置；否则将显示所有层的布线宽度规则设置。布线宽度设置分为 Maximum（最大）、Minimum（最小）和 Preferred（首选）3 种，其主要目的是方便在线修改布线宽度。勾选"典型驱动阻抗宽度"复选框时，将显示其驱动阻抗属性，这是高频高速布线过程中很重要的一个布线属性设置。驱动阻抗属性分为 Maximum Impedance（最大阻抗）、Miniimum Impedance（最小阻抗）和 Preferred Impedance（首选阻抗）3 种。

（2）"Routing Topology"（走线拓扑结构规则）：用于选择走线的拓扑结构，如图 9-8 所示为该项设置的示意图。各种拓扑结构如图 9-9 所示。

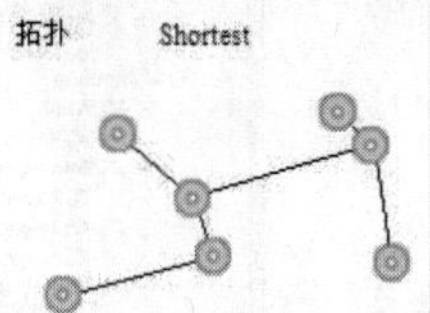

图 9-8　设置走线拓扑结构

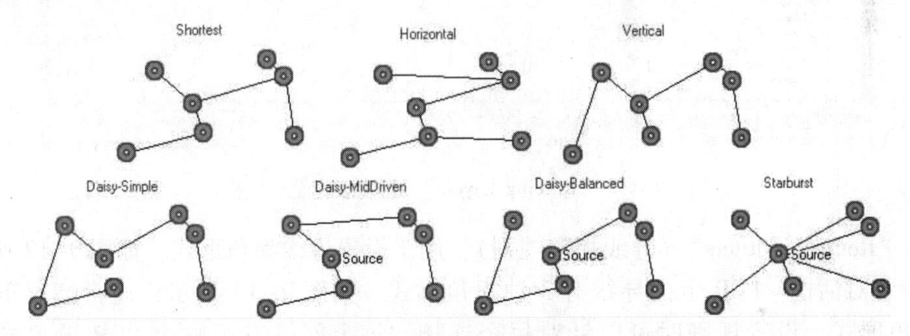

图 9-9　各种拓扑结构

（3）"Routing Priority"（布线优先级规则）：用于设置布线优先级，如图 9-10 所示为该

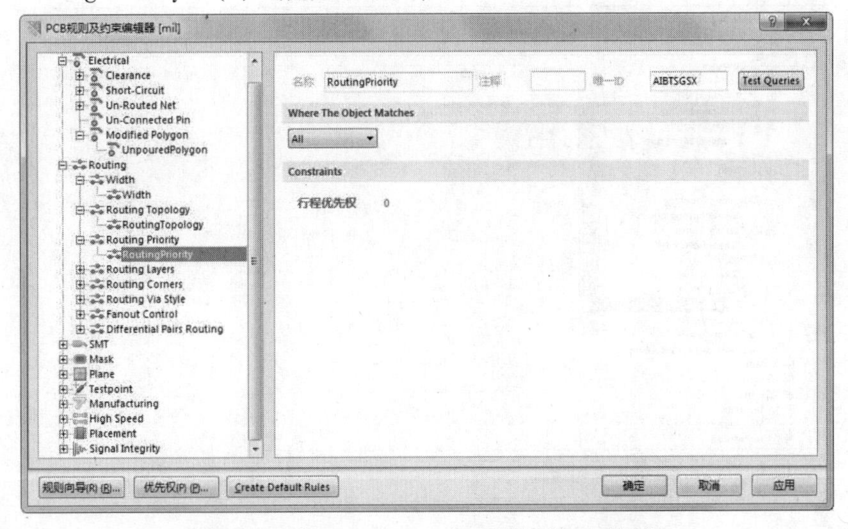

图 9-10　"Routing Priority"规则的设置对话框

规则的设置对话框，在该对话框中可以对每一个网络设置布线优先级。PCB 上的空间有限，可能有若干根导线需要在同一块区域内走线才能得到最佳的走线效果，通过设置走线的优先级可以决定导线占用空间的先后顺序。设置规则时可以针对单个网络设置优先级。系统提供了 0 ~ 100 共 101 种优先级选择，0 表示优先级最低，100 表示优先级最高，默认的布线优先级规则为所有网络布线的优先级为 0。

（4）“Routing Layers”（布线工作层规则）：用于设置布线规则可以约束的工作层，如图 9-11 所示为该规则。

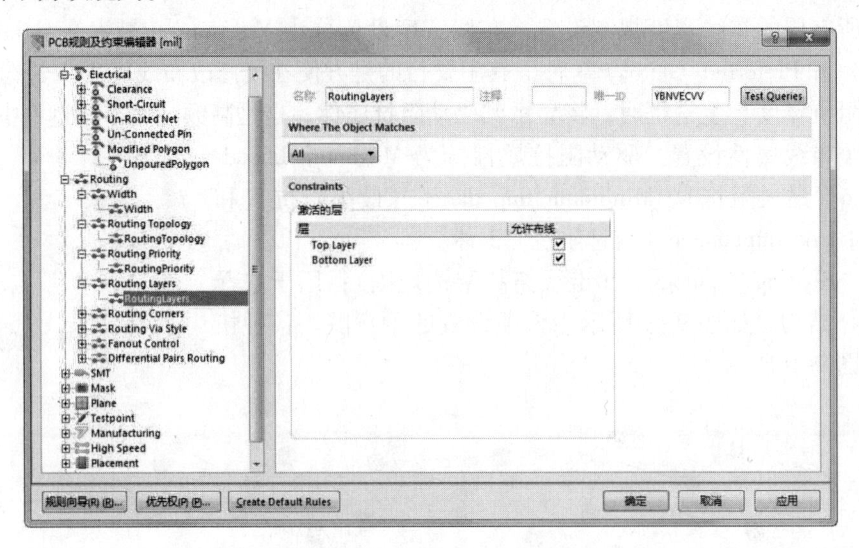

图 9-11　“Routing Layers”规则的设置对话框

（5）“Routing Corners”（导线拐角规则）：用于设置导线拐角形式，如图 9-12 所示为该规则的设置对话框。PCB 上的导线有 3 种拐角方式，如图 9-13 所示，通常情况下会采用 45°的拐角形式。设置规则时可以针对每个连接、每个网络直至整个 PCB 设置导线拐角形式。

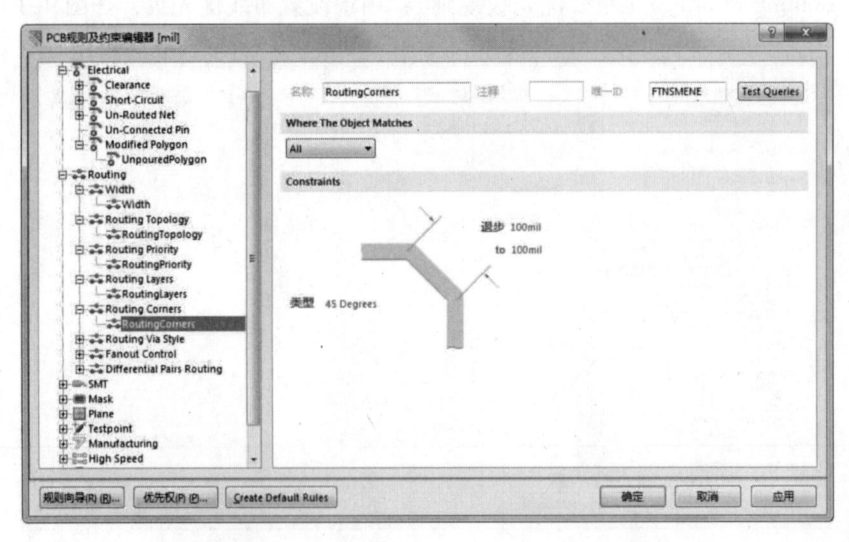

图 9-12　“Routing Corners”规则的设置对话框

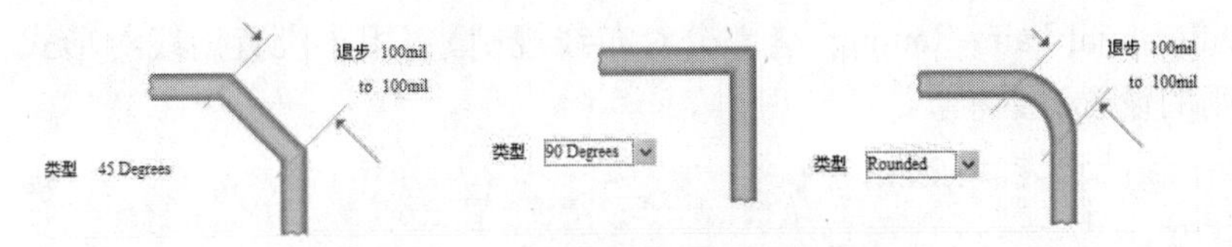

图 9-13　PCB 上导线的 3 种拐角方式

（6）“Routing Via Style”（布线过孔样式规则）：用于设置走线时所用过孔的样式，如图 9-14 所示为该规则的设置对话框，在该对话框中可以设置过孔的各种尺寸参数。过孔直径和钻孔孔径都包括“最大的”、“最小的”和“首选的” 3 种定义方式。默认的过孔直径为 50mil，过孔孔径为 28mil。在 PCB 的编辑过程中，可以根据不同的元件设置不同的过孔大小，钻孔尺寸应该参考实际元件引脚的粗细进行设置。

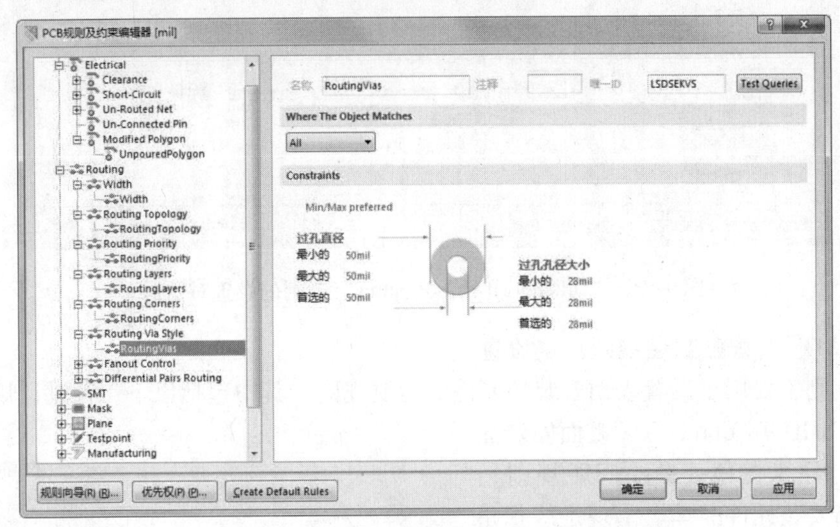

图 9-14　“Routing Via Style”规则的设置对话框

（7）“Fanout Control”（扇出控制布线规则）：用于设置走线时的扇出形式，如图 9-15 所示为该规则的设置对话框。可以针对每一个引脚、每一个元件甚至整个 PCB 设置扇出形式。

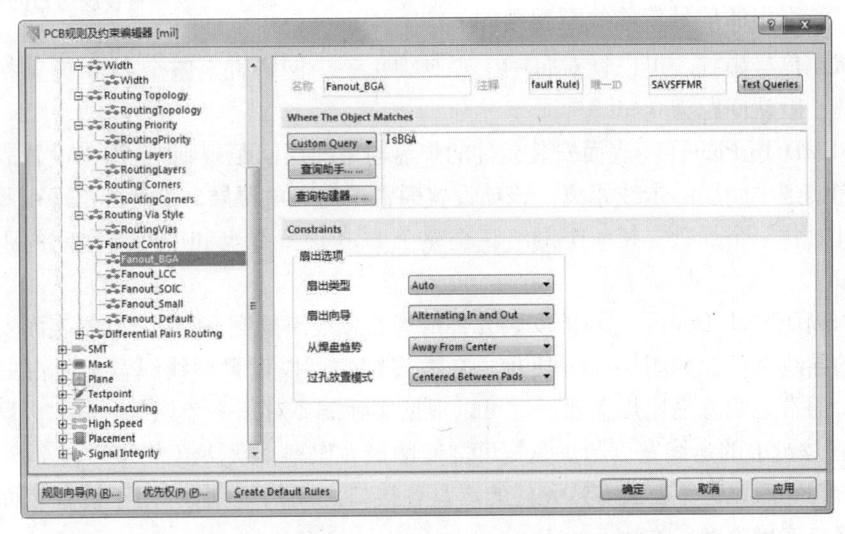

图 9-15　“Fanout Control”规则的设置对话框

（8）“Differential Pairs Routing”（差分对布线规则）：用于设置走线对形式，如图 9-16 所示为该规则的设置对话框。

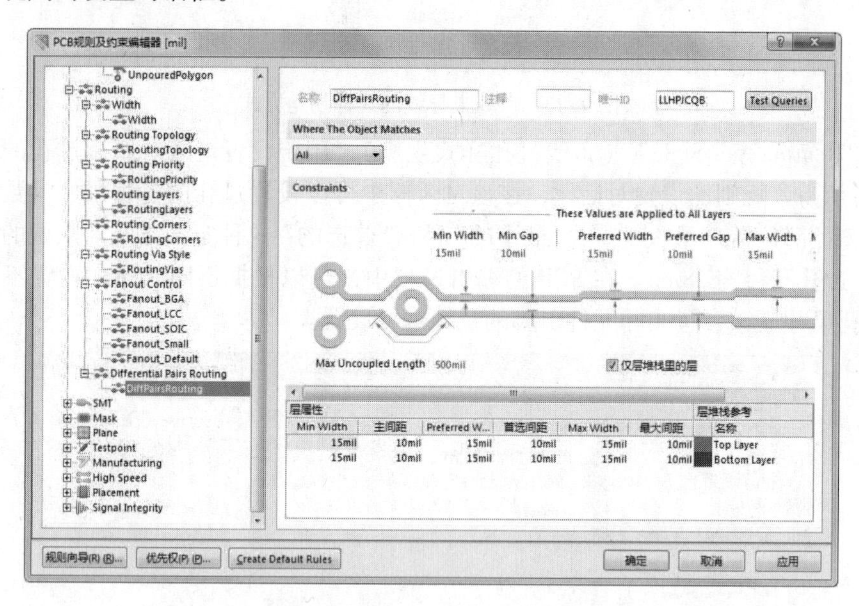

图 9-16 “Differential Pairs Routing”规则的设置对话框

3. “SMT”（表贴封装规则）类设置

该类规则主要用于设置表面安装型元件的走线规则，其中包括以下 4 种设计规则。

（1）“SMD To Corner”（表面安装元件的焊盘与导线拐角处最小间距规则）：用于设置当安装元件的焊盘出现走线拐角时，拐角和焊盘之间的距离，如图 9-17a 所示。通常，走线时引入拐角会导致电信号的反射，引起信号之间的串扰，因此需要限制从焊盘引出的信号传输线至拐角的距离，以减小信号串扰。可以针对每一个焊盘、每一个网络直至整个 PCB 设置拐角和焊盘之间的距离，默认间距为 0 mil。

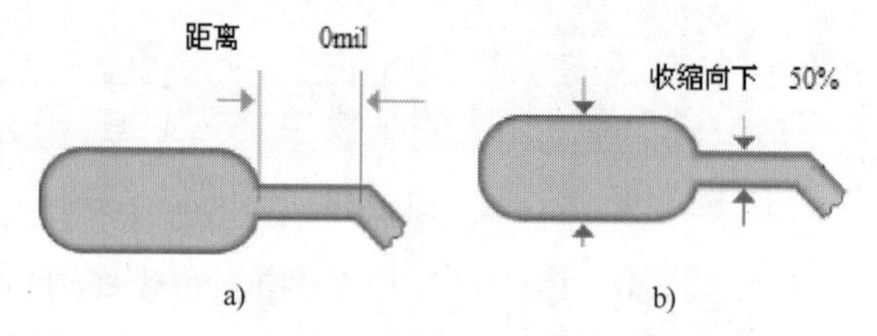

图 9-17 “SMT”（表贴封装规则）的设置

（2）“SMD To Plane”（表面安装元件的焊盘与中间层间距规则）：用于设置表面安装元件的焊盘连接到中间层的走线距离。该项设置通常出现在电源层向芯片的电源引脚供电的场合。可以针对每一个焊盘、每一个网络直至整个 PCB 设置焊盘和中间层之间的距离，默认间距为 0 mil。

（3）“SMD Neck Down”（表面安装元件的焊盘颈缩率规则）：用于设置表面安装元件的焊盘连线的导线宽度，如图 9-17b 所示。在该规则中可以设置导线线宽上限占据焊盘宽度的百分比，通常走线总是比焊盘要小。可以根据实际需要对每一个焊盘、每一个网络甚至整个 PCB 设置焊盘上的走线宽度与焊盘宽度之间的最大比率，默认值为 50%。

（4）“SMD Entry”（表面安装元件的焊盘各接口之间的规则）：用于设置表面安装元件的焊盘各接口连接角度与方法。

4. “Mask”（阻焊规则）类设置

该类规则主要用于设置阻焊剂铺设的尺寸，主要用在 Output Generation（输出阶段）进程中。系统提供了 Top Paster（顶层锡膏防护层）、Bottom Paster（底层锡膏防护层）、Top Solder（顶层阻焊层）和 Bottom Solder（底层阻焊层）4 个阻焊层，其中包括以下两种设计规则：

“Solder Mask Expansion”（阻焊层和焊盘之间的间距规则）：通常，为了焊接的方便，阻焊剂铺设范围与焊盘之间需要预留一定的空间。如图 9-18 所示为该规则的设置对话框。可以根据实际需要对每一个焊盘、每一个网络甚至整个 PCB 设置该间距，默认距离为 4 mil。

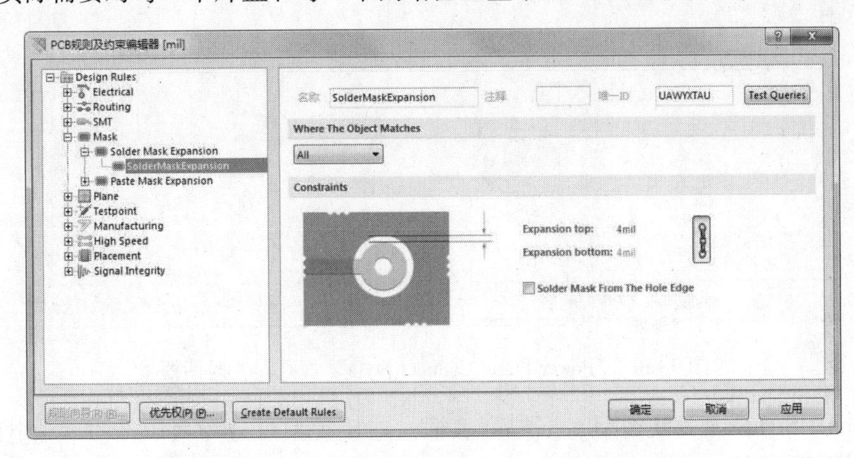

图 9-18 “Solder Mask Expansion”规则的设置对话框

“Paste Mask Expansion”（锡膏防护层与焊盘之间的间距规则）：如图 9-19 所示为该规则的设置对话框。可以根据实际需要对每一个焊盘、每一个网络甚至整个 PCB 设置该间距，默认距离为 0 mil。

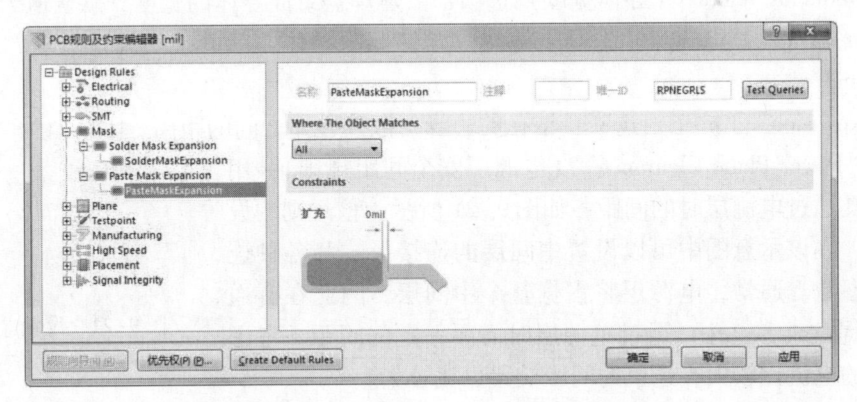

图 9-19 “Paste Mask Expansion”规则的设置对话框

阻焊层规则也可以在焊盘的属性对话框中进行设置，并针对不同的焊盘进行单独的设置。在属性对话框中，用户可以选择遵循设计规则中的设置，也可以忽略规则中的设置而采用自定义设置。

5. “Plane”（中间层布线规则）类设置

该类规则主要用于设置中间电源层布线相关的走线规则，其中包括以下 3 种设计规则：

（1）“Power Plane Connect Style”（电源层连接类型规则）：用于设置电源层的连接形式，如图9-20所示为该规则的设置对话框，在该设置对话框中可以设置中间层的连接形式和各种连接形式的参数。

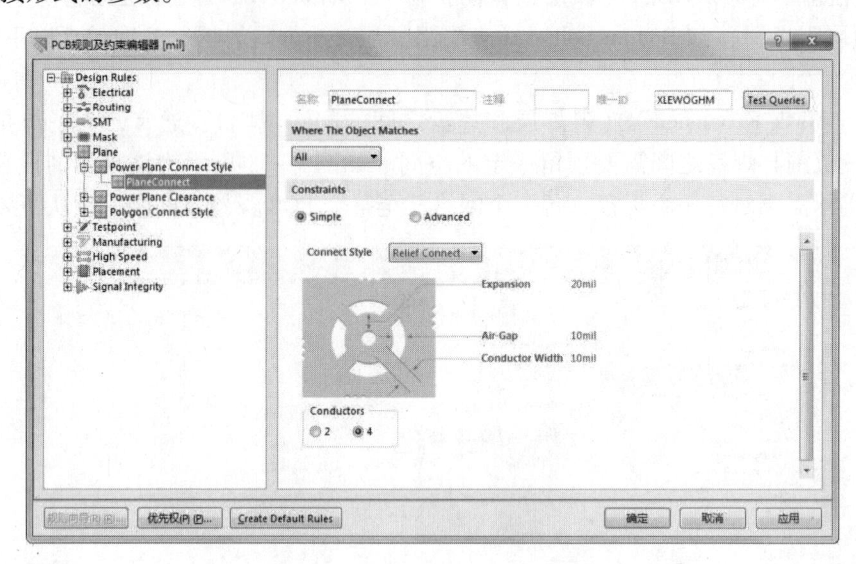

图9-20 “Power Plane Connect Style”规则设置对话框

- “Connet Style”（关联类型）下拉列表框：连接类型可分为No Connect（电源层与元件引脚不相连）、Direct Connect（电源层与元件的引脚通过实心的铜箔相连）和Relief Connect（使用散热焊盘的方式与焊盘或钻孔连接）3种。默认设置为Relief Connect（使用散热焊盘的方式与焊盘或钻孔连接）。
- “Conductors”（导线数）选项：散热焊盘组成导体的数目，默认值为4。
- “Conductor Width”（导体宽度）选项：散热焊盘组成导体的宽度，默认值为10 mil。
- “Air - Gap”（空气隙）选项：散热焊盘钻孔与导体之间的空气间隙宽度，默认值为10 mil。
- “Expansion”（扩充）选项：钻孔的边缘与散热导体之间的距离，默认值为20 mil。

（2）“Power Plane Clearance”（电源层安全间距规则）：用于设置通孔通过电源层时的间距，如图9-21所示为该规则的设置示意图，在该示意图中可以设置中间层的连接形式和各种连接形式的参数。通常，电源层将占据整个中间层，因此在有通孔（通孔焊盘或者过孔）通过电源层时需要一定的间距。考虑到电源层的电流比较大，这里的间距设置也比较大。

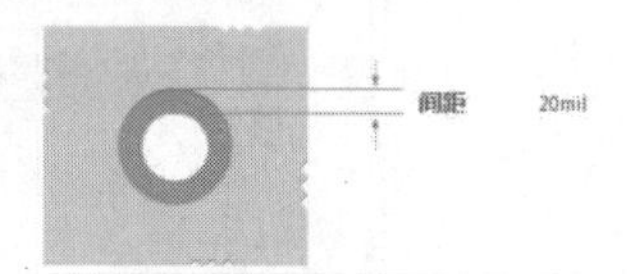

图9-21 设置电源层安全间距规则

（3）“Polygan Connect Style”（焊盘与多边形覆铜区域的连接类型规则）：用于描述元件引脚焊盘与多边形覆铜之间的连接类型，如图9-22所示为该规则的设置对话框。

- “Connet Style（连接类型）”下拉列表框：连接类型可分为No Connect（覆铜与焊盘不相连）、Direct Connect（覆铜与焊盘通过实心的铜箔相连）和Relief Connect（使用散热焊盘的方式与焊盘或孔连接）3种。默认设置为Relief Connect（使用散热焊盘的方式与焊盘或钻孔连接）。

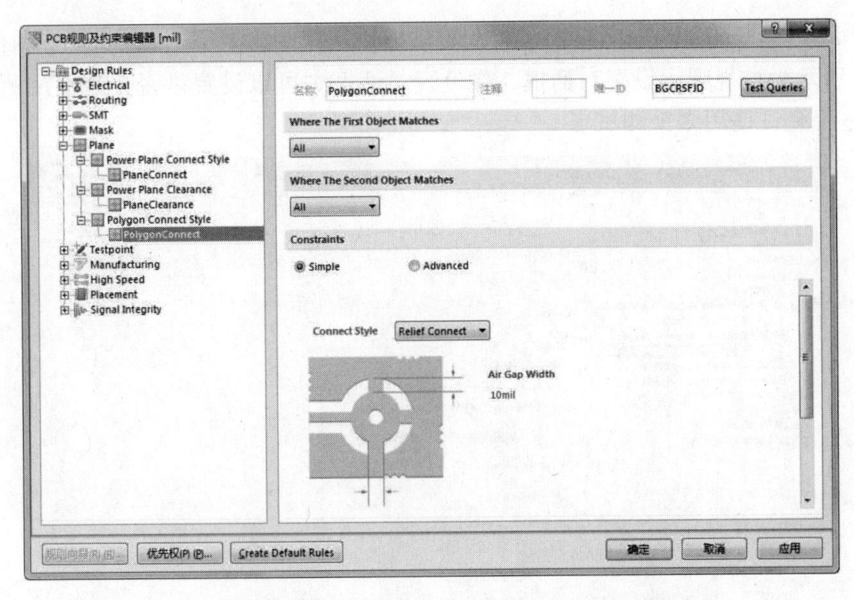

图 9-22 “Polygan Connect Style” 规则的设置对话框

- “Air - Gap Width（导线宽度）” 选项：散热焊盘组成导体的宽度，默认值为 10 mil。

6. “Testpoint”（测试点规则）类设置

该类规则主要用于设置测试点布线规则，主要介绍以下两种设计规则：

（1）“FabricationTestpoint”（装配测试点）：用于设置测试点的形式，如图 9-23 所示为该规则的设置对话框，在该设置对话框中可以设置测试点的形式和各种参数。为了方便电路板的调试，在 PCB 上引入了测试点。测试点连接在某个网络上，形式和过孔类似，在调试过程中可以通过测试点引出电路板上的信号，可以设置测试点的尺寸以及是否允许在元件底部生成测试点等各项选项。

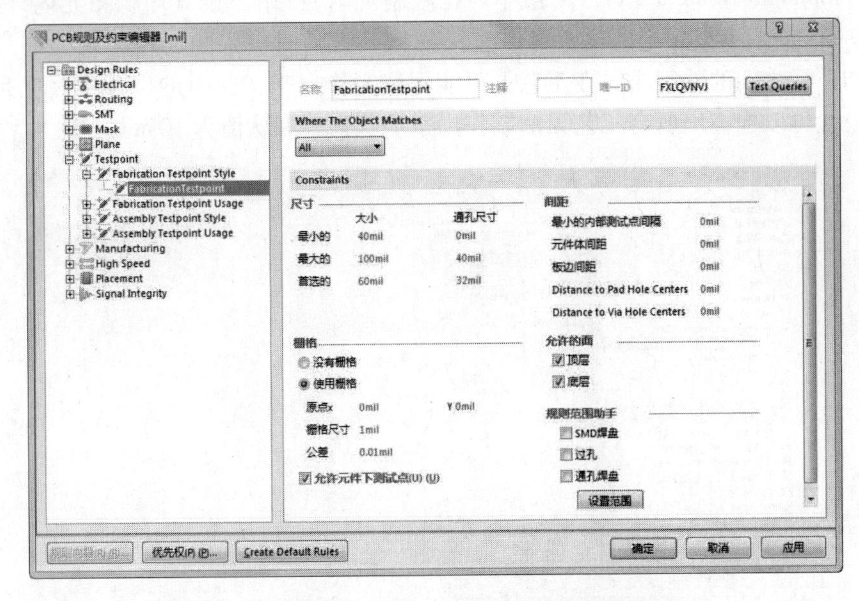

图 9-23 “FabricationTestpoint” 规则的设置对话框

（2）“FabricationTestPointUsage”（装配测试点使用规则）：用于设置测试点的使用参数，如图 9-24 所示为该规则的设置对话框，在设置对话框中可以设置是否允许使用测试点和同一网络上是否允许使用多个测试点。

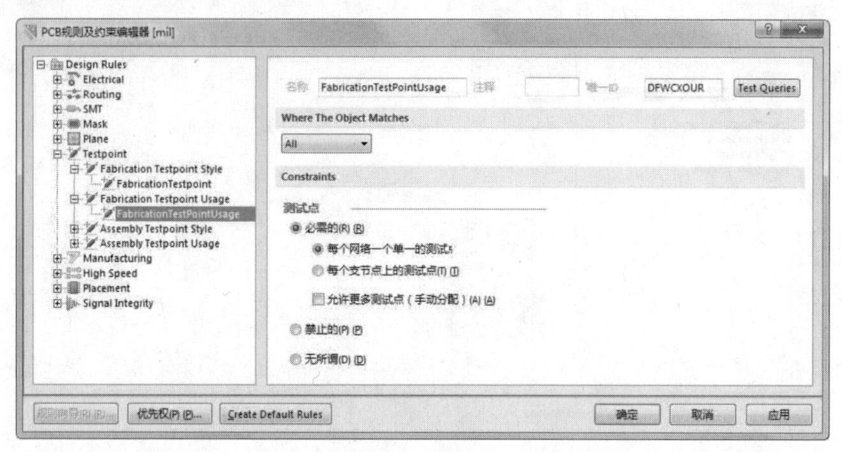

图 9-24　“FabricationTestPointUsage”规则的设置对话框

- “必需的”单选钮：每一个目标网络都使用一个测试点。该项为默认设置。
- “禁止的”单选钮：所有网络都不使用测试点。
- “无所谓”单选钮：每一个网络可以使用测试点，也可以不使用测试点。
- “允许更多测试点”（手动分配）复选框：勾选该复选框后，系统将允许在一个网络上使用多个测试点。默认设置为取消对该复选框的勾选。

7. “Manufacturing”（生产制造规则）类设置

该类规则是根据 PCB 制作工艺来设置有关参数，主要用在在线 DRC 和批处理 DRC 执行过程中，其中包括 9 种设计规则，先将主要的几种设计规则介绍如下。

（1）“Minimum Annular Ring”（最小环孔限制规则）：用于设置环状图元内外径间距下限，如图 9-25 所示为该规则的设置对话框。在 PCB 设计时引入的环状图元（如过孔）中，如果内径和外径之间的差很小，在工艺上可能无法制作出来，此时的设计实际上是无效的。通过该项设置可以检查出所有工艺无法制作出来环状物。默认值为 10 mil。

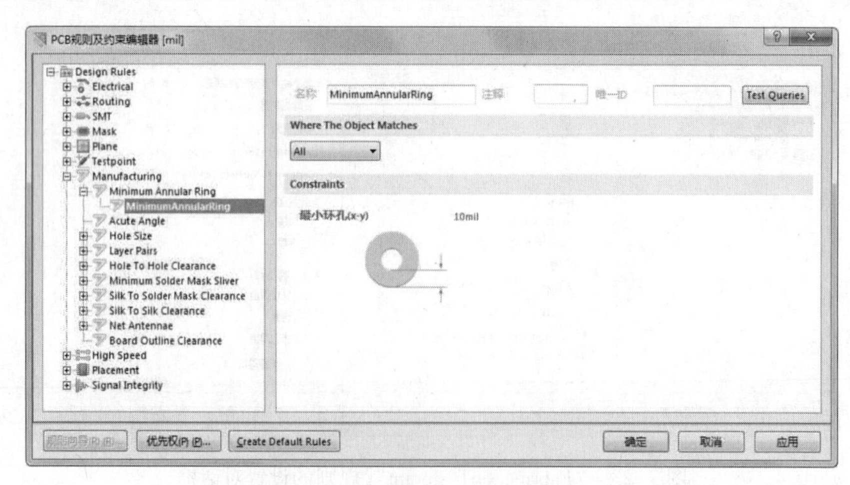

图 9-25　“Minimum Annular Ring”规则的设置对话框

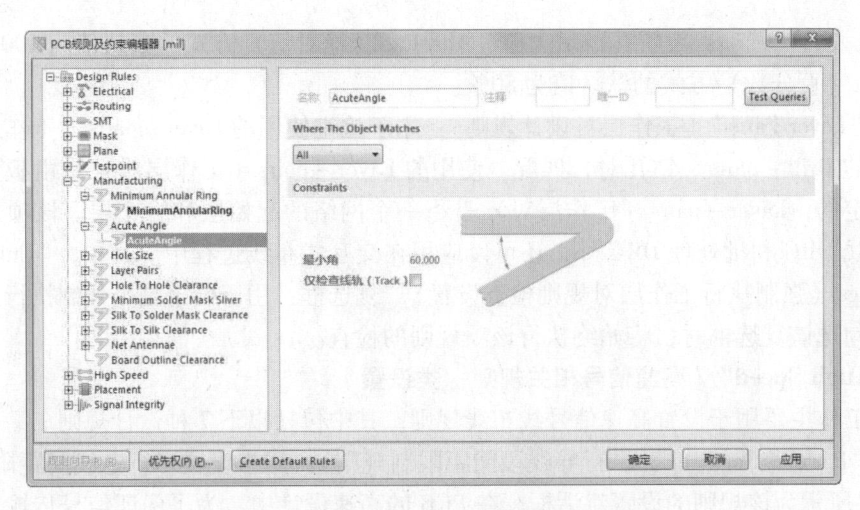

图 9-26 “Acute Angle” 规则的设置对话框

（2）“Acute Angle”（锐角限制规则）：用于设置锐角走线角度限制，如图 9-26 所示为该规则的设置对话框。在 PCB 设计时如果没有规定走线角度最小值，则可能出现拐角很小的走线，工艺上可能无法制作这样的拐角，此时的设计实际上是无效的。通过该项设置可以检查出所有工艺无法制作锐角走线。默认值为 90°。

（3）“Hole Size”（钻孔尺寸设计规则）：用于设置钻孔孔径的上限和下限，如图 9-27 所示为该规则的设置对话框。与设置环状图元内外径间距下限类似，过小的钻孔孔径可能在工艺上无法制作，从而导致设计无效。通过设置通孔孔径的范围，可以防止 PCB 设计出现类似错误。

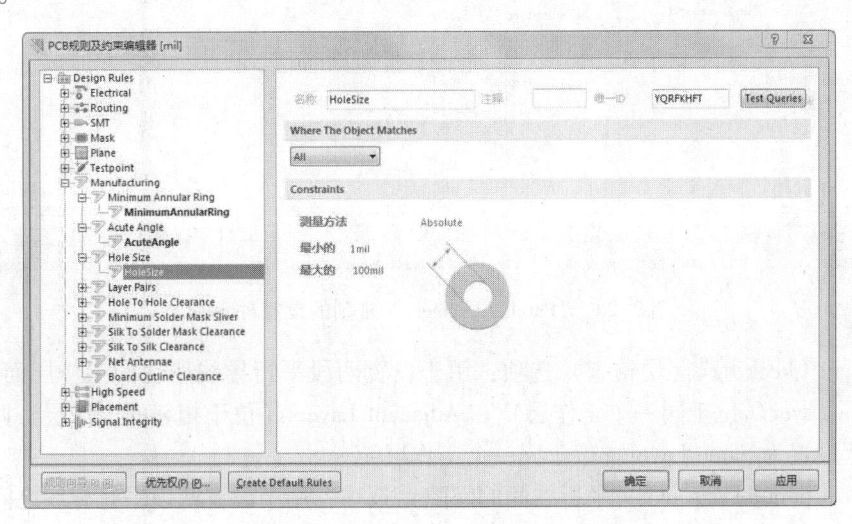

图 9-27 “Hole Size” 规则的设置对话框

- “测量方法” 选项：度量孔径尺寸的方法有 Absolute（绝对值）和 Percent（百分数）两种。默认设置为 Absolute（绝对值）。
- “最小的” 选项：设置孔径最小值。Absolute（绝对值）方式的默认值为 1mil，Percent（百分数）方式的默认值为 20%。

- “最大的”选项：设置孔径最大值。Absolute（绝对值）方式的默认值为100mil，Percent（百分数）方式的默认值为80%。

（4）“Layer Pairs”（工作层对设计规则）：用于检查使用的Layer-pairs（工作层对）是否与当前的Drill-pairs（钻孔对）匹配。使用的Layer-pairs（工作层对）是由板上的过孔和焊盘决定的，Layer-pairs（工作层对）是指一个网络的起始层和终止层。该项规则除了应用于在线DRC和批处理DRC外，还可以应用在交互式布线过程中。其中，“Enforce layer pairs settings（强制执行工作层对规则检查设置）”复选框：用于确定是否强制执行此项规则的检查。勾选该复选框时，将始终执行该项规则的检查。

8. “High Speed”（高速信号相关规则）类设置

该类工作主要用于设置高速信号线布线规则，其中包括以下7种设计规则。

（1）“Parallel Segment”（平行导线段间距限制规则）：用于设置平行走线间距限制规则，如图9-28所示为该规则的设置对话框。在PCB的高速设计中，为了保证信号传输正确，需要采用差分线对来传输信号，其与单根线传输信号相比可以得到更好的效果。在该对话框中可以设置差分线对的各项参数，包括差分线对的层、间距和长度等。

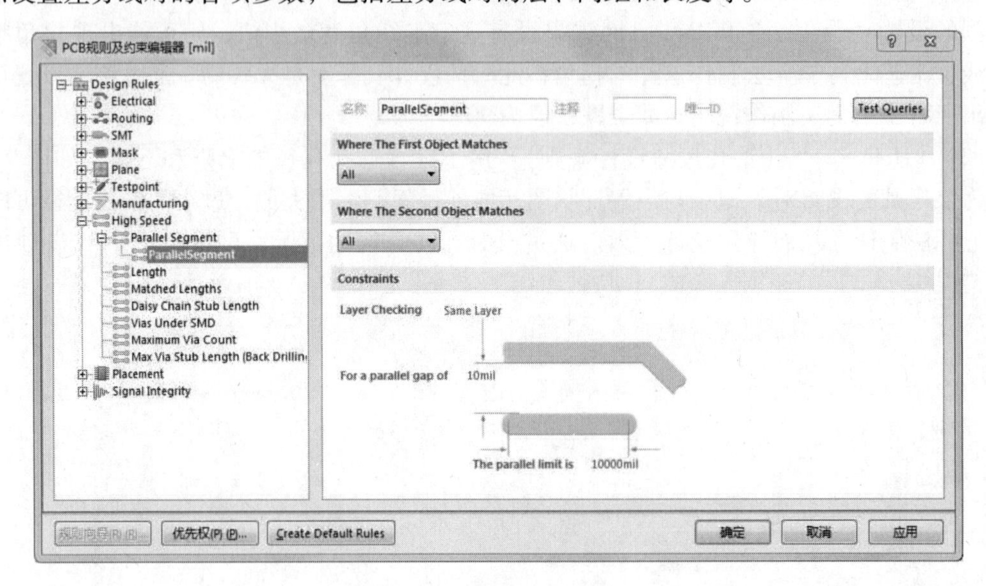

图9-28 “Parallel Segment”规则的设置对话框

- “Layer Checking”（层检查）选项：用于设置两段平行导线所在的工作层面属性，有Same Layer（位于同一个工作层）和Adjacent Layers（位于相邻的工作层）两种选择。默认设置为Same Layer（位于同一个工作层）。
- “For a parallel gap of”（平行线间的间隙）选项：用于设置两段平行导线之间的距离。默认设置为10 mil。
- “The parallel limit is”（平行线的限制）选项：用于设置平行导线的最大允许长度（在使用平行走线间距规则时）。默认设置为10000 mil。

（2）“Length”（网络长度限制规则）：用于设置传输高速信号导线的长度，如图9-29所示为该规则的设置对话框。在高速PCB设计中，为了保证阻抗匹配和信号质量，对走线长度也有一定的要求。在该对话框中可以设置走线的下限和上限。

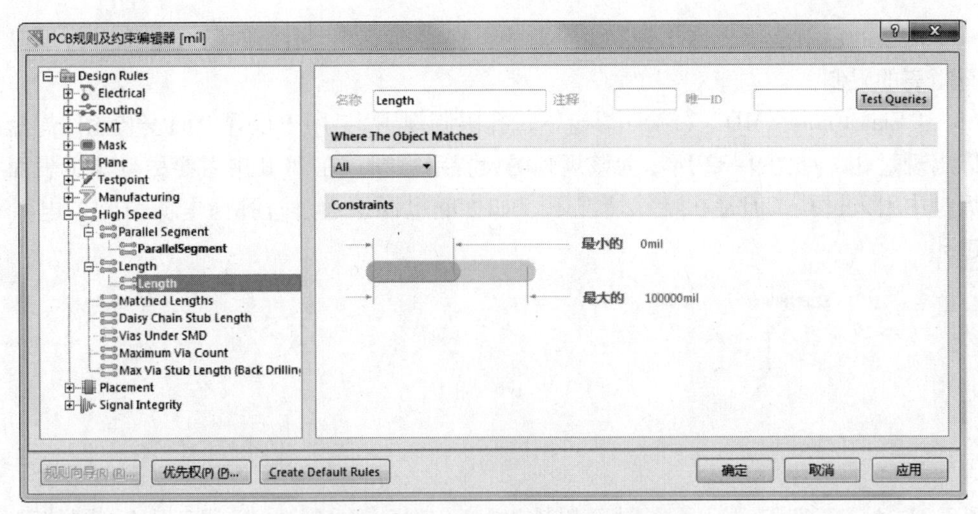

图 9-29 “Length”规则的设置对话框

- “最小的”项：用于设置网络最小允许长度值。默认设置为 0 mil。
- “最大的”项：用于设置网络最大允许长度值。默认设置为 100000 mil。

（3）“Matched Lengths（匹配传输导线的长度规则）”：用于设置匹配网络传输导线的长度，如图 9-30 所示为该规则的设置对话框。在高速 PCB 设计中通常需要对部分网络的导线进行匹配布线，在该设置对话框中可以设置匹配走线的各项参数。

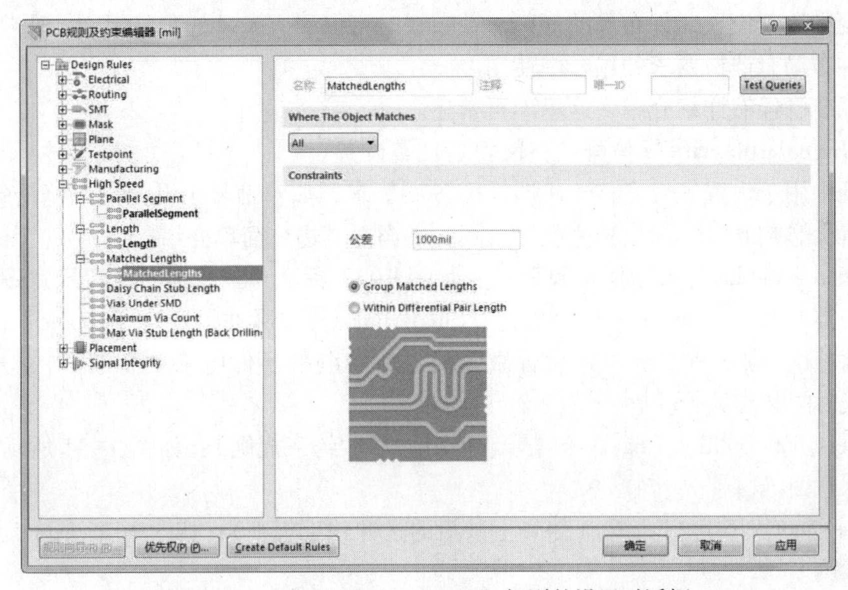

图 9-30 “Matched Net Lengths”规则的设置对话框

“公差”选项：在高频电路设计中要考虑到传输线的长度问题，传输线太短将产生串扰等传输线效应。该项规则定义了一个传输线长度值，将设计中的走线与此长度进行比较，当出现小于此长度的走线时，选择菜单栏中的“工具”→“网络等长”命令，系统将自动延长走线的长度以满足此处的设置需求。默认设置为 1000 mil。

（4）“Daisy Chain Stub Length”（菊花状布线主干导线长度限制规则）：用于设置 90°拐角和焊盘的距离，如图 9-31 所示为该规则的设置示意图。在高速 PCB 设计中，通常情况下为了减少信号的反射是不允许出现 90°拐角的，在必须有 90°拐角的场合中将引入焊盘和拐角之间距离的限制。

（5）“Vias Under SMD”（SMD 焊盘下过孔限制规则）：用于设置表面安装元件焊盘下是否允许出现过孔，如图 9-32 所示为该规则的设置示意图。在 PCB 中需要尽量减少表面安装元件焊盘中引入过孔，但是在特殊情况下（如中间电源层通过过孔向电源引脚供电）可以引入过孔。

图 9-31　设置菊花状布线主干导线长度限制规则　　图 9-32　设置 SMD 焊盘下过孔限制规则

（6）“Maximun Via Count”（最大过孔数量限制规则）：用于设置布线时过孔数量的上限。默认设置为 1000。

（7）“Max Via Stub Length(Back Drilling)”（最大过孔长度）：用于设置布线时背面钻孔的最大过孔长度。最大值设置为 15 mil。

9. “Placement”(元件放置规则) 类设置

该类规则用于设置元件布局的规则。在布线时可以引入元件的布局规则，这些规则一般只在对元件布局有严格要求的场合中使用。

前面章节已经有详细介绍，这里不再赘述。

10. “Signal Integrity”(信号完整性规则) 类设置

该类规则用于设置信号完整性所涉及的各项要求，如对信号上升沿、下降沿等的要求。这里的设置会影响到电路的信号完整性仿真，下面对其进行简单介绍。

- “Signal Stimulus（激励信号规则）”：如图 9-33 所示为该规则的设置示意图。激励信号的类型有 Constant Level（直流）、Single Pulse（单脉冲信号）、Periodic Pulse（周期性脉冲信号）3 种。还可以设置激励信号初始电平（低电平或高电平）、开始时间、终止时间和周期等。
- “Overshoot - Falling Edge”（信号下降沿的过冲约束规则）：如图 9-34 所示为该项设置示意图。
- “Overshoot - Rising Edge”（信号上升沿的过冲约束规则）：如图 9-35 所示为该项设置示意图。

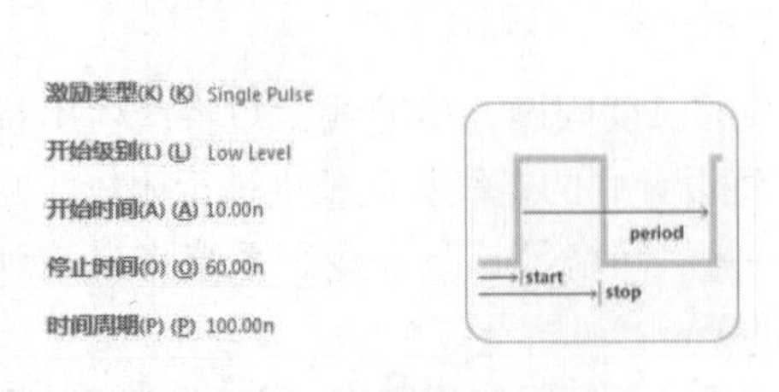

图 9-33　激励信号规则

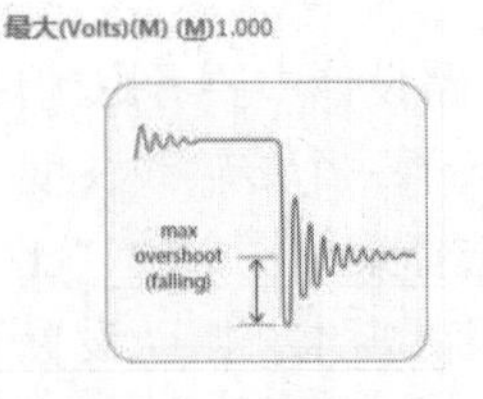

图 9-34　信号下降沿的过冲约束规则

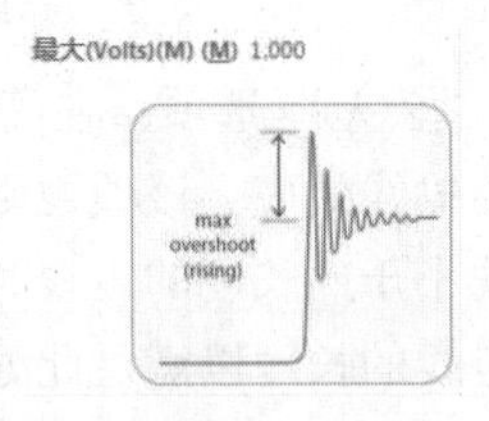

图 9-35　信号上升沿的过冲约束规则

- “Undershoot - Falling Edge”（信号下降沿的反冲约束规则）：如图 9-36 所示为该项设置示意图。
- “Undershoot - Rising Edge”（信号上升沿的反冲约束规则）：如图 9-37 所示为该项设置示意图。
- “Impedance”（阻抗约束规则）：如图 9-38 所示为该项设置示意图。

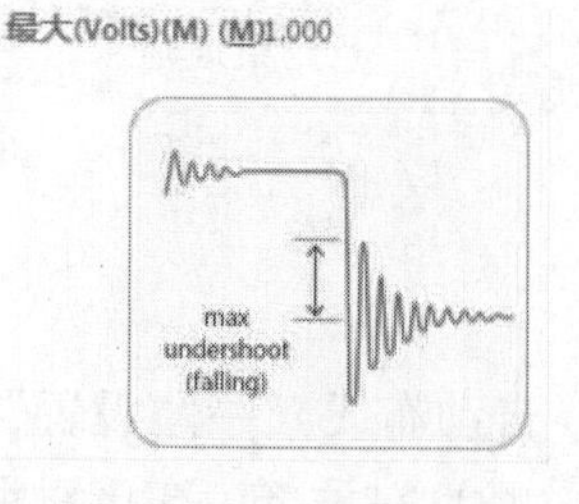

图 9-36　信号下降沿的反冲约束规则

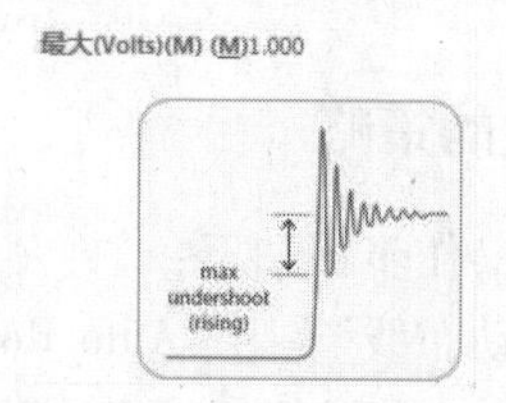

图 9-37　信号上升沿的反冲约束规则

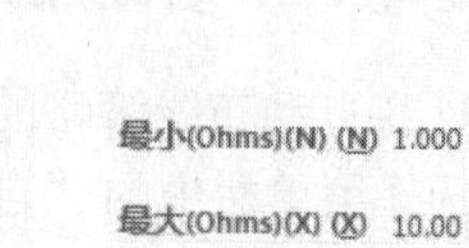

图 9-38　阻抗约束规则

- “Signal Top Value”（信号高电平约束规则）：用于设置高电平最小值。如图 9-39 所示为该项设置示意图。
- “Signal Base Value”（信号基准约束规则）：用于设置低电平最大值。如图 9-40 所示为该项设置示意图。
- “Flight Time - Rising Edge”（上升沿的上升时间约束规则）：如图 9-41 所示为该项设置示意图。

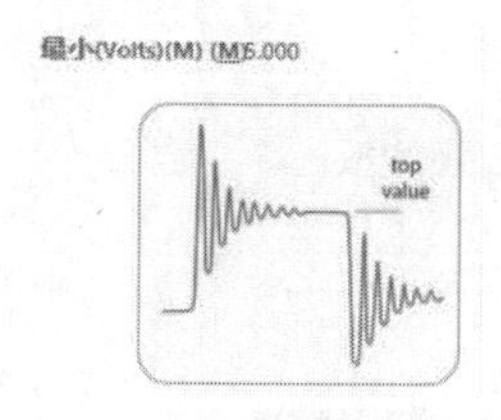

图 9-39　信号高电平约束规则

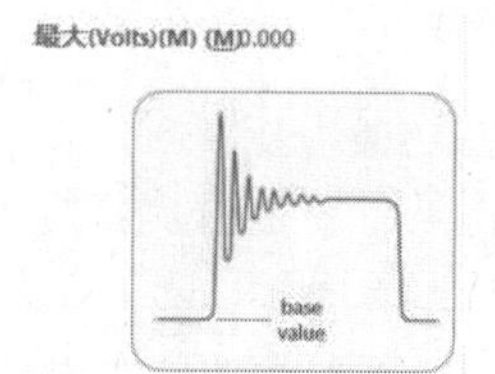

图 9-40　信号基准约束规则

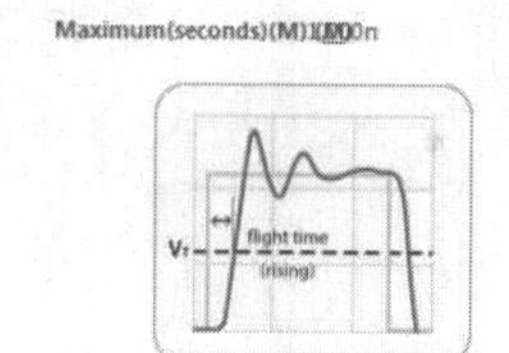

图 9-41　上升沿的上升时间约束规则

- “Flight Time - Falling Edge”（下降沿的下降时间约束规则）：如图 9-42 所示为该项设置示意图。
- “Slope - Rising Edge”（上升沿斜率约束规则）：如图 9-43 所示为该项设置示意图。
- “Slope - Falling Edge”（下降沿斜率约束规则）：如图 9-44 所示为该项设置示意图。
- “Supply Nets”：用于提供网络约束规则。

从以上对 PCB 布线规则的说明可知，Altium Designer 17 对 PCB 布线作了全面规定。这些规定只有一部分运用在元件的自动布线中，而所有规则将运用在 PCB 的 DRC 检测中。在对 PCB 手动布线时可能会违反设定的 DRC 规则，在对 PCB 进行 DRC 检测时将检测出所有违反这些规则的地方。

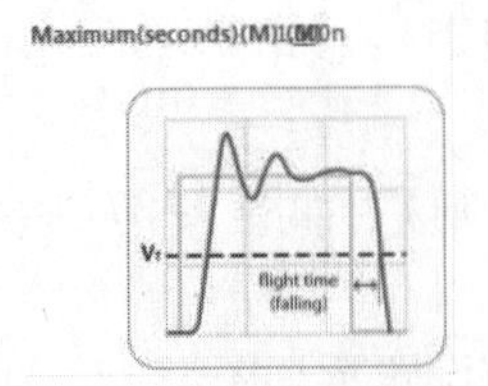

图 9-42　下降沿的下降时间约束规则

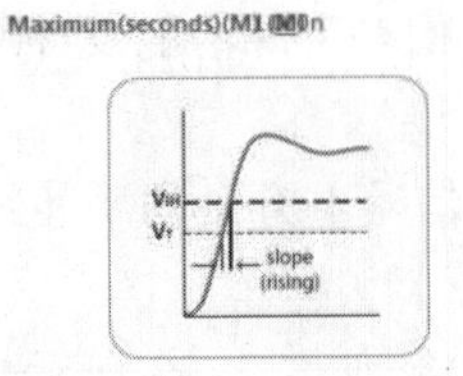

图 9-43　上升沿斜率约束规则

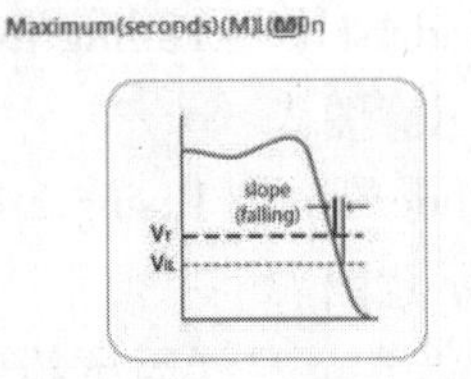

图 9-44　下降沿斜率约束规则

9.1.2　设置 PCB 自动布线的策略

设置 PCB 自动布线策略的操作步骤如下：

(1) 选择菜单栏中的“自动布线”→“Auto Route”(自动布线)→“设置”命令，系统将弹出如图 9-45 所示的“Situs 布线策略”(布线位置策略) 对话框。在该对话框中可以设置自动布线策略。布线策略是指印制电路板自动布线时所采取的策略，如探索式布线、迷宫式布线、推挤式拓扑布线等。其中，自动布线的布通率依赖于良好的布局。

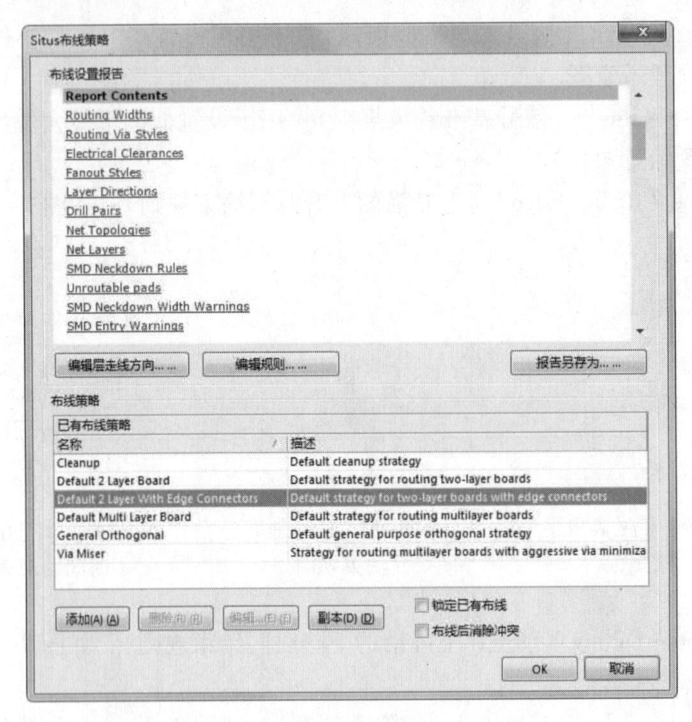

图 9-45　“Situs 布线策略”对话框

在“Situs 布线策略”(布线位置策略) 对话框中列出了默认的 6 种自动布线策略，功能分别如下。对默认的布线策略不允许进行编辑和删除操作。

- Cleanup (清除)：用于清除策略。
- Default 2 Layer Board (默认双面板)：用于默认的双面板布线策略。
- Default 2 Layer With Edge Connectors (默认具有边缘连接器的双面板)：用于默认的具有边缘连接器的双面板布线策略。

- Default Multi Layer Board（默认多层板）：用于默认的多层板布线策略。
- General Orthogonal（一般正交布线）：默认的一般情况下采用正交布线策略。
- Via Miser（少用过孔）：用于在多层板中尽量减少使用过孔策略。

勾选“锁定已有布线”复选框后，所有先前的布线将被锁定，重新自动布线时将不改变这部分的布线。

单击“添加”按钮，系统将弹出如图 9-46 所示的“Situs 策略编辑器”(位置策略编辑器）对话框。在该对话框中可以添加新的布线策略。

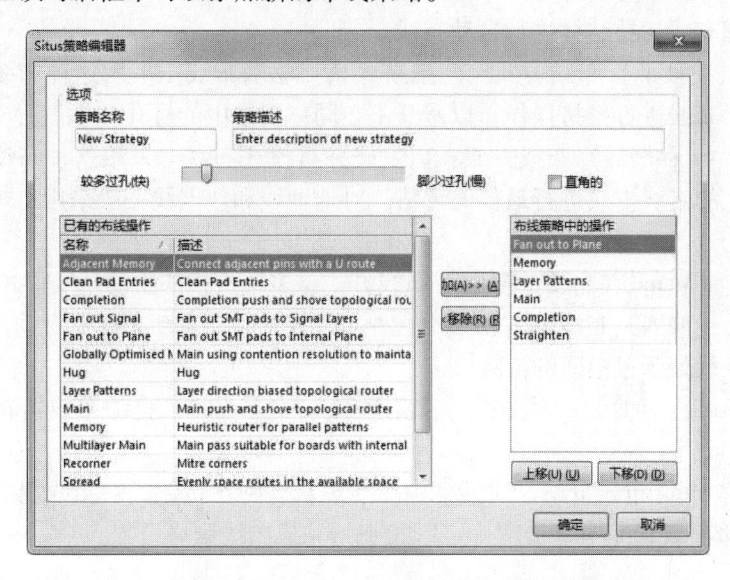

图 9-46 “Situs 策略编辑器”对话框

（2）在“策略名称”文本框中填写添加的新建布线策略的名称，在“策略描述”文本框中填写对该布线策略的描述。可以通过拖动文本框下面的滑块来改变此布线策略允许的过孔数目，过孔数目越多则自动布线越快。

（3）选择左边的 PCB 布线策略列表框中的一项，然后单击“Add”（应用）按钮，此布线策略将被添加到右侧当前的 PCB 布线策略列表框中，作为新创建的布线策略中的一项。如果想要删除右侧列表框中的某一项，则选择该项后单击“Remove”（移除）按钮即可删除。单击“上移”按钮或“下移”按钮可以改变各个布线策略的优先级，位于最上方的布线策略优先级最高。

Altium Designer 17 布线策略列表框中主要有以下几种布线方式。

- “Adjacent Memory”（相邻的存储器）布线方式：U 型走线的布线方式。采用这种布线方式时，自动布线器对同一网络中相邻的元件引脚采用 U 型走线方式。
- “Clean Pad Entries”（清除焊盘走线）布线方式：清除焊盘冗余走线。采用这种布线方式可以优化 PCB 的自动布线，清除焊盘上多余的走线。
- “Completion”（完成）布线方式：竞争的推挤式拓扑布线。采用这种布线方式时，布线器对布线进行推挤操作，以避开不在同一网络中的过孔和焊盘。
- “Fan Out Signal”（扇出信号）布线方式：表面安装元件的焊盘采用扇出形式连接到信号层。当表面安装元件的焊盘布线跨越不同的工作层时，采用这种布线方式可以先从该焊盘引出一段导线，然后通过过孔与其他的工作层连接。

- “Fan Out to Plane”（扇出平面）布线方式：表面安装元件的焊盘采用扇出形式连接到电源层和接地网络中。
- “Globally optimized Main”（全局主要的最优化）布线方式：全局最优化拓扑布线方式。
- “Hug”（环绕）布线方式：采用这种布线方式时，自动布线器将采取环绕的布线方式。
- “Layer Patterns”（层样式）布线方式：采用这种布线方式将决定同一工作层中的布线是否采用布线拓扑结构进行自动布线。
- “Main”（主要的）布线方式：主推挤式拓扑驱动布线。采用这种布线方式时，自动布线器对布线进行推挤操作，以避开不在同一网络中的过孔和焊盘。
- “Memory”（存储器）布线方式：启发式并行模式布线。采用这种布线方式将对存储器元件上的走线方式进行最佳的评估。对地址线和数据线一般采用有规律的并行走线方式。
- “Multilayer Main”（主要的多层）布线方式：多层板拓扑驱动布线方式。
- “Spread”（伸展）布线方式：采用这种布线方式时，自动布线器自动使位于两个焊盘之间的走线处于正中间的位置。
- “Straighten”（伸直）布线方式：采用这种布线方式时，自动布线器在布线时将尽量走直线。

（4）单击“Situs 布线策略”对话框中的“编辑规则”按钮，对布线规则进行设置。

（5）布线策略设置完毕单击“确定”按钮，完成布线策略设置。

9.1.3 电路板自动布线的操作过程

布线规则和布线策略设置完毕后，用户即可进行自动布线操作。自动布线操作主要是通过“自动布线”菜单进行的。用户不仅可以进行整体布局，也可以对指定的区域、网络及元件进行单独的布线。

1. “全部”命令

该命令用于为全局自动布线，其操作步骤如下：

（1）选择菜单栏中的“自动布线”→“Auto Route”（自动布线）→“全部”命令，系统将弹出“Situs 布线策略”（布线位置策略）对话框。在该对话框中可以设置自动布线策略。

（2）选择一项布线策略，然后单击“Route All”（布线所有）按钮即可进入自动布线状态。这里选择系统默认的“Default 2 Layer Board”（默认双面板）策略。布线过程中将自动弹出“Messages”（信息）面板，提供自动布线的状态信息，如图 9-47 所示。由最后一条提示信息可知，此次自动布线全部布通。

（3）全局布线后的 PCB 图如图 9-48 所示。

当器件排列比较密集或者布线规则设置过于严格时，自动布线可能不会完全布通。即使完全布通的 PCB 电路板仍会有部分网络存在走线不合理，如绕线过多、走线过长等问题，此时就需要进行手动调整了。

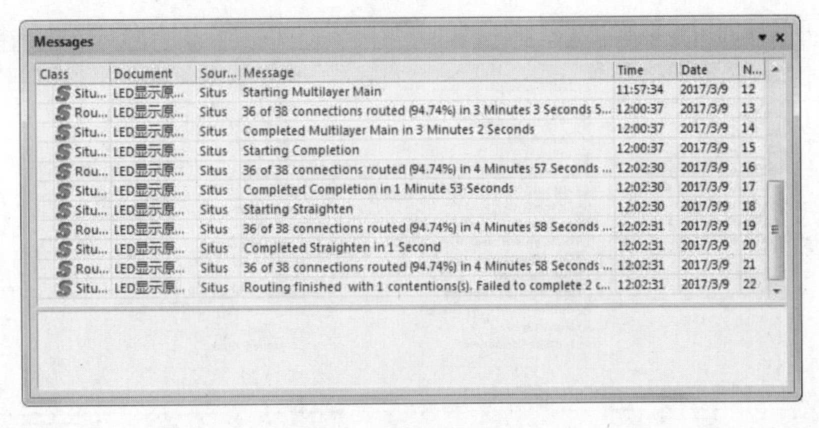

Messages

Class	Document	Sour...	Message	Time	Date	N...
Situ...	LED显示原...	Situs	Starting Multilayer Main	11:57:34	2017/3/9	12
Rou...	LED显示原...	Situs	36 of 38 connections routed (94.74%) in 3 Minutes 3 Seconds 5...	12:00:37	2017/3/9	13
Situ...	LED显示原...	Situs	Completed Multilayer Main in 3 Minutes 2 Seconds	12:00:37	2017/3/9	14
Situ...	LED显示原...	Situs	Starting Completion	12:00:37	2017/3/9	15
Rou...	LED显示原...	Situs	36 of 38 connections routed (94.74%) in 4 Minutes 57 Seconds ...	12:02:30	2017/3/9	16
Situ...	LED显示原...	Situs	Completed Completion in 1 Minute 53 Seconds	12:02:30	2017/3/9	17
Situ...	LED显示原...	Situs	Starting Straighten	12:02:30	2017/3/9	18
Rou...	LED显示原...	Situs	36 of 38 connections routed (94.74%) in 4 Minutes 58 Seconds ...	12:02:31	2017/3/9	19
Situ...	LED显示原...	Situs	Completed Straighten in 1 Second	12:02:31	2017/3/9	20
Rou...	LED显示原...	Situs	36 of 38 connections routed (94.74%) in 4 Minutes 58 Seconds ...	12:02:31	2017/3/9	21
Situ...	LED显示原...	Situs	Routing finished with 1 contentions(s). Failed to complete 2 c...	12:02:31	2017/3/9	22

图 9-47 “Messages”面板

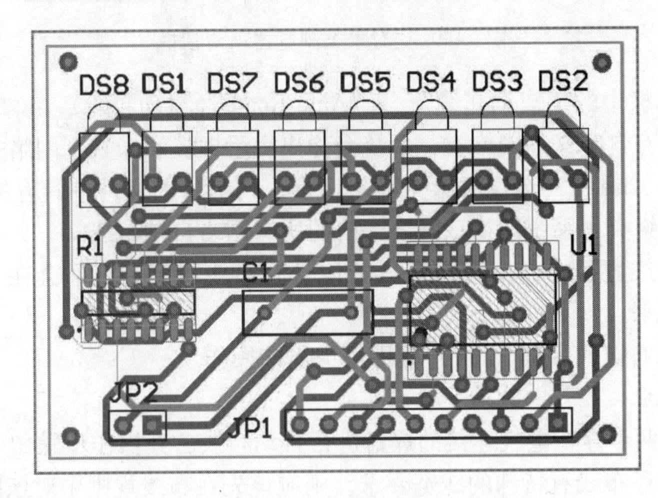

图 9-48 全局布线后的 PCB 图

2. “网络”命令

该命令用于为指定的网络自动布线，其操作步骤如下：

（1）在规则设置中对该网络布线的线宽进行合理的设置。

（2）选择菜单栏中的“自动布线”→“网络”命令，此时光标将变成十字形状。移动光标到该网络上的任何一个电气连接点（飞线或焊盘处），这里选 C1 引脚 1 的焊盘处。单击，此时系统将自动对该网络进行布线。

（3）此时，光标仍处于布线状态，可以继续对其他的网络进行布线。

（4）右键单击鼠标或者按〈Esc〉键即可退出该操作。

3. “网络类”命令

该命令用于为指定的网络类自动布线，其操作步骤如下：

（1）“网络类”是多个网络的集合，可以在“对象类浏览器”对话框中对其进行编辑管理。选择菜单栏中的“设计”→“类”命令，系统将弹出如图 9-49 所示的“对象类浏览器”对话框。

（2）系统默认存在的网络类为“所有网络”，不能进行编辑修改。用户可以自行定义新的网络类，将不同的相关网络加入到某一个定义好的网络类中。

图 9-49 “对象类浏览器”对话框

（3）选择菜单栏中的“自动布线”→“Auto Route”(自动布线)→“网络类”命令后，如果当前文件中没有自定义的网络类，系统会弹出提示框提示未找到网络类，否则系统会弹出“Choose Objects Class”（选择对象类）对话框，列出当前文件中具有的网络类。在列表中选择要布线的网络类，系统即将该网络类内的所有网络自动布线。

（4）在自动布线过程中，所有布线器的信息和布线状态、结果会在“Messages”（信息）面板中显示出来。

（5）单击鼠标右键或者按〈Esc〉键即可退出该操作。

4. “连接”命令

该命令用于为两个存在电气连接的焊盘进行自动布线，其操作步骤如下：

（1）如果对该段布线有特殊的线宽要求，则应该先在布线规则中对该段线宽进行设置。

（2）选择菜单栏中的“自动布线”→“Auto Route”(自动布线)→“连接”命令，此时光标将变成十字形状。移动光标到工作窗口，单击某两点之间的飞线或单击其中的一个焊盘。然后选择两点之间的连接，此时系统将自动在该两点之间布线。

（3）此时，光标仍处于布线状态，可以继续对其他的连接进行布线。

（4）右键单击鼠标或者按〈Esc〉键即可退出该操作。

5. “区域”命令

该命令用于为完整包含在选定区域内的连接自动布线，其操作步骤如下：

（1）选择菜单栏中的“自动布线”→“Auto Route”(自动布线)→“区域”命令，此时光标将变成十字形状。

（2）在工作窗口中单击确定矩形布线区域的一个顶点，然后移动光标到合适的位置，再次单击确定该矩形区域的对角顶点。此时，系统将自动对该矩形区域进行布线。

（3）此时，光标仍处于放置矩形状态，可以继续对其他区域进行布线。

（4）右键单击鼠标或者按〈Esc〉键即可退出该操作。

6. “Room”(空间)命令

该命令用于为指定 Room 类型的空间内的连接自动布线。

该命令只适用于完全位于 Room 空间内部的连接，即 Room 边界线以内的连接，不包括压在边界线上的部分。单击该命令后，光标变为十字形状，在 PCB 工作窗口中单击选取 Room 空间即可。

7. “元件”命令

该命令用于为指定元件的所有连接自动布线，其操作步骤如下：

（1）选择菜单栏中的“自动布线”→“Auto Route”（自动布线）→“元件”命令，此时光标将变成十字形状。移动光标到工作窗口，单击某一个元件的焊盘，所有从选定元件的焊盘引出的连接都被自动布线。

（2）此时，光标仍处于布线状态，可以继续对其他元件进行布线。

（3）单击鼠标右键或者按〈Esc〉键即可退出该操作。

8. “器件类”命令

该命令用于为指定元件类内所有元件的连接自动布线，其操作步骤如下：

（1）“器件类”是多个元件的集合，可以在“对象类浏览器”对话框中对其进行编辑管理。选择菜单栏中的“设计”→“类”命令，系统将弹出该对话框。

（2）系统默认存在的元件类为“All Components”（所有元件），不能进行编辑修改。用户可以使用元件类生成器自行建立元件类。另外，在放置 Room 空间时，包含在其中的元件也自动生成一个元件类。

（3）选择菜单栏中的“自动布线”→“Auto Route”（自动布线）→“器件类”命令后，系统将弹出“Select Objects Class”（选择对象类）对话框。在该对话框中包含当前文件中的元件类别列表。在列表中选择要布线的元件类，系统即将该元件类内所有元件的连接自动布线。

（4）单击鼠标右键或者按〈Esc〉键即可退出该操作。

9. “选中对象的连接”命令

该命令用于为所选元件的所有连接自动布线。单击该命令之前，要先选中欲布线的元件。

10. “选择对象之间的连接”命令

该命令用于为所选元件之间的连接自动布线。单击该命令之前，要先选中欲布线元件。

11. “扇出”命令

在 PCB 编辑器中，选择菜单栏中的“自动布线”→“扇出”命令，弹出的子菜单如图 9-50 所示。采用扇出布线方式可将焊盘连接到其他的网络中。其中各命令的功能分别介绍如下。

- 全部：用于对当前 PCB 设计内所有连接到中间电源层或信号层网络的表面安装元件执行扇出操作。
- 电源平面网络：用于对当前 PCB 设计内所有连接到电源层网络的表面安装元件执行扇出操作。
- 信号网络：用于对当前 PCB 设计内所有连接到信号层网络的表面安装元件执行扇出操作。

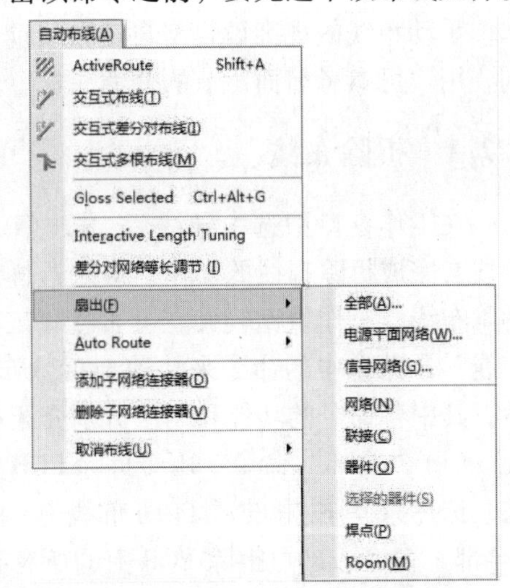

图 9-50 “扇出”命令子菜单

- 网络：用于为指定网络内的所有表面安装元件的焊盘执行扇出操作。单击该命令后，用十字光标点取指定网络内的焊盘，或者在空白处单击，在弹出的“扇出选项”对话框中输入网络标号，系统即可自动为选定网络内的所有表面安装元件的焊盘执行扇出操作。
- 联接：用于为指定连接内的两个表面安装元件的焊盘执行扇出操作。单击该命令后，用十字光标点取指定连接内的焊盘或者飞线，系统即可自动为选定连接内的表贴焊盘执行扇出操作。
- 器件：用于为选定的表面安装元件执行扇出操作。单击该命令后，用十字光标点取特定的表贴元件，系统即可自动为选定元件的焊盘执行扇出操作。
- 选择的器件：单击该命令前，先选中要执行扇出操作的元件。单击该命令后，系统自动为选定的元件执行扇出操作。
- 焊点：用于为指定的焊盘执行扇出操作。
- Room（空间）：用于为指定的 Room 类型空间内的所有表面安装元件执行扇出操作。单击该命令后，用十字光标点取指定的 Room 空间，系统即可自动为空间内的所有表面安装元件执行扇出操作。

9.2 电路板的手动布线

自动布线会出现一些不合理的布线情况，如有较多的绕线、走线不美观等。此时可以通过手动布线进行修正，对于元件网络较少的 PCB 也可以完全采用手动布线。下面简单介绍手动布线的一些技巧。

对于手动布线，用户需要自己规划元件布局和走线路径，而网格是用户在空间和尺寸度量过程中的重要依据。因此，合理地设置网格，会更加方便设计者规划布局和放置导线。用户在设计的不同阶段可根据需要随时调整网格的大小。例如，在元件布局阶段，可将捕捉网格设置得大一点，如 20 mil；而在布线阶段捕捉网格要设置得小一点，如 5 mil 甚至更小，尤其是在走线密集的区域，视图网格和捕捉网格都应该设置得小一些，以方便观察和走线。

手动布线的规则设置与自动布线前的规则设置基本相同，用户可参考前面章节的介绍，这里不再赘述。

9.2.1 拆除布线

在工作窗口中选中导线后，按〈Delete〉键即可删除导线，完成拆除布线的操作。但是这样的操作只能逐段地拆除布线，工作量比较大。可通过“工具”菜单下“取消布线”子菜单中的命令来快速地拆除布线，如图 9-51 所示，其中各命令的功能和用法分别介绍如下：

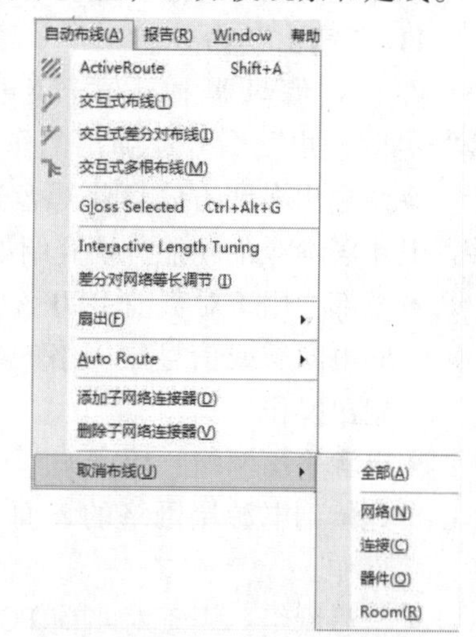

图 9-51 “取消布线”子菜单

（1）“全部”命令：用于拆除 PCB 上的所有导线。

选择菜单栏中的“自动布线”→“取消布线”→“全部”命令，即可拆除 PCB 上的所有导线。

（2）“网络”命令：用于拆除某一个网络上的所有

导线。

选择菜单栏中的“自动布线”→“取消布线”→“网络”命令，此时光标将变成十字形状。移动光标到某根导线上，鼠标单击，该导线所属网络的所有导线将被删除，这样就完成了对某个网络的拆线操作。此时，光标仍处于拆除布线状态，可以继续拆除其他网络上的布线。单击鼠标右键或者按〈Esc〉键即可退出该操作。

（3）“连接”命令：用于拆除某个连接上的导线。

选择菜单栏中的“自动布线”→“取消布线”→“连接”命令，此时光标将变成十字形状。移动光标到某根导线上，单击，该导线建立的连接将被删除，这样就完成了对该连接的拆除布线操作。此时，光标仍处于拆除布线状态，可以继续拆除其他连接上的布线。单击鼠标右键或者按〈Esc〉键即可退出该操作。

（4）“器件”命令：用于拆除某个元件上的导线。

选择菜单栏中的“自动布线”→“取消布线”→“器件”命令，此时光标将变成十字形状。移动光标到某个元件上，鼠标单击，该元件所有引脚所在网络的所有导线将被删除，这样就完成了对该元件的拆除布线操作。此时，光标仍处于拆除布线状态，可以继续拆除其他元件上的布线。鼠标右键单击或者按〈Esc〉键即可退出该操作。

（5）“Room（空间）”命令：用于拆除某个 Room 区域内的导线。

9.2.2 手动布线

1. 手动布线的步骤

手动布线也将遵循自动布线时设置的规则，其操作步骤如下：

（1）选择菜单栏中的“自动布线”→“交互式布线”命令，此时光标将变成十字形状。

（2）移动光标到元件的一个焊盘上，单击放置布线的起点。

手动布线模式主要有任意角度、90°拐角、90°弧形拐角、45°拐角和45°弧形拐角5种。按〈Shift〉+〈Space〉键即可在5种模式间切换，按〈Space〉键可以在每一种的开始和结束两种模式间切换。

（3）鼠标多次单击确定多个不同的控点，完成两个焊盘之间的布线。

2. 手动布线中层的切换

在进行交互式布线时，按〈 * 〉键可以在不同的信号层之间切换，这样可以完成不同层之间的走线。在不同的层间进行走线时，系统将自动为其添加一个过孔。不同层间的走线颜色是不相同的，可以在“视图配置”对话框中进行设置。

9.3 添加安装孔

电路板布线完成之后，就可以开始着手添加安装孔。安装孔通常采用过孔形式，并和接地网络连接，以便于后期的调试工作。

添加安装孔的操作步骤如下。

（1）选择菜单栏中的“放置”→“过孔”命令，或者单击“布线”工具栏中的（放置过孔）按钮，或用快捷键〈P〉+〈V〉，此时光标将变成十字形状，并带有一个过孔图形。

（2）按〈Tab〉键，系统将弹出如图 9-52 所示的“过孔”对话框。

图 9-52 “过孔”对话框

- “孔尺寸”选项：这里将过孔作为安装孔使用，因此过孔内径比较大，设置为 100 mil。
- “直径”选项：这里的过孔外径设置为 150 mil。
- “位置”选项：这里的过孔作为安装孔使用，过孔的位置将根据需要确定。通常，安装孔放置在电路板的 4 个角上。
- “设置”选项：包括设置过孔起始层、网络标号、测试点等。

（3）设置完毕单击“确定”按钮，即放置了一个过孔。

（4）此时，光标仍处于放置过孔状态，可以继续放置其他的过孔。

（5）单击鼠标右键或者按〈Esc〉键即可退出该操作。

如图 9-53 所示为放置完安装孔的电路板。

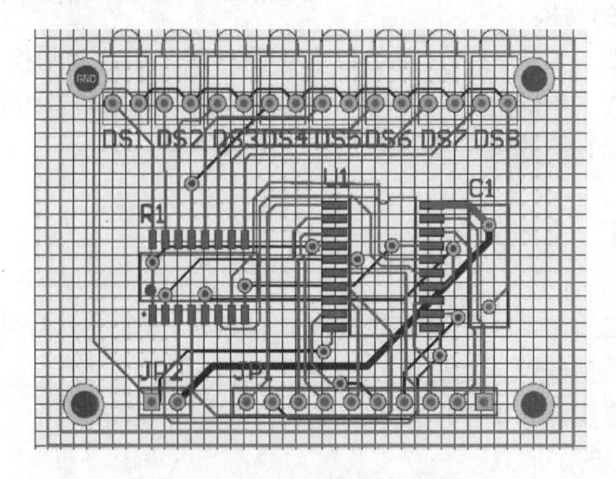

图 9-53 放置完安装孔的电路板

9.4 覆铜和补泪滴

覆铜由一系列的导线组成，可以完成电路板内不规则区域的填充。在绘制 PCB 图时，覆铜主要是指把空余没有走线的部分用铜箔全部铺满。用铜箔铺满部分区域和电路的一个网络相连，多数情况是和 GND 网络相连。单面电路板覆铜可以提高电路的抗干扰能力，经过覆铜处理后制作的印制板会显得十分美观，同时，通过大电流的导电通路也可以采用覆铜的方法来加大过电流的能力。通常覆铜的安全间距应该在一般导线安全间距的两倍以上。

9.4.1 执行覆铜命令

选择菜单栏中的“放置”→“多边形覆铜”命令，或者单击“布线”工具栏中的（放置多边形平面）按钮，或用快捷键〈P〉+〈G〉，即可执行放置覆铜命令。系统弹出的“多边形敷铜”对话框，如图 9-54 所示。

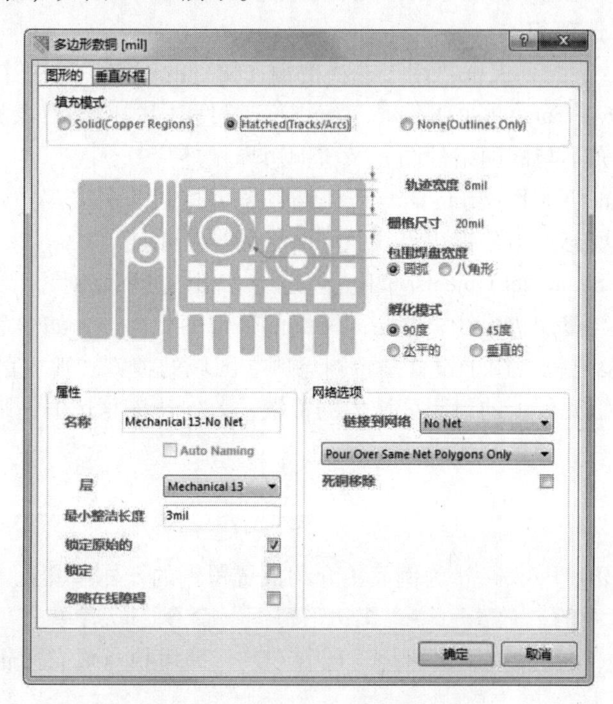

图 9-54 “多边形敷铜”对话框

9.4.2 设置覆铜属性

执行覆铜命令之后，或者双击已放置的覆铜，系统将弹出“多边形敷铜”对话框。其中各选项组的功能分别介绍如下。

1. “填充模式”选项组

该选项组用于选择覆铜的填充模式，包括 3 个单选钮，Solid（Copper Regions），即覆铜区域内为全铜敷设；Hatched（Tracks/Arcs），即向覆铜区域内填入网络状的覆铜；None

(Outlines Only)，即只保留覆铜边界，内部无填充。

在对话框的中间区域内可以设置覆铜的具体参数，针对不同的填充模式，对应不同的设置参数选项。

- “Solid（Copper Regions）”（实体）单选钮：用于设置删除孤立区域覆铜的面积限制值；以及删除凹槽的宽度限制值。需要注意的是，当用该方式覆铜后，在Protel99SE版本的软件中将不能显示，但可以用Hatched（tracks/Arcs）（网络状）方式覆铜。
- “Hatched（Tracks/Arcs）”（网络状）单选钮：用于设置网格线的宽度、网络的大小、围绕焊盘的形状及网格的类型。
- “None（Outlines Only）”（无）单选钮：用于设置覆铜边界导线宽度及围绕焊盘的形状等。

2. “属性”选项组

- “层”下拉列表框：用于设定覆铜所属的工作层。
- “最小整洁长度”文本框：用于设置最小图元的长度。
- “锁定原始的”复选框：用于选择是否锁定覆铜。

3. “网络选项”选项组

- “链接到网络”下拉列表框：用于选择覆铜连接到的网络。通常连接到GND网络。
- “Don't Pour Over Same Net Objects（填充不超过相同的网络对象）”选项：用于设置覆铜的内部填充不与同网络的图元及覆铜边界相连。
- “Pour Over Same Net Polygons Only（填充只超过相同的网络多边形）”选项：用于设置覆铜的内部填充只与覆铜边界线及同网络的焊盘相连。
- “Pour Over All Same Net Objects（填充超过所有相同的网络对象）”选项：用于设置覆铜的内部填充与覆铜边界线，并与同网络的任何图元相连，如焊盘、过孔、导线等。
- “死铜移除”复选框：用于设置是否删除孤立区域的覆铜。孤立区域的覆铜是指没有连接到指定网络元件上的封闭区域内的覆铜，若勾选该复选框，则可以将这些区域的覆铜去除。

9.4.3 放置覆铜

下面我们以“PCB1. PcbDoc”为例简单介绍放置覆铜的操作步骤：

(1) 选择菜单栏中的“放置”→“多边形覆铜”命令，或者单击“布线”工具栏中的（放置多边形平面）按钮，或用快捷键〈P〉+〈G〉，即可执行放置覆铜命令。系统将弹出“多边形敷铜”对话框。

(2) 在“多边形敷铜”对话框中进行设置，单击“Hatched（tracks/Arcs）”（网络状）单选钮，填充模式设置为45°，连接到网络GND，层面设置为Top Layer（顶层），勾选“死铜移除”复选框，如图9-55所示。

(3) 单击“确定”按钮，关闭该对话框。此时光标变成十字形状，准备开始覆铜操作。

(4) 用光标沿着PCB的Keep - Out边界线画一个闭合的矩形框。鼠标单击确定起点，移动至拐点处再次单击，直至确定矩形框的4个顶点，鼠标右键单击退出。用户不必手动将矩形框线闭合，系统会自动将起点和终点连接起来构成闭合框线。

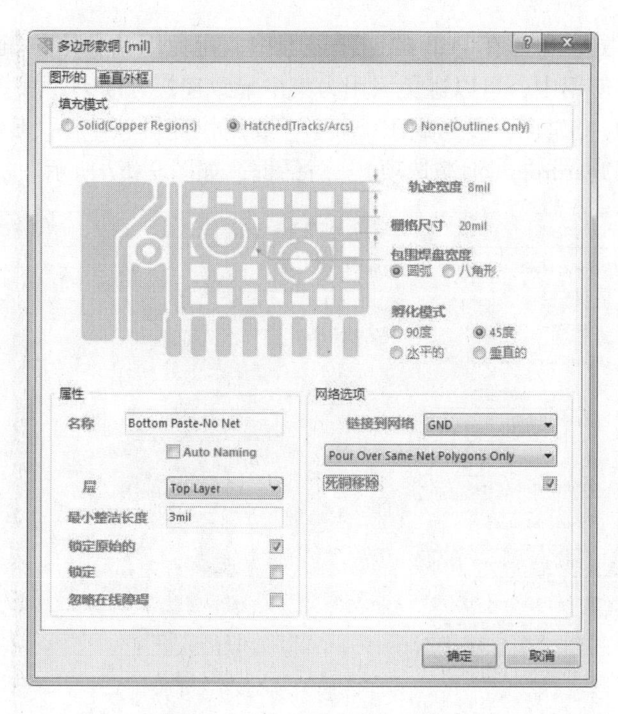

图 9-55 “多边形敷铜”对话框

（5）系统在框线内部自动生成了 Top Layer（顶层）的覆铜。

（6）再次选择覆铜命令，选择层面为 Bottom Layer（底层），其他设置相同，为底层覆铜。

PCB 覆铜效果如图 9-56 所示。

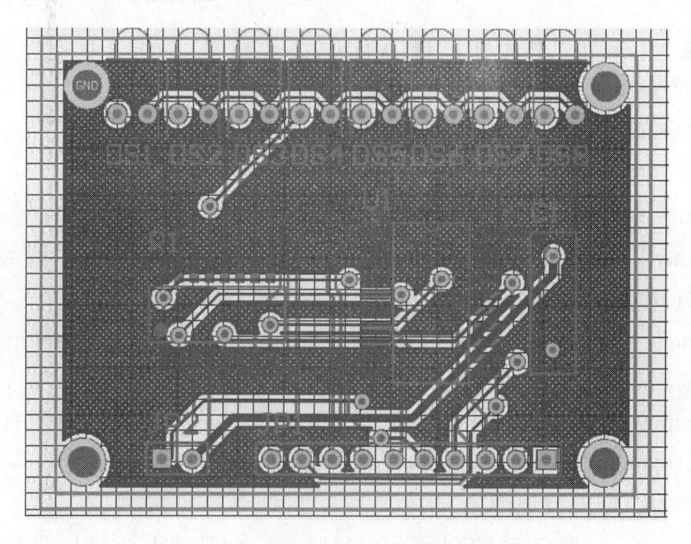

图 9-56 PCB 覆铜效果

9.4.4 补泪滴

在导线和焊盘或者过孔的连接处，通常需要补泪滴，以去除连接处的直角，加大连接面。这样做有两个好处，一是在 PCB 的制作过程中，避免因钻孔定位偏差导致焊盘与导线断裂；二是在安装和使用中，可以避免因用力集中导致连接处断裂。

选择菜单栏中的“工具”→“滴泪”命令，或用快捷键〈T〉+〈E〉，即可执行补泪滴命令。系统弹出的“Teardrop（泪滴选项）”对话框，如图 9-57 所示。

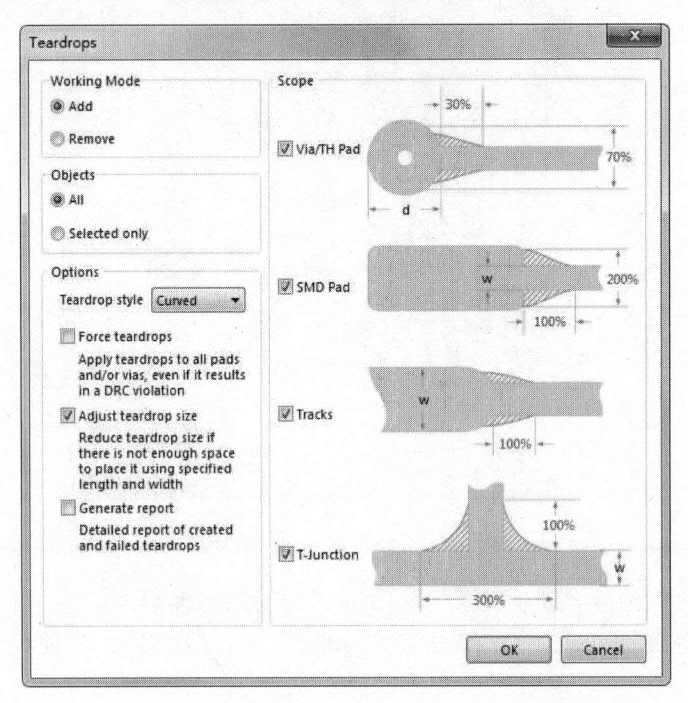

图 9-57 “Teardrop（泪滴选项）”对话框

1. “Working Mode”(工作模式) 选项组

- “Add”(添加) 单选钮：用于添加泪滴。
- “Remove”(删除) 单选钮：用于删除泪滴。

2. “Object”(对象) 选项组

- “All”(全部) 复选框：勾选该复选框，将对所有的对象添加泪滴。
- “Selected only”(仅选择对象) 复选框：勾选该复选框，将对选中的对象添加泪滴。

3. “Option”(选项) 选项组

“Teardrop style”(泪滴类型)：在该下拉列表下选择“Curved( )”、“Line(线)”，表示用不同的形式添加滴泪。

- “Force teardrops”(强迫泪滴) 复选框：勾选该复选框，将强制对所有焊盘或过孔添加泪滴，这样可能导致在 DRC 检测时出现错误信息。取消对此复选框的勾选，则对安全间距太小的焊盘不添加泪滴。
- “Adjust teardrop size”(调整滴泪大小) 复选框：勾选该复选框，进行添加泪滴的操作时自动调整滴泪的大小。
- “Generate report”(创建报告) 复选框：勾选该复选框，进行添加泪滴的操作后将自动生成一个有关添加泪滴操作的报表文件，同时该报表也将在工作窗口显示出来。

设置完毕单击 OK 按钮，完成对象的泪滴添加操作。

补泪滴前后焊盘与导线连接的变化如图 9-58 所示。

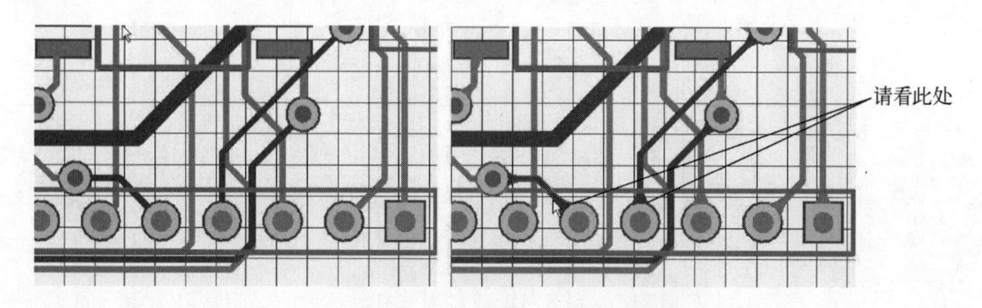

图 9-58　补泪滴前后焊盘与导线连接的变化

按照此种方法，用户还可以对某一个元件的所有焊盘和过孔，或者某一个特定网络的焊盘和过孔进行补泪滴操作。

9.5　操作实例——装饰彩灯控制电路设计

完成如图 9-59 所示装饰彩灯电路的一部分，可按要求编制出有多种连续流水状态的彩灯。本例主要练习原理图设计及网络表生成，电路板外形尺寸规划及元件的布局和布线。

1. 新建工程并创建原理图文件

（1）首先需要为电路创建一个工程，以便维护和管理该电路的所有设计文档。

启动 Altium Designer 17，选择菜单栏中的“文件”→“New”(新建）→“Project”（工程）命令，新建名为“装饰彩灯控制电路.PrjPCB”的工程文件。

（2）选择“文件”→“New”（新建）→“原理图”菜单命令，新建一个原理图文件，并自动切换到原理图编辑环境。

（3）选择“文件”→“保存为”菜单命令，将该原理图文件另存为“装饰彩灯控制电路.SchDoc”。

（4）选择“设计”→“文档选项”菜单命令，弹出“文档选项”对话框，如图 9-60 所示，在“标准风格”下拉列表中选择“A3”，调整原理图图纸大小。

（5）接下来，设计完成如图 9-59 所示的原理图。

2. 创建电路板

选择“文件”→“新建”→“PCB”(印刷电路板）菜单命令，新建一个 PCB 文件。选择“文件”→“保存为”菜单命令，将新建的 PCB 文件保存为“装饰彩灯控制电路.PcbDoc”。

3. 绘制电路板参数

（1）绘制物理边框

单击编辑区下方“Mechanical 1”(机械层）标签，选择菜单栏中的“放置”→“走线”命令，绘制的线组成了一个封闭的边框时，即可结束边框的绘制。单击鼠标右键或者按下〈Esc〉键即可退出该操作，完成物理边界的绘制。

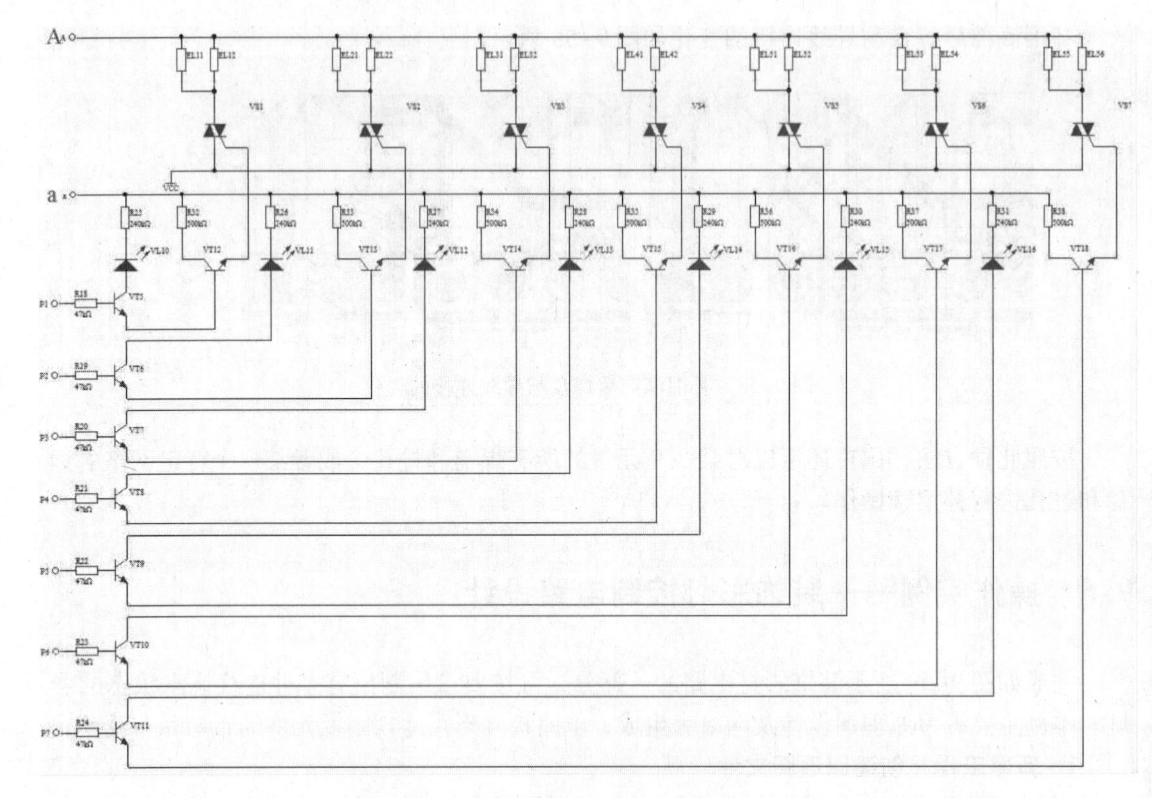

图 9-59　装饰彩灯控制电路图设计

图 9-60　“文档选项”对话框

（2）绘制电气边框

单击编辑区下方“KeepOutLayer”（禁止布线层）标签，选择“放置”→“禁止布线”→“线径”菜单命令，在物理边界内部绘制适当大小矩形，作为电气边界，结果如图 9-61

所示（绘制方法同物理边界）。

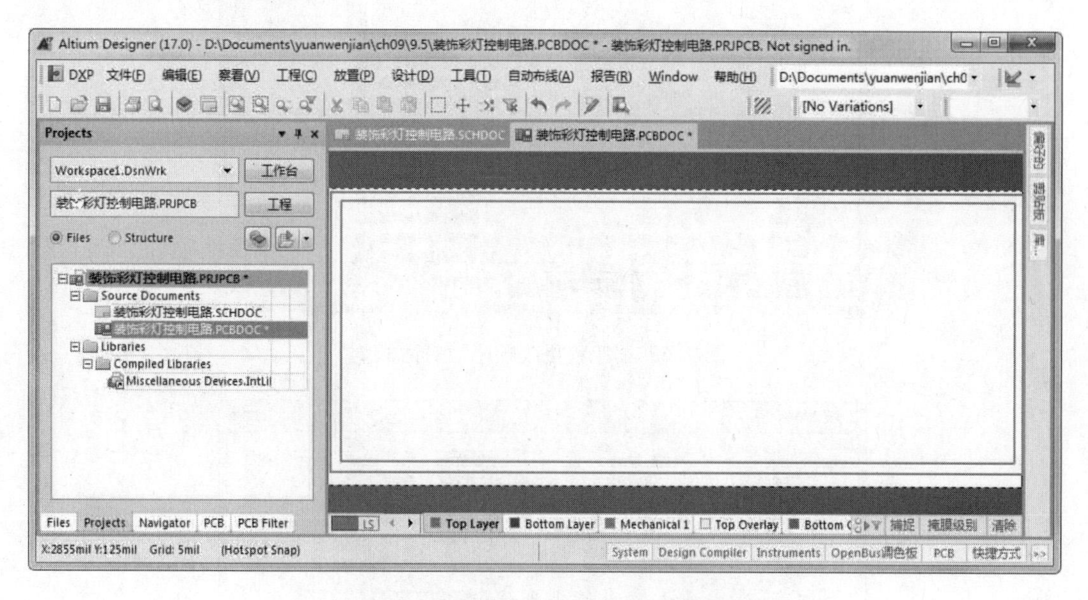

图 9-61　绘制电气边界及定义电路板形状

（3）定义电路板形状

选择菜单栏中的“设计”→“板子形状”→“重新定义板形状”命令，显示浮动十字标记，沿最外侧物理边界绘制封闭矩形，最后单击鼠标右键，修剪边界外侧电路板，结果如图 9-61 所示。

4. 元件布局

（1）在 PCB 编辑环境中，选择菜单栏中的“Import Changes From 装饰彩灯控制电路 . PrjPcb”（从装饰彩灯控制电路 . PrjPcb 输入改变）命令，弹出“工程更改顺序”对话框，如图 9-62 所示。

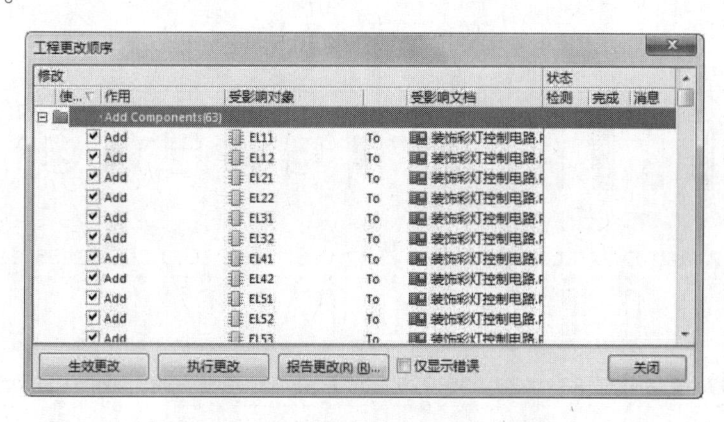

图 9-62　“工程更改顺序”对话框 1

（2）单击生效更改按钮，封装模型通过检测无误后，如图 9-63 所示；单击执行更改按钮，完成封装添加，如图 9-64 所示。将元件的封装载入到 PCB 文件中。

（3）采用手动布局的方式完成元件的布局，布局完成后的效果如图 9-65 所示。

工程更改顺序

使...	作用	受影响对象		受影响文档	检测	完成	消息
Add Components(63)							
✔	Add	EL11	To	装饰彩灯控制电路.F			
✔	Add	EL12	To	装饰彩灯控制电路.F			
✔	Add	EL21	To	装饰彩灯控制电路.F			
✔	Add	EL22	To	装饰彩灯控制电路.F			
✔	Add	EL31	To	装饰彩灯控制电路.F			
✔	Add	EL32	To	装饰彩灯控制电路.F			
✔	Add	EL41	To	装饰彩灯控制电路.F			
✔	Add	EL42	To	装饰彩灯控制电路.F			
✔	Add	EL51	To	装饰彩灯控制电路.F			
✔	Add	EL52	To	装饰彩灯控制电路.F			
✔	Add	EL53	To	装饰彩灯控制电路.F			

生效更改　执行更改　报告更改(R) (R)...　仅显示错误　关闭

图 9-63 “工程更改顺序”对话框 2

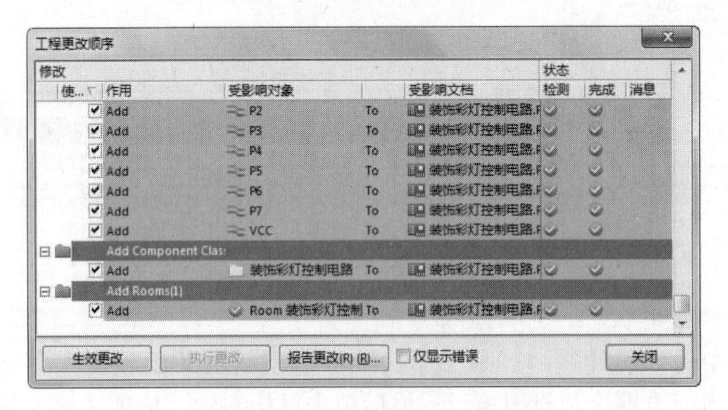

图 9-64 “工程更改顺序”对话框 3

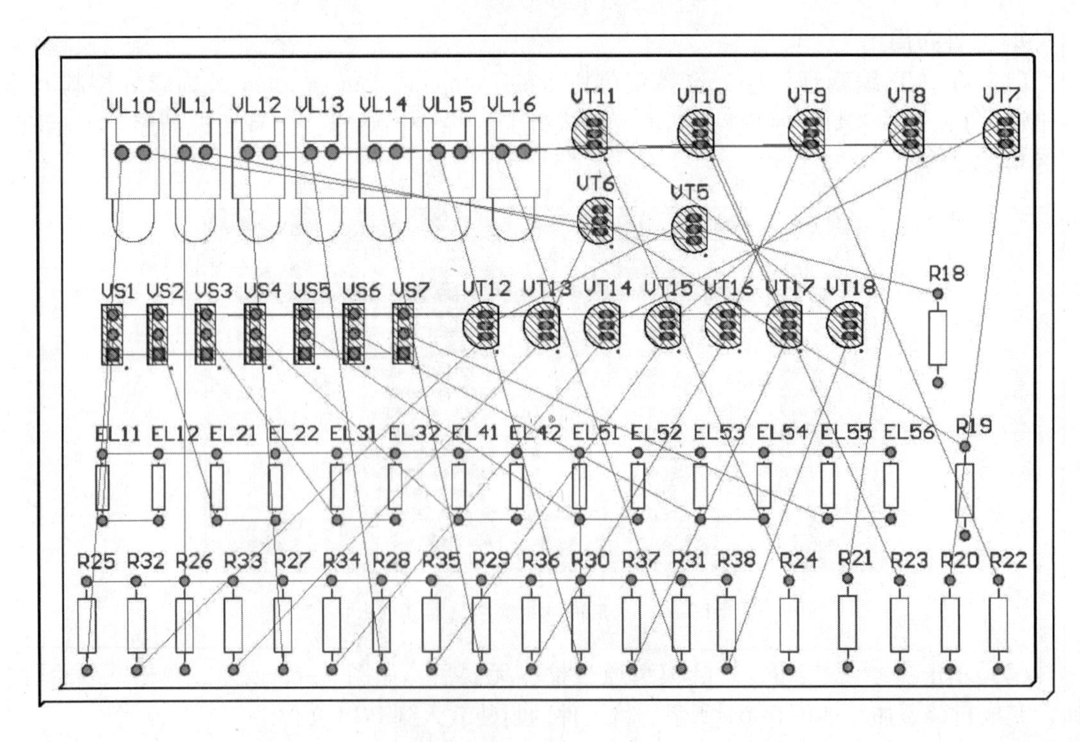

图 9-65 元件布局结果

5. 元件布线

（1）选择菜单栏中的“自动布线”→“Auto Route”(自动布线)→“全部”命令，打开“Situs 布线策略”（位置布线策略）对话框，在其中选择“Default Muti Layer Board”（默认的多层板）布线策略，如图 9-66 所示。

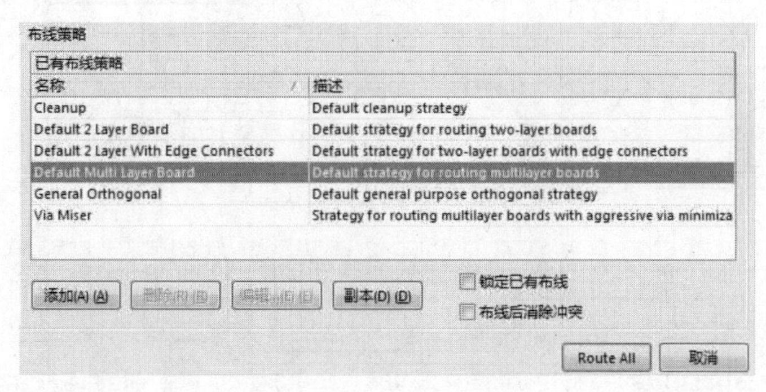

图 9-66　选择布线策略

（2）单击 Route All 按钮开始布线，同时弹出“Message”（信息）对话框，如图 9-67 所示。完成布线后，最后得到的布线结果如图 9-68 所示。

Messages

Class	Document	Sour...	Message	Time	Date	N...
Situ...	装饰彩灯控...	Situs	Completed Layer Patterns in 1 Second	15:52:26	2017/3/9	11
Situ...	装饰彩灯控...	Situs	Starting Multilayer Main	15:52:26	2017/3/9	12
Rou...	装饰彩灯控...	Situs	89 of 89 connections routed (100.00%) in 20 Seconds	15:52:45	2017/3/9	13
Situ...	装饰彩灯控...	Situs	Completed Multilayer Main in 18 Seconds	15:52:45	2017/3/9	14
Situ...	装饰彩灯控...	Situs	Starting Completion	15:52:45	2017/3/9	15
Situ...	装饰彩灯控...	Situs	Completed Completion in 0 Seconds	15:52:45	2017/3/9	16
Situ...	装饰彩灯控...	Situs	Starting Straighten	15:52:45	2017/3/9	17
Rou...	装饰彩灯控...	Situs	89 of 89 connections routed (100.00%) in 22 Seconds	15:52:47	2017/3/9	18
Situ...	装饰彩灯控...	Situs	Completed Straighten in 1 Second	15:52:47	2017/3/9	19
Rou...	装饰彩灯控...	Situs	89 of 89 connections routed (100.00%) in 23 Seconds	15:52:47	2017/3/9	20
Situ...	装饰彩灯控...	Situs	Routing finished with 0 contentions(s). Failed to complete 0 c...	15:52:47	2017/3/9	21

图 9-67　“Message”（信息）对话框

PCB 布线时应该遵循以下原则：

（1）输入输出端用的导线应尽量避免相邻平行，最好增加线间地线，以免发生反馈耦合。

（2）印制电路板导线的最小宽度主要由导线和绝缘基板间的粘附强度和流过它们的电流值决定。当在铜箔厚度为 0.05 mm、宽度为 1 ~ 15 mm 时通过 2 A 的电流，温度不会高于 3℃，因此，导线宽度为 1.5 mm 即可满足要求。对于集成电路，尤其是数字电路，通常选择 0.02 ~ 0.3 mm 的导线宽度。当然，只要允许，还是尽可能用宽线，尤其是电源线和地线。导线的最小间距主要由最坏情况下的线间绝缘电阻和击穿电压决定。对于集成电路，尤其是数字电路，只要工艺允许，可使间距缩小至 5 ~ 8 mm。

（3）印制导线拐弯处一般取圆弧形，而直角或者夹角在高频电路中会影响电气性能。此外，尽量避免使用大面积铜箔，否则长时间受热时，易发生铜箔膨胀和脱落现象。必须用大面积铜箔时，最好用栅格状。

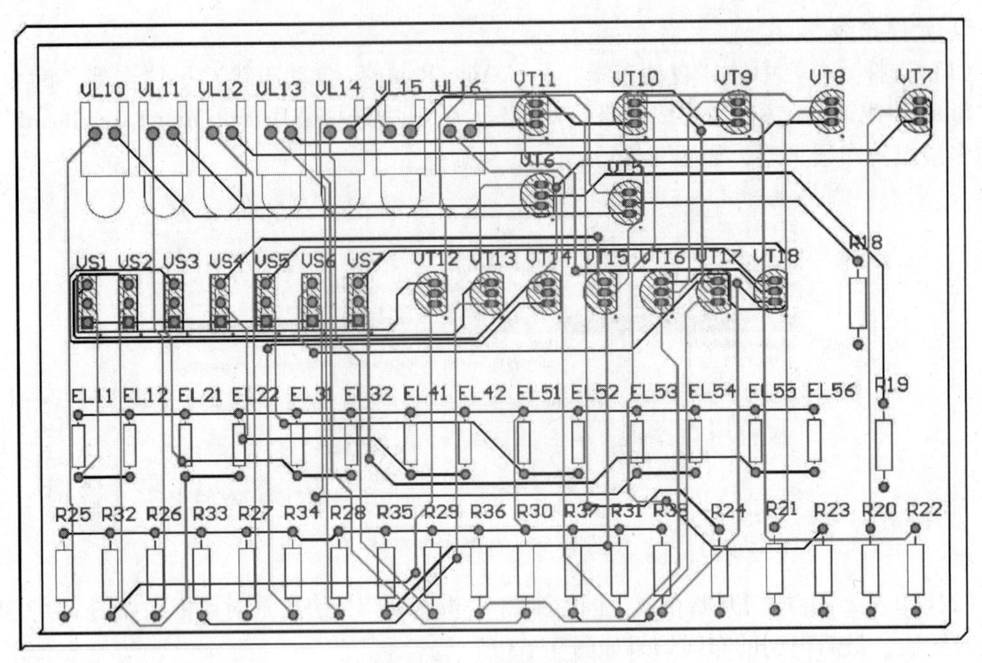

图 9-68　元件布线结果

6. 添加覆铜

选择菜单栏中的“放置”→“多边形覆铜”命令，或者单击“布线”工具条中的(放置多边形覆铜)按钮，选择顶层放置覆铜命令，弹出如图 9-69 所示的“多边形敷铜”对话框，选择“Hatched（Tracks/Arcs）”(网络状覆铜)，设置“孵化模式”为 45°，勾选“死铜移除”复选框。单击确定按钮，在电路板中设置覆铜区域，结果如图 9-70 所示。

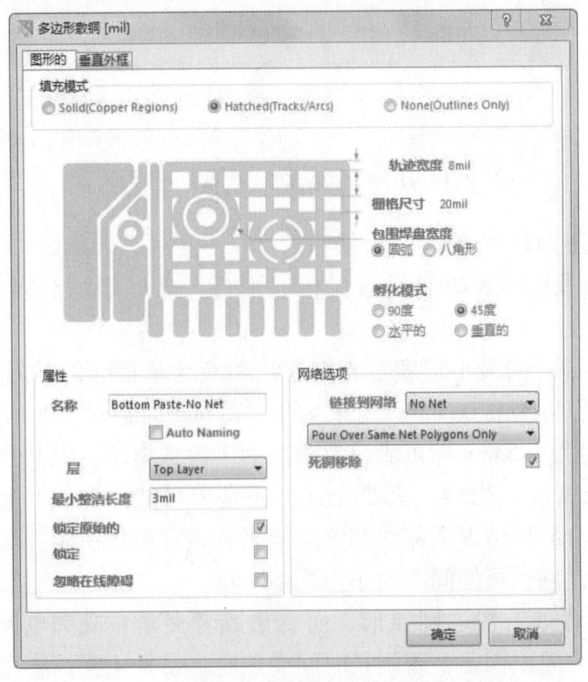

图 9-69　覆铜设置对话框

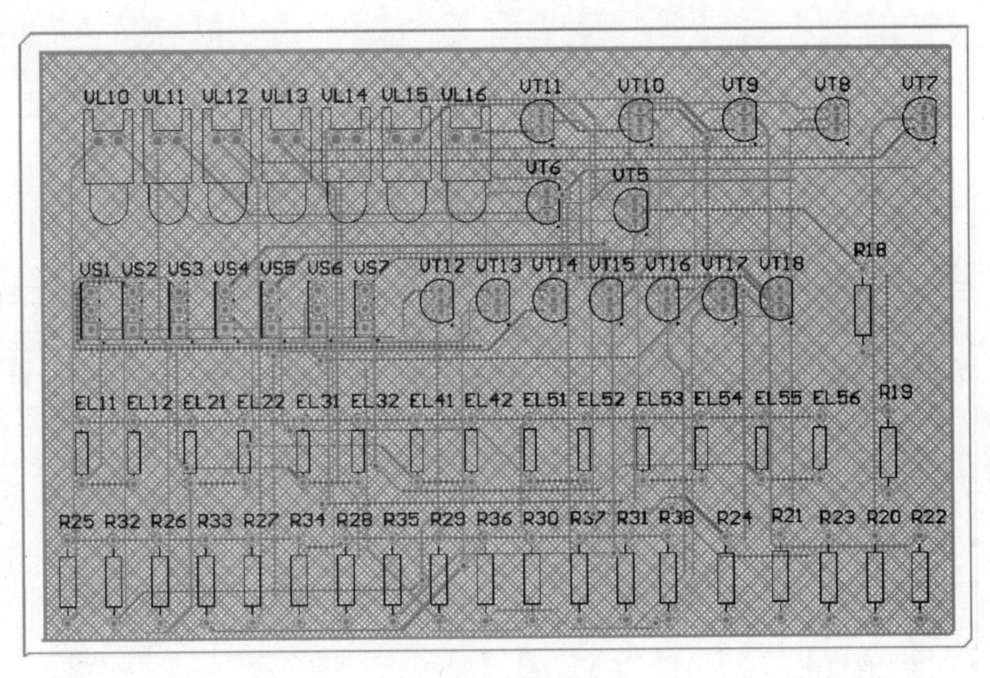

图 9-70　覆铜结果

7. 补泪滴

选择菜单栏中的“工具”→“泪滴”命令，系统弹出“Teardrop”(泪滴选项）对话框，如图 9-71 所示，选择补泪滴命令，单击“OK”(确定）按钮，对电路中线路进行补泪滴操作。

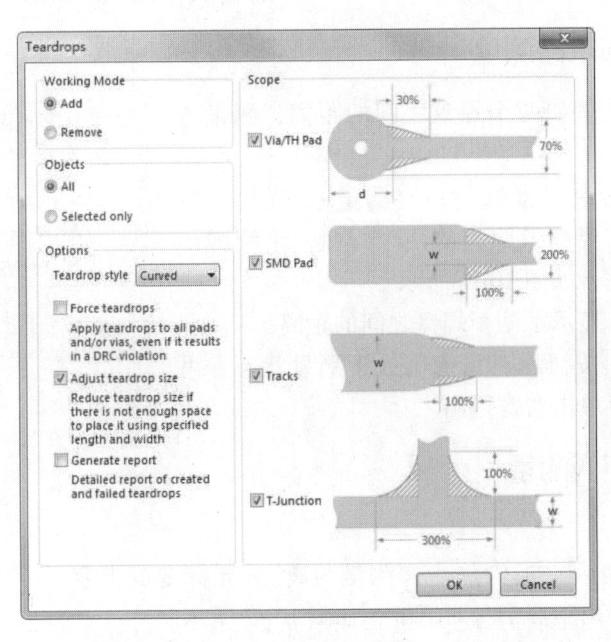

图 9-71　“Teardrop（泪滴选项）”对话框

第 10 章　PCB 的后期制作

在 PCB 设计的最后阶段，我们要通过设计规则检查来进一步确认 PCB 设计的正确性。完成了 PCB 项目的设计后，就可以进行各种文件的整理和汇总了。本章将介绍不同类型文件生成和输出的操作方法，包括报表文件、PCB 文件和 PCB 制造文件等。读者通过对本章内容的学习，将对 Altium Designer 17 形成更加系统的认识。

知识点

- 距离测量
- DRC 检查
- 电路板的报表输出
- PCB 文件输出

10.1　距离测量

在 PCB 设计过程中，经常需要进行距离的测量，如两点间的距离、两个元素之间的距离等。Altium Designer 17 系统专门提供了一些测量命令用于测量距离。

10.1.1　两元素间距离测量

两个元素之间，例如两个焊盘之间的距离，测量方法如下：

（1）选择菜单命令“报告”→“测量”，光标变成十字形，分别单击需要测量距离的两个焊盘，系统弹出一个距离信息对话框，如图 10-1 所示。

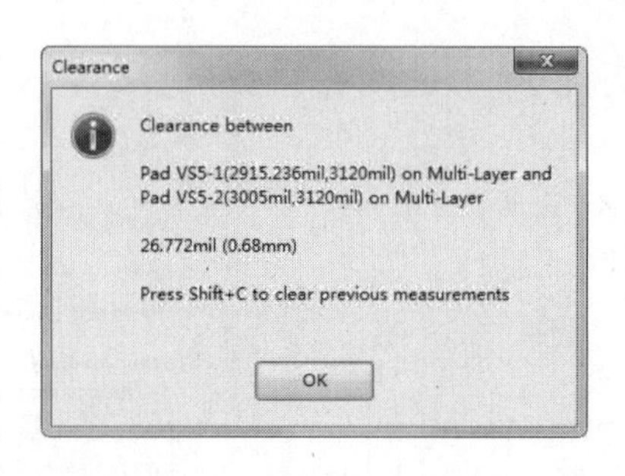

图 10-1　距离信息对话框 1

在该对话框中，显示了两个焊盘之间的距离。

（2）单击 OK 按钮后，系统仍处于测量状态，可继续进行测量，也可单击右键退出。

10.1.2　两点间距两测量

测量方法如下：

（1）选择菜单命令“报告”→“测量距离”，光标变成十字形。移动鼠标，单击需要测量的两点，系统弹出距离信息对话框，如图 10-2 所示。

在该对话框框中，显示了两点间的距离。

（2）单击 OK 按钮后，系统仍处于测量状态，可继续进行测量，也可单击右键退出。

10.1.3 导线长度测量

测量导线长度的方法如下：

首先选取需要测量长度的导线，然后选择菜单栏中的“报告”→“测量选择对象”命令，系统弹出长度信息对话框，如图10-3所示。在该对话框中，显示了所选导线的长度。

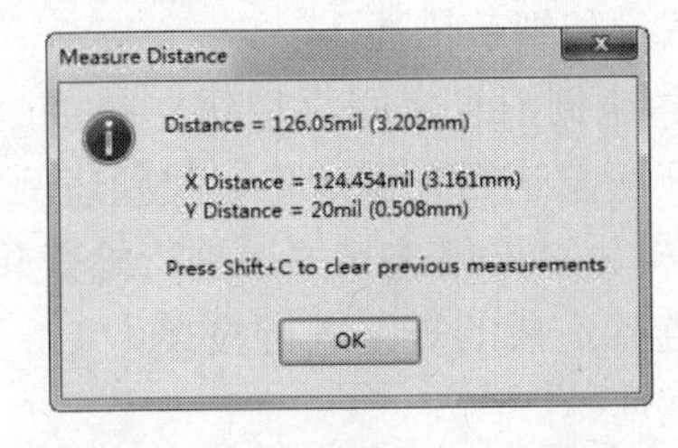

图10-2 距离信息对话框2

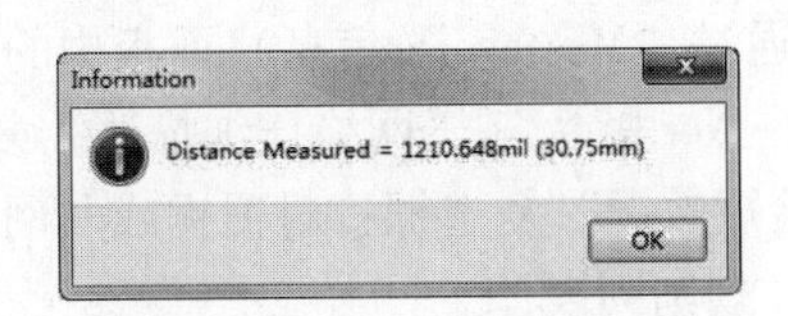

图10-3 长度信息对话框

10.2 设计规则检查

电路板布线完毕，在输出设计文件之前，还要进行一次完整的设计规则检查。设计规则检查是采用Altium Designer 17进行PCB设计时的重要检查工具。系统会根据用户设计规则的设置，对PCB设计的各个方面进行检查校验，如导线宽度、安全距离、元件间距、过孔类型等。DRC是PCB设计正确性和完整性的重要保证。灵活运用DRC，可以保障PCB设计的顺利进行和最终生成正确的输出文件。

选择菜单栏中的“工具”→“设计规则检侧”命令，系统将弹出如图10-4所示的“设计规则检查”对话框。该对话框的左侧是该检查器的内容列表，右侧是其对应的具体内容。对话框由两部分内容构成，即DRC报告选项和DRC规则列表。

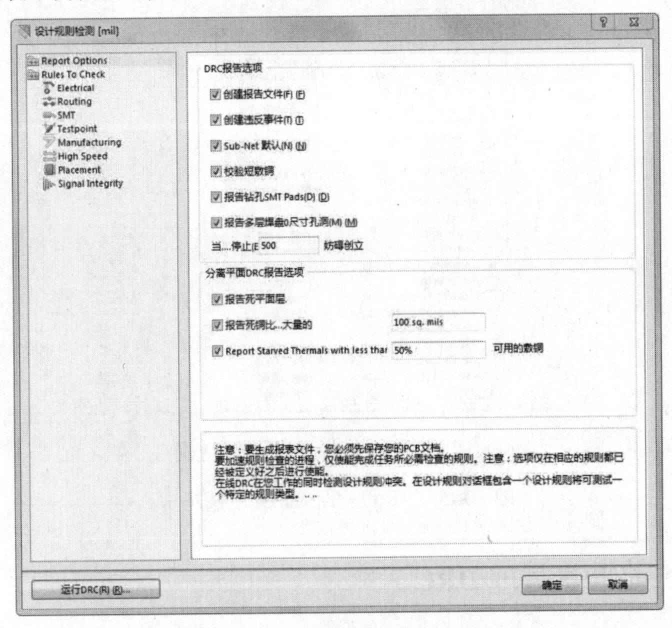

图10-4 “设计规则检测”对话框

1. DRC 报表选项

在“设计规则检测”对话框左侧的列表中单击“Report Options”(报表选项）页面，即显示 DRC 报表选项的具体内容。这里的选项主要用于对 DRC 报表的内容和方式进行设置，通常保持默认设置即可，其中各选项的功能介绍如下。

- “创建报告文件”复选框：运行批处理 DRC 后会自动生成报表文件（设计名.DRC)，包含本次 DRC 运行中使用的规则、违例数量和细节描述。
- “创建违反事件”复选框：能在违例对象和违例消息之间直接建立链接，使用户可以直接通过“Message”(信息）面板中的违例消息进行错误定位，找到违例对象。
- “Sub - Net 默认”(子网络详细描述）复选框：对网络连接关系进行检查并生成报告。
- “校验短敷铜”复选框：对覆铜或非网络连接造成的短路进行检查。

2. DRC 规则列表

在“设计规则检测”对话框左侧的列表中单击“Rules To Check”（检查规则）选项卡，即可显示所有可进行检查的设计规则，其中包括了 PCB 制作中常见的规则，也包括了高速电路板设计规则，如图 10-5 所示。例如，线宽设定、引线间距、过孔大小、网络拓扑结构、元件安全距离、高速电路设计的引线长度、等距引线等，可以根据规则的名称进行具体设置。在规则栏中，通过“在线”和“批量”两个选项，用户可以选择在线 DRC 或批处理 DRC。

单击“运行 DRC”按钮，即运行批处理 DRC。

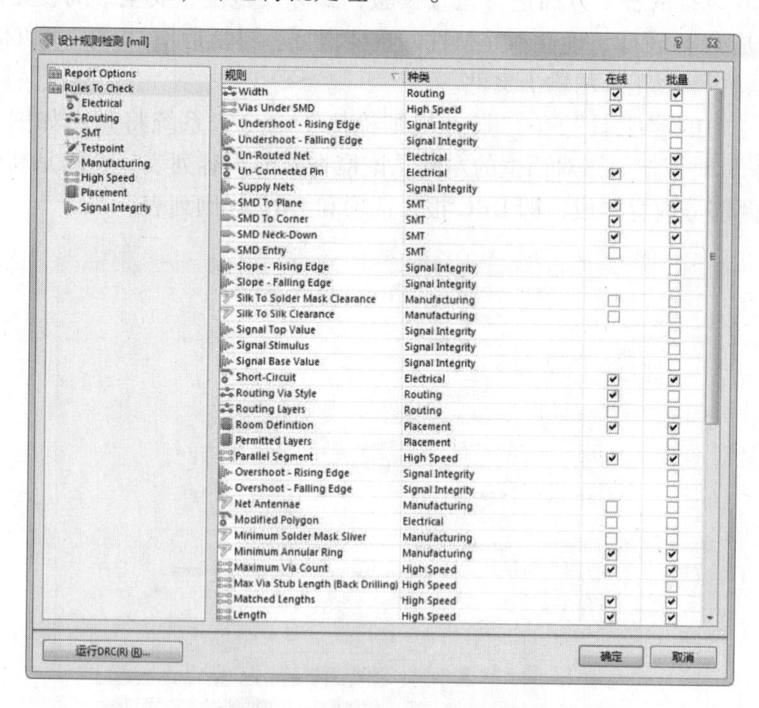

图 10-5 “Rules To Check”选项卡

10.2.1 在线 DRC 和批处理 DRC

DRC 分为两种类型，即在线 DRC 和批处理 DRC。

在线 DRC 在后台运行，在设计过程中，系统随时进行规则检查，对违反规则的对象提出警示或自动限制违例操作的执行。选择“参数选择”对话框的“PCB Editor”（PCE 编辑器）→“General”（常规）选项卡中可以设置是否选择在线 DRC，如图 10-6 所示。

图 10-6 “PCB Editor - General”（PCB 编辑器 - 常规）选项卡

通过批处理 DRC，用户可以在设计过程中的任何时候手动一次运行多项规则检查。在如图 10-5 所示的列表中我们可以看到，不同的规则适用于不同的 DRC。有的规则只适用于在线 DRC，有的只适用于批处理 DRC，但大部分的规则都可以在两种检查方式下运行。

需要注意是，在不同阶段运行批处理 DRC，对其规则选项要进行不同的选择。例如，在未布线阶段，如果要运行批处理 DRC，就要将部分布线规则禁止，否则会导致过多的错误提示而使 DRC 失去意义。在 PCB 设计结束时，也要运行一次批处理 DRC，这时就要选中所有 PCB 相关的设计规则，使规则检查尽量全面。

10.2.2 对未布线的 PCB 文件执行批处理 DRC

要求在 PCB 文件“IC 读卡器 PCB 图 . PcbDoc”未布线的情况下，运行批处理 DRC。此时要适当配置 DRC 选项，以得到有参考价值的错误列表。具体的操作步骤如下：

（1）选择菜单栏中的“工具”→“设计规则检查”命令。

（2）系统弹将出“设计规则检测”对话框，暂不进行规则启用和禁止的设置，直接使用系统的默认设置。单击“运行 DRC”按钮，运行批处理 DRC。

（3）系统执行批处理DRC，运行结果在“Messages”（信息）面板中显示出来，如图10-7所示。系统生成了70余项DRC警告，其中大部分是未布线警告，这是因为我们未在DRC运行之前禁止该规则的检查。这种DRC警告信息对我们并没有帮助，反而使“Messages”（信息）面板变得杂乱。

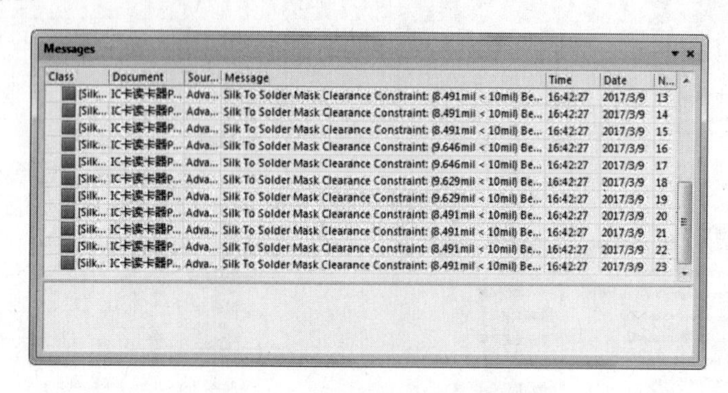

图10-7 “Messages”面板1

（4）再次选择菜单栏中的“工具”→“设计规则检查”命令，重新配置DRC规则。在“设计规则检测”对话框中，单击左侧列表中的“Rules To Check”（检查规则）选项。

（5）在如图10-5所示的规则列表中，禁止其中部分规则的“批量”选项。禁止项包括Un-Routed Net（未布线网络）和Width（宽度）。

（6）单击“运行DRC”按钮，运行批处理DRC。

（7）系统再次执行批处理DRC，运行结果在“Messages”（信息）面板中显示出来，如图10-8所示。可见重新配置检查规则后，批处理DRC检查得到了0项DRC违例信息，说明检查原理图确定这些引脚连接的正确性。

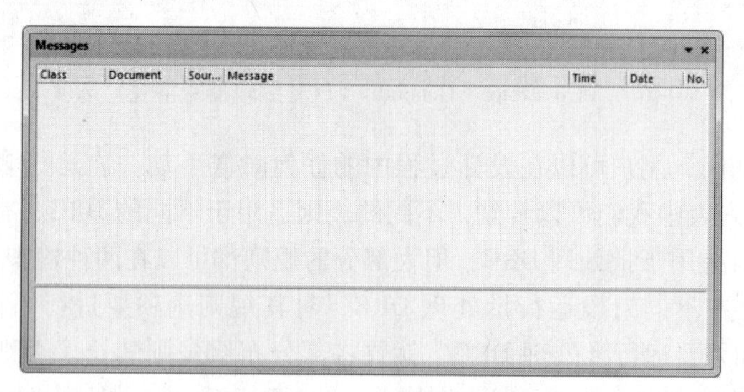

图10-8 “Messages”面板2

10.2.3 对已布线完毕的PCB文件执行批处理DRC

对布线完毕的PCB文件“IC读卡器PCB图.PcbDoc”再次运行DRC。尽量检查所有涉及到的设计规则。具体的操作步骤如下。

（1）选择菜单栏中的“工具”→“设计规则检查”命令。

（2）系统将弹出“设计规则检测”对话框，单击左侧列表中的“Rules To Check”（检查规则）选项，配置检查规则。

（3）在如图 10-5 所示的规则列表中，将部分“批量”选项中被禁止的规则选中，允许其进行该规则检查。选择项必须包括 Clearance（安全间距）、Width（宽度）、Short - Circuit（短路）、Un - Routed Net（未布线网络）、Component Clearance（元件安全间距）等，其他选项采用系统默认设置即可。

（4）单击“运行 DRC”按钮，运行批处理 DRC。

（5）系统执行批处理 DRC，运行结果在“Messages”（信息）面板中显示出来。对于批处理 DRC 中检查到的违例信息项，可以通过错误定位进行修改，这里不再赘述。

10.3　输出电路板相关报表

PCB 绘制完毕，可以利用 Altium Designer 17 提供的强大报表生成功能，生成一系列报表文件。这些报表文件具有不同的功能和用途，为 PCB 设计的后期制作、元件采购、文件交流等提供了方便。在生成各种报表之前，首先要确保要生成报表的文件已经打开并被设置为当前文件。

10.3.1　PCB 的信息报表

PCB 信息报表是对 PCB 的元件网络和完整细节信息进行汇总的报表。选择菜单栏中的“报告”→“板子信息”命令，系统将弹出“PCB 信息”对话框。在该对话框中包含 3 个选项卡，分别介绍如下。

（1）“通用”选项卡

该选项卡汇总了 PCB 上的各类图元，如导线、过孔、焊盘等的数量，报告了电路板的尺寸信息和 DRC 违例数量，如图 10-9 所示。

（2）“器件”选项卡

该选项卡报告了 PCB 上元件的统计信息，包括元件总数、各层放置数目和元件标号列表，如图 10-10 所示。

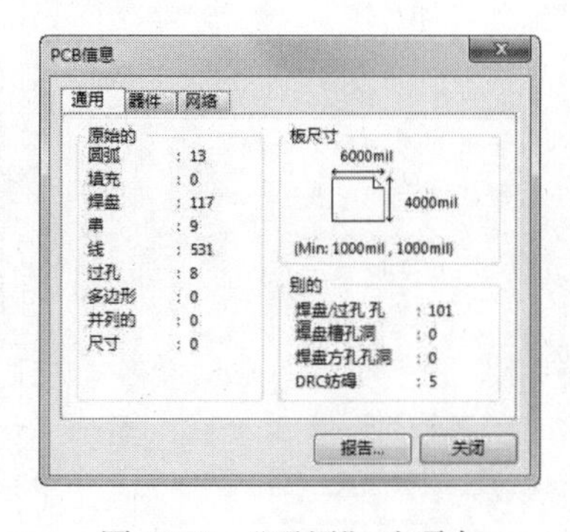

图 10-9　“通用”选项卡

图 10-10　“器件”选项卡

（3）“网络”选项卡

该选项卡中列出了电路板的网络统计，包括导入网络总数和网络名称列表，如图 10-11 所示。单击“Pwr/Gnd”（电源/接地）按钮，系统将弹出如图 10-12 所示的“内部平面信息”对话框。对于双面板，该信息框是空白的。

图 10-11 “网络”选项卡

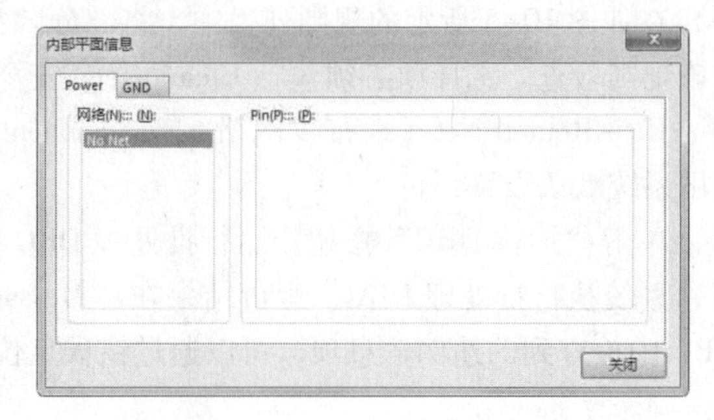

图 10-12 “内部平面信息”对话框

在各个选项卡中单击“报告”按钮，系统将弹出如图 10-13 所示的“板报告”对话框，通过该对话框可以生成 PCB 信息的报表文件，在该对话框的列表框中选择要包含在报表文件中的内容。勾选“仅选择对象”复选框时，报告中只列出当前电路板中已经处于选择状态下的图元信息。

图 10-13 “板报告”对话框

报表列表选项设置完毕后，在“板报告”对话框中单击“报告”按钮，系统将生成“XXX. REP”的报表文件。该报表文件将作为自由文档加入到“Projects”（工程）面板中，并自动在工作区内打开。PCB 信息报表如图 10-14 所示。

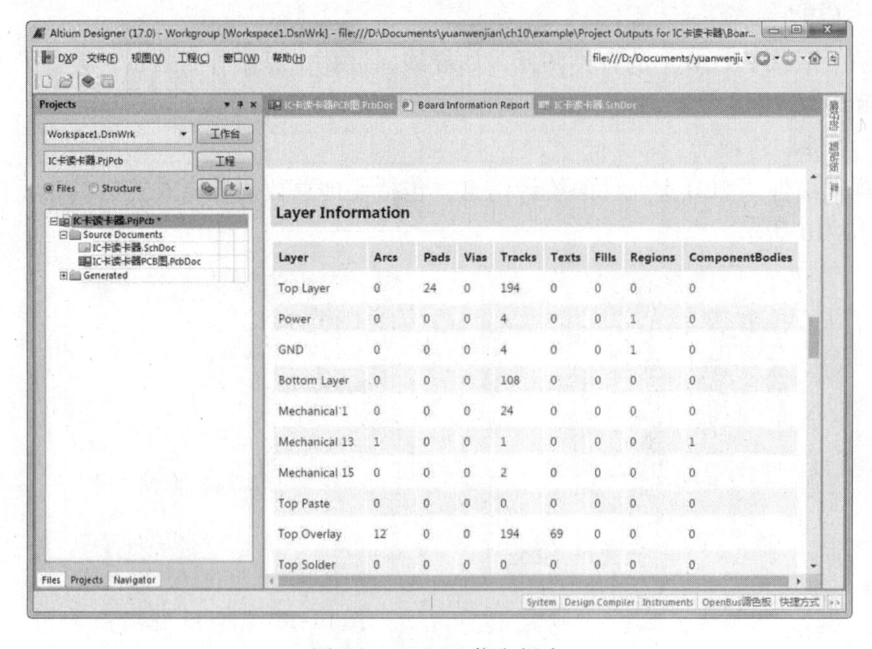

Layer	Arcs	Pads	Vias	Tracks	Texts	Fills	Regions	ComponentBodies
Top Layer	0	24	0	194	0	0	0	0
Power	0	0	0	4	0	0	1	0
GND	0	0	0	4	0	0	1	0
Bottom Layer	0	0	0	108	0	0	0	0
Mechanical 1	0	0	0	24	0	0	0	0
Mechanical 13	1	0	0	1	0	0	0	1
Mechanical 15	0	0	0	2	0	0	0	0
Top Paste	0	0	0	0	0	0	0	0
Top Overlay	12	0	0	194	69	0	0	0
Top Solder	0	0	0	0	0	0	0	0

图 10-14 PCB 信息报表

10.3.2 元件清单

选择菜单栏中的“报告”→“Bill of Materials”（元件清单）命令，系统将弹出相应的元件报表对话框，如图 10-15 所示。

在该对话框中，可以对要创建的元件清单进行选项设置。左侧有两个列表框，它们的含义分别如下。

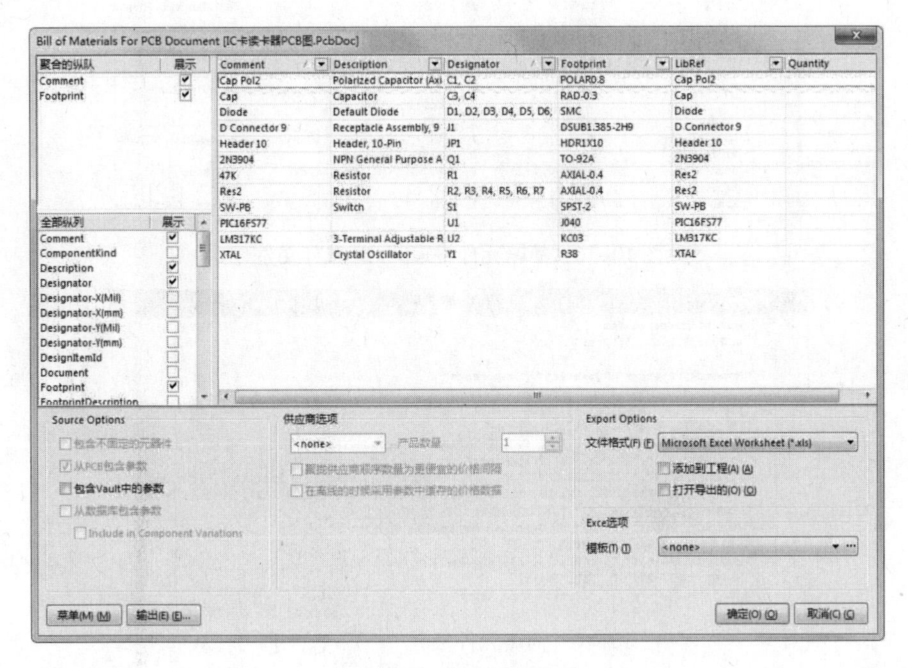

图 10-15　设置元件报表

- “聚合的纵队”表框：用于设置元件的归类标准。可以将“全部纵队”中的某一属性信息拖到该列表框中，则系统将以该属性信息为标准，对元件进行归类，并显示在元件清单中。
- “全部纵队”列表框：列出了系统提供的所有元件属性信息，如“Description”(元件描述信息)、“Component Kind”(元件类型)等。对于需要查看的有用信息，勾选右侧与之对应的复选框，即可在元件清单中显示出来。在图 10-15 中，使用了系统的默认设置，即只勾选“Comment”(注释)、“Description”(描述)、“Designator”(指示)、“Footprint”(引脚)、“LibRef”(库编号)和“Quantity”(数量)6 个复选框。

要生成并保存报表文件，单击对话框中的“输出”按钮，系统将弹出“Export For”(输出为)对话框。选择保存类型和保存路径，保存文件即可。

10.3.3　简略元件清单

选择菜单栏中的“报告”→“Simple BOM”(简略元件报表)命令，系统将自动生成两份当前 PCB 文件的元件报表，分别为“XXX. BOM”和“XXX. CSV”。这两个文件被加入到“Projects”(工程)面板内该项目的生成文件夹中，并自动打开，如图 10-16 和图 10-17 所示。

简略元件报表将同种类型的元件统一计数，简单明了。报表以元件的“Comment”(注释)为依据将元件分组，列出其“Comment”(注释)、“Pattern (Footprint)”(样式)、“Quantity”(数量)、“Components (Designator)”(元件)和“Descriptor”(描述符)等属性。

```
IC卡读卡器PCB图.PcbDoc | Net Status Report | IC卡读卡器PCB图.BOM | IC卡读卡器.SchDoc

Bill of Material for
On 2017/3/9 at 16:52:59

Comment           Pattern          Quantity  Components
-----------------------------------------------------------------------------------
2N3904            TO-92A           1         Q1                           NPN General Purpos
47K               AXIAL-0.4        1         R1                           Resistor
Cap Pol2          POLAR0.8         2         C1, C2                       Polarized Capacito
Cap               RAD-0.3          2         C3, C4                       Capacitor
D Connector 9     DSUB1.385-2H9    1         J1                           Receptacle Assembl
Diode             SMC              12        D1, D2, D3, D4, D5, D6, D7   Default Diode
                                             D8, D9, D10, D11, D12
Header 10         HDR1X10          1         JP1                          Header, 10-Pin
LM317KC           KC03             1         U2                           3-Terminal Adjusta
PIC16F877         J040             1         U1
Res2              AXIAL-0.4        6         R2, R3, R4, R5, R6, R7       Resistor
SW-PB             SPST-2           1         S1                           Switch
XTAL              R38              1         Y1                           Crystal Oscillator
```

图 10-16　简略元件报表“. BOM”文件

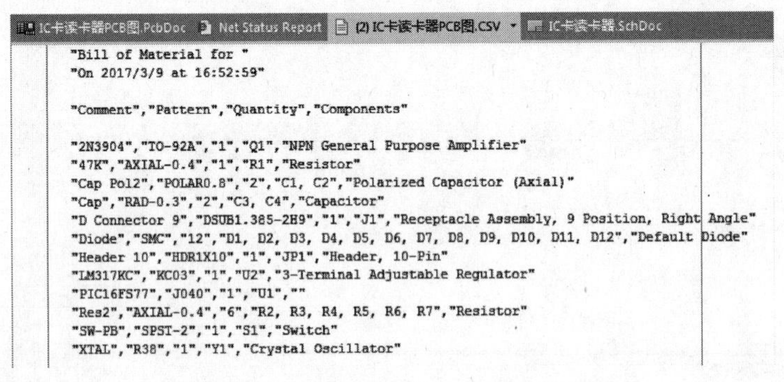

```
IC卡读卡器PCB图.PcbDoc | Net Status Report | (2) IC卡读卡器PCB图.CSV | IC卡读卡器.SchDoc

"Bill of Material for "
"On 2017/3/9 at 16:52:59"

"Comment","Pattern","Quantity","Components"

"2N3904","TO-92A","1","Q1","NPN General Purpose Amplifier"
"47K","AXIAL-0.4","1","R1","Resistor"
"Cap Pol2","POLAR0.8","2","C1, C2","Polarized Capacitor (Axial)"
"Cap","RAD-0.3","2","C3, C4","Capacitor"
"D Connector 9","DSUB1.385-2H9","1","J1","Receptacle Assembly, 9 Position, Right Angle"
"Diode","SMC","12","D1, D2, D3, D4, D5, D6, D7, D8, D9, D10, D11, D12","Default Diode"
"Header 10","HDR1X10","1","JP1","Header, 10-Pin"
"LM317KC","KC03","1","U2","3-Terminal Adjustable Regulator"
"PIC16F877","J040","1","U1",""
"Res2","AXIAL-0.4","6","R2, R3, R4, R5, R6, R7","Resistor"
"SW-PB","SPST-2","1","S1","Switch"
"XTAL","R38","1","Y1","Crystal Oscillator"
```

图 10-17　简略元件报表“. CSV”文件

10.3.4　网络表状态报表

该报表列出了当前 PCB 文件中所有的网络，并说明了它们所在工作层和网络中导线的总长度。选择菜单栏中的“报告”→“网络表状态”命令，即生成名为“XXX. REP”的网络表状态报表，其格式如图 10-18 所示。

IC卡读卡器PCB图.PcbDoc | Net Status Report | Net Status Report | (2) Text Document | IC卡读卡器.SchDoc

Nets	Layer	Length
+5V	Signal Layers Only	11516.41mil
GND	Signal Layers Only	14275.576mil
NetC2_1	Signal Layers Only	4907.676mil
NetC2_2	Signal Layers Only	4014.467mil
NetC3_1	Signal Layers Only	3520.979mil
NetC4_2	Signal Layers Only	3452.384mil
NetD11_1	Signal Layers Only	6654.297mil
NetD1_2	Signal Layers Only	6401.460mil
NetD3_2	Signal Layers Only	4999.049mil
NetD5_2	Signal Layers Only	6206.561mil
NetD7_2	Signal Layers Only	5199.975mil
NetD9_2	Signal Layers Only	7744.508mil

图 10-18　网络表状态报表的格式

10.4 PCB 的打印输出

PCB 设计完毕，就可以将其源文件、制造文件和各种报表文件按需要进行存档、打印、输出等操作。例如，将 PCB 文件打印作为焊接装配指导文件，将元件报表打印作为采购清单，生成胶片文件送交加工单位进行 PCB 加工，当然也可直接将 PCB 文件交给加工单位用以加工 PCB。

10.4.1 打印 PCB 文件

利用 PCB 编辑器的文件打印功能，可以将 PCB 文件不同工作层上的图元按一定比例打印输出，用以校验和存档。

1. 页面设置

PCB 文件在打印之前，要根据需要进行页面设定，其操作方式与 Word 文档中的页面设置非常相似。

选择菜单栏中的“文件”→“页面设置”命令，系统将弹出如图 10-19 所示的“Composite Properties”(复合页面属性设置）对话框。

在该对话框中主要选项的主要功能介绍如下。

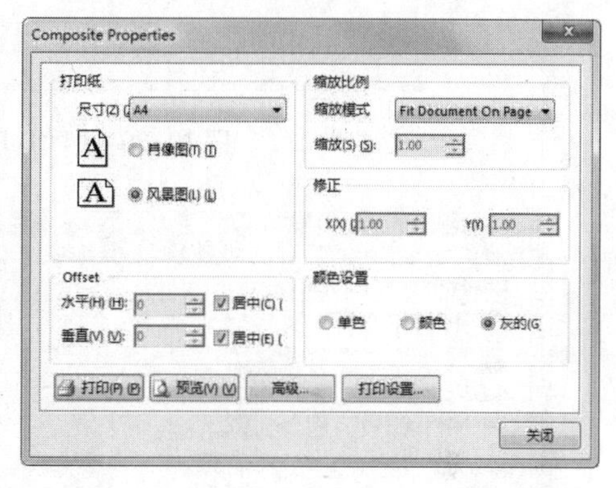

图 10-19 “Composite Properties”对话框

- “打印纸”选项组：用于设置打印纸尺寸和打印方向。
- “缩放比例”选项组：用于设定打印内容与打印纸的匹配方法。系统提供了两种缩放匹配模式，即“Fit Document On Page”（适合文档页面）和“Select Print”（选择打印)。前者将打印内容缩放到适合图纸大小，后者由用户设定打印缩放的比例因子。如果选择了“Selects Print”（选择打印）选项，则“缩放”文本框和“修正”选项组都将变为可用，在“缩放”文本框中填写比例因子设定图形的缩放比例，填写 1.0 时，将按实际大小打印 PCB 图形；“修正”选项组可以在“比例”文本框参数的基础上再进行 X、Y 方向上的比例调整。
- “Offset”选项组：勾选“居中”复选框时，打印图形将位于打印纸张中心，上、下边距和左、右边距分别对称。取消对“居中”复选框的勾选后，在“水平”和“垂直”文本框中可以进行参数设置，改变页边距，即改变图形在图纸上的相对位置。选用不同的缩放比例因子和页边距参数而产生的打印效果，可以通过打印预览来观察。
- “高级”按钮：单击该按钮系统将弹出如图 10-20 所示的“PCB Printout Properties”（PCB 图层打印输出属性）对话框，在该对话框中可以设置要打印的工作层及其打印方式。

2. 打印输出属性

（1）在如图 10-20 所示的“PCB Printout Properties”（PCB 图层打印输出属性）对话框

中，双击“Multilayer Composite Print”(多层复合打印）左侧的页面图标，系统将弹出如图10-21所示的“打印输出特性”对话框。在该对话框的“层”列表框中列出了将要打印的工作层，系统默认列出所有图元的工作层。通过底部的编辑按钮对打印层面进行添加、删除操作。

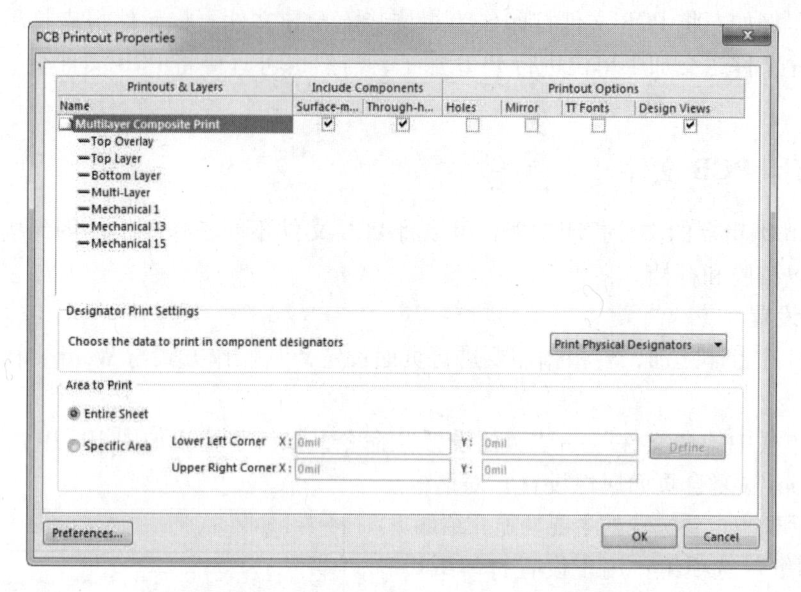

图10-20 “PCB Printout Properties”对话框

图10-21 “打印输出特性”对话框　　　　图10-22 “板层属性”对话框

(2）单击“打印输出属性”对话框中的“添加”按钮或“编辑”按钮，系统将弹出如图10-22所示的“板层属性”对话框。在该对话框中进行图层打印属性的设置。在各个图元的选项组中，提供了3种类型的打印方案，即“Full”(全部)、“Draft”(草图）和“Hide”(隐藏)。“Full”(全部）即打印该类图元全部图形画面，“Draft”(草图）只打印该类图元的外形轮廓，“Hide”(隐藏）则隐藏该类图元，不进行打印。

(3）设置好“打印输出属性”对话框和“板层属性”对话框后，单击“OK”(确定)

按钮，返回“PCB Printout Properties”(PCB 打印输出属性）对话框。单击“Preferences”(参数）按钮，系统将弹出如图 10-23 所示的“PCB 打印设置”对话框。在该对话框中用户可以分别设定黑白打印和彩色打印时各个图层的打印灰度和色彩。单击图层列表中各个图层的灰度条或彩色条，即可调整灰度和色彩。

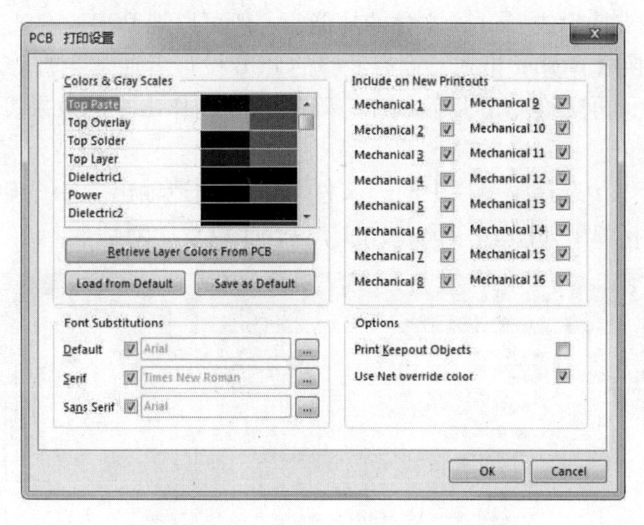

图 10-23 “PCB 打印设置”对话框

（4）设置好“PCB 打印设置”对话框后，PCB 打印的页面设置就完成了。单击“OK（确定）”按钮，返回 PCB 工作区窗口。

3. 打印

单击“PCB 标准”工具栏中的（打印）按钮，或者选择菜单栏中的“文件”→“打印”命令，打印设置好的 PCB 文件。

10.4.2 打印报表文件

打印报表文件的操作更加简单一些。打开各个报表文件之后，同样先进行页面设定，而且报表文件的“高级”属性设置也相对简单。“高级文本打印工具”对话框如图 10-24 所示。

勾选“使用特殊字体”复选框后，即可单击“改变”按钮重新设置用户想要使用的字体和大小，如图 10-25 所示。设置好页面的所有参数后，就可以进行预览和打印了。其操作与 PCB 文件打印相同，这里就不再赘述。

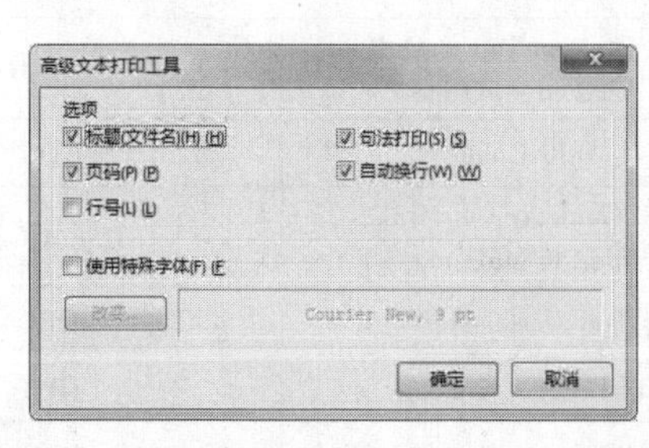

图 10-24 “高级文本打印工具”对话框

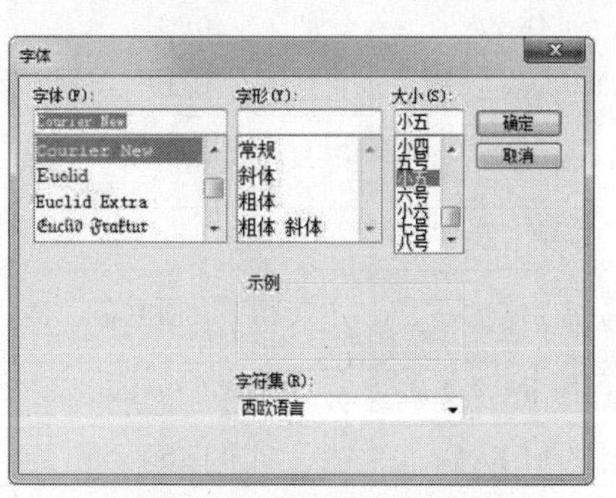

图 10-25 重新设置字体

10.4.3 生成 Gerber 文件

Gerber 文件是一种符合 EIA 标准，用于将 PCB 电路板图中的布线数据转换为胶片的光绘数据，可以被光绘图机处理的文件格式。PCB 生产厂商用这种文件来进行 PCB 制作。各种 PCB 设计软件都支持生成 Gerber 文件的功能，一般可以把 PCB 文件直接交给 PCB 生产厂商，厂商会将其转换成 Gerber 格式。而有经验的 PCB 设计者通常会将 PCB 文件按自己的要求生成 Gerber 文件，再交给 PCB 厂商制作，确保 PCB 制作出来的效果符合个人定制的设计需要。

在 PCB 编辑器中，选择菜单栏中的“文件”→“制造输出”→“Gerber Files”(Gerber 文件）命令，系统将弹出如图 10-26 所示的“Gerber 设置”对话框。

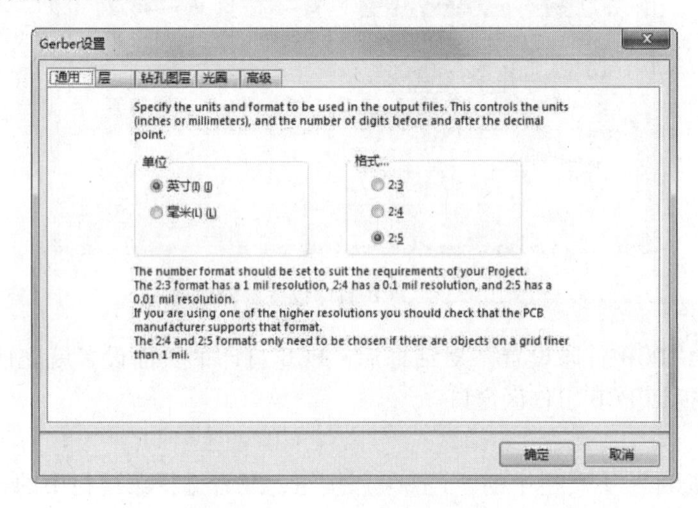

图 10-26 “Gerber 设置”对话框

该对话框中选项卡的设置将在后面的实例中展开讲述。

Altium Designer 17 系统针对不同 PCB 层生成的 Gerber 文件对应着不同的扩展名，见表 10-1。

表 10-1 Gerber 文件的扩展名

PCB 层面	Gerber 文件 扩展名	PCB 层面	Gerber 文件 扩展名
Top Overlay	. GTO	Top Paste Mask	. GTP
Bottom Overlay	. GBO	Bottom Paste Mask	. GBP
Top Layer	. GTL	Drill Drawing	. GDD
Bottom Layer	. GBL	Drill Drawing Top to Mid1、Mid2 to Mid3 etc	. GD1、. GD2 etc
Mid Layer1、2 etc	. G1、. G2 etc	Drill Guide	. GDG
PowerPlane1、2 etc	. GP1、. GP2 etc	Drill Guide Top to Mid1、Mid2 to Mid3 etc	. GG1、. GG2 etc
Mechanical Layer1、2 etc	. GM1、. GM2 etc	Pad Master Top	. GPT
Top Solder Mask	. GTS	Pad Master Bottom	. GPB
Bottom Solder Mask	. GBS	Keep - out Layer	. GKO

10.5 操作实例

10.5.1 电路板信息及网络状态报表

利用图 10-27 所示的 PCB 图，完成电路板信息报表。电路板信息报表的作用在于给用户提供一个电路板的完整信息。通过电路板信息报表，可以了解电路板尺寸、电路板上的焊点、导孔的数量及电路板上的元器件标号，而通过网络状态报表可以了解电路板中每一条网络的长度。

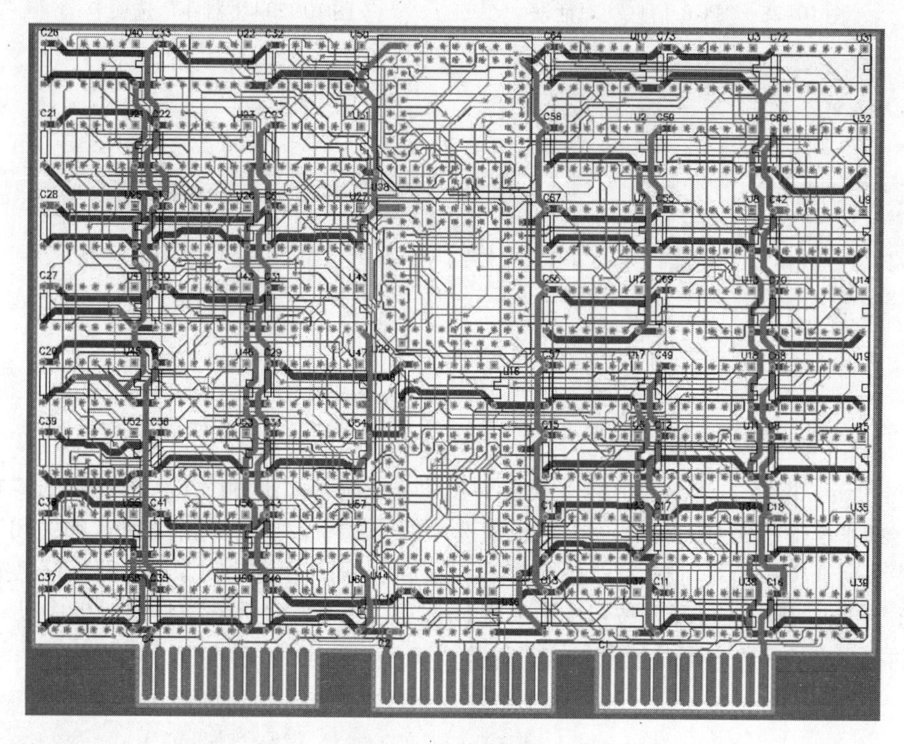

图 10-27 PCB 图

具体操作步骤如下：

（1）选择菜单栏中的“报告”→“板子信息”命令，系统将弹出如图 10-28 所示的“PCB 信息”对话框。

（2）单击“PCB 信息”对话框中的“通用”选项卡，显示电路板的尺寸、各种组件的数量、导线数量、焊点数量、导孔数量和违例数量等。

（3）单击“PCB 信息”对话框中的“器件”选项卡，显示当前电路板上使用的元件序号及元件所在的板层等信息，如图 10-29 所示。

（4）单击“PCB 信息”对话框中的“网络”选项卡，显示当前电路板中的网络信息，如图 10-30 所示。

（5）单击“网络”选项卡中的“Pwr/Gnd”（电源/接地）按钮，系统将弹出如图 10-31 所示的“内部平面信息”对话框。对于双面板，该信息框是空白的。

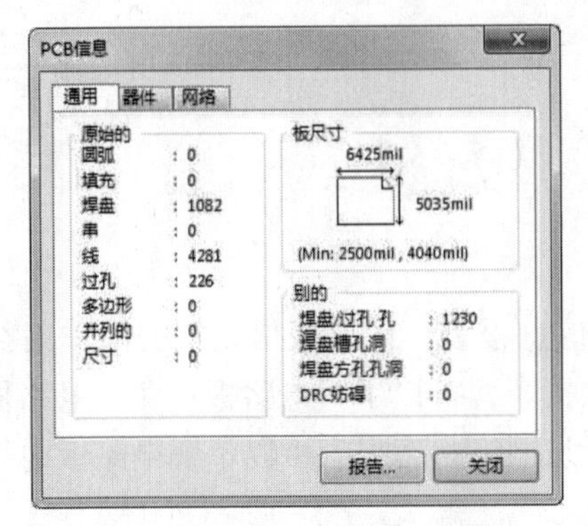

图 10-28 “PCB 信息”对话框

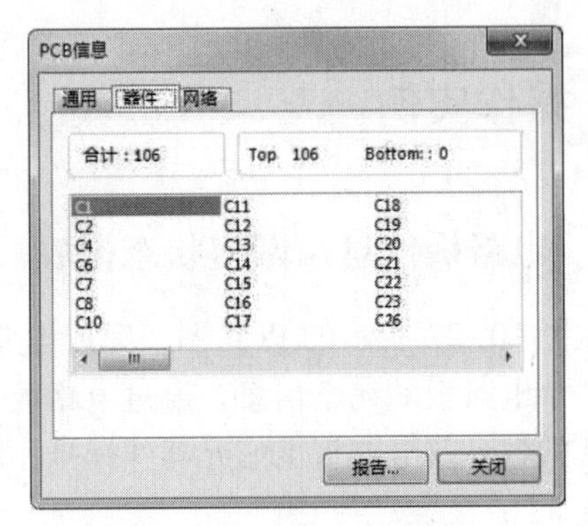

图 10-29 “器件”选项卡

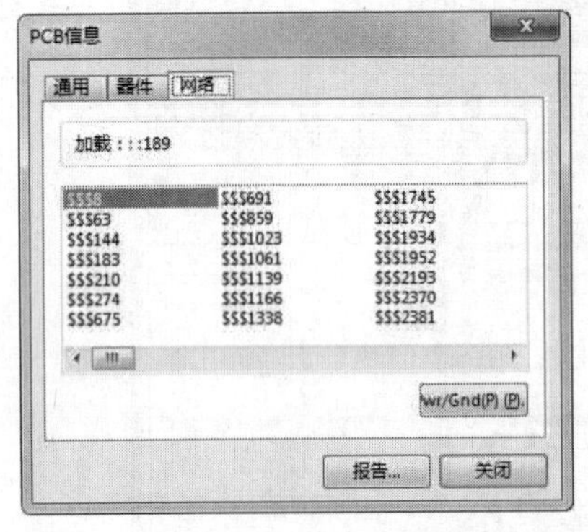

图 10-30 “网络”选项卡

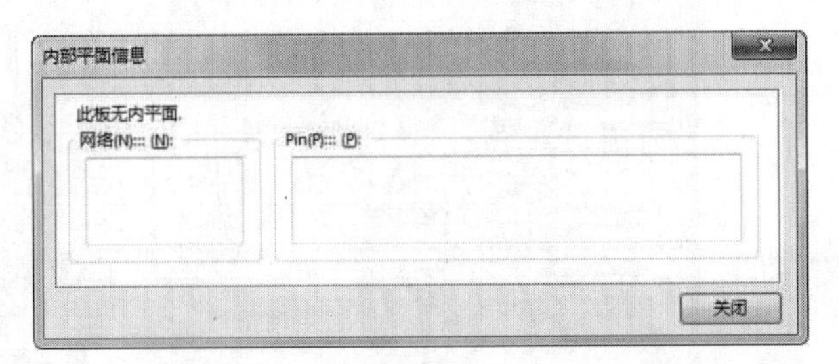

图 10-31 “内部平面信息”对话框

（6）单击“网络”选项卡中的“报告”按钮，系统将弹出如图 10-32 所示的“板报告”对话框。如果单击“所有的打开”按钮，则选中所有选项；如果单击“所有的关闭”按钮，则不选中任何选项；如果勾选“仅选择对象”复选框，则产生选中对象的电路板信息报表。

（7）单击“所有的打开”按钮，选中所有选项。再单击“报告”按钮，生成以“. REP”为后缀的报表文件，内容形式如图 10-33 所示。

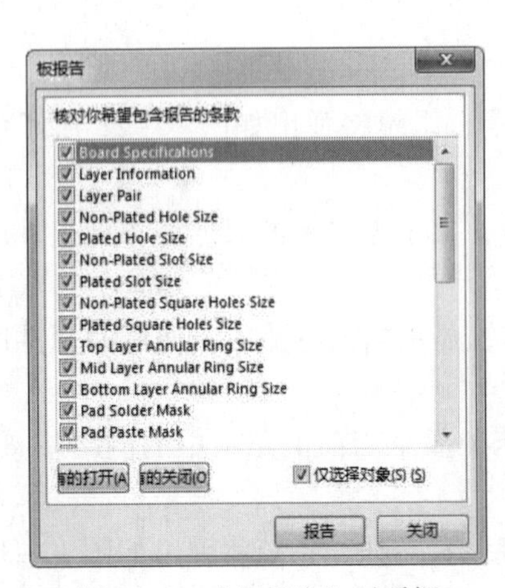

图 10-32 “板报告”对话框

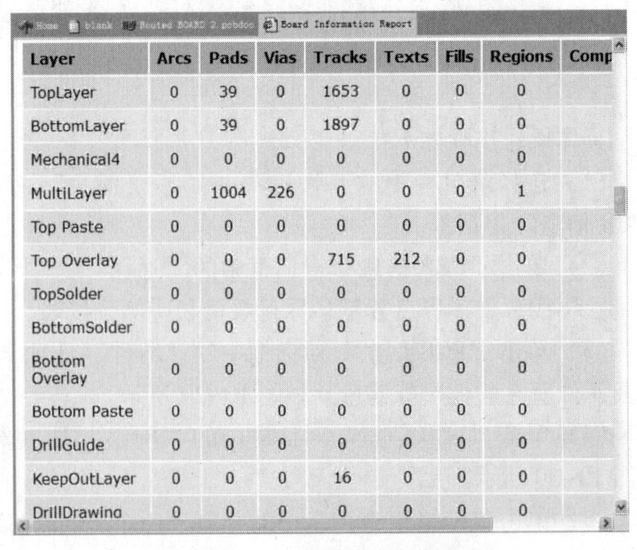

Layer	Arcs	Pads	Vias	Tracks	Texts	Fills	Regions	Comp
TopLayer	0	39	0	1653	0	0	0	
BottomLayer	0	39	0	1897	0	0	0	
Mechanical4	0	0	0	0	0	0	0	
MultiLayer	0	1004	226	0	0	0	1	
Top Paste	0	0	0	0	0	0	0	
Top Overlay	0	0	0	715	212	0	0	
TopSolder	0	0	0	0	0	0	0	
BottomSolder	0	0	0	0	0	0	0	
Bottom Overlay	0	0	0	0	0	0	0	
Bottom Paste	0	0	0	0	0	0	0	
DrillGuide	0	0	0	0	0	0	0	
KeepOutLayer	0	0	0	16	0	0	0	
DrillDrawing	0	0	0	0	0	0	0	

图 10-33 报表文件的内容形式

（8）选择菜单栏中的“报告”→“网络表状态”命令，生成以“.REP”为后缀的网络状态报表，如图10-34所示。

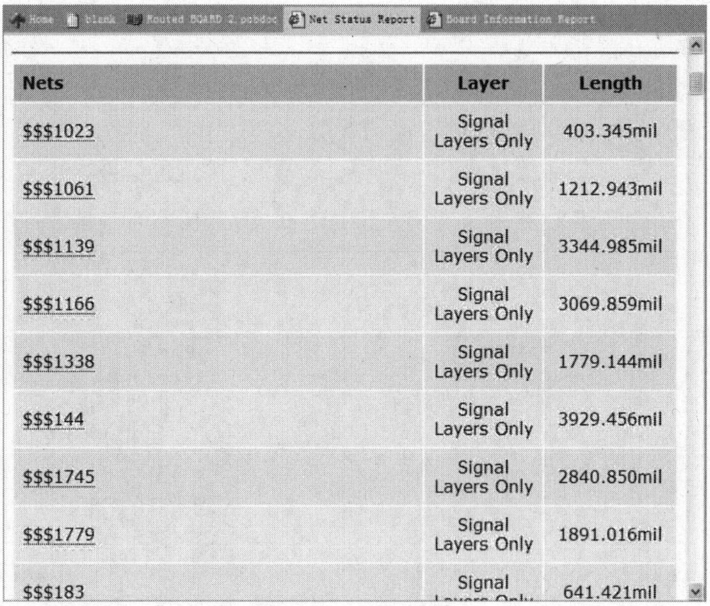

Home　blank　Routed BOARD 2.pcbdoc　Net Status Report　Board Information Report

Nets	Layer	Length
$$$1023	Signal Layers Only	403.345mil
$$$1061	Signal Layers Only	1212.943mil
$$$1139	Signal Layers Only	3344.985mil
$$$1166	Signal Layers Only	3069.859mil
$$$1338	Signal Layers Only	1779.144mil
$$$144	Signal Layers Only	3929.456mil
$$$1745	Signal Layers Only	2840.850mil
$$$1779	Signal Layers Only	1891.016mil
$$$183	Signal	641.421mil

图10-34　网络状态报表

10.5.2　电路板元件清单

利用如图10-27所示的PCB电路板图，生成电路板元件清单。元件清单是设计完成后首先要输出的一种报表，它将项目中使用的所有元件的有关信息进行统计输出，并且可以输出多种文件格式。通过对本例的学习，使读者掌握和熟悉根据所设计的PCB电路板图生成各种格式的元件清单报表方法。

具体操作步骤如下：

（1）打开PCB文件，选择菜单栏中的“报告”→“Bill of Materials”(元件清单）命令，弹出如图10-35所示“Bill of Materials for PCB Documents”(PCB原件清单）对话框。

（2）在“所有纵队”列表框中列出了系统提供的所有元件属性信息，如“Description”(元件描述信息)、“Component Kind”(元件类型）等。本例勾选“Description”(描述)、“Designator”(指示)、“Footprint”(引脚)、“LibRef”(库编号）和“Quantity”(数量）复选框。

（3）单击“菜单”按钮，在弹出的“菜单”菜单中选择“报告”命令，系统将弹出如图10-36所示的“报告预览”对话框。

（4）单击“输出”按钮，弹出如图10-37所示的“Export Report from Project”(从项目中输出报表）对话框，将报告导出为一个其他文件格式后保存。

（5）默认文件名，选择文件保存类型为“.xls”，单击“保存”按钮返回到“报告预览”对话框。

（6）单击“打开报告”按钮，打开报表文件，如图10-38所示。

（7）单击“打印”按钮，打印元件清单。

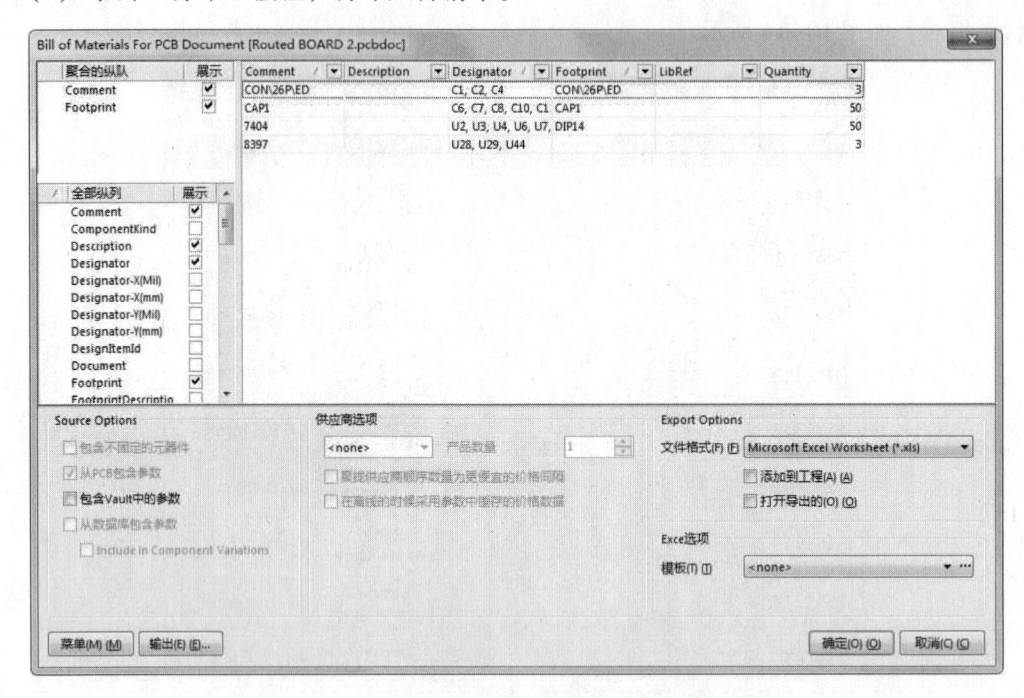

图 10-35 “Bill of Materials for PCB Document” 对话框

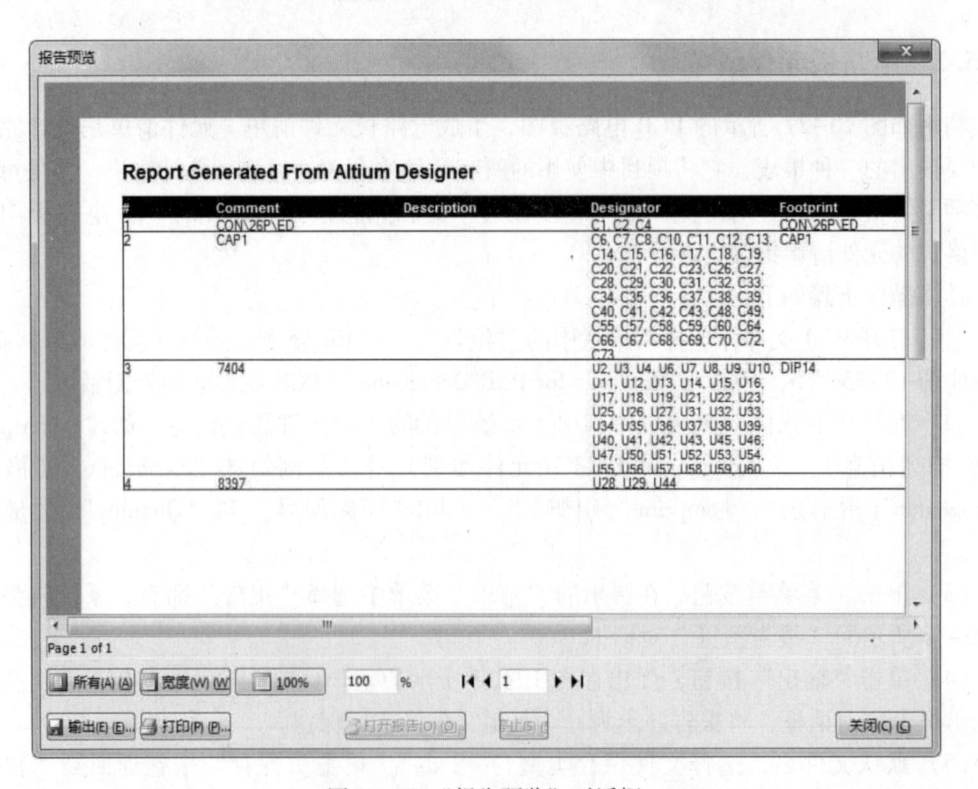

#	Comment	Description	Designator	Footprint
1	CON\26P\ED		C1, C2, C4	CON\26P\ED
2	CAP1		C6, C7, C8, C10, C11, C12, C13, C14, C15, C16, C17, C18, C19, C20, C21, C22, C23, C26, C27, C28, C29, C30, C31, C32, C33, C34, C35, C36, C37, C38, C39, C40, C41, C42, C43, C48, C49, C55, C57, C58, C59, C60, C64, C66, C67, C68, C69, C70, C72, C73	CAP1
3	7404		U2, U3, U4, U6, U7, U8, U9, U10, U11, U12, U13, U14, U15, U16, U17, U18, U19, U21, U22, U23, U25, U26, U27, U31, U32, U33, U34, U35, U36, U37, U38, U39, U40, U41, U42, U43, U45, U46, U47, U50, U51, U52, U53, U54, U55, U56, U57, U58, U59, U60	DIP14
4	8397		U28, U29, U44	

图 10-36 “报告预览”对话框

图 10-37 “Export Report From Project” 对话框

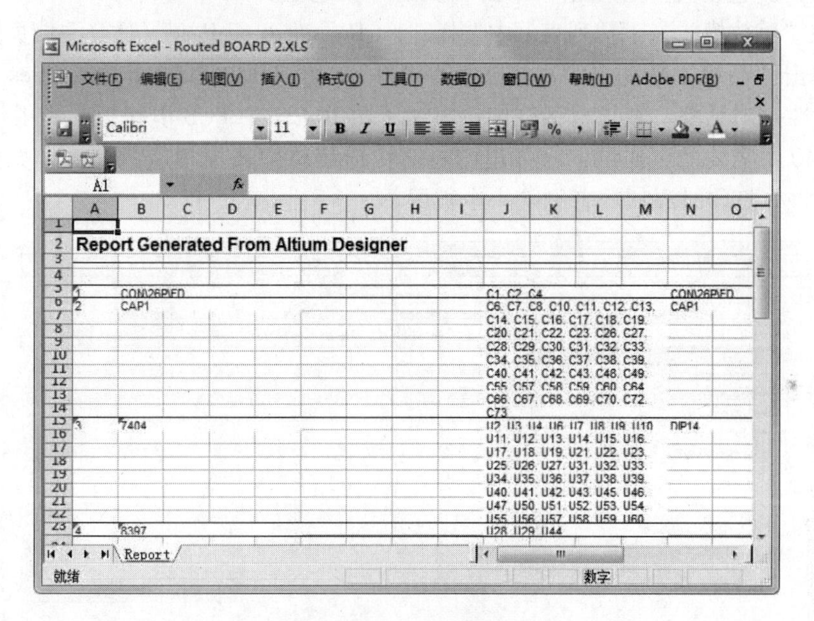

图 10-38 打开报表文件

10.5.3 PCB 图纸打印输出

利用如图 10-27 所示的 PCB 电路板图，完成图纸打印输出。通过对本例的学习，使读者掌握和熟悉 PCB 电路板图纸打印输出的方法和步骤。在进行打印机设置时，要完成打印机的类型设置、纸张大小的设置、电路图纸的设置。系统提供了分层打印和叠层打印两种打印模式，观察两种输出方式的不同之处。

具体操作步骤如下：

（1）打开 PCB 文件，选择菜单栏中的“文件”→“页面设置”命令，弹出如图 10-39 所示的“Composite Properties”(复合页面属性设置）对话框。

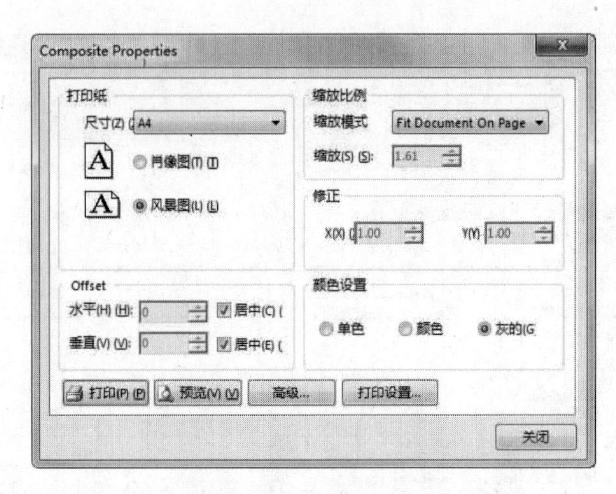

图 10-39 “Composite Properties” 对话框

（2）在“打印纸”选项组中纸张大小设置为 A4，打印方式设置为“风景图”。

（3）在“颜色设置”选项组中单击“灰的”单选钮。

（4）在“缩放模式”下拉列表框中选择“Fit Document on Page”(适合文档页面) 选项。

（5）单击“高级”按钮，弹出如图 10-40 所示的“PCB Printout Properties”(PCB 图层打印输出属性) 对话框。在该对话框中，显示了图 10-27 中 PCB 电路板图所用到的工作层。右击图 10-40 中需要的工作层，在弹出的右键快捷菜单中选择相应的命令，如图 10-41 所示，即可在进行打印时添加或者删除一个板层。

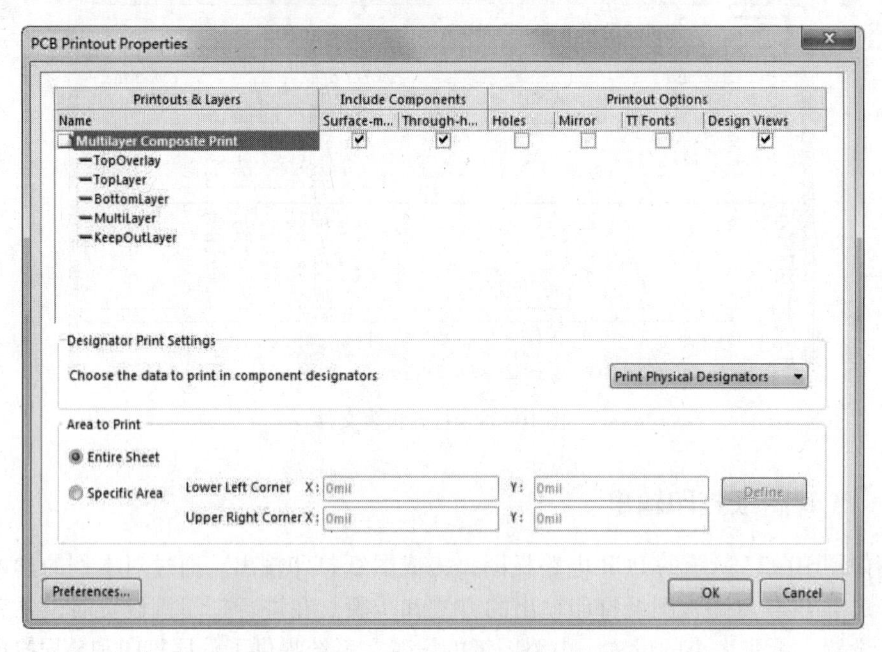

图 10-40 “PCB Printout Properties” 对话框

（6）在如图 10-40 所示的“PCB Printout Properties”(PCB 图层打印输出属性) 对话框中，单击“Preferences”(参数) 按钮，系统将弹出如图 10-42 所示的“PCB 打印设置”对话框，在该对话框中设置可以打印颜色、字体，设置完毕单击“OK”按钮，关闭对话框。

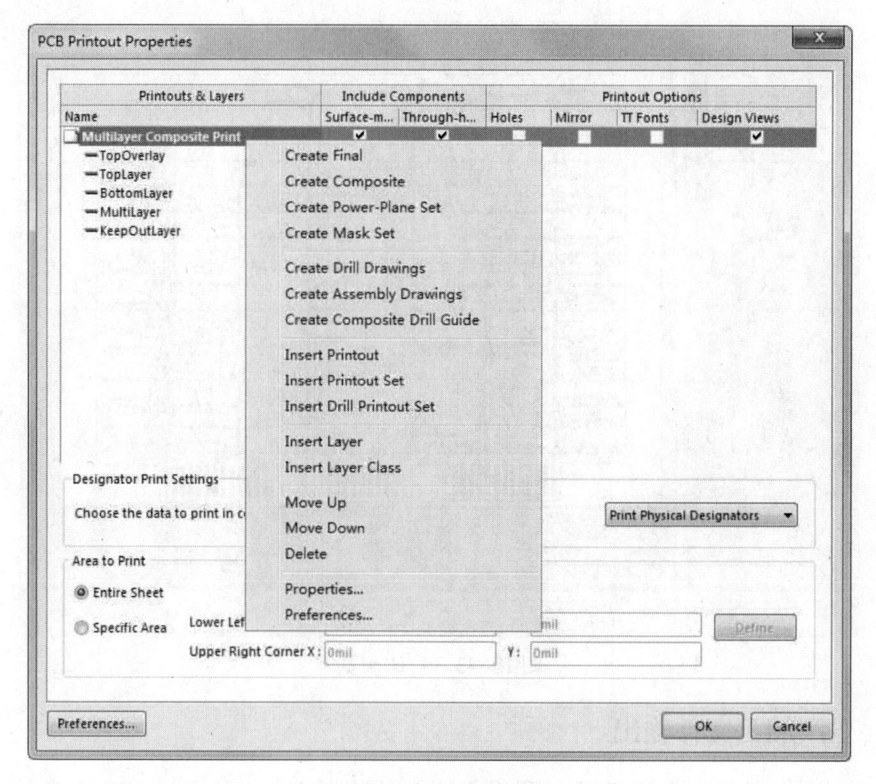

图 10-41　右键快捷菜单

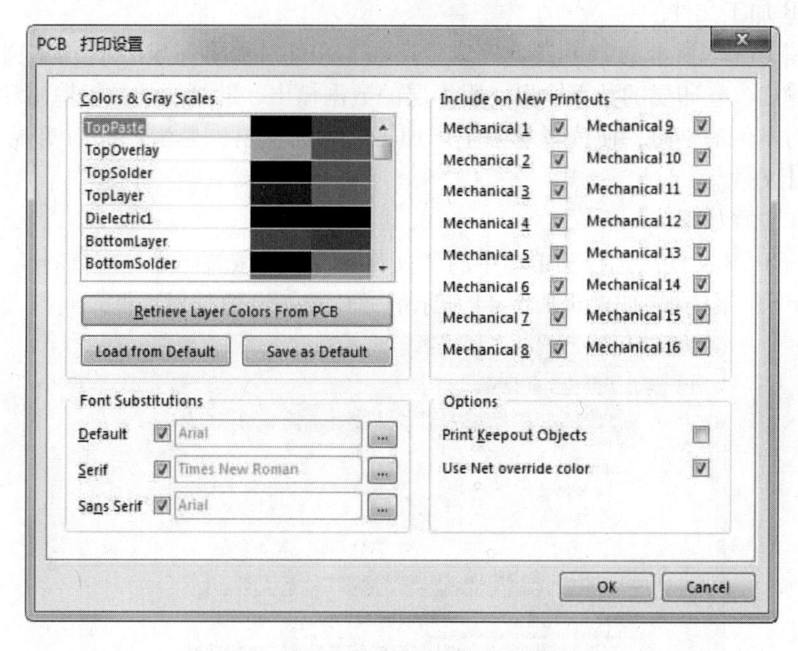

图 10-42　“PCB 打印设置”对话框

（7）在如图 10-39 所示的“Composite Properties”(复合页面属性设置）对话框中，单击“预览”按钮，可以预览打印效果，如图 10-43 所示。

（8）设置完毕后，单击“打印”按钮，开始打印。

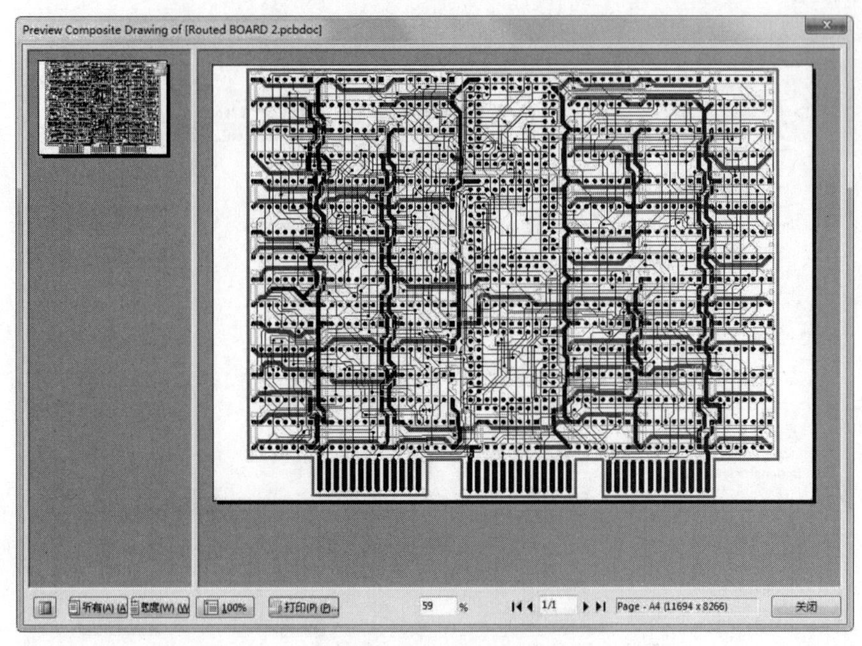

图 10-43　打印预览

10.5.4　生产加工文件输出

PCB 设计的目的是向 PCB 生产过程提供相关的数据文件，因此，PCB 设计的最后一步就是产生 PCB 加工文件。

利用如图 10-27 所示的 PCB 图，完成生产加工文件。需要完成 PCB 加工文件、信号布线层的数据输出、丝印层的数据输出、阻焊层的数据输出、助焊层的数据输出和钻孔数据的输出。通过对本例的学习，使读者掌握生产加工文件的输出，为生产部门实现 PCB 的生产加工提供设计文件。

具体操作步骤如下：

（1）打开 PCB 文件。选择菜单栏中的“文件”→“制造输出”→“Gerber Files”(Gerber 文件）命令，系统将弹出如图 10-44 所示的“Gerber 设置”对话框。

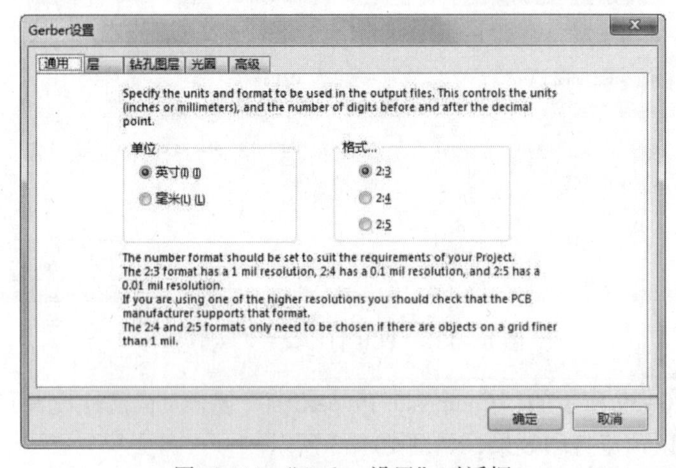

图 10-44　“Gerber 设置”对话框

（2）在“通用”选项卡的“单位”选项组中单击“英寸”单选钮，在“格式”选项组中单击“2:3”单选钮，如图 10-44 所示。

（3）单击“层”选项卡，如图 10-45 所示，在该选项卡中选择输出的层，一次选中需要输出的所有层。

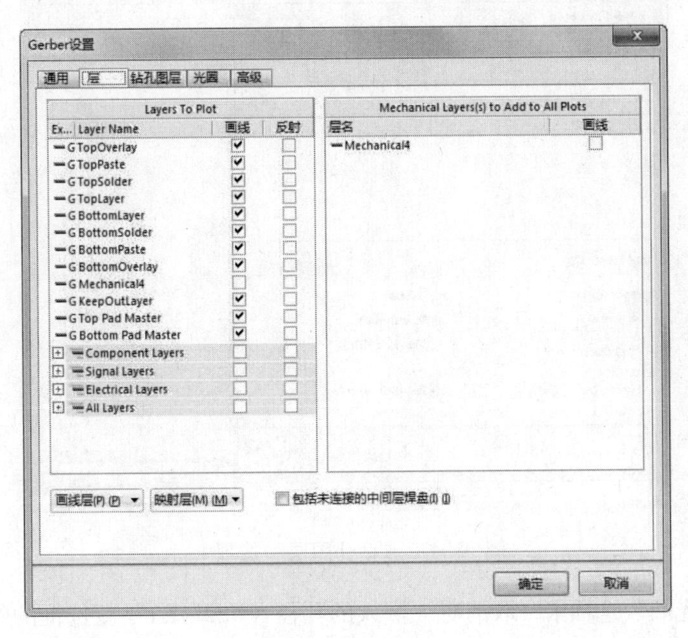

图 10-45 “层”选项卡

（4）在“层”选项卡中，单击“画线层”按钮，选择“所有使用的”选项，如图 10-46 所示，选择输出顶层布线层。

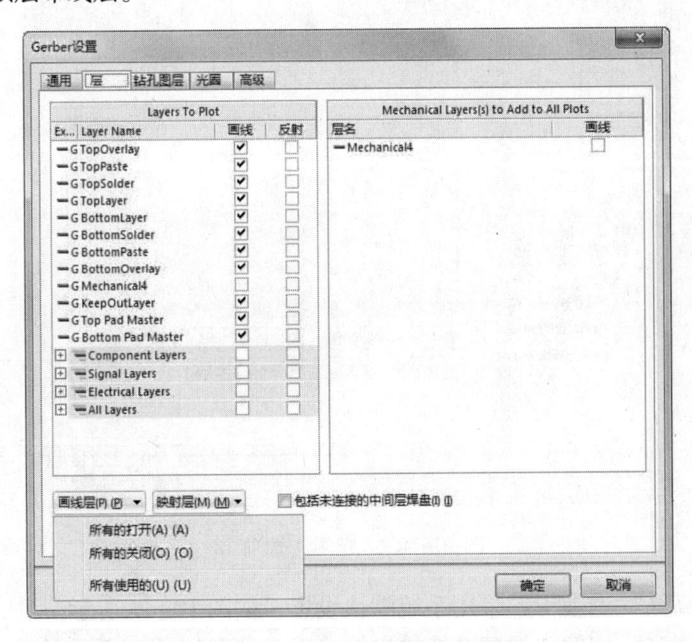

图 10-46 选择输出顶层布线层

（5）单击“钻孔图层”选项卡，如图10-47所示。单击 Configure Drill Symbols... 按钮，弹出“Drill Symbols”（钻孔符号）对话框，在该对话框中设置“Symbol Size”（符号大小）设置为50 mil。

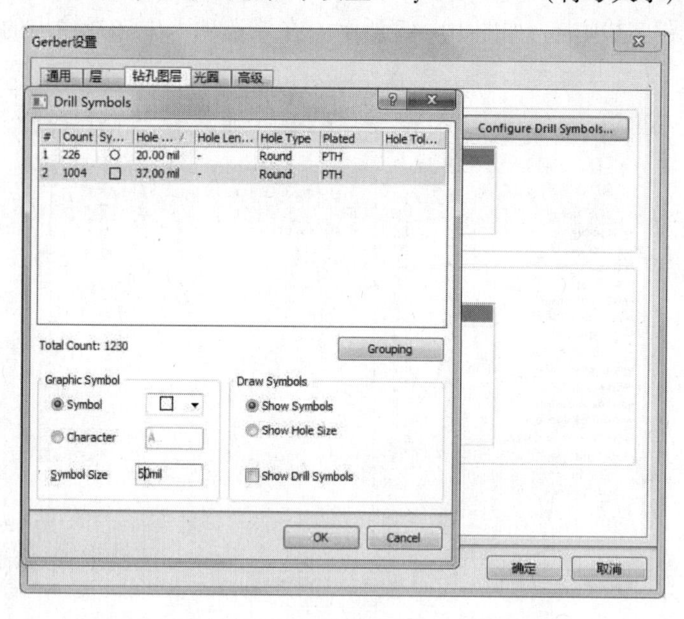

图10-47 “钻孔图层”选项卡

（6）单击“光圈”选项卡，取消对“嵌入的孔径（RS274X）”复选框的勾选，如图10-48所示。此时系统将在输出加工数据时，自动产生D码文件。

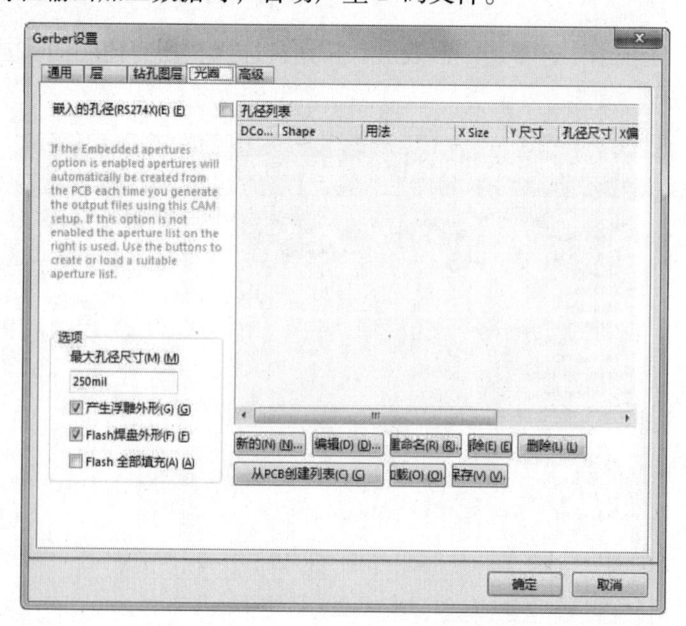

图10-48 “光圈”选项卡

（7）单击“高级”选项卡，采用系统默认设置，如图10-49所示。

（8）单击“确定”按钮，得到系统输出的Gerber文件。同时系统输出各层的Gerber和钻孔文件，共12个，如图10-50所示。

图 10-49 “高级”选项卡

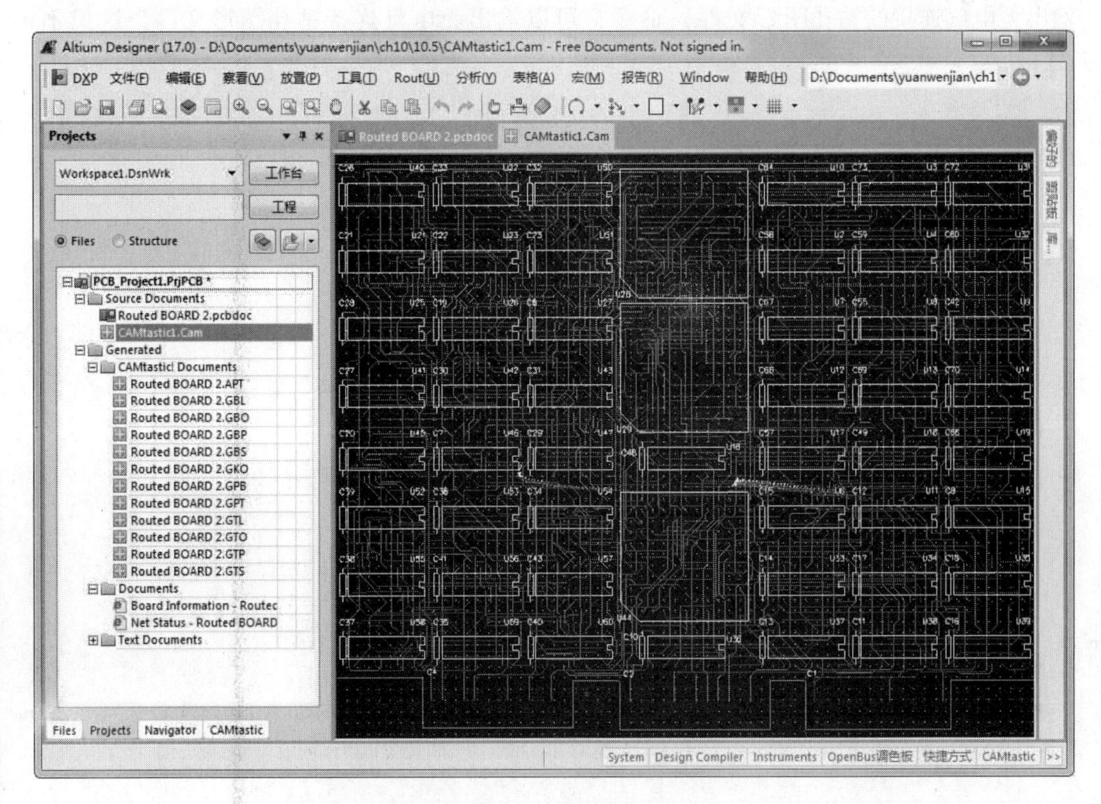

图 10-50 生成钻孔文件

（9）打开钻孔文件，选择菜单栏中的“文件”→“导出”→“Gerber”(Gerber 文件）命令，系统将弹出如图 10-51 所示的“输出 Gerber”对话框。

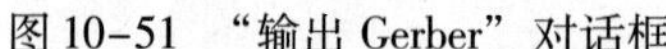
图 10-51 “输出 Gerber”对话框

图 10-52 “Gerber Export Settings”对话框

（10）单击“RS - 274 - X”按钮，再单击“设置”按钮，系统将弹出如图 10-52 所示的“Gerber Export Settings”(Gerber 文件输出设置）对话框。

（11）在“Gerber Export Settings”(Gerber 文件输出设置）对话框中，采用系统的默认设置，单击“确定”按钮。在“输出 Gerber”对话框中，还可以对需要输出的 Gerber 文件进行选择，单击“确定”按钮，系统将输出所有选中的 Gerber 文件。

（12）在 PCB 编辑器中，选择菜单栏中的“文件”→“制造输出”→“NC Drill Files”(输出无电气连接的钻孔图形文件）命令，可以输出无电气连接钻孔图形文件，这里不再赘述。

第 11 章　创建元件库及元件封装

虽然 Altium 为我们提供了丰富的元件库资源，但是在实际的电路设计中，由于电子元件制造技术的不断更新，有些特定的元件封装仍需我们自行制作。另外，根据工程项目的需要，建立基于该项目的元件封装库，有利于我们在以后的设计中更加方便快速地调入元件封装及管理工程文件。

本章将对元件库的创建及元件封装进行详细介绍，使读者学习如何管理自己的元件封装库，从而更好地为设计服务。

知识点

- 创建原理图元件库
- 创建 PCB 元件库
- 元件封装

11.1　创建原理图元件库

首先介绍制作原理图元件库的方法。打开或新建一个原理图元件库文件，即可进入原理图元件库文件编辑器。例如，打开系统自带的“4 Port Serial Interface”工程中的项目元件库“4 Port Serial Interface. SchLib”，原理图元件库文件编辑器如图 11-1 所示。

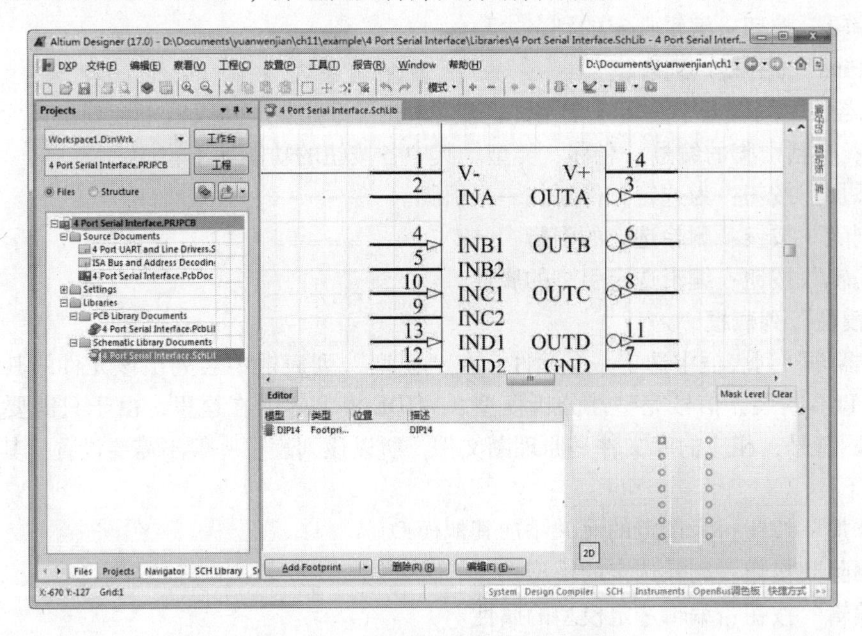

图 11-1　原理图元件库文件编辑器

11.1.1 元件库面板

在原理图元件库文件编辑器中，单击工作面板中的“SCH Library”（SCH 元件库）标签页，即可显示“SCH Library”（SCH 元件库）面板。该面板是原理图元件库文件编辑环境中的主面板，几乎包含了用户创建的库文件的所有信息，用于对库文件进行编辑管理，如图 11-2 所示。

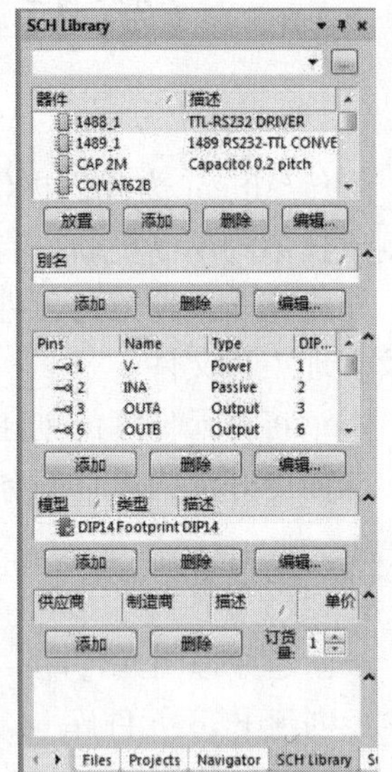

图 11-2 “SCH Library”面板

1. “器件”列表框

在“器件”元件列表框中列出了当前所打开的原理图元件库文件中的所有库元件，包括原理图符号名称及相应的描述等。其中各按钮的功能如下：

- “放置”按钮：将选定的元件放置到当前原理图中。
- “添加”按钮：在该库文件中添加一个元件。
- “删除”按钮：删除选定的元件。
- “编辑”按钮：编辑选定元件的属性。

2. “别名”列表框

在“别名”列表框中可以为同一个库元件的原理图符号设置别名。例如，有些库元件的功能、封装和引脚形式完全相同，但由于产自不同的厂家，其元件型号并不完全一致。对于这样的库元件，没有必要再单独创建一个原理图符号，只需要为已经创建的其中一个库元件的原理图符号添加一个或多个别名就可以了。其中各按钮的功能如下：

- “添加”按钮：为选定元件添加一个别名。
- “删除”按钮：删除选定的别名。
- “编辑”按钮：编辑选定的别名。

3. “Pins”（引脚）列表框

在“器件”列表框中选定一个元件，在“Pins”（引脚）列表框中会列出该元件的所有引脚信息，包括引脚的编号、名称、类型。其中各按钮的功能如下：

- “添加”按钮：为选定元件添加一个引脚。
- “删除”按钮：删除选定的引脚。
- “编辑”按钮：编辑选定引脚的属性。

4. “模型”列表框

在“器件”列表框中选定一个元件，在“模型”列表框中会列出该元件的其他模型信息，包括 PCB 封装、信号完整性分析模型、VHDL 模型等。在这里，由于只需要显示库元件的原理图符号，相应的库文件是原理图文件，所以该列表框一般不需要设置。其中各按钮的功能如下：

- “添加”按钮：为选定的元件添加其他模型。
- “删除”按钮：删除选定的模型。
- “编辑”按钮：编辑选定模型的属性。

11.1.2 工具栏

对于原理图元件库文件编辑环境中的菜单栏及工具栏，由于功能和使用方法与原理图编辑环境中基本一致，在此不再赘述。我们主要对“实用”工具栏中的原理图符号绘制工具、IEEE 符号工具及“模式”工具栏进行简要介绍，具体的操作将在后面的章节中进行介绍。

1. 原理图符号绘制工具

单击“实用”工具栏中的按钮，弹出相应的原理图符号绘制工具，如图 11-3 所示。其中各按钮的功能与“放置”菜单中的各命令具有对应关系。

其中各按钮的功能说明如下：

- ：用于绘制直线。
- ：用于绘制贝塞尔曲线。
- ：用于绘制椭圆弧线。
- ：用于绘制多边形。
- A：用于添加说明文字。
- ：用于放置超链接。
- ：用于放置文本框。
- ：用于在当前库文件中添加一个元件。
- ：用于在当前元件中添加一个元件子功能单元。
- ：用于绘制矩形。
- ：用于绘制圆角矩形。
- ：用于绘制椭圆。
- ：用于绘制扇形。
- ：用于插入图片。
- ：用于放置引脚。

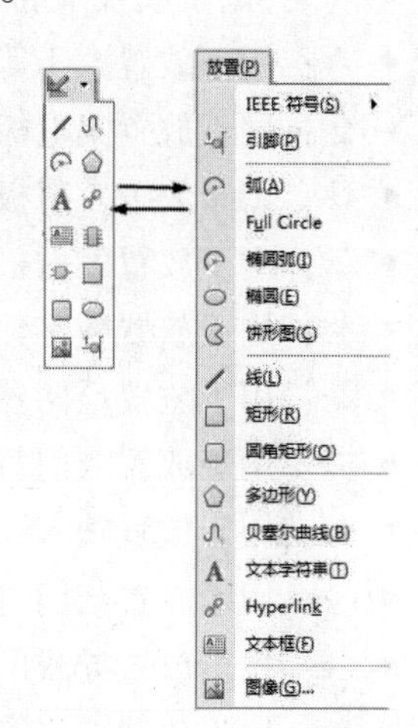

图 11-3 原理图符号绘制工具

这些按钮与原理图编辑器中的按钮十分相似，这里不再赘述。

2. IEEE 符号工具

单击“实用”工具栏中的按钮，弹出相应的 IEEE 符号工具，如图 11-4 所示，是符合 IEEE 标准的一些图形符号。其中各按钮的功能与“放置”菜单中“IEEE Symbols”(IEEE 符号）命令的子菜单中的各命令具有对应关系。

其中各按钮的功能说明如下：

- ○：用于放置点状符号。
- ：用于放置左向信号流符号。
- ：用于放置时钟符号。
- ：用于放置低电平输入有效符号。
- ：用于放置模拟信号输入符号。
- ：用于放置无逻辑连接符号。
- ¬：用于放置延迟输出符号。
- ：用于放置集电极开路符号。

- ▽：用于放置高阻符号。
- ▷：用于放置大电流输出符号。
- ⎍：用于放置脉冲符号。
- ⊢⊣：用于放置延迟符号。
-]：用于放置分组线符号。
- }：用于放置二进制分组线符号。
- ⊢：用于放置低电平有效输出符号。
- π]：用于放置 π 符号。
- ≥：用于放置大于等于符号。
- ≙：用于放置集电极开路正偏符号。
- ▽：用于放置发射极开路符号。
- ≙：用于放置发射极开路正偏符号。
- #：用于放置数字信号输入符号。
- ▷：用于放置反向器符号。
- ⊃：用于放置或门符号。
- ◁▷：用于放置输入、输出符号。
- D：用于放置与门符号。
- ⊃：用于放置异或门符号。
- ←：用于放置左移符号。
- ≤：用于放置小于等于符号。
- Σ：用于放置求和符号。
- ⊓：用于放置施密特触发输入特性符号。
- →：用于放置右移符号。
- ◇：用于放置开路输出符号。
- ▷：用于放置右向信号传输符号。
- ◁▷：用于放置双向信号传输符号。

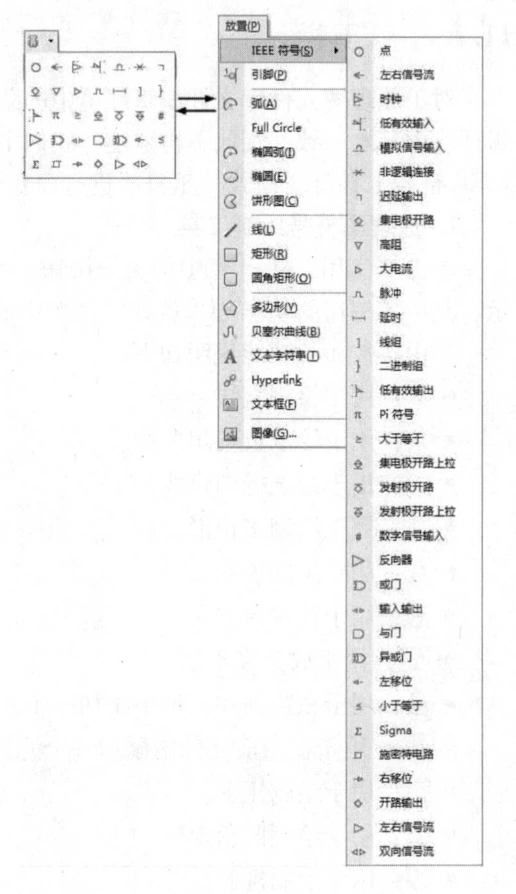

图 11-4　IEEE 符号工具

3. “模式”工具栏

- “模式”工具栏用于控制当前元件的显示模式，如图 11-5 所示。
- “模式”按钮：单击该按钮，可以为当前元件选择一种显示模式，系统默认为“Normal”（正常）。
- ＋：单击该按钮，可以为当前元件添加一种显示模式。
- －：单击该按钮，可以删除元件的当前显示模式。
- ←：单击该按钮，可以切换到前一种显示模式。
- →：单击该按钮，可以切换到后一种显示模式。

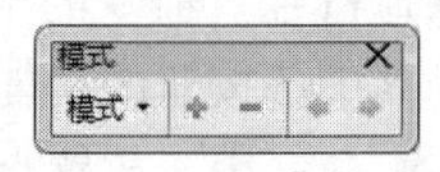

图 11-5　“模式”工具栏

11.1.3　设置元件库编辑器工作区参数

在原理图元件库文件的编辑环境中，选择菜单栏中的“工具”→“文档选项”命令，系统将弹出如图 11-6 所示的“Schematic Library Options”（库编辑器工作台）对话框，在该对话框中可以根据需要设置相应的参数。

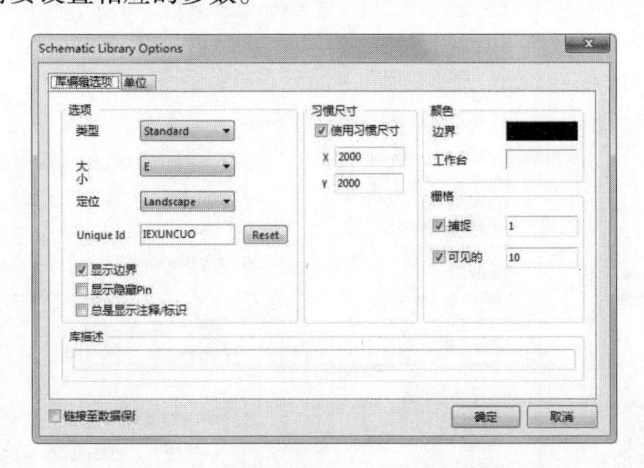

图 11-6 “Schematic Library Options”（库编辑器工作台）对话框

该对话框与原理图编辑环境中的“文档选项”对话框内容相似，所以这里只介绍其中个别选项的含义，对于其他选项，用户可以参考前面章节介绍的关于原理图编辑环境的“文档选项”对话框的设置方法。

- “显示隐藏 Pin”（显示隐藏引脚）复选框：用于设置是否显示库元件的隐藏引脚。若勾选该复选框，则元件的隐藏引脚将被显示出来。隐藏引脚被显示出来，并没有改变引脚的隐藏属性。要改变其隐藏属性，只能通过引脚属性对话框来完成。
- “习惯尺寸”选项组：用于用户自定义图纸的大小。勾选其中的复选框后，可以在下面的 X、Y 文本框中分别输入自定义图纸的高度和宽度。
- “库描述”文本框：用于输入原理图元件库文件的说明。用户应该根据自己创建的库文件，在该文本框中输入必要的说明，可以为系统进行元件库查找提供相应的帮助。

另外，选择菜单栏中的“工具”→“设置原理图参数”命令，系统将弹出如图 11-7 所示的“参数选择”对话框，在该对话框中可以对其他的一些有关选项进行设置，设置方法与原理图编辑环境中完全相同，这里不再赘述。

11.1.4 绘制库元件

下面以绘制美国 Cygnal 公司的一款 USB 微控制器芯片 C8051F320 为例，详细介绍原理图符号的绘制过程。

1. 绘制库元件的原理图符号

（1）选择菜单栏中的“文件”→“新建”→“库”→“原理图库”命令，打开原理图元件库文件编辑器，创建一个新的原理图元件库文件，命名为“NewLib. SchLib”，如图 11-8 所示。

（2）选择菜单栏中的“工具”→“文档选项”命令，在弹出的库编辑器工作区对话框中进行工作区参数的设置。

（3）为新建的库文件原理图符号命名。在创建了一个新的原理图元件库文件的同时，系统已自动为该库添加了一个默认原理图符号名为“Component - 1”的库元件，在“SCH Library”（SCH 元件库）面板中可以看到。通过以下两种方法，可以添加新的库元件。

图 11-7 “参数选择”对话框

图 11-8 创建原理图元件库文件

单击原理图符号绘制工具中的（产生器件）按钮，系统将弹出原理图符号名称对话框，在该对话框中输入自己要绘制的库元件名称。

在“SCH Library”（SCH 元件库）面板中，直接单击原理图符号名称栏下面的“添加”按钮，也会弹出原理图符号名称对话框。

（4）选择菜单栏中的“工具”→“重新命名器件”命令，在弹出的重命名对话框中输入要修改的库元件名称。如输入“C8051F320”，单击“确定”按钮，关闭该对话框，则默认原理图符号名为“Component - 1”的库元件变成“C8051F320”。

（5）单击原理图符号绘制工具中的（放置矩形）按钮，光标变成十字形状，并附有一个矩形符号。双击鼠标，在编辑窗口的第四象限内绘制一个矩形。

矩形用来作为库元件的原理图符号外形，其大小应根据要绘制的库元件引脚数的多少来决定。由于使用的 C8051F320 采用 32 引脚 LQFP 封装形式，所以应画成正方形，并画得大一些，以便于引脚的放置。引脚放置完毕后，可以再调整成合适的尺寸。

2. 放置引脚

（1）单击原理图符号绘制工具中的（放置引脚）按钮，光标变成十字形状，并附有一个引脚符号。

（2）移动该引脚到矩形边框处，单击完成放置，如图 11-9 所示。在放置引脚时，一定要保证具有电气连接特性的一端，即带有“×”号的一端朝外，这可以通过在放置引脚时按〈Space〉键旋转来实现。

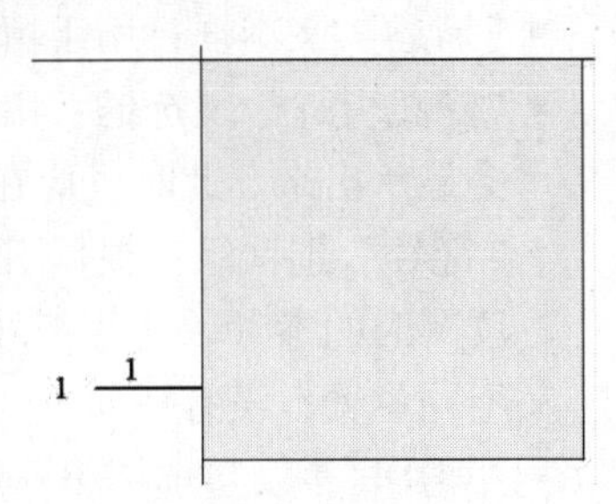

图 11-9　放置元件引脚

（3）在放置引脚时按〈Tab〉键，或者双击已放置的引脚，系统将弹出如图 11-10 所示的“管脚属性”对话框，在该对话框中可以对引脚的各项属性进行设置。

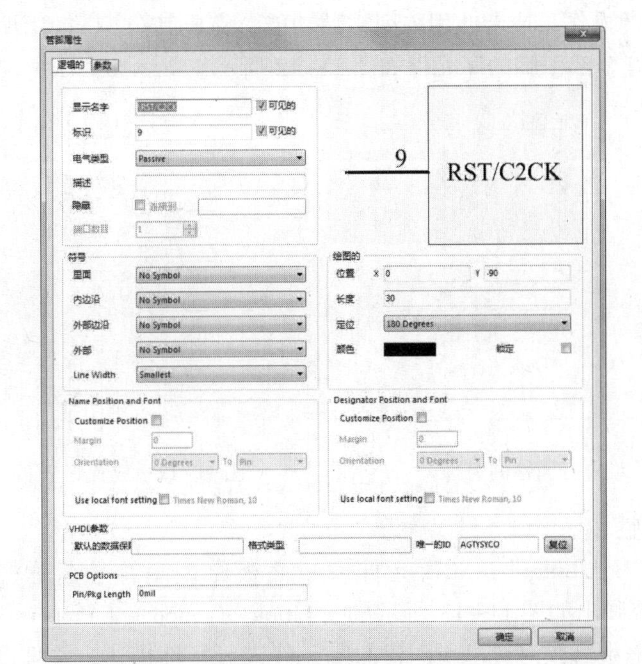

图 11-10　“管脚属性”对话框

“管脚属性”对话框中各项属性含义如下。

- “显示名称”文本框：用于设置库元件引脚的名称。例如，把该引脚设定为第9引脚。由于C8051F320的第9引脚是元件的复位引脚，低电平有效，同时也是C2调试接口的时钟信号输入引脚。另外，在原理图优先设定“逻辑的”标签页中，已经勾选了“Single‘\’Negation”（简单\否定）复选框，因此在这里输入名称为“\R\S\T\/\C\2\C\K”，并勾选右侧的“可见的”复选框。
- “标识”文本框：用于设置库元件引脚的编号，应该与实际的引脚编号相对应，这里输入9。
- “电气类型”下拉列表框：用于设置库元件引脚的电气特性。有“Input”（输入）、“IO”（输入输出）、“Output”（输出）、“OpenCollector”（打开集流器）、“Passive”（中性的）、“Hiz”（脚）、“Emitter”（发射器）和“Power”（激励）8个选项。在这里，我们选择“Passive”（中性的）选项，表示不设置电气特性。
- “描述”文本框：用于填写库元件引脚的特性描述。
- “隐藏引脚”复选框：用于设置引脚是否为隐藏引脚。若勾选该复选框，则引脚将不会显示出来。此时，应在右侧的“连接到”文本框中输入与该引脚连接的网络名称。
- “符号”选项组：根据引脚的功能及电气特性为该引脚设置不同的IEEE符号，作为读图时的参考。这些符号可放置在原理图符号的内部、内部边沿、外部边沿或外部等不同位置，没有任何电气意义。
- “VHDL参数”选项组：用于设置库元件的VHDL参数。
- “绘图的”选项组：用于设置该引脚的位置、长度、定位、颜色等基本属性。

（4）设置完毕后，单击“确定”按钮，关闭该对话框，设置好属性的引脚如图11-11所示。

（5）按照同样的操作，或者使用阵列粘贴功能，完成其余31个引脚的放置，并设置好相应的属性。放置好全部引脚的库元件如图11-12所示。

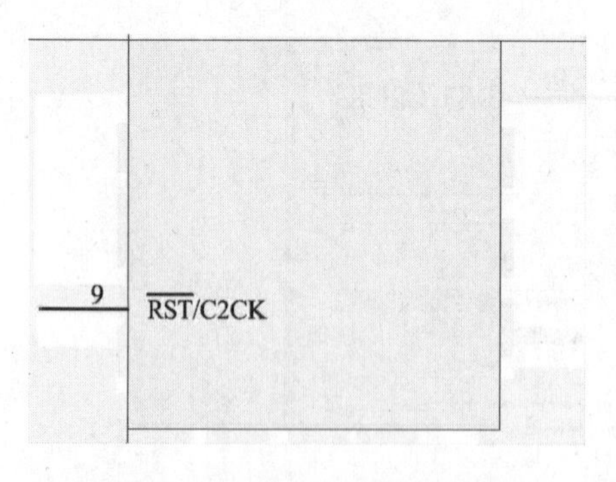

图11-11　设置好属性的引脚

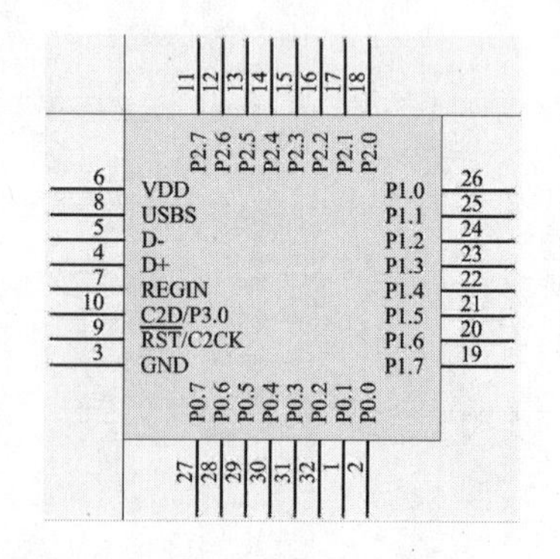

图11-12　放置好全部引脚的库元件

3. 编辑元件属性

（1）双击“SCH Library”（SCH元件库）面板原理图符号名称栏中的库元件名称“C8051F320”，系统弹出如图11-13所示的“Library Component Properties”（库元件属性）对话框。在该对话框中可以对自己所创建的库元件进行特性描述，并且设置其他属性参数。主要设置内容包括以下几项。

- “Default Designator”（默认符号）文本框：默认库元件标号，即把该元件放置到原理图文件中时，系统最初默认显示的元件标号。这里设置为“U?”，并勾选右侧的“Visible”（可用）复选框，则放置该元件时，序号“U?”会显示在原理图上。
- “Default Comment”（元件）下拉列表框：用于说明库元件型号。这里设置为“C8051F320”，并勾选右侧的“Visible”（可见）复选框，则放置该元件时，“C8051F320”会显示在原理图上。
- “Description”（描述）文本框：用于描述库元件功能。这里输入“USB MCU”。
- “Type”（类型）下拉列表框：库元件符号类型，可以选择设置。这里采用系统默认设置“Standard”（标准）。
- “Symbol Reference”（符号引用）文本框：库元件在系统中的标识符。这里输入“C8051F320”。
- “Show All Pins On Sheet（Even if Hidden）”（在原理图中显示全部引脚）复选框：勾选该复选框后，在原理图上会显示该元件的全部引脚。
- “Lock Pins”（锁定引脚）复选框：勾选该复选框后，所有的引脚将和库元件成为一个整体，不能在原理图上单独移动引脚。建议用户勾选该复选框，这样对电路原理图的绘制和编辑会有很多好处，以减少不必要的麻烦。

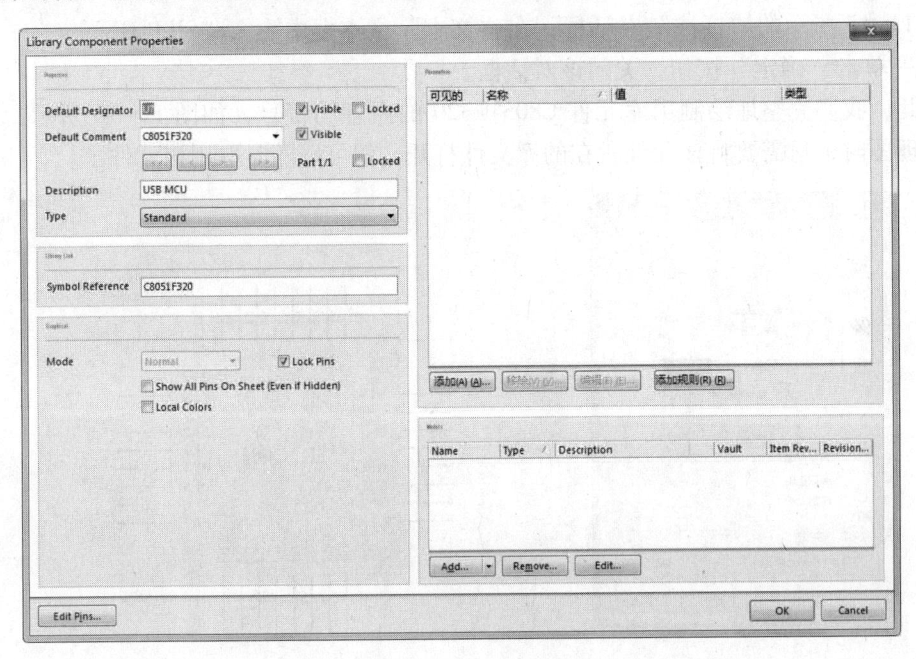

图 11-13 “Library Component Properties”对话框

在“Parameters”（参数）列表框中，单击“添加”按钮，可以为库元件添加其他的参数，如版本、作者等。

在“Models”（模式）列表框中，单击“Add”（添加）按钮，可以为该库元件添加其他的模型，如 PCB 封装模型、信号完整性模型、仿真模型、PCB 3D 模型等。

单击对话框左下角的“Edit Pins”（编辑引脚）按钮，系统将弹出如图 11-14 所示的“元件管脚编辑器”对话框，在该对话框中可以对该元件所有引脚进行一次性的编辑设置。

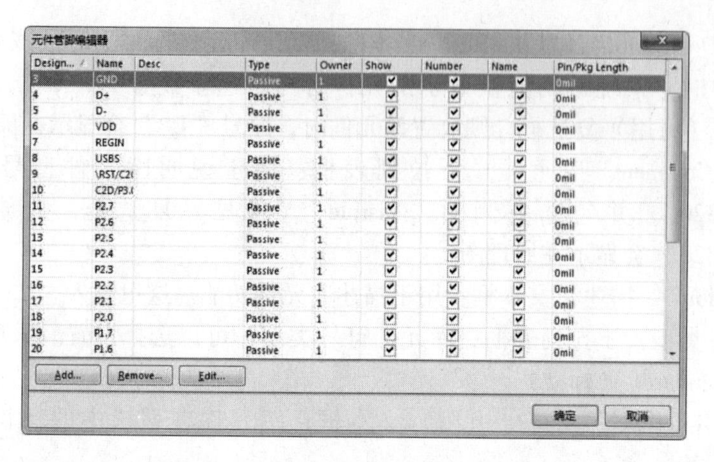

图 11-14 “元件管脚编辑器”对话框

（2）设置完毕后，单击“OK”（确定）按钮，关闭该对话框。

（3）选择菜单栏中的“放置”→“文本字符串”命令，或者单击原理图符号绘制工具中的**A**（放置文本字符串）按钮，光标将变成十字形状，并带有一个文本字符串。

（4）移动光标到原理图符号中心位置处，此时按 <Tab> 键或者双击字符串，系统会弹出如图 11-15 所示的“标注”对话框，在“文本”文本框中输入“SILICON”。

（5）单击“确定”按钮，关闭该对话框。

至此，我们完整地绘制了库元件 C8051F320 的原理图符号，如图 11-16 所示。在绘制电路原理图时，只需要将该元件所在的库文件打开，就可以随时取用该元件了。

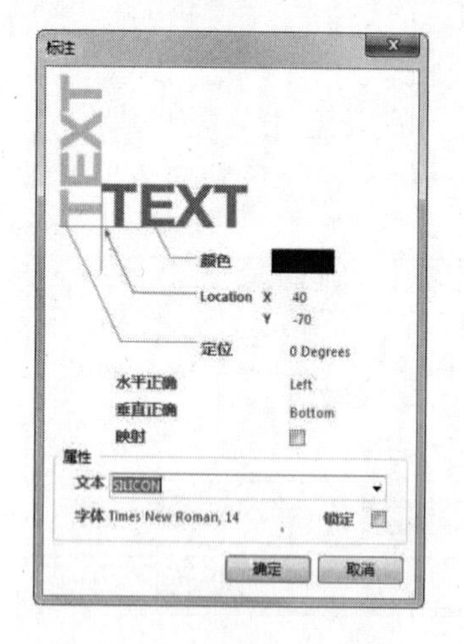

图 11-15 “标注”对话框

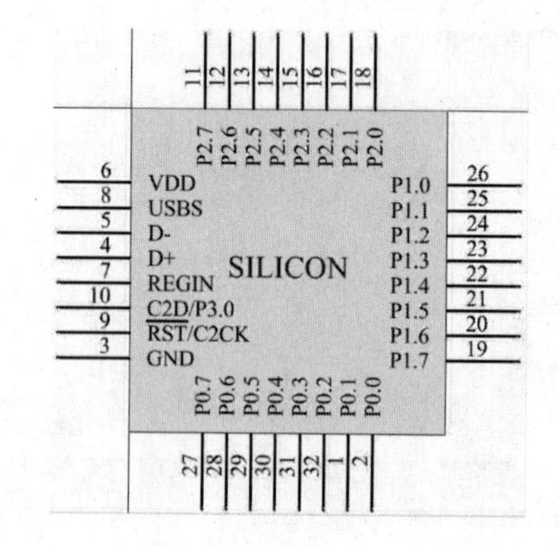

图 11-16 库元件 C8051F320 的原理图符号

11.1.5 绘制含有子部件的库元件

下面我们利用相应的库元件管理命令，绘制一个含有子部件的库元件 LF353。

LF353 是美国 TI 公司生产的双电源结型场效应晶体管输入的双运算放大器，在高速积分、采样保持等电路设计中经常用到，采用 8 引脚的 DIP 封装形式。

1. 绘制库元件的第一个子部件

（1）选择菜单栏中的“文件”→“新建”→“库”→“原理图元件库”命令，打开原理图元件库文件编辑器，创建一个新的原理图元件库文件，命名为“NewLib. SchLib”。

（2）选择菜单栏中的“工具”→“文档选项”命令，在弹出的库编辑器工作区对话框中进行工作区参数设置。

（3）为新建的库文件原理图符号命名。在创建了一个新的原理图元件库文件的同时，系统已自动为该库添加了一个默认原理图符号名为“Component－1”的库文件，在“SCH Library”（SCH 元件库）面板中可以看到。通过以下两种方法为该库文件重新命名。

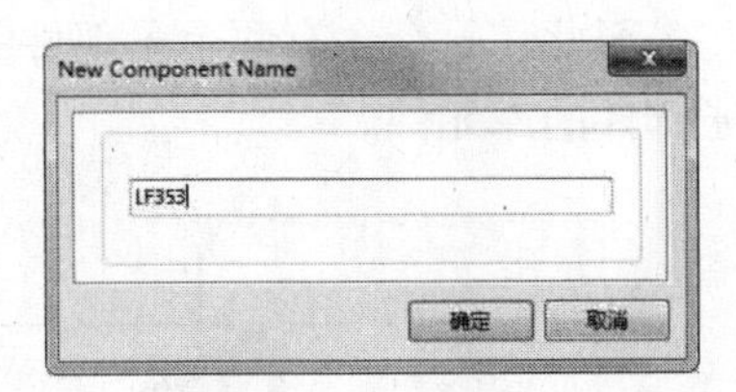

图 11－17 “New Component Name”对话框

单击原理图符号绘制工具中的（产生器件）按钮，系统将弹出如图 11－17 所示的“New Component Name”（新元件名称）对话框，在该对话框中输入自己要绘制的库文件名称。

在“SCH Library”（SCH 元件库）面板中，直接单击原理图符号名称栏下面的“添加”按钮，也会弹出“New Component Name”（新元件名称）对话框。

在这里，我们输入“LF353”，单击“确定”按钮，关闭该对话框。

（4）单击原理图符号绘制工具中的（放置多边形）按钮，光标变成十字形状，以编辑窗口的原点为基准，绘制一个三角形的运算放大器符号。

2. 放置引脚

（1）单击原理图符号绘制工具中的（放置引脚）按钮，光标变成十字形状，并附有一个引脚符号。

（2）移动该引脚到多边形边框处，单击完成放置。用同样的方法，放置引脚 1、2、3、4、8 在三角形符号上，并设置好每一个引脚的属性，如图 11－18 所示。这样就完成了一个运算放大器原理图符号的绘制。

其中，1 引脚为输出端“OUT1”，2、3 引脚为输入端“IN1（－）”、“IN1（＋）”，8、4 引脚为公共的电源引脚“VCC＋”、“VCC－”。对这两个电源引脚的属性可以设置为“隐藏”。选择菜单栏中的“察看”→“显示隐藏管脚”命令，可以切换进行显示查看或隐藏。

3. 创建库元件的第二个子部件

（1）选择菜单栏中的“编辑”→“选中”→“内部区域”命令，或者单击“原理图库标准”工具栏中的（选择区域内部的对象）按钮，将图 11－18 中的子部件原理图符号选中。

（2）单击“原理图库标准”工具栏中的（拷贝）按钮，复制选中的子部件原理图符号。

（3）选择菜单栏中的“工具”→“新建部件”命令，在“SCH Library”（SCH 元件库）面板上库元件“LF353”的名称前多了一个⊞符号，单击⊞符号，可以看到该元件中有两个子部件，刚才绘制的子部件原理图符号系统已经命名为“Part A”，另一个子部件“Part B”是新创建的。

（4）单击“原理图库标准”工具栏中的（粘贴）按钮，将复制的子部件原理图符号粘贴在“Part B”中，并改变引脚序号：7 引脚为输出端“OUT2”，6、5 引脚为输入端“IN2（-）”、“IN2（+）”，8、4 引脚仍为公共的电源引脚“VCC+”、“VCC-”，如图 11-19 所示。

至此，一个含有两个子部件的库元件就创建好了。使用同样的方法，可以创建含有多个子部件的库元件。

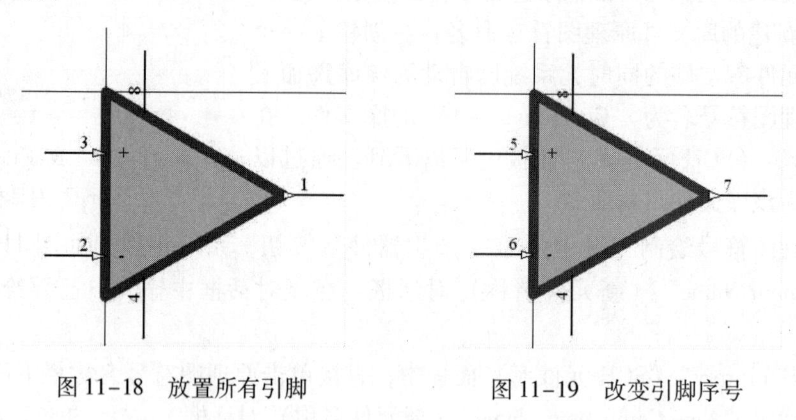

图 11-18　放置所有引脚　　　　图 11-19　改变引脚序号

11.2　创建 PCB 元件库及元件封装

11.2.1　封装概述

电子元件种类繁多，其封装形式也是多种多样。所谓封装是指将半导体集成电路芯片用外壳密封起来，它不仅起着安放、固定、密封、保护芯片和增强导热性能的作用，还是沟通芯片内部世界与外部电路的桥梁。

芯片的封装在 PCB 上通常表现为一组焊盘、丝印层上的边框及芯片的说明文字。焊盘是封装中最重要的组成部分，用于连接芯片的引脚，并通过印制板上的导线连接到印制板上的其他焊盘，进一步连接焊盘所对应的芯片引脚，实现电路功能。在封装中，每个焊盘都有唯一的标号，以区别封装中的其他焊盘。丝印层上的边框和说明文字主要起指示作用，指明焊盘组所对应的芯片，方便印制板的焊接。焊盘的形状和排列是封装的关键组成部分，确保焊盘的形状和排列正确才能正确地建立一个封装。对于安装有特殊要求的封装，边框也需要绝对正确。

Altium Designer 17 提供了强大的封装绘制功能，能够绘制各种各样的新型封装。考虑到芯片引脚的排列通常是有规则的，多种芯片可能有同一种封装形式，Altium Designer 17 提供了封装库管理功能，绘制好的封装可以方便地保存和引用。

11.2.2　常用元封装介绍

总体上讲，根据元件所采用安装技术的不同，可分为通孔安装技术（Through Hole Technology，THT）和表面安装技术（Surface Mounted Technology，SMT）。

使用通孔安装技术安装元件时，元件安置在电路板的一面，元件引脚穿过 PCB 焊接在另一面上。通孔安装元件需要占用较大的空间，并且要为所有引脚在电路板上钻孔，所以它们的引脚会占用两面的空间，而且焊点也比较大。但从另一方面来说，通孔安装元件与 PCB 连接较好，机械性能好。例如，排线的插座、接口板插槽等类似接口都需要一定的耐压能力，因此，通常采用通孔安装技术。

表面安装元件即引脚焊盘与元件在电路板的同一面。表面安装元件一般比通孔元件体积小，而且不必为焊盘钻孔，甚至还能在 PCB 的两面都焊上元件。因此，使用通孔安装元件的 PCB 比使用表面安装元件的 PCB 上元件布局要密集很多，体积也小很多。此外，应用表面安装技术的封装元件也比通孔安装元件要便宜一些，所以目前的 PCB 设计广泛采用了表面安装元件。

常用元件封装分类如下：

- BGA（Ball Grid Array）：球栅阵列封装。因其封装材料和尺寸的不同还细分成不同的 BGA 封装，如陶瓷球栅阵列封装 CBGA、小型球栅阵列封装 μBGA 等。
- PGA（Pin Grid Array）：插针栅格阵列封装。这种技术封装的芯片内外有多个方阵形的插针，每个方阵形插针沿芯片的四周间隔一定距离排列，根据引脚数目的多少，可以围成 2 ~ 5 圈。安装时，将芯片插入专门的 PGA 插座。该技术一般用于插拔操作比较频繁的场合，如计算机的 CPU。
- QFP（Quad Flat Package）：方形扁平封装，是当前芯片使用较多的一种封装形式。
- PLCC（Plastic Leaded Chip Carrier）：塑料引线芯片载体。
- DIP（Dual In – line Package）：双列直插封装。
- SIP（Single In – line Package）：单列直插封装。
- SOP（Small Out – line Package）：小外形封装。
- SOJ（Small Out – line J – Leaded Package）：J 形引脚小外形封装。
- CSP（Chip Scale Package）：芯片级封装，这是一种较新的封装形式，常用于内存条生产。在 CSP 方式中，芯片是通过一个个锡球焊接在 PCB 上，由于焊点和 PCB 的接触面积较大，所以内存芯片在运行中所产生的热量可以很容易地传导到 PCB 上并散发出去。另外，CSP 封装芯片采用中心引脚形式，有效地缩短了信号的传输距离，其衰减随之减少，芯片的抗干扰、抗噪性能也能得到大幅提升。
- Flip – Chip：倒装焊芯片，也称为覆晶式组装技术，是一种将 IC 与基板相互连接的先进封装技术。在封装过程中，IC 会被翻转过来，让 IC 上面的焊点与基板的接合点相互连接。由于成本与制造因素，使用 Flip – Chip 接合的产品通常根据 I/O 数多少分为两种形式，即低 I/O 数的 FCOB（Flip Chip on Board）封装和高 I/O 数的 FCIP（Flip Chip in Package）封装。Flip – Chip 技术应用的基板包括陶瓷、硅芯片、高分子基层板及玻璃等，其应用范围包括计算机、PCMCIA 卡、军事设备、个人通信产品、钟表及液晶显示器等。
- COB（Chip on Board）：板上芯片封装，即芯片被绑定在 PCB 上。这是一种现在比较流行的生产方式。COB 模块的生产成本比 SMT 低，还可以减小封装体积。

11.2.3 PCB 库编辑器

进入 PCB 库文件编辑环境的操作步骤如下：

（1）选择菜单栏中的“文件”→“新建”→“库”→“PCB 元件库”菜命令，如

图 11-20 所示，打开 PCB 库编辑环境，新建一个空白 PCB 库文件“PcbLib1. PcbLib”。

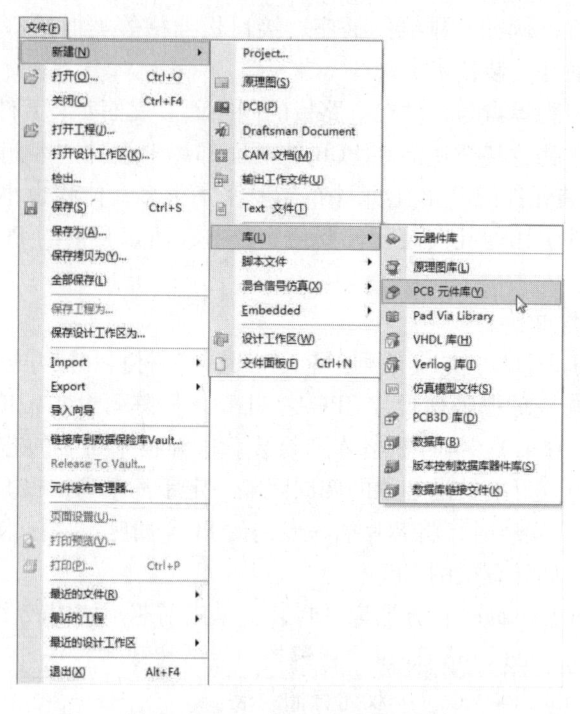

图 11-20　新建一个 PCB 库文件

（2）保存并更改该 PCB 库文件名称，这里改名为“NewPcbLib. PcbLib”。可以看到，在“Project”（工程）面板的 PCB 库文件管理夹中出现了所需要的 PCB 库文件，双击该文件即可进入 PCB 库编辑器，如图 11-21 所示。

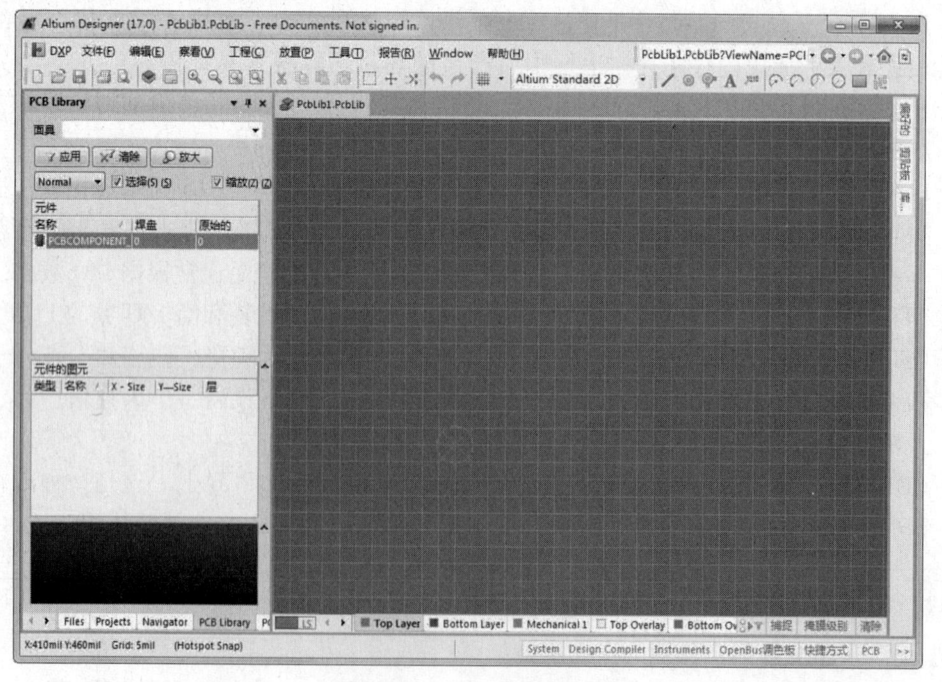

图 11-21　PCB 库编辑器

PCB 库编辑器的设置和 PCB 编辑器基本相同，只是菜单栏中少了“设计”和“自动布线”命令。工具栏中也少了相应的工具按钮。另外，在这两个编辑器中，可用的控制面板也有所不同。在 PCB 库编辑器中独有的“PCB Library”（PCB 元件库）面板，提供了对封装库内元件封装统一编辑、管理的窗口。

图 11-22 “PCB Library”面板

- “PCB Library”（PCB 元件库）面板如图 11-22 所示，分为“面具”、“元件、“元件的图元”和“缩略图显示框”4 个区域。
- “面具”对该库文件内的所有元件封装进行查询，并根据屏蔽框中的内容将符合条件的元件封装列出。
- “元件”列出该库文件中所有符合屏蔽栏设定条件的元件封装名称，并注明其焊盘数、图元数等基本属性。单击元件列表中的元件封装名，工作区将显示该封装，并弹出如图 11-23 所示的“PCB 库元件”对话框，在该对话框中可以修改元件封装的名称和高度。高度是供 PCB 3D 显示时使用的。

在元件列表中右键单击鼠标，弹出的右键快捷菜单如图 11-24 所示。通过该菜单可以进行元件库的各种编辑操作。

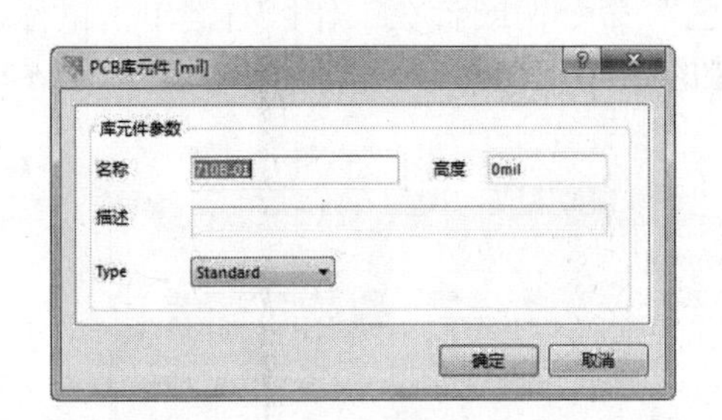

图 11-23 “PCB 库元件”对话框

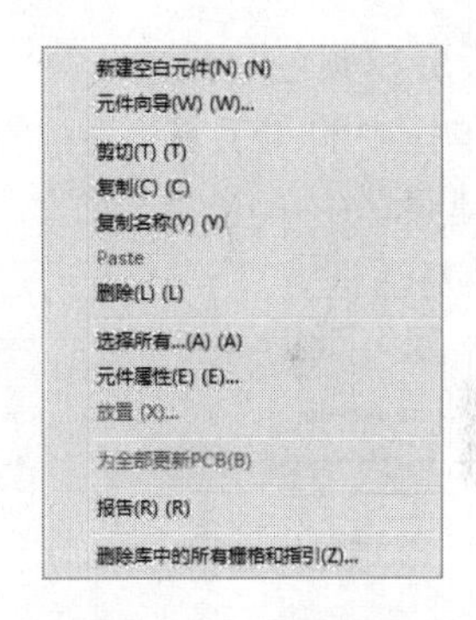

图 11-24 右键快捷菜单

11.2.4 PCB 库编辑器环境设置

进入 PCB 库编辑器后，需要根据要绘制的元件封装类型对编辑器环境进行相应的设置。PCB 库编辑环境设置包括“器件库选项”、“板层和颜色”、“层叠管理”和“优先选项”。

（1）“器件库选项”设置

选择菜单栏中的“工具”→“器件库选项”命令，或者在工作区右键单击鼠标，在弹出的快捷菜单中选择“器件库选项”命令，系统将弹出如图 11-25 所示的“板选项”对话框。其中各选项的功能如下。

- “度量单位”选项组：用于设置 PCB 的单位。
- “标识显示”选项组：用于显示设置。
- “布线工具路径”选项组：用于设置布线所在层。

●“捕获选项”选项组：用于捕捉设置。

●“图纸位置”选项组：用于设置 PCB 图纸的 X、Y 坐标和长、宽。

其他选项保持默认设置，单击“确定”按钮，关闭该对话框，完成“库选项”对话框的设置。

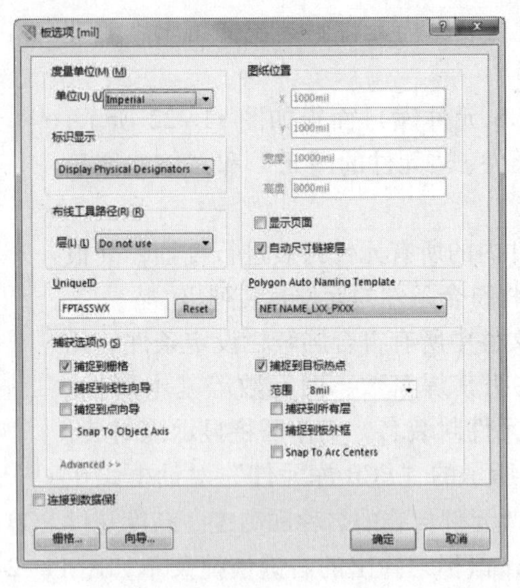

图 11-25 “板选项”对话框

(2)“板层和颜色”设置

选择菜单栏中的“工具”→“板层和颜色”命令，或者在工作区右键单击鼠标，在弹出的右键快捷菜单中单击“选项”→“板层和颜色”命令，系统将弹出如图 11-26 所示的“视图配置”对话框。

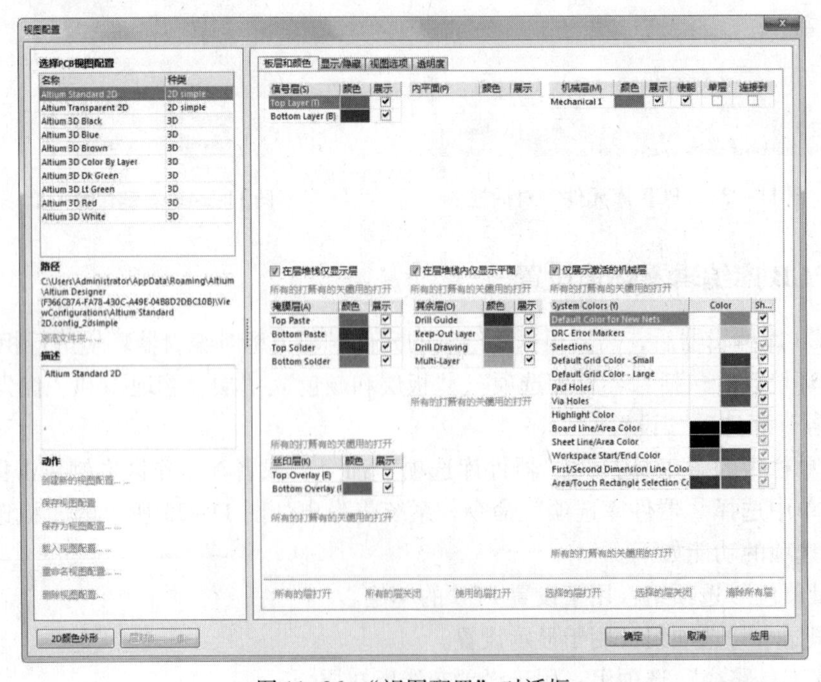

图 11-26 “视图配置”对话框

在机械层中，勾选 Mechanical 1 的“连接到方块电路”复选框。在系统颜色栏中，勾选 Visible Grid 1 后的“显示”复选框，其他选项保持默认设置。单击“确定”按钮，关闭该对话框，完成“视图配置”对话框的设置。

（3）“Layer Stack Manager”（层堆栈管理）设置

选择菜单栏中的“工具”→“层叠管理”命令，或者在工作区右键单击鼠标，在弹出的右键快捷菜单中单击“选项”→“层叠管理”命令，系统将弹出如图 11-27 所示的“Layer Stack Manager”（层堆栈管理器）对话框。保持系统默认设置，单击“确定”按钮，关闭该对话框。

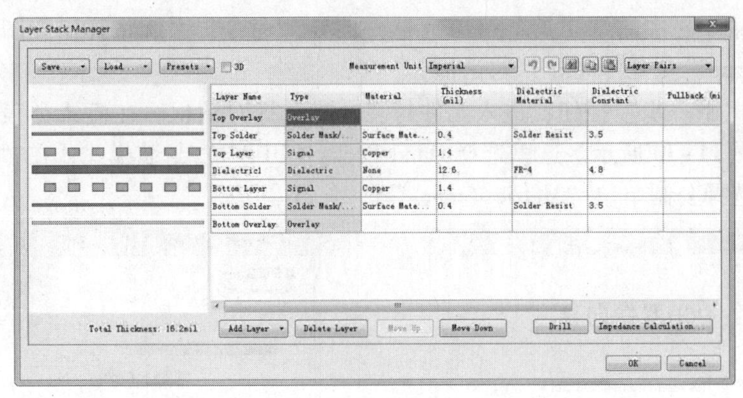

图 11-27 “Layer Stack Manager”（层堆栈管理器）对话框

（4）“优先选项”设置

选择菜单栏中的“工具”→“优先选项”命令，或者在工作区右键单击鼠标，在弹出的右键快捷菜单中单击“选项”→“优先选项”命令，系统将弹出如图 11-28 所示的“参

图 11-28 “参数选择”对话框

数选择”对话框。设置完毕单击“OK”（确定）按钮，关闭该对话框。至此，PCB 库编辑器环境设置完毕。

11.2.5 用 PCB 元件向导创建规则的 PCB 元件封装

下面用 PCB 元件向导来创建规则的 PCB 元件封装。由用户在一系列对话框中输入参数，然后根据这些参数自动创建元件封装。这里要创建的封装尺寸信息为：外形轮廓为矩形 10 mm × 10 mm，引脚数为 16 × 4，引脚宽度为 0.22 mm，引脚长度为 1 mm，引脚间距为 0.5 mm，引脚外围轮廓为 12 mm × 12 mm。具体的操作步骤如下：

（1）选择菜单栏中的“工具”→“元器件向导”命令，系统将弹出如图 11-29 所示的“Component Wizard”（元件向导）对话框。

（2）单击“下一步”按钮，进入元件封装模式选择对话框。在模式类表中列出了各种封装模式，如图 11-30 所示。这里选择 Quad Packs（QUAD）封装模式，在“选择单位”下拉列表框中，选择公制单位“Metric（mm)”。

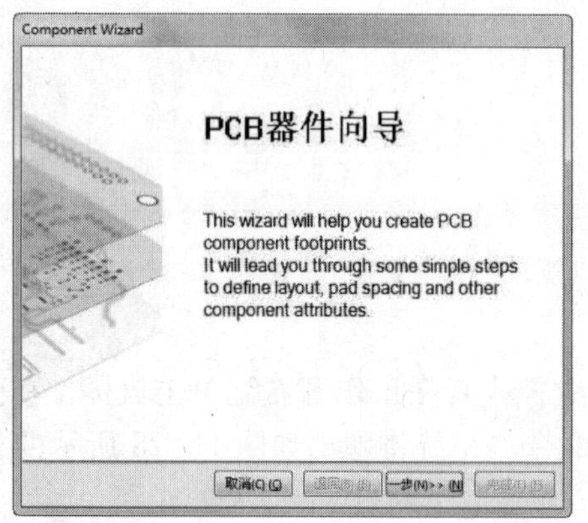

图 11-29 “Component Wizard”对话框

图 11-30 元件封装样式选择对话框

（3）单击“下一步”按钮，进入焊盘尺寸设定对话框。在这里设置焊盘的长为 1 mm、宽为 0.22 mm，如图 11-31 所示。

（4）单击“下一步”按钮，进入焊盘形状设定对话框，如图 11-32 所示。在这里使用默认设置，第一焊盘为圆形，其余焊盘为方形，以便于区分。

图 11-31 焊盘尺寸设定对话框

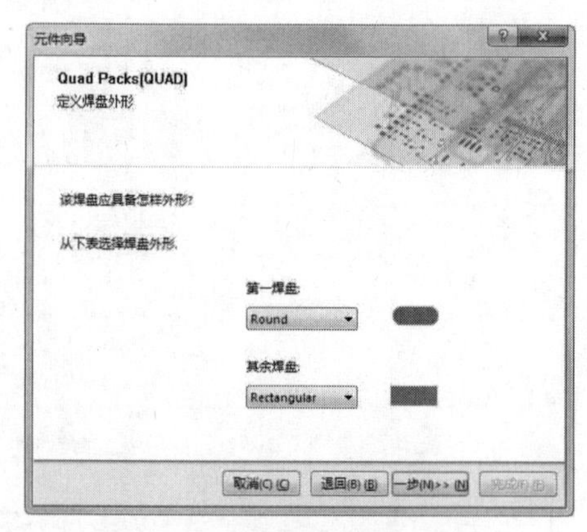

图 11-32 焊盘形状设定对话框

（5）单击“下一步”按钮，进入轮廓宽度设置对话框，如图 11-33 所示。这里使用默认设置“0.2 mm”。

（6）单击“下一步”按钮，进入焊盘间距设置对话框。在这里将焊盘间距设置为“0.5 mm”，根据计算，将行、列间距均设置为“1.75 mm”，如图 11-34 所示。

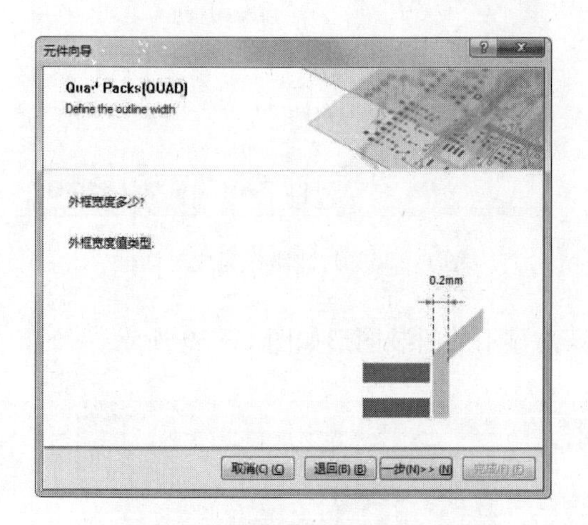

图 11-33　轮廓宽度设置对话框

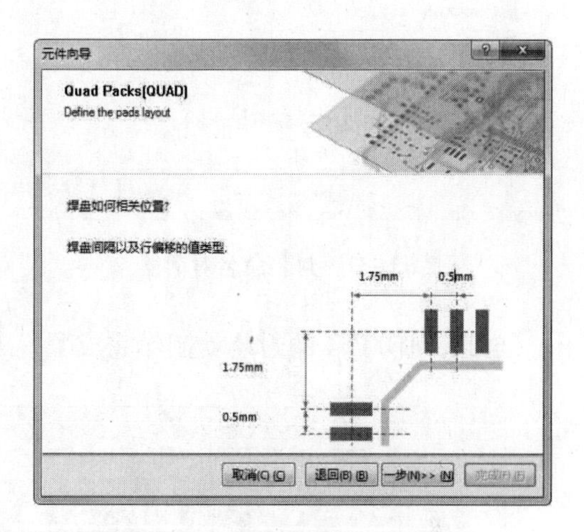

图 11-34　焊盘间距设置对话框

（7）单击“下一步”按钮，进入焊盘起始位置和命名方向设置对话框，如图 11-35 所示。单击单选框可以确定焊盘起始位置，单击箭头可以改变焊盘命名方向。采用默认设置，将第一个焊盘设置在封装左上角，命名方向为逆时针方向。

（8）单击“下一步”按钮，进入焊盘数目设置对话框。将 X、Y 方向的焊盘数目均设置为 16，如图 11-36 所示。

图 11-35　焊盘起始位置和命名方向设置对话框

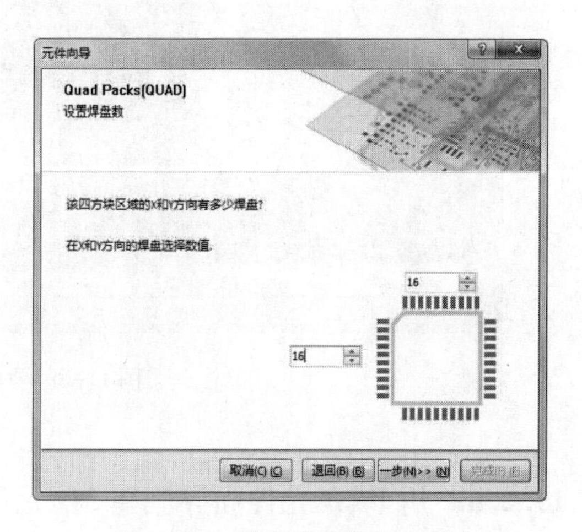

图 11-36　焊盘数目设置对话框

（9）单击“下一步”按钮，进入封装命名对话框。将封装命名为“TQFP64”，如图 11-37 所示。

（10）单击“下一步”按钮，进入封装制作完成对话框，如图 11-38 所示。单击“完成”按钮，退出封装向导。

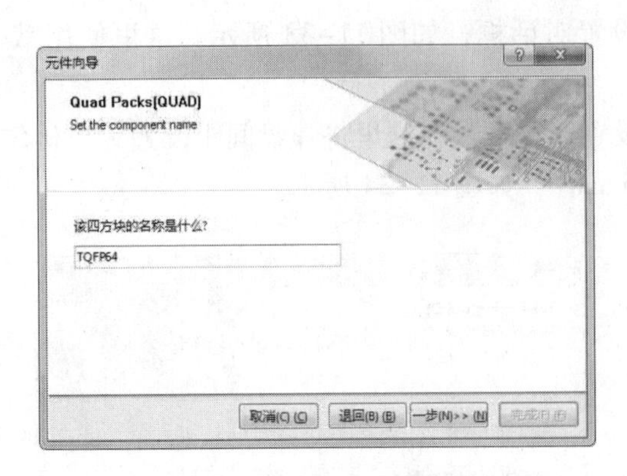

图 11-37　封装命名对话框

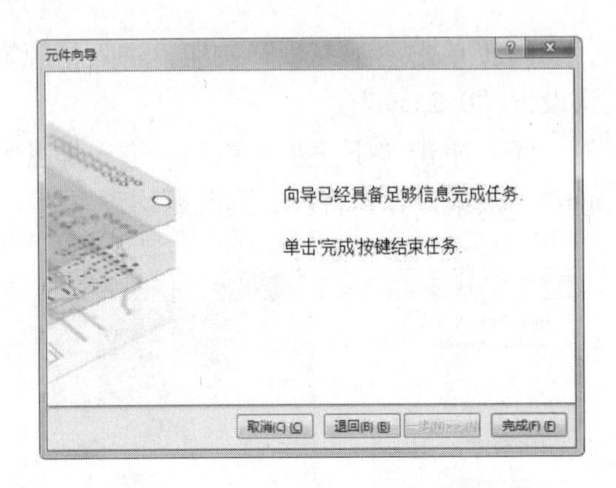

图 11-38　封装制作完成对话框

至此，TQFP64 的封装就制作完成了，工作区内显示的封装图形如图 11-39 所示。

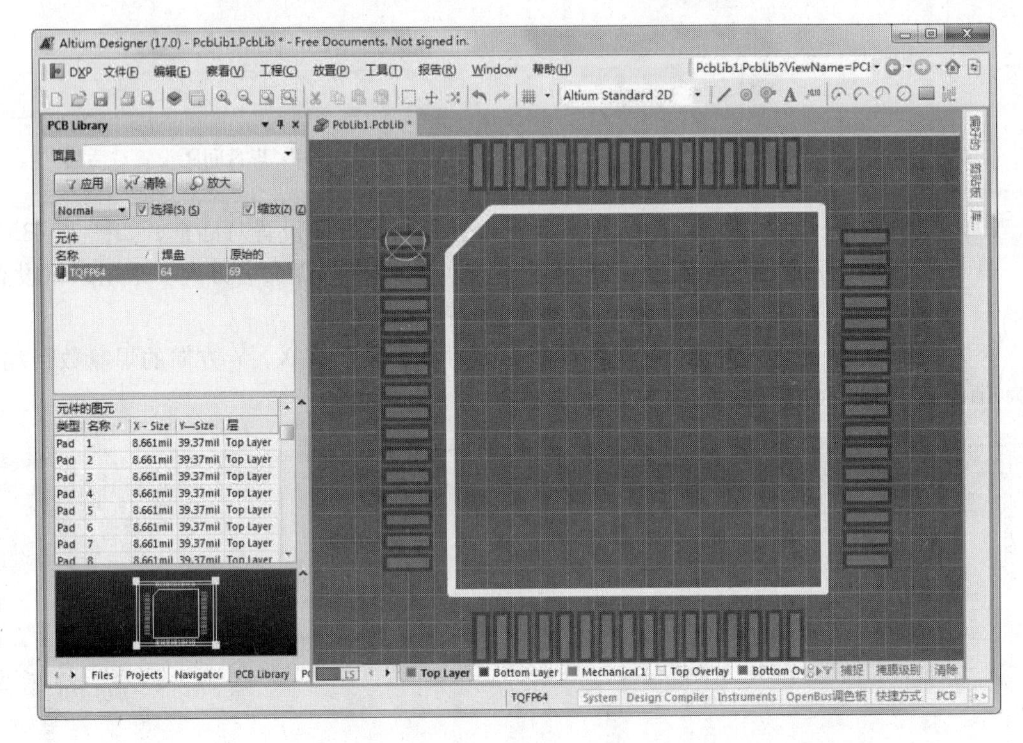

图 11-39　TQFP64 的封装图形

11.2.6　用 PCB 元件向导创建 3D 元件封装

（1）单击菜单栏中的“工具”→“IPC Compliant Footprint Wirzard”（IPC 兼容封装向导）命令，系统将弹出如图 11-40 所示的“IPC Compliant Footprint Wirzard”（IPC 兼容封装向导）对话框。

（2）单击“Next”（下一步）按钮，进入元件封装类型选择对话框。在类型表中列出了各种封装类型，如图 11-41 所示。这里选择 PLCC 封装模式。

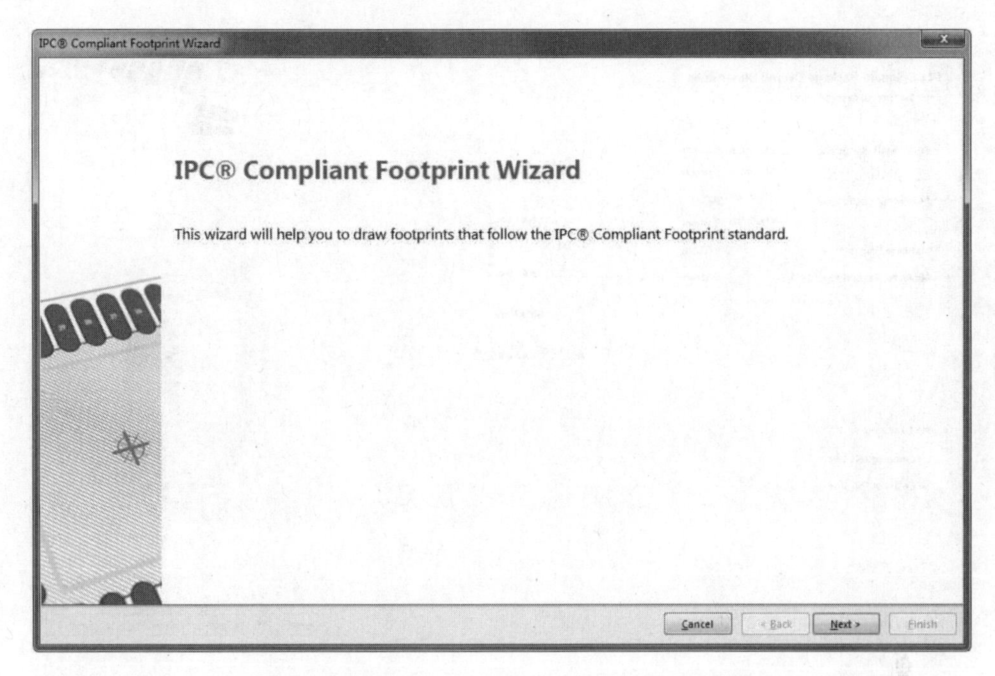

图 11-40 “IPC Compliant Footprint Wirzard”（IPC 兼容封装向导）对话框

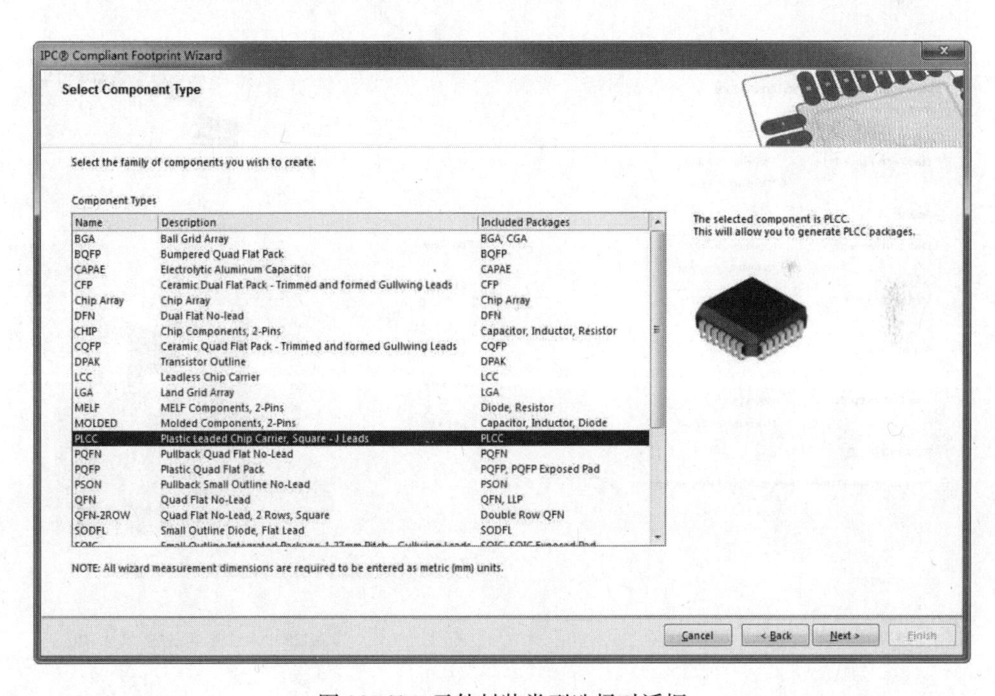

图 11-41　元件封装类型选择对话框

（3）单击“Next”（下一步）按钮，进入 IPC 模型外形总体尺寸设定对话框。选择默认参数，如图 11-42 所示。

（4）单击“Next”（下一步）按钮，进入引脚尺寸设定对话框，如图 11-43 所示。在这里使用默认设置。

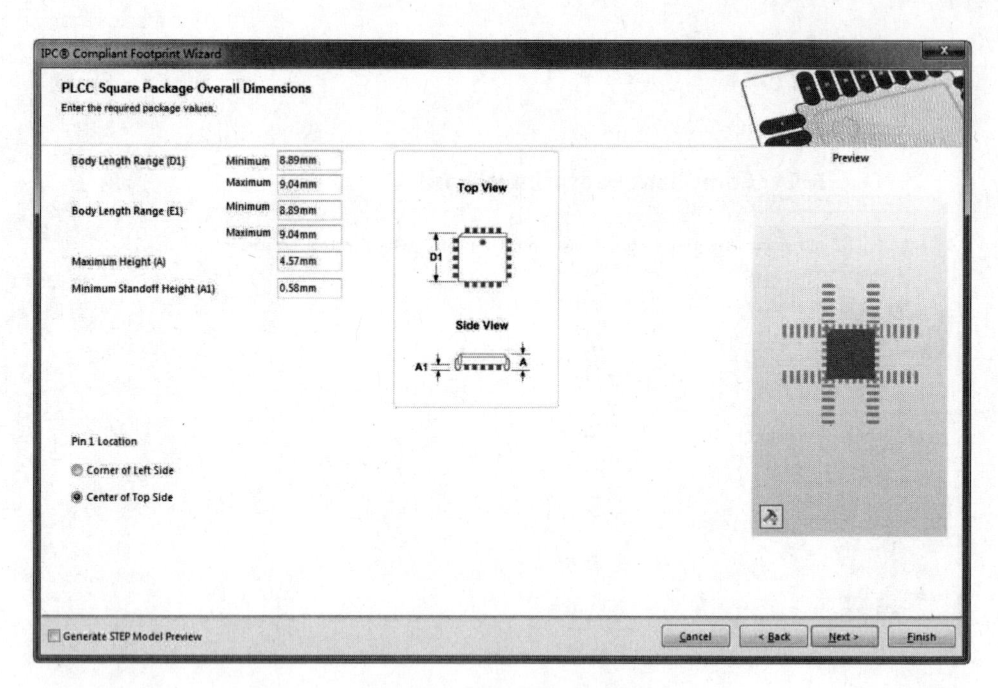

图 11-42　尺寸设定对话框

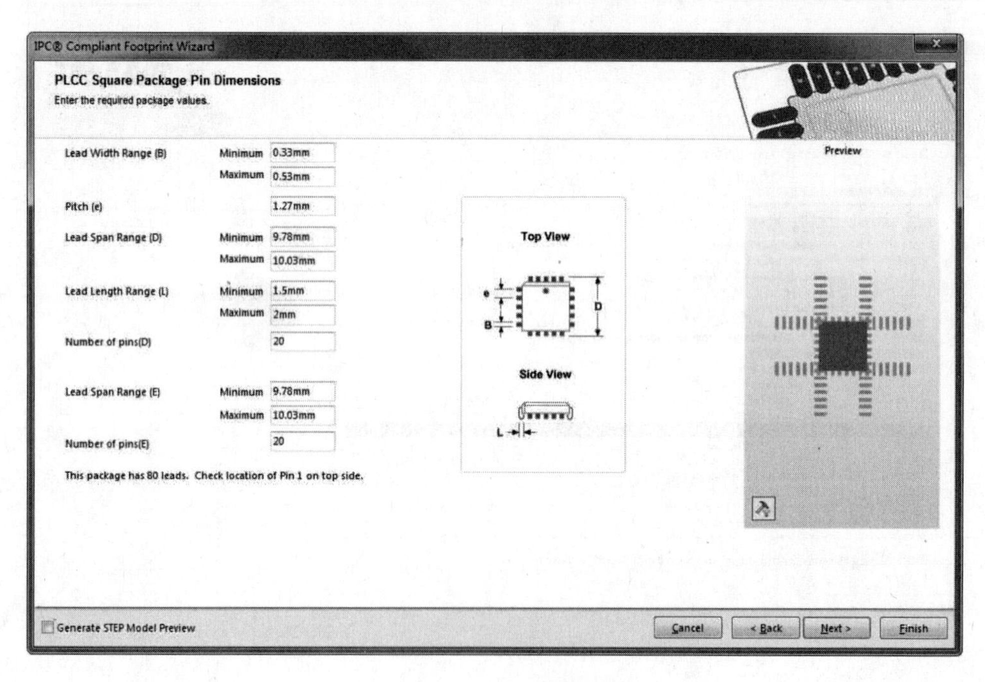

图 11-43　引脚设定对话框

（5）单击“Next”（下一步）按钮，进入 IPC 模型底部轮廓设置对话框，如图 11-44 所示。这里默认勾选“Use calculated values”（使用估计值）复选框。

（6）单击“Next”（下一步）按钮，进入 IPC 模型焊接片设置对话框，同样适用默认值，如图 11-45 所示。

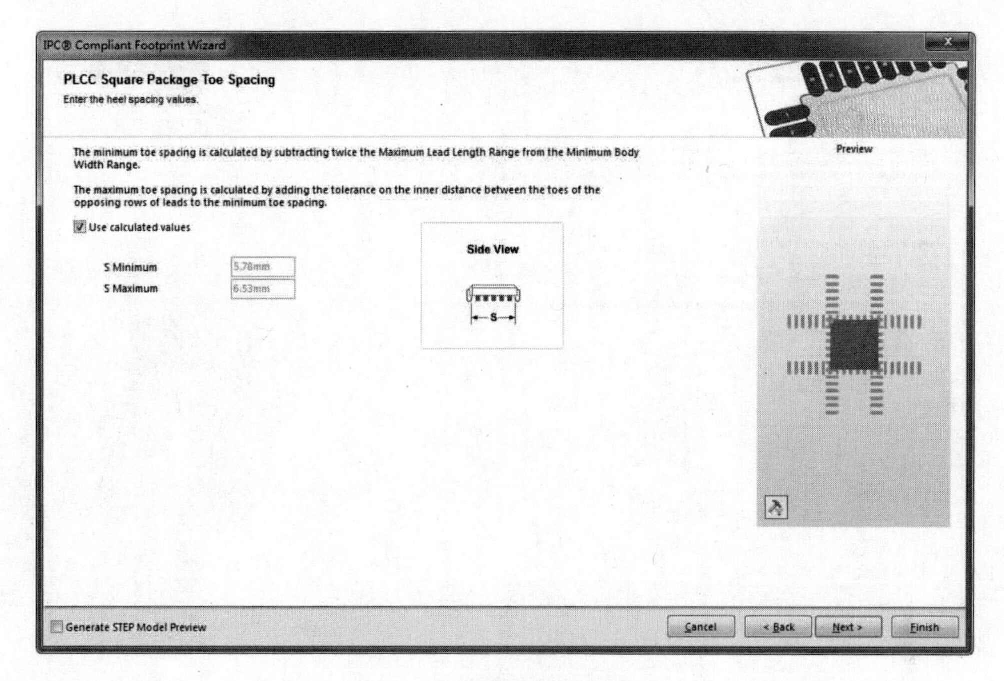

图 11-44　轮廓宽度设置对话框

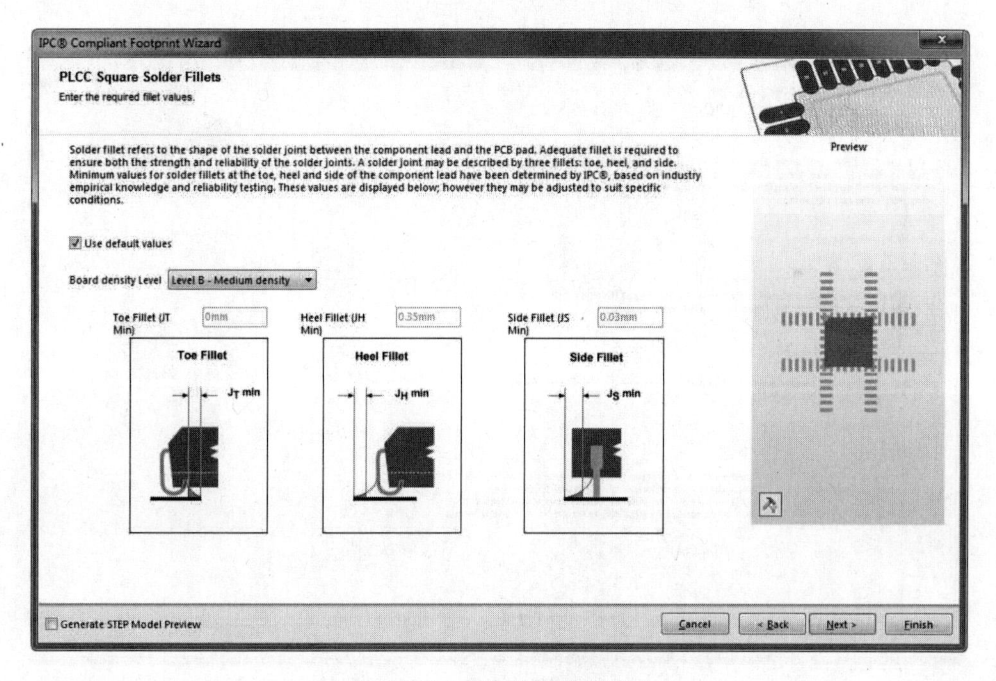

图 11-45　焊盘片设置对话框

（7）单击“Next”（下一步）按钮，进入焊盘间距设置对话框。在这里将焊盘间距使用默认值，如图 11-46 所示。

（8）单击“Next”（下一步）按钮，进入元件公差设置对话框。在这里将元件公差使用默认值，如图 11-47 所示。

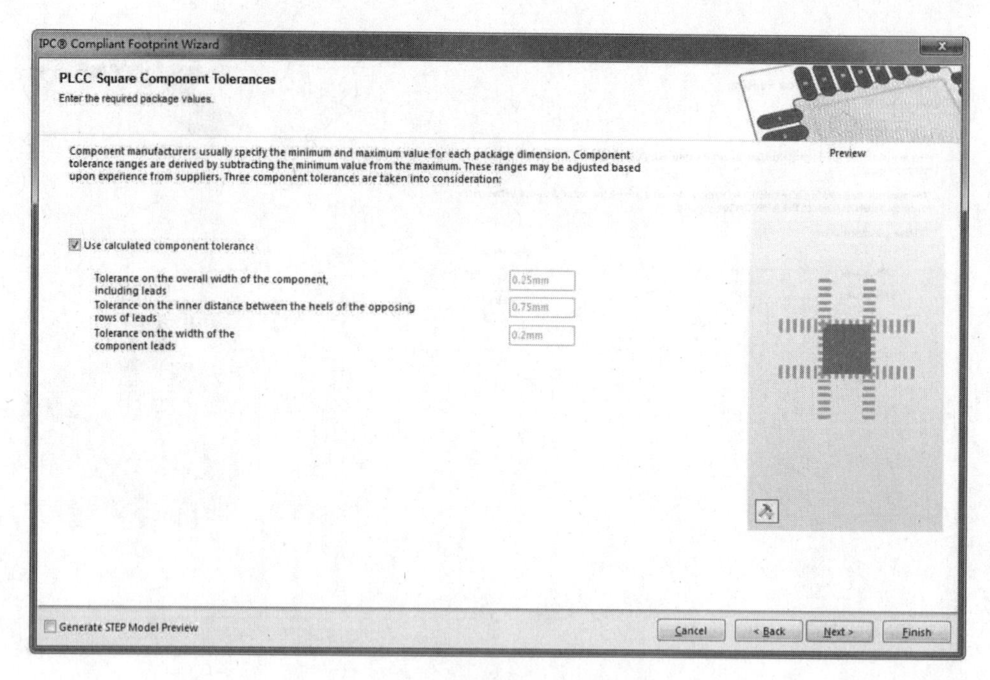

图 11-46　焊盘间距设置对话框

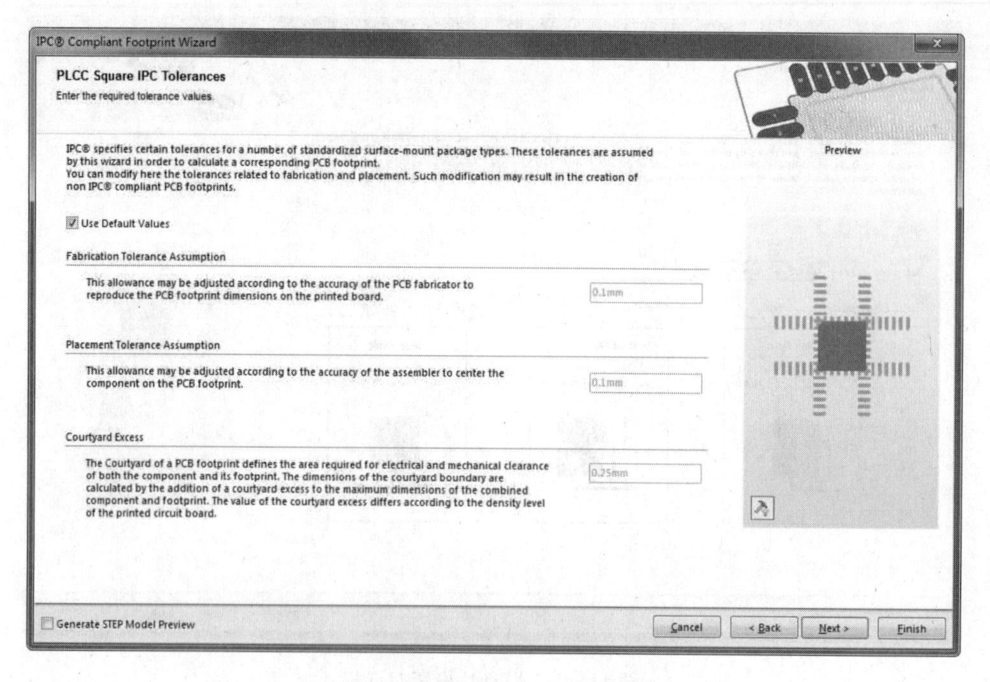

图 11-47　元件公差设置对话框

(9) 单击“Next”(下一步)按钮，进入焊盘位置和类型设置对话框，如图 11-48 所示。单击单选框可以确定焊盘位置，采用默认设置。

(10) 单击“Next”(下一步)按钮，进入丝印层中封装轮廓尺寸设置对话框，如图 11-49 所示。

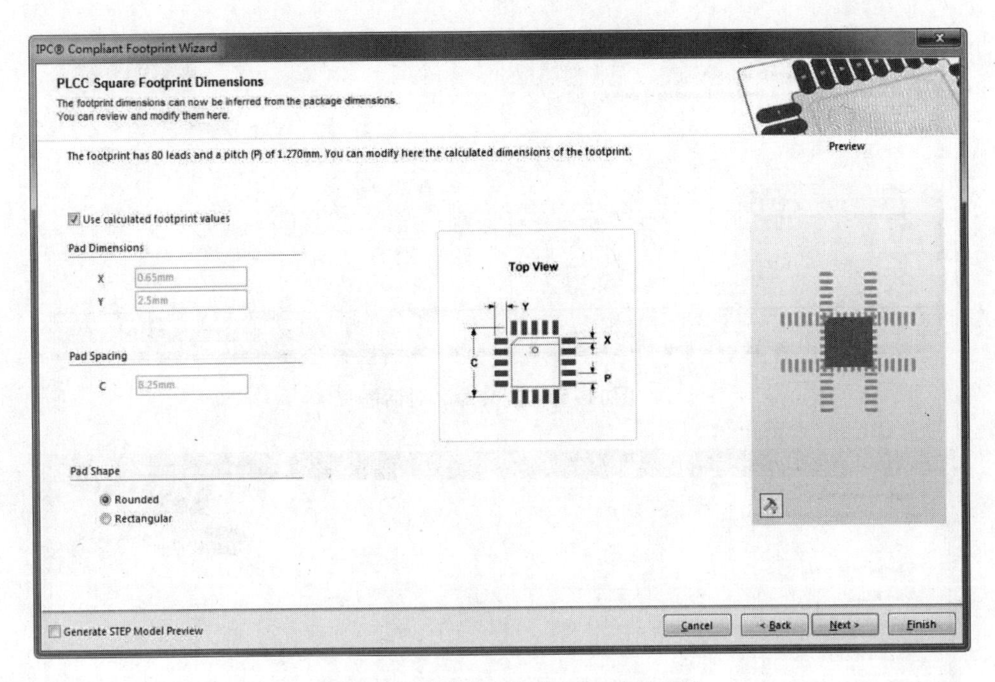

图 11-48　焊盘位置和类型设置对话框

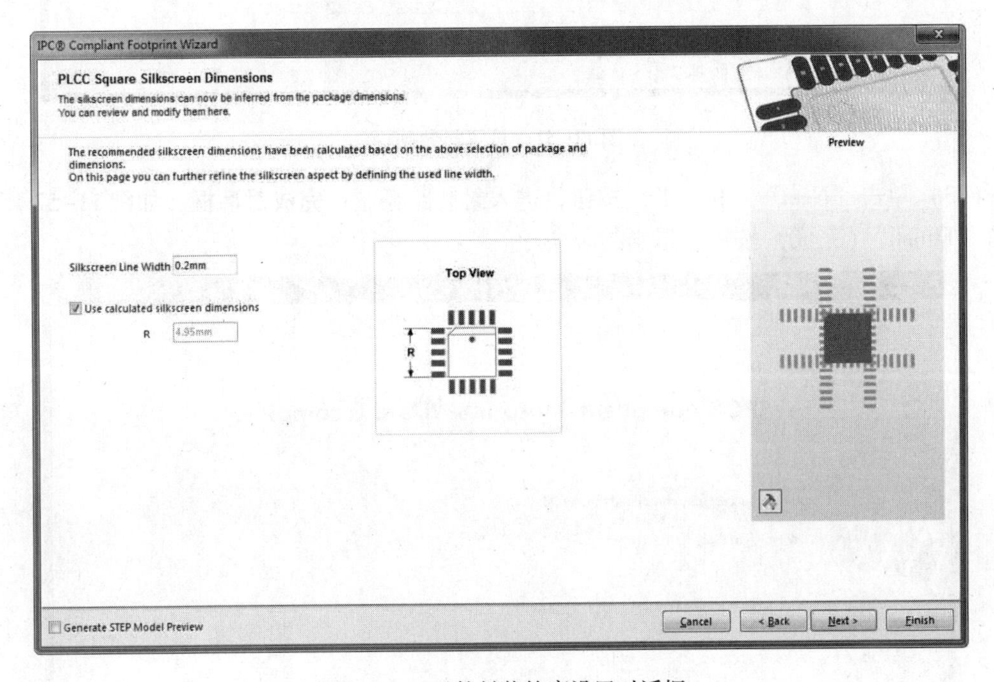

图 11-49　元件封装轮廓设置对话框

（11）单击“Next”（下一步）按钮，进入封装命名对话框。取消勾选“Use suggested values”（使用建议值）复选框，则可自定义命名元件，这里默认使用系统自定义名称 PLCC127P990X990X457 - 80W，如图 11-50 所示。

（12）单击“Next”（下一步）按钮，进入封装路径设置对话框，如图 11-51 所示。

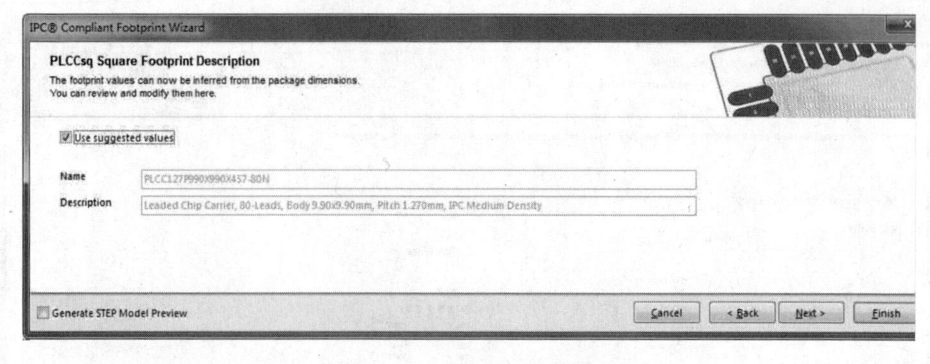

图 11-50　封装命名对话框

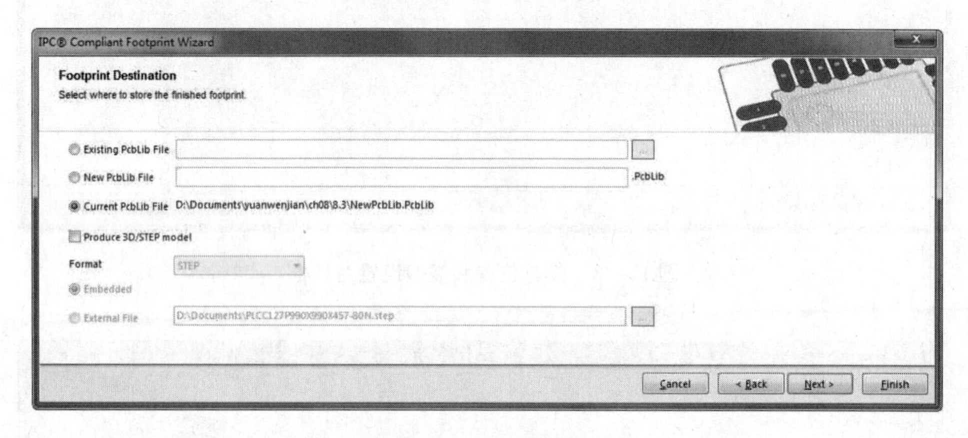

图 11-51　设置封装路径

（13）单击“Next”（下一步）按钮，进入封装路径制作完成对话框，如图 11-52 所示。单击“Finish”（完成）按钮，退出封装向导。

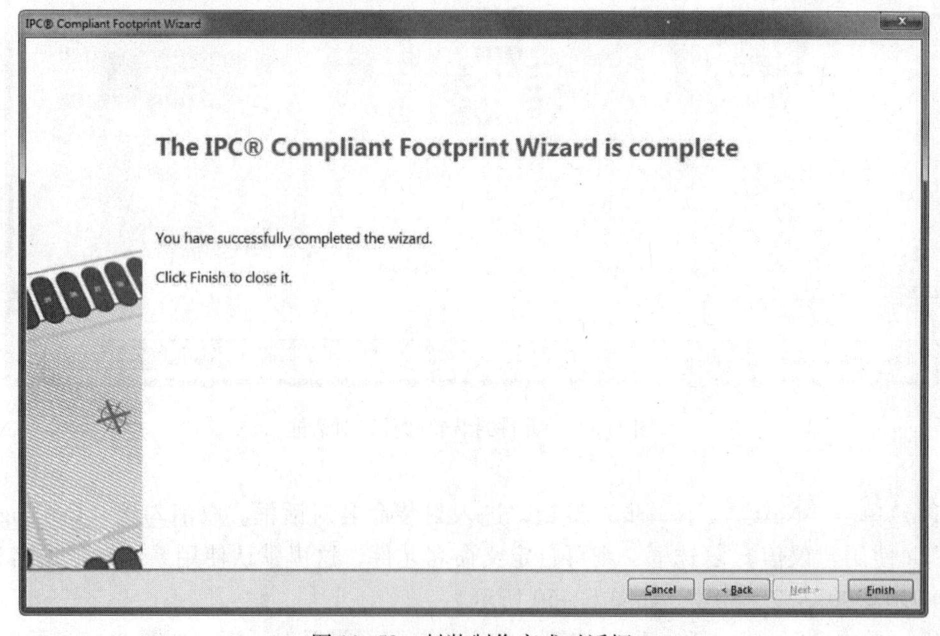

图 11-52　封装制作完成对话框

至此，PLCC127P990X990X457 - 80W 就制作完成了，工作区内显示的封装图形如图 11-53 所示。

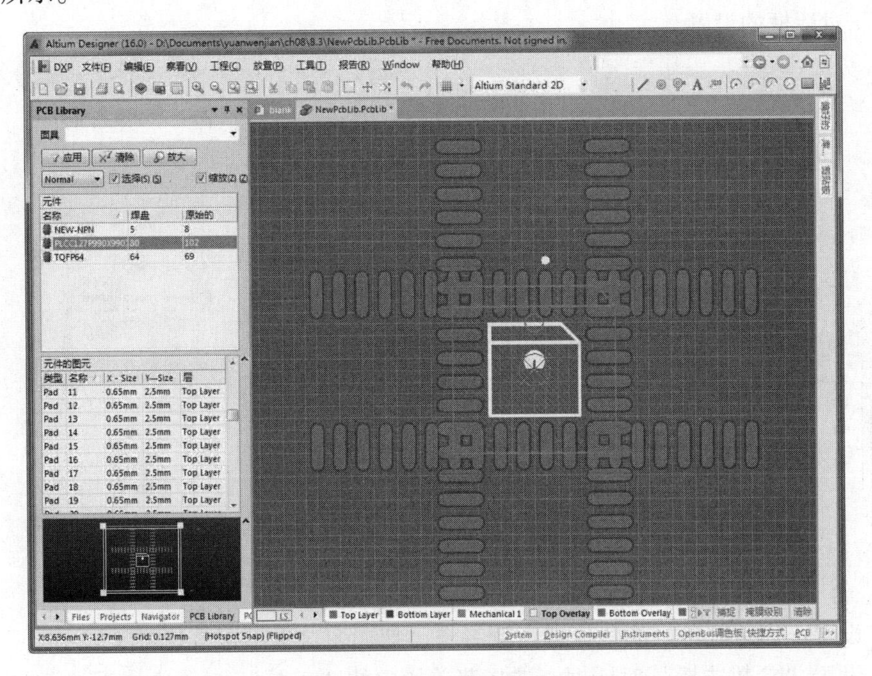

图 11-53　TQFP64 的封装图形

与使用“元器件向导”命令创建的封装符号相比，IPC 模型不单单是线条与焊盘组成的平面符号，而是实体与焊盘组成的三维模型。在键盘中输入“3”，切换到三维窗口，显示如图 11-54 所示的 IPC 模型。

图 11-54　显示三维 IPC 模型

11.2.7　手动创建不规则的 PCB 元件封装

由于某些电子元件的引脚非常特殊，或者设计人员使用了一个最新的电子元件，用 PCB 元件向导往往无法创建新的元件封装。这时，可以根据该元件的实际参数手动创建引脚封装。手动创建元件引脚封装，需要用直线或曲线来表示元件的外形轮廓，然后添加焊盘来形成引脚连接。元件封装的参数可以放置在 PCB 的任意工作层上，但元件的轮廓只能放置在顶层丝印层上，焊盘只能放在信号层上。当在 PCB 上放置元件时，元件引脚封装的各个部分将分别放置到预先定义的图层上。

下面详细介绍手动创建 PCB 元件封装的操作步骤。

（1）创建新的空元件文档。打开 PCB 元件库 NewPcbLib. PcbLib，选择菜单栏中的“工具”→“新的空元件”命令，这时在“PCB Library”（PCB 元件库）面板的元件封装列表中会出现一个新的 PCBCOMPONENT_1 空文件。双击该文件，在弹出的对话框中将元件名称改为“New - NPN”，如图 11-55 所示。

（2）设置工作环境。选择菜单栏中的“工具”→“器件库选项”命令，或者在工作区右键单击鼠标，在弹出的右键快捷菜单中选择“选项”→“器件库选项”命令，系统弹出“板选项”对话框。按图 11-41 设置相关参数，单击“确定”按钮，关闭该对话框，完成“板选项”对话框的设置。

图 11-55　重新命名元件

图 11-56　“板选项”对话框

（3）设置工作区颜色。颜色设置由读者自己把握，这里不再赘述。

（4）设置“参数选择”对话框。选择菜单栏中的“工具”→“优先设置”命令，或者在工作区右键单击鼠标，在弹出的右键快捷菜单中选择“选项”→“优先设置”命令，系统将弹出如图 11-57 所示的“参数选择”对话框，使用默认设置即可。单击“确定”按钮，

图 11-57　“参数选择”对话框

关闭该对话框。

（5）放置焊盘。在“Top－Layer”（顶层），选择菜单栏中的“放置”→“焊盘”命令，光标箭头上悬浮一个十字光标和一个焊盘，单击确定焊盘的位置。按照同样的方法放置另外两个焊盘。

（6）设置焊盘属性。双击焊盘进入焊盘属性设置对话框，如图 11-58 所示。

在“指示”文本框中的引脚名称分别为 b、c、e，3 个焊盘的坐标分别为 b(0,100)、c(－100,0)、e(100,0)，设置完毕后的焊盘如图 11-59 所示。

图 11-58　设置焊盘属性

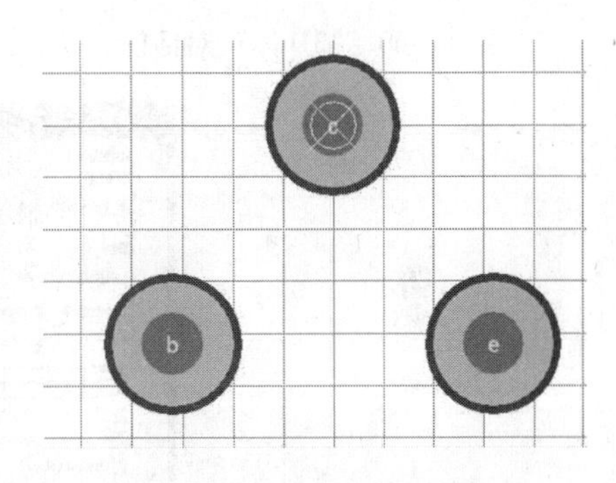

图 11-59　设置完毕后的焊盘

（7）放置 3D 体。

1）选择菜单栏中的“放置”→“3D 元件体”命令，弹出如图 11-60 所示的“3D 体”对话框，在“3D 模型类型”选项组下选择“Generic 3D Model”（通用 3D 模型）选项，在“Generic 3D Model”（通用 3D 模型）选项组下选择“Embedded”（嵌入的）选项，单击 Load from file... 按钮，弹出“Choose Model”（选择模型）对话框，选择“＊.step”文件，单击“打开”按钮，如图 11-61 所示，加载该模型，在“3D 体”对话框中显示加载结果，如图 11-62 所示。

2）单击“确定”按钮，鼠标变为十字形，同时附着模型符号，在编辑区单击放置，将放置模型，结果如图 11-63 所示。

3）在键盘中输入“3”，切换到三维界面，按住〈Shift〉+〈右键〉，可旋转视图中的对象，将模型旋转到适当位置，如图 11-64 所示。

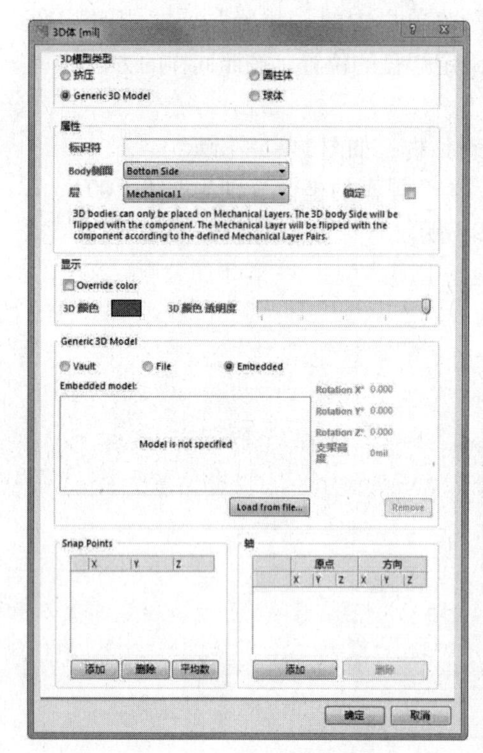

图 11-60 “3D 体”对话框

图 11-61 “Choose Model”（选择模型）对话框

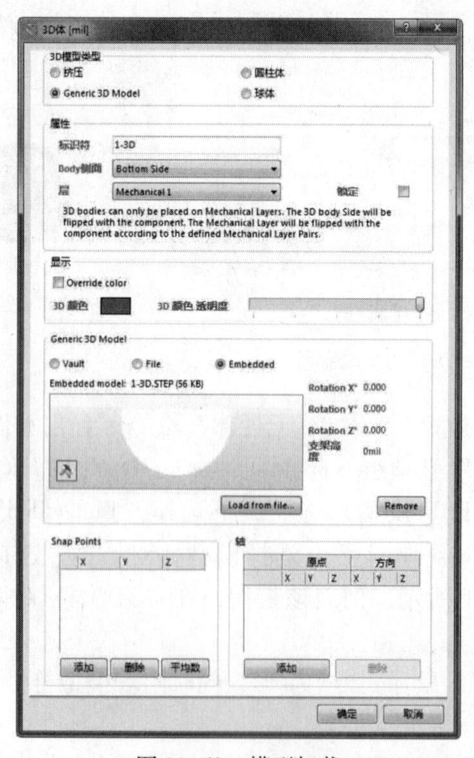

图 11-62 模型加载

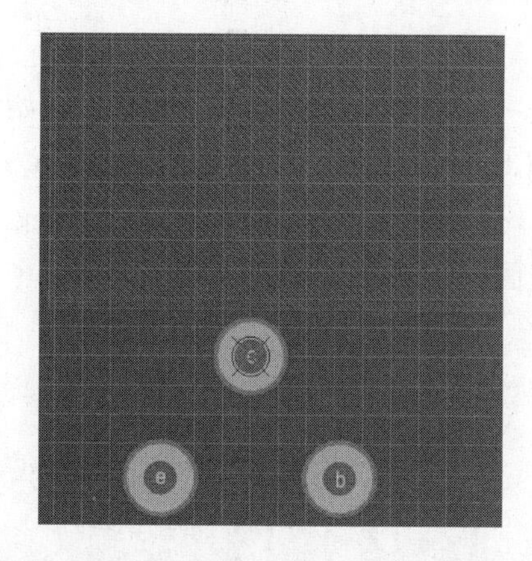

图 11-63　放置 3D 体

图 11-64　显示 3D 体三维模型

（8）设置水平位置

1）单击菜单栏中的“工具”→“3D 体放置”→“从顶点添加捕捉点”命令，在 3D 体上单击，捕捉基准点，如图 11-65 所示，添加基准线，如图 11-66 所示。

图 11-65　选择基准

图 11-66　添加基准线

2）完成基准线添加后，在键盘中输入“2”，切换到二维窗口，将焊盘放置到基准线中，如图 11-67 所示。

3）在键盘中输入“3”，切换到三维窗口，显示三维模型中焊盘水平移动位置，如图 11-68 所示。

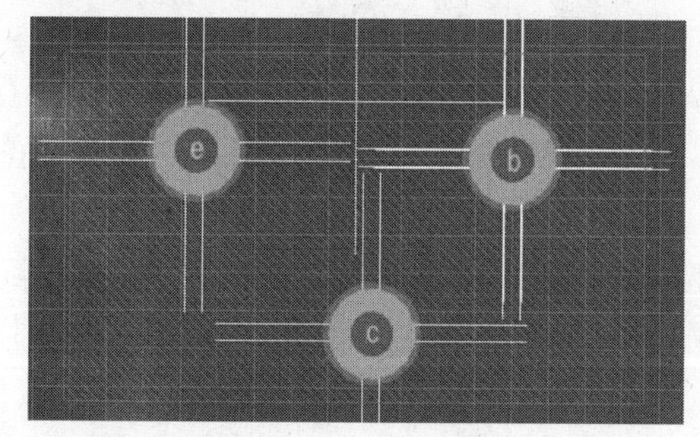

图 11-67　定位焊盘位置

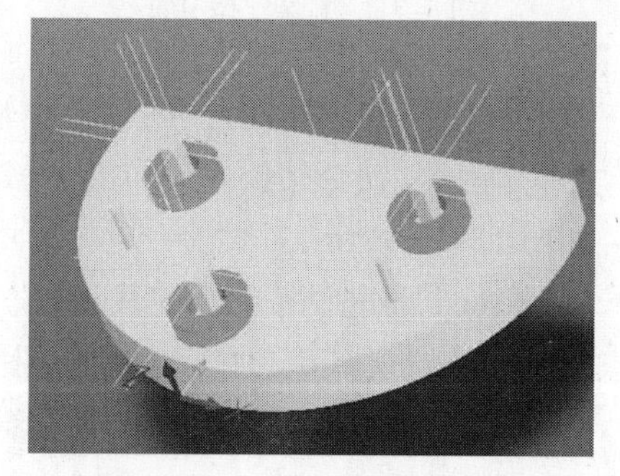

图 11-68　显示焊盘水平位置

(9) 设置垂直位置

1) 单击菜单栏中的"工具"→"3D 体放置"→"设置 3D 体高度"命令，开始设置焊盘垂直位置。单击 3D 体中对应的焊盘孔，弹出"Choose Height Above Board Bottom Surface"（选择板表面高度）对话框，默认选择"板表面"选项，如图 11-69 所示，单击"确定"按钮，关闭该对话框，焊盘自动放置到焊盘孔上表面，结果如图 11-70 所示。

图 11-69 "Choose Height Above Board Bottom Surface（选择板表面高度）"对话框

图 11-70 设置焊盘垂直位置

2) 单击菜单栏中的"工具"→"3D 体放置"→"删除捕捉点 "命令，依次单击设置的捕捉点，删除所有基准线，结果如图 11-71 所示。

(10) 放置定位孔

1) 单击菜单栏中的"工具"→"3D 体放置"→"从顶点添加捕捉点"命令，在 3D 体上单击，捕捉基准点，添加定位孔基准线，如图 11-72 所示。

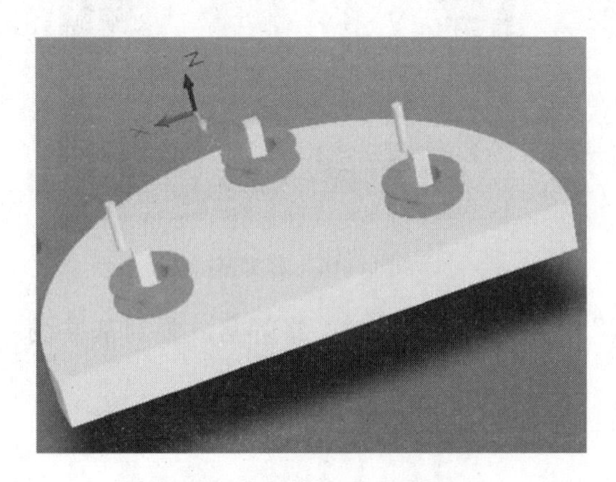

图 11-71 删除定位基准线

图 11-72 放置定位基准线

2) 完成基准线添加后，在键盘中输入"2"，切换到二维窗口，选择菜单栏中的"放置"→"焊盘"命令，放置定位孔，按〈Tab〉键，弹出属性设置对话框，设置定位孔参数，如图 11-73 所示。

3) 单击"确定"按钮，完成设置，将焊盘放置到基准线中，若放置的定位孔捕捉到基准点，则在放置焊盘中心显示八边形图案，如图 11-74 所示。

4) 在键盘中输入"3"，切换到三维窗口，显示定位孔放置结果，如图 11-75 所示。

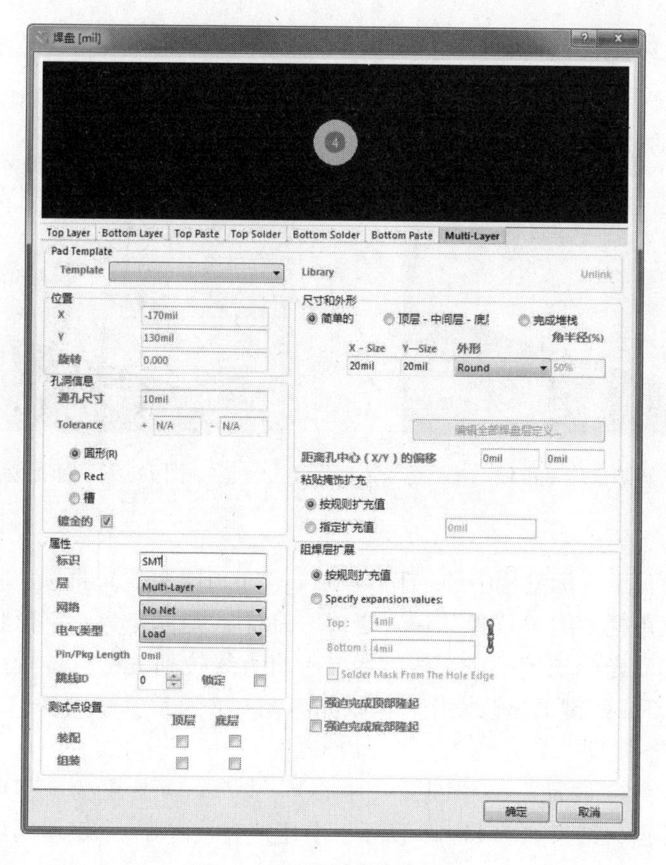

图 11-73　设置定位孔属性

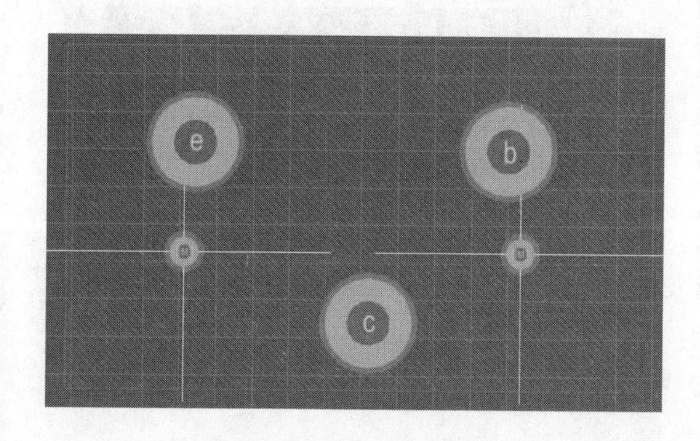

图 11-74　放置定位孔

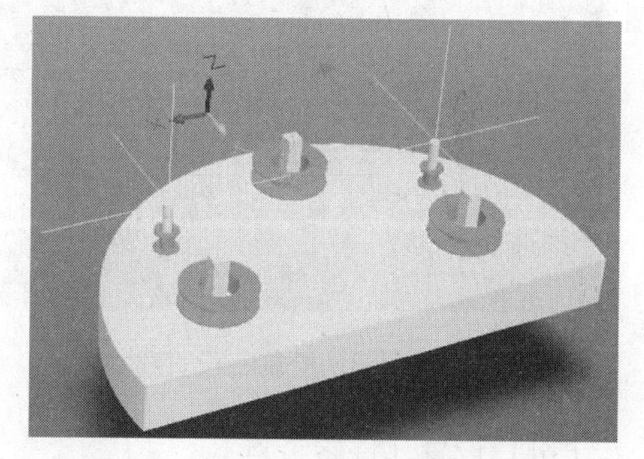

图 11-75　放置定位孔三维模型

5）单击菜单栏中的“工具”→“3D 体放置”→“删除捕捉点 ”命令，依次单击设置的捕捉点，删除所有基准线，结果如图 11-76 所示。

提示：

焊盘放置完毕后，需要绘制元件的轮廓线。所谓元件轮廓线，就是该元件封装在电路板上占用的空间尺寸。轮廓线的线状和大小取决于实际元件的形状和大小，通常需要测量实际元件。

（11）绘制元件轮廓

单击菜单栏中的“工具”→“3D 体放置”→“从顶点添加捕捉点”命令，在 3D 体上单击，捕捉模型上关键点，如图 11-77 所示。

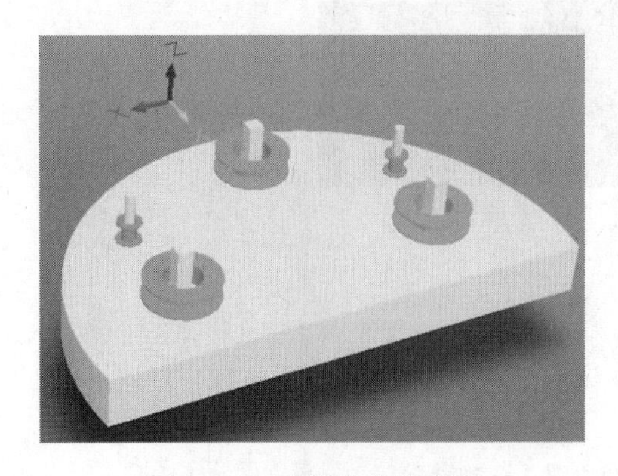

图 11-76　删除定位基准线

图 11-77　捕捉模型关键点

（12）绘制一段直线

单击工作区窗口下方标签栏中的“Top Overlay”（顶层覆盖）选项，将活动层设置为顶层丝印层。单击菜单栏中的“放置”→“走线”命令，光标变为十字形状，单击关键点确定直线的起点，移动光标拉出一条直线，用光标将直线拉到关键点位置，单击确定直线终点。右击或者按〈Esc〉键退出该操作，结果如图 11-78 所示。

（13）绘制一条弧线

单击菜单栏中的“放置”→“圆弧（中心）”命令，光标变为十字形状，捕捉三个关键点作为原话定位点，结果如图 11-79 所示。右击或者按〈Esc〉键退出该操作。

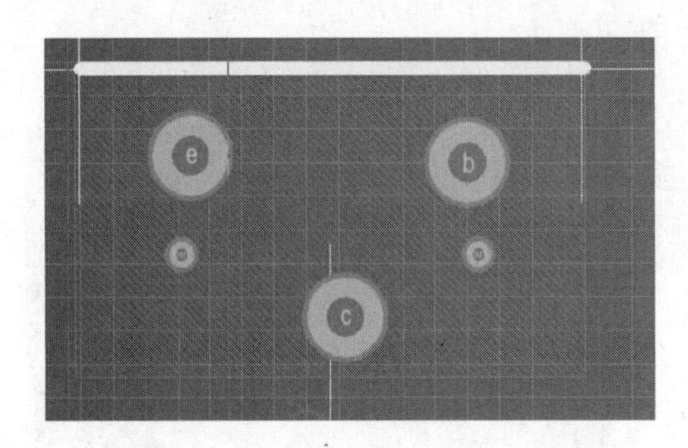

图 11-78　绘制一段直线

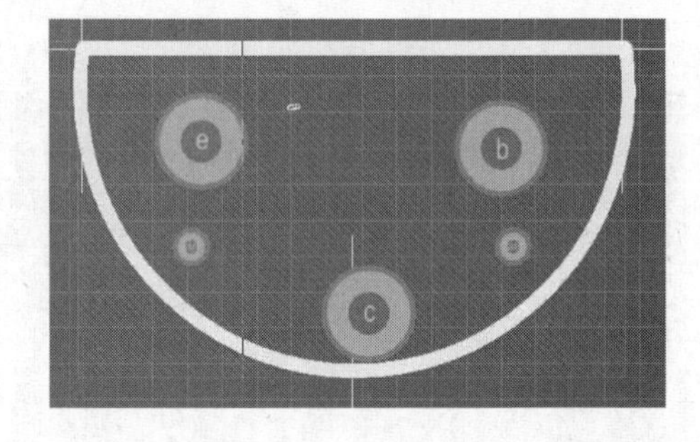

图 11-79　绘制一条弧线

（14）设置元件参考点

在“编辑”菜单的“设置参考”子菜单中有 3 个命令，即“管脚 1”、“中心”和“定位”。读者可以自己选择合适的元件参考点。

在键盘中输入“3”，切换到三维界面。单击菜单栏中的“工具”→“3D 体放置”→“删除捕捉点”命令，依次单击设置的捕捉点，删除所有基准线。

至此，手动创建的 PCB 元件封装就制作完成了，如图 11-80 所示。

我们看到，在“PCB Library（PCB 元件库）”面板的元件列表中多出了一个 NEW－NPN 的元件封装，而且在该面板中还列出了该元件封装的详细信息。

图 11-80 “New - NPN” 的封装图形

11.3 元件封装检查和元件封装库报表

在“报告”菜单中提供了多种生成元件封装和元件库封装的报表的功能，通过报表可以了解某个元件封装的信息，并对元件封装进行自动检查，还可以了解整个元件库的信息。此外，为了检查绘制的封装，菜单中提供了测量功能。

(1) 元件封装中的测量

为了检查元件封装绘制是否正确，在封装设计系统中提供了 PCB 设计中一样的测量功能。对元件封装的测量和在 PCB 上的测量相同，这里不再赘述。

(2) 元件封装信息报表

在“PCB Library”(PCB 元件库) 面板的元件封装列表中选择一个元件，选择菜单栏中的“报告”→“器件”命令，系统将自动生成该元件符号的信息报表，工作窗口中将自动打开生成的报表，以便用户马上查看。如图 11-81 所示为查看元件封装信息时的窗口。

在图 11-81 中，给出了元件名称、所在的元件库、创建日期和时间，以及元件封装中的各个组成部分的详细信息。

(3) 元件封装错误信息报表

Altium Designer 17 提供了元件封装错误的自动检测功能。选择菜单栏中的“报告”→“元件规则检测”命令，系统将弹出如图 11-82 所示的“元件规则检查”对话框，在该对话框中可以设置元件符号错误的检测规则。各选项的功能如下。

1)“副本”选项组。

- “焊盘”复选框：用于检查元件封装中是否有重名的焊盘。

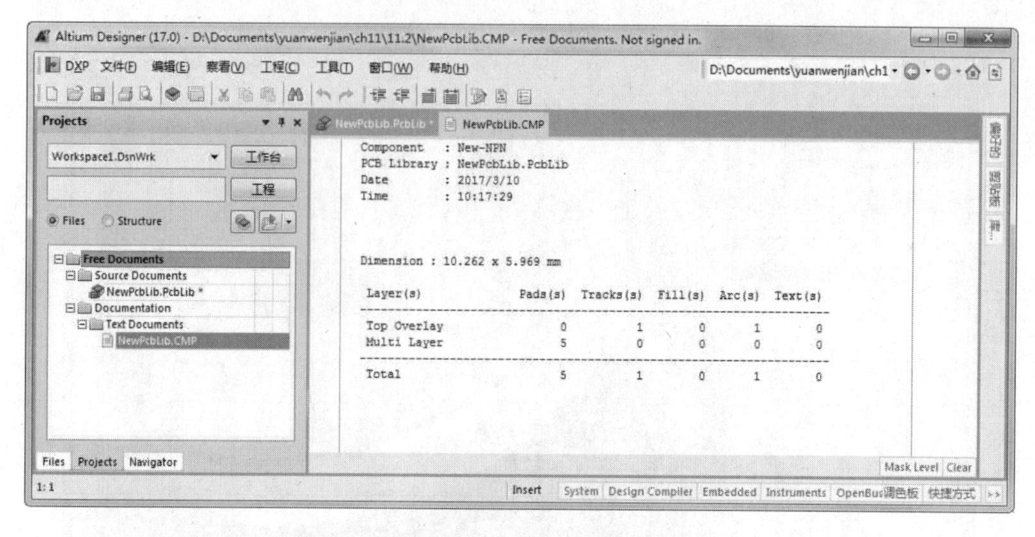

图 11-81　查看元件封装信息的窗口

- “原始的”复选框：用于检查元件封装中是否有重名的边框。
- “封装”复选框：用于检查元件封装库中是否有重名的封装。

2）“约束”选项组。

- “丢失焊盘名”复选框：用于检查元件封装中是否缺少焊盘名称。
- “镜像的元件”复选框：用于检查元件封装库中是否有镜像的元件封装。
- “元件参考点偏移量”复选框：用于检查元件封装中元件参考点是否偏离元件实体。

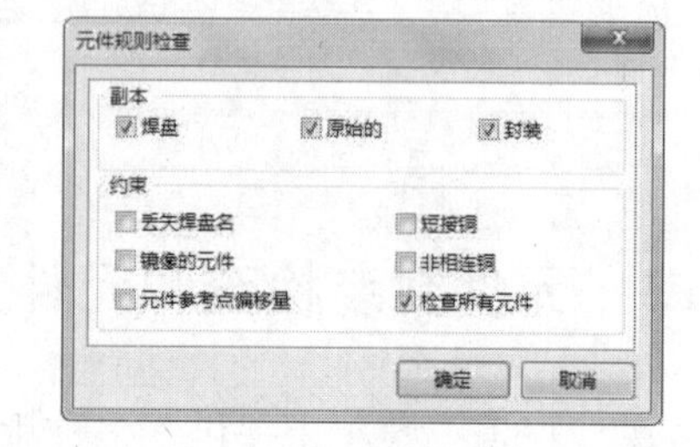

图 11-82　“元件规则检查”对话框

- “短接铜”复选框：用于检查元件封装中是否存在导线短路。
- “非相连铜”复选框：用于检查元件封装中是否存在未连接的铜箔。
- “检查所有元件”复选框：用于确定是否检查元件封装库中的所有封装。

保持默认设置，单击“确定”按钮，系统将自动生成元件符号错误信息报表。

（4）元件封装库信息报表

选择菜单栏中的“报告”→“库报告”命令，系统将生成元件封装库信息报表。这里对创建的 NewPcbLib. PcbLib 元件封装库进行分析，如图 11-83 所示。在该报表中，列出了封装库所有的封装名称和对它们的命名。

11.4　操作实例

在设计库元器件时，除了要绘制各种芯片外，还可能要绘制一些接插件、继电器、变压器等元器件。变压器的绘制在分立元器件中属于稍有难度的一种，由于它的元器件原理图符号中含有线圈，不容易画好。下面简单介绍一下变压器的绘制及报告检查。

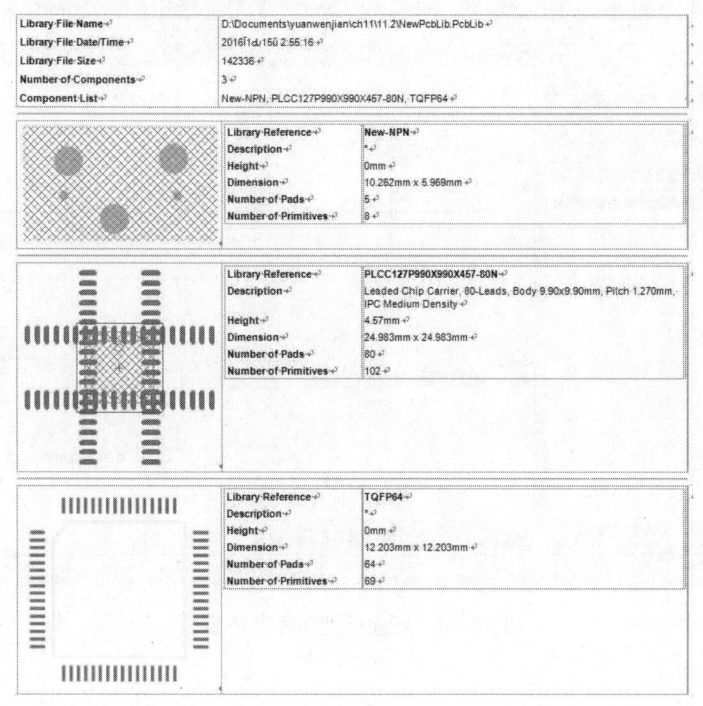

Protel PCB Library Report

Library File Name	D:\Documents\yuanwenjian\ch11\11.2\NewPcbLib.PcbLib
Library File Date/Time	2016ī1ú15ū 2:55:16
Library File Size	142336
Number of Components	3
Component List	New-NPN, PLCC127P990X990X457-80N, TQFP64

Library Reference	New-NPN
Description	*
Height	0mm
Dimension	10.262mm x 5.969mm
Number of Pads	5
Number of Primitives	8

Library Reference	PLCC127P990X990X457-80N
Description	Leaded Chip Carrier, 80-Leads, Body 9.90x9.90mm, Pitch 1.270mm, IPC Medium Density
Height	4.57mm
Dimension	24.983mm x 24.983mm
Number of Pads	80
Number of Primitives	102

Library Reference	TQFP64
Description	*
Height	0mm
Dimension	12.203mm x 12.203mm
Number of Pads	64
Number of Primitives	69

图 11-83　元件封装库信息报表

11.4.1　绘制变压器

变压器的绘制与一般的数字芯片的绘制不一样，它分为初级和次级，中间含有铁心。具体绘制步骤如下：

1. 创建一个新原理图库文件

选择菜单栏中的“文件”→“New”（新建）→“Library”（库）→“原理图库”命令，执行该命令后，系统会在“Projects”（工程）面板中创建一个默认名为 SchLib1. SchLib 的原理图库文件，同时进入原理图库文件编辑环境。

2. 保存并重新命名原理图库文件

选择菜单栏中的“文件”→“保存”命令，或单击主工具栏上的保存按钮，弹出保存文件对话框。将该原理图库文件重新命名为“My Transformer. SchLib”，并保存在指定位置。保存后返回到原理图库文件编辑环境中，如图 11-84 所示。

3. 绘制变压器

（1）选择菜单栏中的“工具”→“新器件”命令，或在 SCH Library 面板中，单击原理图符号名称栏下面的添加按钮，在弹出的对话框中输入新元件名字为“Transformer”。

（2）选择菜单栏中的“放置”→“弧”命令或在原理图的空白区域单击鼠标右键，在弹出的菜单中执行“放置”→“弧”命令，启动绘制圆弧命令。此时，光标变成十字形，在编辑区的第四象限绘制出一个半圆，如图 11-85 所示。

然后通过复制、粘贴命令，绘制出变压器的一次侧和二次侧，如图 11-86 所示。

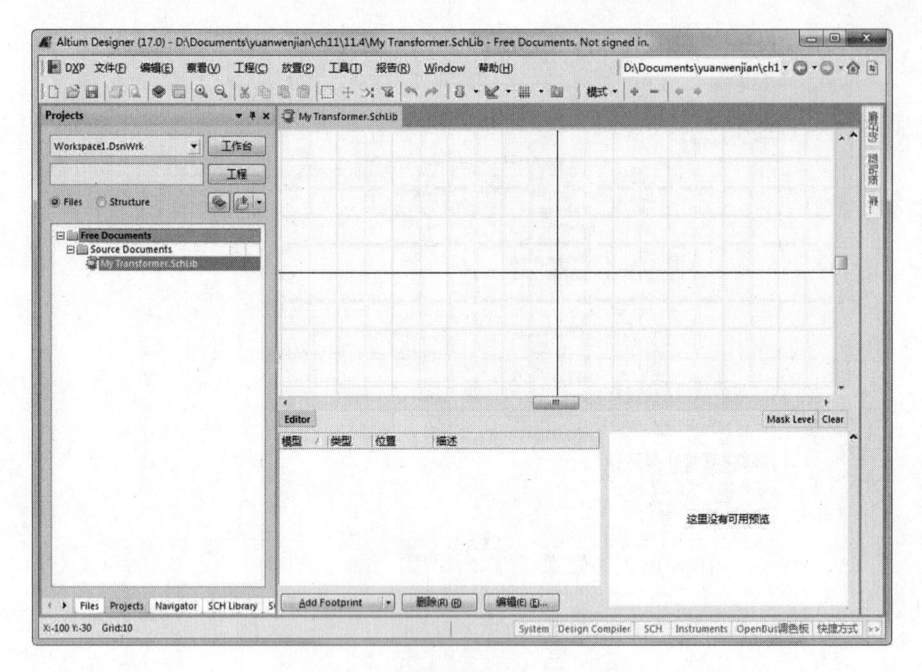

图 11-84　新建原理图库文件窗口

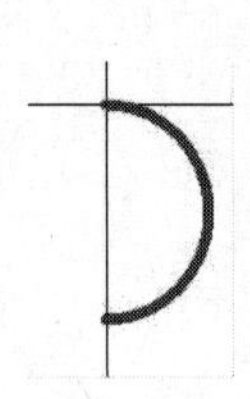

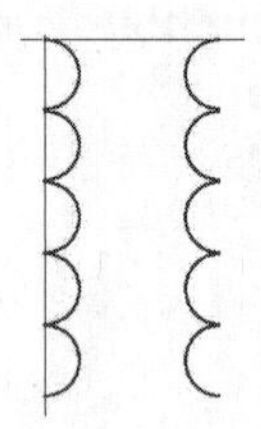

图 11-85　绘制一个半圆　　　　图 11-86　变压器的初级和次级线圈

（3）选择菜单栏中的“放置”→“线”命令，或者单击绘图工具中的绘制直线按钮╱，在变压器的初级和次级线圈中间绘制两条直线表示铁心。然后，选择菜单栏中的“放置”→“椭圆”命令，或者单击绘图工具中的绘制椭圆按钮⬭，在两条直线的上方绘制两个实心圆表示同名端，如图 11-87 所示。

（4）单击绘图工具栏中的按钮，或者选择菜单栏中的“放置”→“管脚”命令，放置引脚，并设置其属性。

（5）绘制好变压器符号后，设置其属性。完成的变压器符号如图 11-88 所示。

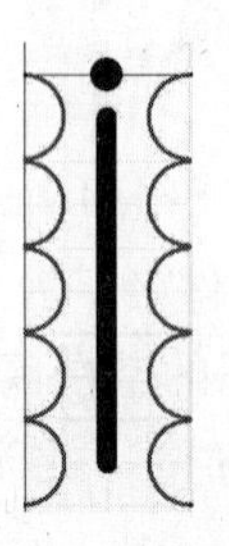

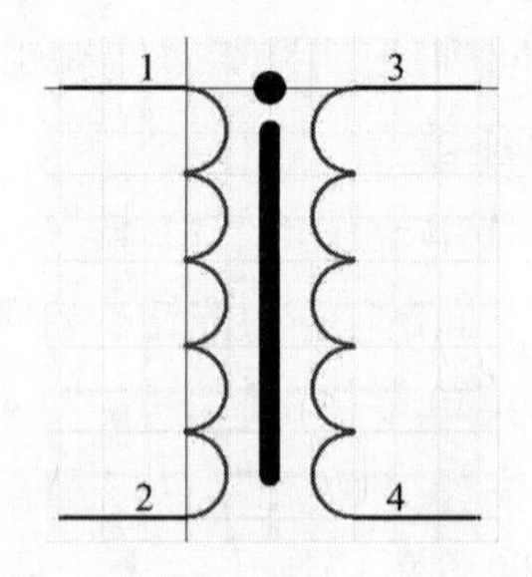

图 11-87　添加铁心和同名端的变压器　　　　图 11-88　完成绘制的变压器符号

11.4.2 元器件报表

绘制完成变压器以后，通过生成元件报表，检查元件的属性及其各引脚的配置情况。

（1）在 SCH Library 面板原理图符号名称栏中选择需要生成元器件报表的库元件。

（2）选择菜单栏中的“报告”→“器件”命令，系统将自动生成该元件的报表“My Transformer. cmp”，如图 11-89 所示。

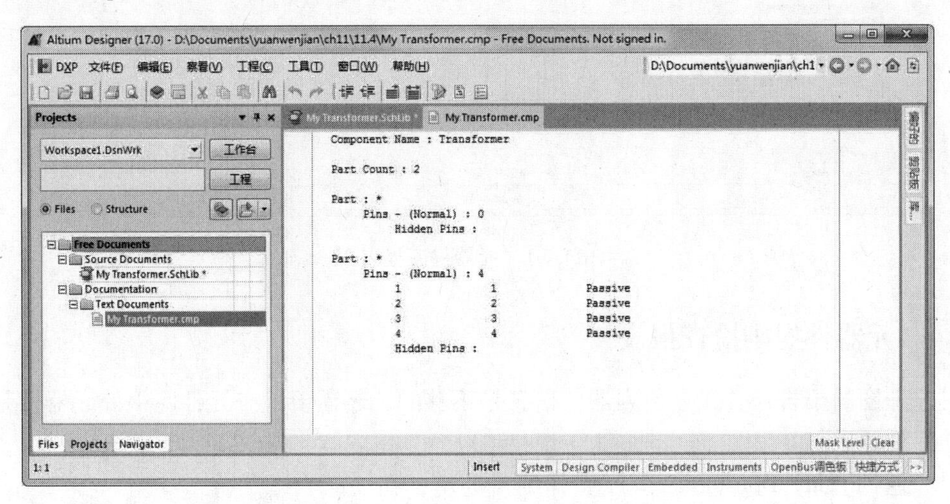

图 11-89　元器件报表

11.4.3 元器件库报表

绘制完成变压器以后，除了检查元件的属性及其各引脚的配置情况，还利用“库列表”命令列出了当前元器件库中的所有元件名称。

（1）在“Projects”（工程）面板上选中原理图库文件 My Transformer. SchLib。

（2）选择菜单栏中的“报告”→“库列表”命令，系统将自动生成该元件库的报表，分别以“. rep”、“. csv”为后缀，如图 11-90 和图 11-91 所示。

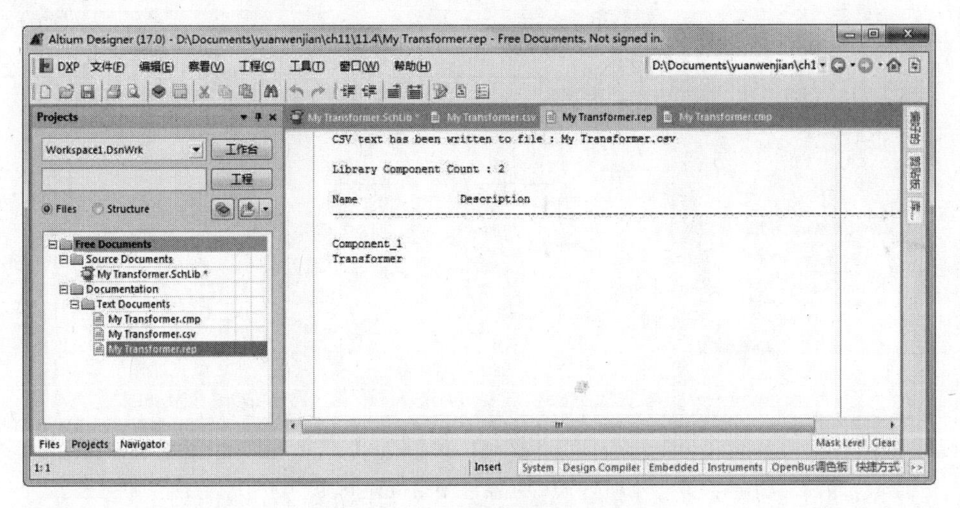

图 11-90　元器件库报表 1

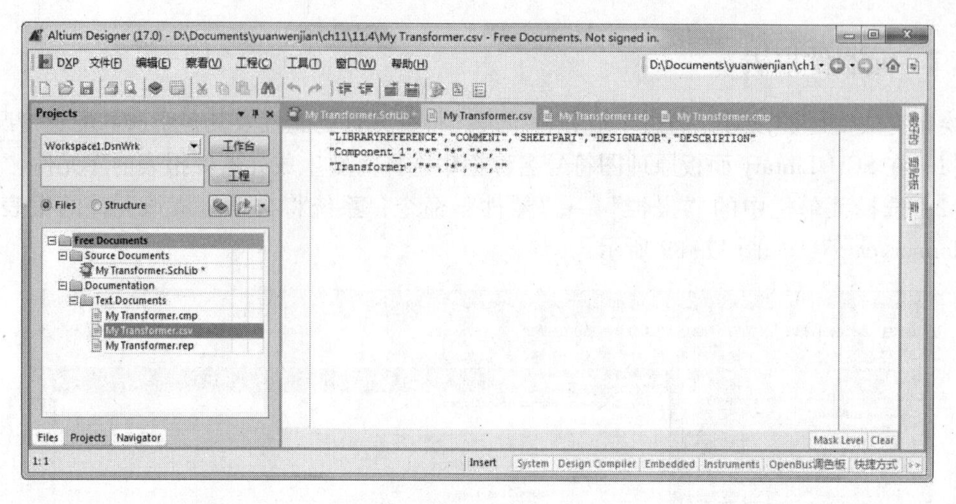

图 11-91　元器件库报表 2

11.4.4　元器件规则检查报表

对原理图的报告检查只是罗列器件信息是不够的，还需要检查元件库中的元器件是否有错，并罗列原因。

(1) 返回“My Transformer”库文件编辑环境，在 SCH Library 面板原理图中输入符号名称“Transformer”。

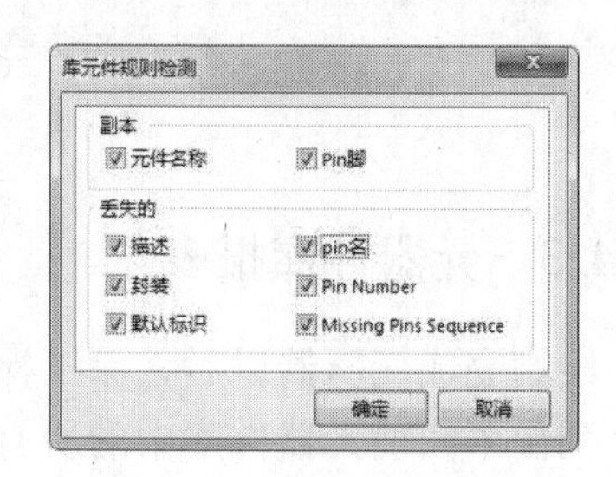

图 11-92　“库元件规则检测”设置对话框

(2) 选择菜单栏中的“报告”→“器件规则检查”命令，弹出元器件规则检查设置对话框，勾选所有复选框，如图 11-92 所示。

(3) 设置完成后，单击 确定 按钮，关闭元器件规则检查设置对话框，系统将自动生成该元器件的规则检查报表，如图 11-93 所示。该报表是一个后缀名为“My Transformer. ERR”的文本文件。

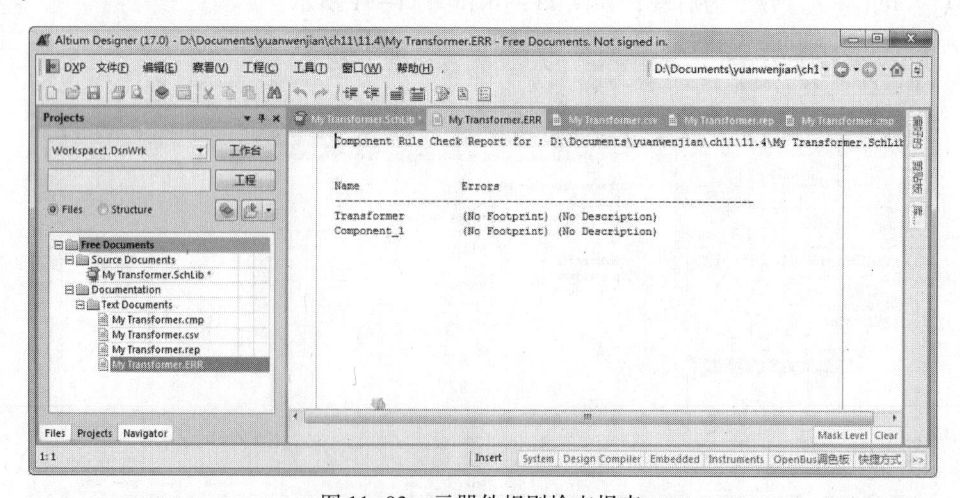

图 11-93　元器件规则检查报表

第12章　电路仿真系统

随着电子技术的飞速发展和新型电子元件的不断涌现，电子电路变得越来越复杂，因此，在进行电路设计时出现缺陷和错误在所难免。为了让设计者在设计电路时能准确地分析电路的工作状况，及时发现其中的设计缺陷并进行改进，Altium Designer 17 提供了一个较为完善的电路仿真组件，该组件可以根据设计原理图进行电路仿真，并根据输出信号的状态调整电路设计，从而减少不必要的设计失误，提高电路设计的工作效率。

所谓电路仿真，就是用户直接利用 EDA 软件自身所提供的功能和环境，对所设计电路的实际运行情况进行模拟的过程。如果在制作 PCB 之前，能够对原理图进行仿真，明确系统的性能指标并据此对各项参数进行适当地调整，将节省大量的人力和物力。由于整个过程是在计算机上运行，所以操作相当简便，免去了搭建实际电路系统的不便，只需要输入不同的参数，就能得到不同情况下电路系统的性能，而且仿真结果真实、直观，便于用户查看和比较。

知识点

- 电路仿真的基本知识
- 仿真分析的参数设置
- 电路仿真方法

12.1　电路仿真的基本概念

在具有仿真功能的 EDA 软件出现之前，设计者为了对自己所设计的电路进行验证，一般是使用面包板来搭建实际的电路系统，然后对一些关键的电路节点进行测试，通过观察示波器上的测试波形来判断是否达到设计要求。如果没有达到，则需要对元件进行更换，有时甚至要调整电路结构，重建电路系统，然后再进行测试，直到达到设计要求为止。整个过程冗长而烦琐，工作量非常大。

使用软件进行电路仿真，则是把上述过程全部搬到了计算机中。同样要搭建电路系统（绘制电路仿真原理图）、测试电路节点（执行仿真命令），而且也需要查看相应节点（中间节点和输出节点）处的电压或电流波形，依此作出判断并进行调整。但在计算机中进行操作，其过程轻松，操作方便，只需要借助于一些仿真工具和仿真操作即可完成。

仿真中涉及的以下几个基本概念。

（1）仿真元件：用户进行电路仿真时使用的元件，要求具有仿真属性。

（2）仿真原理图：用户根据具体电路的设计要求，使用原理图编辑器及具有仿真属性的元件所绘制而成的电路原理图。

（3）仿真激励源：用于模拟实际电路中的激励信号。

（4）节点网络标签：如果要测试电路中多个节点，应该分别放置一个有意义的网络标签名，便于明确查看每一节点的仿真结果（电压或电流波形）。

（5）仿真方式：仿真方式有多种，对于不同的仿真方式，其参数设置也不尽相同，用户应根据具体的电路要求来选择仿真方式。

（6）仿真结果：一般以波形的形式给出，不仅仅局限于电压信号，每个元件的电流及功耗波形都可以在仿真结果中观察到。

12.2 放置电源及仿真激励源

Altium Designer 17 提供了多种电源和仿真激励源，存放在“Simulation Sources. Intlib”集成库中，供用户选择使用。在使用时，均被默认为理想的激励源，即电压源的内阻为零，电流源的内阻为无穷大。

仿真激励源就是仿真时输入到仿真电路中的测试信号，根据观察这些测试信号通过仿真电路后的输出波形，用户可以判断仿真电路中的参数设置是否合理。

常用的电源与仿真激励源有直流电压/电流源、正弦信号激励源、周期脉冲源、分段线性激励源、指数激励源、单频调频激励源。下面以直流电压/电流源为例介绍激励源的设置方法。

直流电压源“VSRC”与直流电流源“ISRC”分别用来为仿真电路提供一个不变的电压信号和电流信号，符号形式如图 12-1 所示。

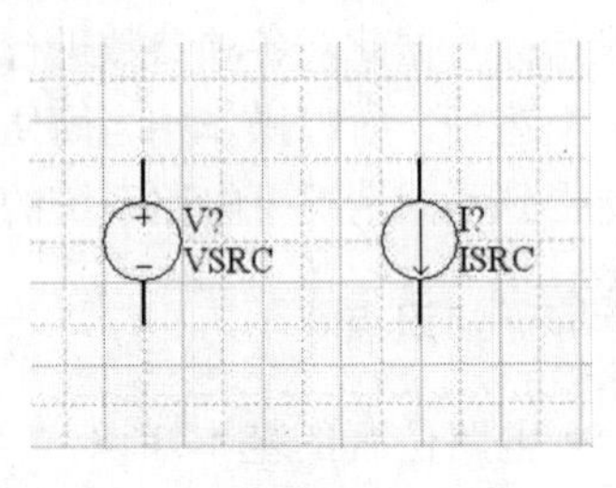

图 12-1　直流电压/电流源符号

这两种电源通常在仿真电路通电时，或者需要为仿真电路输入一个阶跃激励信号时使用，以便用户观测电路中某一节点的瞬态响应波形。

需要设置的仿真参数是相同的，双击新添加的仿真直流电压源，在弹出的“Properties for Schematic Component in Sheet”（电路图中的元件属性）对话框中设置其属性参数，如图 12-2 所示。

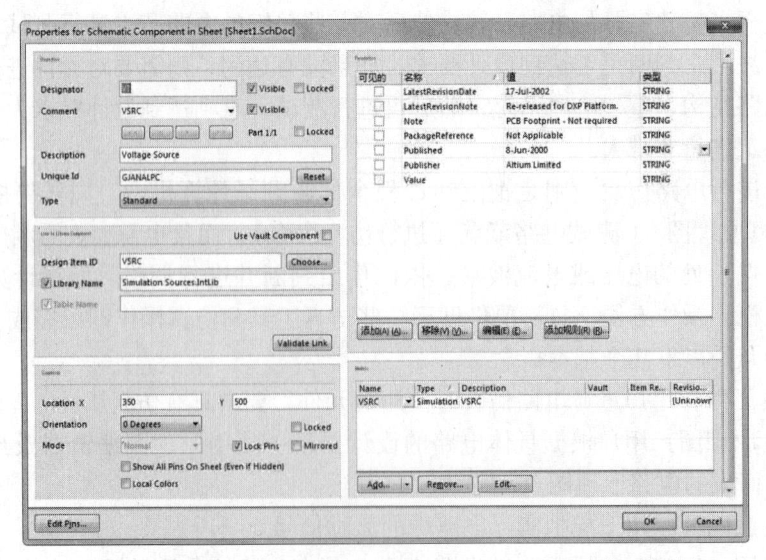

图 12-2　“Properties for Schematic Component in Sheet”对话框

在“Properties for Schematic Component in Sheet”（电路图中的元件属性）对话框中，双击“Type”（类型）栏下的“Simulation”（仿真）选项，系统将弹出如图 12-3 所示的“Sim Model - Voltage Source/DC Source”（仿真模型 - 电压源/直流源）对话框。通过该对话框可以查看并修改仿真模型。“Parameters”（参数）选项卡中，各项参数含义如下：

- “Value”（值）：直流电源电压值。
- “AC Magnitude”（交流幅度）：交流小信号分析的电压幅度。
- “AC Phase”（交流相位）：交流小信号分析的相位值。

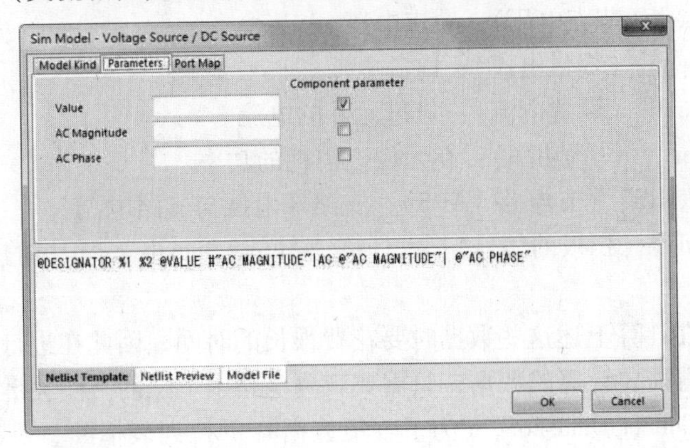

图 12-3 “Sim Model - Voltage Source/DC Source” 对话框

12.3 仿真分析的参数设置

在电路仿真中，选择合适的仿真方式并对相应的参数进行合理的设置，是仿真能够顺利运行并获得良好仿真效果的关键保证。

一般来说，仿真方式的设置包含两部分，一是各种仿真方式都需要的通用参数设置，二是具体的仿真方式所需要的特定参数设置，二者缺一不可。

在原理图编辑环境中，选择菜单栏中的“设计”→“仿真”→“Mixed Sim”（混合仿真）命令，系统将弹出如图 12-4 所示的“Analyses Setup”（分析设置）对话框。

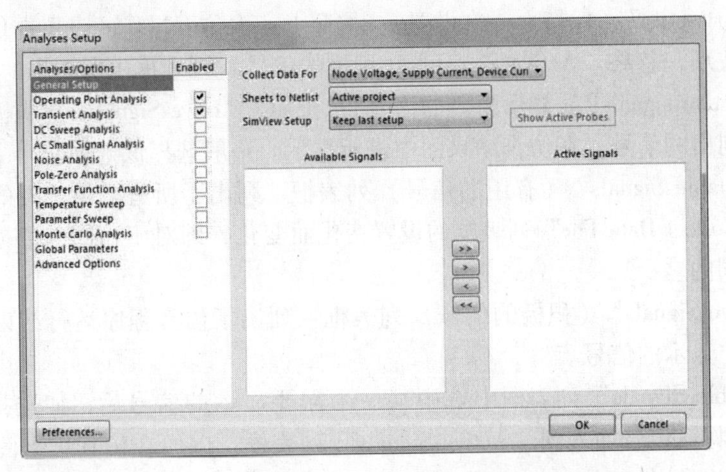

图 12-4 “Analyses Setup”（分析设置）对话框

在该对话框左侧的“Analyses/Option”（分析/选项）列表框中，列出了若干选项供用户选择，包括各种具体的仿真方式。而对话框的右侧则用来显示与选项相对应的具体设置内容。系统的默认选项为“General Setup”（常规设置），即仿真方式的常规参数设置，如图 12-4 所示。

常规参数的具体设置内容有以下几项：

（1）“Collect Data For”（为了收集数据）下拉列表框：用于设置仿真程序需要计算的数据类型，有以下几种类型：

- “Node Voltage”（节点电压）：节点电压。
- “Supply Current”（提供电流）：电源电流。
- “Device Current”（设置电流）：流过元件的电流。
- “Device Power”（设置功率）：在元件上消耗的功率。
- “Subcircuit VARS”（支电路 VARS）：支路端电压与支路电流。
- “Active Signals”（积极的信号）：仅计算“Active Signals”（积极的信号）列表框中列出的信号。

由于仿真程序在计算上述这些数据时要花费很长的时间，因此在进行电路仿真时，用户应该尽可能少地设置需要计算的数据，只需要观测电路中节点的一些关键信号波形即可。

单击右侧的“Collect Data For”（为了收集数据）下拉列表框，可以看到系统提供的几种需要计算的数据组合，用户可以根据具体仿真的要求加以选择，系统默认为“Node Voltage，Supply Current，Device Current and Power”（节点电压，提供电流，设置电流和功率）。

一般来说，应设置为“Active Signals”（积极的信号），这样一方面可以灵活选择所要观测的信号，另一方面也减少了仿真的计算量，提高了效率。

（2）“Sheet to Netlist”（原理图网络表）下拉列表框：用于设置仿真程序的作用范围，包括以下两个选项：

- “Active sheet”（积极的原理图）：显示当前的电路仿真原理图。
- “Active project”（积极的工程）：显示当前的整个工程。

（3）“SimView Setup”（仿真视图设置）：下拉列表框：用于设置仿真结果的显示内容。

- “Keep last setup”（保持上一次设置）：按照上一次仿真操作的设置在仿真结果图中显示信号波形，忽略“Active Signals”（积极的信号）列表框中所列出的信号。
- “Show active signals”（显示积极的信号）：按照“Active Signals”（积极的信号）列表框中所列出的信号，在仿真结果图中进行显示。一般选择该选项。

（4）“Available Signals”（有用的信号）列表框：列出了所有可供选择的观测信号，具体内容随着“Collect Data For”列表框的设置变化而变化，即对于不同的数据组合，可以观测的信号是不同的。

（5）“Active Signals”（积极的信号）列表框：列出了仿真程序运行结束后，能够立刻在仿真结果图中显示的信号。

在“Available Signals”列表框中选中某一个需要显示的信号后，如选择“IN”，单击按钮，可以将该信号加入到“Active Signals”列表框，以便在仿真结果图中显示；单击按钮则可以将“Active Signals”列表框中某个不需要显示的信号移回“Available Signals”

列表框；单击[»]按钮，直接将全部可用的信号加入到“Active Signals”列表框中；单击[«]按钮，则将全部处于激活状态的信号移回“Available Signals”（有用的信号）列表框中。

上面讲述的是在仿真运行前需要完成的常规参数设置，而对于用户具体选用的仿真方式，还需要进行一些特定参数的设定。

12.4 仿真模式设置

Altium Designer 17 的仿真器可以完成各种形式的信号分析，如图 12-5 所示。在仿真器的分析设置对话框中，通过通用参数设置对话框，允许用户指定仿真的范围和自动显示仿真的信号，每一项分析类型可以在独立的设置对话框内完成。

Altium Designer 17 中允许的分析类型包括：

- 静态工作点分析（Operating Point Analysis）
- 瞬态分析分析（Transient Analysis）
- 直流扫描分析（DC Sweep Analysis）
- 交流小信号分析（AC Small Signal Analysis）
- 噪声分析（Noise Analysis）
- 极点分析（Pole - Zero Analysis）
- 传递函数分析（Transfer Function Analysis）
- 温度扫描（Temperature Sweep）
- 参数扫描（ Parameter Sweep）
- 蒙特卡罗分析（Monte Carlo Analysis）
- 全局参数分析（Global Parameters）
- 高级设置分析（Advanced Options）

在“Analyses/Options”（分析/选项）高级参数选项对话框内，用户可以定义高级的仿真属性，包括 SPICE 变量值、仿真器和仿真参考网络的综合方法通常，如果没有深入了解 SPICE 仿真参数的功能，不建议用户为达到更高的仿真精度而改变高级参数属性。所有在仿真设置对话框中的定义将被用于创建一个 SPICE 网表（ *. nsx），运行任何一个仿真，均需要创建一个 SPICE 网表。如果在创建网表过程中出现任何错误或警告，分析设置对话框将不会被打开，而是通过消息栏提示用户修改错误。仿真可以直接在一个 SPICE 网表文件窗口下运行，同时，在完全掌握了 SPICE 知识，“ *. nsx”文件允许用户编辑。如果，用户修改了仿真网表内容，则需要将文件另存为其他的名称，因为，系统将在运行仿真时，自动修改并覆盖原仿真网表文件。

12.4.1 通用参数设置

在原理图编辑环境中，选择菜单命令“设计”→“仿真”→“Mixed Sim”（混合仿真），弹出分析设置对话框，如图 12-5 所示。

在该对话框左侧“Analyses/Options”（分析/选项）栏中列出了需要设置的仿真参数和模型，右侧显示了与当前所选项目对应的仿真模型的参数设置。系统打开对话框后，默认的选项为“General Setup”（通用设置），即通用参数设置对话框。

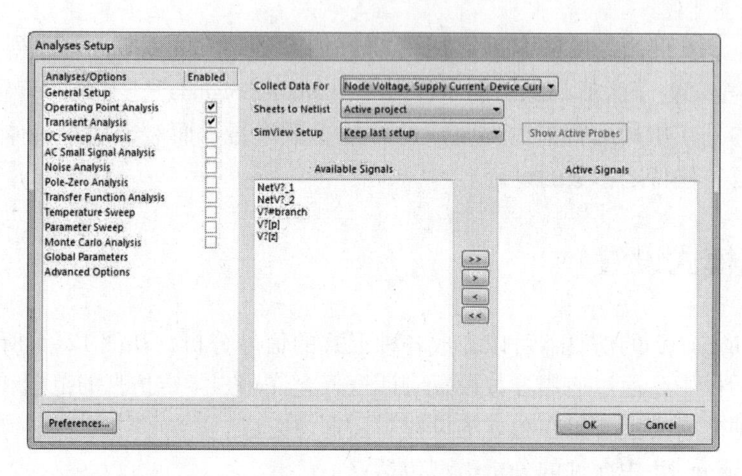

图 12-5 “Analyses Setup”（分析设置）对话框

(1) 仿真数据结果可以通过“Collect Data For（为了收集数据）”下拉选择栏中指定：

- “Node Voltage and Supply Current”：将保存每个节点电压和每个电源电流的数据。
- “Node Voltage, Supply and Device Current”：将保存每一个节点电压、每个电源和器件电流的数据。
- “Node Voltage, Supply Current, Device Current and Power”：将保存每个节点电压、每个电源电流以及每个器件的电源和电流的数据。
- “Node Voltage, Supply Current and Subcircuit VARs”：将保存每个节点电压、来自每个电源的电流源以及子电路变量中匹配的电压/电流的数据。
- “Active Signals”：仅保存在“Active Signals”中列出的信号分析结果。

一般来说，应设置为“Active Signals”，这样可以灵活选择所要观测的信号，也可以减少仿真的计算量，提高效率。

(2) 在“Sheet to Netlist”（原理图网络表）下拉选择栏中，可以指定仿真分析的是当前原理图还是整个项目工程。

- “Active sheet”：当前的电路仿真原理图。
- “Active project”：当前的整个项目工程。

(3) 在“SimView 设置”下拉选择栏中，用户可以设置仿真结果的显示。

- “Keep Last Setup”：按上一次仿真的设置来保存和显示数据。
- “Show Active Signals”：按照“Active Signals”栏中列出的信号，在仿真结果图中显示。

(4) 在“Available Signals”（有用的信号）栏中列出了所有可供选择的观测信号。通过改变“Collect Data for”列表框的设置，该栏中的内容将随之变化。

(5) 在“Active Signals”（积极的信号）列表框中列出了仿真结束后，能立即在仿真结果中显示的信号。在“Available Signals”（有用的信号）栏中选择某一信号后，可以单击 > 按钮，为“Active Signals”（积极的信号）栏添加显示信号；单击 < 按钮，可以将不需要显示的信号移回“Available Signals”（有用的信号）栏中；单击 >> 按钮，可以将所有信号添加到“Active Signals”（积极的信号）栏；单击 << 按钮，可以将所有信号移回“Available Signals”（有用的信号）栏。

12.4.2 静态工作点分析（Operating Point Analysis）

静态工作点分析用于测定带有短路电感和开路电容电路的静态工作点。使用该方式时，用户不需要进行特定参数的设置，选中即可运行，如图 12-6 所示。

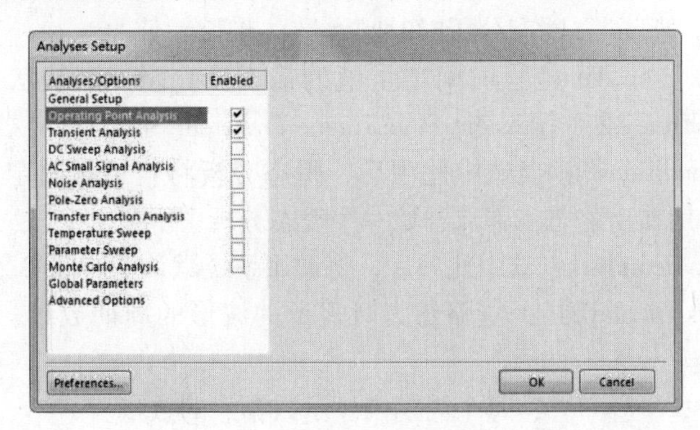

图 12-6　静态工作点分析

在测定瞬态初始化条件时，除了在 Transient Setup 中使用 Use Initial Conditions 参数的情况外，静态工作点分析将优先于瞬态分析和傅里叶分析。同时，静态工作点分析优先于交流小信号、噪声和 Pole - Zero 分析。为了保证测定的线性化，电路中所有非线性的小信号模型，在静态工作点分析中将不考虑任何交流源的干扰因素。

12.4.3 瞬态分析（Transient Analysis）

瞬态分析是电路仿真中经常用到的仿真方式，在分析设置对话框中选中“Transient Analysis”项，即可在右面显示瞬态分析参数设置，如图 12-7 所示。

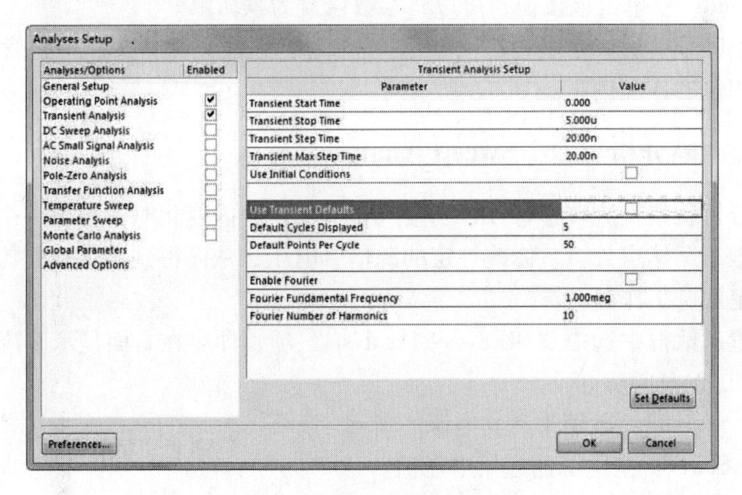

图 12-7　瞬态分析参数设置

1. 瞬态分析

瞬态分析在时域中描述瞬态输出变量的值。在未使能 Use Initial Conditions 参数时，对于固定偏置点，电路节点的初始值对计算偏置点和非线性元件的小信号参数时节点初始值也应考虑在内，因此有初始值的电容和电感也被看作是电路的一部分而保留下来。

- “Transient Start Time”：瞬态分析时设定的时间间隔的起始值，通常设置为0。
- “Transient Stop Time”：瞬态分析时设定的时间间隔的结束值，需要根据具体的电路来调整设置。
- “Transient Step Time”：瞬态分析时时间增量（步长）值。
- “Transient Max Step Time”：时间增量值的最大变化量。默认状态下，其值可以是 Transient Step Time 或（Transient Stop Time - Transient Start Time）/50。
- “Use Initial Conditions”：当选中此项后，瞬态分析将自原理图定义的初始化条件开始。该项通常用在由静态工作点开始一个瞬态分析中。
- “Use Transient Defaults”：选中此项后，将调用系统默认的时间参数。
- “Default Cycles Displayed”：电路仿真时显示的波形的周期数量。该值将由 Transient Step Time 决定。
- “Default Points Per Cycle”：每个周期内显示数据点的数量。

如果用户未确定具体输入的参数值，建议使用默认设置；当使用原理图定义的初始化条件时，需要确定在电路设计内的每一个适当的元器件上已经定义了初始化条件，或在电路中放置 .IC 元件。

2. 傅里叶分析

一个电路设计的傅里叶分析是基于瞬态分析中最后一个周期的数据完成的。

- “Enable Fourier”：若选中该复选框，则在仿真中执行傅里叶分析。
- “Fourier Fundamental Frequency”：用于设置傅里叶分析中的基波频率。
- “Fourier Number of Harmonics”：傅里叶分析中的谐波数。每一个谐波均为基频的整数倍。
- “Set Defaults”：单击该按钮，可以将参数恢复为默认值。

在执行傅里叶分析后，系统将自动创建一个 .sim 数据文件，文件中包含了关于每一个谐波的幅度和相位的详细信息。

12.4.4 直流扫描分析（DC Sweep Analysis）

直流扫描分析就是直流转移特性，当输入在一定范围内变化时，输出一个曲线轨迹。通过执行一系列静态工作点分析，修改选定的源信号电压，从而得到一个直流传输曲线。用户也可以同时指定两个工作源。

在分析设置对话框中选中“DC Sweep Analysis”项，即可在右面显示直流扫描分析仿真参数设置，如图12-8所示。

- “Primary Source”：电路中独立电源的名称。
- “Primary Start”：主电源的起始电压值。
- “Primary Stop”：主电源的停止电压值。
- “Primary Step”：在扫描范围内指定的步长值。
- “Enable Secondary”：在主电源基础上，执行对从电源值的扫描分析。
- “Secondary Name”：在电路中独立的第二个电源的名称。
- “Secondary Start”：从电源的起始电压值。

● “Secondary Stop”：从电源的停止电压值。
● “Secondary Step”：在扫描范围内指定的步长值。

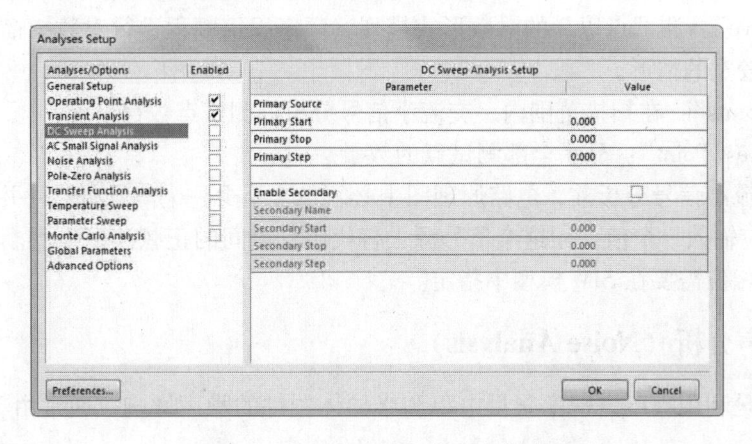

图 12-8　直流扫描分析仿真参数设置

在直流扫描分析中必须设定一个主源，而第二个源为可选源。通常第一个扫描变量（主独立源）所覆盖的区间是内循环，第二个（从独立源）扫描区间是外循环。

12.4.5　交流小信号分析（AC Small Signal Analysis）

交流小信号分析是在一定的频率范围内计算电路的频率响应。如果电路中包含非线性器件，在计算频率响应之前就应该得到此元器件的交流小信号参数。在进行交流小信号分析之前，必须保证电路中至少有一个交流电源，即在激励源中的 AC 属性域中设置一个大于零的值。

在分析设置对话框中选中“AC Small Signal Analysis”项，即可在右面显示交流小信号分析仿真参数，如图 12-9 所示。

● “Start Frequency”：用于设置交流小信号分析的初始频率。
● “Stop Frequency”：用于设置交流小信号分析的终止频率。
● “Sweep Type”：用于设置扫描方式，有 3 种选择：
◆ “Linear”：全部测试点均匀的分布在线性化的测试范围内，是从起始频率开始到终

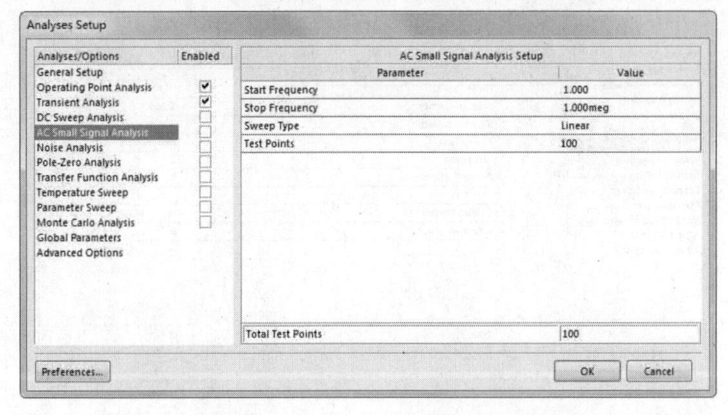

图 12-9　交流小信号分析的仿真参数

止频率的线性扫描，Linear 类型适用于带宽较窄情况。
- ◆“Decade”：测试点以 10 的对数形式排列，Decade 用于带宽特别宽的情况。
- ◆“Octave”：测试点以 2 的对数形式排列，频率以倍频程进行对数扫描，Octave 用于带宽较宽的情形。

- “Test Points”：在扫描范围内，交流小信号分析的测试点数目设置。
- “Total Test Point”：显示全部测试点的数量。

在执行交流小信号分析前，电路原理图中必须包含至少一个信号源器件并且在 AC Magnitude 参数中应输入一个值。用这个信号源去替代仿真期间的正弦波发生器。用于扫描的正弦波的幅度和相位需要在 SIM 模型中指定。

12.4.6 噪声分析（Noise Analysis）

噪声分析是利用噪声谱密度测量电阻和半导体器件的噪声影响，通常由 V2/Hz 表征测量噪声值。

电阻和半导体器件等都能产生噪声，噪声电平取决于频率，电阻和半导体器件产生噪声的类型不同（注意：在噪声分析中，电容、电感和受控源视为无噪声元器件）。对交流分析的每一个频率，电路中每一个噪声源（电阻或晶体管）的噪声电平都被计算出来。

在电路设计中，我们可以测量和分析的噪声有以下几种：

- Output Noise：在某个输出节点处测量得到的噪声。
- Input Noise：叠加在输入端的噪声总量，将直接关系到输出端上的噪声值。
- Component Noise：电路中每个器件（包括电阻和半导体器件）对输出端所造成的噪声乘以增益后的总和。

在分析设置对话框中选中“Noise Analysis”项，即可在右面显示噪声分析仿真参数设置，如图 12-10 所示。

- “Noise Source”：选择一个用于计算噪声的参考电源（独立电压源或独立电流源）。
- “Start Frequency”：指定噪声分析的起始频率。
- “Stop Frequency”：指定噪声分析的终止频率。
- “Sweep Type”：指定扫描方式，这些设置和交流小信号分析差不多，在此只作简要说明。

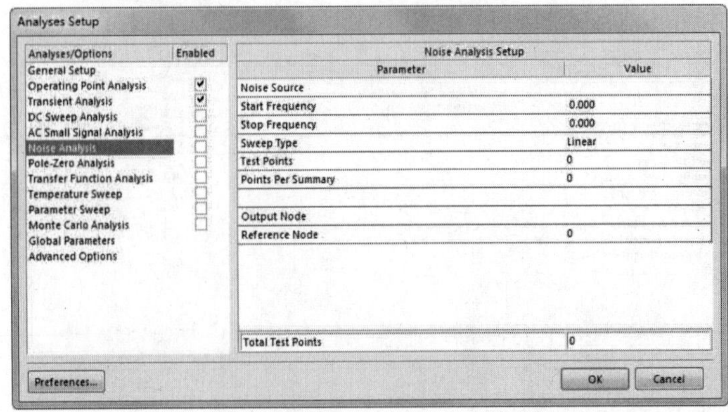

图 12-10　噪声分析仿真参数设置

Linear 为线性扫描，是从起始频率开始到终止频率的线性扫描，Test Points 是扫描中的总点数，一个频率值由当前一个频率值加上一个常量得到，Linear 适用于带宽较窄情况；Octave 为倍频扫描，频率以倍频程进行对数扫描，Test Points 是倍频程内的扫描点数，下一个频率值由当前值乘以一个大于 1 的常数产生，Octave 用于带宽较宽的情形；Decade 为十倍频扫描，它进行对数扫描，Test Points 是十倍频程内的扫描点数，Decade 用于带宽特别宽的情况，通常起始频率应大于零，独立的电压源中需要指定 Noise Source 参数。

- “Test Points”：用于指定扫描的测试点数目。
- “Points Per Summary”：指定计算噪声的范围。在此区域中，若输入 0，则只计算输入和输出噪声；若输入 1，则同时计算各个器件的噪声。后者适用于用户想单独查看某个器件的噪声并进行相应处理的情况（比如某个器件的噪声较大，则考虑使用低噪声的器件换之）。
- “OutPut Node”：指定噪声分析的输出节点。
- “Reference Node”：指定输出噪声参考节点，此节点一般为地（即为 0 节点），如果设置的是其他节点，可以通过 V（Output Node）－V（Reference Node）得到总的输出噪声。

12.4.7 零－极点分析（Pole－Zero Analysis）

零－极点分析是在单输入/输出的线性系统中，利用电路的小信号交流传输函数对极点或零点的计算用零－极点分析进行稳定性分析，将电路的静态工作点线性化和对所有非线性器件匹配小信号模型。传输函数可以是电压增益（输出与输入电压之比）或阻抗（输出电压与输入电流之比）中的任意一个。

在分析设置对话框中选中“Pole－Zero Analysis”项，即可在右面显示零－极点分析仿真参数设置，如图 12-11 所示。

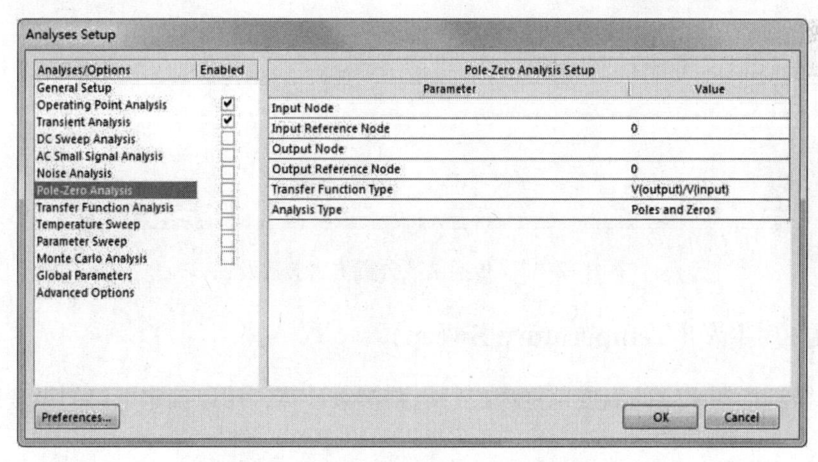

图 12-11　零－极点分析仿真参数设置

- “Input Node”：输入节点选择设置。
- “Input Reference Node”：输入端的参考节点设置，系统默认为 0。
- “Output Node”：输出节点选择设置。
- “Output Reference Node”：输出端的参考节点设置，系统默认为 0。

- “Transer Function Type”：设定交流小信号传输函数的类型，有两种选择：“V(output)/V(input)”（电压增益传输函数）和“V(output)/I(input)”（电阻传输函数）。
- “Analysis Type”：分析类型设置，有三种选择：“Poles Only”（只分析极点）、“Zeros Only”（只分析零点）和“Poles And Zeros”（零、极点分析）。

Pole－Zero分析可用于对电阻、电容、电感、线性控制源、独立源、二极管、BJT管、MOSFET管和JFET管等进行分析。对于复杂的大规模电路设计进行Pole－Zero分析时，需要耗费大量时间并且可能找不到全部的Pole和Zero点，因此将其拆分成小的电路再进行Pole－Zero分析将更加有效。

12.4.8 传递函数分析（Transfer Function Analysis）

传递函数分析（也称为直流小信号分析）将计算每个电压节点上的直流输入电阻、直流输出电阻和直流增益值。

在分析设置对话框中选中“Transfer Function Analysis”项，即可在右面显示传递函数分析仿真参数设置，如图12-12所示。

- “Source Name”：指定输入参考的小信号输入源。
- “Reference Node”：作为参考指定计算每个特定电压节点的电路节点，系统默认为0。

利用传递函数分析可以计算整个电路中直流输入、输出电阻和直流增益三个小信号的值。

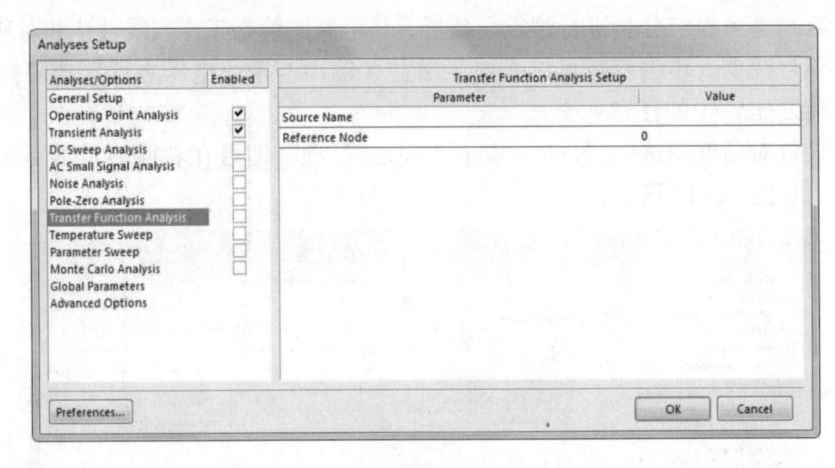

图12-12 传递函数分析仿真参数设置

12.4.9 温度扫描（Temperature Sweep）

温度扫描是指在一定的温度范围内进行电路参数计算，用以确定电路的温度漂移等性能指标。

在分析设置对话框中选中“Temperature Sweep”项，即可在右面显示温度扫描仿真参数设置，如图12-13所示。

- “Start Temperature”：温度扫描的起始温度。
- “Stop Temperature”：温度扫描的终止温度。
- “Step Temperature”：在温度变化区间内，递增变化的温度大小，即步长。

在温度扫描分析时，由于会产生大量的分析数据，因此需要将“General Setup”中的“Collect Data for”设定为“Active Signals”。

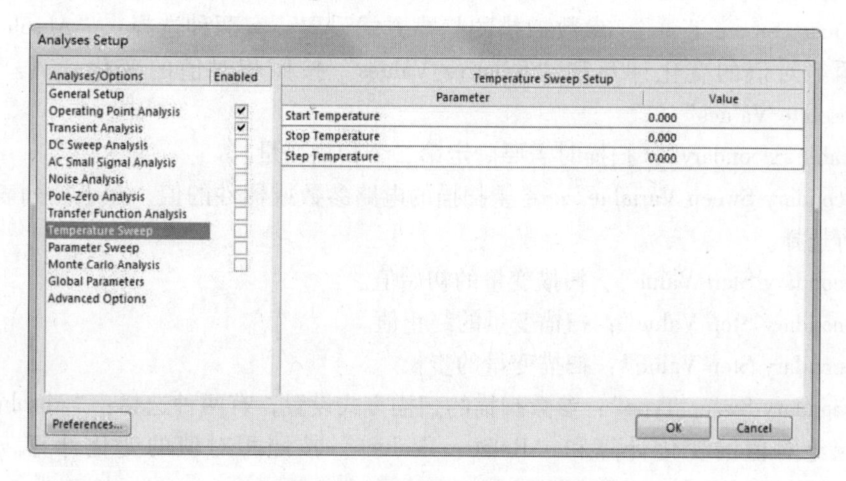

图 12-13　温度扫描仿真参数设置

12.4.10　参数扫描（Parameter Sweep）

参数扫描可以与直流、交流或瞬态分析等分析类型配合使用，对电路所执行的分析进行参数扫描，对于研究电路参数变化对电路特性的影响提供了很大的方便。在分析功能上与蒙特卡罗分析和温度分析类似，它是按扫描变量对电路的所有分析参数扫描的，分析结果产生一个数据列表或一组曲线图。同时用户还可以设置第二个参数扫描分析，但参数扫描分析所收集的数据不包括子电路中的器件。

在分析设置对话框中选中“Parameter Sweep”项，即可在右面显示参数扫描仿真参数设置，如图 12-14 所示。

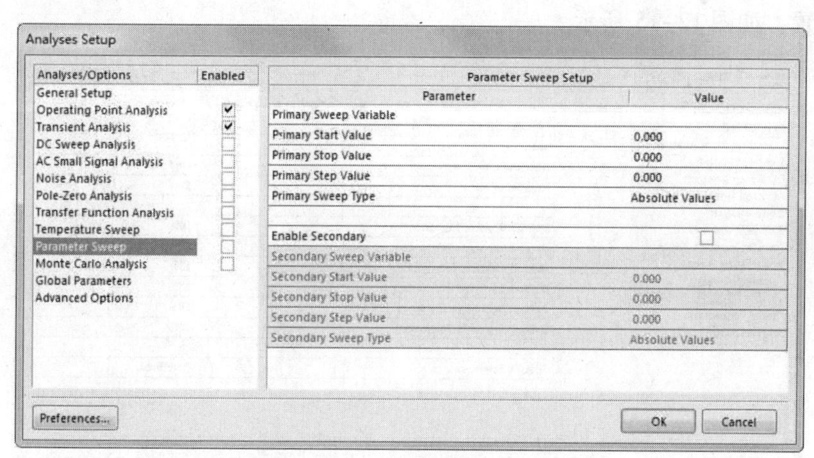

图 12-14　参数扫描仿真参数设置

- “Primary Sweep Variable”：希望扫描的电路参数或器件的值，在下拉列表框中可以进行选择。
- “Primary Start Value”：扫描变量的初始值。

- “Primary Stop Value”：扫描变量的终止值。
- “Primary Step Value”：扫描变量的步长。
- “Primary Sweep Type”：参数扫描的扫描方式设置，有两种选择：“Absolute Values”按照绝对值的变化计算和“Relative Values”按照相对值的变化计算。通常选择“Absolute Values”。
- “Enable Secondary”：扫描时需要确定第二个扫描变量。
- “Secondary Sweep Variable”：希望扫描的电路参数或器件的值，在下拉列表框中可以进行选择。
- “Secondary Start Value”：扫描变量的初始值。
- “Secondary Stop Value”：扫描变量的终止值。
- “Secondary Step Value”：扫描变量的步长。
- “Secondary Sweep Type”：参数扫描的扫描方式设置，有两种选择：“Absolute Values”按照绝对值的变化计算和“Relative Values”按照相对值的变化计算。通常选择“Absolute Values”。

参数扫描至少应与标准分析类型中的一项一起执行，我们可以观察到不同的参数值所画出来不一样的曲线。曲线之间偏离的大小表明此参数对电路性能影响的程度。

12.4.11 蒙特卡罗分析（Monte Carlo Analysis）

蒙特卡罗分析是一种统计模拟方法，它是在给定电路元器件参数容差为统计分布规律的情况下，用一组随机数求得元器件参数的随机抽样序列，对这些随机抽样的电路进行直流扫描、静态工作点、传递函数、噪声、交流小信号和瞬态分析，并通过多次分析结果估算出电路性能的统计分布规律。蒙特卡罗分析可以进行最坏情况分析。

在分析设置对话框中选中“Monte Carlo Analysis”选项，即可在右面显示蒙特卡罗分析仿真参数设置，如图 12-15 所示。

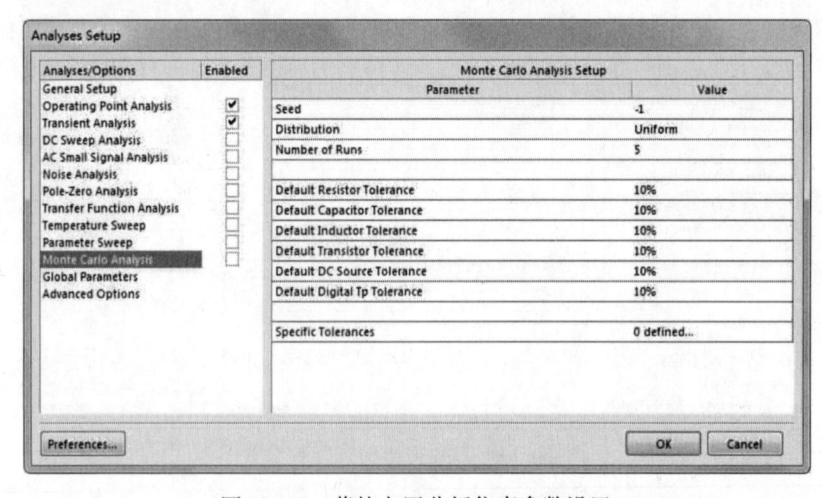

图 12-15 蒙特卡罗分析仿真参数设置

- “Seed”：该值是仿真中随机产生的。如果用随机数的不同序列执行一个仿真，需要改变该值，系统默认值为 -1。

- “Distribution”：容差分布参数。有三种选择：“Uniform” 表示单调均匀分布，在超过指定的容差范围后仍然保持单调变化；“Gaussian” 表示高斯曲线分布，名义中位数与指定容差有 -/+3 的背离；“Worst Case” 表示最坏情况，与单调均匀分布类似，不仅仅是容差范围内最差的点。
- “Number of Runs”：在指定容差范围内执行仿真的次数，系统默认值为 5。
- “Default Resistor Tolerance”：电阻件默认容差设置，系统默认值为 10%。
- “Default Capacitor Tolerance”：电容件默认容差设置，系统默认值为 10%。
- “Default Inductor Tolerance”：电感件默认容差设置，系统默认值为 10%。
- “Default Transistor Tolerance”：晶体管件默认容差设置，系统默认值为 10%。
- “Default DC Source Tolerance”：直流源默认容差设置，系统默认值为 10%。
- “Default Digital Tp Tolerance”：数字器件传播延时默认容差设置，系统默认值为 10%。该容差将用于设定随机数发生器产生数值的区间。
- “Specific Tolerances”：特定元器件的容差，用于定义一个新的特定容差，单击后面的 0 defined... ⋯按钮，将打开如图 12-16 所示的对话框。

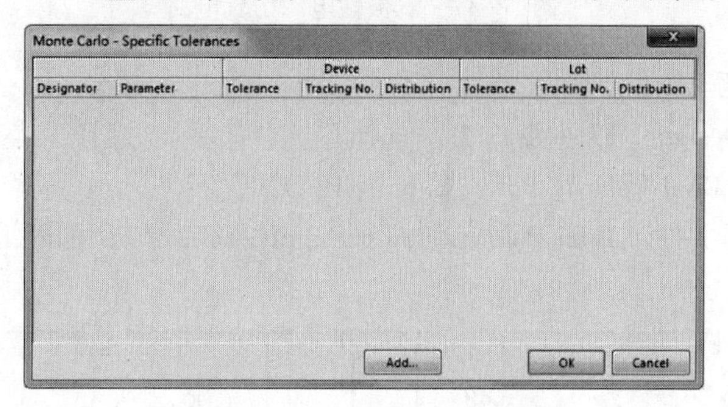

图 12-16　特定容差设置对话框

在该对话框中，单击“Add”按钮，在出现的新增行的“Designator”（标识）域中选择特定容差的器件；在“Parameter”中设置参数值；在“Tolerance”中设定容差范围；在“Track No.”即跟踪数（tracking number）中用户可以为多个器件设定特定容差，此区域用来标明在设定多个器件特定容差的情况下，它们之间的变化情况。如果两个器件的特定容差的“Tracking No.”一样，且分布一样，则在仿真时将产生同样的随机数并用于计算电路特性；在“Distribution”选择 uniform、gaussian、worst case 其中一项。每个器件都包含两种容差类型，分别为器件容差和批量容差。

由于电阻、电容、电感、晶体管等同时变化情况，变化的参数太多，反而不知道哪个参数对电路的影响最大。因此，建议用户不要“贪多”，应该一个一个地分析。例如，用户想知道晶体管参数 BF 对电路频率响应的影响，那么就应该去掉其他参数对电路的影响，而只保留 BF 容差。

12.5　操作实例

12.5.1　双极性电源仿真分析

本例要求完成如图 12-17 所示仿真电路原理图的绘制，将主要学习如何使用波形分析器。在完成仿真生成波形后，还要对产生的波形进行计算和分析。

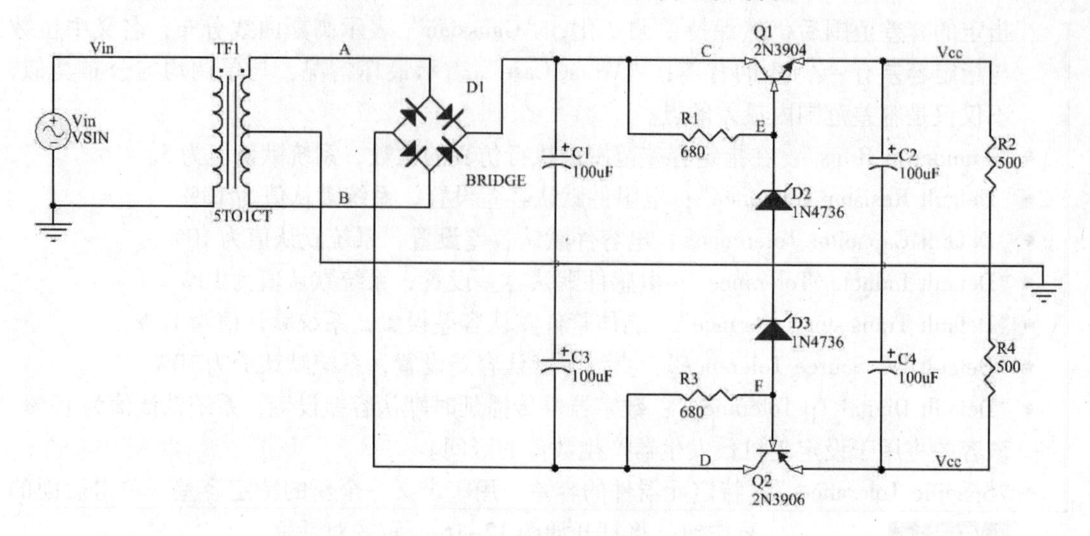

图 12-17　双极性电源仿真电路

1. 建立工作环境

（1）在 Altium Designer 17 主窗口中，选择“文件”→“打开”菜单命令，在源文件路径中选择工程文件“Dual Polarity Power Supply. PrjPCB”。

（2）打开原理图文件“Dual Polarity Power Supply. SchDoc”，如图 12-18 所示。

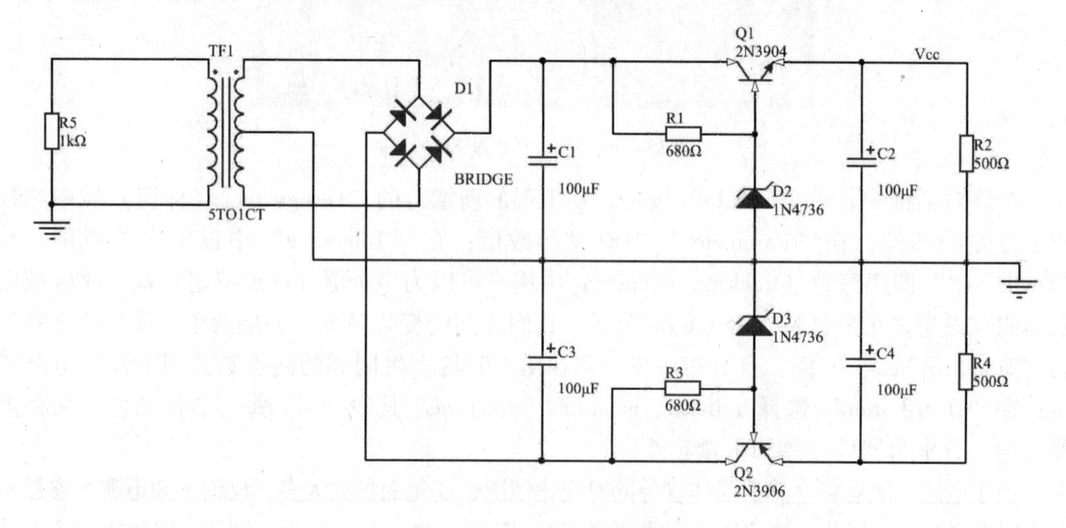

图 12-18　双极性电源电路

2. 设置元件的仿真参数

（1）在“库”面板中单击Libraries...按钮，系统将弹出“可用库”对话框。在该对话框中单击添加库(A) (A)...按钮，添加“Simulation Source. IntLib”文件，如图 12-19 所示。

在元件库中选择本例中所用的信号源 - 正弦信号源 VSIN，同时设置它的频率为 60Hz，幅值为 170，如图 12-20 所示。另外，在原理图中显示网络标号 VIN 、A、B、C、D、E、F、V_{CC}和 V_{EE}。

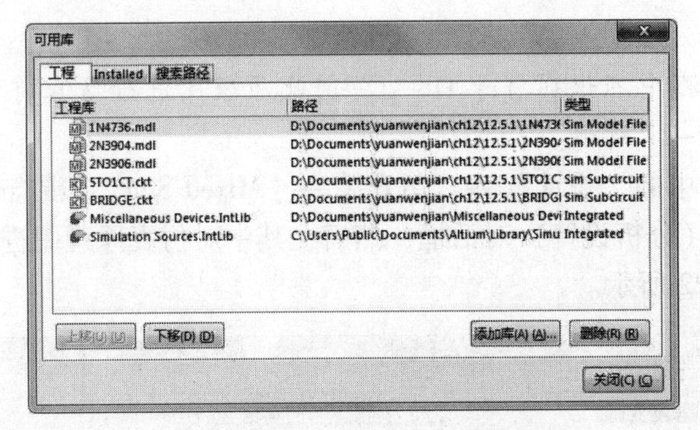

图 12-19　添加仿真元件库

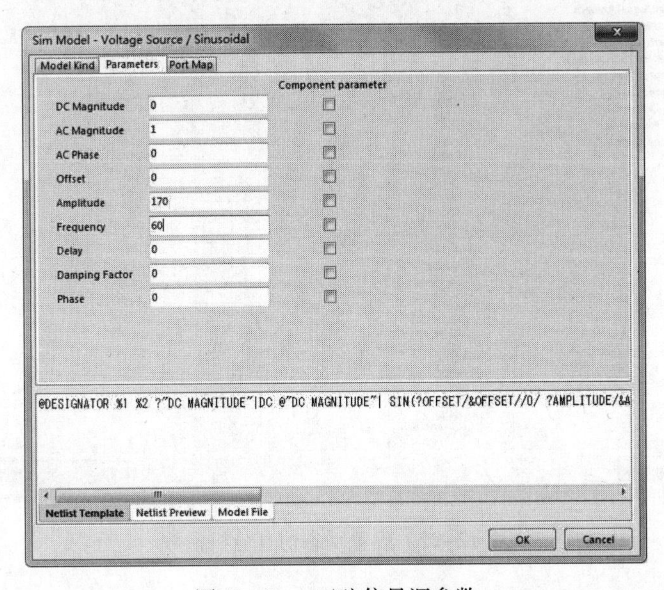

图 12-20　正弦信号源参数

（2）选择“文件”→“另存为”菜单命令，将原理图文件保存为“SIM - Dual Polarity Power Supply. SchDoc”，结果如图 12-21 所示。

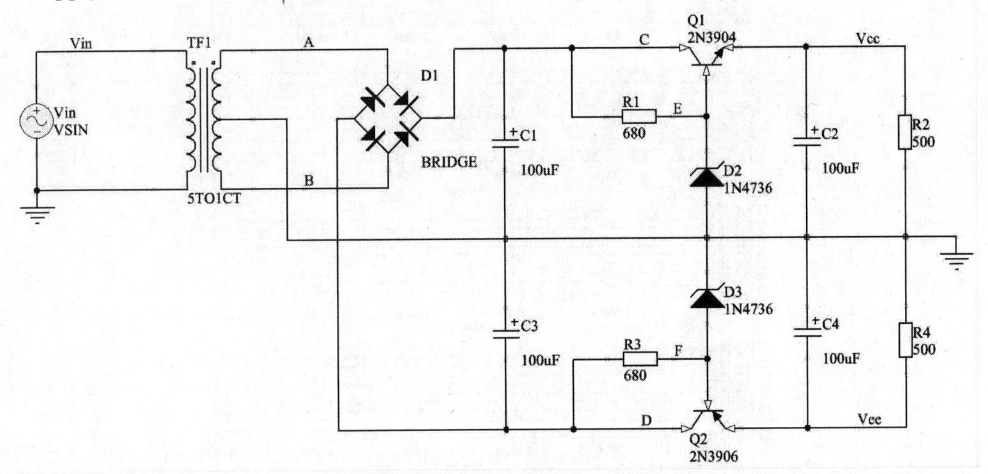

图 12-21　仿真前原理图修改结果

提示：

由于系统仿真过程中不识别符号 Ω、μ，因此原理图进行仿真前需要修改删除这些符号，修改结果如图 12-21 所示。

（3）选择菜单栏中的“设计”→“仿真”→“Mixed Sim”（混合仿真）菜单命令，打开“Analyses Setup”（分析设置）对话框，然后在其中对仿真原理图进行瞬态分析，其仿真参数的设置如图 12-22 所示。

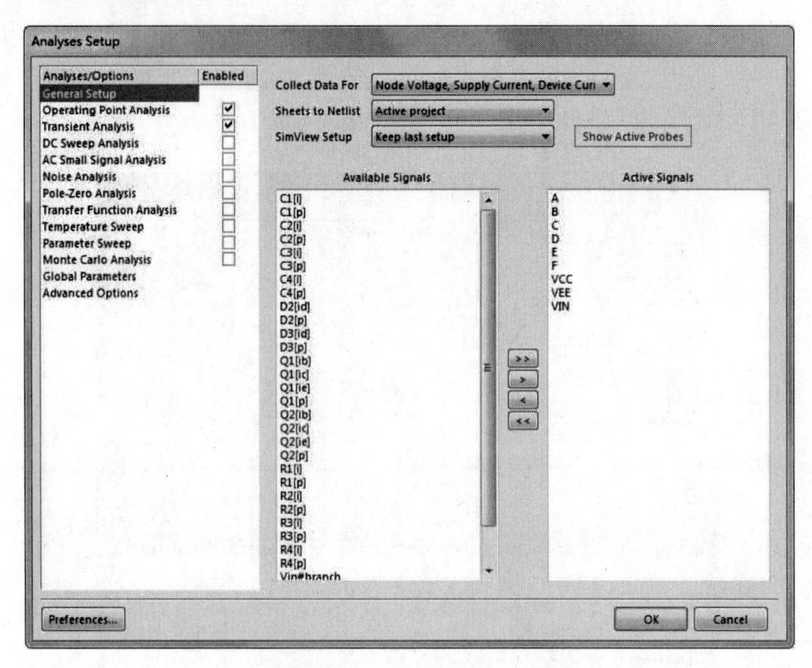

图 12-22　设置瞬态仿真分析参数

（4）单击OK按钮，进行仿真，生成瞬态仿真分析波形，如图 12-23 所示。

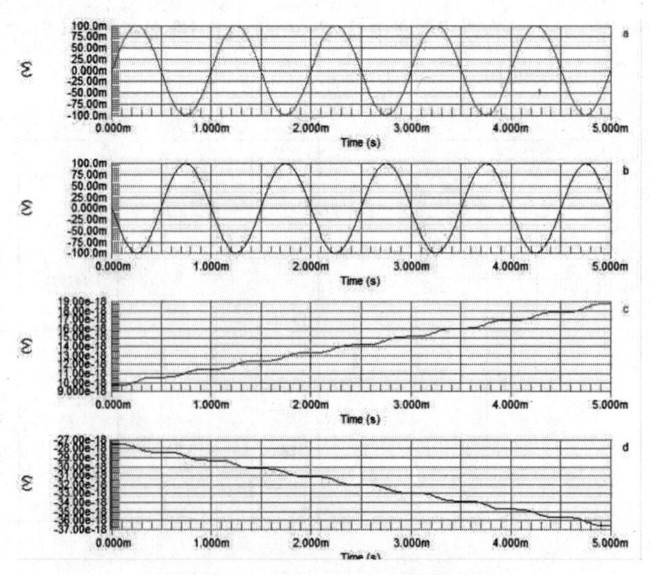

图 12-23　生成瞬态仿真分析波形

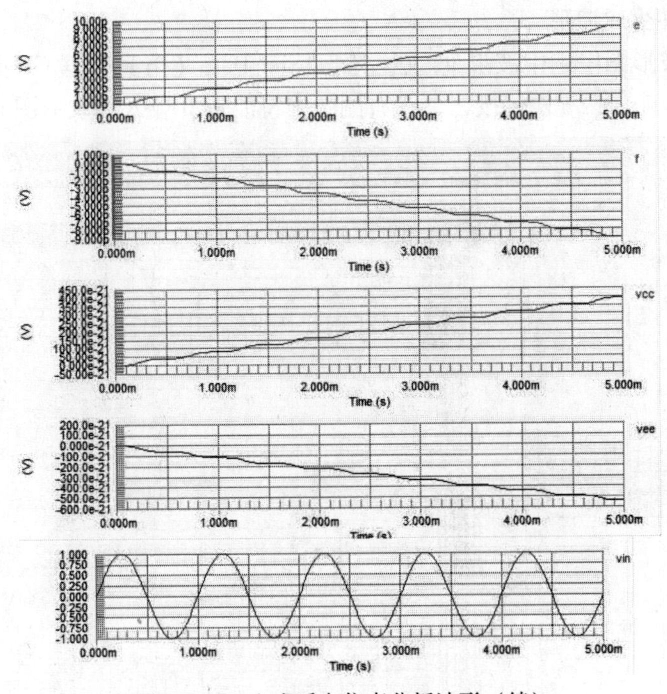

图 12-23　生成瞬态仿真分析波形（续）

3. 打开仿真面板

选择菜单栏中的“察看”→“工作区面板”→“Editor”（编辑器）→“Sim Date”（仿真数据）菜单命令，打开“Sim Date”（仿真数据）面板，如图 12-24 所示。

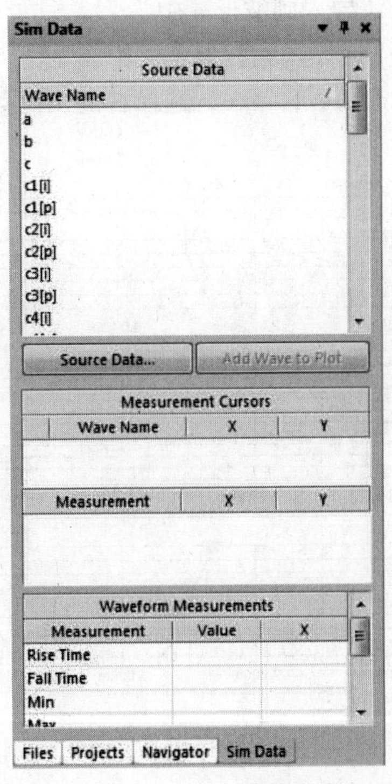

图 12-24　“Sim Date”（仿真数据）面板

4. 导入数据并生成波形

（1）在右侧波形图中选中波形 a，在左侧“Sim Date（仿真数据）”面板中选中 b，如图 12-25 所示，单击 Add Wave to Plot 按钮，在右侧图中将波形 b 导入到波形图 a。

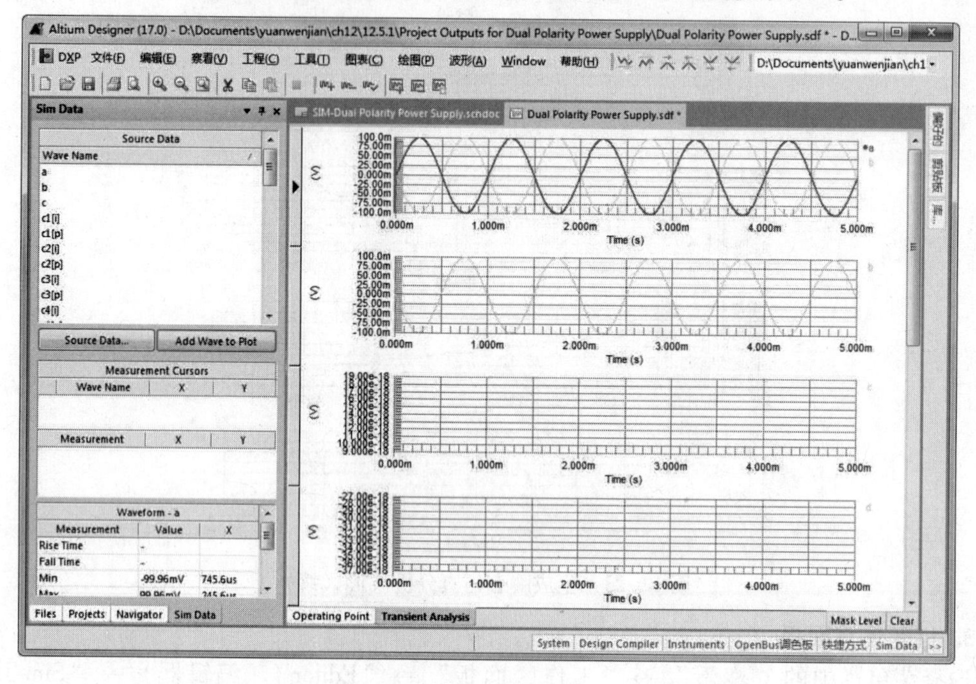

图 12-25　添加波形

（2）继续将波形 c、d、e、f 导入到波形 a 中。

（3）同样的方法，将波形 *V*cc 导入到波形 *V*ee 中。

（4）分别选中波形 b、c、d、e、f、*V*cc，选择右键快捷菜单命令 Delete Plot，删除波形，最终结果如图 12-26 所示。

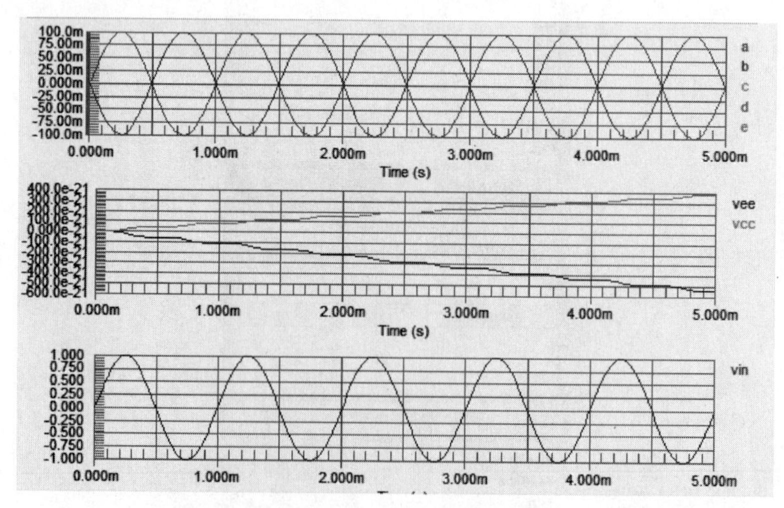

图 12-26　波形导入结果

12.5.2　基本电力供应电路分析

本例要求完成如图 12-27 所示仿真电路原理图的绘制，同时完成电路的特性分析。

1. 绘制电路的仿真原理图

（1）创建新项目文件和电路原理图文件。选择菜单栏中的“文件”→“New”（新建）→“Project”（工程）命令，创建一个名为“Basic Power Supply. PRJPCB”的新项目文件，选择菜单命令“文件”→“新建”→“原理图”，创建原理图文件，并保存更名为“Basic Power Supply. schdoc”，进入到原理图编辑环境中。

（2）加载电路仿真原理图的元器件库。加载“MiscellaneousDevices. IntLib“和 Simulation Sources. IntLib 两个集成库及系统自带的“1N4002. mdl”文件。

（3）绘制电路仿真原理图。按照第 2 章中所讲的绘制一般原理图的方法绘制出电路仿真原理图，如图 12-28 所示。

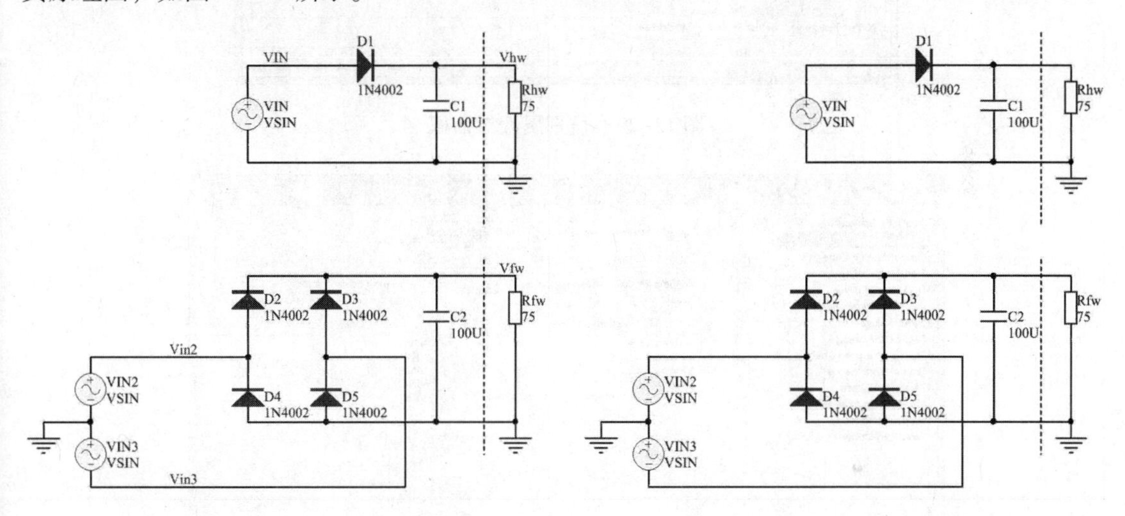

图 12-27　基本电力供应仿真电路　　　　图 12-28　绘制原理图文件

（4）添加仿真测试点。在仿真原理图中添加了仿真测试点，VIN、VIN2、VIN3 表示正弦电压信号，Vhw、Vfw 分别表示通过电阻 Rhw、Rfw 的输入信号，如图 12-27 所示。

2. 设置仿真激励源

（1）设置正弦电压源的仿真参数。在电路仿真原理图中，双击某一电压源，弹出该电压源的属性设置对话框，在对话框的“Models”（模型）栏中，双击“Simulation”（仿真）属性，弹出仿真属性对话框，在该对话框的“Ampltude”（幅值）文本栏中输入幅值为“10”，如图 12-29 所示。

（2）采用同样的方法为其他电压源设置仿真参数。

（3）其余元件在本例中不需要设置仿真参数。

3. 设置仿真模式

选择菜单命令“设计”→“仿真”→“Mixed Sim”（混合仿真），弹出仿真分析对话框，如图 12-30 所示。在本例中需要设置“General Setup”（常规设置）选项卡和“Transient Analysis”（传输特性分析）选项卡。

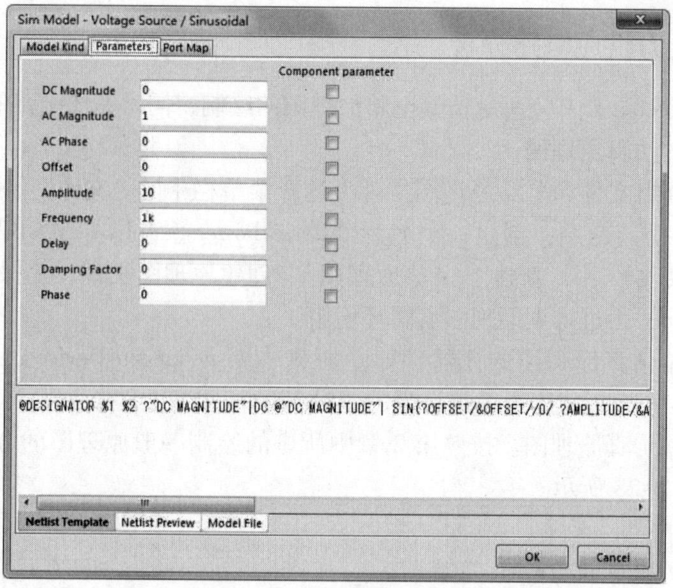

图 12-29　仿真属性对话框

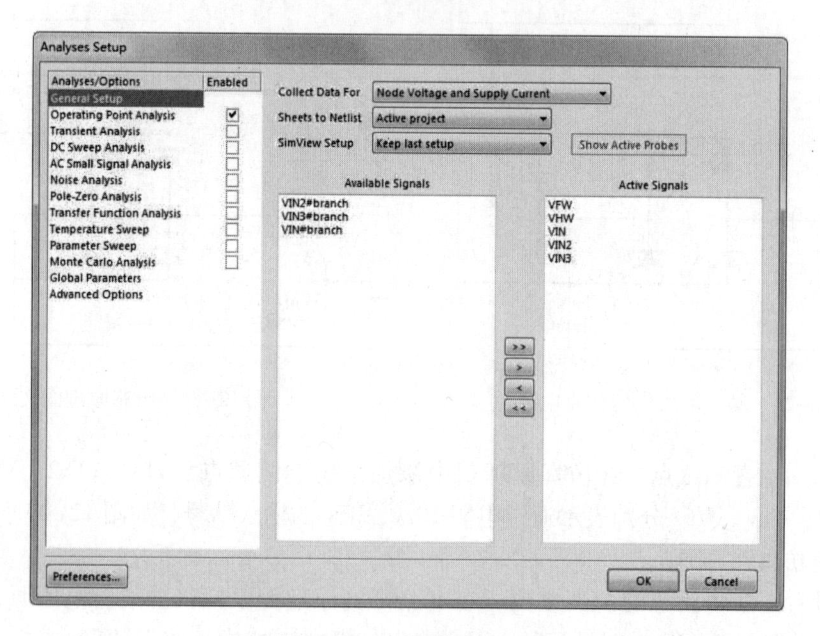

图 12-30　通用参数设置

（1）通用参数设置。通用参数的设置如图 12-30 所示。

（2）瞬态分析仿真参数设置。瞬态分析仿真参数的设置如图 12-31 所示。

（3）勾选 “Analyses Setup（分析/选项）” 列表框中的 “DC Sweep Analysis（直流扫描分析）” 复选框，设置 “DC Sweep Analysis（直流扫描分析）” 选项参数如图 12-32 所示。

（4）勾选 “Analyses Setup”（分析/选项）列表框中的 “AC Small Signal Analysis”（交流扫描分析）复选框，设置 “AC Small Signal Analysis”（交流扫描分析）选项参数如图 12-33 所示。

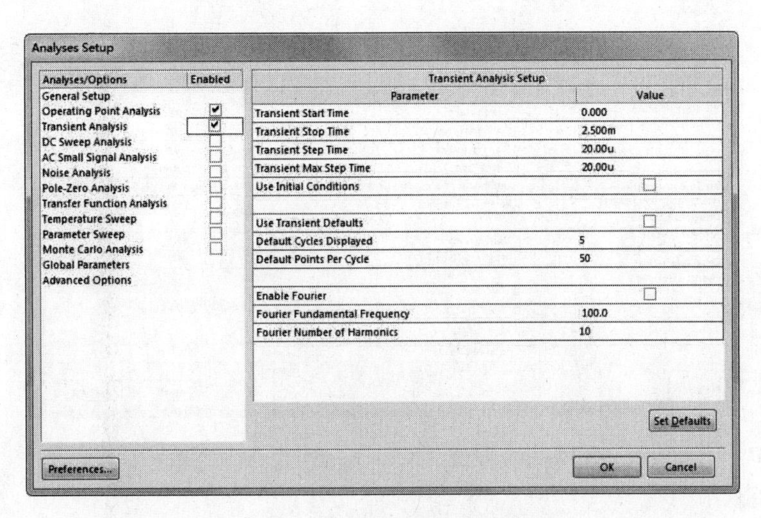

Analyses Setup
Analyses/Options
Enabled
General Setup
Operating Point Analysis
Transient Analysis
DC Sweep Analysis
AC Small Signal Analysis
Noise Analysis
Pole-Zero Analysis
Transfer Function Analysis
Temperature Sweep
Parameter Sweep
Monte Carlo Analysis
Global Parameters
Advanced Options
Transient Analysis Setup
Parameter
Value
Transient Start Time
0.000
Transient Stop Time
2.500m
Transient Step Time
20.00u
Transient Max Step Time
20.00u
Use Initial Conditions
Use Transient Defaults
Default Cycles Displayed
5
Default Points Per Cycle
50
Enable Fourier
Fourier Fundamental Frequency
100.0
Fourier Number of Harmonics
10
Set Defaults
Preferences...
OK
Cancel

图 12-31　瞬态分析仿真参数设置

Analyses Setup
Analyses/Options
Enabled
General Setup
Operating Point Analysis
Transient Analysis
DC Sweep Analysis
AC Small Signal Analysis
Noise Analysis
Pole-Zero Analysis
Transfer Function Analysis
Temperature Sweep
Parameter Sweep
Monte Carlo Analysis
Global Parameters
Advanced Options
DC Sweep Analysis Setup
Parameter
Value
Primary Source
VIN
Primary Start
2.000k
Primary Stop
5.000k
Primary Step
100.0
Enable Secondary
Secondary Name
Secondary Start
0.000
Secondary Stop
0.000
Secondary Step
0.000
Preferences...
OK
Cancel

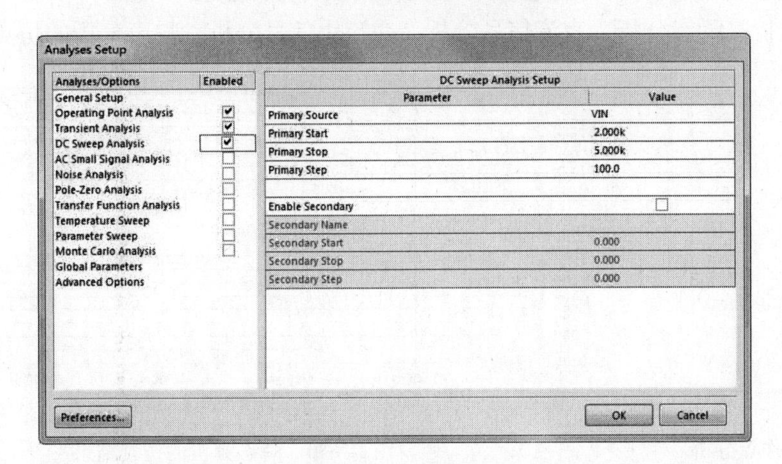

图 12-32　设置“DC Sweep Analysis”选项参数

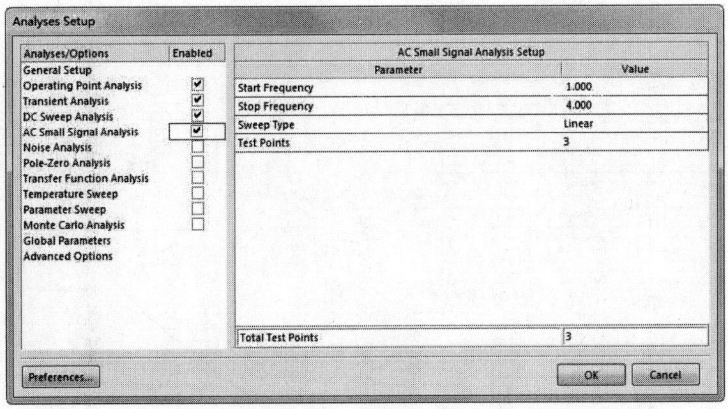

Analyses Setup
Analyses/Options
Enabled
General Setup
Operating Point Analysis
Transient Analysis
DC Sweep Analysis
AC Small Signal Analysis
Noise Analysis
Pole-Zero Analysis
Transfer Function Analysis
Temperature Sweep
Parameter Sweep
Monte Carlo Analysis
Global Parameters
Advanced Options
AC Small Signal Analysis Setup
Parameter
Value
Start Frequency
1.000
Stop Frequency
4.000
Sweep Type
Linear
Test Points
3
Total Test Points
3
Preferences...
OK
Cancel

图 12-33　设置“AC Small Signal Analysis”选项参数

（5）勾选“Analyses Setup”（分析/选项）列表框中的“Noise Analysis”（噪声分析）复选框，设置“Noise Analysis”（噪声分析）选项参数如图 12-34 所示。

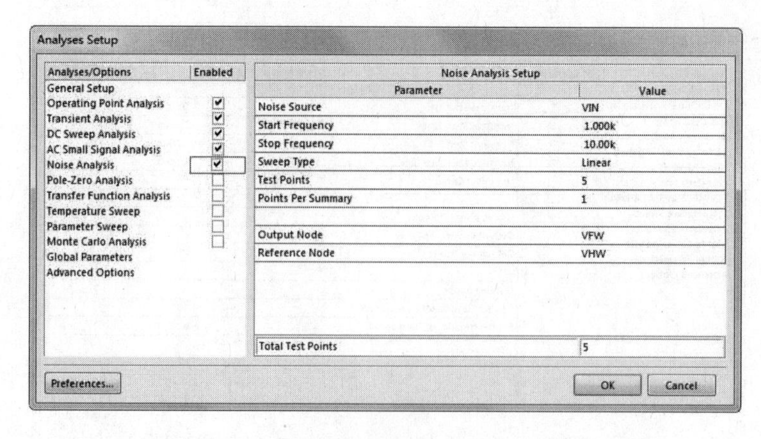

图 12-34　设置“Noise Analysis”选项参数

4. 执行仿真

参数设置完成后，单击 OK 按钮，系统开始执行电路仿真，如图 12-35 ~ 图 12-39 所示为工作点分析、瞬态分析、直流信号分析、交流小信号分析、噪声分析的仿真结果。

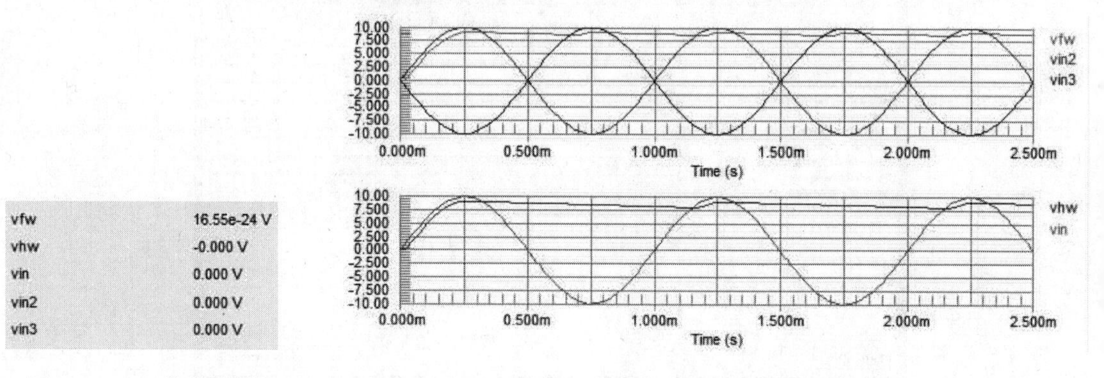

图 12-35　工作点分析

图 12-36　瞬态分析的仿真结果

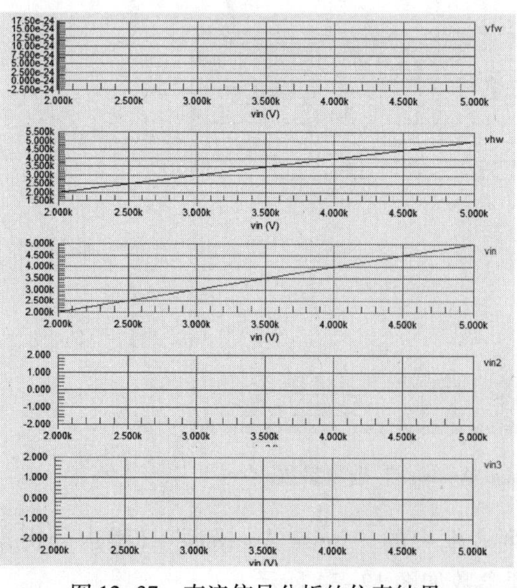

图 12-37　直流信号分析的仿真结果

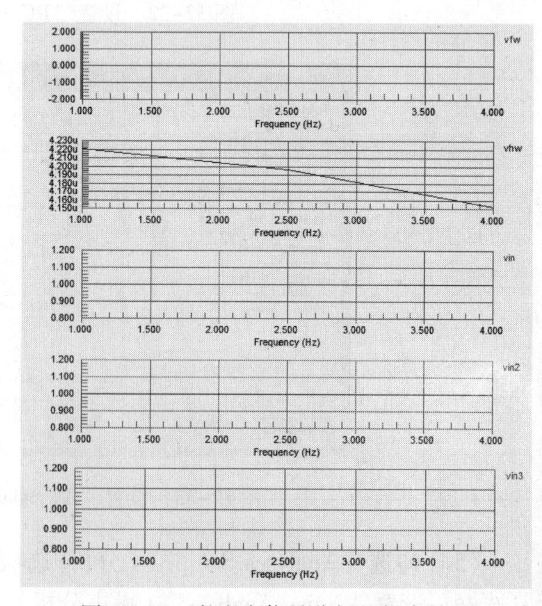

图 12-38　交流小信号分析的仿真结果

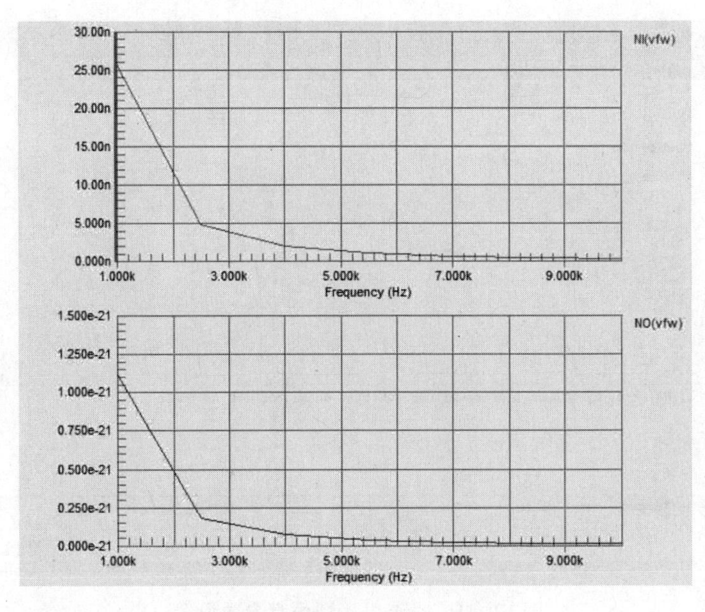

图 12-39　噪声分析的仿真结果

12.5.3　Crystal Oscillator 电路仿真

Crystal Oscillator 电路仿真原理图如图 12-40 所示。

在本节中，将简单的介绍一下 Crystal Oscillator 电路的仿真。这里我们主要讲述一下仿真激励源的参数设置以及仿真方式的设置。对于仿真原理图的绘制，电阻、电容等元器件的仿真参数设置，这里不再讲述。

1. 设置仿真激励源

（1）双击直流电压源，在打开的属性设置对话框中设置其标号和幅值，分别设置为 +5 V。

（2）双击放置好的直流电压源，打开属性设置对话框，将它的标号设置为 V1，然后双击“Models”（模型）栏中的“Simulation”（仿真）项，打开仿真属性设置对话框，在“Parameters”(参数）选项卡中设置仿真参数，将“Value”(值）设置为 + 5 V，如图 12-41 所示。

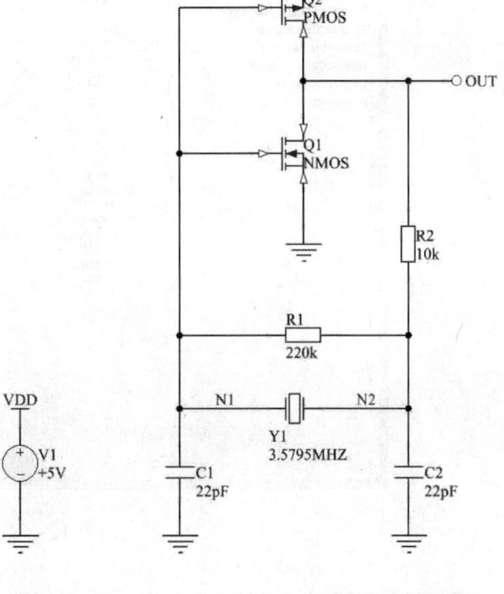

图 12-40　Crystal Oscillator 电路仿真原理图

2. 设置仿真模式

（1）选择菜单栏中的“设计”→“仿真”→“Mixed Sim”（混合仿真）命令，打开分析设置对话框。在“General Setup”（通用设置）选项卡中将“Collect Data For”（为了收集数据）栏中设置为“Node Voltage and Supply Current”项。将“Available Signals”（有用的信号）栏中的“N1”、“N2”和“OUT”添加到“Active Signals”（积极的信号）栏中，如图 12-42 所示。

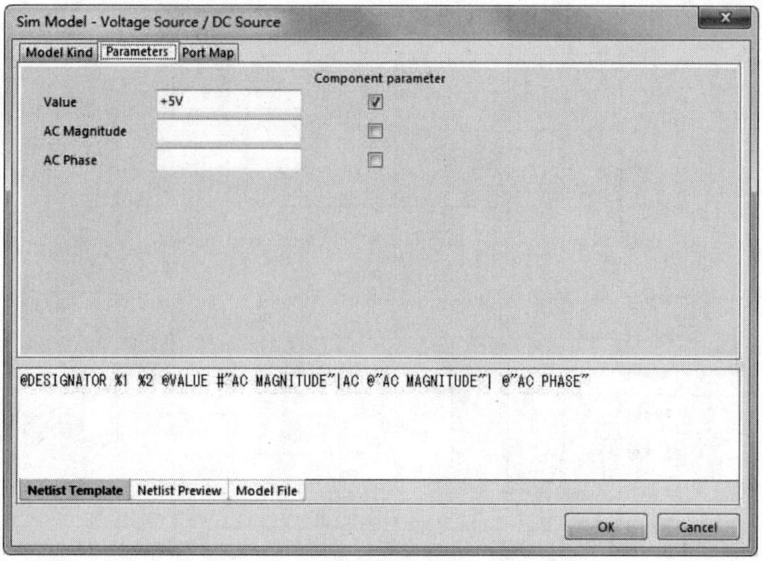

图 12-41　直流电压源仿真参数设置

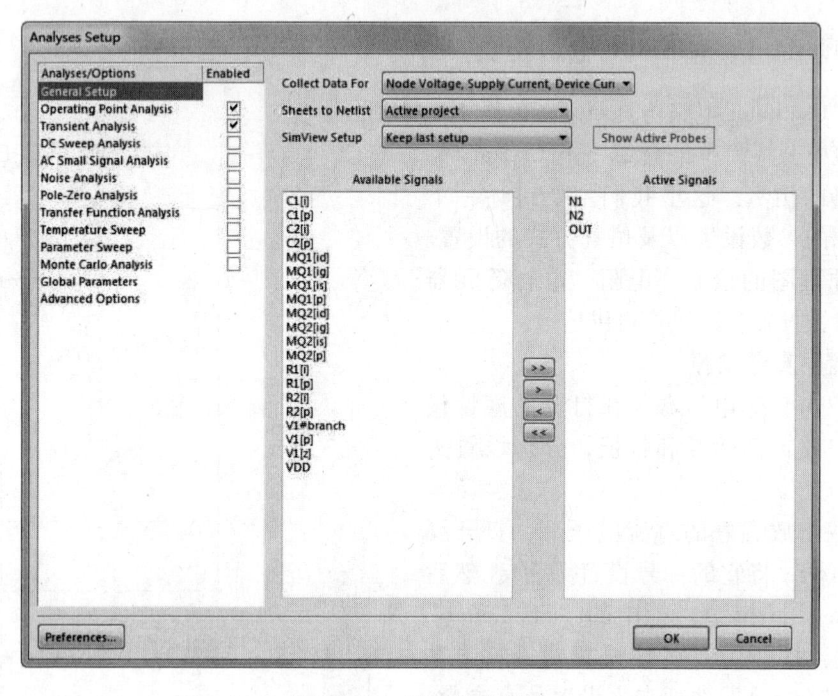

图 12-42　通用参数设置

（2）在“Analyses/Options”（分析/选项）栏中，选择“Operating Point Analysis”（静态工作点分析）和“Transient Analysis”（瞬态分析）两项，并对其进行参数设置。将“Transient Analysis”选项卡中的“Use Transient Defaults”（初始化瞬态值）向设置为无效，并设置每个具体的参数，如图 12-43 所示。

3. 执行仿真

（1）参数设置完成后，单击 OK 按钮，执行电路仿真。仿真结束后，输出的波形如

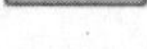

图 12-44所示。此波形为瞬态分析的波形。

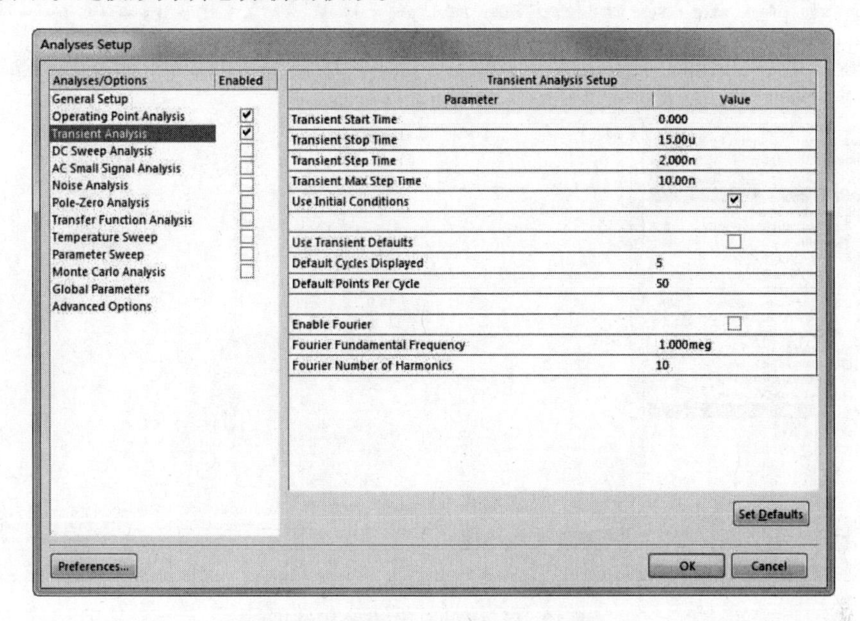

图 12-43　瞬态分析仿真参数设置

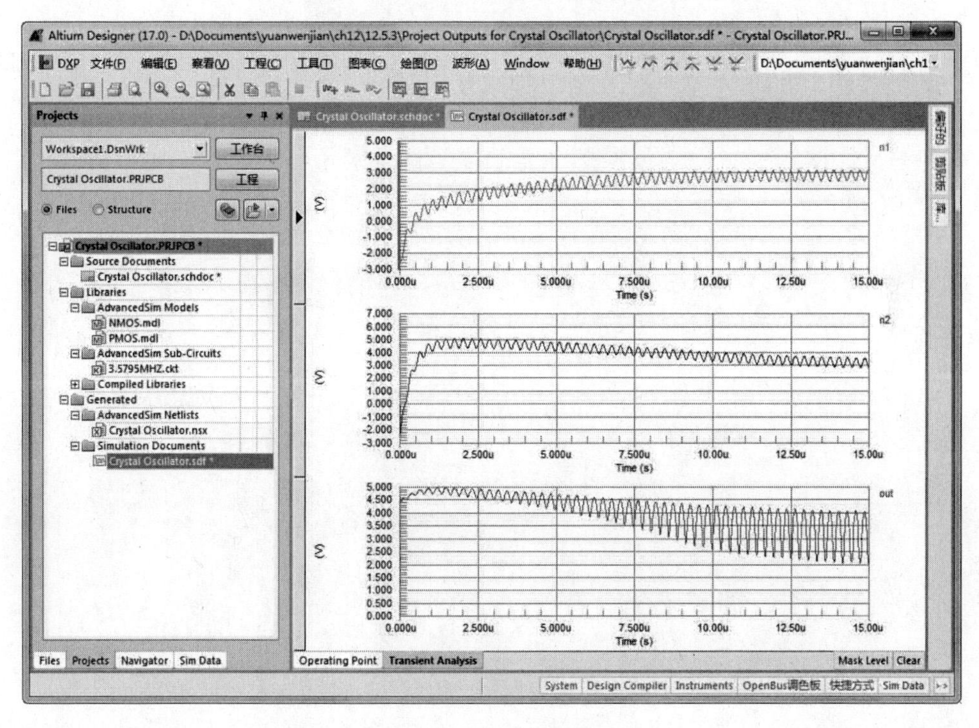

图 12-44　瞬态分析波形

（2）单击波形分析器窗口左下方的“Operating Analysis”（静态分析）标签，可以切换到静态工作点分析结果输出窗口，如图 12-45 所示。在该窗口中列出了静态工作点分析得出的节点电压值。

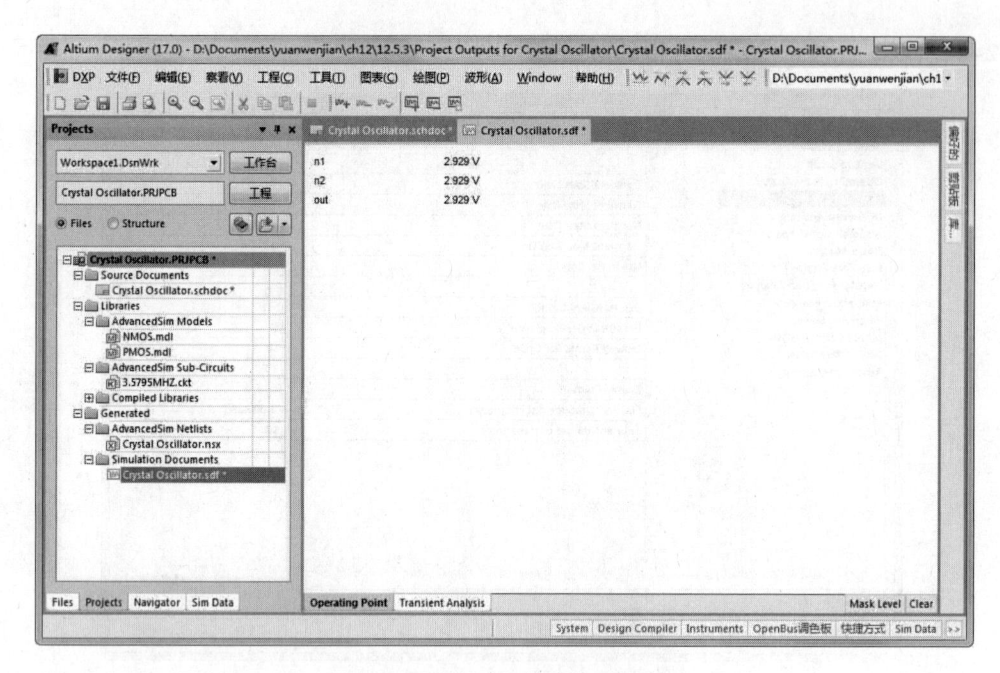

图 12-45　静态工作点分析结果

第13章　信号完整性分析

随着新工艺、新器件的不断涌现，高速电路系统的数据传输率、时钟频率都不断升高，而且电路功能复杂多样，电路密度也不断增大，高速器件已经广泛应用在类似电路的设计过程中。高速电路设计的重点与低速电路设计截然不同，不能仅顾及元件的合理放置与导线的正确连接，还应该对信号的完整性（Signal Integrity，SI）问题给予充分的考虑，否则即使原理正确，系统也可能无法正常工作。

信号完整性分析是高速 PCB 板分析与设计的重要辅助手段，在硬件电路设计中发挥着越来越重要的作用。Altium Designer 17 提供了具有较强功能的信号完整性分析器，以及实用的 SI 专用工具，使 Altium Designer 17 用户能够通过软件模拟出整个电路板各个网络的工作情况，同时还提供了多种解决方案，帮助用户进一步优化自己的电路设计。

知识点

- 信号完整性分析概念
- 信号完整性分析规则
- 信号完整性分析器设置

13.1　信号完整性分析概述

13.1.1　信号完整性分析的概念

所谓信号完整性，就是指信号通过信号线传输后仍能保持完整，即仍能保持其正常的功能而未失真的一种特性。具体来说，是指信号在电路中以正常的时序和电压做出响应的能力。当电路中的信号能够以正常的时序、要求的持续时间和电压幅度进行传送，并到达输出端时，说明该电路具有良好的信号完整性，而当信号不能正常响应时，就出现了信号完整性问题。

我们知道，一个数字系统能否正确工作，其关键在于信号时序是否准确，而信号时序与信号在传输线上的传输延迟，以及信号波形的失真程度等有着密切的关系。信号完整性差不是由单一因素导致的，而是由多种因素共同引起的。通过仿真可以证明，集成电路的切换速度过高，端接元件的位置不正确，电路的互连不合理等都会引发信号完整性问题。常见的信号完整性问题主要有以下几种：

（1）传输延迟（Transmission Delay）

传输延迟表明数据或时钟信号没有在规定的时间内以一定的持续时间和幅度到达接收端。信号延迟是由驱动过载、走线过长的传输线效应引起的，传输线上的等效电容、电感会对信号的数字切换产生延时，影响集成电路的建立时间和保持时间。集成电路只能按照规定的时序来接收数据，延时过长会导致集成电路无法正确判断数据，从而使电路的工作不正常甚至完全不能工作。

在高频电路设计过程中，信号的传输延迟是一个无法完全避免的问题，为此引入了延迟容限的概念，即在保证电路能够正常工作的前提下，所允许的信号最大时序变化量。

（2）串扰（Crosstalk）

串扰是没有电气连接的信号线之间感应电压和感应电流所导致的电磁耦合。这种耦合会使信号线产生天线的作用，其容性耦合会引发耦合电流，感性耦合会引发耦合电压，并且耦合程度会随着时钟速率的升高和设计尺寸的缩小而加大。这是由于信号线上有交变的信号电流通过时，会产生交变的磁场，处于该磁场中的其他信号线会感应出信号电压。

印刷电路板工作层的参数、信号线的间距、驱动端和接收端的电气特性及信号线的端接方式等都会对串扰有一定的影响。

（3）反射（Reflection）

反射就是传输线上的回波，信号功率的一部分经传输线传递给负载，另一部分则向源端反射。在高速电路设计时可把导线等效为传输线，而不再是低速电路中的导线。如果阻抗匹配（源端阻抗、传输线阻抗与负载阻抗相等），则反射不会发生；反之，若负载阻抗与传输线阻抗失配就会导致接收端的反射。

布线的某些几何形状、不适当的端接、经过连接器的传输及中间电源层不连续等因素均会导致信号的反射。由于反射，会导致传送信号出现严重的过冲（Overshoot）或反冲（Undershoot）现象，致使波形变形、逻辑混乱。

（4）接地反弹（Ground Bounce）

接地反弹是指由于电路中存在较大的电涌，而在电源与中间接地层之间产生大量噪声的现象。例如，大量芯片同步切换时，会产生一个较大的瞬态电流从芯片与中间电源层间流过，芯片封装与电源间的寄生电感、电容和电阻会引发电源噪声，使得零电位层面上产生较大的电压波动（可能高达2 V），足以造成其他元件的误动作。

由于接地层的分割（分为数字接地、模拟接地、屏蔽接地等），可能引起数字信号传到模拟接地区域时，产生接地层回流反弹。同样，电源层分割也可能出现类似的危害。负载容性的增大、阻性的减小、寄生参数的增大、切换速度增高，以及同步切换数量的增加，均可能导致接地反弹增加。

除此之外，在高频电路的设计中还存在其他与电路功能本身无关的信号完整性问题，如电路板上的网络阻抗、电磁兼容性等。

因此，在实际制作PCB之前应进行信号完整性分析，以提高设计的可靠性，降低设计成本，这是非常重要和必要的。

13.1.2 信号完整性分析工具

Altium Designer 17 包含一个高级信号完整性仿真器，能分析PCB设计并检查设计参数，测试过冲、下冲、线路阻抗和信号斜率。如果PCB上任何一个设计要求（由DRC指定的）有问题，即可对PCB进行反射或串扰分析，以确定问题所在。

Altium Designer 17 的信号完整性分析和PCB设计过程是无缝连接的，该模块提供了极其精确的板级分析，能检查整板的串扰、过冲、下冲、上升时间、下降时间和线路阻抗等问题。在印制电路板交付制造前，用最小的代价来解决高速电路设计带来的问题和 EMC/EMI（电磁兼容性/电磁抗干扰）等问题。

Altium Designer 17 信号完整性分析模块的功能特性如下。

- 设置简单，可以像在 PCB 编辑器中定义设计规则一样定义设计参数。
- 通过运行 DRC，可以快速定位不符合设计需求的网络。
- 无需特殊的经验，可以从 PCB 中直接进行信号完整性分析。
- 提供快速的反射和串扰分析。
- 具备 I/O 缓冲器宏模型，无需额外的 SPICE 或模拟仿真知识。
- 信号完整性分析的结果采用示波器形式显示。
- 采用成熟的传输线特性计算和并发仿真算法。
- 用电阻和电容参数值对不同的终止策略进行假设分析，并可对逻辑块进行快速替换。
- 提供 IC 模型库，包括校验模型。
- 宏模型逼近使仿真更快、更精确。
- 自动模型连接。
- 支持 I/O 缓冲器模型的 IBIS2 工业标准子集。
- 利用信号完整性宏模型可以快速地自定义模型。

13.2 信号完整性分析规则设置

Altium Designer 17 中包含了许多信号完整性分析的规则，这些规则用于在 PCB 设计中检测一些潜在的信号完整性问题。

在 Altium Designer 17 的 PCB 编辑环境中，选择菜单栏中的“设计”→“规则”命令，系统将弹出“PCB 规则及约束编辑器”对话框。在该对话框中单击“Design Rules”（设计规则）前面的⊞按钮，选择其中的“Signal Integrity”（信号完整性）选项，即可看到如图 13-1 所示的

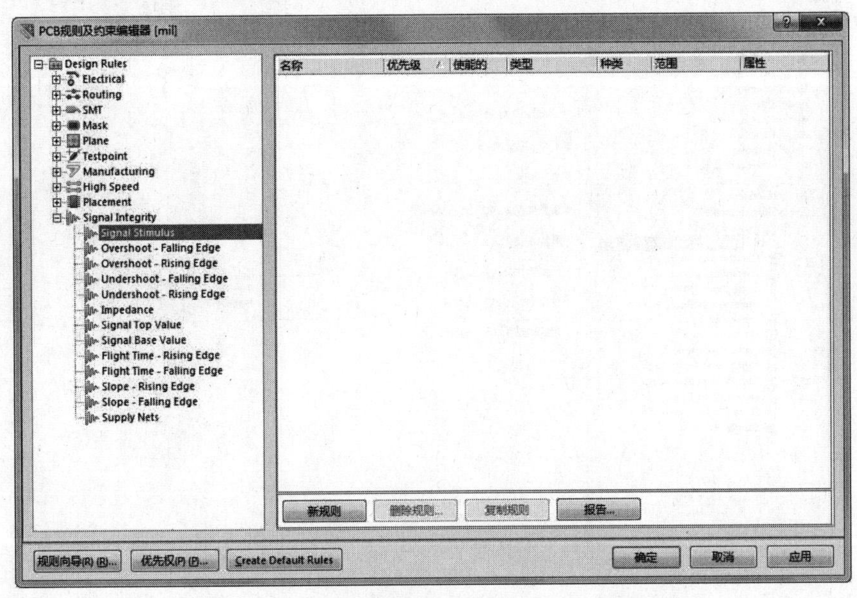

图 13-1 “PCB 规则及约束编辑器”对话框

各种信号完整性分析选项，可以根据设计工作的要求选择所需的规则进行设置。

在“PCB 规则及约束编辑器”对话框中列出了 Altium Designer 17 提供的所有设计规则，但仅列出了可以使用的规则，要想在 DRC 校验时真正使用这些规则，还需要在第一次使用时，把该规则作为新规则添加到实际使用的规则库中。在需要使用的规则上右键单击鼠标，在弹出的右键快捷菜单中选择“新规则”命令，即可把该规则添加到实际使用的规则库中。如果需要多次使用该规则，可以为其建立多个新的规则，并用不同的名称加以区别。要想在实际使用的规则库中删除某个规则，可以右键单击鼠标该规则，在弹出的右键快捷菜单中选择“删除规则”命令，即可从实际使用的规则库中删除该规则。在右键快捷菜单中选择“Export Rules”（输出规则）命令，可以把选中的规则从实际使用的规则库中导出。在右键快捷菜单中选择“Import Rules”（输入规则）命令，系统将弹出如图 13-2 所示的“选择设计规则类型”对话框，可以从设计规则库中导入所需的规则。在右键快捷菜单中选择“报告”命令，则为该规则建立相应的报表文件，并可以打印输出。

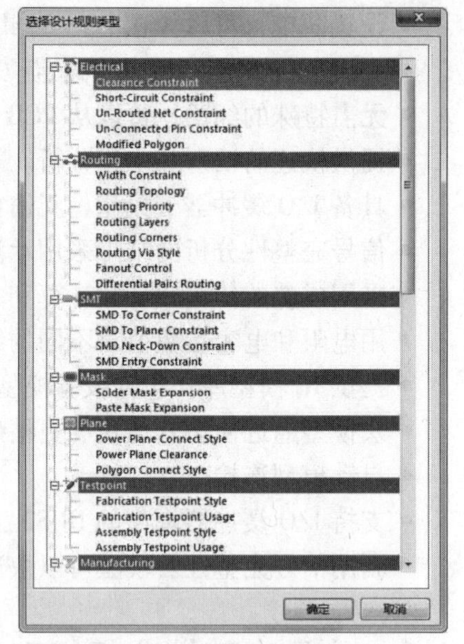

图 13-2 “选择设计规则类型”对话框

在 Altium Designer 17 中包含 13 条信号完整性分析的规则，下面分别介绍。

（1）“Signal Stimulus”（激励信号）规则

在“信号完整性”选项上右键单击鼠标，在弹出的右键快捷菜单中选择“新规则”命令，生成“Signal Stimulus”（激励信号）规则选项，单击该规则，弹出如图 13-3 所示的“Signal Stimulus”（激励信号）规则的设置对话框。在该对话框中可以设置激励信号的

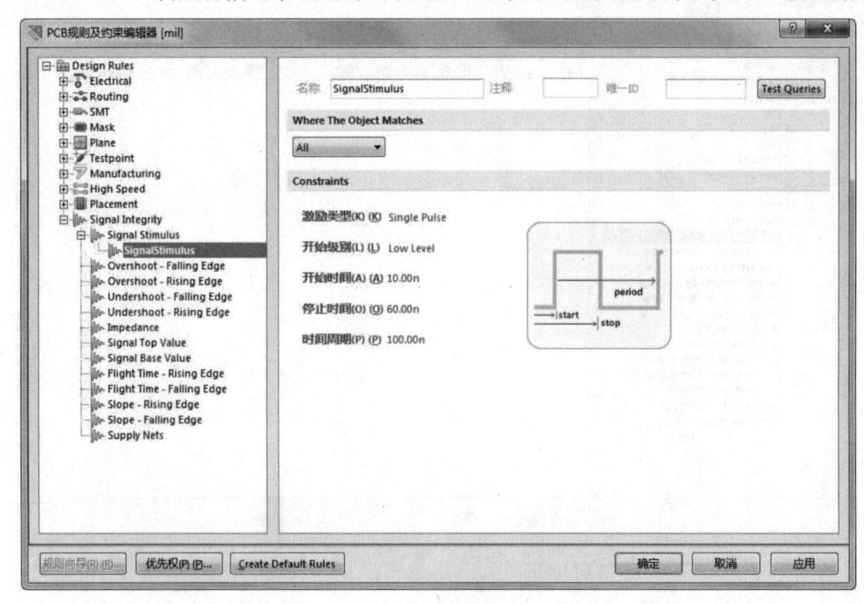

图 13-3 “Signal Stimulus”（激励信号）规则的设置对话框

各项参数。

1）“名称”文本框：用于为该规则设立一个便于理解的名字，在DRC校验中，当电路板布线违反该规则时，就将以该参数名称显示此错误。

2）“注释”文本框：设置该规则的注释说明。

3）“唯一ID”文本框：为该参数提供一个随机的ID号。

4）“Where The First Object Matches”（优先匹配对象的位置）选项组：用于设置激励信号规则优先匹配对象的所属范围。共有6个选项，其含义如下。

- “所有”：整个PCB范围。
- “网络”：指定网络。
- “网络类”：指定网络类。
- “层”：指定工作层。
- “网络和层”：指定网络及工作层。
- “高级的”：高级设置选项。单击该单选钮后，可以单击其右侧的“查询构建器”按钮，通过查询条件确定应用范围。

5）“Constraints”（约束）选项组：用于设置激励信号的约束规则。共有5个选项，其含义如下：

- “激励类型”：用于设置激励信号的种类。包括3个选项，“Constant Level”（固定电平）表示激励信号为某个固定电平，“Single Pulse”（单脉冲）表示激励信号为单脉冲信号，“Periodic Pulse”（周期脉冲）表示激励信号为周期性脉冲信号。
- “开始级别”：用于设置激励信号的初始电平，仅对“Single Pulse”（单脉冲）和“Periodic Pulse”（周期脉冲）有效。设置初始电平为低电平时，选择“Low Level”（低电平）；设置初始电平为高电平时，选择“High Level”（高电平）。
- “开始时间”：用于设置激励信号高电平脉宽的起始时间。
- “停止时间”：用于设置激励信号高电平脉宽的终止时间。
- “时间周期”：用于设置激励信号的周期。

在设置激励信号的时间参数时，要注意添加单位，以免设置出错。

（2）“Overshoot – Falling Edge”（信号下降沿的过冲）规则

信号下降沿的过冲定义了信号下降边沿允许的最大过冲量，即信号下降沿低于信号基准值的最大阻尼振荡，系统默认的单位是伏特（Volts）。“Overshoot – Falling Edge”（信号下降沿的过冲）规则的设置对话框如图13-4所示。

（3）“Overshoot – Rising Edge”（信号上升沿的过冲）规则

信号上升沿的过冲与信号下降沿的过冲是相对应的，它定义了信号上升沿允许的最大过冲量，即信号上升沿高于信号高电平值的最大阻尼振荡，系统默认的单位是伏特（Volts）。“Overshoot – Rising Edge”（信号上升沿的过冲）规则设置对话框如图13-5所示。

（4）“Undershoot – Falling Edge”（信号下降沿的反冲）规则

信号反冲与信号过冲略有区别。信号下降沿的反冲定义了信号下降边沿允许的最大反冲量，即信号下降沿高于信号基准值（低电平）的阻尼振荡，系统默认的单位是伏特（Volts）。“Undershoot – Falling Edge”（信号下降沿的反冲）规则设置对话框如图13-6所示。

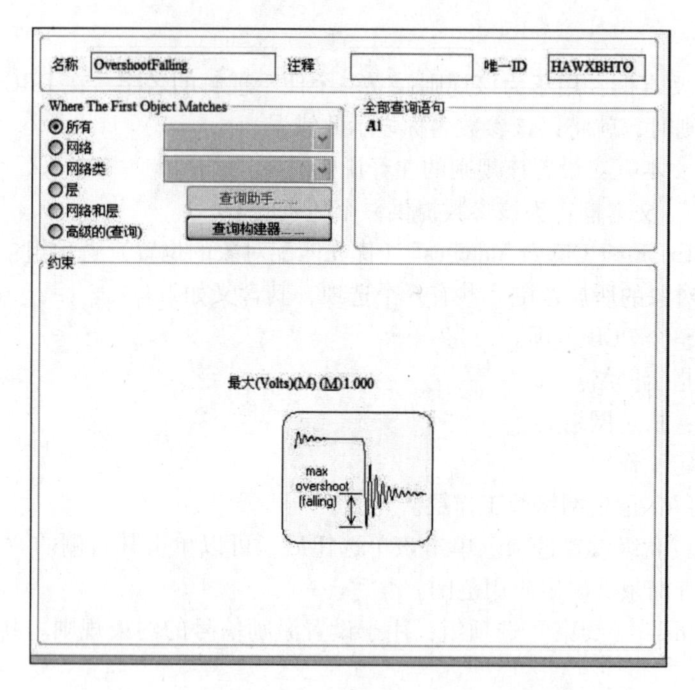

图 13-4 “Overshoot - Falling Edge” 规则设置对话框

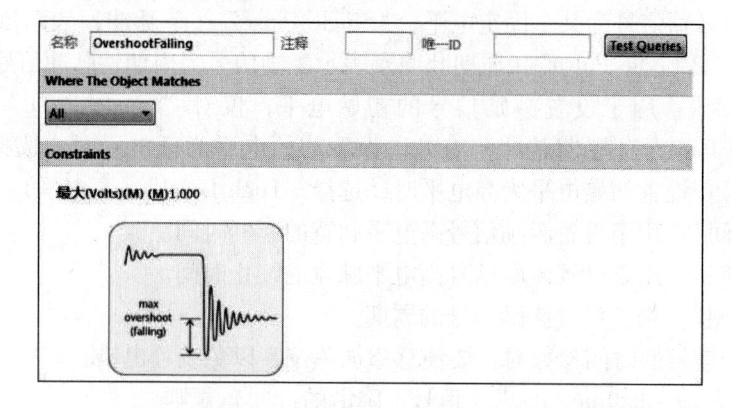

图 13-5 “Overshoot - Rising Edge” 规则设置对话框

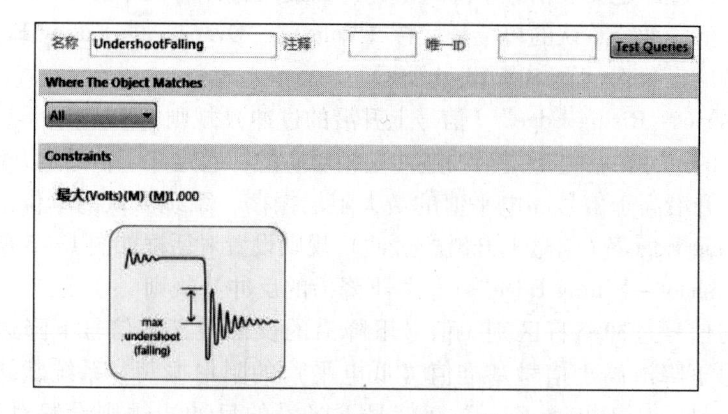

图 13-6 “Undershoot - Falling Edge” 规则设置对话框

(5)“Undershoot - Rising Edge”(信号上升沿的反冲)规则

信号上升沿的反冲与信号下降沿的反冲是相对应的，它定义了信号上升沿允许的最大反冲值，即信号上升沿低于信号高电平值的阻尼振荡，系统默认的单位是伏特(Volts)。“Undershoot - Rising Edge”(信号上升沿的反冲)规则设置对话框如图 13-7 所示。

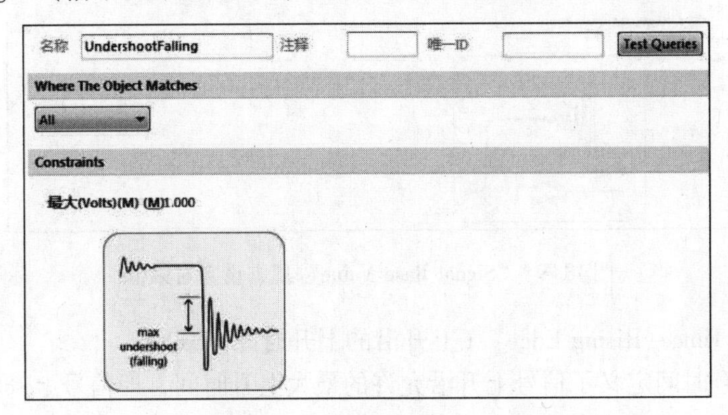

图 13-7 “Undershoot - Rising Edge”规则设置对话框

(6)“Impedance”(阻抗约束)规则

阻抗约束定义了电路板上所允许的电阻的最大和最小值，系统默认的单位是欧姆(Ω)。阻抗和导体的几何外观及电导率、导体外的绝缘层材料及电路板的几何物理分布，以及导体间在 Z 平面域的距离相关。其中绝缘层材料包括电路板的基本材料、工作层间的绝缘层及焊接材料等。

(7)“Signal Top Value”(信号高电平)规则

信号高电平定义了线路上信号在高电平状态下所允许的最低稳定电压值，即信号高电平的最低稳定电压，系统默认的单位是伏特(Volts)。“Signal Top Value”(信号高电平)规则设置对话框如图 13-8 所示。

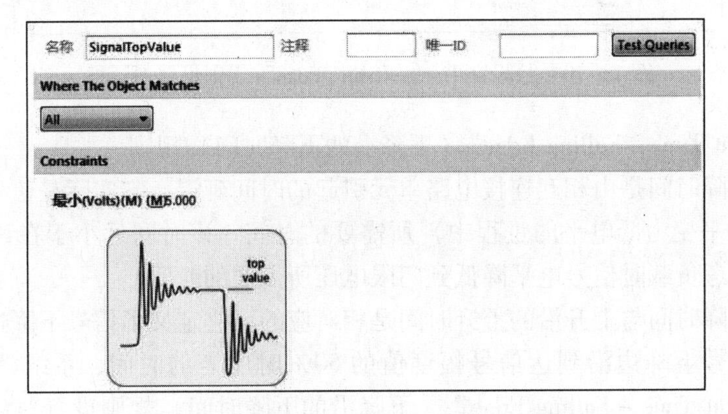

图 13-8 “Signal Top Value”规则设置对话框

(8)“Signal Base Value”(信号基准值)规则

信号基准值与信号高电平是相对应的，它定义了线路上信号在低电平状态下所允许的最高稳定电压值，即信号低电平的最高稳定电压值，系统默认的单位是伏特(Volts)。“Signal Base Value”(信号基准值)规则设置对话框如图 13-9 所示。

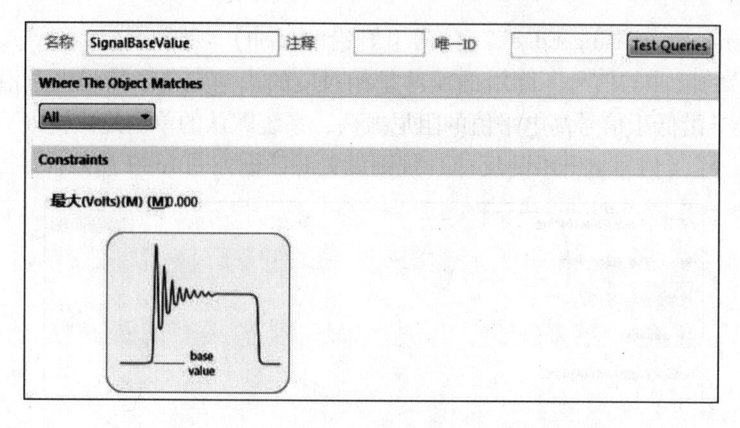

图 13-9 “Signal Base Value”规则设置对话框

（9）“Flight Time - Rising Edge”（上升沿的上升时间）规则

上升沿的上升时间定义了信号上升沿允许的最大上升时间，即信号上升沿到达信号幅度值的50%时所需的时间，系统默认的单位是秒（second）。“Flight Time - Rising Edge”（上升沿的上升时间）规则设置对话框如图 13-10 所示。

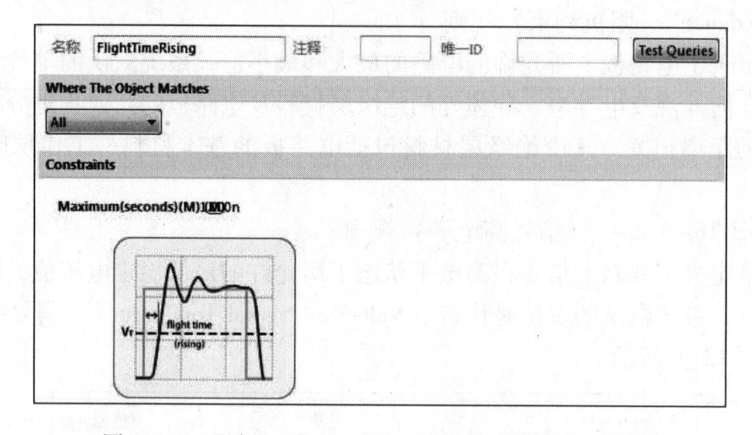

图 13-10 “Flight Time - Rising Edge”规则设置对话框

（10）“Flight Time - Falling Edge”（下降沿的下降时间）规则

下降沿的下降时间是由相互连接电路单元引起的时间延迟，它实际是信号电压降低到门限电压（由高电平变为低电平的过程中）所需要的时间。该时间远小于在该网络的输出端直接连接一个参考负载时信号电平降低到门限电压所需要的时间。

下降沿的下降时间与上升沿的上升时间是相对应的，它定义了信号下降边沿允许的最大下降时间，即信号下降边沿到达信号幅度值的 50% 时所需的时间，系统默认的单位是秒（second）。“Flight Time - Falling Edge”（下降沿的下降时间）规则设置对话框如图 13-11 所示。

（11）“Slope - Rising Edge”（上升沿斜率）规则

上升沿斜率定义了信号从门限电压上升到一个有效的高电平时所允许的最大时间，系统默认的单位是秒（second）。“Slope - Rising Edge”（上升沿斜率）规则设置对话框如图 13-12 所示。

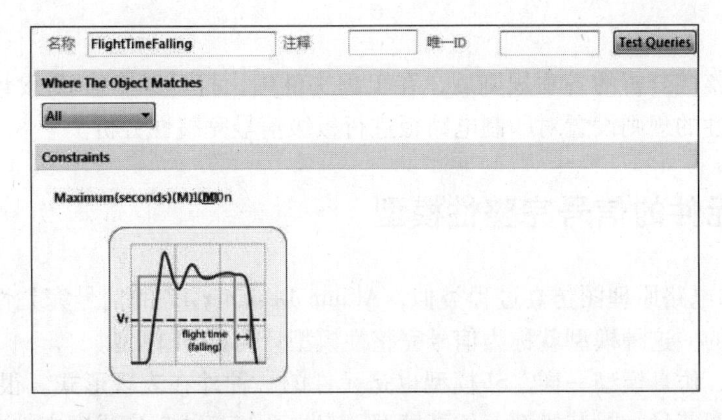

图 13-11 “Flight Time - Falling Edge” 规则设置对话框

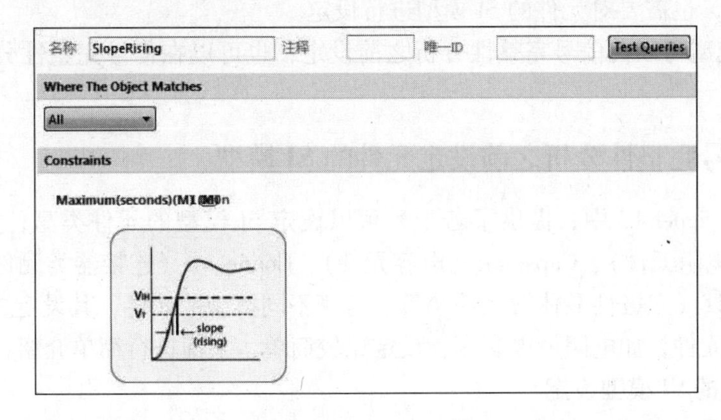

图 13-12 “Slope - Rising Edge” 规则设置对话框

(12) “Slope - Falling Edge” (下降沿斜率) 规则

下降沿斜率与上升沿斜率是相对应的，它定义了信号从门限电压下降到一个有效的低电平时所允许的最大时间，系统默认的单位是秒 (second)。“Slope - Falling Edge” (下降沿斜率)” 规则设置对话框如图 13-13 所示。

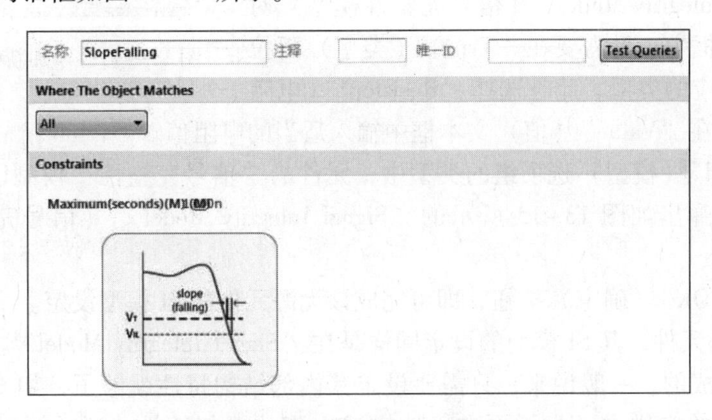

图 13-13 “Slope - Falling Edge” 规则设置对话框

(13) “Supply Nets” (电源网络) 规则

电源网络定义了电路板上的电源网络标号。信号完整性分析器需要了解电源网络标号的名称和电压值。

在设置好完整性分析的各项规则后，在工程文件中，打开某个PCB设计文件，系统即可根据信号完整性的规则设置对印制电路板进行板级信号完整性分析。

13.3 设定元件的信号完整性模型

与第12章的电路原理图仿真过程类似，Altium Designer 17的信号完整性分析也是建立在模型基础之上的，这种模型就称为信号完整性模型，简称SI模型。

与封装模型、仿真模型一样，SI模型也是元件的一种外在表现形式。很多元件的SI模型与相应的原理图符号、封装模型、仿真模型一起由系统存放在集成库文件中。因此，与设定仿真模型类似，也需要对元件的SI模型进行设定。

元件的SI模型可以在信号完整性分析之前设定，也可以在信号完整性分析的过程中进行设定。

13.3.1 在信号完整性分析之前设定元件的SI模型

在Altium Designer 17中，提供了若干种可以设定SI模型的元件类型，如IC（集成电路）、Resistor（电阻元件）、Capacitor（电容元件）、Connector（连接器类元件）、Diode（二极管元件）和BJT（双极性晶体管元件）等。对于不同类型的元件，其设定方法各不相同。

单个的无源元件，如电阻、电容等，设定比较简单，下面进行简单介绍：

1. 无源元件的SI模型设定

（1）在电路原理图中，双击所放置的某一无源元件，打开相应的元件属性对话框。

（2）单击元件属性对话框下方的“Add”（添加）按钮，在系统弹出的“添加新模型”对话框中，选择“信号完整性”选项，如图13-14所示。

图13-14 “添加新模型”对话框

（3）单击“确定”按钮，系统将弹出如图13-15所示的“Signal Integrity Model”（信号完整性模型）对话框。在该对话框中，只需要在“Type”（类型）下拉列表框中选择相应的类型。此时选择“Resistor”（电阻器）选项，然后在“Value”（值）文本框中输入适当的电阻值。

若在“Model”（模型）选项组的类型中，元件的“信号完整性”模型已经存在，则双击后，系统同样弹出如图13-15所示的“Signal Integrity Model”（信号完整性模型）对话框。

（4）单击“OK”（确定）按钮，即可完成该无源元件的SI模型设定。

对于IC类的元件，其SI模型的设定同样是在“Signal Integrity Model”（信号完整性模型）对话框中完成的。一般说来，只需要设定其内部结构特性就够了，如CMOS、TTL等。但是在一些特殊的应用中，为了更准确地描述引脚的电气特性，还需要进行一些额外的设定。

在“Signal Integrity Model”（信号完整性模型）对话框的“Pin Models”（管脚模型）列表框中，列出了元件的所有引脚。在这些引脚中，电源性质的引脚是不可编辑的。而对于其他管脚，则可以直接用其右侧的下拉列表框完成简单功能的编辑。如图 13-16 所示，将某一 IC 类元件的某一输入引脚的技术特性，即工艺类型设定为“AS”（Advanced Schottky Logic，高级肖特基逻辑晶体管）。

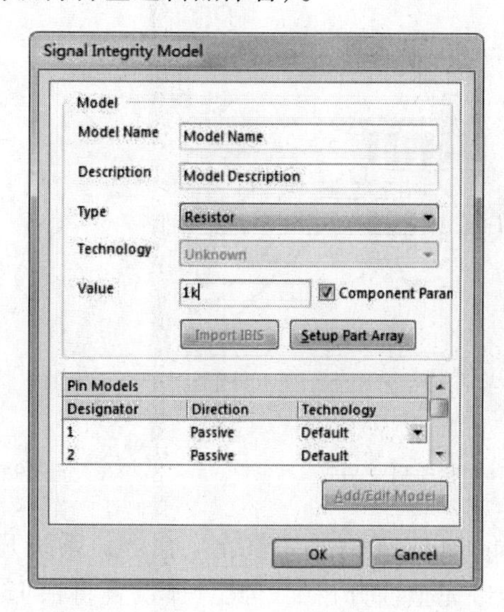

图 13-15 “Signal Integrity Model”对话框

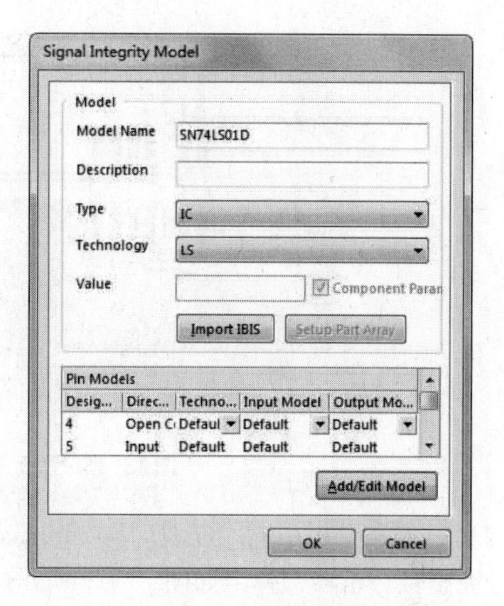

图 13-16 IC 元件的管脚编辑

如果需要进一步的编辑，可以进行如下的操作。

2. 新建引脚模型

（1）在“Signal Integrity Model”（信号完整性模型）对话框中，单击“Add/Edit Model”（添加/编辑模型）按钮，系统将弹出相应的引脚模型编辑器，如图 13-17 所示。

（2）单击“OK”（确定）按钮，返回“Signal Integrity Model”（信号完整性模型）对话框，可以看到添加了一个新的输入引脚模型供用户选择。

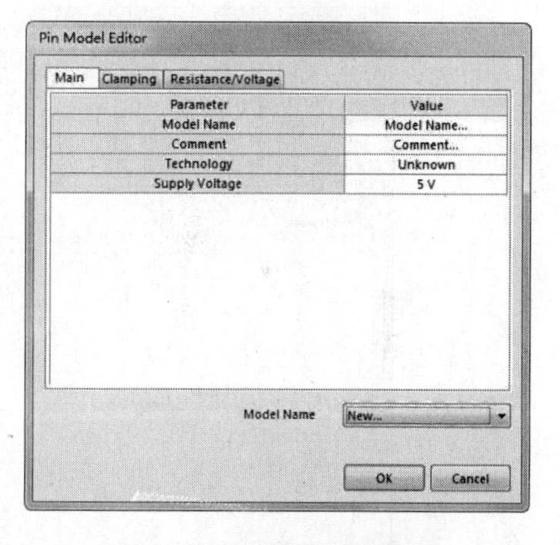

图 13-17 引脚模型编辑器

另外，为了简化设定 SI 模型的操作，以及保证输入的正确性，对于 IC 类元件，一些公司提供了现成的引脚模型供用户选择使用，这就是 IBIS（Input/Output Buffer Information Specification，输入、输出缓冲器信息规范）文件，扩展名为“. ibs”。

使用 IBIS 文件的方法很简单，在“Signal Integrity Model”（信号完整性模型）对话框中，单击“Import IBIS”（输入 IBIS）按钮，打开已下载的 IBIS 文件就可以了。

（3）对元件的 SI 模型设定之后，选择菜单栏中的“设计”→“Update PCB Document”（更新 PCB 文件）命令，即可完成相应 PCB 文件的同步更新。

13. 3. 2 在信号完整性分析过程中设定元件的 SI 模型

具体的操作步骤如下：

（1）打开执行信号完整性分析的项目，这里打开一个简单的设计项目“SY. PrjPCB”，打开的“SY. PcbDoc”项目文件如图 13-18 所示。

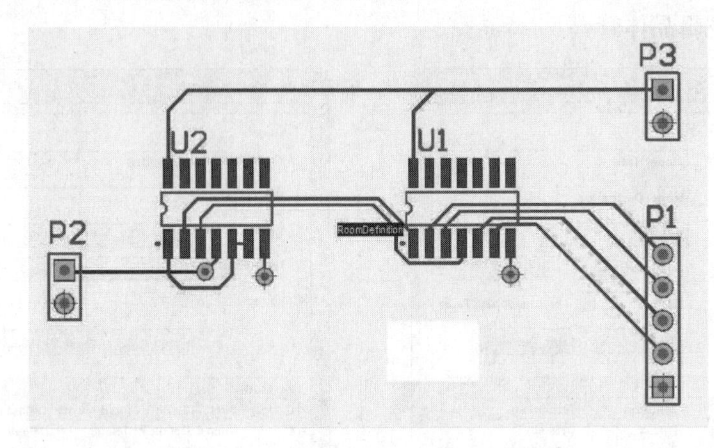

图 13-18 “SY. PcbDoc”项目文件

（2）选择菜单栏中的“工具”→“Signal Integrity”（信号完整性）命令，系统开始运行信号完整性分析器，弹出如图 13-19 所示的信号完整性分析器，其具体设置将在 13.4 节中详细介绍。

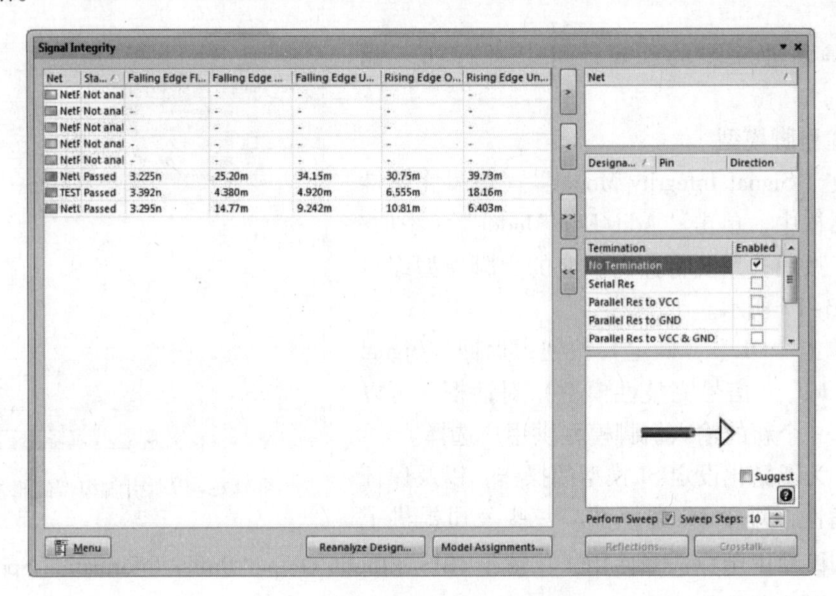

图 13-19 信号完整性分析器

（3）单击“Model Assignments”（模型匹配）按钮，系统将弹出 SI 模型参数设定对话框，显示所有元件的 SI 模型设定情况，供用户参考或修改，如图 13-20 所示。

显示框中左侧第 1 列显示的是已经为元件选定的 SI 模型，用户可以根据实际的情况，对不合适的模型类型直接单击进行更改。

对于 IC（集成电路）类型的元件，在对应的“Value/Type”（值/类型）列中显示了其制造工艺类型，该项参数对信号完整性分析的结果有着较大的影响。

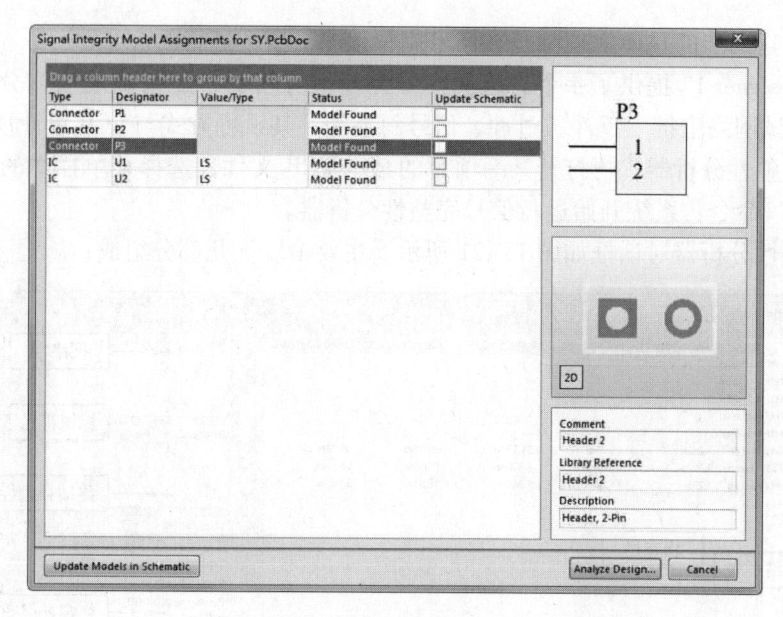

图 13-20　元件的 SI 模型设定对话框

在“状态”列中，显示了当前模型的状态。实际上，在选择菜单栏中的“工具”→“信号完整性”命令，开始运行信号完整性分析器的时候，系统已经为一些没有设定 SI 模型的元件添加了模型，这里的状态信息就表示了这些自动加入的模型的可信程度，供用户参考。状态信息一般有以下几种。

- Model Found（找到模型）：已经找到元件的 SI 模型。
- High Confidence（高可信度）：自动加入的模型是高度可信的。
- Medium Confidence（中等可信度）：自动加入的模型可信度为中等。
- Low Confidence（低可信度）：自动加入的模型可信度较低。
- No Match（不匹配）：没有合适的 SI 模型类型。
- User Modified（用修改的）：用户已修改元件的 SI 模型。
- Model Saved（保存模型）：原理图中的对应元件已经保存了与 SI 模型相关的信息。

在显示框中完成了需要的设定以后，这个结果应该保存到原理图源文件中，以便下次使用。勾选要保存元件右侧的复选框后，单击“更新模型到原理图中”按钮，即可完成 PCB 与原理图中 SI 模型的同步更新保存。保存后的模型状态信息均显示为“Model Saved”（保存模型）。

13.4　信号完整性分析器设置

在对信号完整性分析的有关规则及元件的 SI 模型设定有了初步了解以后，下面来看一下如何进行基本的信号完整性分析。在这种分析中，所涉及到的一种重要工具就是信号完整性分析器。

信号完整性分析可以分为两步进行，第一步是对所有可能需要进行分析的网络进行一次初步的分析，从中可以了解到哪些网络的信号完整性最差；第二步是筛选出一些信号进行进一步的分析。这两步的具体实现都是在信号完整性分析器中进行的。

Altium Designer 17 提供了一个高级的信号完整性分析器，能精确地模拟分析已布线的PCB，可以测试网络阻抗、反冲、过冲、信号斜率等。其设置方式与PCB设计规则一样，首先启动信号完整性分析器，再打开某一项目的某一PCB文件，选择菜单栏中的“工具”→“信号完整性”命令，系统开始运行信号完整性分析器。

信号完整性分析器对话框如图13-21所示，主要由以下几部分组成：

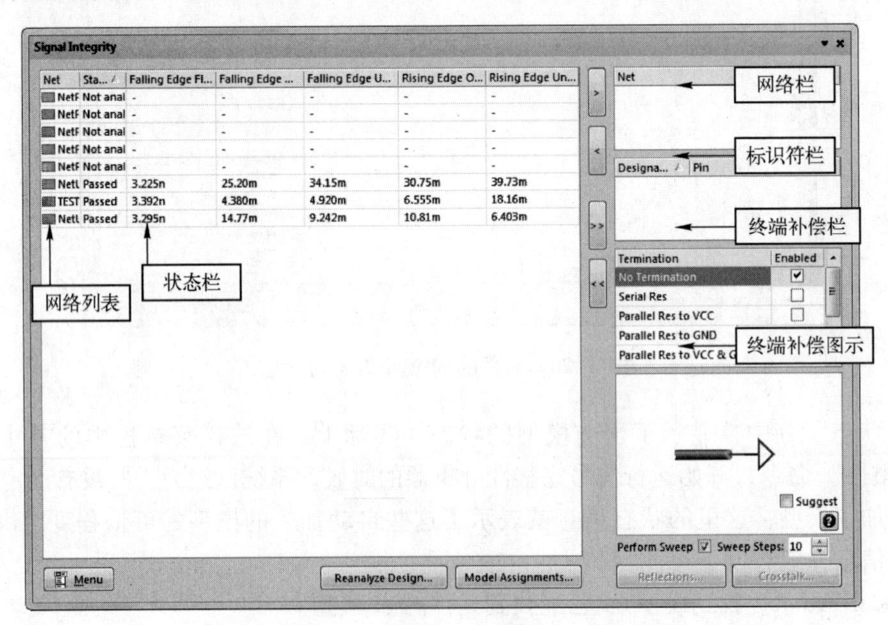

图13-21　信号完整性分析器的对话框

1. 网络列表

网络列表中列出了PCB文件中所有可能需要进行分析的网络。在分析之前，可以选中需要进一步分析的网络，单击[>]按钮添加到右侧的“Net”（网络）栏中。

2. 状态栏

用于显示对某个网络进行信号完整性分析后的状态，包括以下3种状态。

- Passed（通过）：表示通过，没有问题。
- Not analyzed（无法分析）：表明由于某种原因导致对该信号的分析无法进行。
- Failed（失败）：表示分析失败。

3. 标识符栏

用于显示在“网络”栏中选定的网络所连接元件的管脚及信号的方向。

4. 终端补偿栏

在Altium Designer 17中，对PCB进行信号完整性分析时，还需要对线路上的信号进行终端补偿的测试。其目的是测试传输线中信号的反射与串扰，以便使PCB中的线路信号达到最优。

在“终端补偿”栏中，系统提供了8种信号终端补偿方式，相应的图示显示在下面的图示栏中。

（1）No Termination（无终端补偿）

该补偿方式如图 13-22 所示，即直接进行信号传输，对终端不进行补偿，是系统的默认方式。

（2）Serial Res（串阻补偿）

该补偿方式如图 13-23 所示，即在点对点的连接方式中，直接串入一个电阻，以降低外部电压信号的幅值，合适的串阻补偿将使得信号正确传输到接收端，消除接收端的过冲现象。

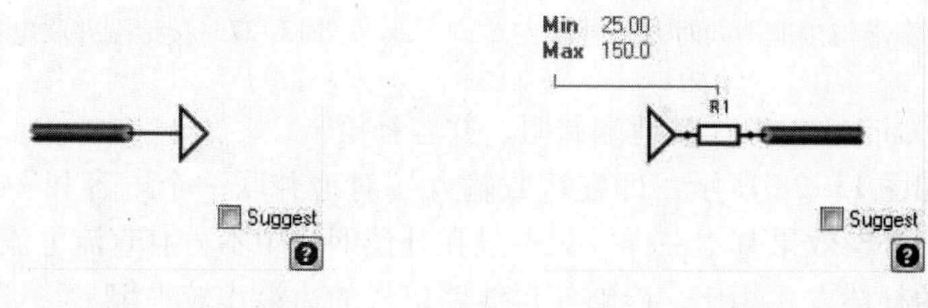

图 13-22　无终端补偿方式　　图 13-23　串阻补偿方式

（3）Parallel Res to VCC（电源 VCC 端并阻补偿）

在电源 VCC 输出端并联的电阻是和传输线阻抗相匹配的，对于线路的信号反射，这是一种比较好的补偿方式，如图 13-24 所示。由于该电阻上会有电流通过，因此将增加电源的消耗，导致低电平阀值的升高。该阀值会根据电阻值的变化而变化，有可能会超出在数据区定义的操作条件。

（4）Parallel Res to GND（接地端并阻补偿）

该补偿方式如图 13-25 所示，在接地输入端并联的电阻是和传输线阻抗相匹配的，与电源 VCC 端并阻补偿方式类似，这也是一种比较好的补偿线路信号反射的方法。同样，由于有电流通过，会导致高电平阀值的降低。

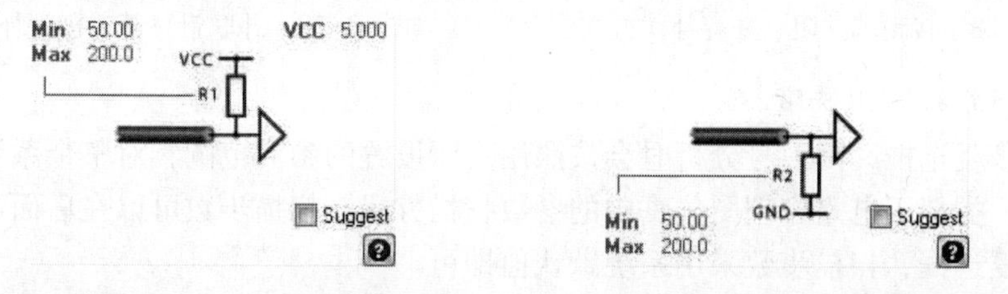

图 13-24　电源 VCC 端并阻补偿方式　　图 13-25　接地端并阻补偿方式

（5）Parallel Res to VCC & GND（电源端与接地端同时并阻补偿）

该补偿方式如图 13-26 所示，将电源端并阻补偿与接地端并阻补偿结合起来使用。适用于 TTL 总线系统，而对于 CMOS 总线系统则一般不建议使用。

由于该补偿方式相当于在电源与地之间直接接入了一个电阻，通过的电流将比较大，因此对于两电阻的阻值应折中分配，以防电流过大。

（6）Parallel Cap to GND（接地端并联电容补偿）

该补偿方式如图 13-27 所示，即在信号接收端对地并联一个电容，可以降低信号噪声。该补偿方式是制作 PCB 时最常用的方式，能够有效地消除铜膜导线在走线拐弯处所引起的波形畸变。最大的缺点是，波形的上升沿或下降沿会变得过于平坦，导致上升时间和下降时间增加。

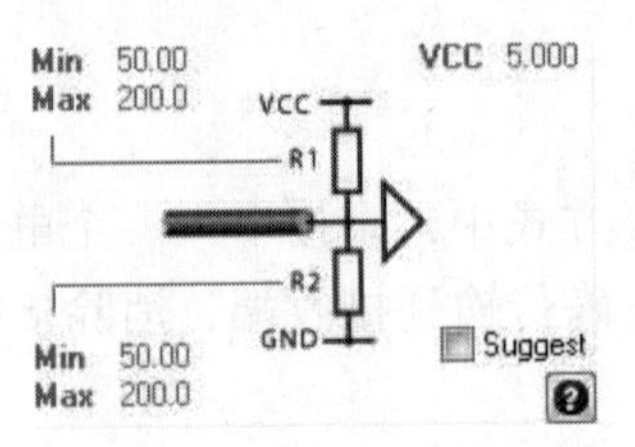

图 13-26　电源端与接地端同时并阻补偿方

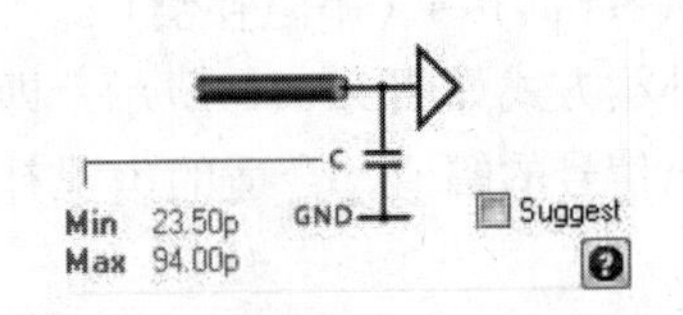

图 13-27　接地端并联电容补偿方式

（7）Res and Cap to GND（接地端并阻、并容补偿）

该补偿方式如图 13-28 所示，即在接收输入端对地并联一个电容和一个电阻，与接地端仅仅并联电容的补偿效果基本一样，只不过在补偿网络中不再有直流电流通过。而且与地端仅仅并联电阻的补偿方式相比，能够使得线路信号的边沿比较平坦。

在大多数情况下，当时间常数 *RC* 大约为延迟时间的 4 倍时，这种补偿方式可以使传输线上的信号充分终止。

（8）Parallel Schottky Diode（并联肖特基二极管补偿）

该补偿方式如图 13-29 所示，在传输线补偿端的电源和地端并联肖特基二极管可以减小接收端信号的过冲和下冲值。大多数标准逻辑集成电路的输入电路都采用了这种补偿方式。

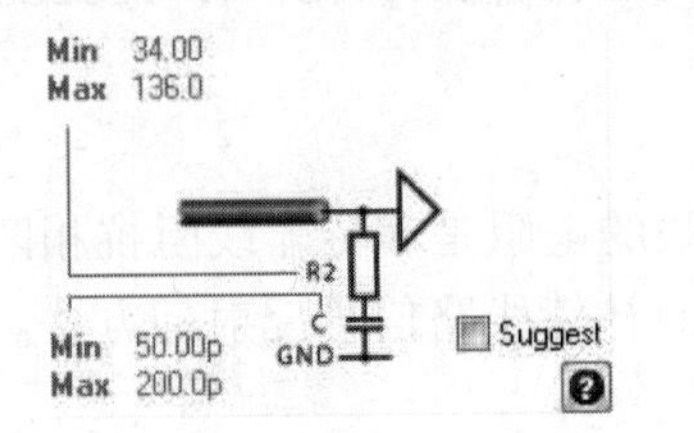

图 13-28　接地端并阻、并容补偿方式

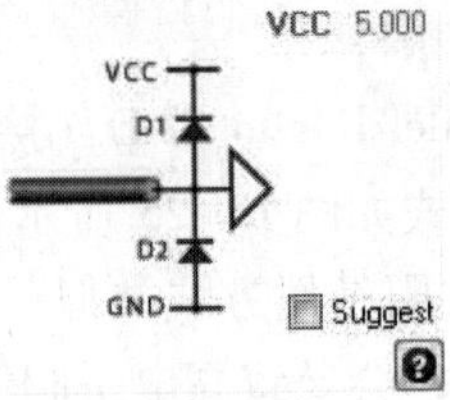

图 13-29　并联肖特基二极管补偿方式

5. “执行扫描” 复选框

若勾选该复选框，则信号分析时会按照用户所设置的参数范围，对整个系统的信号完整性进行扫描，类似于电路原理图仿真中的参数扫描方式。扫描步数可以在后面进行设置，一般应勾选该复选框，扫描步数采用系统默认值即可。

6. “Menu”（菜单）按钮

单击该按钮，系统将弹出如图 13-30 所示的“菜单”菜单，其中各命令的功能如下。

- “Select Net”（选择网络）：选择该命令，系统会将选中的网络添加到右侧的网络栏内。
- “Details”（详细资料）：选择该命令，系统将弹出如图 13-31 所示的“Full Results“（全部结果）对话框，显示在网络列表中所选的网络详细分析情况，包括元件个数、导线条数，以及根据所设定的分析规则得出的各项参数等。

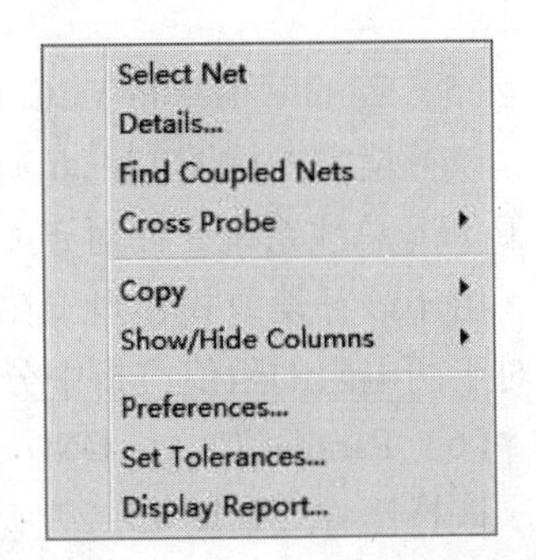

图 13-30　“Menu”（菜单）菜单

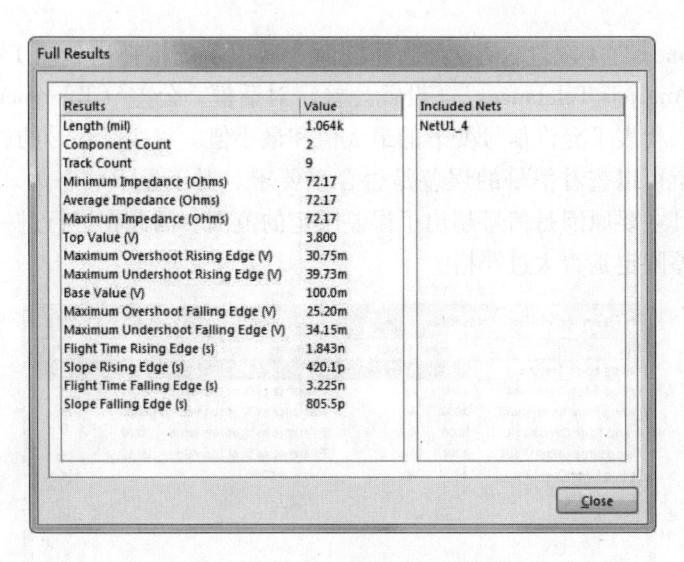

图 13-31 “Full Results” 对话框

- “Find Coupled Nets”（找到关联网络）：选择该命令，可以查找所有与选中的网络有关联的网络，并高亮显示。
- “Cross Probe”（通过探查）：包括“To Schematic”（到原理图）和“To PCB”（到PCB）两个子命令，分别用于在原理图中或者在 PCB 文件中查找所选中的网络。
- “Copy”（复制）：复制所选中的网络，包括“Select”（选择）和“All”（所有）两个子命令，分别用于复制选中的网络和选中所有网络。
- “Show/Hidden Columns”（显示/隐藏纵队）：该命令用于在网络列表栏中显示或者隐藏一些分析数据列。“Show/Hidden Columns”（显示/隐藏纵队）子菜单如图 13-32 所示。
- “Preferences”（参数）：单击该命令，用户可以在弹出的“Signal Integrity Preferences”（信号完整性首选项）对话框中设置信号完整性分析的相关选项，如图 13-33 所示。该对话框中包含若干选项卡，对应不同的设置内容。在信号完整性分析中，主要用到的是“Configuration”（配置）选项卡，用于设置信号完整性分析的时间及步长。

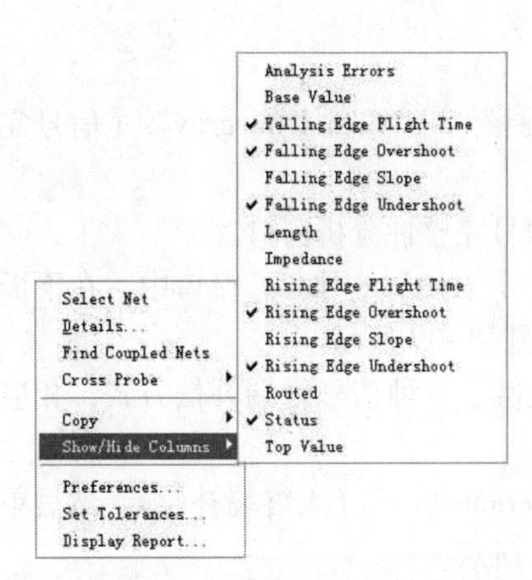

图 13-32 “Show/Hidden Columns” 子菜单

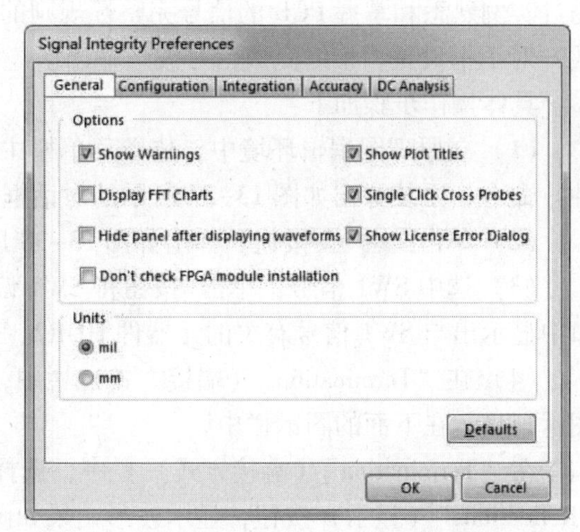

图 13-33 信号完整性参数选项对话框

- “Set Tolerances”（设置公差）：选择该命令后，系统将弹出如图 13-34 所示的“Set Screening Analysis Tolerances”（设置公差）对话框。公差（Tolerance）用于限定一个误差范围，代表了允许信号变形的最大值和最小值。将实际信号的误差值与这个范围相比较，就可以查看信号的误差是否合乎要求。对于显示状态为“Failed”（失败）的信号，其主要原因是信号超出了误差限定的范围。因此在进行进一步分析之前，应先检查公差限定是否太过严格。

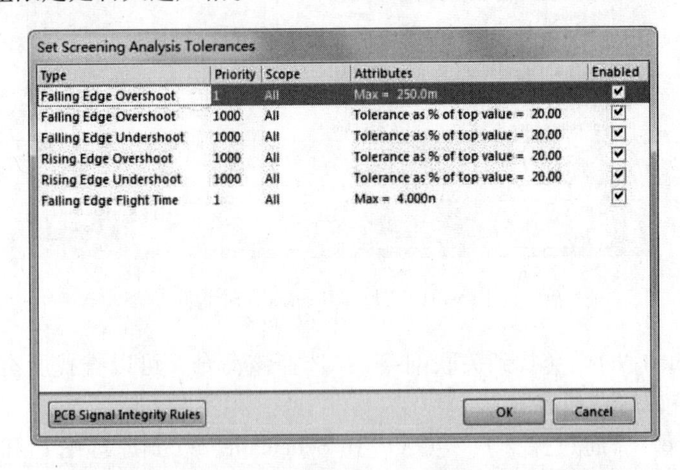

图 13-34 “Set Screening Analysis Tolerances”对话框

- “Display Report”（显示报表）：用于显示信号完整性分析报表。

13.5 操作实例——信号完整性分析

随着 PCB 的日益复杂，大规模、高速元器件的使用，使得电路的信号完整性分析这一环节变得非常重要，本节将通过实例的原理图及 PCB，对元器件的信号进行分析。

利用图 13-35 所示的原理图和图 13-36 所示的 PCB，完成电路板的信号完整性分析。通过实例熟悉和掌握 PCB 的信号完整性规则的设置、信号的选择及“Termination”（端接方式）对话框设置，最终完成信号波形输出。

具体操作步骤如下：

（1）在原理图编辑环境中，选择菜单栏中的“工具”→“Signal Integrity”（信号完整性）命令，系统弹出如图 13-37 所示的对话框。

（2）单击 Continue 按钮，弹出如图 13-38 所示的信号完整性分析窗口。

（3）选中 SW1 信号，单击按钮将 SW1 信号添加到“Net”（网络）窗口中，在下面窗口中显示出与 SW1 信号有关的元器件 HDR2、U1，如图 13-39 所示。

（4）在“Termination”（端接方式）栏中，系统提供了 8 种信号终端补偿方式，相应的图示则显示在下面的图示栏中。

在“Termination”（端接方式）栏中，选择“No Termination”（无终端补偿），然后单击“Reflections”（显示）按钮，显示波形结果如图 13-40 所示。

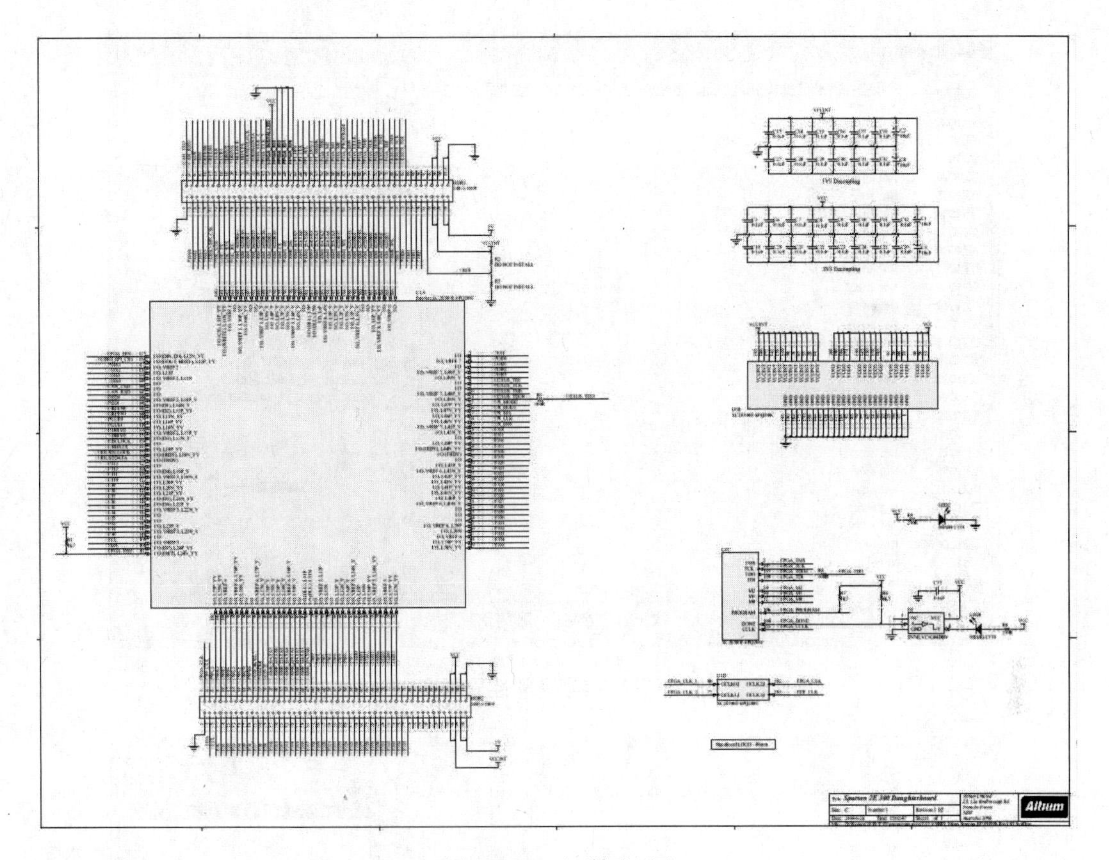

图 13-35　电路原理图

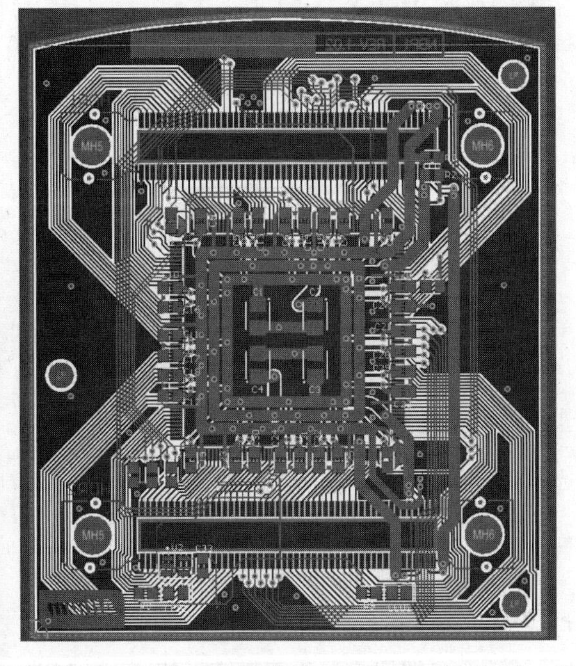

图 13-36　PCB

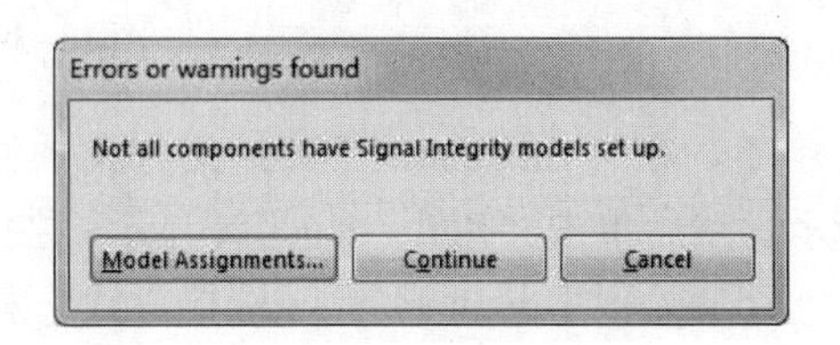

图 13-37　“Errors or warnings found”对话框

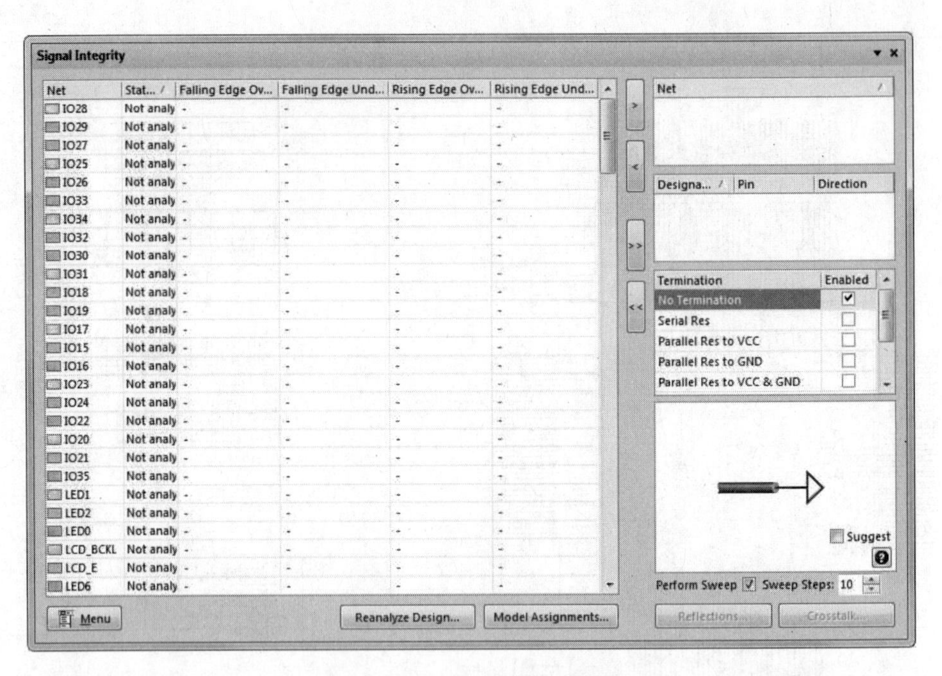

图 13-38　信号完整性分析窗口

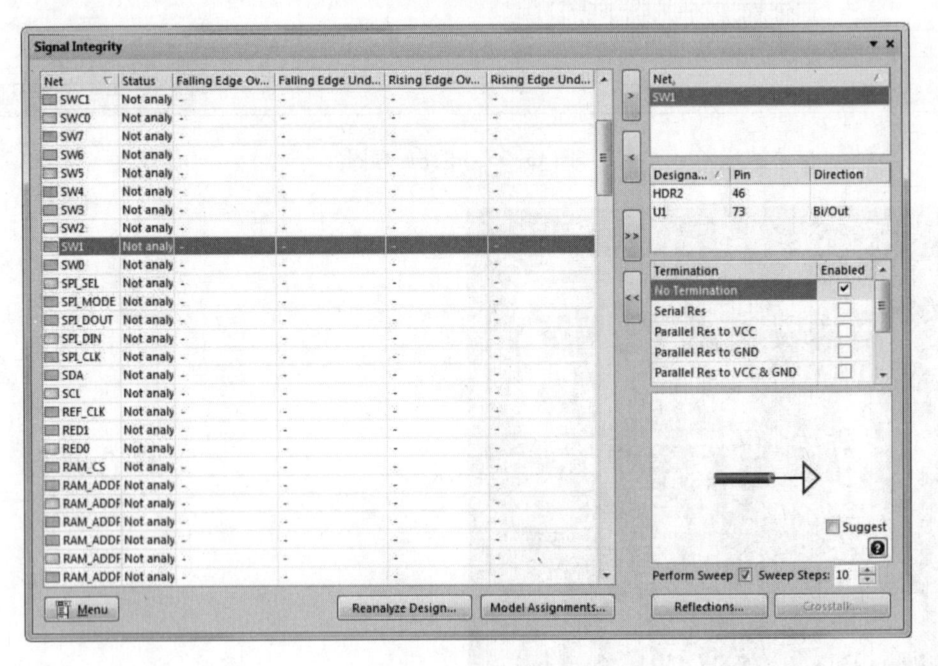

图 13-39　选择 SW1 信号

（5）在“Termination”（端接方式）栏中，选择“Serial Res”（串阻补偿），如图 13-41 所示。然后单击“Reflections”（显示）按钮，显示波形结果如图 13-42 所示。

（6）在“Termination”（端接方式）栏中，选择“Parallel Res to GND”（接地端并阻补偿），如图 13-43 所示，然后单击“Reflections”（显示）按钮，显示波形结果如图 13-44 所示。其余补偿方式读者可自行练习。

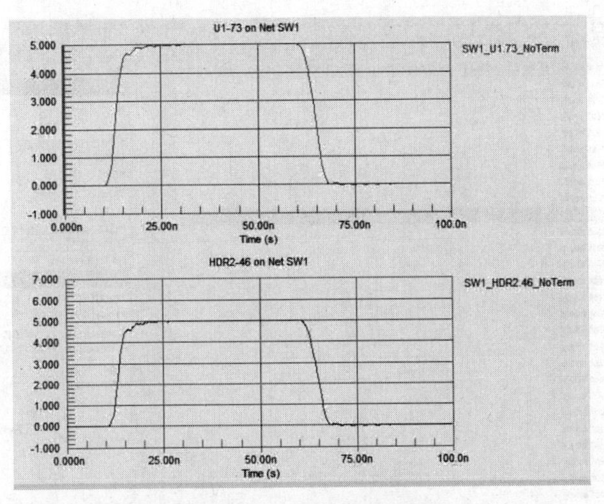

图 13-40　无终端补偿波形

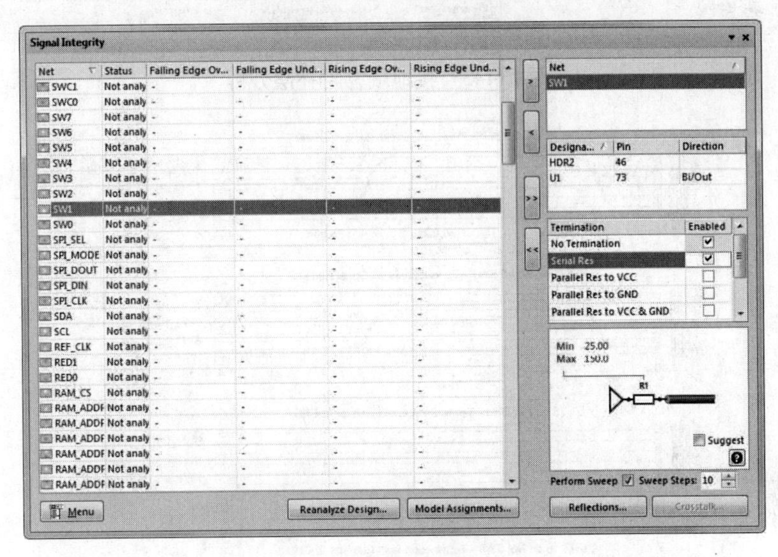

图 13-41　串阻补偿分析

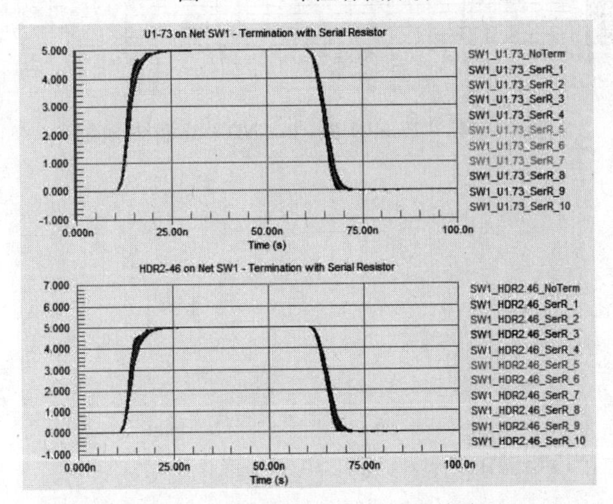

图 13-42　“Serial Res”终端补偿波形

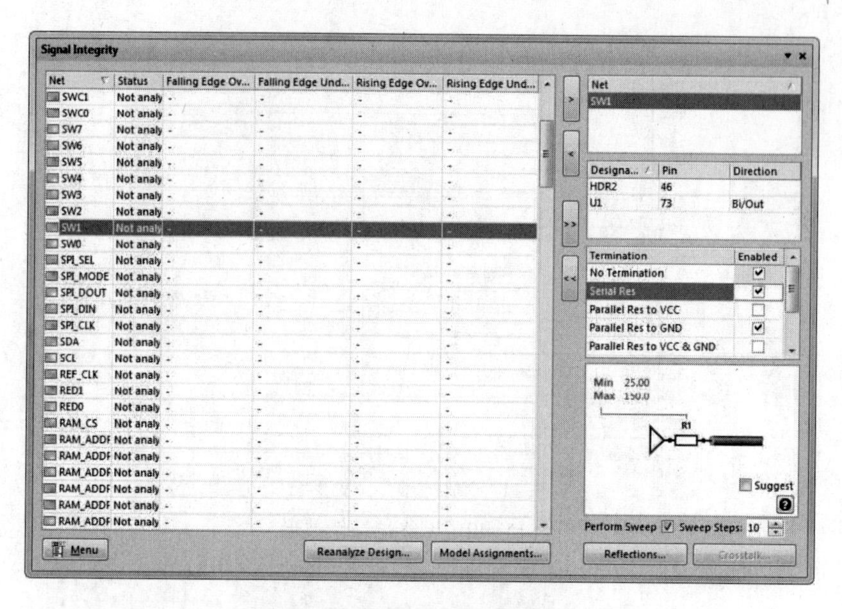

图 13-43　接地端并阻补偿分析

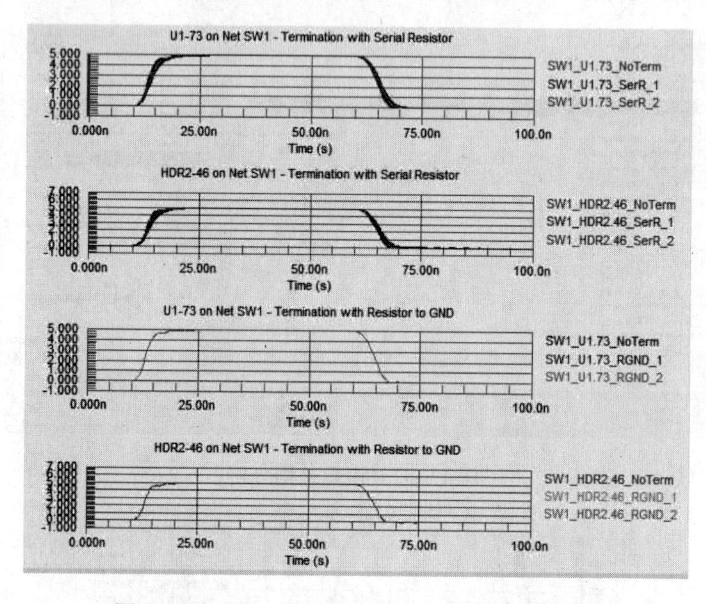

图 13-44　“Parallel Res to GND”终端补偿波形

第14章　可编程逻辑器件设计

当今时代是一个数字化的时代，各种数字新产品层出不穷，已经广泛应用到我们的日常生活中。与此同时，作为数字产品基础的数字集成电路本身也在日新月异地发展，由早期的电子管、晶体管、中小规模的集成电路，发展到今天的超大规模集成电路和具有特定功能的专用集成电路。

目前的数字系统设计可以直接面向用户需求，根据系统的行为和功能要求，可以自上向下地逐层完成相应的描述、综合、优化、仿真和验证，直到生成器件。上述设计过程除了系统行为和功能描述以外，其余所有设计过程几乎都可以用计算机自动完成。大规模可编程逻辑器件（PLD）、EDA 工具软件及系统编程设计方法为数字系统的设计提供了非常灵活的工具和手段，大规模可编程逻辑器件和 EDA 工具的快速发展也是 EDA 技术发展的基础。

Altium Designer 17 支持基于 FPGA 和 PLD 符号库的原理图设计、VHDL 语言和 UPL 语言设计，它使用集成的 PLD 编译器编译设计结果，同时支持仿真。

知识点

- 可编程逻辑器件及其设计工具
- PLD 设计步骤与 VHDL 设计语言
- VHDL 应用实例

14.1　PLD 设计概述

PLD（Programmable Logic Device，可编程逻辑器件）是一种由用户根据实际需要自行构造的具有逻辑功能的数字集成电路。目前主要有两大类型，即 CPLD（Complex Programmable Logic Device，复杂可编程逻辑器件）和 FPGA（Field Programmable Gate Array，现场可编程门阵列）。它们的基本设计方法是借助于 EDA 软件，用原理图、状态机、布尔表达式、硬件描述语言等方法生成相应的目标文件，最后用编程器写入或通过下载电缆下载到目标器件中实现用户的设计需求。

PLD 是一种可以完全替代 74 系列及 GAL、PAL 器件的新型电路，只要有数字电路基础，会使用计算机，就可以进行 PLD 的开发。PLD 的在线编程能力和强大的开发软件，使工程师可以在几天，甚至几分钟内就可完成以往几周才能完成的工作，并可将数百万门的复杂设计集成在一个芯片内。PLD 设计技术在发达国家已成为电子工程师必须掌握的技术。

PLD 设计可分为以下几个步骤：

(1) 明确设计构思

必须从总体上了解和把握设计目标，设计可用的布尔表达式、状态机和真值表，以及最适合的语法类型。总体设计的目的是简化结构、降低成本、提高性能，因此在进行系统设计时，要根据实际电路的要求，确定用PLD器件实现的逻辑功能部分。

（2）创建源文件

创建源文件有以下两种方法：

利用原理图输入法。原理图输入法设计完成以后，需要编译，在系统内部仍然要转换为相应的硬件描述语言。

利用硬件描述语言创建源文件。硬件描述语言有VHDL、VeriLog HDL、AHDL等，Altium Designer 17支持VHDL和CUPL，程序设计结束后进行编译。

（3）选择目标器件并定义引脚

选择能够加载设计程序的目标器件，检查器件定义和未定义的输出引脚是否满足设计要求，然后定义器件的输入/输出引脚，参考生产厂家的技术说明，确保定义的正确性。

（4）编译源文件

经过一系列设置，包括定义所需下载逻辑器件和仿真的文件格式后，需要再次对源文件进行编译。

（5）硬件编程

逻辑设计完成后，必须把设计的逻辑功能编译为器件的配置数据，然后通过编程器或者下载完成对器件的编程和配置。器件经过编程之后，就能完成设计的逻辑功能。

（6）硬件测试

对已编程的器件进行逻辑验证工作，这一步是保证器件逻辑功能正确的最后一道保障。经过逻辑验证的功能就可以进行加密，完成整体的设计工作。

14.2 VHDL中的描述语句

所谓硬件描述语言，就是可以描述硬件电路的功能、信号连接关系及时序关系的语言，现已广泛应用于各种数字电路系统，包括FPGA/CPLD的设计，如VHDL语言、Verilog HDL语言、AHDL语言等。其中，AHDL是Altera公司自己开发的硬件描述语言，其最大特点是容易与本公司的产品兼容。而VHDL和Verilog HDL的应用范围则更为广泛，设计者可以使用它们完成各种级别的逻辑设计，也可以进行数字逻辑系统的仿真验证、时序分析和逻辑综合分析等。

在Altium Designer 17系统中，提供了完善的使用VHDL语言进行可编程逻辑电路设计的环境。首先从系统级的功能设计开始，使用VHDL语言对系统的高层次模块进行行为描述，之后通过功能仿真完成对系统功能的具体验证，再将高层次设计自顶向下逐级细化，直到完成与所用的可编程逻辑器件相对应的逻辑描述。

在VHDL中，将一个能够完成特定独立功能的设计称为设计实体（Design Entity）。一个基本的VHDL设计实体的结构模型如图14-1所示。一个有意义的设计实体中至少包含库（或程序包）、实体和结构体3个部分。

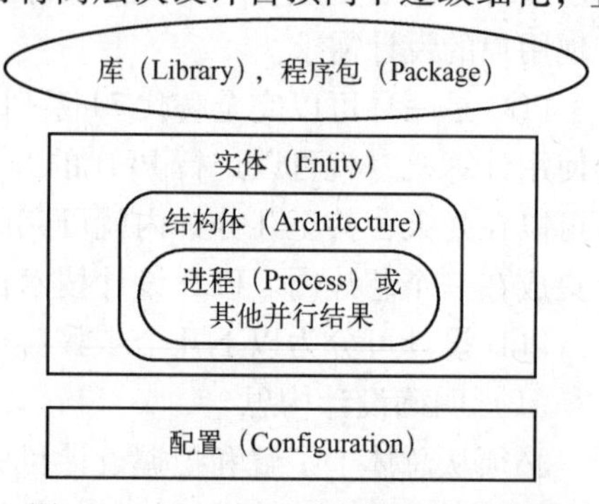

图14-1　VHDL设计实体的结构模型

在描述电路功能的时候，仅有对象和运算操作符是不够的，还需要描述语句。对结构体的描述语句可以分成并行描述语句（Concurrent Statements）

和顺序描述语句（Sequential Statements）两种类型。

- 并行描述语句是指能够作为单独的语句直接出现在结构体中的描述语句，结构体中的所有语句都是并行执行的，与语句的前后次序无关。VHDL 所描述的实际系统在工作时，许多操作都是并行执行的。
- 顺序描述语句可以描述一些具有一定步骤或者按顺序执行的操作和行为。顺序描述语句的实现在硬件上依赖于具有次序性的结构，如状态机或者具有操作优先权的复杂组合逻辑。顺序描述语句只能出现在进程（Process）或者子程序（Sub programs）中。通常过程（Procedure）和函数（Function）统称为子程序。

1. 并行描述语句

常用的并行描述语句有以下几种：

- 进程（Process）语句。
- 并行信号赋值（Concurrent Signal Assignment）语句。
- 条件信号赋值（Conditional Signal Assignment）语句。
- 选择信号赋值（Selected Signal Assignment）语句。
- 过程调用（Procedure Calls）语句。
- 生成（Generate）语句。
- 元件实例化（Component Instantiation）语句。

（1）进程语句

进程语句是最常用的并行语句。在一个结构体中，可以出现多个进程语句，各个进程语句并行执行，进程语句内部可以包含顺序描述语句。

进程语句的语法格式如下：

```
[进程标号:] PROCESS [(灵敏度参数列表)]
[变量声明项]
BEGIN
顺序描述语句;
END PROCESS [进程标号:];
```

进程语句由多个部分构成。其中，“[ ]”内为可选部分；进程标号作为该进程的标识符号，便于区别其他进程；灵敏度参数列表（Sensitivity list）内为信号列表，该列表内信号的变化将触发进程执行（所有触发进程变化的信号都应包含到该表中）；变量声明项用来定义在该进程中需要用到的变量；顺序描述语句即一系列顺序执行的描述语句，具体语句将在下面的顺序描述语句中介绍。

为了启动进程，需要在进程结构中包含一个灵敏度参数列表，或者包含一个 WAIT 语句。要注意的是，灵敏度参数列表和 WAIT 语句是互斥的，只能出现一个。

（2）并行信号赋值语句

并行信号赋值语句是最常用的简单并行语句，它确定了数字系统中不同信号间的逻辑关系。

并行信号赋值语句的语法格式如下：

```
赋值目标信号 <= 表达式;
```

其中，“<=”是信号赋值语句的标志符，它表示将表达式的值赋给目标信号。如下面这段采用简单信号赋值语句描述与非门电路。

```
ARCHITECTURE arch1 OF nand_circuit IS
    SIGNAL   A,B:STD_LOGIC;
    SIGNAL   Y1,Y2:STD_LOGIC;
BEGIN
    Y1 <= NOT(A AND B);
    Y2 <= NOT(A AND B);
END arch1;
```

（3）条件信号赋值语句

条件信号赋值语句即根据条件的不同，将不同的表达式赋值给目标信号。条件信号赋值语句与普通软件编程语言中的 If – Then – Else 语句类似。

条件信号赋值语句的语法格式如下。

```
[语句标号]赋值目标信号 <= 表达式 WHEN 赋值条件 ELSE
                          {表达式 WHEN 赋值条件 ELSE}
                          表达式;
```

当 WHEN 后的赋值条件表达式为“真”时，即将其前面的表达式赋给目标信号，否则继续判断下一个条件表达式。当所有赋值条件均不成立时，则将最后一个表达式赋值给目标信号。在使用条件信号赋值语句时要注意，赋值条件表达式要具备足够的覆盖范围，尽可能地包括所有可能的情况，避免因条件不全出现死锁。

下面这段采用条件赋值语句描述多路选择器电路。

```
ENTITY my_mux IS
    PORT(Sel:        IN STD_LOGIC_VECTOR(0 TO 1);
        A,B,C,D:     IN STD_LOGIC_VECTOR(0 TO 3);
        Y:           OUT STD_LOGIC_VECTOR(0 TO 3));
END my_mux;

ARCHITECTURE arch OF my_mux IS
    BEGIN
        Y <= A WHEN Sel = "00" ELSE
            B WHEN Sel = "01" ELSE
            C WHEN Sel = "10" ELSE
            D WHEN OTHERS;
    END arch;
```

（4）选择信号赋值语句

选择信号赋值语句是根据同一个选择表达式的不同取值，为目标信号赋予不同的表达式。选择信号赋值语句和条件信号赋值语句相似，所不同的是其赋值条件表达式之间没有先后关系，类似于 C 语言中的 Case 语句。在 VHDL 中也有顺序执行的 CASE 语句，功能与选择信号赋值语句类似。

选择信号赋值语句的语法格式如下：

```
[语句标号] WITH 选择表达式 SELECT
赋值目标信号 <= 表达式 WHEN 选择式,
               {表达式 WHEN 选择值,}
               表达式 WHEN 选择值;
```

如下面这段采用信号赋值语句描述多路选择器电路：

```
ENTITY my_mux IS
    PORT(Sel:         IN STD_LOGIC_VECTOR(0 TO 1);
        A,B,C,D:   IN STD_LOGIC_VECTOR(0 TO 3);
        Y:            OUT STD_LOGIC_VECTOR(0 TO 3));
END my_mux;

ARCHITECTURE arch OF my_mux IS
    BEGIN
        WITH Sel SELECT
        Y <= A WHEN Sel = "00",
            B WHEN Sel = "01",
            C WHEN Sel = "10",
            D WHEN OTHERS;
END arch;
```

(5) 过程调用语句

过程调用语句是在并行区域内调用过程语句，与其他并行语句一起并行执行。过程语句本身是顺序执行的，但它可以作为一个整体出现在结构体的并行描述中。与进程语句相比，过程调用的好处是过程语句主体可以保存在其他区域内，如程序包内，并可以在整个设计中随时调用。过程调用语句在某些系统中可能不支持，需视条件使用。

过程调用语句的语法格式如下。

```
过程名(实参,实参);
```

下面是一个过程 dff 在结构体并行区域内调用的实例：

```
ARCHITECTURE arch OF SHIFT IS
    SIGNAL D,Qreg:STD_LOGIC_VECTEOR(0 TO 7);
    BEGIN
        D <= Data WHEN(Load = '1') ELSE
            Qreg(1 TO 7) & Qreg(0);
            Dff(Rst,Clk,D,Qreg);
            Q <= Qreg;
            END arch;
```

(6) 生成语句

在进行逻辑设计时，有时需要多次复制同一个子元件，并且将复制的元件按照一定规则连接起来，构成一个功能更强的元件。生成语句为执行上述逻辑操作提供了便捷的实现方式。生成语句有两种形式，即 IF 形式和 FOR 形式。IF 形式的生成语句对其包含的并行语句进行条件性地一次生成，而 FOR 形式的生成语句对于它所包含的并行语句则采用循环生成。

FOR 形式生成语句的语法格式如下：

```
生成标号:FOR 生成变量 IN 变量范围 GENERATE
        {并行语句;}
        END GENERATE;
```

IF 形式生成语句的语法格式如下。

```
生成标号:IF 条件表达式 GENERATE
        {并行语句;}
        END GENERATE;
```

其中，生成标号是生成语句所必需的，条件表达式是一个结果为布尔值的表达式。下面举例说明它们的使用方式。

如下面这段采用生成语句描述由 8 个 1 位的 ALU 构成的 8 位 ALU 模块。

```
LIBRARY IEEE;
USE IEEE. STD_LOGIC_1164. ALL;

PACKAGE reg_pkg IS
    CONSTANT size:INTEGER: =8;
    TYPE reg IS ARRAY(size - 1 DOWNTO 0) OF STD_LOGIC;
    TYPE bit4 IS ARRAY(3 DOWNTO 0) OF STD_LOGIC;
END reg_pkg

LIBRARY IEEE;
USE IEEE. STD_LOGIC_1164. ALL;
USE work. reg_pkg. ALL;

ENTITY alu IS
    PORT(sel:IN bit4;
        rega,regb:IN reg;
        c,m:IN STD_LOGIC;
        cout:OUT STD_LOGIC;
        result:OUT reg);
END alu;

ARCHITECTURE gen_alu OF alu IS
    SIGNAL carry:reg;
    COMPONENT alu_stage
    PORT(s3,s2,s1,s0,a1,b1,c1,m:IN STD_LOGIC;
        c2,f1:OUT STD_LOGIC);
    END COMPONENT;

    BEGIN
    GN0:FOR i IN 0 TO size - 1 GENERATE
        GN1:IF i =0 GENERATE;
            U1:alu_stage PORT MAP(sel(3),sel(2),sel(1),sel(0),
              rega(i),regb(i),c,m,carry(i),result(i));
                END GENERATE;
GN2:IF i >0 AND i < size - 1 GENERATE;
            U2:alu_stage PORT MAP(sel(3),sel(2),sel(1),sel(0),
              rega(i),regb(i),carry(i - 1),m,carry(i),result(i));
                END GENERATE;
GN3:IF i = size - 1 GENERATE;
            U3:alu_stage PORT MAP(sel(3),sel(2),sel(1),sel(0),
              rega(i),regb(i),carry(i - 1),m,cout,result(i));
                END GENERATE;
        END GENERATE;
END gen_alu;
```

（7）元件实例化语句

元件实例化是层次设计方法的一种具体实现。元件实例化语句使用户可以在当前工程设计中调用低一级的元件，实质上是在当前工程设计中生成一个特殊的元件副本。元件实例化时，被调用的元件首先要在该结构体的声明区域或外部程序包内进行声明，使其对于当前工程设计的结构体可见。

元件实例化语句的语法格式如下。

```
实例化名:元件名:
    GENERIC MAP(参数名:>参数值,...,参数名:>参数值);
        PORT MAP(元件端口 => 连接端口,...,元件端口 => 连接端口);
```

其中，实例化名为本次实例化的标号；元件名为底层模板元件的名称；类属映射（GENERIC MAP）用于给底层元件实体声明中的类属参数常量赋予实际参数值，如果底层实体没有类属声明，那么元件声明中也就不需要类属声明一项，此处的类属映射可以省略；端口映射（PORT MAP）用于将底层元件的端口与顶层元件的端口对应起来，“ => ”左侧为底层元件端口名称，“ => ”右侧为顶层端口名称。

上述的端口映射方式称为名称关联，即根据名称将相应的端口对应起来，此时，端口排列的前后位置不会影响映射的正确性；还有一种映射方式称为位置关联，即当顶层元件和底层元件的端口、信号或参数排列顺序完全一致时，可以省略底层元件的端口、信号、参数名称，即将“ => ”左边的部分省略。其语法格式可简化成如下格式。

```
实例化名:元件名:
    GENERIC MAP(参数值,...,参数值);
        PORT MAP(连接端口,...,连接端口);
```

如下面这段采用元件实例化语句用半加器和全加器构成一个两位加法器。

```
ARCHITECTURES structure OF adder2 IS
    COMPONENT half_adder IS
        PORT(A,B:IN STD_LOGIC; Sum,Carry:OUT STD_LOGIC);
    END COMPONENT;
    COMPONENT full_adder IS
        PORT(A,B:IN STD_LOGIC; Sum,Carry:OUT STD_LOGIC);
    END COMPONENT;
    SIGNAL C:STD_LOGIC_VECTOR(0 TO2);

BEGIN
    A0:half_adder PORT MAP(A >= A(0),B >= B(0),Sum >= S(0),Carry >= C(0));
    A1:full_adder PORT MAP(A >= A(1),B >= B(1),Sum >= S(1),Carry >= Cout);
END structure;
```

2. 顺序描述语句

常用的顺序描述语句有以下几种。

- 信号和变量赋值（Signal and variable assignments）语句。
- IF – THEN – ELSE 语句。
- CASE 语句。
- LOOP 语句。

(1) 信号和变量赋值语句

前面讲述的信号赋值也可以出现在进程或子程序中，其语法格式不变；而变量赋值只能出现在进程或子程序中。需要注意的是，进程内的信号赋值与变量赋值有所不同。进程内，信号赋值语句一般都会隐藏一个时间延迟Δ，因此紧随其后的顺序语句并不能得到该信号的新值；变量赋值时，则无时间延迟，在执行了变量赋值语句之后，变量就获得了新值。了解信号和变量赋值的区别，有助于在设计中正确选择数据类型。

变量赋值的语法格式如下。

```
变量名: =表达式;
```

(2) IF - THEN - ELSE 语句

IF - THEN - ELSE 语句是 VHDL 语言中最常用的控制语句，它根据条件表达式的值决定执行哪一个分支语句。

IF - THEN - ELSE 语句的语法结构如下。

```
IF 条件1 THEN
    顺序语句
{ELSEIF 条件2 THEN
    顺序语句}
[ELSE
    顺序语句]
END IF;
```

其中，“{}”内是可选并可重复的结构，“[]”内的内容是可选的，条件表达式的结果必须为布尔值，顺序语句部分可以是任意的顺序执行语句，包括 IF - THEN - ELSE 语句，即可以嵌套执行该语句。下面举例说明其使用。

如下面这段采用 IF - THEN - ELSE 语句描述四选一多路选择器。

```
ENTITY mux4 IS
    PORT(Din:IN STD_LOGIC_VECTOR(3 DOWNTO 0);
        Sel:IN STD_LOGIC_VECTOR(1 DOWNTO 0);
          y:OUT STD_LOGIC);
END mux4;

ARCHITECTURE rt1 OF mux4 IS
BEGIN
    PROCESS(Din,Sel)
    BEGIN
        IF(Sel ="00") THEN
          y <= Din(0);
        ELSEIF(Sel ="01") THEN
          y <= Din(1);
        ELSEIF(Sel ="10") THEN
          y <= Din(2);
        ELSE
          y <= Din(3);
        END IF;
    END PROCESS;
END rt1;
```

(3) CASE 语句

CASE 语句也是通过条件判断进行选择执行的语句。

CASE 语句的语法格式如下:

```
CASE 控制表达式 IS
    WHEN 选择值 1 =>
        顺序语句
    {WHEN 选择值 2 =>
    顺序语句}
END CASE;
```

其中,"{}"内是可选并可重复的结构,条件选择值必须是互斥的,即不能有两个相同的选择值出现,并且选择值必须覆盖控制表达式所有的值域范围,必要时可以用 OTHERS 代替其他可能值。

在 CASE 语句中,各个选择值之间的关系是并列的,没有优先权之分。而在 IF 语句中,总是先处理写在前面的条件,当前面的条件不满足时,才处理下一个条件,即各个条件间在执行顺序上是有优先级的。

如下面这段采用 CASE 语句描述四选一多路选择器。

```
ENTITY mux4 IS
    PORT(Din:IN STD_LOGIC_VECTOR(3 DOWNTO 0);
        Sel:IN STD_LOGIC_VECTOR(1 DOWNTO 0);
          y:OUT STD_LOGIC);
END mux4;

ARCHITECTURE rt1 OF mux4IS
BEGIN
    PROCESS(Din,Sel)
    BEGIN
        CASE SEL IS
          WHEN "00" => y <= Din(0);
          WHEN "01" => y <= Din(1);
          WHEN "10" => y <= Din(2);
          WHEN OTHERS => y <= Din(3);
          END CASE
    END PROCESS;
END rt1;
```

(4) LOOP 语句

使用循环(LOOP)语句可以实现重复操作和循环的迭代操作。LOOP 语句有 3 种基本形式,即 FOR LOOP、WHILE LOOP 和 INFINITE LOOP。

LOOP 语句的语法格式如下。

```
[循环标号:] FOR 循环变量 IN 离散值范围 LOOP
            顺序语句;
END LOOP [循环标号];
            [循环标号:] WHILE 判别表达式 LOOP
            顺序语句;
            END LOOP [循环标号];
```

FOR 循环是指定执行次数的循环方式，其循环变量不需要预先声明，且变量值能够自动递增，IN 后的离散值范围说明了循环变量的取值范围，离散值范围的取值不一定为整数值，可以是其他类型的范围值。WHILE 循环是以判别表达式值的真伪作为循环与否的依据，当表达式值为真时，继续循环，否则退出循环。Infinite 循环不包含 FOR 或 WHILE 关键字，但在循环语句中加入了停止条件，其语法格式如下。

```
[循环标号:] LOOP
            顺序语句;
            EXIT WHEN(条件表达式);
            END LOOP [循环标号];
```

如下面这段 LOOP 语句的应用。

```
ARCHITECTURE looper OF myentity IS
    TYPE stage_value IS init,clear,send,receive,erro;
BEGIN
    …
    PROCESS(a)
    BEGIN
        FOR stage IN stage_value LOOP
            CASE stage IS
                WHEN init =>
                …
                WHEN clear =>
                …
                WHEN send =>
                …
                WHEN receive =>
                …
                WHEN erro =>
                …
            END CASE;
        END LOOP;
    END PROCESS;
    …
END looper;
```

3. NEXT 语句

NEXT 语句用于 LOOP 语句中的循环控制，它可以跳出本次循环操作，继续下一次的循环。

NEXT 语句的语法格式如下。

```
NEXT [标号] [WHEN 条件表达式];
```

4. RETURN 语句

RETURN 语句用在函数内部，用于返回函数的输出值。例如：

```
FUNCTION and_func(x,y:IN BIT) RETURN BIT IS
  BEGIN
      IF x = '1' AND y = '1' THEN
```

```
            RETURN '1';
        ELSE
    RETURN '0';
        END IF;
    END and_func;
```

在了解了 VHDL 的基本语法结构以后，我们就可以进行一些基础的 VHDL 设计了。

14.3 VHDL 应用实例

通过前面的学习，用户对 VHDL 语言有了一个初步的了解后，本节我们将通过一个具体的实例介绍利用 VHDL 语言设计 PFGA 项目的具体步骤。

14.3.1 创建 FPGA 项目

本节中我们使用系统提供的例子，在 Altium Designer 17 的 Examples\VHDL Simulation\Test Palette Window\中，是一个测试调色板窗口的设计。

选择菜单栏中的“文件”→“New”（新建）→“Project”（工程）命令，创建一个名为“TBarLedWindow. PrjFpg”的 FPGA 工程文件，如图 14-2 所示。

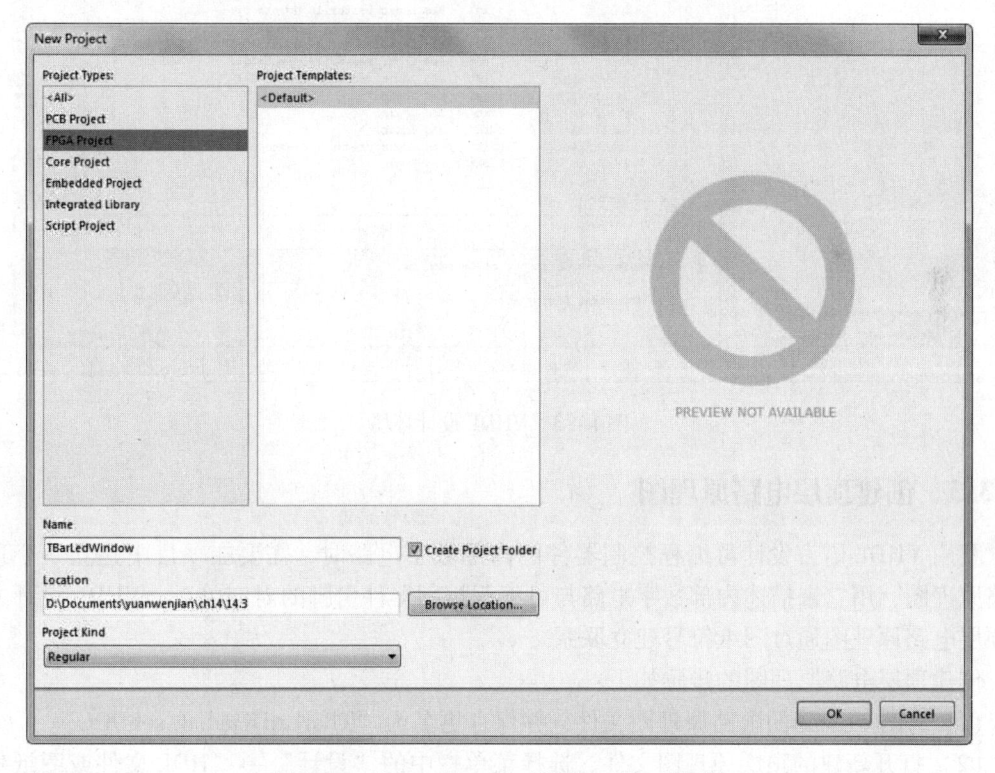

图 14-2 “New Project”（新建工程）对话框

14.3.2 创建 VHDL 设计文件

（1）选择菜单栏中的“文件”→“新建”→“Embedded”（其他）→“VHDL 文件”

(VHDL 设计文件) 命令，在“Projects”（工程）面板的“TBarLedWindow. PrjFpg”项目中出现一个 VHDL 设计文件，默认名为 VHDL1. Vhd。

(2) 选择菜单栏中的“文件”→“保存”命令，保存并更名此文件为“TWindow. VHD”。在创建了 VHDL 文件的同时，系统进入到 VHDL 设计环境中。

(3) 在 VHDL 设计窗口中输入 VHDL 语言。在此直接输入系统提供的 VHDL 语言，不再讲述如何编写 VHDL 语言。

输入 VHDL 语言后的 VHDL 设计环境如图 14-3 所示。

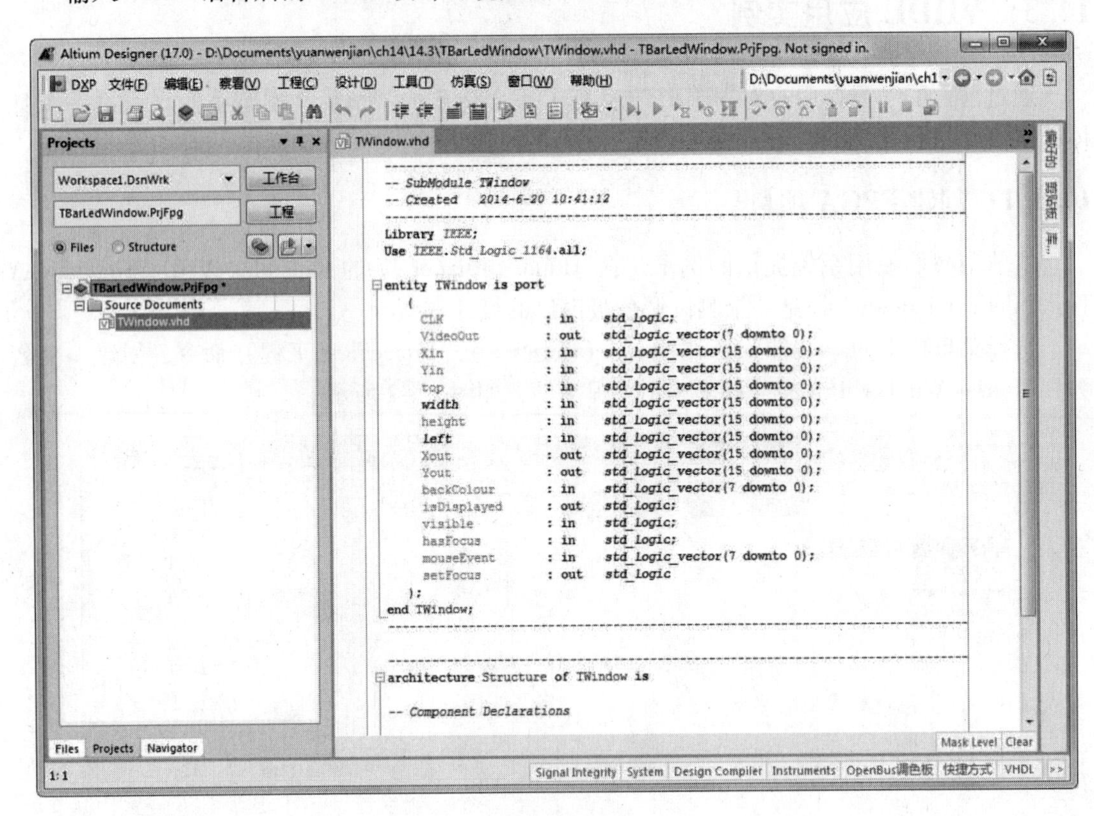

图 14-3　VHDL 设计环境

14.3.3　创建顶层电路原理图

利用 VHDL 语言设计可编程控制器件的内部数字电路时，需要在项目中建立一个顶层电路原理图，用它来描述内部数字电路与可编程控制器件引脚的对应关系。VHDL 设计文件与顶层电路原理图通过图纸符号建立联系。

创建顶层电路原理图的步骤如下：

(1) 创建一个新的电路原理图文件，并保存更名为“TBarLedWindow. schDOC”。

(2) 打开新建的顶层原理图文件，选择菜单栏中的“设计”→“HDL 文件或图纸生成图纸符号”命令，弹出选择 VHDL 设计文件对话框，如图 14-4 所示。

(3) 在对话框中选择“TWindow. Vhd”文件后，单击 OK 按钮。此时，光标上将出现一个方块电路图，在原理图的合适位置单击鼠标左键，放置方块图，如图 14-5 所示。

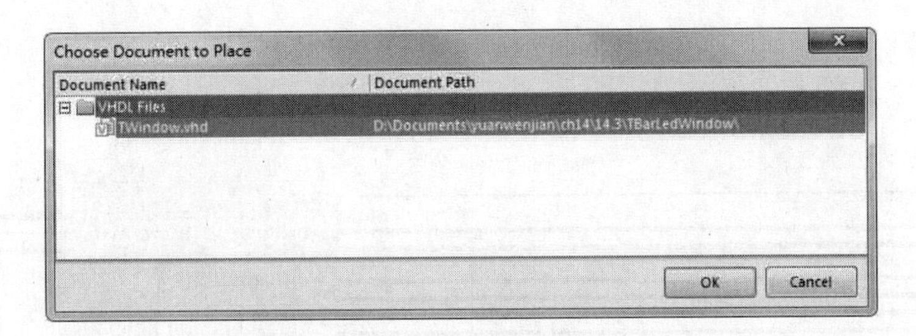

图 14-4　选择 VHDL 设计文件对话框

（4）编辑方块电路图的属性。双击方块图，弹出属性设置对话框，如图 14-6 所示。

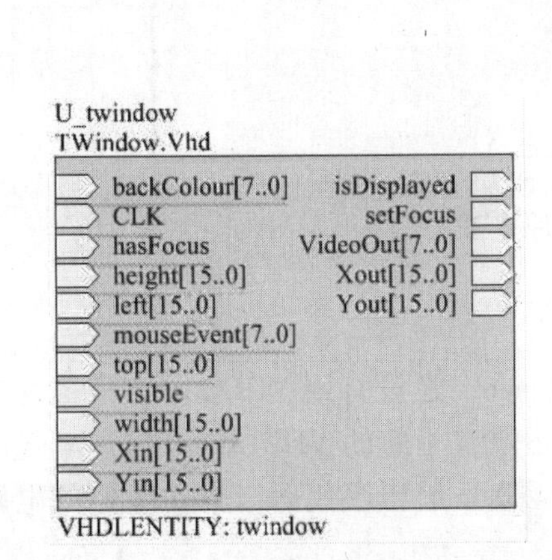

图 14-5　由 VHDL 设计文件生成的方块电路图

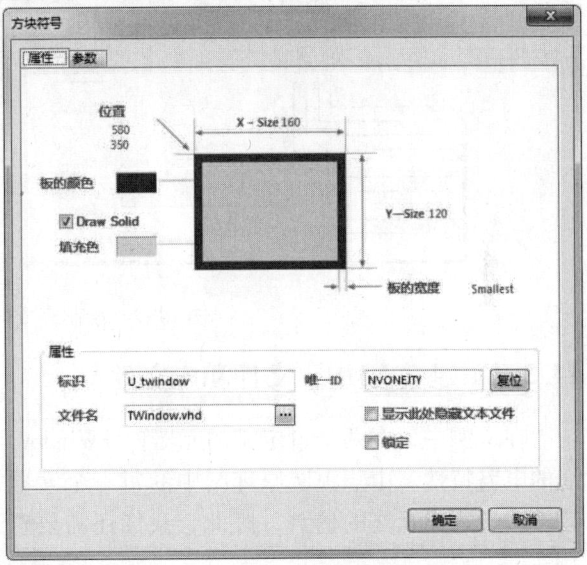

图 14-6　方块图属性设置对话框

对于方块图属性设置，我们在前面已经详细讲解过了，在此也不再讲述。

（5）在电路原理图中放置其他元器件，放置方法与电路原理图中放置元器件的方法相同，但是为了后面的仿真操作，应在放置的元器件需要具有仿真属性，放置后设置元器件的参数。

（6）放置电路端口并放置导线

在顶层原理图中，放置电路端口，把用 VHDL 语言描述的内部逻辑电路的输入和输出与可编程控制器件的输入和输出引脚连接起来。

完成了前面的工作后，根据设计要求，用导线、总线或者网络标签把它们连接起来，连接好的顶层电路原理图如图 14-7 所示。

注意

只有在 FPGA 设计项目中，才能使用组端口。此时组端口代表一组联系紧密的电路端口组，并且用于连接的总线具有电气连接意义，这有别于普通电路原理图中的总线。

TBarLedWindow : extends TWindow

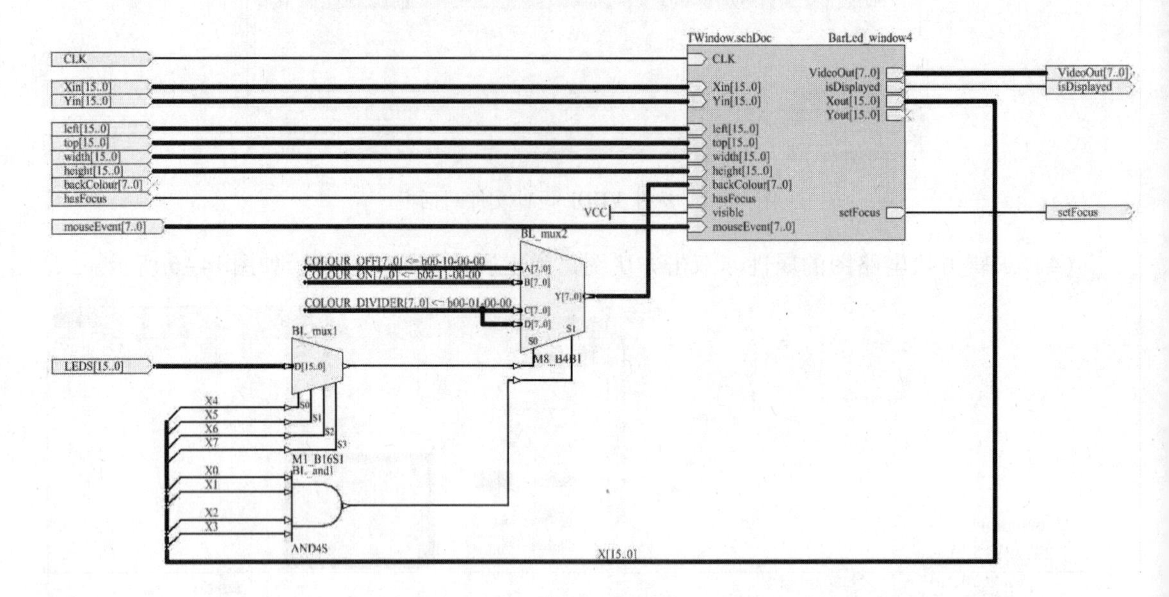

图 14-7　绘制完成的顶层原理图

14.3.4　建立 VHDL 文件和库文件

在本例中，有两个自定义的元器件 TWindow 和 TRange，还没有用 VHDL 语言来描述它们的电路特性。由于顶层原理图中的每一个元器件都必须有相应的 VHDL 语言描述其电路特性才能完成最终的仿真，因此，我们还需要对这些元器件添加程序代码以描述他们的电路特性。

（1）选择菜单栏中的“文件”→“新建”→“Embedded”（其他）→“VHDL 文件”（VHDL 设计文件）命令，在“Projects”（工程）面板的“TBarLedWindow. PRJFPG”项目中出现一个 VHDL 设计文件，默认名为 VHDL1. Vhd。

（2）选择菜单栏中的“文件”→“保存”命令，保存并更名此文件为“TRange. VHD”。在创建了 VHDL 文件的同时，系统进入到 VHDL 设计环境中。

（3）在 VHDL 设计窗口中输入 VHDL 语言，如图 14-8 所示。

用同样的方法，创建 VHDL 文件“TMouseEvent. Vhd”，如图 14-9 所示。

（4）建立 VHDL 库文件

编辑完成元器件的模型文件以后，还需要建立一个 VHDL 库文件。

1）选择菜单栏中的“文件”→“新建”→“库”→VHDL 库，创建一个 VHDL 库文件，保存并把此库文件更名为“TBarLedWindow_LIB. VHDLIB”。

2）此时，该库文件是一个空白文件。打开该库文件，选择菜单栏中的“VHDL”→“添加文件”，将前面建立的三个 VHDL 文件添加到该库文件中，如图 14-10 所示。

（5）将 VHDL 库文件添加到设计项目

建立了 VHDL 库文件以后，还要把库文件添加到设计项目中，以保证系统的编译器和仿真器能够找到并识别该库文件，该过程是通过放置文本框来实现的。

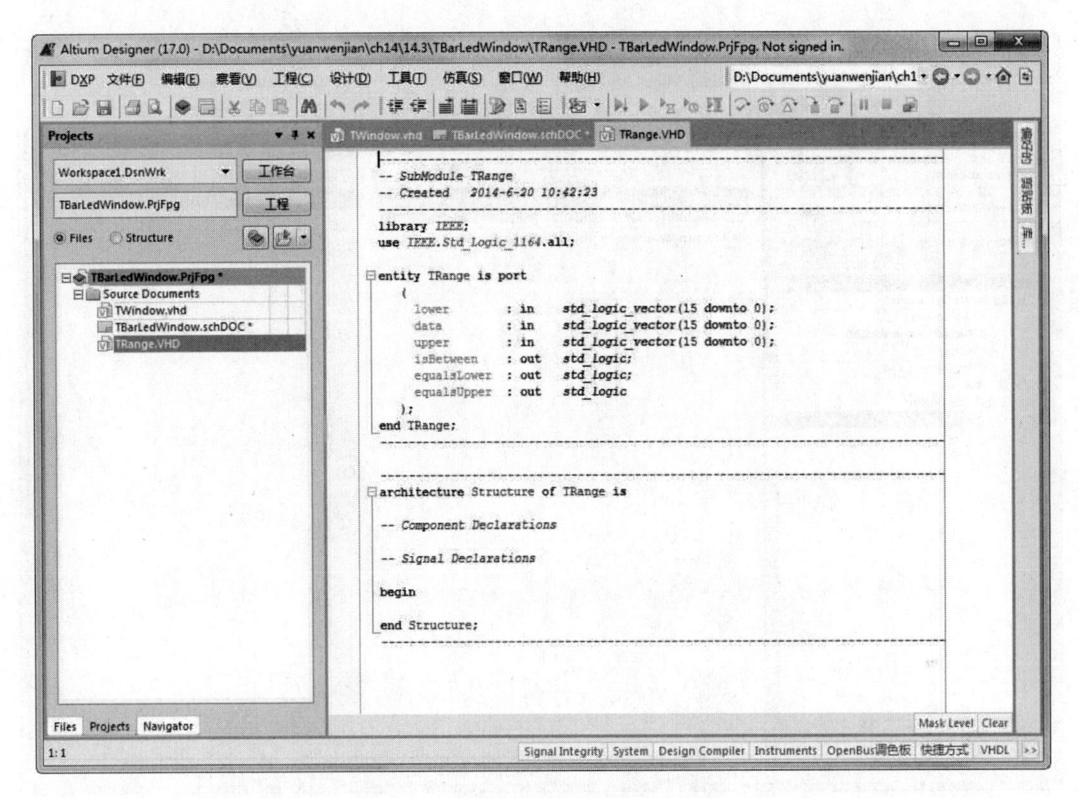

图 14-8 VHDL 文件“TRange. VHD”

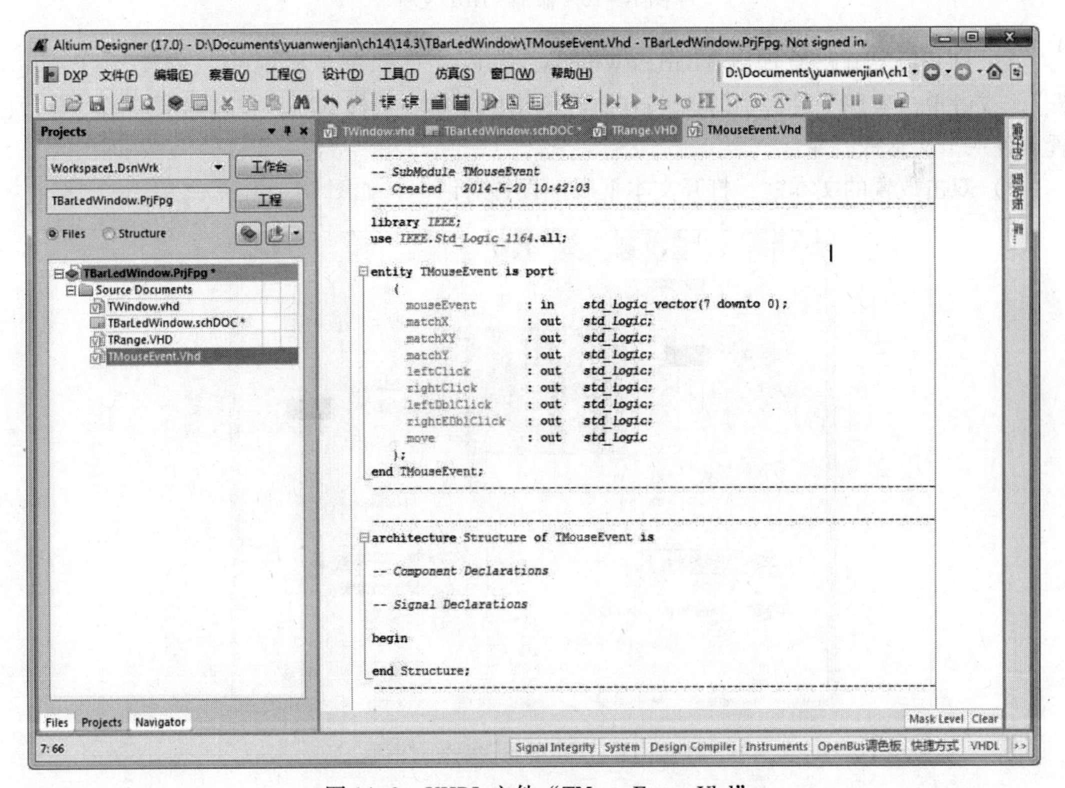

图 14-9 VHDL 文件“TMouseEvent. Vhd”

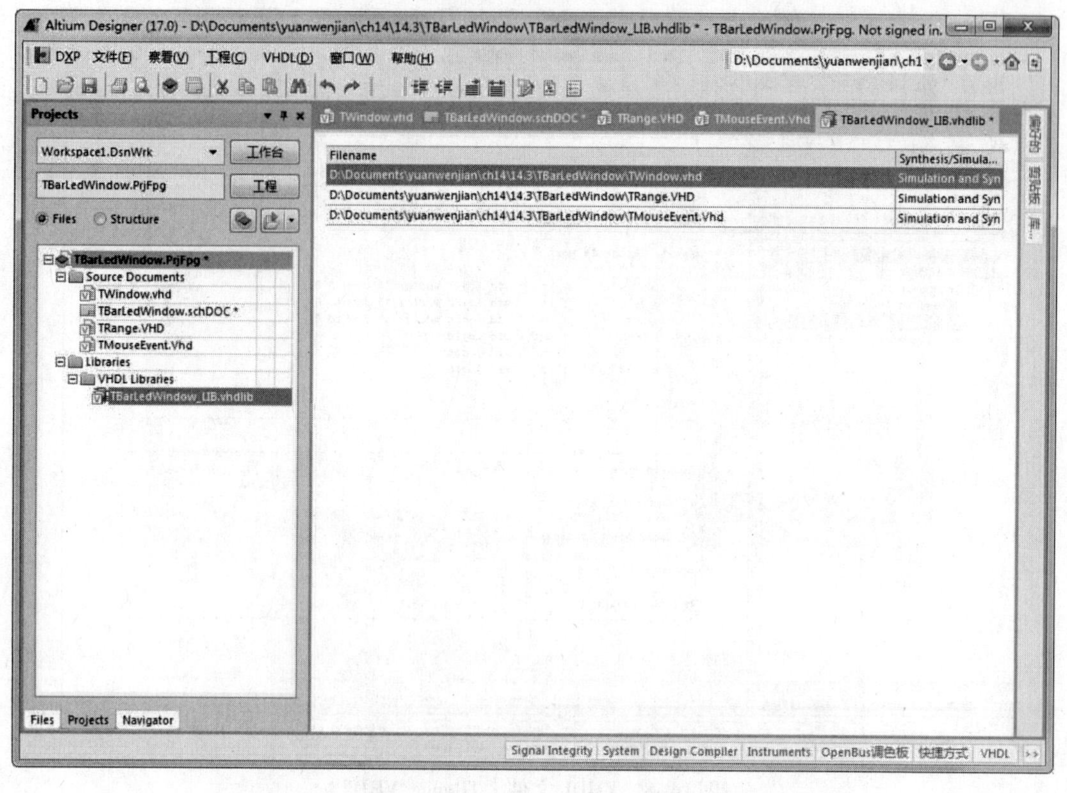

图 14-10　添加 VHDL 文件

1）打开顶层电路原理图 TBarLedWindow. schdoc，选择菜单栏中的“放置”→“文本框”，或者单击实用工具栏中的按钮，在弹出的菜单中选择项，在电路原理图的合适位置放置一个文本框。

2）双击放置的文本框，打开文本框属性设置对话框，如图 14-11 所示。

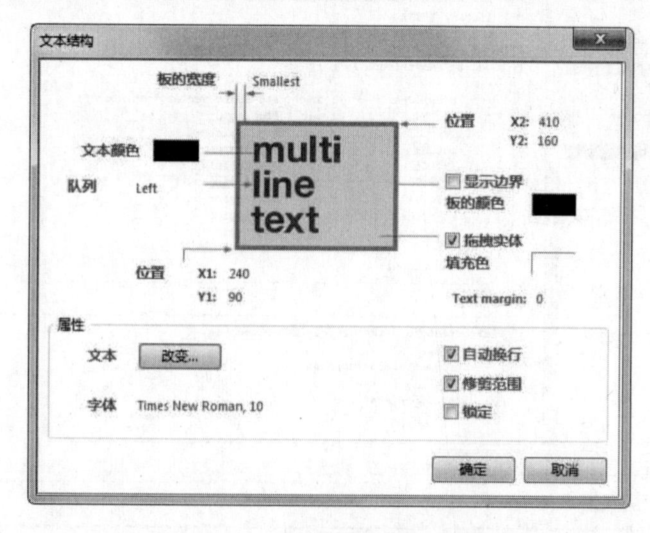

图 14-11　文本框属性设置对话框

3）单击“文本”后面的 改变... 按钮，弹出文本编辑对话框，在对话框中输入以下文本内容：

```
VHDL_ENTITY_HEADER
--rtl_synthesis off
Library TBarLedWindow_LIB;
Use TBarLedWindow_LIB. all;
--rtl_synthesis  on
```

如图 14-12 所示的。

4）输入结束后，单击 确定 按钮。此时库文件被添加到了设计项目中，如图 14-13 所示。

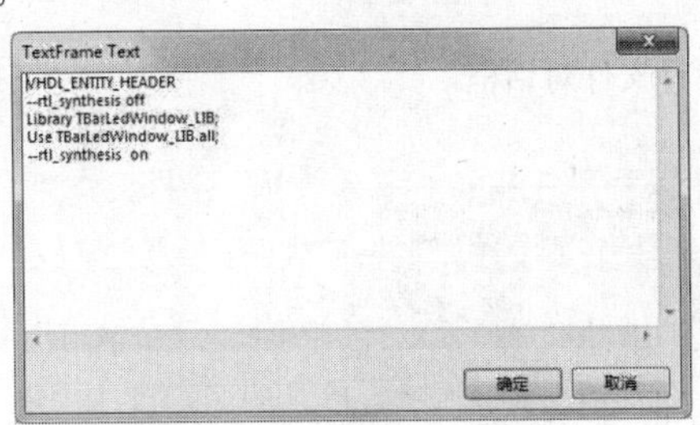

图 14-12　文本编辑对话框

VHDL_ENTITY_HEADER
--rtl_synthesis off
Library TBarLedWindow_LIB;
Use TBarLedWindow_LIB.all;
--rtl_synthesis on

图 14-13　顶层原理图中的文本框

14.3.5　创建层次电路原理图

（1）打开顶层原理图文件“TBarLedWindow. schDOC”，选择菜单栏中的“设计”→“产生图纸”，将浮动的十字光标在方块电路上后单击鼠标，生成同名的子原理图“TWindow. SchDoc”，如图 14-14 所示。

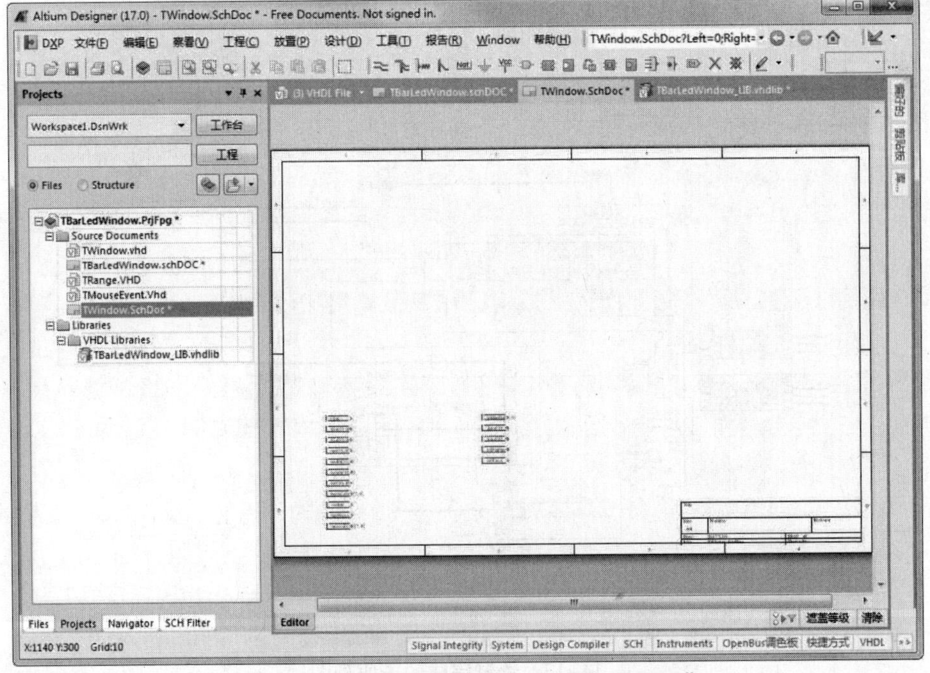

图 14-14　生成子原理图“TWindow. SchDoc”

（2）在子原理图文件“TWindow. schDOC”中，选择菜单栏中的“设计”→“HDL 文件或图纸生成图纸符号”，弹出选择 VHDL 设计文件对话框，如图 14-15 所示。

（3）在对话框中选择“TRange. VHD”、“TMouseEvent. Vhd”文件，在原理图的合适位置放置方块图，如图 14-16 所示。

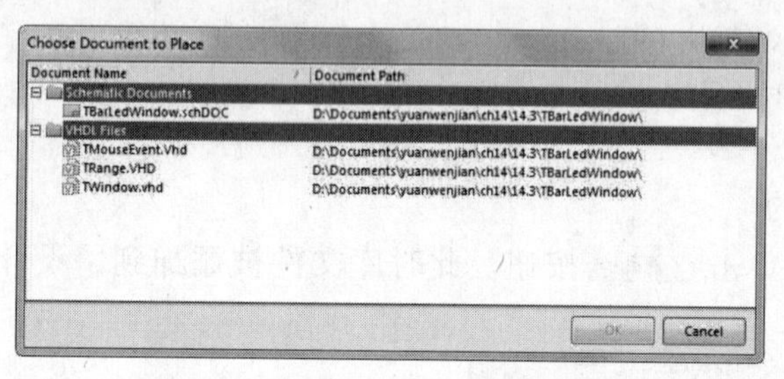

图 14-15　选择 VHDL 设计文件对话框

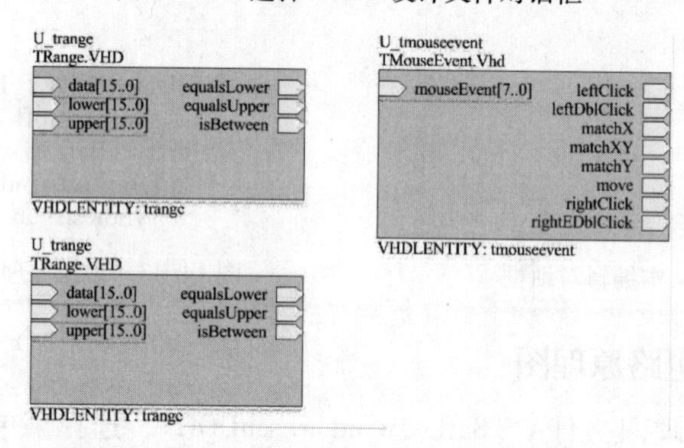

图 14-16　由 VHDL 设计文件生成的方块电路图

（4）设置方块图属性，在电路原理图中放置其他元器件，并在电路端口并放置导线，完成原理图绘制，结果如图 14-17 所示。

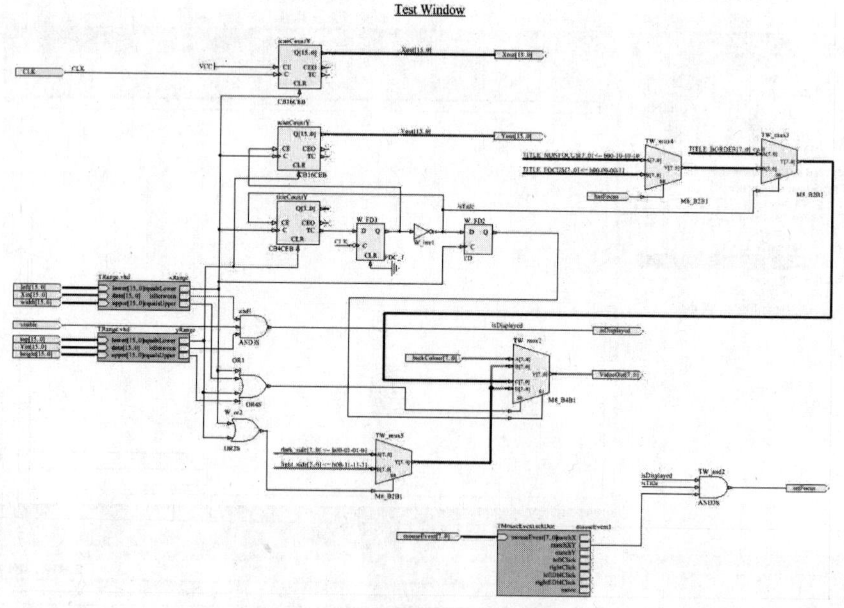

图 14-17　绘制完成的子原理图

（5）在子原理图文件“TWindow. schDOC”中，选择菜单栏中的“设计”→“产生图纸”，将浮动的十字光标在方块电路“TMouseEvent. schDoc”上单击鼠标，生成同名的子原理图“TmouseEvent. schDoc”，原理图绘制结果如图 14-18 所示。

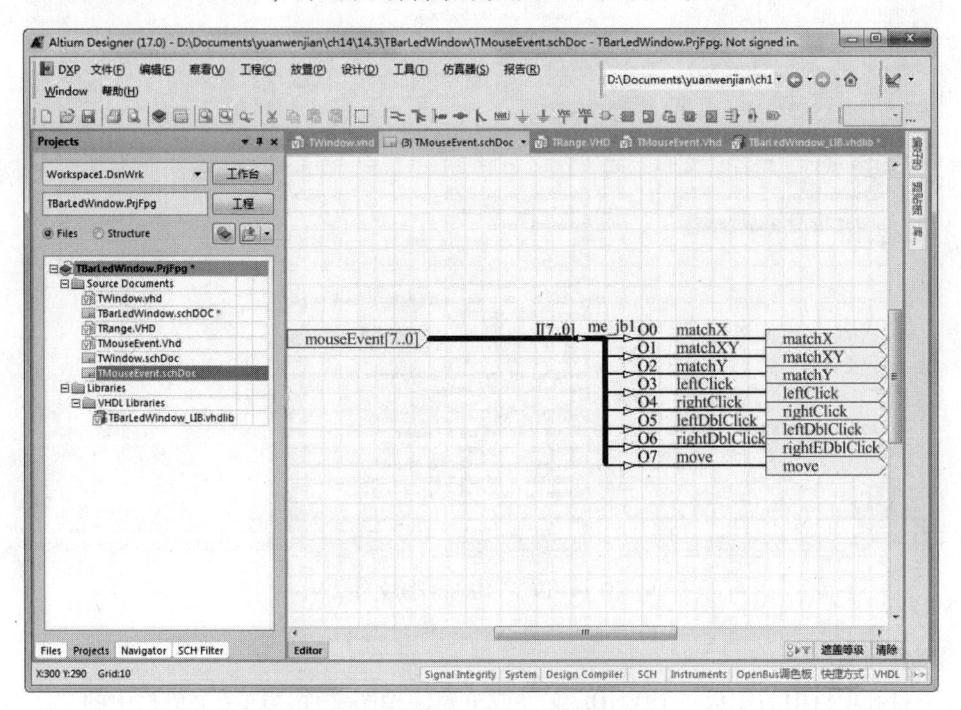

图 14-18　绘制子原理图“TmouseEvent. schDoc”

14.3.6　建立 VHDL 测试文件

利用 VHDL 语言设计 FPGA 项目时，通常需要在计算机上进行仿真，以检测设计的项目是否达到设计要求，这就需要建立一个 VHDL 测试文件。VHDL 测试文件是用来描述顶层电路的仿真测试顺序，它不属于 FPGA 设计项目的一部分，因此不会出现在层次结构文件和网络报表文件中。

建立 VHDL 测试文件的步骤如下：

（1）选择菜单栏中的“文件”→“新建”→“Embedded（其他）”→“VHDL Testbench”（VHDL 测试台），默认名为“VHDLTestbench1. VHDTST”。

（2）选择菜单栏中的“文件”→“保存”，保存并更名该文件“Test _ TBarLedWindow. VHDTST”。

（3）在创建测试文件的同时，系统进入 VHDL 文本编辑环境中，在该环境中输入编辑测试程序代码，如图 14-19 所示。

14.3.7　FPGA 项目设置和编译

在对项目进行电路仿真之前，我们首先需要对 FPGA 项目的有关属性进行设置，然后进行编译。

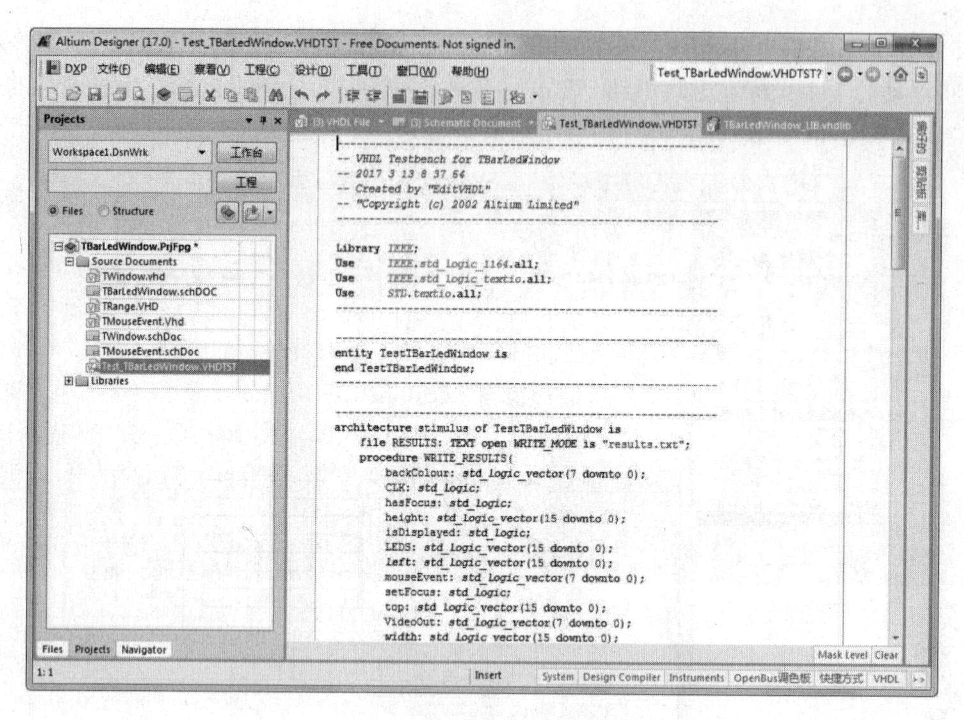

图 14-19　VHDL 测试文件

1. 属性设置

（1）打开项目中的任意一个 VHDL 文件或电路原理图文件，选择菜单栏中的“工程”→“工程序列”命令，弹出项目顺序选择对话框，如图 14-20 所示。

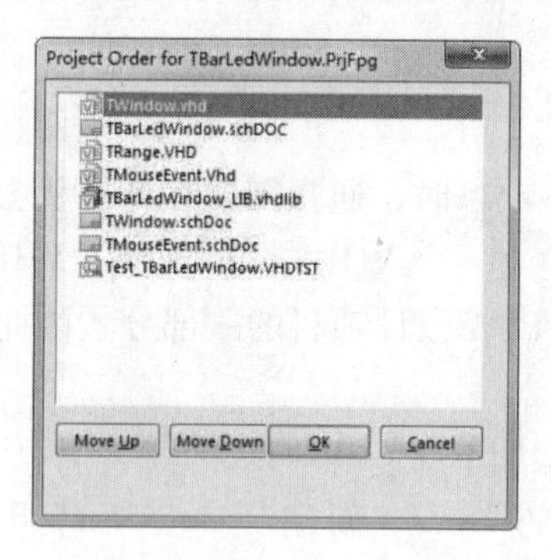

图14-20　项目顺序选择对话框

在该对话框中列出了当前项目的所有源文件。由于系统的编译器是按照自下而上的顺序进行编译的，因此要把最早编译的文件放在最下面，把最晚编译的文件放在最上面。用户可以通过 Move Up 和 Move Down 两个按钮调换文件的位置。

若一个设计项目中包含大量的文件，手工调整起来比较麻烦，可以由系统在编译时自动调整。

（2）选择菜单栏中的“工具”→“FPGA 参数”命令，弹出“参数选择”对话框，单击该对话框中的“Simulation Compiler”（仿真编译器）标签，打开“Simulation Compiler（仿真编译器）”选项卡，如图 14-21 所示。

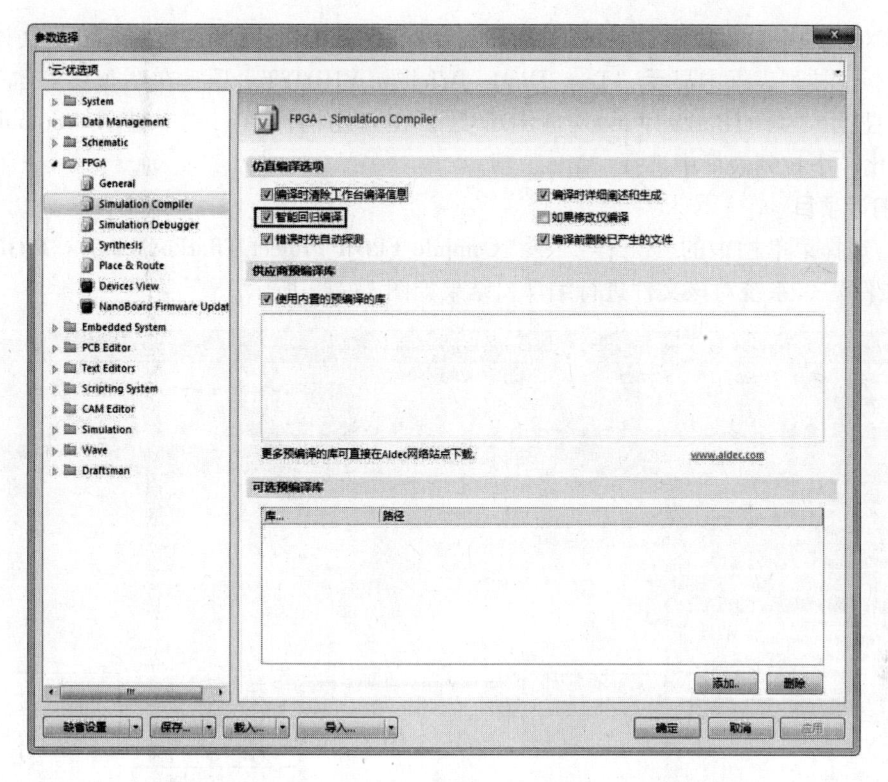

图 14-21 “Simulation Compiler”（仿真编译器）选项卡

在该选项卡中，选中☑智能回归编译复选框，则系统在编译时会自动调整各个文件的编译顺序。

(3) 选择菜单栏中的“工程”→“工程参数”命令，在打开的对话框中选择“仿真”标签，打开“仿真”选项卡，如图 14-22 所示。

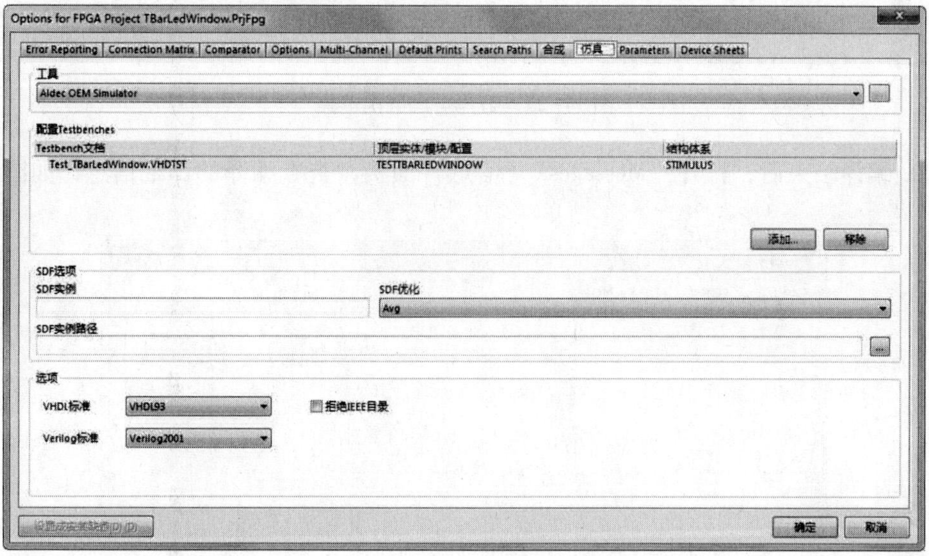

图 14-22 “仿真”选项卡

在该对话框中，可以设置电路仿真时的各种属性。本例中，在“Testbench 文档（测试台文件）”下拉列表框中显示“Test_TBarLedWindow. VHDTST”项；在“顶层实体/模数/配置”栏中显示“TestTBarLedWindow. VHDTST”；在“结构体系”栏中显示“Stimulus”；在“SDF 优化”下拉列表框中选择“Min”项。

2. 编译项目

（1）选择菜单栏中的“工程”→“Compile FPGA Project TBarLedWindow. PRJFPG（编译工程文件）”，系统对该文件进行编译，结果如图 14-23 所示。

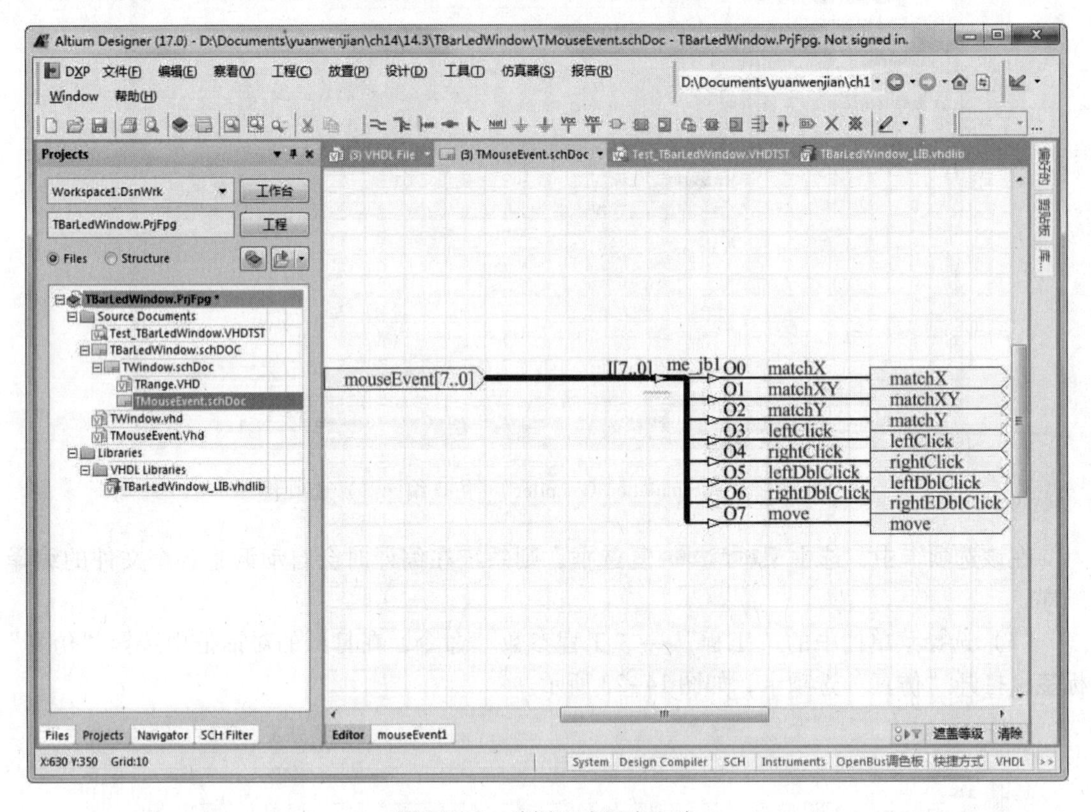

图 14-23　编译生成层次电路

（2）编译结束后，打开“Messages”（信息）面板，查看编译的详细信息，如图 14-24 所示。

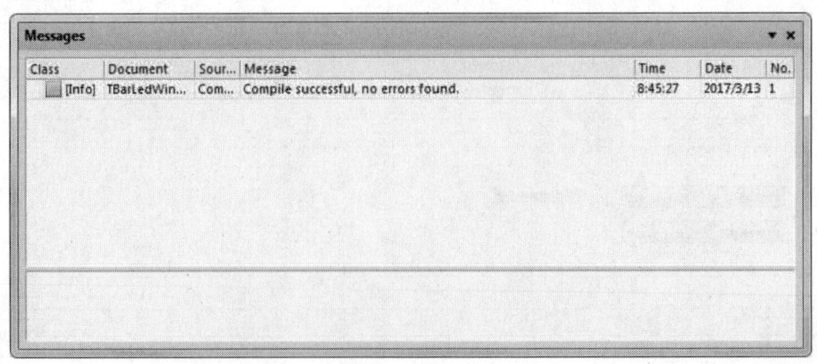

图 14-24　文件的编译信息

（3）选择菜单栏中的“仿真器”→“创建 VHDL 测试平台”，系统对整个项目进行编译。编译完成后，系统自动生成一个 VHDTST 文件“Test_TMouseEvent. VHDTST”，如图 14-25 所示。

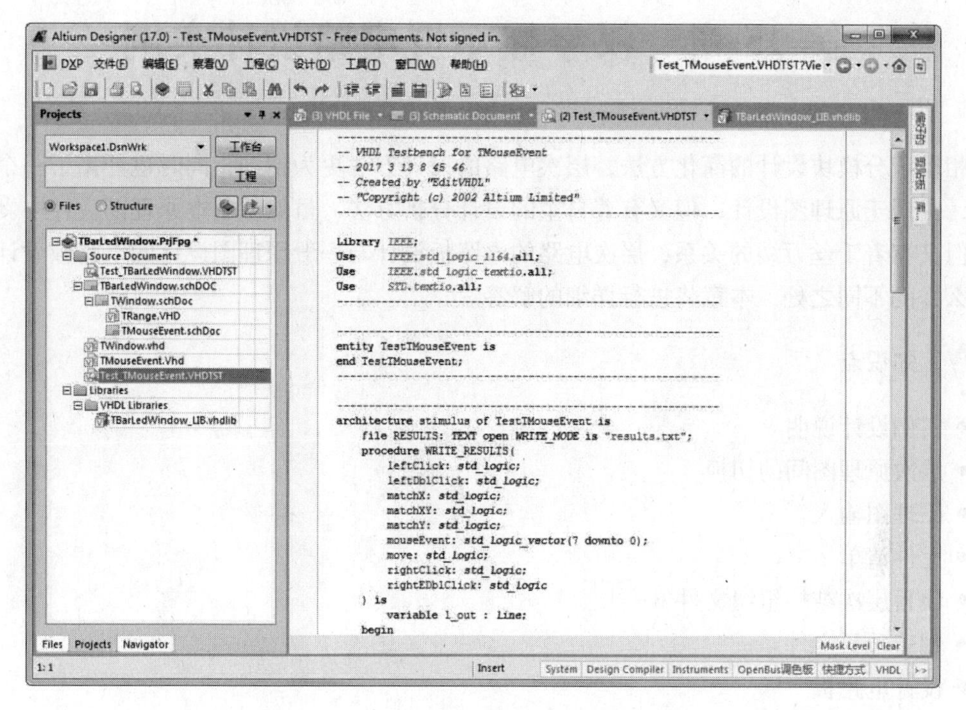

图 14-25　生成的 Test_tmouseevent. VHDTS

第 15 章　汉字显示屏电路设计实例

相较于分模块设计的简化方法，层次电路的设计方法更为精细，同时也开拓了一个新的领域，它属于原理图设计，但又有着自主的设计分析方法，虽然从基本原理图设计中剥离开来，但又有着千丝万缕的关系，层次电路的电路板设计与一般原理图设计的电路板设计又有着什么样的不同之处，本章将进行详细的解答。

知识点

- 实例设计说明
- 层次原理图间的切换
- 原理图输入
- 元件清单
- 项目层次结构组织文件 R
- 创建项目文件
- 设计电路板

15.1　电路分析

本章采用的实例是汉字显示屏电路。汉字显示屏电路广泛应用于汽车报站器、广告屏等。它包括中央处理器（CPU）电路、驱动（Drive）电路、解码（Decipher）电路、供电（Power）电路、显示屏（Display）电路、负载（Load）电路 6 个电路模块。下面分别介绍各电路模块的原理及其组成结构。

15.2　创建项目文件

选择菜单栏中的“文件”→“New”（新建）→“Project”（工程）命令，弹出“New Project（新建工程）”对话框，新建一个项目文件。

默认选择“PCB Project”选项及“Default”（默认）选项，在“Name”（名称）文本框中输入文件名称“汉字显示屏电路”，在“Location”（路径）文本框中选择文件路径。如图 15-1所示。

完成设置后，单击 OK 按钮，关闭该对话框，打开“Project”（工程）面板。在面板中出现了新建的工程文件，如图 15-2 所示。

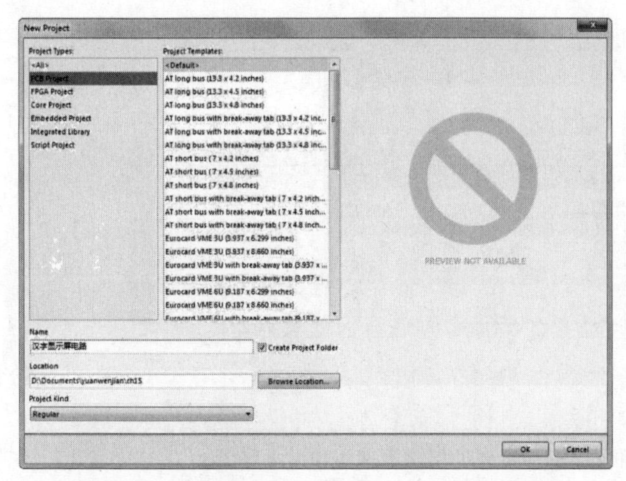

图 15-1 “New Project”（新建工程）对话框

图 15-2 新建工程文件

15.3 原理图输入

由于该电路规模较大，因此采用层次化设计。本节先详细介绍基于自上而下设计方法的设计过程，然后再简单介绍自下而上设计方法的应用。

15.3.1 绘制层次结构原理图的顶层电路图

（1）在“汉字显示屏电路 . PrjPCB”项目文件中，选择菜单栏中的“文件”→“New”（新建）→“原理图”命令，新建一个原理图文件。然后选择菜单栏中的“文件”→“保存为”命令，将新建的原理图文件另存在目录文件夹中，并命名为“Top. SchDoc”。

（2）单击“布线”工具栏中的 （放置图纸符号）按钮或选择菜单栏中的“放置”→“图表符”命令，此时光标将变为十字形状，并带有一个原理图符号标志，单击完成原理图符号的放置。双击需要设置属性的原理图符号或在绘制状态时按〈Tab〉键，系统将弹出如图 15-3 所示的“方块符号”对话框，在该对话框中进行属性设置。双击原理图符号中的文字标注区域，系统将弹出的“方块符号指示者”对话框，如图 15-4 所示进行文字标注。重复上述操作，完成其余 5 个原理图符号的绘制。完成属性和文字标注设置的层次原理图顶层电路图如图 15-5 所示。

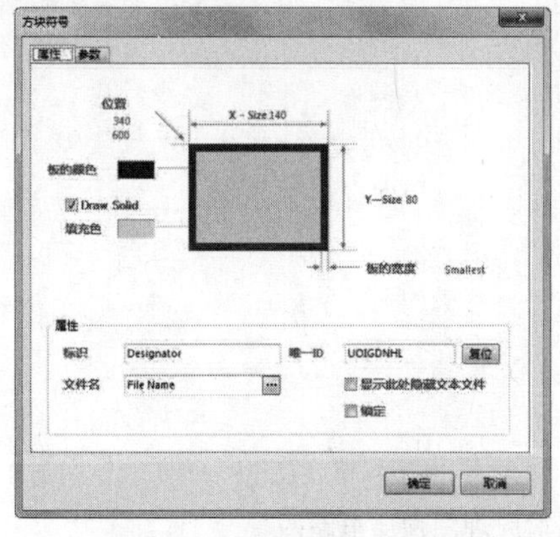

图 15-3 “方块符号”对话框

图 15-4 “方块符号指示者”对话框

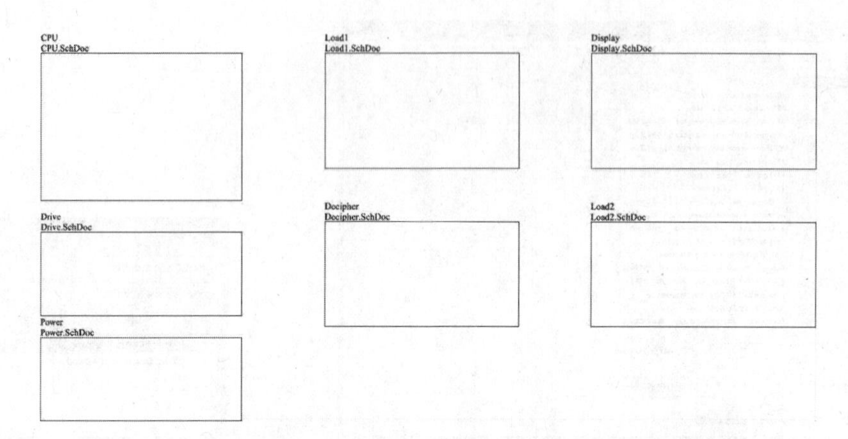

图 15-5　完成属性和文字标注设置的层次原理图顶层电路图

（3）单击“布线”工具栏中的 （放置原理图端口）按钮或选择菜单栏中的“放置”→“添加图纸入口”命令，放置电路端口。双击电路端口或在放置端口命令状态时按〈Tab〉键，系统将弹出如图 15-6 所示的“方块入口”对话框，在该对话框中可以进行方向属性的设置。完成端口放置后的层次原理图顶层电路图如图 15-7 所示。

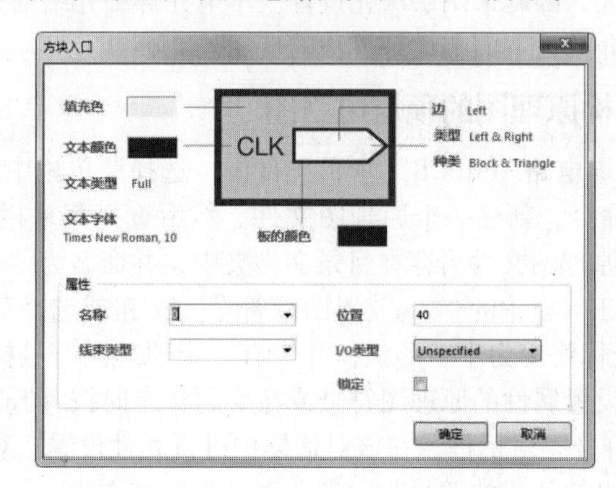

图 15-6 “方块入口”对话框

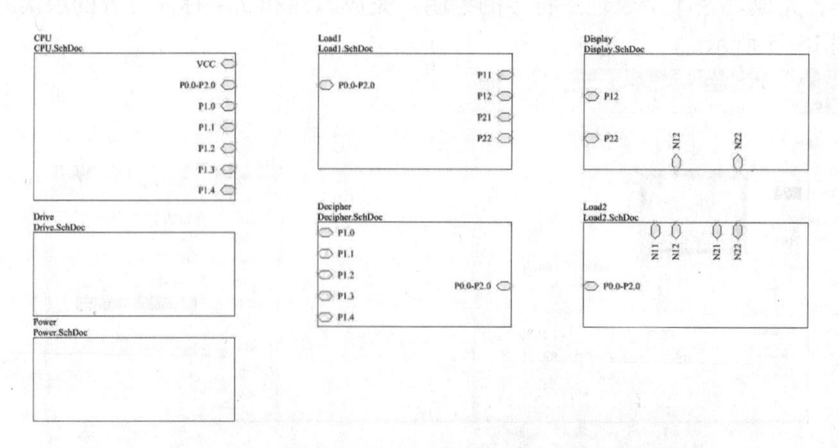

图 15-7　完成端口放置后的层次原理图顶层电路图

（4）单击“布线”工具栏中的≈（放置线）或者（放置总线）按钮，放置导线，完成连线操作。其中≈（放置线）按钮用于放置导线，（放置总线）按钮用于放置总线。完成连线后的层次原理图顶层电路图如图 15-8 所示。

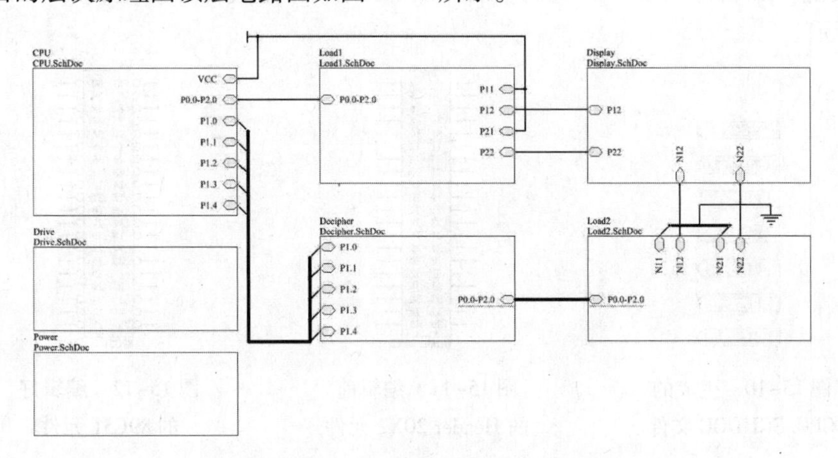

图 15-8　完成连线后的层次原理图顶层电路图

为方便后期操作，常用插接件杂项库（Miscellaneous Connectors. IntLib）与常用电气元件杂项库（Miscellaneous Devices. IntLib）需要提前装入，如图 15-9 所示。

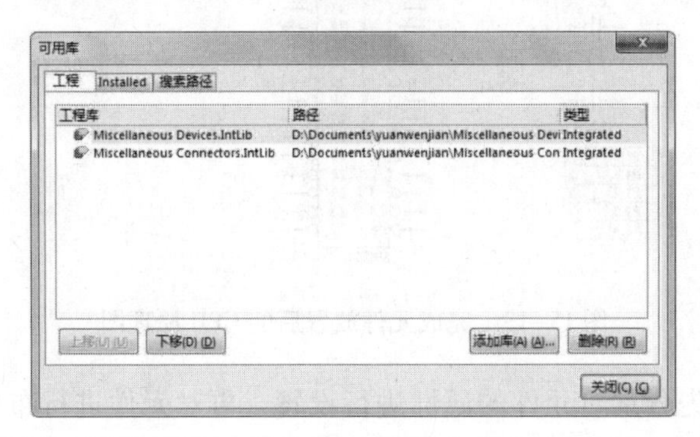

图 15-9　加载元件库

15.3.2　绘制层次结构原理图子图

下面逐个绘制电路模块的原理图子图，并建立原理图顶层电路图和子图之间的关系。

1. 中央处理器电路模块设计

在顶层电路图工作窗口中，选择菜单栏中的“设计”→“产生图纸”命令，此时光标将变为十字形状。将十字光标移至原理图符号“CPU”内部，单击，系统自动生成文件名为“CPU. SCHDOC”的原理图文件，且原理图中已经布置好了与原理图符号相对应的 I/O 端口，如图 15-10 所示。

下面接着在生成的 CPU. SCHDOC 原理图中进行子图的设计。

（1）放置元件。该电路模板中用到的元件有 89C51、XTAL 和一些阻容元件。将通用元件库“Miscellaneous Device. IntLib”中的阻容元件放到原理图中。

（2）编辑元件 89C51。在元件库“Miscellaneous Connectors. IntLib”中选择有 40 个引脚的“Header 20X2”元件，如图 15-11 所示。编辑元件的方法可参考以前章节的相关内容，这里不再赘述。编辑好的 89C51 元件如图 15-12 所示。完成元件放置后的 CPU 原理图如图 15-13所示。

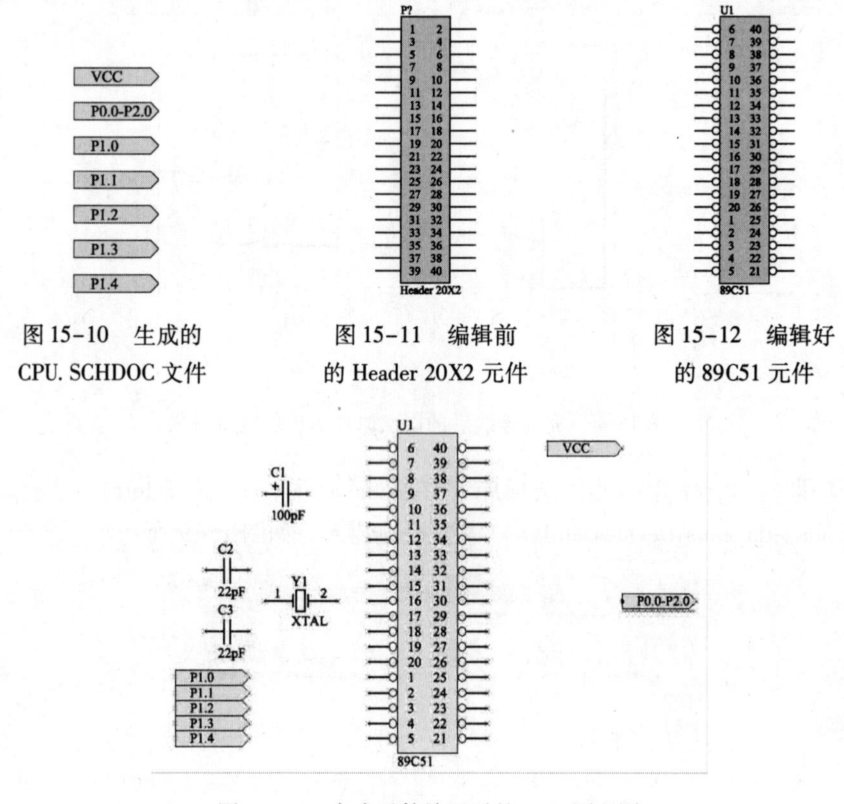

图 15-10　生成的 CPU. SCHDOC 文件

图 15-11　编辑前的 Header 20X2 元件

图 15-12　编辑好的 89C51 元件

图 15-13　完成元件放置后的 CPU 原理图

（3）元件布局。先分别对元件的属性进行设置，再对元件进行布局。单击“布线”工具栏中的≈（放置线）按钮，执行连线操作。完成连线后的 CPU 子模块电路图如图 15-14 所示。单击“原理图标准”工具栏中的（保存）按钮，保存 CPU 子原理图文件。

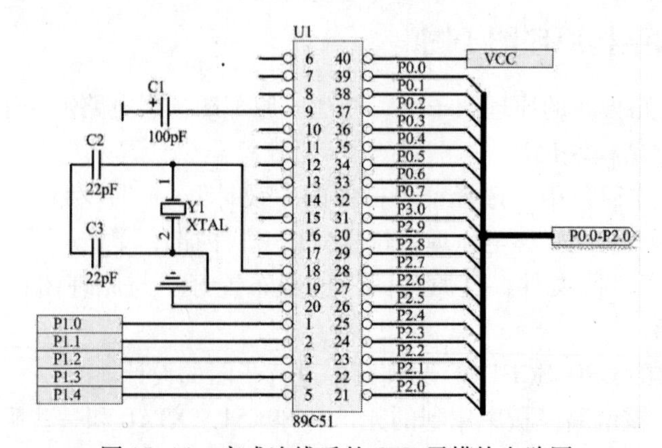

图 15-14　完成连线后的 CPU 子模块电路图

2. 负载电路 1 模块设计

在顶层电路图工作界面中，选择菜单栏中的“设计”→“产生图纸”命令，此时光标变成十字形状。将十字光标移至原理图符号“Load1”内部后单击鼠标，系统自动生成文件名为“Load1. SchDoc”的原理图文件，如图 15-15 所示。

图 15-15 生成的 Load1. SchDoc 文件

下面接着在生成的 Load1. SchDoc 原理图中绘制负载电路 1。

（1）放置元件。该电路模块中用到的元件有 2N5551 和一些阻容元件。将通用元件库“Miscellaneous Devices. IntLib”中的阻容元件放到原理图中，将“FSC Discrete BJT. IntLib”元件库中的 2N5551 放到原理图中，如图 15-16 所示。

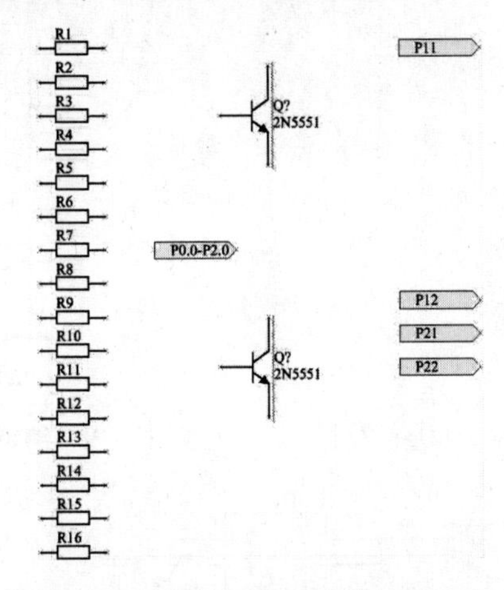

图 15-16 完成元件 2N5551 放置后的负载电路 1 子原理图

（2）设置各元件属性，然后合理布局，最后进行连线操作。完成连线后的负载子原理图如图 15-17 所示。单击“原理图标准”工具栏中的 （保存）按钮，保存原理图文件。

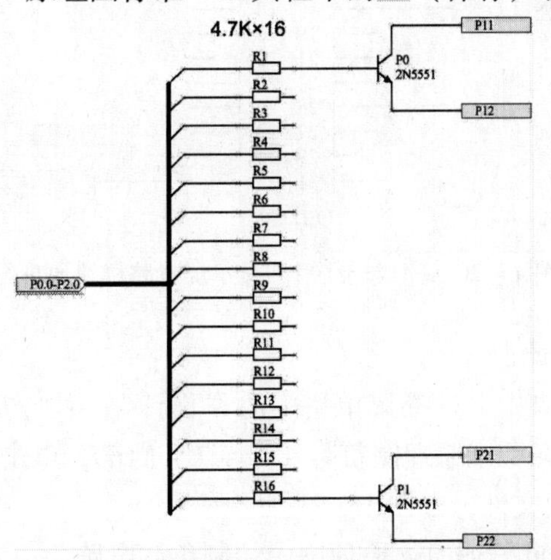

图 15-17 完成连线后的负载电路 1 子原理图

3. 显示屏电路模块设计

在顶层电路图的工作窗口中，选择菜单栏中的“设计”→“产生图纸”命令，此时光标变成十字形状。将十字光标移至原理图符号“Display”内部，单击，自动生成文件名为“Display. SchDoc”的原理图文件，如图 15-18 所示。

下面接着在生成的 Display. SchDoc 原理图中绘制显示屏电路。

（1）编辑元件 LED256。选择元件库“Miscellaneous Connectors. IntLib”中有 32 个引脚的“Header16X2”元件进行编辑，编辑好的元件如图 15-19 所示。

（2）设置各元件属性，然后合理布局，最后进行连线操作。完成连线后的显示屏子原理图如图 15-20 所示。单击“原理图标准”工具栏中的 (保存) 按钮，保存原理图文件。

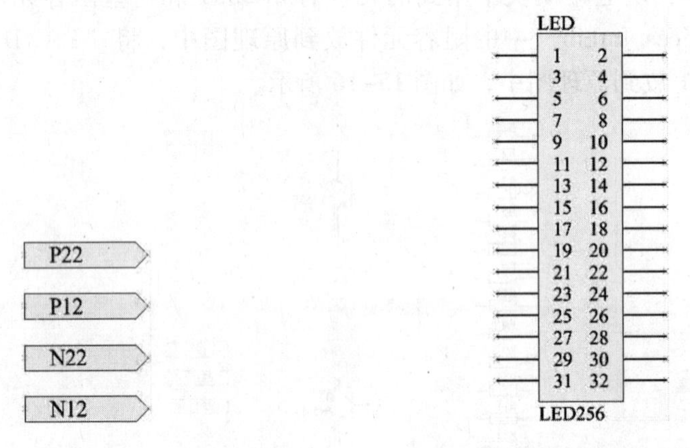

图 15-18　生成的 Display. SchDoc 文件　　图 15-19　编辑好的 LED256 元件

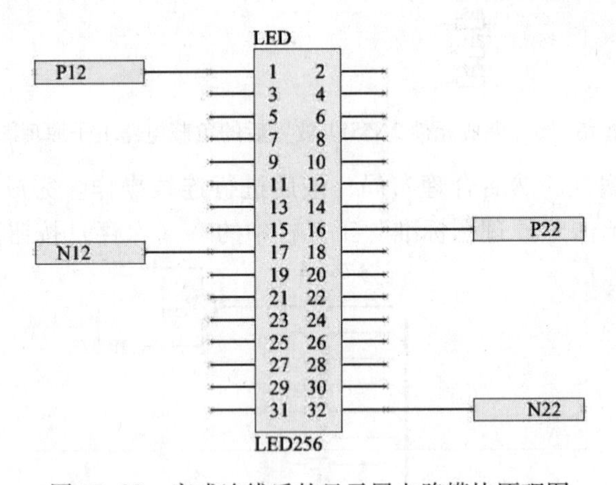

图 15-20　完成连线后的显示屏电路模块原理图

4. 负载电路 2 模块设计

在顶层电路图工作窗口中，选择菜单栏中的“设计”→“产生图纸”命令，此时光标变成十字形状。将十字光标移至原理图符号“Load2”内部，单击，系统自动生成文件名为“Load2. SchDoc”的原理图文件，如图 15-21 所示。

下面接着在生成的 Load2. SchDoc 原理图中绘制负载电路 2。

（1）放置元件。该电路模块中用到的元件有 2N5551 和一些阻容元件。将通用元件库

图 15-21　生成的 Load2. SchDoc 文件

“Miscellaneous Devices. IntLib” 中的阻容元件放到原理图中，将 “FSC Discrete BJT. IntLib” 元件库中的 2N5401 放到原理图中。

（2）设置各元件属性，然后合理布局，最后进行连线操作。完成连线后的负载电路 2 子原理图如图 15-22 所示。单击“原理图标准”工具栏中的 （保存）按钮，保存原理图文件。

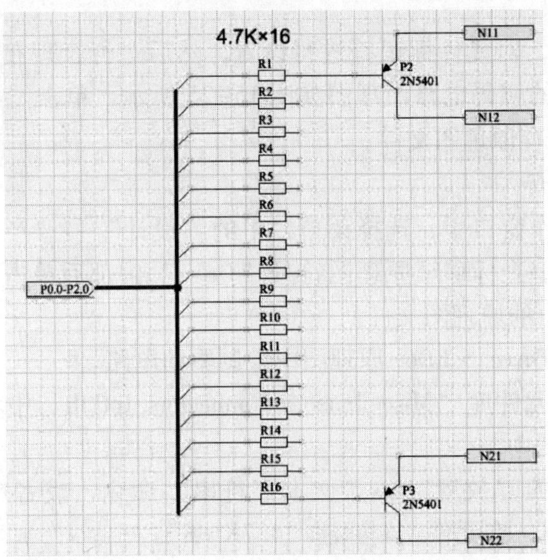

图 15-22　完成连线后的负载电路 2 子原理图

5. 解码电路模块设计

在顶层电路图的工作窗口中，选择菜单栏中的“设计”→“产生图纸”命令，此时光标变成十字形状。将十字光标移至原理图符号“Decipher”内部，单击，系统自动生成文件名为“Decipher. SchDoc”的原理图文件，如图 15-23 所示。

图 15-23　生成的 Decipher. SchDoc 文件

下面接着在生成的 Decipher. SchDoc 原理图中绘制解码电路。

（1）放置元件。将“FSC Logic Decoder Demux. IntLib”元件库中的 DM74LS154N 放到原理图中，如图 15-24 所示。

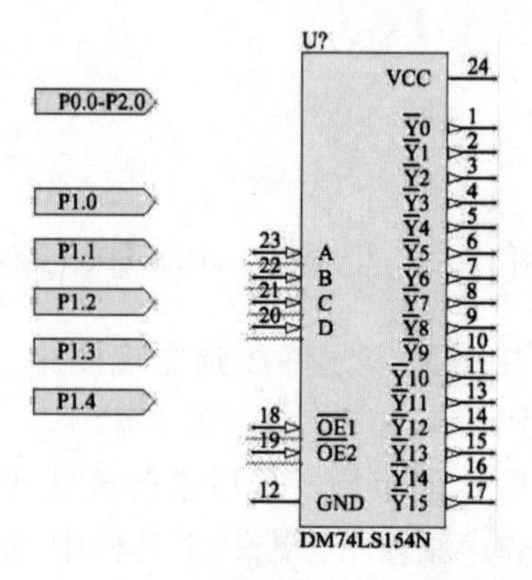

图 15-24　放置元件 DM74LS154N

（2）放置好元件后，对元件标识符进行设置，然后进行合理布局。布局结束后，进行连线操作。完成连线后的解码电路原理图如图 15-25 所示。单击“原理图标准”工具栏中的（保存）按钮，保存原理图文件。

6. 驱动电路模块设计

在顶层原理图的工作窗口中，选择菜单栏中的“设计”→“产生图纸”命令，此时光标变成十字形状。将十字光标移至原理图符号“Drive”内部后单击鼠标，系统自动生成文件名为“Drive. SchDoc”的原理图文件。

下面接着在生成的 Drive. SchDoc 原理图中绘制驱动电路。

（1）放置元件。在元件库“Miscellaneous Connectors. IntLib”中将该电路模块中用到的元件 Header9 放到原理图中。

（2）选择菜单栏中的“放置”→“文本字符串”命令，或者单击绘图工具栏中的（放置文本字符串）按钮，在元件左侧标注“4. 7K * 8”。

（3）选择菜单栏中的“放置”→“电源符号”命令，或单击“布线”工具栏中的按钮，在引脚 9 处放置电源符号。

（4）选择菜单栏中的“放置”→“网络标号”命令，或单击“布线”工具栏中的（放置网络标号）按钮，移动光标到需要放置网络标签的导线上，设置输入所需参数，完成连线后的驱动电路原理图如图 15-26 所示。单击“原理图标准”工具栏中的（保存）按钮，保存原理图文件。

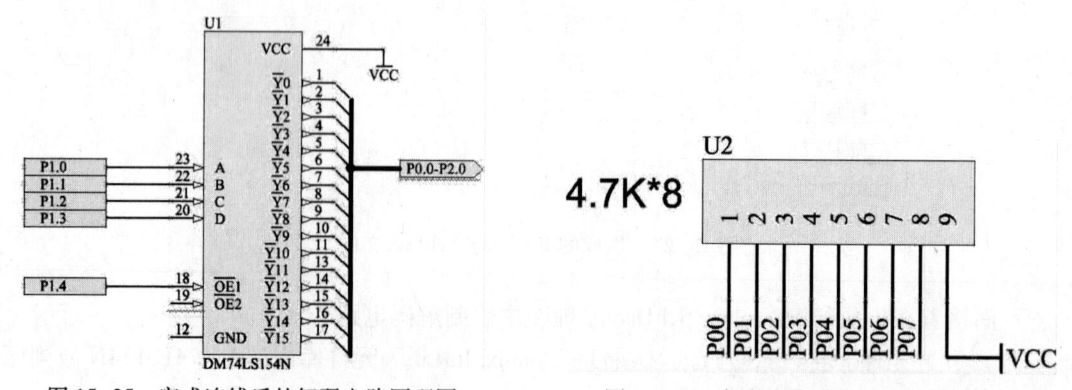

图 15-25　完成连线后的解码电路原理图　　图 15-26　完成连线后的驱动电路原理图

7. 电源电路模块设计

在顶层原理图的工作窗口中，选择菜单栏中的“设计”→“产生图纸”命令，此时光标变成十字形状。将十字光标移至原理图符号“Power”内部，单击，则系统自动生成文件名为“Power. SchDoc”的原理图文件。

下面接着在生成的 Power. SchDoc 原理图中绘制电源电路。

(1) 放置元件。该电路模块中用到的元件有 LM7805 和一些阻容元件。在元件库“Miscellaneous Devices. IntLib”中选择极性电容元件 Cap Pol2、无线电罗盘元件 RCA 并放到原理图中。

(2) 编辑三端稳压器元件。编辑好的 LM7805 元件如图 15-27 所示。

完成元件放置后的电源子原理图如图 15-28 所示。

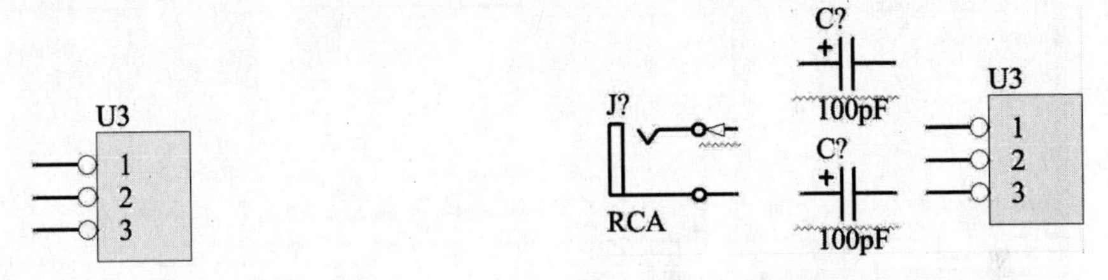

图 15-27　修改后的三端稳压 LM7805 元件　　图 15-28　电源模块子原理图中的放置

(3) 设置各元件属性，然后合理布局，最后进行连线操作。完成连线后的电源模块子原理图如图 15-29 所示。单击“原理图标准”工具栏中的 (保存) 按钮，保存原理图文件。

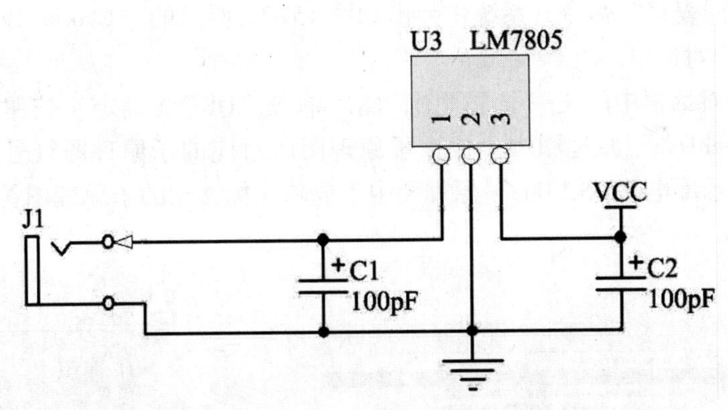

图 15-29　完成连线后的电源模块子电路原理图

自上而下的绘制好的原理图文件如图 15-30 所示。

15.3.3　自下而上的层次结构原理图设计方法

自下而上的设计方法是利用子原理图产生顶层电路原理图，因此首先需要绘制好子原理图。

(1) 新建项目文件。在新建项目文件中，绘制好本电路中的各个子原理图，并且将各子原理图之间的连接用 I/O 端口绘制出来。

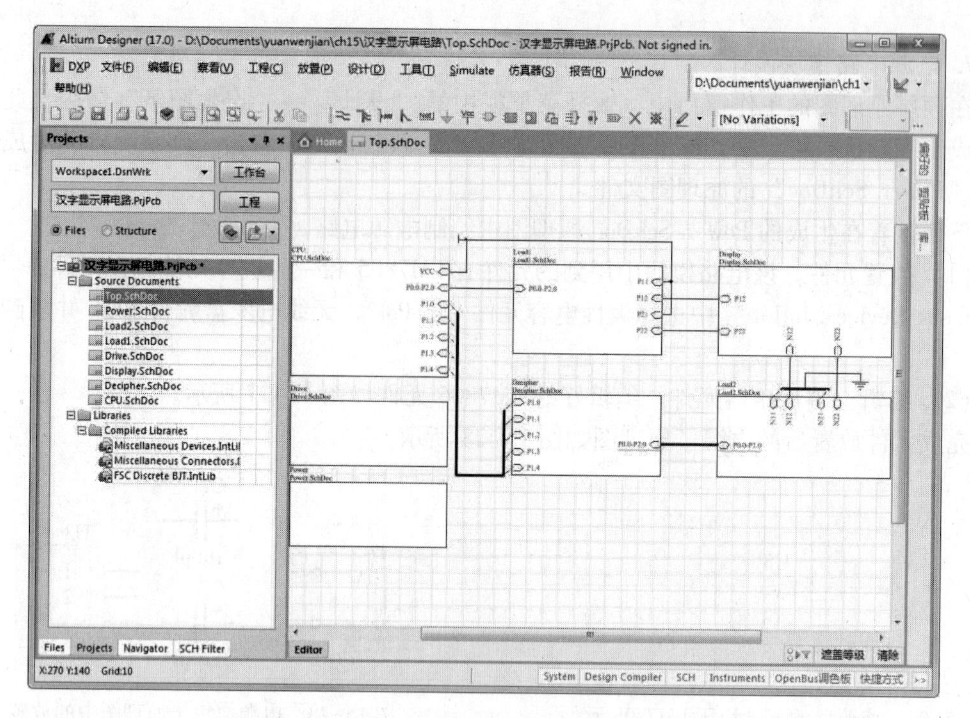

图 15-30　自上而下绘制完成的项目文件

（2）在新建项目中，新建一个名为“汉字显示屏电路 . SchDoc”的原理图文件。

（3）在“汉字显示屏电路 . SchDoc”工作窗口中，选择菜单栏中的“设计”→“HDL 文件或图纸生成图表符”命令，系统将弹出如图 15-31 所示的“Choose Document to Place”（选择放置文档）对话框。

（4）选中该对话框中的任一子原理图，然后单击“OK”（确定）按钮，系统将在“汉字显示屏电路 . SchDoc”原理图中生成该子原理图所对应的子原理图符号。执行上述操作后，在“汉字显示屏电路 . SchDoc”原理图中生成随光标移动的子原理图符号，如图 15-32 所示。

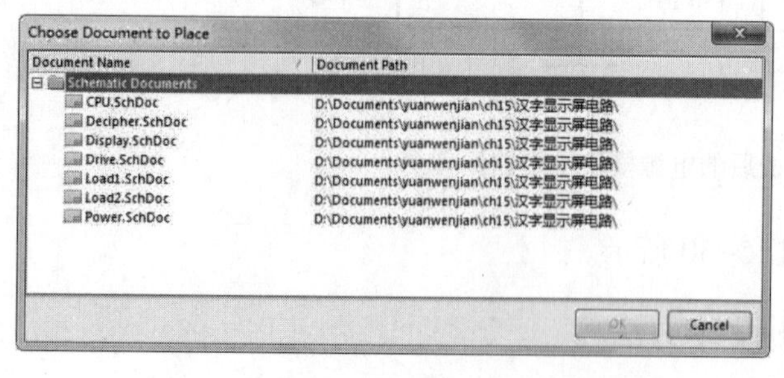

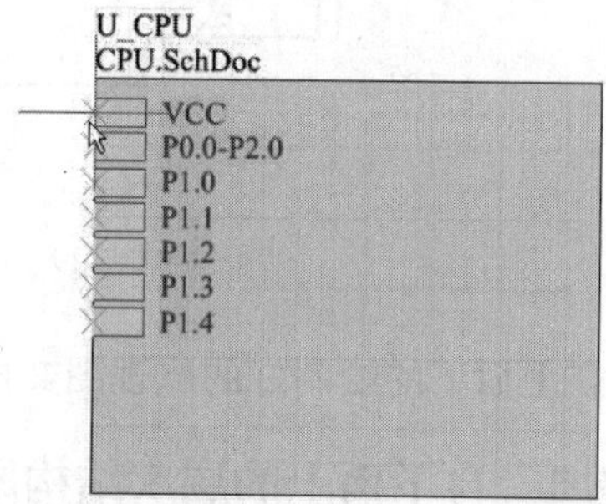

图 15-31　“Choose Document to Place”对话框　　　图 15-32　生成随光标移动的子原理图符号

（5）单击鼠标，将原理图符号放置在原理图中。采用同样的方法放置其他模块的原理图符号。生成原理图符号后的顶层原理图如图 15-33 所示。

（6）分别对各个原理图符号和 I/O 端口进行属性修改和位置调整，然后将原理图符号

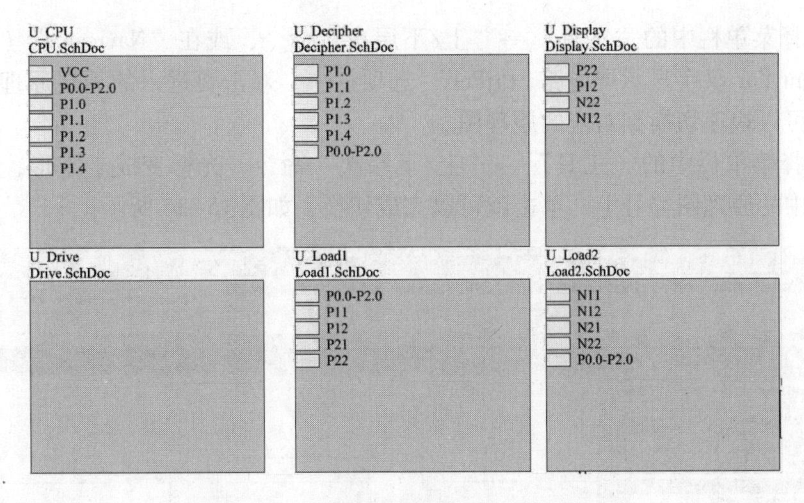

图 15-33　生成原理图符号后的顶层原理图

之间具有电气连接关系的端口用导线或总线连接起来，就得到如图 15-8 所示的层次原理图的顶层电路图。

15.4　层次原理图间的切换

层次原理图之间的切换主要有两种，一种是从顶层原理图的原理图符号切换到对应的子电路原理图，另一种是从某一层原理图切换到它的上层原理图。

15.4.1　从顶层原理图切换到原理图符号对应的子图

（1）选择菜单栏中的“工程”→“设计工作区”→“编译所有的工程”命令，或在“Navigate”（导航）面板中右键单击鼠标，在弹出的右键快捷菜单中单击“编译”命令，执行编译操作。编译后的“Messages”（信息）面板如图 15-34 所示，编译后的“Navigator”（导航）面板如图 15-35 所示，其中显示了各原理图的信息和层次原理图的结构。

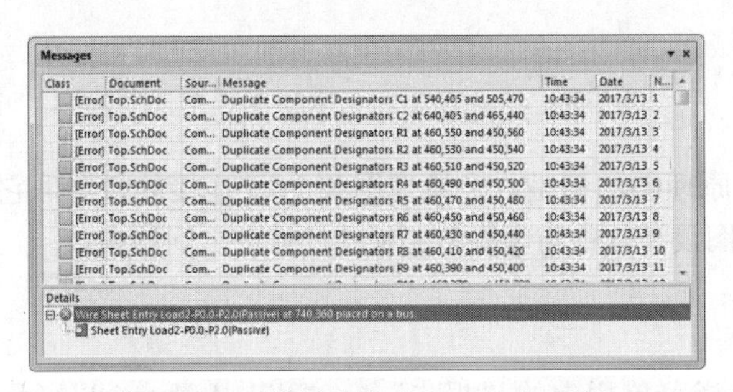

图 15-34　编译后的“Messages”面板

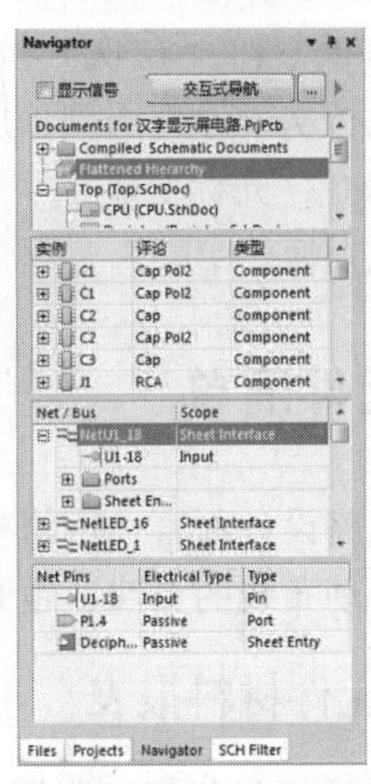

图 15-35　编译后的“Navigator”面板

（2）选择菜单栏中的“工具”→“上/下层次”命令，或在“Navigator”（导航）面板的“Document For 汉字显示屏电路.PrjPcb”选项栏中，双击要进入的顶层原理图或者子图的文件名，可以快速切换到对应的原理图。

（3）选择菜单栏中的“工具”→“上/下层次”命令，光标变成十字形，将光标移至顶层原理图中的原理图符号上，单击就可以完成切换，如图 15-36 所示。

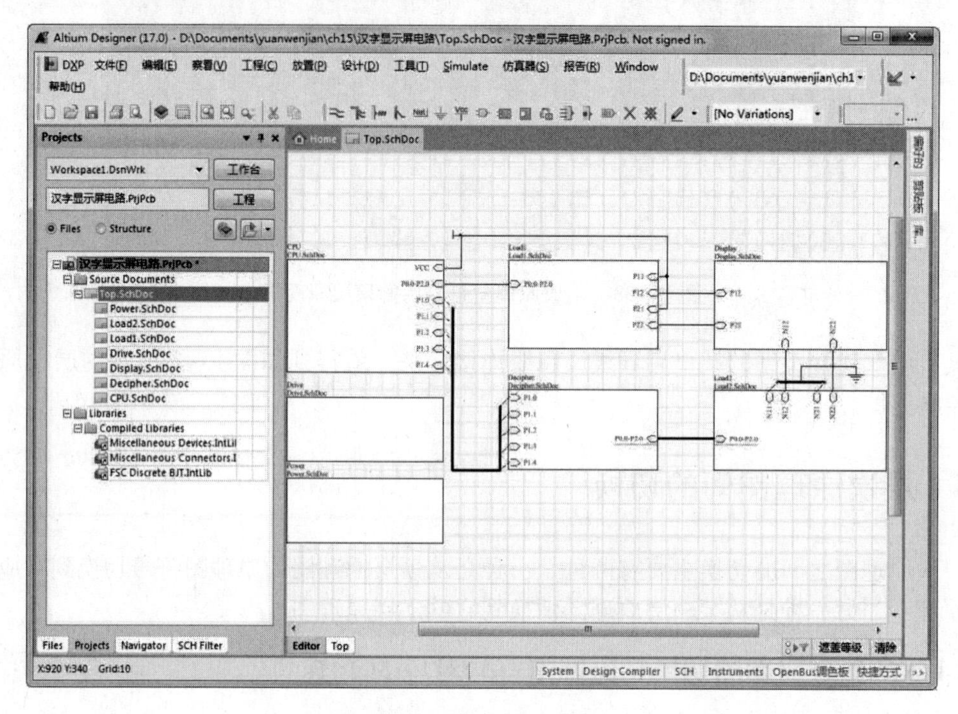

图 15-36 编译后的层次电路

15.4.2 从子原理图切换到顶层原理图

编译项目后，选择菜单栏中的“工具”→“上/下层次”命令，或单击“原理图标准”工具栏中的 （上/下层次）按钮，或在“Navigator”（导航）面板中选择相应的顶层原理图文件，执行从子原理图到顶层原理图切换的命令。接着选择菜单栏中的“工具”→“上/下层次”命令，光标变成十字形，移动光标到子图中任一输入/输出端口上，单击鼠标，系统自动完成切换。

15.5 元件清单

对于电路设计而言，网络报表是电路原理图的精髓，是原理图和 PCB 连接的桥梁。它是电路板自动布线的灵魂，也是电路原理图设计软件与印刷电路板设计软件之间的接口。

15.5.1 元件材料报表

（1）在该项目任意一张原理图中，选择菜单栏中的“报告”→“Bill of Material”（元件清单）命令，系统将弹出如图 15-37 所示的对话框来显示元件清单列表。

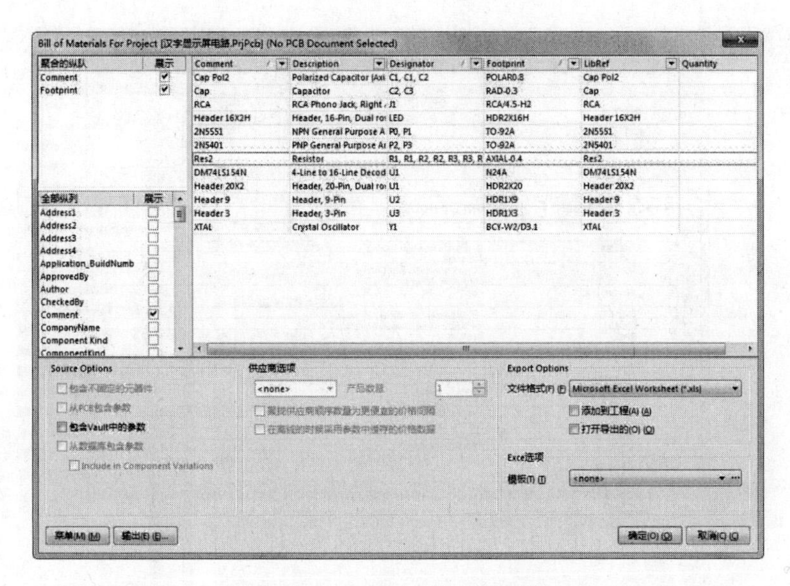

图 15-37 显示元件清单列表

（2）单击“菜单”按钮，在弹出的“菜单”菜单中选择“报告”命令，系统将弹出“报告预览”对话框，如图 15-38 所示。

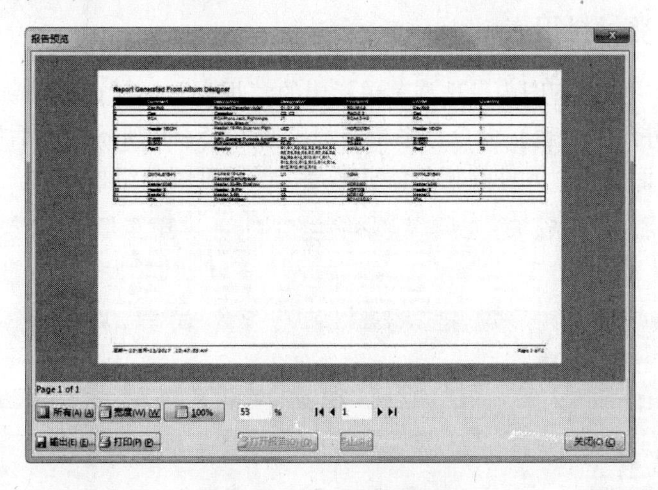

图 15-38 元器件报表预览

（3）单击输出(E)按钮，可以将该报表进行保存，默认文件名为“汉字显示屏电路.xls”，是一个 Excel 文件。

（4）单击打印(P)按钮，则可以将该报表进行打印输出。

（5）单击打开报告(O)按钮，保存元器件报表。它是一个 Excel 文件，自动打开该文件，如图 15-39 所示。

（6）关闭表格文件，返回元器件报表对话框，单击确定(O)按钮，完成设置退出对话框。

由于显示的是整个工程文件元器件报表，因此在任一原理图文件编辑环境下执行菜单命令，结果都是相同的。

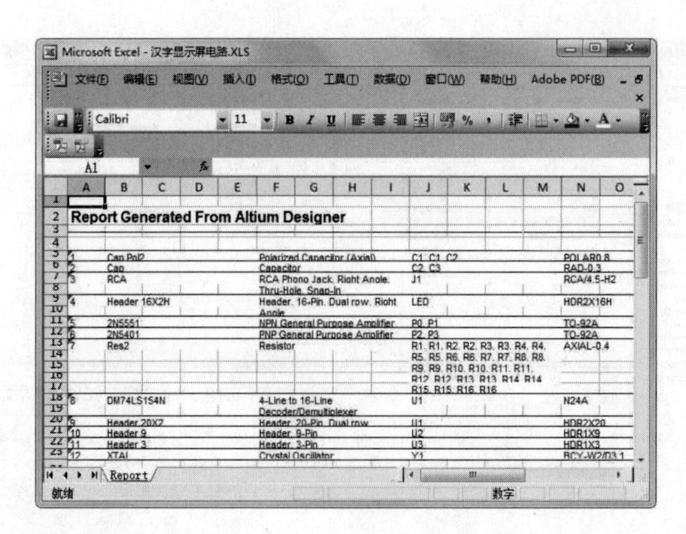

图 15-39　由 Excel 生成元器件报表

提示：

上述步骤生成的既可以是电路总的元件报表，也可以分门别类地生成每张电路原理图的元件清单报表。

15.5.2　元件分类材料报表

在该项目任意一张原理图中，选择菜单栏中的“报告”→“Component Cross Reference”（分类生成电路元件清单报表）命令，系统将弹出如图 15-40 所示的对话框来显示元件分类清单列表。在该对话框中，元件的相关信息都是按子原理图分组显示的。

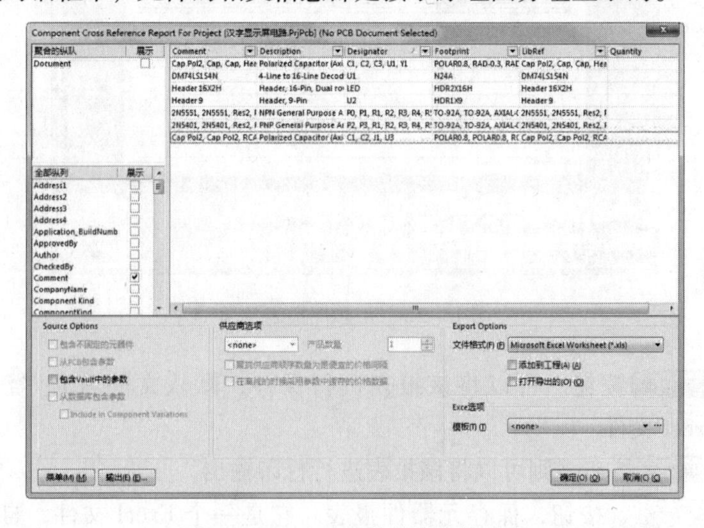

图 15-40　显示元件分类清单列表

15.5.3　元件网络报表

对于“汉字显示屏电路 . PrjPcb”项目中，有 8 个电路图文件，此时生成不同的原理图文件的网络报表。

选择菜单栏中的“设计”→“文件的网络表”→“Protel”（生成原理图网络表）命令，系统弹出网络报表格式选择菜单。针对不同的原理图，可以创建不同网络报表格式。

将“CPU. SchDoc”原理图文件置为当前。系统自动生成当前原理图文件的网络报表文件，并存放在当前“汉字显示屏电路 . PrjPcb”面板中的 Generated 文件夹中，单击 Generated 文件夹前面的 + 按钮，双击打开网络报表文件，生成的网络表文件与原理图文件同名，如图 15-41所示。

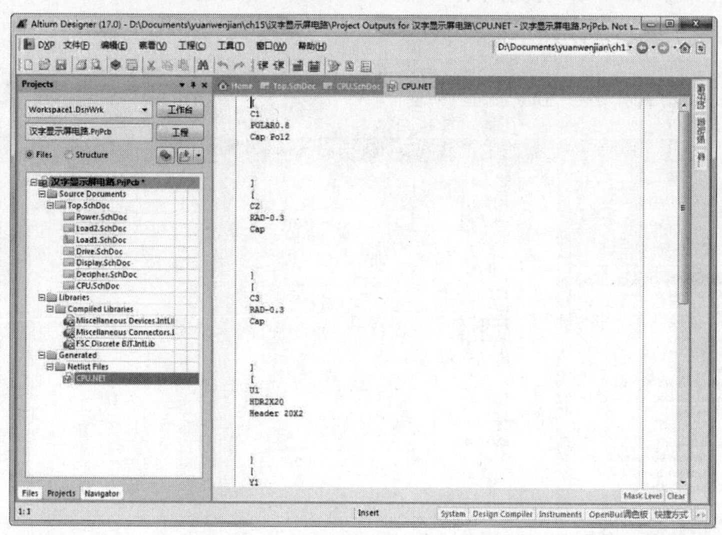

图 15-41　单个原理图文件的网络报表

原理图对应的网络表文件显示单个原理图的引脚信息等。

返回“CPU. SchDoc”原理图编辑环境，选择菜单栏中的“设计”→“工程的网络表”→“Protel”（生成原理图网络表）命令，系统自动生成当前项目的网络表文件，并存放在当前“Projects”（工程）面板中的 Generated 文件夹中，生成的工程网络表文件与打开的原理图文件同名，替换打开的单个原理图文件网络表文件，如图 15-42 所示。

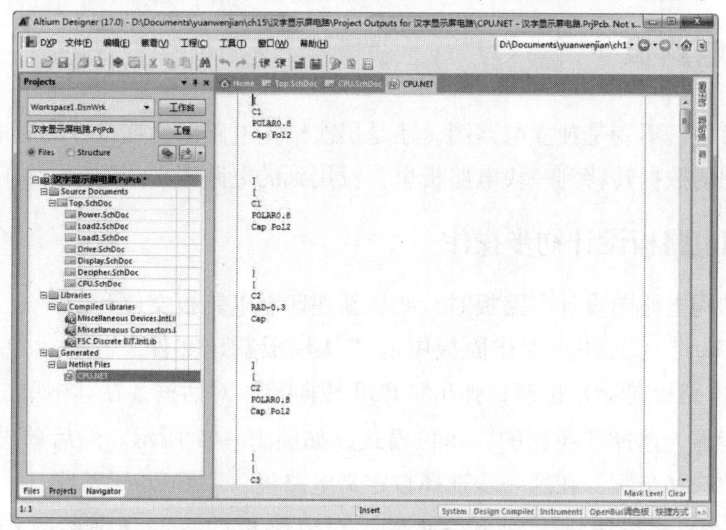

图 15-42　整个项目的网络报表

15.5.4 元器件简单元件清单报表

与前面设置的元器件报表不同，简单元件清单报表不需设置参数，可直接生成原理图报表文件。

进入“CPU. SchDoc”原理图编辑环境，选择菜单栏中的“报告”→“Simple BOM”（简单元件清单报表）命令，系统同时产生“CPU. BOM”和“CPU. CSV”两个文件，并加入到项目中，如图 15-43 所示。

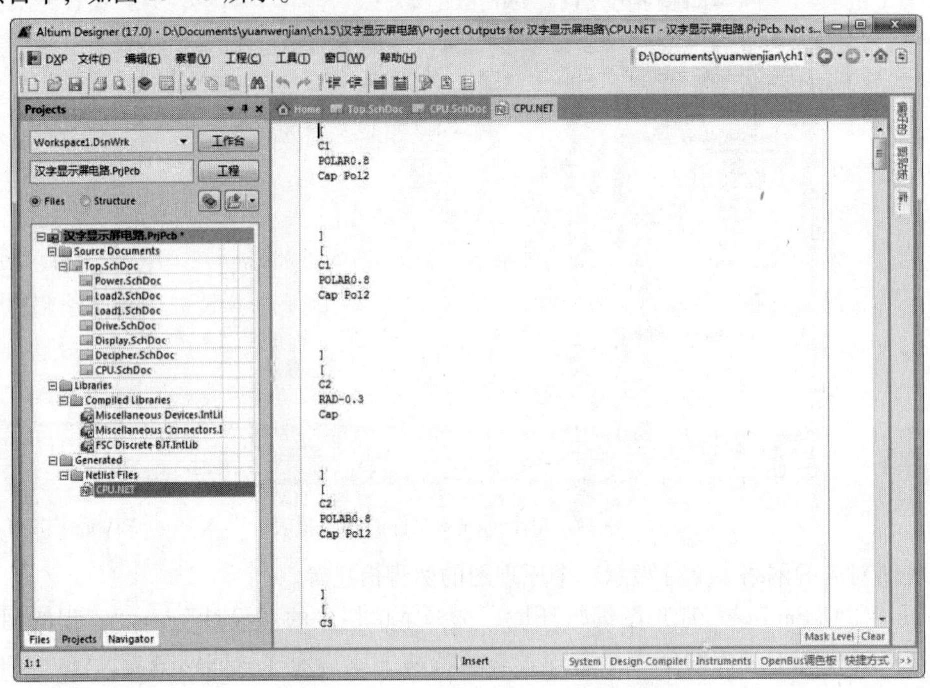

图 15-43 简单元件清单报表

15.6 设计电路板

在一个项目中，不管是独立电路图，还是层次结构电路图，在设计印制电路板时系统都会将所有电路图的数据转移到一块电路板里，没用到的电路图必须删除。

15.6.1 印制电路板设计初步操作

使用层次结构电路图设计电路板时，要从新建印制电路板文件开始：

（1）在“Files”（文件）工作面板中的“从模板新建文件”栏中，单击“PCB Board Wizard”（印制电路板向导）按钮，弹出“PCB 板向导”对话框，在其中单击一步(N)>>按钮进入到单位选取步骤，选择“英制的”单位模式，如图 15-44 所示。然后单击一步(N)>>按钮进入到电路板类型选择步骤，在这一步选择自定义电路板，即 Custom 类型。

（2）单击一步(N)>>按钮进入到下一步骤，对电路板的一些详细参数作一些设定，如图 15-45所示。

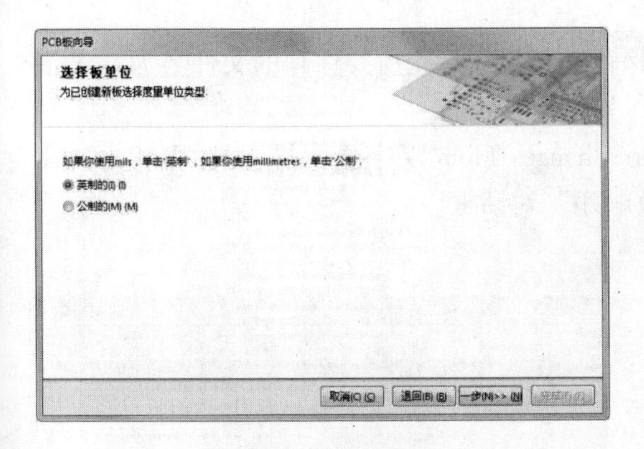

图 15-44　选择单位

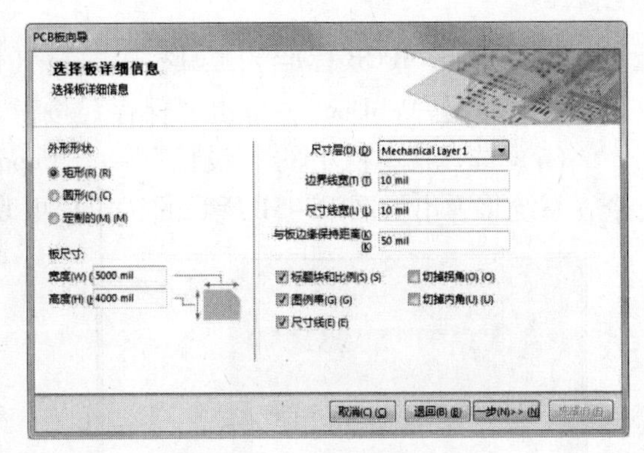

图 15-45　设置电路板参数

再次单击一步(N)>>按钮进入到电路板层选择步骤，在这一步中，将信号层和电源平面的数目都设置为 2，如图 15-46 所示。

（3）单击一步(N)>>按钮进入到孔样式设置步骤，在这一步选择通孔，如图 15-47 所示。继续单击一步(N)>>按钮进入到元件安装样式设置步骤，在这一步选择表面装配元件，如图 15-48 所示。

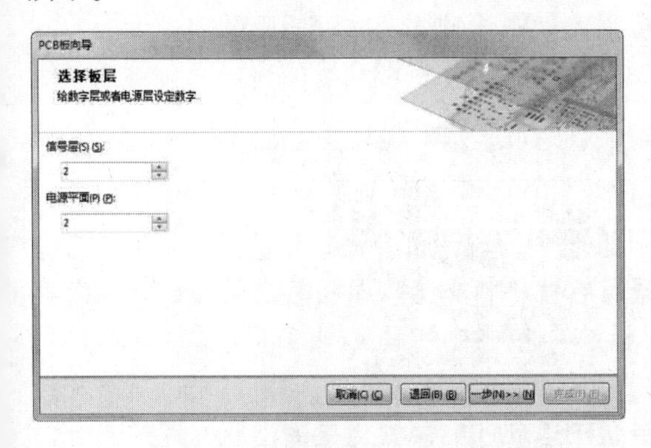

图 15-46　设置电路板的工作层

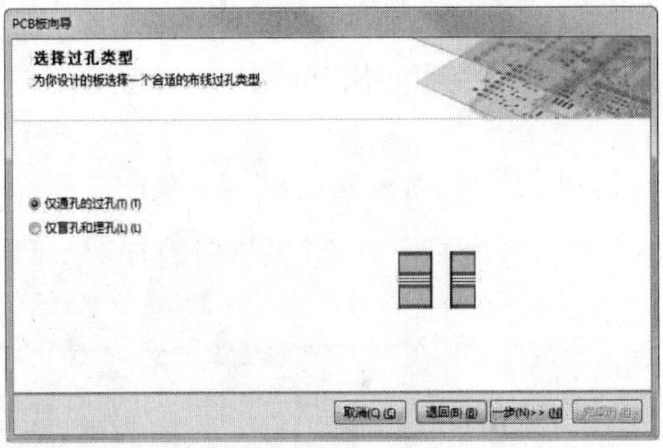

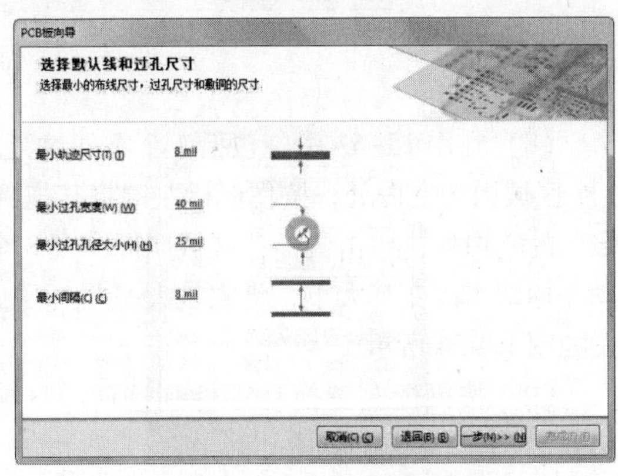

图 15-47　设置通孔样式

（4）单击一步(N)>>按钮进入到导线和焊盘设置步骤，在这一步选择默认设置，如图 15-49 所示。继续单击一步(N)>>按钮进入结束步骤，单击“确定”按钮完成 PCB 文件的创建，得到如图 15-50 所示的 PCB 模型。

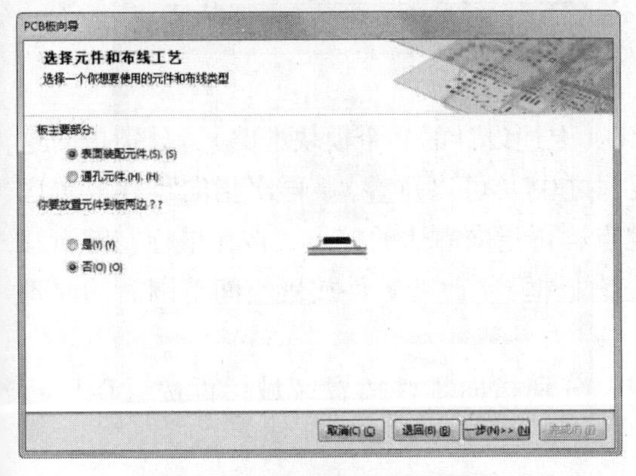

图 15-48　设置元件安装样式

图 15-49　设置导线和焊盘

（5）单击“PCB 标准”工具栏中的（保存）按钮，指定所要保存的文件名为“汉字显示屏电路板 . PcbDoc”，单击“保存”按钮，关闭该对话框。

（6）选择菜单栏中的“设计”→“Import Changes From 汉字显示屏电路 . PrjPcb”命令，系统将弹出如图 15-51 所示的“工程更改顺序”对话框。

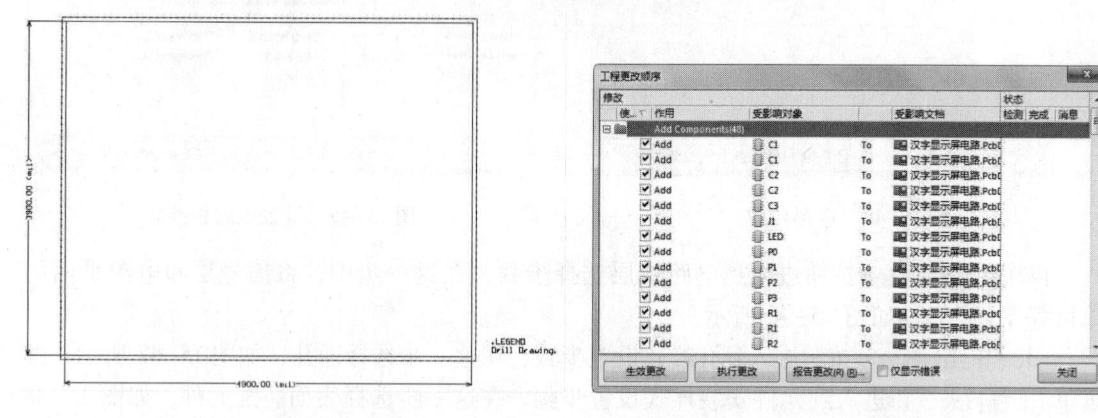

图 15-50　得到的 PCB 模型　　　　图 15-51　“工程更改顺序”对话框

（7）单击“执行更改”按钮，执行更改操作，然后单击“关闭”按钮，关闭该对话框。加载元件到电路板如图 15-52 所示。

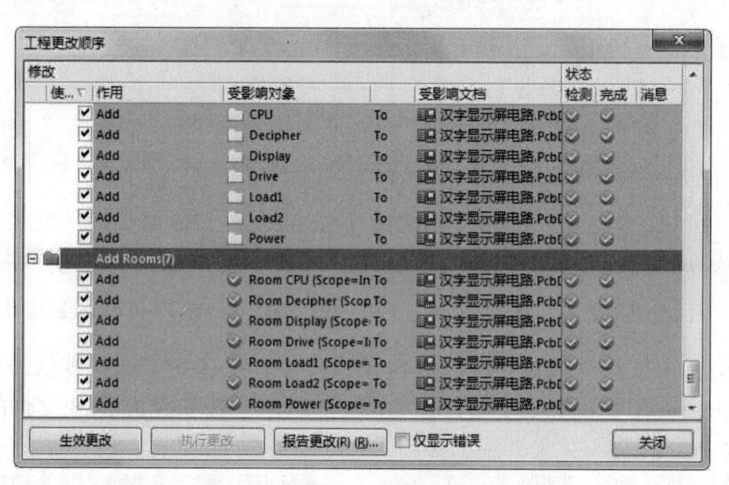

图 15-52　加载元件到电路板

（8）在图 15-53 中，包括 7 个零件放置区域（上述设计的 9 个模块电路），分别指向这 7 个区域内的空白处，按住鼠标左键将其拖到板框之中（可以重叠）。再次指向零件放置区域内的空白处，单击鼠标，区域四周出现 8 个控点，再指向右边的控点，按住鼠标左键，移动光标即可改变其大小，将它扩大一些（尽量充满板框）。改变零件放置空间范围后的原理图如图 15-54 所示。

（9）按鼠标左键拖动零件到这两个区域内，分别指向零件放置区域，再按〈Delete〉（删除）键，将它们删除。

（10）手动放置零件，电路板设计初步完成，如图 15-54 所示。

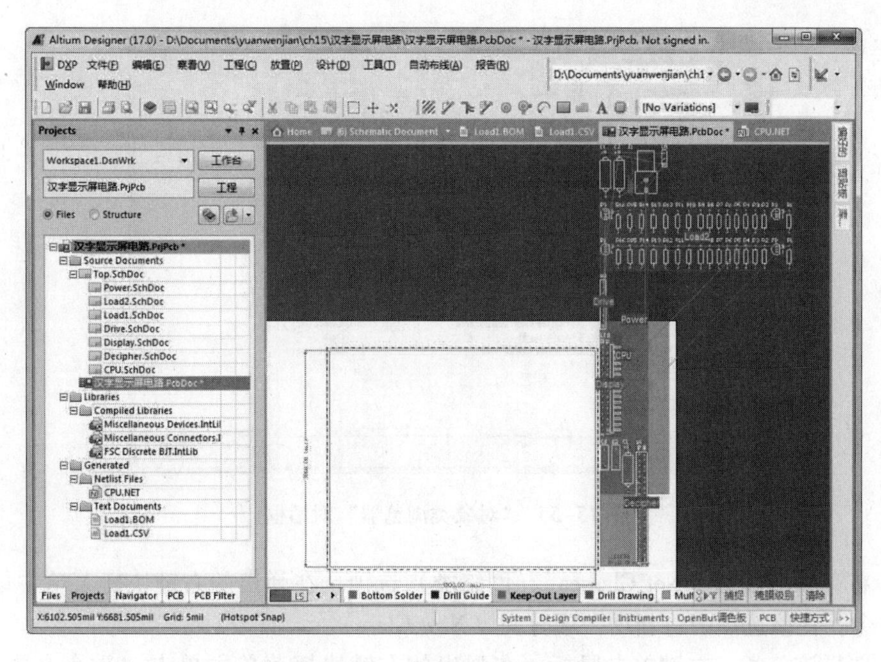

图 15-53　加载元件到电路板

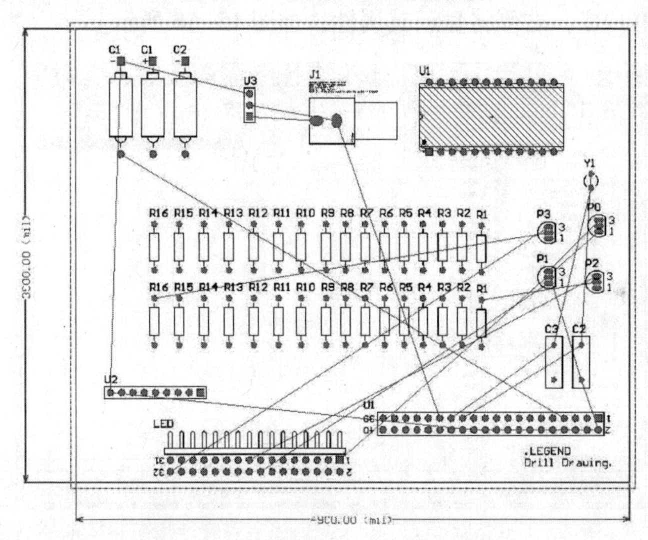

图 15-54　零件在放置区域内的排列

15.6.2　布线设置

在布线之前，必须进行相关的设置。本电路采用双面板布线，而程序默认即为双面板布线，所以不必设置布线板层。尽管如此，也要将整块电路板的走线宽度设置为最细的10 mil，最宽线宽及自动布线都采用 16 mil。另外，电源线（VCC 与 GND）采用最细的 10 mil，最宽线宽及自动布线的线宽都采用 20 mil。设置布线的操作步骤如下。

（1）选择菜单栏中的“设计”→“类”命令，系统将弹出如图 15-55 所示的“对象类浏览器”对话框。

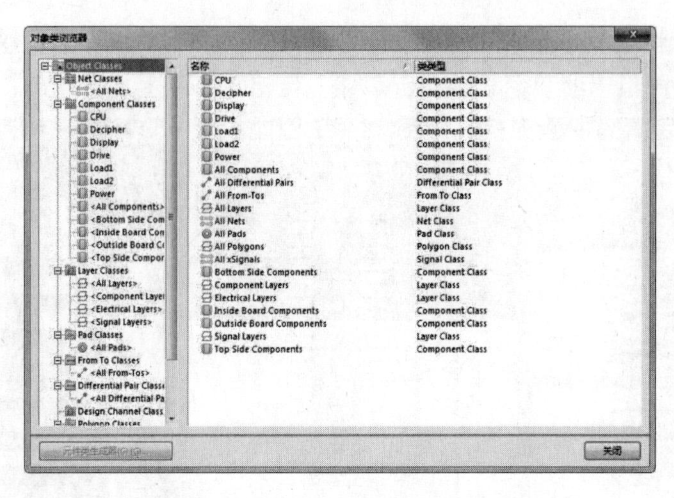

图 15-55 “对象类浏览器”对话框

（2）右键单击鼠标“Net Classes”（网络类）选项，在弹出的右键快捷菜单中单击“添加类”命令，在该选项中将新增一项分类（New Class）。

（3）选择该分类，右键单击鼠标，在弹出的右键快捷菜单中单击“重命名类”命令，将其名称改为“POWER”，右侧将显示其属性，如图 15-56 所示。

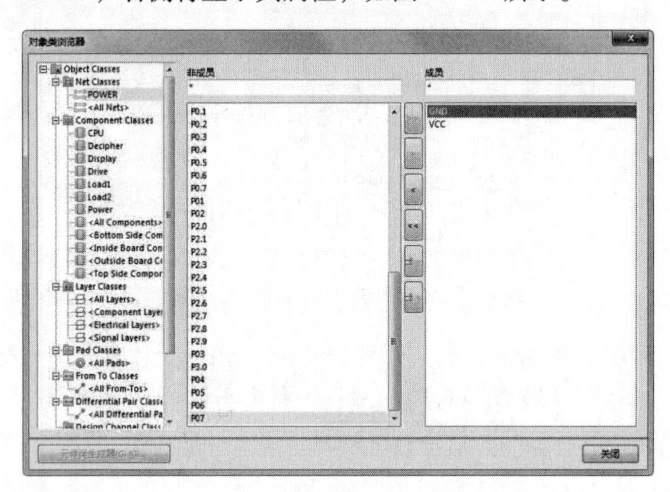

图 15-56 显示属性

（4）在左侧的“非成员”列表框中选择 GND 选项，单击 按钮将它加入到右侧的“成员”列表框中；同样，在左侧的列表框中选择 VCC 选项，单击 按钮将它加入到右侧的列表框中，最后单击“关闭”按钮，关闭该对话框。

（5）选择菜单栏中的“设计”→“规则”命令，系统弹出的“PCB 规则及约束编辑器”对话框如图 15-57 所示。单击“Routing”（路径）→“Width”（宽度）→“Width”（宽度）选项，设计线宽规则。

（6）将“Max Width”（最大宽度）与“Preferred Width”（首选宽度）选项都设置为 16 mil。新增一项线宽的设计规则，右键单击鼠标“Width”（宽度）选项，在弹出的右键快捷菜单中单击“新规则”命令，即可产生 Width_1 选项。选择该选项，如图 15-58 所示。

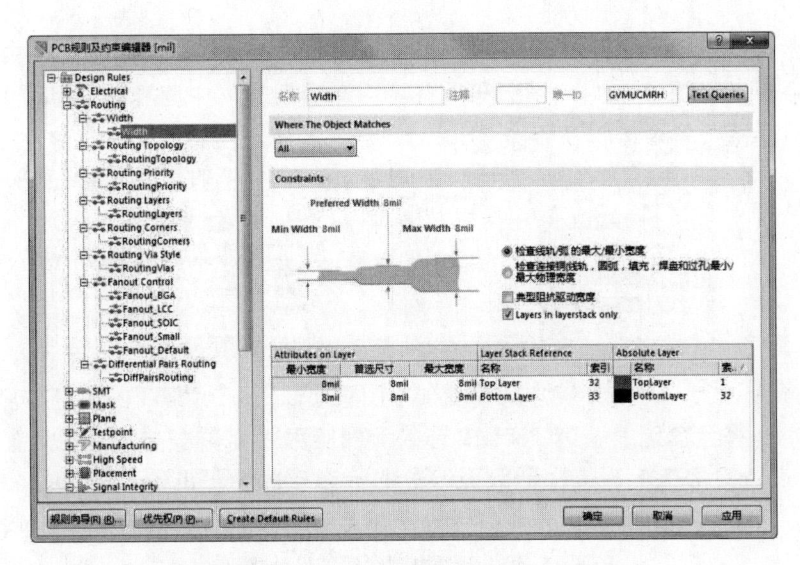

图 15-57 “PCB 规则及约束编辑器”对话框

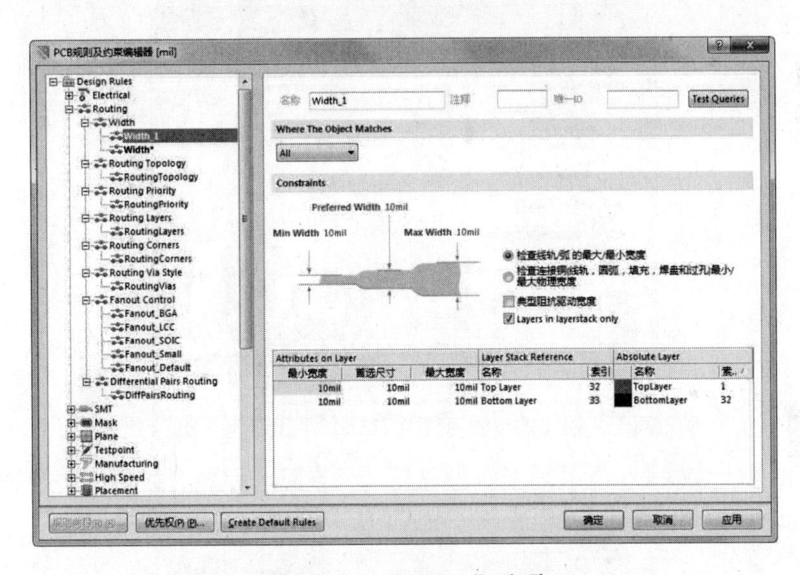

图 15-58 “Width_1”选项

（7）在“名称”文本框中，将该设计规则的名称改为“电源线线宽”，单击“Net Class”（网络类）单选钮，然后在字段里指定适用对象为 Power 网络分类；将“Max Width”（最大宽度）与“Preferred Size”（首选大小）选项都设置为 20 mil，如图 15-59 所示。单击“OK”（确定）按钮，关闭该对话框。

（8）选择菜单栏中的“自动布线”→“Auto Route”（自动布线）→“全部”命令，系统将弹出如图 15-60 所示的“Situs 布线策略”（布线位置策略）对话框。

（9）保持程序预置状态，单击“Route All”（布线所有）按钮，进行全局性的自动布线。布线完成后如图 15-61 所示。

（10）只需要很短的时间就可以完成布线，关闭“Messages”（信息）面板。电路板布线完成后，单击“PCB 标准”工具栏中的 （保存）按钮，保存文件。

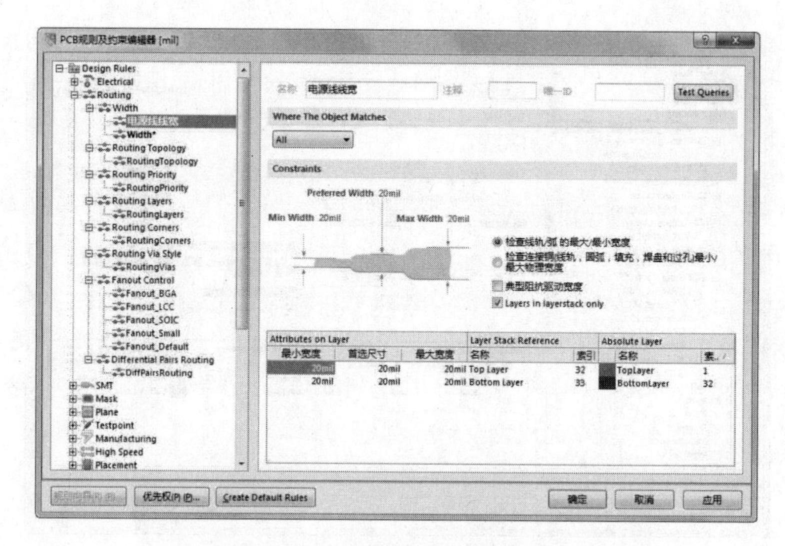

图 15-59　新增电源线线宽设计规则

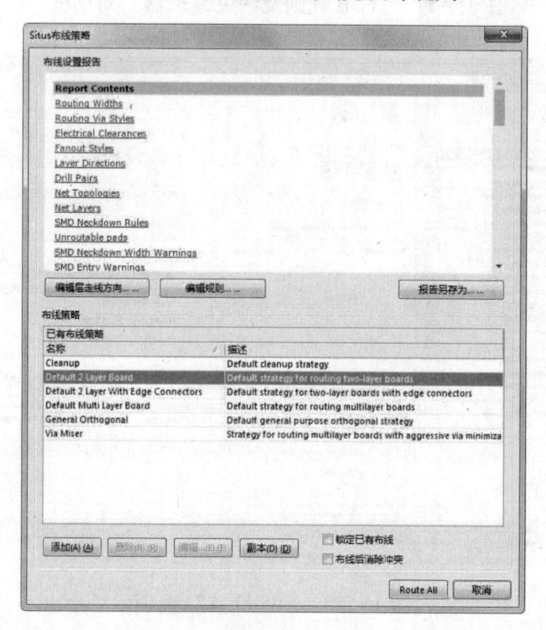

图 15-60　“Situs 布线策略”对话框

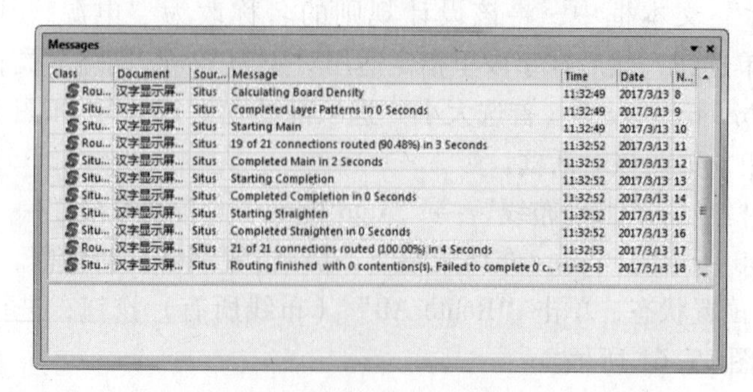

图 15-61　完成自动布线

15.7　项目层次结构组织文件

项目层次结构组织文件可以帮助读者理解各原理图的层次关系和连接关系。下面是电子游戏机项目层次结构组织文件的生成过程。

（1）打开项目中的任意一个原理图文件，选择菜单栏中的“报告”→“Report Project Hierarchy”（项目层次结构报表）命令，然后打开“Projects”（工程）面板，可以看到系统已经生成一个“汉子显示屏电路 . REP”报表文件。

（2）打开“汉子显示屏电路 . REP”文件，如图 15-62 所示。在报表中，原理图文件名越靠左，该原理图层次就越高。

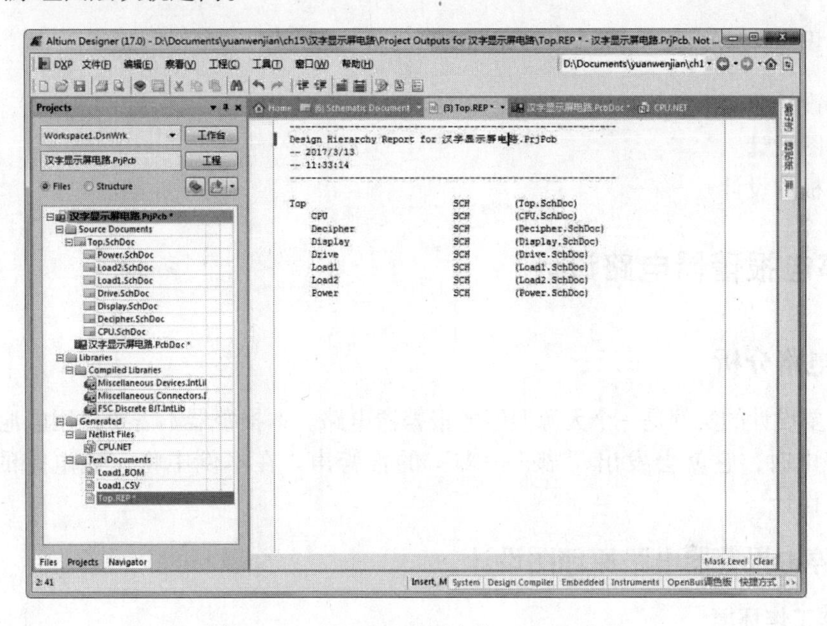

图 15-62　“汉子显示屏电路 . REP”文件

第16章　电路设计实例

通过前面章节的讲解，读者完整地学习了 Altium Designer 17 的相关知识点，初步掌握了利用 Altium Designer 17 进行电路设计的方法和思路，本章将通过两个来自工程实践的综合实例的讲解，帮助读者进一步巩固和完善前面所学知识，熟悉 Altium Designer 17 工程设计的一般流程。

知识点

- 电路设计分析
- 原理图设计
- 电路板的设计

16.1　停电报警器电路设计

16.1.1　电路分析

本例中要设计的实例是一个无源型停电报警器电路。本报警器不需要备用电池，当 220 V 交流电网停电时，它就会发出“嘟——嘟”的报警声。在本例中将完成电路的原理图和 PCB 电路板设计。

16.1.2　停电报警器电路原理图设计

1. 建立工作环境

（1）在 Altium Designer 17 主窗口中，选择菜单栏中的“文件”→“New”（新建）→“Project”（工程）命令，新建“停电报警器电路 . PrjPCB”工程文件。

（2）选择菜单栏中的“文件”→“New”（新建）→“原理图”命令，然后单击鼠标右键选择“保存为”菜单命令将新建的原理图文件保存为“停电报警器电路 . SchDoc”。

2. 加载元件库

选择菜单栏中的“设计”→“添加/移除库”命令，打开“可用库”对话框，然后在其中加载需要的元件库。本例中需要加载的元件库“AD17/Library/Texas Instruments/TI Logic Gate 1. IntLib”如图 16-1 所示。

3. 设置图纸参数

选择菜单栏中的“设计”→“文档选项”命令，打开“文档选项”对话框，然后在其中设置原理图绘制时的工作环境，如图 16-2 所示。

4. 放置元件

选择“库”面板，在其中选择电路需要的元件，然后将其放置在图纸上，如图 16-3 所示。

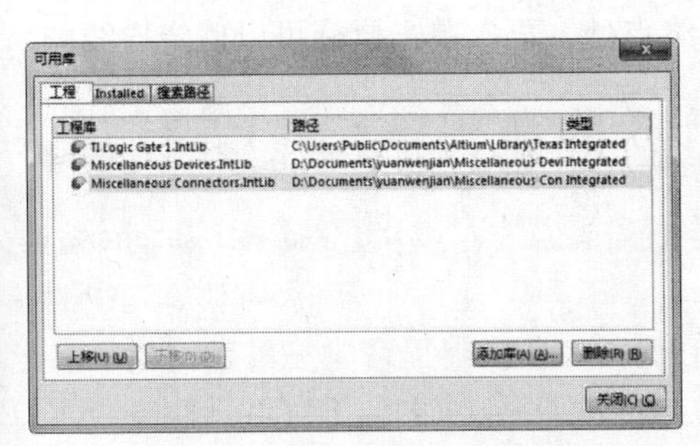

图 16-1　加载需要的元件库

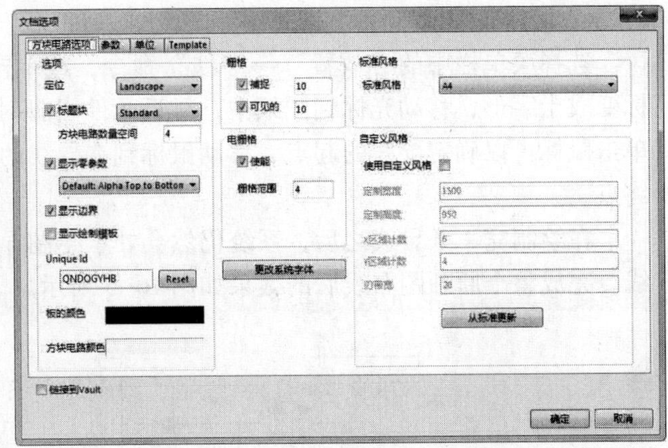

图 16-2　设置原理图绘制环境

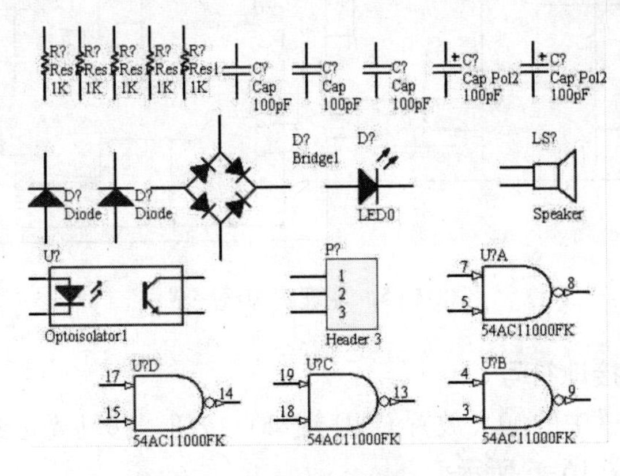

图 16-3　原理图需要的所有元件

5. 元件布局

按照电路中元件的大概位置摆放元件。用拖动的方法来改变元件的位置，如果需要改变元件的方向，则可以按空格键。布局的结果如图 16-4 所示。

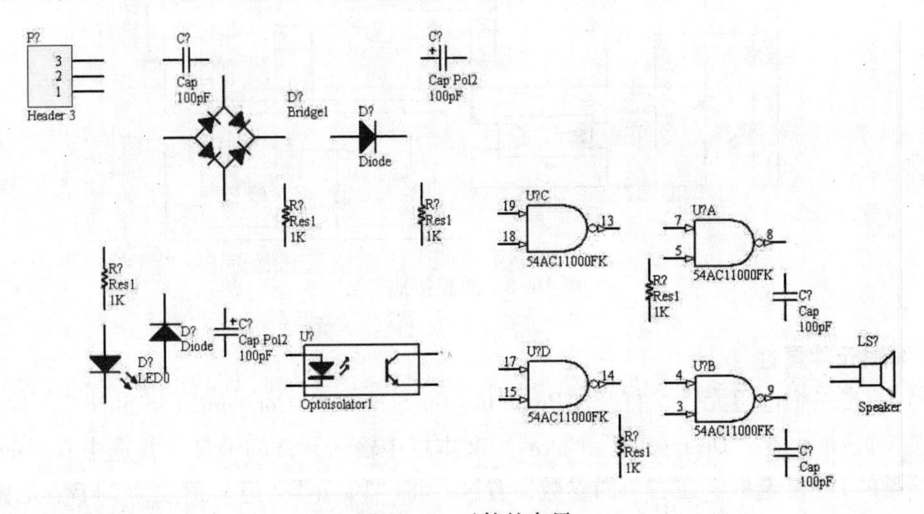

图 16-4　元件的布局

6. 元件布线

选择菜单栏中的“放置”→“线”命令，或单击“布线”工具栏中的≈按钮，鼠标光标变成十字形，移动光标到图纸中，靠近元件引脚时，会出现一个米字形的电气捕捉标记，单击鼠标可以确定导线的起点，移动鼠标到在导线的终点处，再次单击鼠标可以确定导线的终点。

在绘制完一条导线之后，系统仍然会处于绘制导线的工作状态，可以继续绘制其他的导线。完成整个原理图布线后的效果如图 16-5 所示。

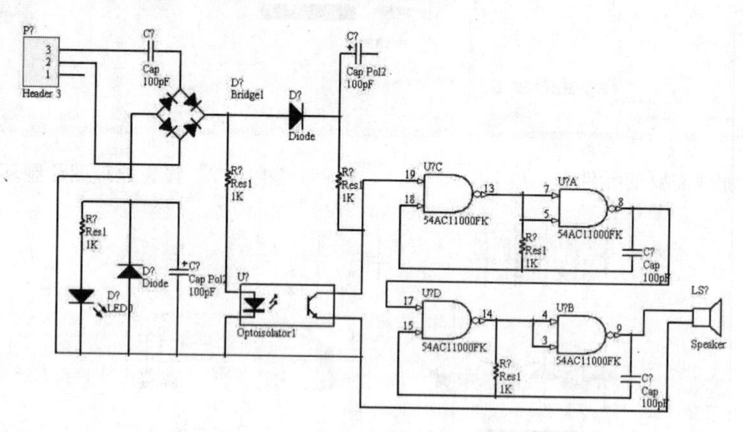

图 16-5　原理图布线完成

7. 放置电源符号和接地符号

单击“布线”工具栏中的⏚（放置 GND 端口）按钮，移动光标到需要的位置单击鼠标左键放置接地符号，如图 16-6 所示。

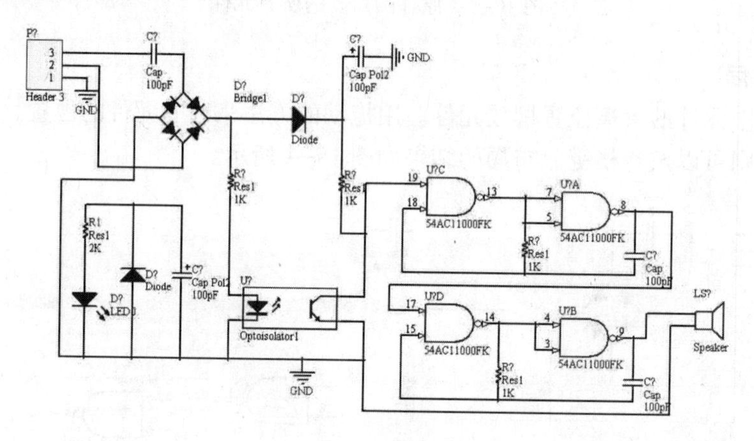

图 16-6　放置接地符号

8. 编辑元件属性

（1）双击一个电阻元件，打开“Properties for Schematic Component in Sheet”（原理图元件属性）对话框，在“Designator”（标示）文本框中输入元件的编号，并选中其后的“Visible（可见的）”复选框。在右边的参数设置区，将“Value”（值）值改为 2 kΩ，如图 16-7 所示。

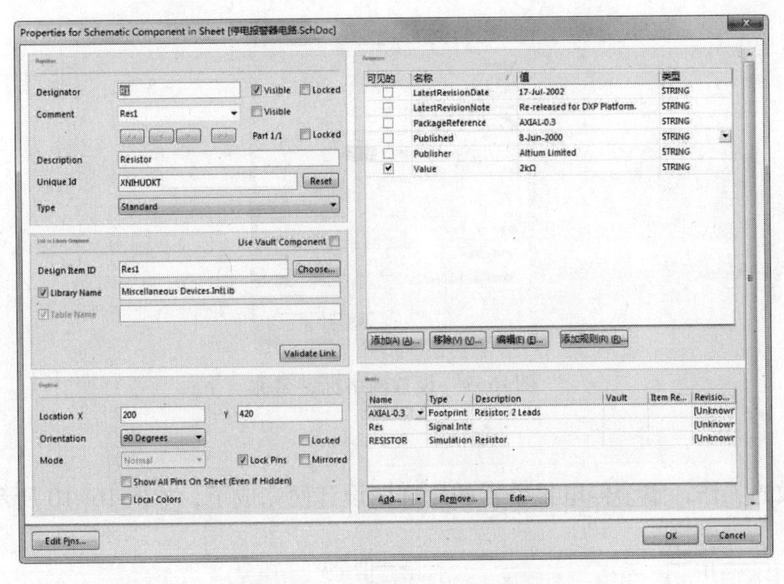

图 16-7　设置电阻元件的属性

（2）重复上面的操作，编辑所有元件的编号、参数值等属性，完成这一步的原理图如图 16-8 所示。

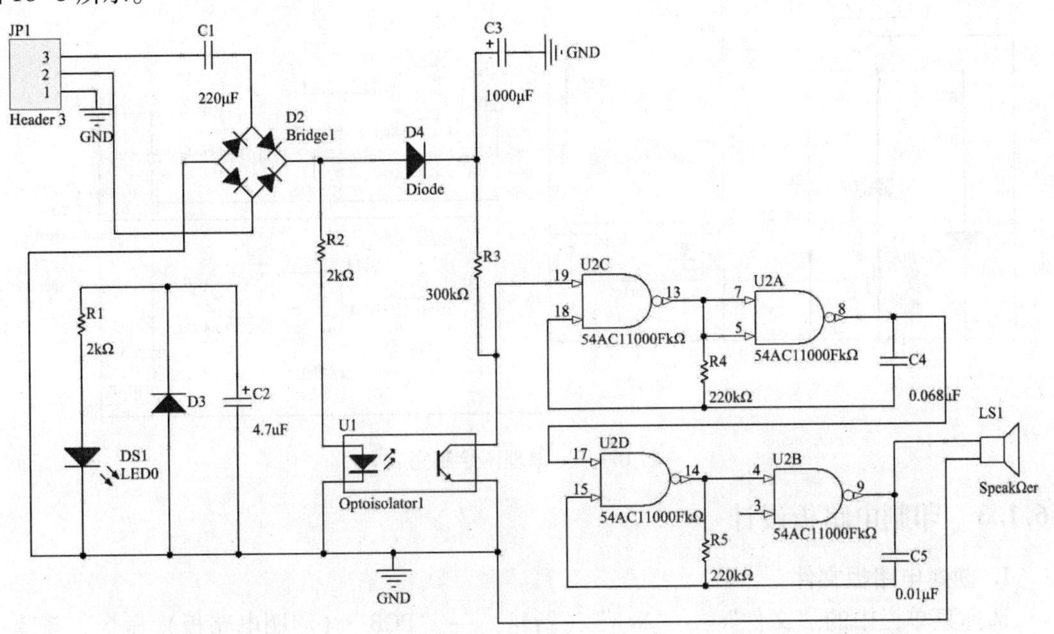

图 16-8　设置元件的属性

9. 放置网络标签

单击“布线”工具栏中的 （放置网络标号）按钮，光标变成十字形，此时按〈Tab〉键打开“网络标签”对话框，在对话框的“网络”文本框中输入网络标签名称为“220 V”，如图 16-9 所示。然后单击“确定”按钮，这样光标上便带着一个“220 V”的网络标签虚影，移动光标到目标位置，单击鼠标左键就可以将网络标签放置到图纸上。

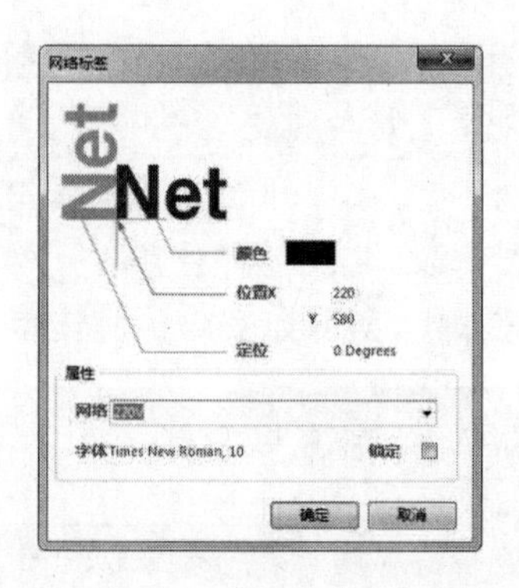

图 16-9　设置网络标签名称

10. 保存

保存所做的工作，整个停电报警器的原理图设计便完成了，如图 16-10 所示。

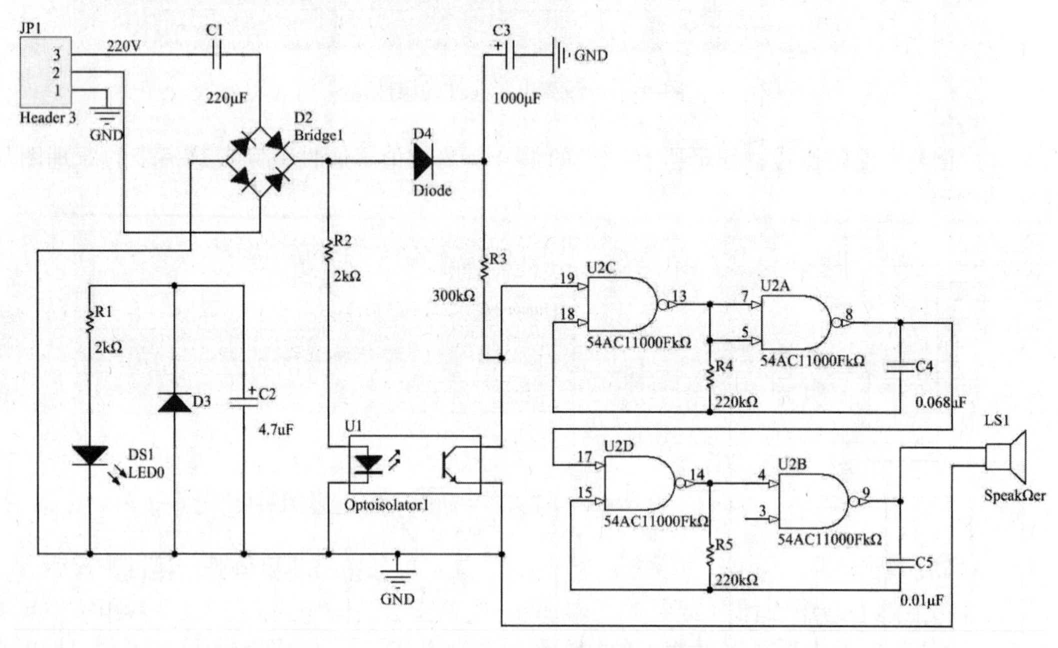

图 16-10　原理图绘制完成

16.1.3　印制电路板设计

1. 创建电路板文件

选择菜单栏中的“文件”→“New”（新建）→“PCB”（印刷电路板）命令，新建一个 PCB 文件，然后保存为“停电报警器电路 . PcbDoc”。

2. 设置电路板参数

选择菜单栏中的“设计”→“板参数选项”命令，打开“板选项”对话框，在对话框中设置 PCB 设计的工作环境，包括尺寸、各种栅格等，如图 16-11 所示。完成设置后，单击确定按钮退出对话框。

3. 规定电路板的电气边界

在 PCB 编辑环境中，单击主窗口工作区左下角的“Keep - Out Layer”（禁止布线层）

图 16-11　设置电路板工作环境

标签切换到禁止布线层，然后选择菜单栏中的“放置”→“走线”命令，此时光标变成十字形，用和绘制导线相同的方法在图纸上绘制一个矩形的区域，然后双击所绘制的直线打开“轨迹”对话框，如图 16-12 所示。在该对话框中，通过设置直线的起始点坐标，设定该区域长为 3600 mil，宽为 1100 mil。最后得到的矩形区域如图 16-13 所示。

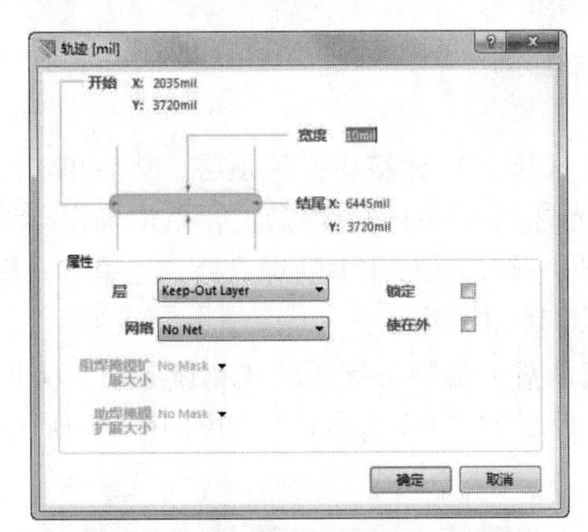

图 16-12　设置直线属性

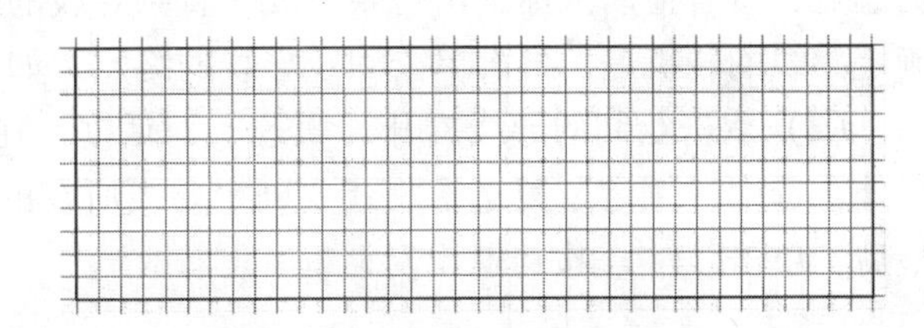

图 16-13　规定好的禁止布线区域

4. 加载元件的封装

（1）选择菜单栏中的“设计”→“Import Changes From 停电报警器电路 . PrjPCB”（从“停电报警器 . PrjPCB”输入变化）菜单命令，打开“工程更改顺序”对话框。在该对话框中单击 生效更改 按钮对所有的元件封装进行检查，在检查全部通过后，单击 执行更改 按钮将所有的元件封装加载到 PCB 文件中去，如图 16-14 所示。最后，单击 关闭 按钮退出对话框。

（2）在 PCB 图纸中可以看到，加载到 PCB 文件中的元件封装如图 16-15 所示。

5. 元件布局

对元件先进行手动布局，和原理图中元件的布局一样，用拖动的方法来移动元件的位置。为了使多个电阻摆放整齐，可以将 5 个电阻的封装全部选中，然后单击按钮，如图 16-16a 所示，就可以将 5 各电阻元件上对齐。PCB 布局完成的效果如图 16-16b 所示。

图 16-14　加载元件的封装

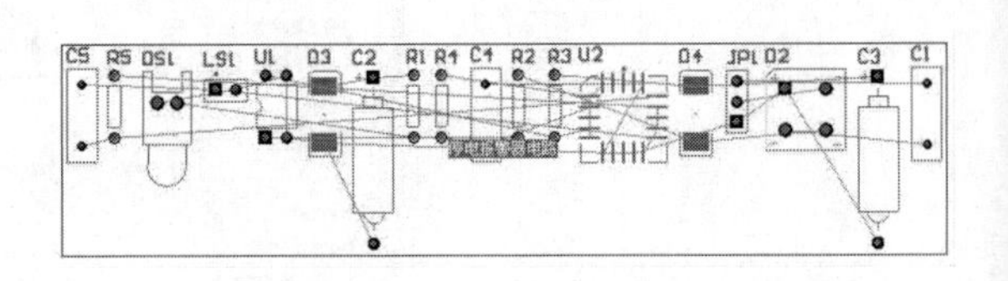

图 16-15　加载到 PCB 文件中的元件封装

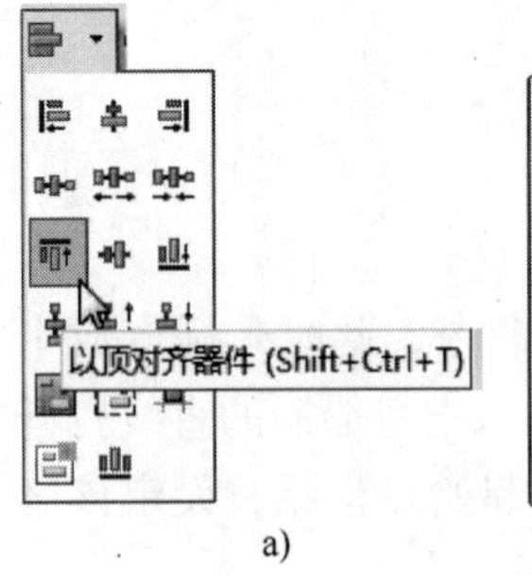

a)

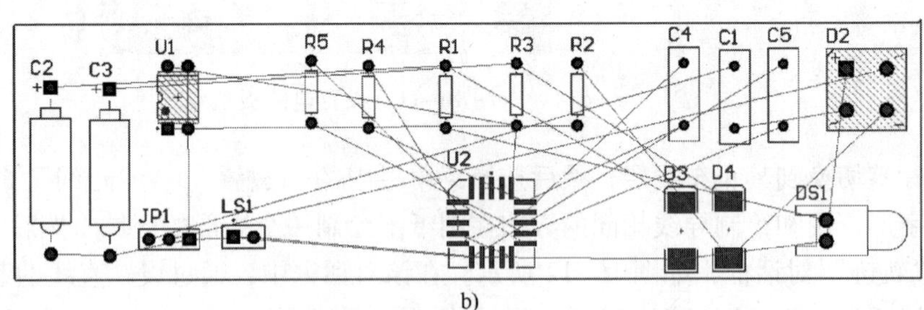

b)

图 16-16

a）对齐工具　b）完成元件的布局

6. 原理图布线

（1）单击主窗口工作区左下角的“Top Layer”（顶层）标签切换到顶层，然后单击（交互式布线连接）按钮，鼠标变成十字形，移动光标到 C1 的一个焊盘上，单击确定导线的起点，接着拖动鼠标画出一条直线一直到导线的另一端，元件 JP1 的焊盘处，先单击一次确定导线的转折点，再次单击确定导线的终点，如图 16-17 所示。

（2）双击绘制的导线打开“轨迹”对话框，在该对话框中将导线的线宽设置为 30 mil。另外，选中“锁定”复选框，还要确定导线所在的板层为“Top Layer”，如图 16-18 所示。最后，单击确定按钮退出对话框。

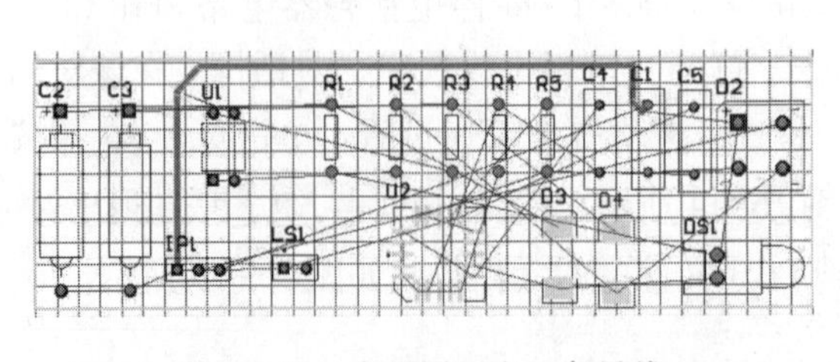

图 16-17　在顶层画出一条导线

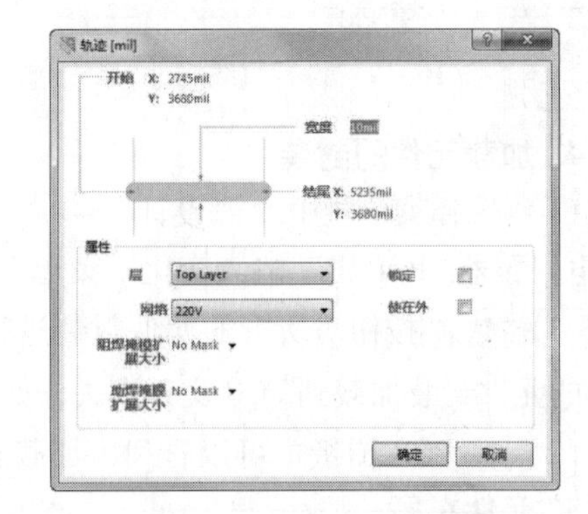

图 16-18　设置导线的属性

（3）同样的操作，手动绘制电源线和地线，并将已经绘制的导线全部锁定。

（4）对其余的导线进行自动布线。选择“自动布线”→“Auto Route”（自动布线）→

“全部”菜单命令，打开“Situs 布线策略”（位置布线策略）对话框，在该对话框中选择“Default 2 Layer Board”（默认的 2 层板）布线规则，然后单击 Route All 按钮进行自动布线，如图 16-19 所示。

（5）布线进行时在“Messages”（信息）工作面板中会给出布线信息。完成布线后的 PCB 如图 16-20 所示。“Messages”（信息）工作面板中的布线信息如图 16-21 所示。

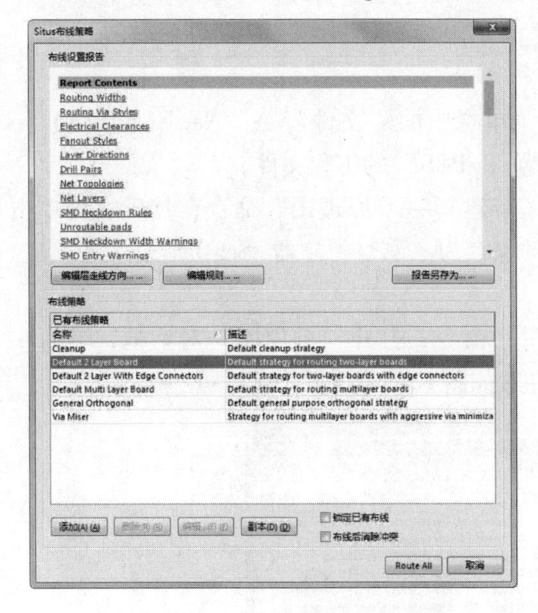

图 16-19　选择自动布线策略

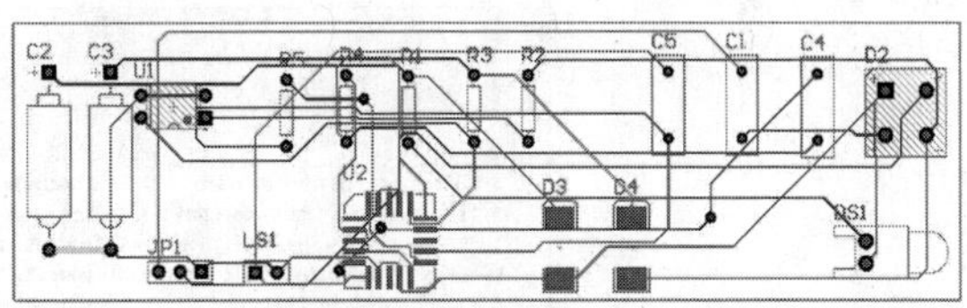

图 16-20　PCB 布线完成

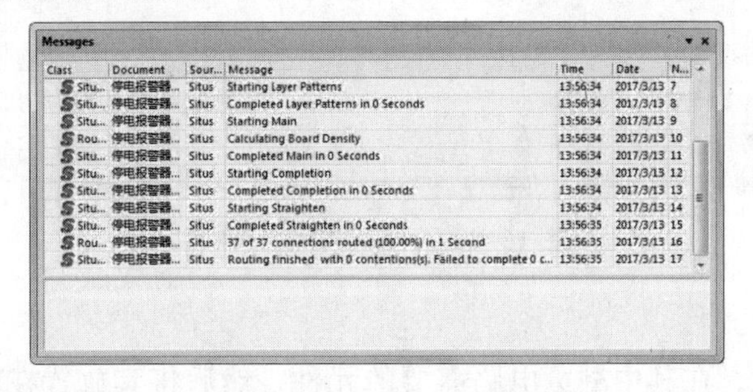

图 16-21　产生的布线信息

7. 编译工程

选择菜单栏中的“工程”→“Compile PCB Project 停电报警器 . PrjPCB”（编译 PCB 工程“停电报警器 . PrjPCB”）命令，对整个设计工程进行编译。完成之后保存所做的工作，整个停电报警器工程的设计工作便完成了。

16.2　彩灯控制器电路设计

16.2.1　电路分析

本例中要设计的是四花样彩灯控制器的电路原理图。彩灯控制器的第一种花样为彩灯一亮一灭，从左向右移动；第二种花样为彩灯两亮两灭，从左向右移动；第三种花样为彩灯四亮四灭，从左向右移动；第四种花样为彩灯 1 到彩灯 8 从左向右逐次点亮，又从左到右逐次熄灭。4 种花样自动变换，循环往复。

本例中，将学习彩灯控制器的原理图和 PCB 电路板设计。

16.2.2　彩灯控制器电路原理图设计

1. 建立工作环境

（1）在 Altium Designer 17 主界面中，选择菜单栏中的“文件”→“New”（新建）→“Project”（工程）命令，创建名为“彩灯控制器.PrjPCB”的工程文件。

（2）选择菜单栏中的“文件”→“New”（新建）→“原理图”命令，然后右键单击鼠标选择“保存为”命令，将新建的原理图文件保存为“彩灯控制器.SchDoc”。

2. 加载元件库

选择菜单栏中的“设计”→“添加/移除库”命令，打开“可用库”对话框，然后在其中加载需要的元件库。本例中需要加载的元件库如图 16-22 所示。

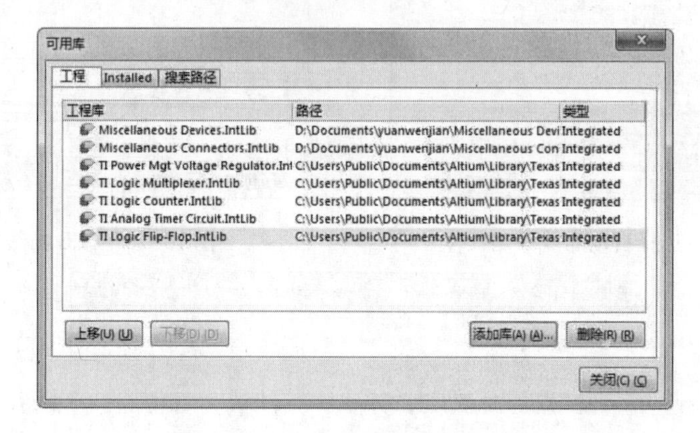

图 16-22　加载需要的元件库

3. 放置元件

选择“库”面板，在其中浏览电路需要的元件，然后将其放置在图纸上。按照电路中元件的大概位置摆放元件。用拖动的方法来改变元件的位置，如果需要改变元件的方向，则可以按空格键。布局的结果如图 16-23 所示。

4. 元件布线

选择菜单栏中的“放置”→“线”命令，或单击“布线”工具栏中的≈（放置线）按钮，鼠标光标变成十字形，移动光标到图纸中，靠近元件引脚时，会出现一个米字形的电气捕捉标记，单击确定导线的起点，移动鼠标到在导线的终点处，单击确定可以确定导线的终点。

在绘制完一条导线之后，系统仍然会处于绘制导线的工作状态，可以继续绘制其他的导线。完成整个原理图布线后，单击“布线”工具栏中的⏚（放置 GND 端口）按钮，移动光标到需要的位置单击鼠标左键放置接地符号，如图 16-24 所示。

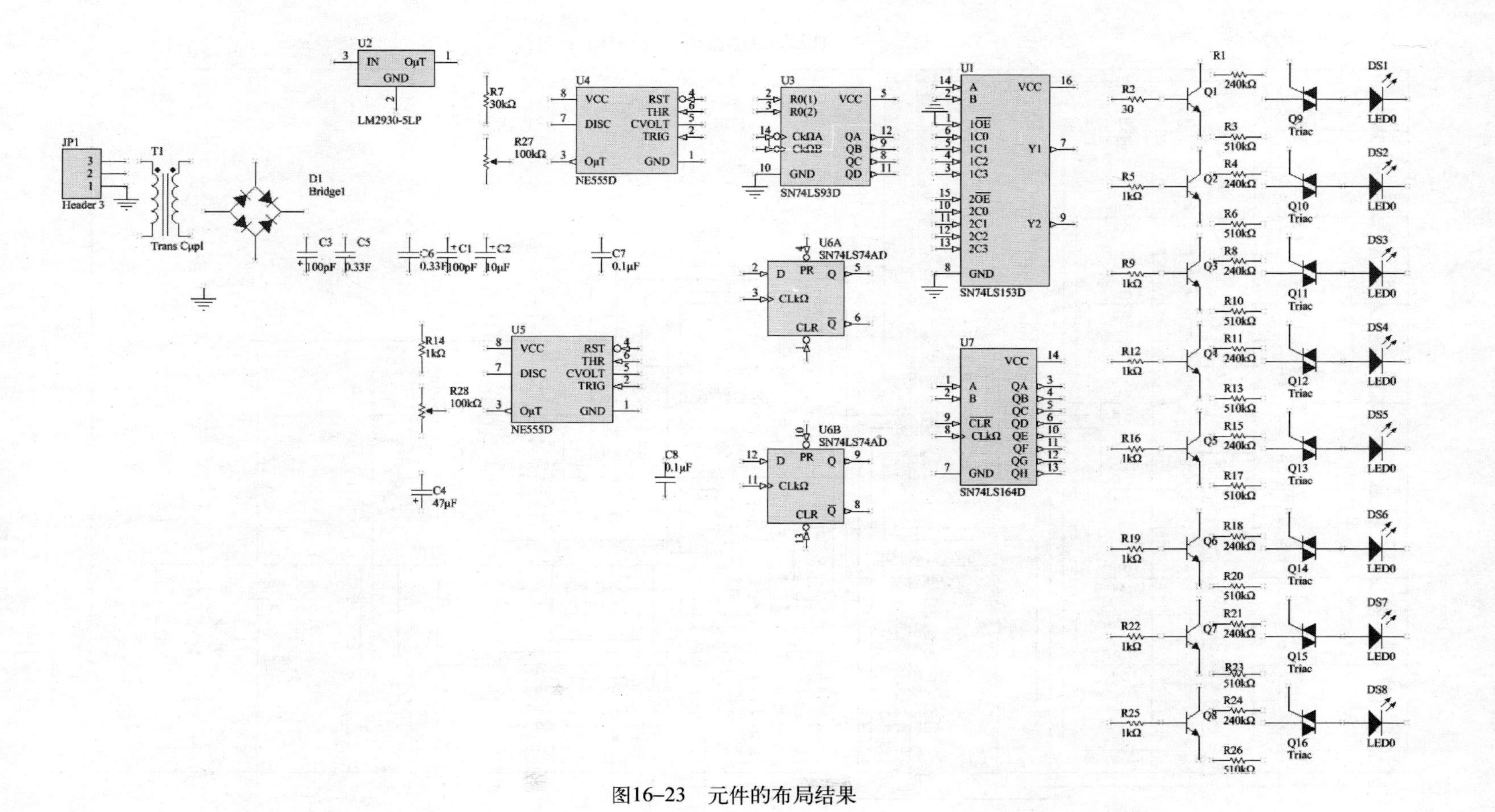

图16-23 元件的布局结果

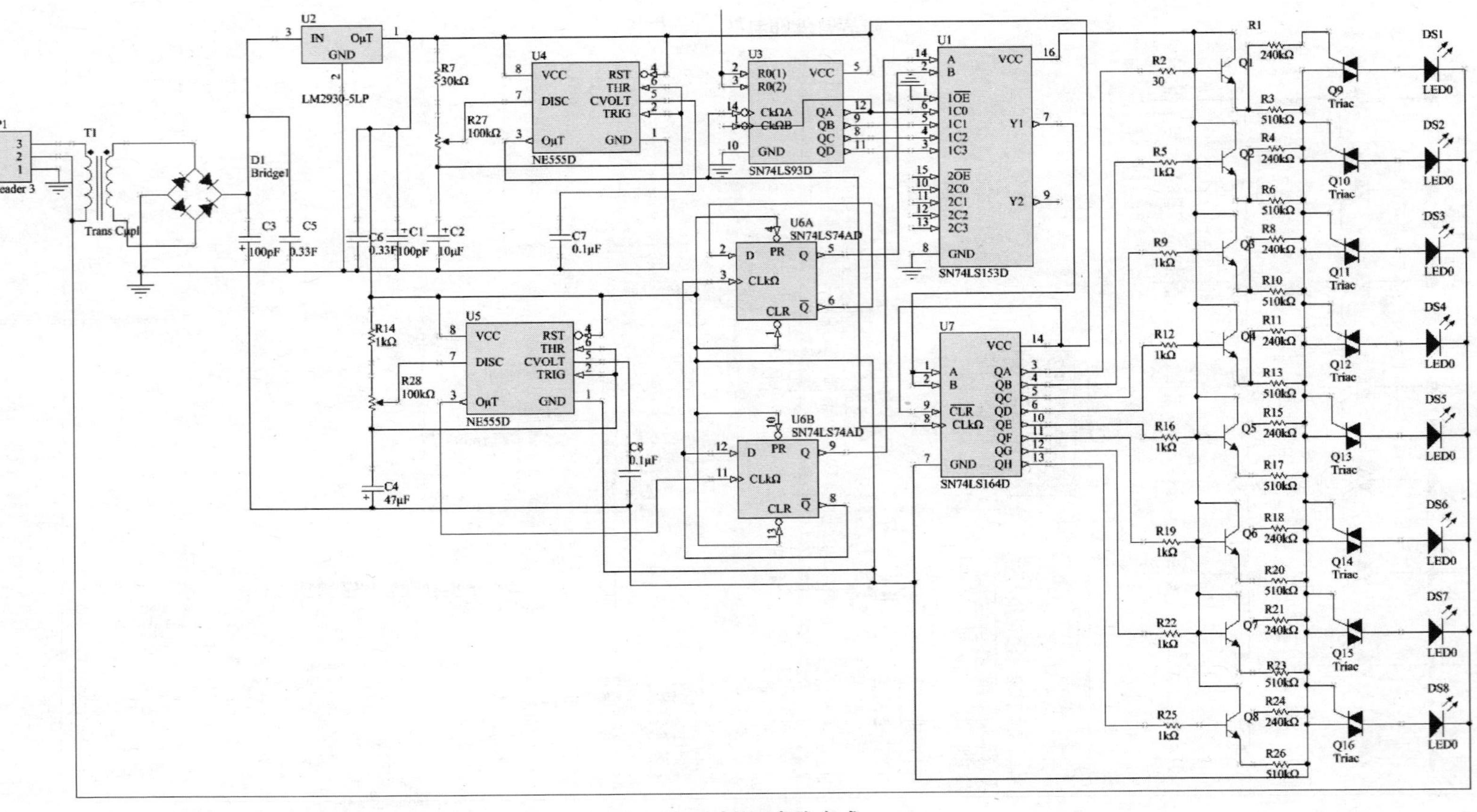

图16-24 原理图布线完成

16.2.3　印制电路板设计

1. 创建电路板文件

（1）在工作面板中的“从模板新建文件”栏中单击“PCB Templates”（印制电路板模板）项，打开“Choose Existing Document”（选择现有的文件）对话框，在该对话框中选择一个 PCB 模版文件，然后单击 打开(O) 按钮新建一个 PCB 文件，如图 16-25 所示。

（2）将新建的 PCB 文件保存为“彩灯控制器.PcbDoc”。

2. 设置电路板参数

选择菜单栏中的“设计”→“板参数选项”命令，打开“板选项”对话框，在对话框中设置 PCB 设计的工作环境，包括尺寸、各种栅格等，如图 16-26 所示。完成设置后，单击 确定 按钮退出对话框。

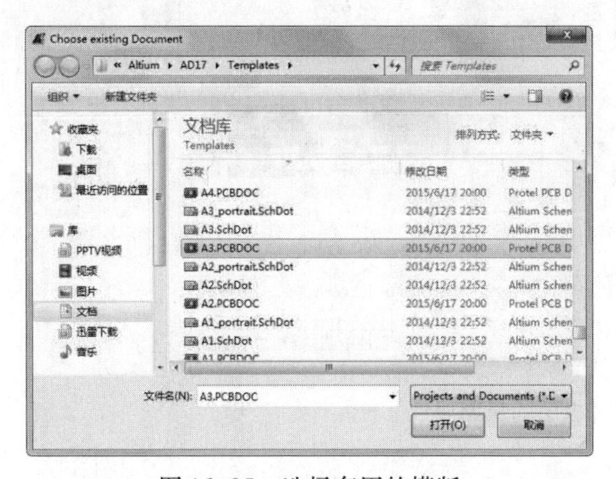

图 16-25　选择套用的模版

图 16-26　设置电路板工作环境

3. 设置电路的板层

选择菜单栏中的“设计”→“层叠管理”命令，打开“Layer Stack Manager”（层堆栈管理器）对话框，在该对话框中单击 Add Layer 按钮下的“Add Internal Plane”（添加平面）命令，添加一个内电层，然后双击新添加的内电层，将该工作层命名为 GND。再添加一个相同的内电层，取名为 +5 V。添加内电层后的“Layer Stack Manager”（层堆栈管理器）对话框，如图 16-27 所示。

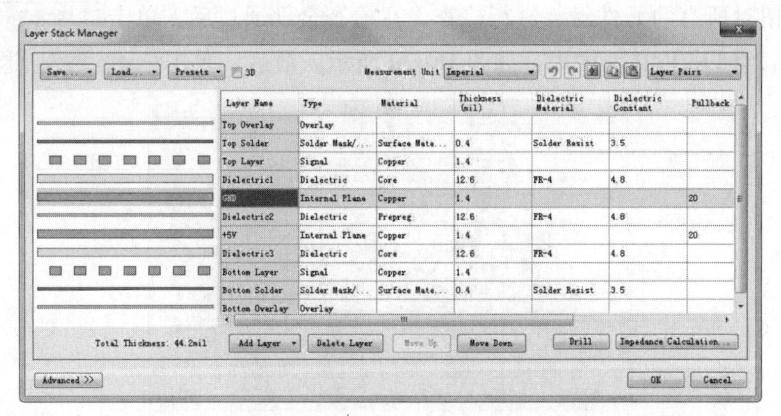

图 16-27　“Layer Stack Manager”（层堆栈管理器）对话框

4. 设置板层的显隐属性

选择菜单栏中的“设计”→“板层颜色”命令，打开“视图配置”对话框。在该对话框中设置可以看到的工作层，如图 16-28 所示。

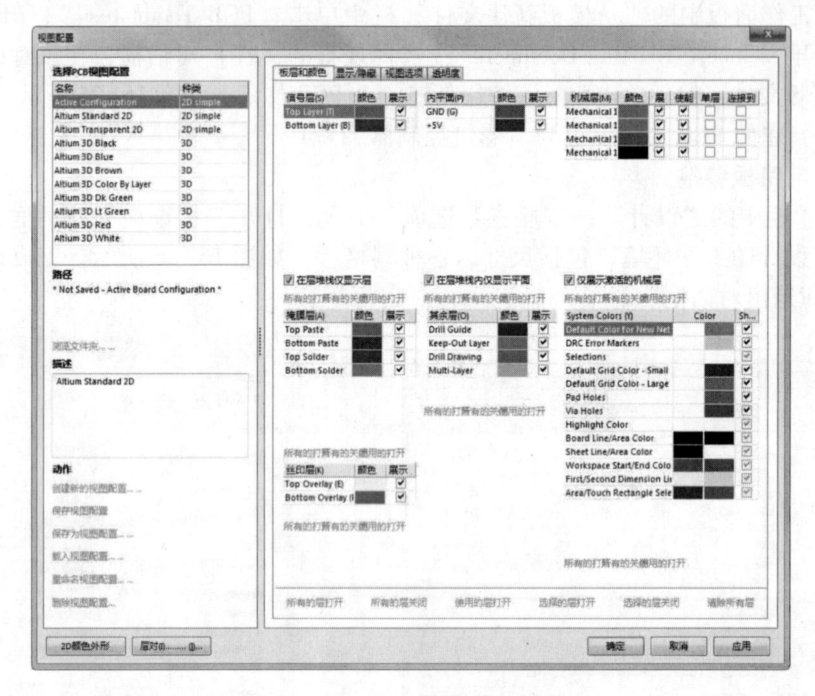

图 16-28　定义板层的显隐属性

5. 规定电路板的电气边界

在 PCB 编辑环境中，单击主窗口工作区左下角的“Keep - Out Layer”（禁止布线层）标签切换到禁止布线层，然后选择菜单栏中的“放置”→“禁止布线”→“线径”菜单命令，此时光标变成十字形，用和绘制导线相同的方法在图纸上绘制一个矩形电气边界。

6. 加载元件的封装

选择“设计”→“Import Changes From 彩灯控制器 . PrjPCB”（从“彩灯控制器 . PrjPCB”输入变化）菜单命令，打开“工程更改顺序”对话框。在该对话框中单击 生效更改 按钮对所有的元件封装进行检查，在检查全部通过后，单击 执行更改 按钮将所有的元件封装加载到 PCB 文件中去，如图 16-29 所示。最后，单击 关闭 按钮退出对话框。

图 16-29　加载元件的封装

7. 元件布局

对元件先进行手动布局，和原理图中元件的布局一样，用拖动的方法来移动元件的位置。PCB 布局完成的效果如图 16-30 所示。

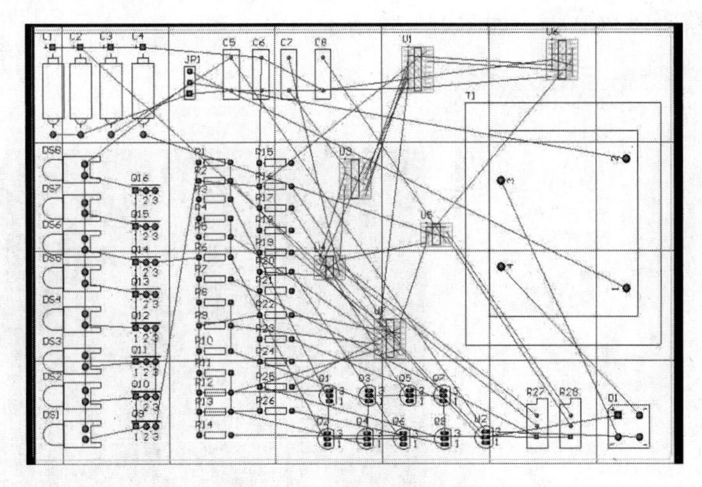

图 16-30　完成元件的布局

8. 原理图布线

选择菜单栏中的“自动布线”→“Auto Route”（自动布线）→“全部”菜单命令，打开“Situs 布线策略”（位置布线策略）对话框，在该对话框中选择“Default 2 Layer Board”（默认的 2 层板）布线规则，然后单击 Route All 按钮进行自动布线，如图 16-31 所示。完成布线后的 PCB 如图 16-32 所示。

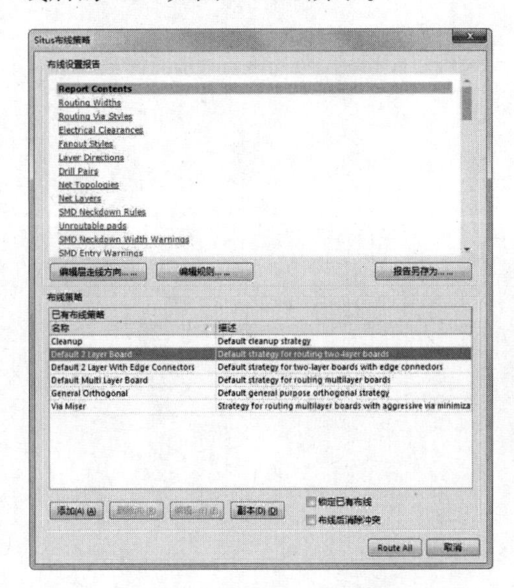

图 16-31　选择自动布线策略

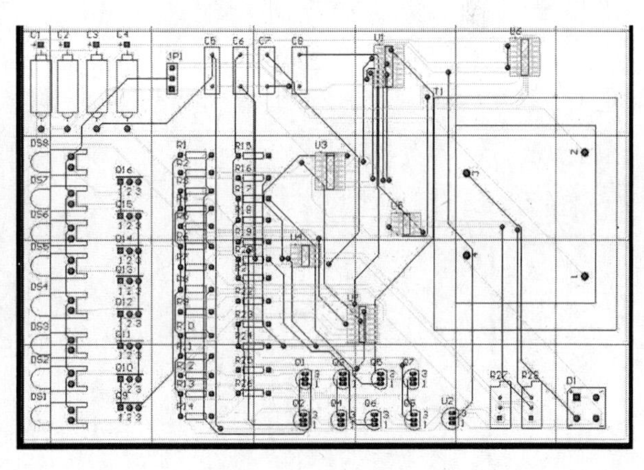

图 16-32　PCB 布线完成

9. 覆铜操作

（1）在主窗口工作区的左下角单击“Bottom Layer”（底层）标签切换到底层，然后选择菜单栏中的“放置”→“多边形敷铜”菜单命令，打开“多边形敷铜”对话框，在该对话框种的“层”下拉列表中选择“Bottom Layer”（底层），然后单击 确定 按钮退出对话框，如图 16-33 所示。

（2）退出“多边形敷铜”对话框后，鼠标变成十字形，在 PCB 上绘制一个覆铜的区域，就可以将铜箔覆到 PCB 上，如图 16-34 所示。

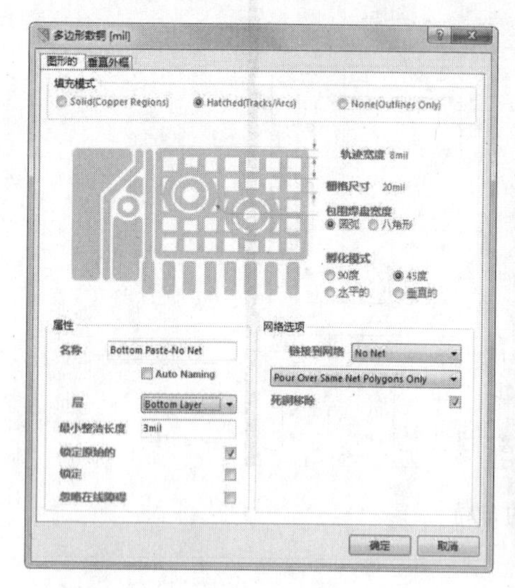

图 16-33　设置覆铜属性

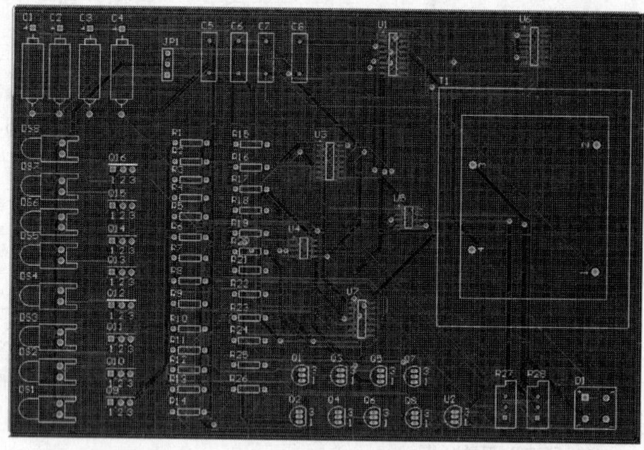

图 16-34　PCB 覆铜

10. 编译工程

选择菜单栏中的“工程”→“Compile PCB Project 彩灯控制器 . PrjPCB”（编译“彩灯控制器 . PrjPCB” PCB 工程）命令，对整个设计工程进行编译。完成之后保存所做的工作，整个彩灯控制器工程的设计工作便完成了。

附　　录

附录 A　Altium designer 17 快捷键表

菜单栏命令

文件　**F**

编辑　E

察看　V

工程　C

放置　P

设计　D

工具　T

报告　R

窗口　W

帮助　H

文件菜单

打开文件面板　　Ctrl + N

打开　　Ctrl + O

关闭　Ctrl + F4

保存　Ctrl + S

打印　Ctrl + P

退出　Alt + F4

编辑菜单

取消操作　Ctrl + Z

重做　Ctrl + Y

剪切　Ctrl + X

拷贝　Ctrl + C

粘贴　Ctrl + V

清除　Del

选中→全部　　Ctrl + A

选中→板　Ctrl + B
选中→连接的铜皮　Ctrl + H
选中→当前层上所有的　Y
选中→自由物体　F
选中→切换选择　T
灵巧粘贴　Shift + Ctrl + N
查找文本　Ctrl + F
替代文本　Ctrl + H
发现下一个　F3
复制　Ctrl + D
橡皮图章　Ctrl + R
查找相似对象　Shift + F
左对齐　Ctrl + Shift + L
右对齐　Ctrl + Shift + R
向左排列（保持间距）　Shift + Alt + L
向右排列（保持间距）　Shift + Alt + R
水平分布　Ctrl + Shift + H
顶对齐　Ctrl + Shift + T
底对齐　Ctrl + Shift + B
向上排列（保持间距）　Shift + Alt + I
向上排列（保持间距）Shift + Alt + N
垂直分布　Ctrl + Shift + W
对齐到栅格上　Ctrl + Shift + B

察看菜单

适合文件　Ctrl + D
适合所有对象　Ctrl + PgDn
放大　PgUp
缩小　PgDn
摇镜头　Home
刷新　End
全屏　Alt + F5
循环跳转栅格　G
切换到三维显示　3
切换当前显示　Shift + H
切换头顶跟踪　Shift + G

复位顶上偏差原点　Ins

切换头顶偏差原点　Shift + D

切换 I 洞察板子 透镜　Shift + M

移动洞察板子 透镜到鼠标　Ctrl + Shift + N

切换洞察板子 透镜跟随　Shift + N

切换洞察板子 透镜自动缩放　Ctrl + Shift + M

切换洞察板子 透镜单层模式　Ctrl + Shift + S

循环跳转栅格（反向）　Shift + G

切换可视栅格　Shift + Ctrl + G

切换电气栅格　Shift + E

切换单位　Q

网络颜色覆盖已激活　F5

工程菜单

工程文件　Ctrl + Alt + O

设计菜单

板层颜色　L

工具菜单

板级注释　Ctrl + L

浏览冲突　Shift + V

浏览对象　Shift + X

报告菜单

测量距离　Ctrl + M

窗口菜单

平铺　Shift + F4

帮助菜单

知识中心　F1

附录 B　常用逻辑符号对照表

名　称	国标符号	曾用符号	国外常用符号
与门	&		
或门	≥1	+	
非门	1		
与非门	&		
或非门	≥1	+	
异或门	=1	⊕	
同或门	=	⊙	
集电极开路与非门	& ◇		
三态门	1 ▽ EN		
施密特与门	& ⎍	⎍	⎍
电阻			
滑动电阻			
二极管			
发光二极管			

名　称	国标符号	曾用符号	国外常用符号
基本 RS 触发器	S R	S Q R $\overline{Q}$	S Q R $\overline{Q}$
同步 RS 触发器	1S C1 1R	S Q CP R $\overline{Q}$	S Q CK R $\overline{Q}$
正边沿 D 触发器	S 1D C1 R	D Q CP $\overline{Q}$	D S_D Q CK R_D $\overline{Q}$
负边沿 JK 触发器	S 1J C1 1K R	J Q CP K $\overline{Q}$	J S_D Q CK K R_D $\overline{Q}$
全加器	Σ CI CO	FA	FA
半加器	Σ CO	HA	HA
传输门	TG	TG	
极性电容或电解电容	+		
电源			
双向二极管			
变压器			

参 考 文 献

[1] 何宾. Altium Designer 13.0 电路设计、仿真与验证权指南 [M]. 北京：清华大学出版社，2014.

[2] 谢龙汗，鲁力，张桂东. Altium Designer 原理图与 PCB 设计及仿真 [M]. 北京：电子工业出版社，2012.

[3] 陈学平. Altium Designer 10.0 电路设计与制作完全学习手册 [M]. 北京：清华大学出版社，2012.

[4] 谷树忠. Altium Designer 教程——原理图、PCB 设计与仿真 [M]. 2 版. 北京：电子工业出版社，2014.

[5] 周润景，张丽敏，王伟. Altium Designer 原理图与 PCB 设计 [M]. 北京：电子工业出版社，2009.

[6] 穆秀春，冯新宇，王宇. Altium Designer 原理图与 PCB 设计 [M]. 北京：电子工业出版社，2011.

[7] 王静，刘亭亭. Altium Designer 2013 案例教程 [M]. 北京：水利水电出版社，2014.

[8] 袁鹏平，何志刚，罗开玉. 快速精通 Altium Designer 6 电缆设计和 PCB 设计 [M]. 北京：化学工业出版社，2009.

[9] 高雪飞，安永丽，李润. Altium Designer 10 原理图与 PCB 设计教程 [M]. 北京：北京希望电子出版社，2014.

[10] 王建农，王伟. Altium Designer 10 入门与 PCB 设计实例 [M]. 北京：国防工业出版社，2013.